工程技术

理论与实践

主　编　梅祖荣　于海波　朱连勇

副主编　郑　梁　马政伟　袁振霞

中国水利水电出版社
www.waterpub.com.cn
· 北京 ·

内 容 提 要

本书系统地介绍了岩土工程测试技术与土建工程测量技术，主要内容包括：岩土工程原位测试、桩基检测试验、基坑工程与边坡工程监测、水准仪及水准测量、经纬仪及角度测量、直线定向及距离测量、小区域控制测量、大比例尺地形图测绘与应用、建筑施工测量、线路工程测量、建筑物变形观测及竣工总平面图的测绘、土建工程测量新技术及其应用。

本书结构合理，内容丰富、深入浅出、循序渐进，突出了科学性、系统性、基础性、实用性和现代性，是一本值得学习研究的著作。适合土木工程、交通工程、水利工程、城市规划、工程管理、环境工程、地下工程等相关领域的工程技术人员参考阅读。

图书在版编目（CIP）数据

土建工程技术理论与实践 / 梅祖荣，于海波，朱连勇主编. -- 北京 : 中国水利水电出版社，2017.4（2022.10重印）
ISBN 978-7-5170-5304-0

Ⅰ. ①土… Ⅱ. ①梅… ②于… ③朱… Ⅲ. ①土木工程—工程施工 Ⅳ. ①TU7

中国版本图书馆CIP数据核字(2017)第074657号

书　　名	土建工程技术理论与实践　TUJIAN GONGCHENG JISHU LILUN YU SHIJIAN
作　　者	主编　梅祖荣　于海波　朱连勇
出版发行	中国水利水电出版社 （北京市海淀区玉渊潭南路1号D座 100038） 网址：www. waterpub. com. cn E-mail：sales@waterpub. com. cn 电话：(010)68367658(营销中心)
经　　售	北京科水图书销售中心（零售） 电话：(010)88383994、63202643、68545874 全国各地新华书店和相关出版物销售网点
排　　版	北京亚吉飞数码科技有限公司
印　　刷	三河市人民印务有限公司
规　　格	184mm×260mm　16开本　26.75印张　684千字
版　　次	2017年6月第1版　2022年10月第2次印刷
印　　数	2001-3001册
定　　价	89.00元

前　言

随着现代化建设事业的飞速发展，各类土建工程日新月异，重型厂房、高层建筑、重大的水电枢纽、艰险的铁路、桥梁和隧洞，以及为了向海洋寻找资源、向地下争取空间而进行的各种开发性工程等，都与它们所赖以存在的岩土地层有着极为密切的关系。各类工程的成功与否，在很大程度上取决于岩土体能否提供足够的承载能力，保证建筑物不产生影响其安全、正常使用的过大或不均匀沉降，以及水平位移、稳定性或各种形式的岩土应力作用。为了保证各类工程及周围环境安全，确保工程的顺利进行，必须进行岩土测试、检测和监测。岩土测试技术以岩土力学理论为指导法则，以工程实践为服务对象，而岩土力学理论又是以岩土测试技术为实验依据和发展背景的。不论设计理论与方法如何先进、合理，如果测试技术落后，则设计计算所依据的岩土参数无法准确测求，不仅岩土工程设计的先进性无从体现，而且岩土工程的质量与精度也难以保证。所以，测试技术是从根本上保证岩土工程设计的准确性、代表性以及经济性的重要手段。在整个岩土工程中它与理论计算和施工检验是相辅相成的。

建筑业是我国支柱产业之一，在建筑业发展过程中，建筑工程测量为其做出了巨大的贡献，同时，建筑工程测量的技术水平也在不断提高。目前，除常规的测量仪器如光学经纬仪、光学水准仪和钢尺等在建筑测量中继续发挥作用外，现代化的仪器如电子经纬仪、电子全站仪等也已普及，提高了测量工作的速度、精度、可靠度和自动化程度。一些专用激光测量仪器，如用于高层建筑竖直投点的激光铅直仪、用于大面积场地精度自动找平的激光扫平仪和用于地下开挖指向的激光经纬仪等的应用，为现在的高层建筑和地下建筑的施工提供了更高效、准确的测量服务。卫星测定地面点坐标的新技术——全球定位系统(GPS)也逐渐被应用到建筑工程测量中。该技术不受天气、地形和通视的影响，只需将卫星接收机安置在已知点和待定点，通过接收信号就可计算出该点的三维坐标，这与传统测量技术相比是一大飞跃。目前在建筑工程测量中，一般用于大范围和长距离的施工场地中的控制性测量工作。计算机技术正在应用到测量数据处理、地形图辅助成图以及测量仪器自动控制等方面，进一步推动了建筑工程测量从手工化向电子化、数字化、自动化和智能化方向发展。

全书共12章，分为上下两篇。第1篇(第1～3章)为岩土工程原位测试，主要对岩土工程原位测试、桩基检测试验、基坑工程与边坡工程监测技术进行了详细的介绍。第2篇(第4～12章)为土建工程测量技术。其中第4章至第6章，主要对高程、角度、距离和直线定向测量的基本原理、测量仪器的基本构造、使用方法和误差形成进行详细的分析，并系统地阐述测量误差的基本理论和知识；第7～8章，第12章主要讲述小区域控制测量、地形图的测绘、GPS技术、3S技术及其应用；第9章至第11章着重论述工业与民用建筑、道桥、大坝、渠道、管道等土木工程的施工测量以及建筑变形测量。

由于时间仓促，编者水平有限，本书难免存在疏漏之处，恳请广大读者批评指正，不吝赐教。

编　者

2017年1月

目　录

第1篇　岩土工程原位测试

第1章　岩土工程测试技术

1.1　概述

1.1.1　原位测试的目的与特点

岩土工程测试通常包含了室内试验和原位测试两大部分。室内试验包含了常规的土工试验和模型试验,其主要优点是可以控制试验条件,而其根本性的缺陷则在于试验对象难以反映其天然条件下的性状和工作环境,抽样的数量也相对有限,可能导致所测结果严重失真。岩土工程的原位测试是在工程现场,在不扰动或基本保持岩土的天然结构、天然含水量、天然应力状态的情况下,通过特定的测试仪器对岩土的物理力学性质指标进行试验,并运用岩土力学的基本原理对测试数据进行归纳、分析、抽象和推理以评定岩土的工程性能和状态的综合性试验技术。原位测试不仅是岩土工程勘察与评价中获得岩土体设计参数的重要手段,而且是岩土工程监测与检测的主要方法,并可用于施工过程中或地基加固处理后地基土的物理力学性质及状态的变化检测。它是一项自成体系的试验科学,在岩土工程勘察中占有重要位置。

原位测试亦称现场试验、就地试验或野外试验。原位测试技术与钻探、取样、室内试验的传统方法比较起来,具有下列明显优点:不仅能对难以取得不扰动土样或根本无法采样的土层通过现场原位测试获得岩土的参数,还能减少对土层的扰动,而且样本数量大、代表性好、快速、经济。

1.1.2　原位测试方法的分类及应用

原位测试很多项目并不直接测定土层的物理或力学指标,成果的应用依赖于经验关系式或半经验半理论公式。各种原位测试方法都有其自身的适用性,一些原位测试手段只能适用于一定的地基条件,应用时需加以区别。

岩土工程检测和监测中的常用的原位测试技术包括:①载荷试验(平板、螺旋板);②静力触探试验;③圆锥动力触探试验;④标准贯入试验;⑤十字板剪切试验;⑥旁压试验;⑦现场剪切试验;⑧波速试验;⑨基桩的静力测试和动力测试;⑩锚杆抗拔试验等。

以上试验技术主要用于以下几个方面：①岩土工程勘察；②地基基础的质量检测；③基坑开挖的检测与监测；④岩体原位应力测试；⑤公路、隧道、大坝、边坡等大型工程的监测和检测。除上列种类外，近年来还发展起来一些新的原位测试技术。本章主要介绍静力载荷试验、静力触探试验、动力触探试验、十字板剪切试验等基本检测技术。

岩土工程原位测试技术是岩土工程的重要组成部分。无数实践和理论研究表明，岩土的工程性质测试成果会因其种类、状态、试验方法和技巧的不同而导致一定的差异，甚至相去甚远。沈珠江院士认为，可靠的土质参数只能通过原位测试取得。在岩土工程中，选用正确的参数远比选用计算方法重要，因而岩土工程的原位测试在岩土工程中占据了重要的地位。

1.2 静力载荷试验

地基静载荷试验包括平板载荷试验和螺旋板载荷试验，目的是确定地基承载力及其变性特征，螺旋板载荷试验尚可估算地基土的固结系数。载荷试验相当于在工程原位进行的缩尺原型试验，该法具有直观和可靠性高的特点，在原位测试中占有重要地位，往往成为其他方法的检验标准。

1.2.1 平板载荷试验

1. 基本原理

平板载荷试验(Plate Loading Test，简称PLT)是一种最传统的、并被广泛应用的土工原位测试方法。平板载荷试验是指在板底平整的刚性承压板上逐级施载，荷载通过承压板传递给地基，以测定天然埋藏条件下地基土的变形特性，评定地基土的承载力、计算地基土的变形模量并预估各相应荷载作用下的地基沉降量。平板载荷试验的理论依据，一般是假定地基为弹性半无限体(具有变形模量 E_0 和泊松比 υ)，按弹性力学的方法导出表面局部荷载作用下地基土的沉降量 S 的计算公式。

2. 试验设备

平板载荷试验因试验土层软硬程度、承压板面积大小和试验土层深度等不同，采用的测试设备也很多。除早期常用的压重加荷台试验装置外，目前国内采用的试验装置，大体可归纳为由承压板、加荷系统、反力系统、量测系统四部分组成。加荷系统控制并稳定加荷的大小，通过反力系统反作用于承压板，承压板将荷载均匀传递给地基土，地基土的变形由量测系统测定。

(1)承压板

承压板材料要求：承压板应具有足够的刚度，不易破损、绝对不能产生挠曲，压板底部光滑平整，尺寸和传力重心准确，搬运和安置方便。承压板可用混凝土、钢筋混凝土、钢板、铸铁板等制成，多以肋板加固的钢板为主。

承压板形状一般为正方形、矩形或圆形，其中圆形承压板受力条件较好，最为常用。

对于浅层(深度<3.0 m)平板荷载试验，承压板面积不应小于0.25 m^2；对均质密实的土，可

采用 0.1 m^2；对软土和人工填土，不应小于 0.5 m^2；岩石载荷承压板面积不宜小于 0.07 m^2。但各国和国内各部门采用的承压板面积规定不一，如日本常用方形 900 cm^2，俄罗斯常用 0.5 m^2，我国铁道部第一设计院则根据自己的经验，按如下原则选取：

①碎石类土：压板直径宜大于碎石、卵石最大粒径的 10 倍。

②岩石地基：压板面积 1 000 cm^2。

③细颗粒土：压板面积 1 000～5 000 cm^2。

④视试验的均质土层厚度和加荷系统的能力、反力系统的抗力等确定之，以确保载荷试验能得出极限荷载。

(2)加荷系统

加荷系统是指通过承压板对地基施加荷载的装置和方法，基本上可分为三类。

①堆重加荷，常用的堆重加荷可以堆砂袋、砌块、钢锭等，加荷操作要细心、要对称放置，堆重物不要偏压，应注意堆重方阵的稳定问题。偏压和失稳对测试非常不利。②千斤顶加荷，根据需要用一个或几个千斤顶加荷。单个千斤顶加荷时操作方便，须注意加荷稳定，避免冲击荷载。几个千斤顶加荷时，要保证同步加压，也要注意加荷稳定。千斤顶必须用前标定(率定)。③其他加荷方法，将重物通过滑轮组放大或经油压放大进行加荷，可以达到很大的数值。

(3)反力系统

有堆载式、撑壁式、锚固式等多种形式。

(4)量测系统

荷载量测一般采用油压表(测力环)或电测压力传感器，并用压力表校核。承压板沉降量测采用百分表或电子仪表(如电测位移计)。

静力载荷试验设备结构如图 1-1 所示。

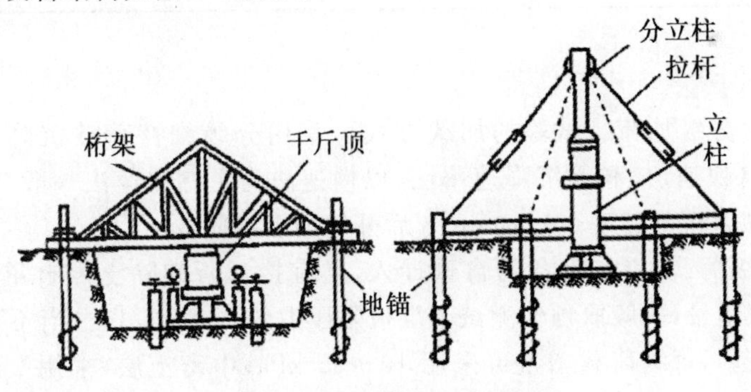

(a) 千斤顶式加压装置

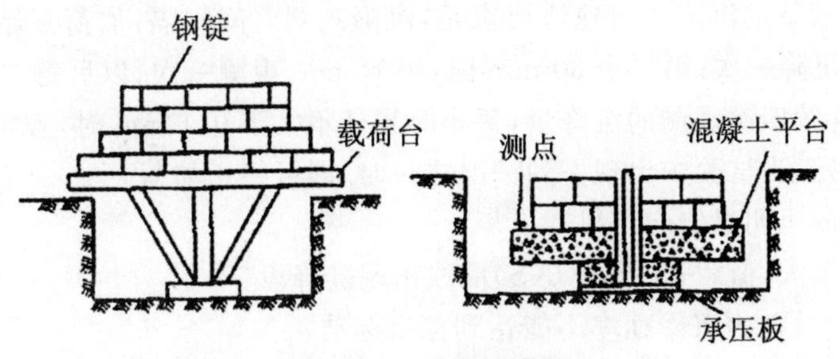

(b) 载荷台式加压装置

图 1-1　静力载荷试验设备结构

3. 测试方法及要求

(1)基本要求

①载荷试验一般在方形试坑中进行,基坑宽度应不小于承压板宽度(或直径)的3倍,以消除侧向土自重引起的超载影响,使其达到或接近地基的半空间平面问题边界条件的要求;试坑应布置在有代表性的地点,承压板底面应放置在基础底面标高处。

②为了保持试验地基土的天然湿度与原状结构,测试之前,应在坑底预留20～30 cm厚的原土层,待测试将开始时再挖去,并立即放入载荷板。对软塑、流塑状态的黏性土或饱和的松散砂,在承压板周围应预留20～30 cm厚的原土作为保护层;承压板与土层接触处,一般应铺设不超过2 mm厚的砂找平,以保证承压板水平并与土层均匀接触。

③加载要求不少于8级,可参考表1-1,最大加荷不小于设计荷载的2倍(试验桩)。第一级荷载可加等级荷载的2倍。

表1-1 每级荷载增量参考值

试验土层特征	每级荷载增量(kPa)
淤泥,流塑黏性土,松散砂土	<15
软塑黏性土,粉土,稍密砂土	15～25
可塑—硬塑黏性土,粉土,中密砂土	25～50
坚硬黏性土,粉土,密实砂	50～100
碎石土,软岩石,风化岩石	100～200

(2)试验方法

安装完毕,即可分级加荷。试验的加载方式可采用分级维持荷载沉降相对稳定法(慢速法)、沉降非稳定法(快速法)和等沉降速率法,以慢速法为主。快速法一般2 h加一级荷载,共加8～10级;稳定法是沉降速率<0.1 mm/h后开始加下级荷载。

①测试的第一级荷载,应将设备的自重计入,且宜接近所卸除土的自重(相应的沉降量不计)。以后每级荷载增量,一般取预估测试土层极限压力的1/8～1/10。当不宜预估其极限压力时,对松软土层(地基),每级荷载增量可采用10～25 kPa;中密土层,采用25～50 kPa;密实土层,采用50～100 kPa;碎石类土,采用100～200 kPa;岩石地基,采用200～500 kPa。

②观测每级荷载下的沉降。慢速法要求是:沉降观测时间间隔:加荷开始后,第一个30 min内,每10 min观测沉降一次;第二个30 min内,每15 min观测一次;以后每3 min进行一次。沉降相对稳定标准:连续四次观测的沉降量,每小时累计不大于0.1 mm时,方可施加下一级荷载。

极限荷载的确定:当试验中出现下列情况之一时,即可终止加荷。

①承压板周围的土明显侧向挤出。

②沉降量急骤增大,荷载-沉降量(Q-S)曲线出现陡降段。

③某一荷载下,24 h内沉降速率不能达到稳定标准。

④S/b(或S/d)>0.06(b、d为承压板边长或直径,S为最终沉降值)。

满足前三种情况之一时,它对应的前一级荷载定为极限荷载。

(3)静力载荷试验资料整理

1)校对原始记录资料和绘制试验关系曲线

在载荷试验结束后,应及时对原始记录资料进行全面整理和检查,计算出各级荷载作用下的稳定沉降值和沉降值随时间的变化量,由载荷试验的原始资料可绘制 Q-S 曲线、$\lg Q$-$\lg S$、$\lg t$-$\lg S$ 等关系曲线。这既是静力载荷试验的主要成果,又是分析计算的依据。

2)沉降观测值的修正

根据原始资料绘制的 Q-S 曲线,有时由于受承压板与土之间不够密合、地基土的前期固结压力及开挖试坑引起地基土的回弹变形等因素的影响,Q-S 曲线的初始直线段不一定通过坐标原点。因此,在利用 Q-S 曲线推求地基土的承载力及变形模量前,应先对试验得到的沉降观测值进行修正,使 Q-S 曲线初始直线段通过坐标原点。

(4)静力载荷试验资料应用

1)确定地基土承载力特征值(f_{ak})的方法

确定地基的承载力时既要控制强度,又要能确保建筑物不致产生过大沉降。安全系数取值不小于2,但具体到各类工程时侧重点有所不同,这与工程的使用要求和使用环境有关。铁路建筑物一般以强度控制为主、变形控制为辅;工业与民用建筑则一般以变形控制为主、强度控制为辅。

①强度控制法(以比例界限荷载 Q_0 作为地基土承载力特征值)。Q-S 曲线上有明显的直线段,一般采用直线段的拐点所对应的荷载为比例界限荷载 Q_0,取 Q_0 为 f_{ak}。当极限荷载 Q_u 小于 $2Q_0$ 时,取 $1/2p_u$ 为 f_{ak}。

②相对沉降量控制法。当 Q-S 曲线无明显拐点,曲线形状呈缓和曲线型时,可以用相对沉降 S/b 来控制,决定地基土承载力特征值。

如果承压板面积为 0.25~0.5 m^2,可取 S/b(或 d)=0.01~0.015 所对应的荷载值,但其值不应大于最大加载量的一半。

同一土层中参加统计的试验点不应少于三点,当试验实测值的极差不超过其平均值的30%时,取平均值作为地基土承载力特征值。

2)确定地基土的变形模量

土的变形模量应根据 Q-S 曲线的初始直线段,按均质各向同性半无限弹性介质的弹性理论计算。一般在 Q-S 曲线的初始直线段上任取一点,取该点的荷载 Q 和对应的沉降 S,可按下式计算地基土的变形模量 E_0(MPa):

$$E_0 = I_0(1-\mu^2)\frac{pd}{S} \tag{1-1}$$

式中,I_0 为刚性承压板的形状系数,圆形承压板取0.785,方形承压板取0.886;μ 为土的泊松比(碎石土取0.27,砂土取0.30,粉土取0.35,粉质黏土取0.38,黏土取0.42);d 为承压板直径或边长,m;p 为 Q-S 曲线线性段的某级压力,kPa;S 为与 Q 对应的沉降,mm。

1.2.2 螺旋板载荷试验

螺旋板载荷试验是将螺旋形承压板旋入地面以下预定深度,在土层的天然应力状态下,通过传力杆向螺旋形承压板施加压力,直接测定荷载与土层沉降的关系。螺旋板载荷试验通常用以测求土的变形模量、不排水抗剪强度和固结系数等一系列重要参数。其测试深度可达 10～15 m。

1. 试验设备

螺旋板载荷试验设备通常由以下四部分组成。

①承压板，呈螺旋板形。它既是回转钻进时的钻头，又是钻进到达试验深度进行载荷试验的承压板。螺旋板通常有两种规格：一种直径 160 mm，投影面积 200 cm^2，钢板厚 5 mm，螺距 40 mm；另一种直径 252 mm，投影面积 500 cm^2，钢板厚 5 mm，螺距 80 mm。螺旋板结构见图 1-2。

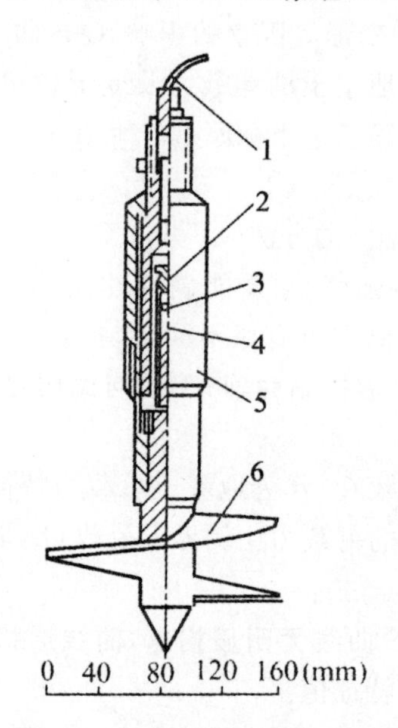

图 1-2 螺旋板结构示意图

1—导线；2—测力仪传感器；3—钢球；4—传力顶柱；5—护套；6—螺旋形承压板

②量测系统，采用压力传感器、位移传感器或百分表分别量测施加的压力和土层的沉降量。

③加压装置，由千斤顶、传力杆组成。

④反力装置，由地锚和钢架梁等组成。

螺旋板载荷试验装置示意图如图 1-3 所示。

2. 试验要求

(1)应力法

用油压千斤顶分级加荷，每级荷载对于砂土、中低压缩性的黏性土、粉土宜采用 50 kPa，对于高压缩性土用 25 kPa。每加一级荷载后，按 10 min、10 min、10 min、15 min、15 min 的间隔观测承压板沉降，以后的间隔为 30 min，达到相对稳定后施加下一级荷载。相对稳定的标准为连续观测两次以上沉降量小于 0.1 mm/h。

(2)应变法

用油压千斤顶加荷，加荷速率根据土的性质不同而取值，对于砂土、中低压缩性土，宜采用 1～2 mm/min，每下沉 1 mm 测读压力一次；对于高压缩性土，宜采用 0.25～0.5 mm/min，每下沉 0.25～0.5 mm 测读压力一次，直至土层破坏。试验点的垂直距离一般为 1.0 m。

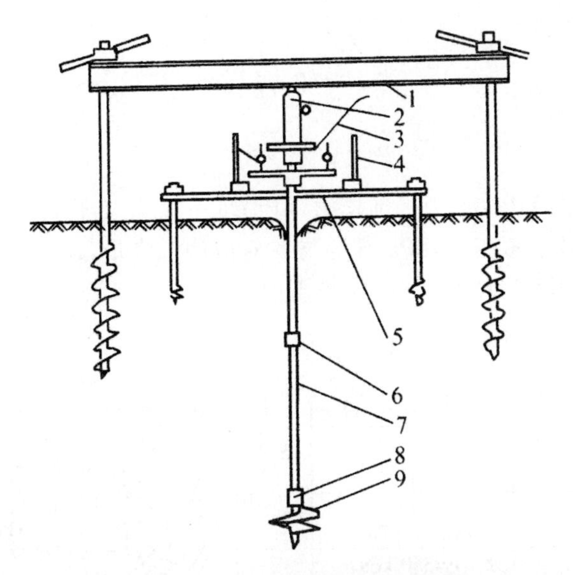

图 1-3　螺旋板载荷试验装置

1—反力装置；2—油压千斤顶；3—导线；4—百分表及磁性座；5—百分表横梁；
6—传力杆接头；7—传力杆；8—测力传感器；9—螺旋形承压板

3. 试验资料整理与成果应用

螺旋板载荷试验采用应力法时，根据试验可获得载荷-沉降量关系曲线（Q-S 曲线）、沉降量与时间关系曲线（S-t 曲线）；采用应变法时，可获得载荷-沉降量关系曲线，依据这些资料，通过理论分析可获得如下土层参数。

①根据螺旋板载荷试验资料绘制 Q-S 曲线，确定地基土的承载力特征值，其方法与静力载荷试验相同。

②确定土的不排水变形模量 E_u。

$$E_u = 0.33\frac{\Delta p D}{\Delta S} \tag{1-2}$$

式中，E_u 为不排水变形模量，MPa；Δp 为压力增量，MPa；ΔS 为压力增量 Δp 所对应的沉降量，mm；D 为螺旋板直径，mm。

③确定排水变形模量 E_0。

$$E_0 = 0.42\frac{\Delta p D}{S_{100}} \tag{1-3}$$

式中，E_0 为排水变形模量，MPa；S_{100} 为在 Δp 压力增量下固结完成后的沉降量，mm；

其余符号意义同前。

④计算不排水抗剪强度。

$$c_u = \frac{P_l}{k\pi R^2} \tag{1-4}$$

式中，c_u 为不排水抗剪强度，kPa；Q_l 为 Q-S 曲线上极限荷载的压力，kN；R 为螺旋板半径，cm；k 为系数，对软塑、流塑软黏土取 8.0～9.5，对其他土取 9.0～11.5。

⑤计算一维压缩模量 E_{sc}。

$$E_{sc}=mp_a\left(\frac{p}{p_a}\right)^{1-a} \tag{1-5}$$

$$m=\frac{S_c}{S}\frac{(p-p_0)D}{p_a} \tag{1-6}$$

式中，E_{sc} 为一维压缩模量，kPa；p_a 为标准压力，kPa；取一个大气压 $p_a=100$ kPa；p 为 Q-S 曲线上的荷载，kPa；p_0 为有效上覆压力，kPa；S 为与 p 对应的沉降量，cm；D 为螺旋板直径，cm；m 为模数；a 为应力指数；超固结土取 1.0，砂土、粉土取 0.5，正常固结饱和黏土取 0；S_c 为无因次沉降系数。可从图 1-4 查得。

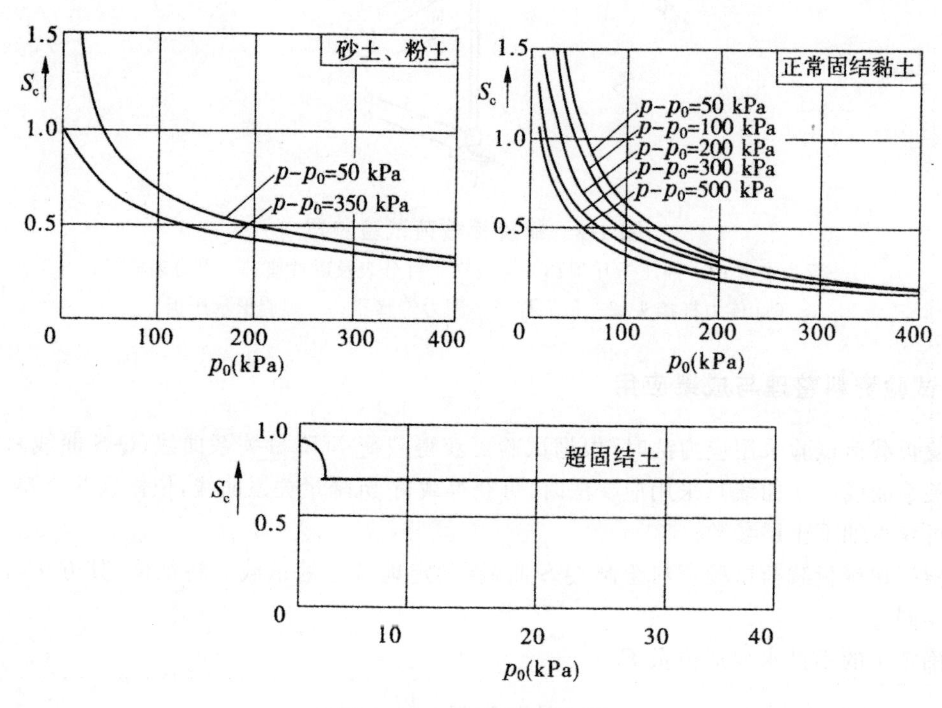

图 1-4　p_0-S_c 关系曲线

⑥计算径向固结系数 C_r。

根据试验得到的每级荷载下沉降量 S 与时间的平方根$\sqrt{t}$绘制 S-$\sqrt{t}$ 曲线（见图 1-5）。Janbu 根据一维轴对称径向排水的固结理论，推导得径向固结系数 C_r 为

$$C_r=T_{90}\frac{R^2}{t_{90}} \tag{1-7}$$

式中，C_r 为径向固结系数，cm^2/min；R 为螺旋板半径，cm；T_{90} 为相当于 90%固结度的时间因子，取 0.335；t_{90} 为完成 90%固结度的时间，min。

过 S-$\sqrt{t}$ 曲线初始直线段与 S 轴的交点，作一 1.31 倍初始段直线斜率的直线与 S-$\sqrt{t}$ 曲线相交，其交点即为完成 90%固结度的时间 t_{90}。

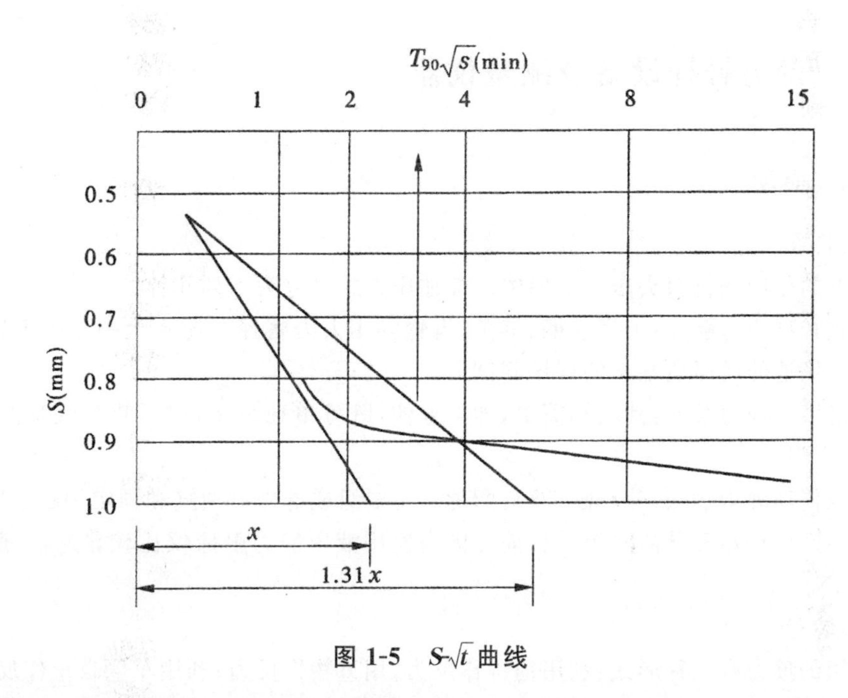

图 1-5 S-$\sqrt{t}$ 曲线

就螺旋板载荷试验在国内的发展情况来看，尚处于研究对比阶段，无论设备结构，还是基础理论和实际应用，都有待进一步开发、研究和推广。

1.3 静力触探试验

静力触探试验（Static Cone Penetration Test），简称静探（CPT）。静力触探是用千斤顶或落锤将一根细长的金属杆（直径 19～80 mm）压入土中，用以测定任意深度处金属杆的贯入阻力。将其结果绘成图，横坐标表示贯入阻力，纵坐标表示贯入深度。由于贯入阻力的大小与土层的性质有关，因此通过贯入阻力的变化情况，可以达到了解土层的工程性质的目的。这是岩土工程勘察中使用最为广泛的一个原位测试项目。

静力触探试验具有勘探和测试双重功能，它和常规的钻探-取样-室内试验等勘察程序相比，具有快速、精确、经济和节省人力等特点。特别是对于地层变化较大的复杂场地以及不易取得原状土样的饱和砂土和高灵敏度的软黏土地层的勘察，静力触探更具有其独特的优越性。此外，在桩基勘察中，静力触探的某些长处，如能准确地确定桩尖持力层等也是一般的常规勘察手段所不能比拟的。

当然，静力触探试验也有其缺点，一是贯入机理尚难搞清，无数理模型，因而目前对静探成果的解释主要还是经验性的；二是它不能直接地识别土层，并且对碎石类土和较密实砂土层难以贯入，因此有时还需要钻探与其配合才能完成工程地质勘察任务。尽管如此，静探的优越性还是相当明显的，因而能在国内外获得极其广泛的应用。

1.3.1 静力触探设备及测量仪器

1. 贯入和驱动

(1)加压装置

加压装置的作用是将探头压入土层中。按加压方式可分为下列几种:

①手摇式轻型静力触探:利用摇柄、链条、齿轮等用人力将探头压入土中。用于较大设备难以进入的狭小场地的浅层地基土的现场测试。

②齿轮机械式静力触探:其结构简单,加工方便,既可单独组装,也可装在汽车上,但贯入力小,贯入深度有限。

③全液压传动静力触探:分单缸、双缸两种。主要组成部件有油缸和固定油缸底座、油泵、分压阀、高压油管、压杆器和导向轮等。目前在国内使用液压静力触探仪比较普遍,一般最大贯入力可达 200 kN。

(2)反力装置

静力触探的反力有三种形式:利用地锚作反力;用重物作反力;利用车辆自重作反力。

(3)探杆

触探钻杆通常用外径 32~35 mm,也有直径 42 mm,壁厚 5.0 mm 的无缝钢管制成。每根触探杆的长度以 1.0 m 为宜。

(4)探头

1)探头的工作原理

将探头压入土中时,由于土层的阻力,使探头受到一定的压力;土层的强度愈高,探头所受到的压力愈大。通过探头内的阻力传感器(以下简称传感器),将十层的阻力转换为电信号,然后由仪表测量出来。为了实现这个目的,需运用三个方面的原理,即材料弹性变形的虎克定律、电量变化的电阻率定律和电桥原理。

静力触探就是通过探头传感器实现一系列量的转换:土的强度→土的阻力→传感器的应变→电阻的变化→电压的输出,最后由电子仪器放大和记录下来,达到获取土的强度和其他指标的目的。

2)探头的结构

①单桥探头。由图 1-6 可知,单桥探头由锥头、弹性元件(传感器)、顶柱、电阻应变片组成,锥底的截面积规格不一,常用的探头型号及规格见表 1-2。单桥探头有效侧壁长度为锥底直径的 1.6 倍。

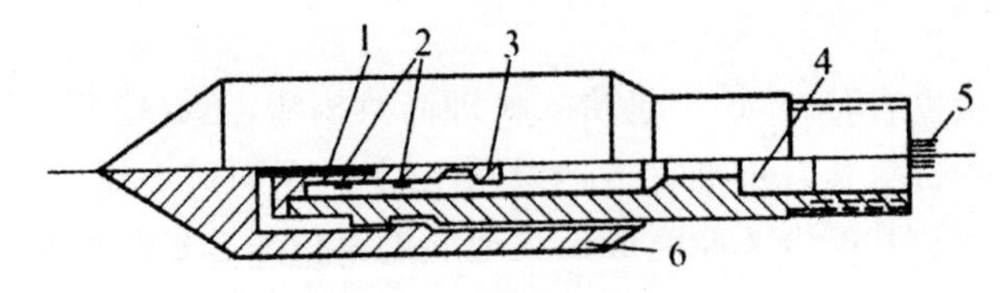

图 1-6 单桥探头结构

1—顶柱;2—电阻应变片;3—传感器;4—密封垫圈套;5—四芯电缆;6—外套筒

表 1-2　单桥探头的规格

型号	锥底直径 ϕ(mm)	锥底面积 A(cm^2)	有效侧壁长度 L(mm)	锥角 α(°)
Ⅰ－1	35.7	10	57	60
Ⅰ－2	43.7	15	70	60
Ⅰ－3	50.4	20	81	60

②双桥探头。单桥探头虽带有侧壁摩擦套筒，但不能分别测出锥头阻力和侧壁摩擦力。双桥探头除锥头传感器外，还有侧壁摩擦传感器及摩擦套筒。侧壁摩擦套筒的尺寸与锥底面积有关。双桥探头结构见图 1-7，其规格见表 1-3。

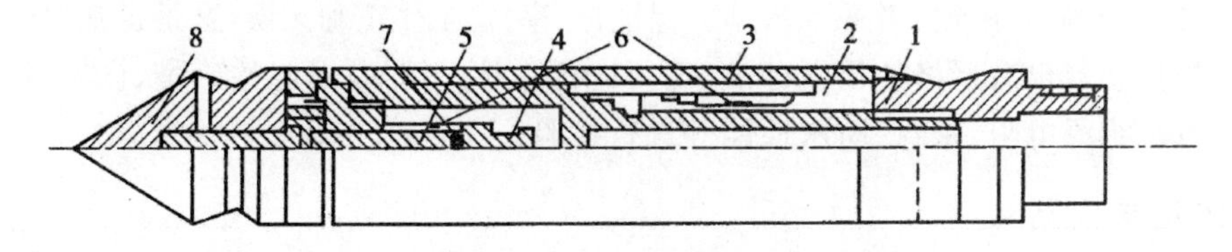

图 1-7　双桥探头结构

1—传力杆；2—摩擦传感器；3—摩擦筒；4—锥尖传感器；5—顶柱；
6—电阻应变片；7—钢珠；8—锥尖头

表 1-3　双桥探头的规格

型号	锥底直径 ϕ(mm)	锥底面积 A(cm^2)	摩擦筒表面积(cm^2)	锥角 α(°)
Ⅱ－1	35.7	10	200	60
Ⅱ－2	43.7	15	300	60
Ⅱ－3	50.4	20	300	60

③孔压静力触探探头。图 1-8 所示为带有孔隙水压力测试的静力触探探头，该探头具有双桥探头的各构造部分，还增加了一个由透水陶粒做成的透水滤器和一个孔隙水压传感器(探头)。它能同时测定锥头阻力，侧壁摩擦阻力和孔隙水压力，同时还能测定探头周围土中孔隙水压力的消散过程。

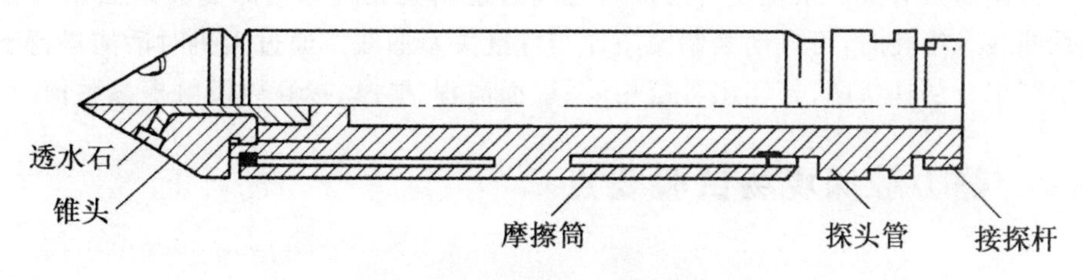

图 1-8　孔压静力触探探头

3)探头的密封与标定

要保证探头能高精度地工作,就必须密封、防潮。密封的方法有包裹法、堵塞法、充填法等。用充填法时应注意利用中性填料且要呈软膏状,以免腐蚀应变片或影响信号的传递。

国内常用的密封防水办法是在探头的螺纹接头处涂上一层高分子液态橡胶,然后将螺纹上紧。在电缆引出端,用厚橡胶垫圈及铜垫圈压紧,使其与电缆紧密接触,起到密封的作用。对于摩擦传感器则采用自行车内轮胎的橡胶膜套上,两端用尼龙线扎紧,对于摩擦传感器的接头连接伸缩缝处可用弹性和密封性能都好的 704 硅橡胶填充密封。

标定也称率定。在材料试验机上最好使用 30～50 kN 的标准测力计进行,需要标(率)定 3～4 次。每次标定要转换不同的方位。标(率)定工作要仔细、准确,加荷速度要慢。将标定结果绘在坐标纸上,纵坐标代表压力 P(贯入阻力),横坐标代表输出电压(mV)或微应变($\mu\varepsilon$)。在正常情况下,标(率)定直线应通过原点,如果不通过原点,且截距较大时,一定是电阻应变片未贴好或探头结构构造上有问题,必须找出原因并采取措施。保证标(率)定工作正确无误,这是正常测试的基础。

探头中的传感器也有严格的质量标准,必须进行检验。例如,对起始感量、误差、环境温度及飘零、额定荷载、绝缘电阻、密封、防水性能等进行检验。

2. 量测记录仪器

我国的静力触探几乎全部采用电阻应变式传感器。因此,与其配套的记录测量仪器主要有以下类型。

(1)电阻应变测量仪

从 20 世纪 60 年代起至 70 年代中期,一直是采用电阻应变仪。手调直读式的电阻应变仪(YJD—1 和 YJ—5)现已基本不用,目前常用的为直显式静力触探记录仪。

该类型的仪器采用浮地测量桥、选通式解调、双积分 A/D 转换等措施,仪器灵敏度高、测量范围大、精度高、稳定性好,同时具有操作简单、携带方便等优点。

(2)静探微机

静探微机主要由主机、交流适配器、接线盒、深度控制器等组成。目前国内常用的为 LMG 系列产品,该机可外接静力触探单、双桥探头(包括测孔隙水压的双桥探头)以及电测十字板、静载荷试验、三轴试验等低速电传感器。

静探微机具有两种采样方式,即按深度和按时间间隔两种。深度间隔的采样方式主要用于静力触探,等时间间隔采样方式可用于电测十字板、三轴试验等,对数式时间间隔采样方式可用于孔隙水压消散试验等。

计算机控制的实时操作系统使得触探时可同时绘制锥尖阻力与深度关系曲线,侧壁摩阻力与深度关系曲线。终孔时,可自动绘制摩阻比与深度关系曲线。通过人机对话能进行土的分层,并能自动绘制出分层柱状图,打印出各层层号、层面高程、层厚、标高以及触探参数值。

1.3.2 静力触探现场试验要点

1. 试验准备工作

①设置反力装置(或利用车装重量)。

②安装好压入和量测设备,并用水准尺将底板调平。

③检查电源电压是否符合要求。

④检查仪表是否正常。

⑤将探头接上测量仪器(应与探头标定时的测量仪器相同),并对探头进行试压,检查顶柱、锥头、摩擦筒是否能正常工作。

2. 现场试验工作

①确定试验前的初读数。将探头压入地表下 0.5 m 左右,经过一定时间后将探头提升 10～25 cm,使探头在不受压状态下与地温平衡,此时仪器上的读数即为试验开始时的初读数。

②贯入速率要求匀速,应控制在 1～2 cm/s 内,一般为 2 cm/s;使用手摇式触探机时,手把转速应力应均匀。

③使用记读式仪器时,每贯入 0.1 m 或 0.2 m 应记录一次读数;使用自动记录仪时,应随时注意桥压、走纸和划线情况,做好深度和归零检查的标注工作。

④由于初读数不是一个固定不变的数值,所以每贯入一定深度(一般为 2 m),要将探头提升 5～10 cm,测读一次初读数,以校核贯入过程初读数的变化情况。

⑤接卸钻杆时,切勿使入土钻杆转动,以防止接头处电缆被扭断,同时应严防电缆受拉,以免拉断或破坏密封装置。

⑥当贯入到预定深度或出现下列情况之一时,应停止贯入:触探主机负荷达到其额定荷载的 120%时;贯入时探杆出现明显弯曲;反力装置失效;探头负荷达到额定荷载;记录仪器显示异常。

⑦试验结束后应及时起拔探杆,并记录仪器的回零情况,探头拔出后应对探头进行检查、清理。当移位于第二个触探孔时,应对孔压探头的应变腔和滤水器重新进行脱气处理。

1.3.3 静力触探数据整理

1. 原始记录的修正

原始记录的修正包括读数修正、曲线脱节修正和深度修正。

读数修正是通过对初读数的处理来完成的。初读数是指探头在不受土层阻力条件下,传感器初始应变的读数(即零点漂移)。影响初读数的因素主要是温度,为消除其影响,在野外操作时,每隔一定深度将探头提升一次,然后将仪器的初读数调零(贯入前初读数也应为零),或者测记一次初读数。前者在自动记录仪上常用,进行资料整理时,就不必再修正;后者则应按下式对读数进行修正:

$$\varepsilon=\varepsilon_1-\varepsilon_0 \tag{1-8}$$

式中,ε 为土层阻力所产生的应变量,$\mu\varepsilon$;ε_1 为探头压入时的读数,$\mu\varepsilon$;ε_0 为根据两相邻初读数之差内插确定的读数修正值,$\mu\varepsilon$。

对于自身带有微机的记录仪,由于它能按检测到的初读数(至少两个)自动内插,故最后打印的曲线也不需要再修正。

记录曲线的脱节，往往出现在非连续贯入触探仪每一行程结束和新的行程开始时，自动记录曲线出现台阶或喇叭口状，如图 1-9 所示。对于这种情况，一般以停机前曲线位置为准，顺应曲线变化趋势，将曲线较圆滑地连接起来，见图 1-9 中的虚线。

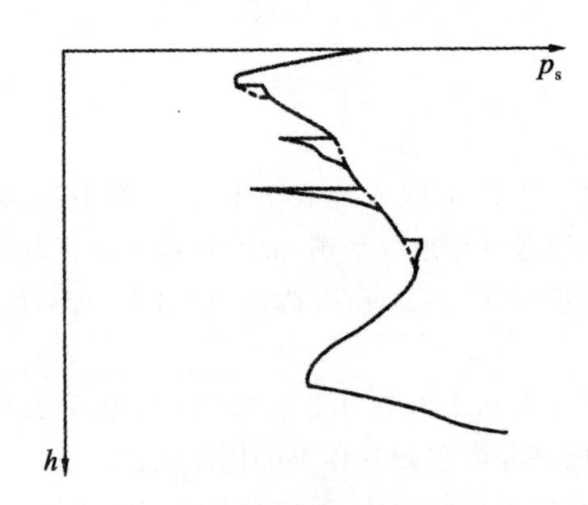

图 1-9　曲线脱节修正

当记录深度与实际深度有出入时，应按深度线性修正深度误差。对于因探杆倾斜而产生的深度误差可按下述方法修正。

触探的同时量测触探杆的偏斜角（相对铅垂线），如每贯入 1 m 测了 1 次偏斜角，则该段的贯入修正量为

$$\Delta h_i = 1 - \cos\frac{\theta_i + \theta_{i-1}}{2} \tag{1-9}$$

式中，Δh_i 为第 i 段贯入深度修正量；θ_i，θ_{i-1} 为第 i 次和第 $i-1$ 次实测的偏斜角。

触探结束时的总修正量为 $\sum \Delta h_i$，实际的贯入深度应为 $h - \sum \Delta h_i$。

实际操作时应尽量避免过大的倾斜、探杆弯曲和机具方面产生的误差。

2. 绘制单孔静探曲线

当使用自动化程度高的触探仪器时，需要的曲线均可自动绘制，只有在人工读数记录时才需要根据测得的数据绘制曲线。

以深度为纵坐标，比贯入阻力或锥头阻力、侧壁摩擦力为横坐标，绘制单孔静探曲线，其横坐标的比例可按表 1-4 选用。通常 p_s-h 曲线或 q_c-h 曲线用实线表示，f_s-h 曲线用虚线表示。侧壁摩擦力和锥头阻力的比例可匹配成 1∶100，同时还应附摩阻比随深度的变化曲线。

表 1-4　比例选用表

项目	比例
深度	1∶100 或 1∶200
比贯入阻力或锥头阻力	1 cm 表示 500、1 000、2 000 kPa
侧壁摩擦力	1 cm 表示 5、10、20 kPa
摩阻比	1 cm 表示 1%、2%

1.3.4　静力触探结果应用

静力触探结果应用极广，几乎包括土力学地基的各个方面。

1. 按贯入阻力进行土层分类

①分类方法。利用静力触探进行土层分类，由于不同类型的土可能有相同的 p_s、q_c 或 f_s 值，因此单靠某个指标，是无法对土层进行正确分类的。在利用贯入阻力进行分层时，应结合钻孔资料进行判别分类。使用双桥探头时，由于不同土的 q_c 和 f_s 值不可能都相同，因而可以利用 q_c 和 f_s/q_c（摩阻比）两个指标来区分土层类别。对比结果证明，用这种方法划分土层类别效果较好。

②利用 q_c 和 f_s/q_c 分类的一些经验数据（见表 1-5）。

表 1-5　按静力触探指标划分土类

<table>
<tr><td rowspan="4">土的名称</td><td colspan="7">单位</td></tr>
<tr><td colspan="2">铁道部</td><td colspan="3">交通部一航局</td><td colspan="2">一机部勘察公司</td></tr>
<tr><td colspan="7">q_c，f_s/q_c 值</td></tr>
<tr><td>q_c(MPa)</td><td>f_s/q_c(%)</td><td>q_c(MPa)</td><td>f_s/q_c(%)</td><td>q_c(MPa)</td><td>f_s/q_c(%)</td><td>q_c(MPa)</td></tr>
<tr><td>淤泥质土及软黏性土</td><td>0.2～1.7</td><td>0.5～3.5</td><td><1</td><td>10～13</td><td><1</td><td>>1</td><td>≤6</td></tr>
<tr><td>黏土</td><td rowspan="3">1.7～9
2.5～20</td><td rowspan="3">0.25～5
0.6～3.5</td><td>1～1.7</td><td>3.8～5.7</td><td rowspan="3">1～7
0.5～3</td><td rowspan="3">>3
0.5～3</td><td rowspan="3">>30
>30</td></tr>
<tr><td>粉质黏土</td><td>1.4～3</td><td>2.2～4.8</td></tr>
<tr><td>粉土</td><td>3～6</td><td>1.1～1.8</td></tr>
<tr><td>砂类土</td><td>2～32</td><td>0.3～1.2</td><td>>6</td><td>0.7～1.1</td><td><1.2</td><td><1.2</td><td>>30</td></tr>
</table>

2. 确定地基土的承载力

在利用静力触探确定地基土承载力的研究中，国内外都是根据对比试验结果得到经验公式。建立经验公式的途径主要是将静力触探试验结果与载荷试验求得的比例界限值进行对比，并通过对比数据的相关分析得到用于特定地区或特定土性的经验公式，以解决生产实践中的应用问题。

（1）黏性土

国内在用静力触探 p_s 或 q_c 确定黏性土地基承载方面已积累了大量资料，建立了用于一定地区和土性的经验公式，其中部分列于表 1-6 中。

表 1-6　黏性土静力触探承载力经验公式

经验公式/kPa	适用范围
$f_{ak}=104p_s+26.9$	$0.3\leqslant p_s\leqslant 6$
$f_{ak}=17.3p_s+159$	北京地区老黏性土
$f_{ak}=114.8\lg p_s+124.6$	北京地区的新近代土
$f_{ak}=249\lg p_s+157.8$	$0.6\leqslant p_s\leqslant 4$
$f_{ak}=87.8p_s+24.36$	湿陷性黄土
$f_{ak}=80p_s+31.8$	黄土地基
$f_{ak}=98q_c+19.24$	黄土地基
$f_{ak}=90p_s+90$	贵州地区红黏土
$f_{ak}=112p_s+5$	软土，$0.085<p_s<0.9$

注：表中 p_s，q_c 的单位为 MPa

(2)砂土

用静力触探 p_s 或 q_c 确定砂土承载力的经验公式见表 1-7。

表 1-7　砂土静力触探承载力经验公式

经验公式/kPa	适用范围
$f_{ak}=20p_s+59.5$	粉、细砂，$1<p_s<15$
$f_{ak}=36p_s+76.6$	中、粗砂，$1<p_s<10$
$f_{ak}=91.7\sqrt{p_s}-23$	水下砂土

注：表中 p_s 的单位为 MPa

(3)粉土

对于粉土则采用下式：

$$f_{ak}=36p_s+44.6 \tag{1-10}$$

式中，f_{ak} 为地基承载力基本值，kPa；p_s 为单桥探头的比贯入阻力，MPa。

3. 划分硅砂的相对密实度 D_r

按比贯入阻力 p_s 划分石英砂的相对密实度 D_r 见表 1-8。

表 1-8　石英砂相对密实度

密实分级		p_s/MPa	D_r
密实		>14	>0.67
中密		14～4	0.67～0.33
松散	稍松	4～2	0.33～0.2
	极松	<2	<0.2

4. 确定砂土的内摩擦角

砂土的内摩擦角可根据探头锥尖阻力 q_c 取值，见表1-9。

表1-9 按探头锥尖阻力 q_c 确定砂土内摩擦角 ϕ

q_c/MPa	ϕ/(°)	q_c/MPa	ϕ/(°)
1.0～1.5	27	6.0～8.0	33
1.5～2.0	28	8.0～10.0	34
2.1～3.0	29	10.0～13.0	35
3.1～4.0	30	13.0～17.0	36
4.1～5.0	31	17.0～21.0	37
5.1～6.0	32	21.0～25.0	38

5. 确定黏性土的状态

国内一些单位通过试验统计，得出了比贯入阻力与液性指数的关系式，见表1-10，用于划分黏性土的状态。

表1-10 比贯入阻力与液性指数的关系

p_s(MPa)	$p_s \leqslant 0.4$	$0.4 < p_s \leqslant 0.9$	$0.9 < p_s \leqslant 3.0$	$3.0 < p_s \leqslant 5.0$	$p_s > 5.0$
I_L	$I_L \geqslant 1$	$1 > I_L \geqslant 0.75$	$0.75 > I_L \geqslant 0.25$	$0.25 > I_L \geqslant 0$	$I_L < 0$
状态	流塑	软塑	可塑	硬塑	坚硬

6. 估算单桩承载力

静力触探试验可以看作一小直径桩的现场载荷试验。对比结果表明，用静力触探成果估算单桩极限承载力是行之有效的。通常是双桥探头实测曲线进行估算。现将采用双桥探头实测曲线估算单桩承载力的经验式介绍如下。

按双桥探头 q_c、f_s 估算单桩竖向承载力计算式如下：

$$p_u = aq_cA + U_p \sum \beta_i f_{si} l_i \tag{1-11}$$

式中，p_u 为单桩竖向极限承载力，kN；a 为桩尖阻力修正系数，对黏性土取2/3，对饱和砂土取1/2；q_c 为桩端上下探头阻力，取桩尖平面以上 $4d$（d 为桩的直径）范围内按厚度的加权平均值，然后再和桩尖平面以下 $1d$ 范围的 q_c 值平均，kPa；f_{si} 为第 i 层土的探头侧壁摩阻力，kPa；i 为第 i 层土桩身侧摩阻力修正系数，按下式计算：

$$\text{对于黏性土}\ \beta_i = 10.05 f_{si}^{-0.55} \tag{1-12}$$

$$\text{对于砂土}\ \beta_i = 5.05 f_{si}^{-0.45} \tag{1-13}$$

式中，U_p 为桩身周长，m。

确定桩的承载力时，安全系数取2～2.5，以端承力为主时取2，以摩阻力为主时取2.5。

1.4　动力触探试验

动力触探(DPT)是利用一定的锤击能量,将带有探头的探杆打入土中,根据贯入的难易程度来评价土的性质。这种原位测试方法历史久远,种类也很多,主要包括圆锥动力触探和标准贯入试验,具有设备简单、操作方便、工效较高、适应性广等优点。特别对难于取原状土样的无黏性土(砂土、碎石土等)及静力触探难于贯入的土层来说,动力触探是十分有效的勘测手段,目前在国内外得到极为广泛的应用。

1.4.1　基本原理

动力触探的锤击能量(穿心锤重量 Q 与落距 H 的乘积),一部分用于克服土对触探的贯入阻力,称为有效能量;另一部分消耗于锤与触探杆的碰撞、探杆的弹性变形及与孔壁土的摩擦等,称为无效能量。假设锤击效率为 η,有效锤击能量可表示为 ηQH,则

$$\eta QH = q_d A e \tag{1-14}$$

$$e = h/N \tag{1-15}$$

式中,Q 为穿心锤重量,kN;H 为落距,cm;q_d 为探头的单位贯入阻力,kPa;A 为探头横截面积,m^2;e 为每击的贯入深度,cm,其值可见式(1-15);h 为贯入深度,cm;N 为贯入深度为 h 时的锤击数,单位为击。

于是可得

$$q_d = \eta QH/(Ah)N \tag{1-16}$$

对于同一种设备,Q、H、A、h 为常数,当 η 一定时,探头的单位贯入阻力与锤击数 N 成正比关系,即 N 的大小反映了动贯入阻力的大小,它与土层的种类、紧密程度、力学性质等密切相关,故可以将锤击数作为反映土层综合性能的指标。通过锤击数与室内有关试验及载荷试验等进行对比和相关分析,建立起相应的经验公式,应用于实际工程。

1.4.2　圆锥动力触探

1. 试验设备

动力触探使用的设备包括动力设备和贯入系统两大部分。动力设备的作用是提供动力源,为便于野外施工,多采用柴油发动机;对于轻型动力触探也有采用人力提升方式的。贯入部分是动力触探的核心,由穿心锤、探杆和探头组成。

根据所用穿心锤的质量将动力触探试验分为轻型、中型、重型和超重型等种类。动力触探类型及相应的探头和探杆规格见表 1-11。

表 1-11　国内圆锥动力触探类型及规格

触探类型	落锤质量/kg	落锤距离/cm	圆锥头规格			探杆外径/mm	触探指标	适用范围
			锥角/°	锥底直径/mm	锥底面积/cm^2			
轻型	10	50	60	40	12.6	25	贯入 30 cm 的锤击数 N_{10}	浅部的填土、砂土、粉土、黏性土
重型	63.5	76	60	74	43	42	贯入 10 cm 的锤击数 $N_{63.5}$	砂土、中密以下的碎石土、极软岩
超重型	120	100	60	74	43	50 ～60	贯入 10 cm 的锤击数 N_{120}	密实和很密实的碎石土、软岩、极软岩

各种圆锥动力触探尽管试验设备重量相差悬殊，但其组成基本相同。目前常用的机械式动力触探中的轻型动力触探仪的贯入系统包括了穿心锤、导向杆、锤垫、探杆和探头五个部分。轻型动力触探的试验设备如图 1-10 所示，重型(超重型)动力触探探头如图 1-11 所示。

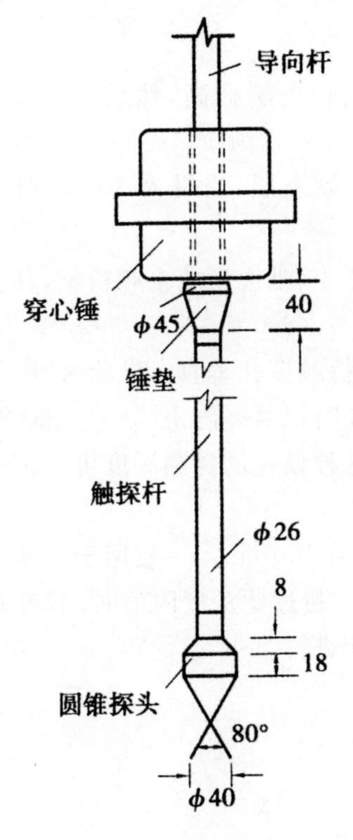

图 1-10　轻型动力触探仪(单位:mm)

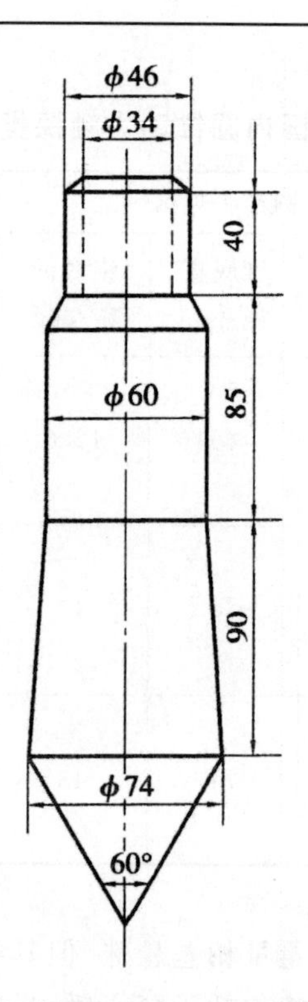

图 1-11　重型(超重型)探头的结构(单位:mm)

2. 试验方法

(1)轻型动力触探

试验时,先用轻便钻具钻至试验土层标高,然后对土层连续进行触探。每次将穿心锤提升 50 cm,自由落下。锤击频率每分钟宜为 15～30 击,并始终保持探杆垂直,记录每打入土层 30 cm 的锤击数 N_{10}。如遇密实坚硬土层,当贯入 30 cm 所需锤击数超过 90 击或贯入 15 cm 超过 45 击时,试验可以停止。

轻型动力触探适用于一般黏性土、黏性素填土和粉土,其连续贯入深度小于 4 m。

(2)重型动力触探(DPH)

试验前将触探架安装平稳,保持触探孔垂直。试验时,应使穿心锤自由下落,落距为 76 cm,锤击速率宜为每分钟 15～30 击,及时记录一阵击(5～10 击)的锤击数及相应的贯入度。

一般适用于砂土和碎石土。这种设备的探测深度可达 15～20 m。

(3)超重型动力触探(DPSH)

贯入时穿心锤自由下落,落距为 100 cm。一般用于密实的碎石或埋深较大、厚度较大的碎石土。贯入深度一般不超过 20 m。超过此深度限值时,需考虑触探杆侧壁摩阻的影响。

其他步骤可参照重型动力触探进行。

3. 资料整理

(1)实测击数的校正

1)轻型动力触探

轻型动力触探不考虑杆长修正,实测击数 N_{10} 可直接应用。

2)重型动力触探

侧壁摩擦影响的校正:对于砂土和松散-中密的圆砾卵石,触探深度在1～15 m范围内时,一般可不考虑侧壁摩擦的影响。

触探杆长度的校正:当触探杆长度大于2 m时,锤击数需按下式进行校正:

$$N_{63.5}=\alpha N \tag{1-17}$$

式中,$N_{63.5}$为重型动力触探试验锤击数,单位为击;α为触探杆长度校正系数,按表1-12确定;N为贯入10 cm的实测锤击数,单位为击。

表1-12　重型动力触探试验杆长校正系数α值

$N_{63.5}$	杆长(m)										
	<2	4	6	8	10	12	14	16	18	20	22
<1	1.00	0.98	0.96	0.93	0.90	0.87	0.84	0.81	0.78	0.75	0.72
5	1.00	0.96	0.93	0.90	0.86	0.83	0.80	0.77	0.74	0.71	0.68
10	1.00	0.95	0.91	0.87	0.83	0.79	0.76	0.73	0.70	0.67	0.64
15	1.00	0.94	0.89	0.84	0.80	0.76	0.72	0.69	0.66	0.63	0.60
20	1.00	0.90	0.85	0.81	0.77	0.73	0.69	0.66	0.63	0.60	0.57

地下水影响的校正:对于地下水位以下的中、粗、砾砂和圆砾、卵石,锤击数可按下式修正:

$$N_{63.5}=1.1N'_{63.5}+1.0 \tag{1-18}$$

式中,$N_{63.5}$为经地下水影响校正后的锤击数,单位为击;$N'_{63.5}$为未经地下水影响校正而经触探杆长度影响校正后的锤击数,单位为击。

3)超重型动力触探

触探杆长度及侧壁摩擦影响的校正:

$$N_{120}=\alpha F_n N \tag{1-19}$$

式中,N_{120}为超重型动力触探试验锤击数,单位为击;α为触探杆长度校正系数,按表1-13确定;F_n为触探杆侧壁摩擦影响校正系数,按表1-14确定;N为贯入10 cm的实测击数,单位为击。

表1-13　超重型动力触探试验触探杆长度校正系数α

探杆长度(m)	<1	2	4	6	8	10	12	14	16	18	20
α	1.00	0.93	0.87	0.72	0.65	0.59	0.54	0.50	0.47	0.44	0.42

表1-14　超重型动力触探试验探杆侧壁摩擦影响校正系数

N	1	2	3	4	6	8—9	10—12	13—17	18—24	25—31	32—50	>50
F_n	0.92	0.85	0.82	0.80	0.78	0.76	0.75	0.74	0.73	0.72	0.71	0.70

(2)动贯入阻力的计算

圆锥动力触探也可以用动贯入阻力作为触探指标,其值可按下式计算:

$$q_d=\frac{M}{M+M'}\cdot\frac{MgH}{Ae} \tag{1-20}$$

式中,q_d 为动力触探贯入阻力,MPa;M 为落锤质量,kg;M' 为触探器(包括探头、触探杆、锤座和导向杆)的质量,kg;g 为重力加速度,m/s^2;H 为落锤高度,m;A 为探头截面积,cm^2;e 为每击贯入度,cm,$e=D/N$,D 为规定贯入深度,N 为规定贯入深度的击数。

式(1-20)是目前国内外应用最广的动贯入阻力计算公式,我国《岩土工程勘察规范》和水利水电部《土工试验规程》条文说明中都推荐该公式。

(3)触探曲线

动力触探试验资料应绘制触探击数(或动贯入阻力)与深度的关系曲线。触探曲线可绘成直方图,见图 1-12。根据触探曲线的形态,结合钻探资料,可进行土的力学分层。但在进行土的分层和确定土的力学性质时应考虑触探的界面效应,即"超前"和"滞后"反应。当触探探头尚未达到下卧土层时,在一定深度以上,下卧土层的影响已经超前反应出来,叫做超前反应;当探头已经穿过上覆土层进入下卧土层中时,在一定深度以内,上覆土层的影响仍会有一定反应,这叫作滞后反应。

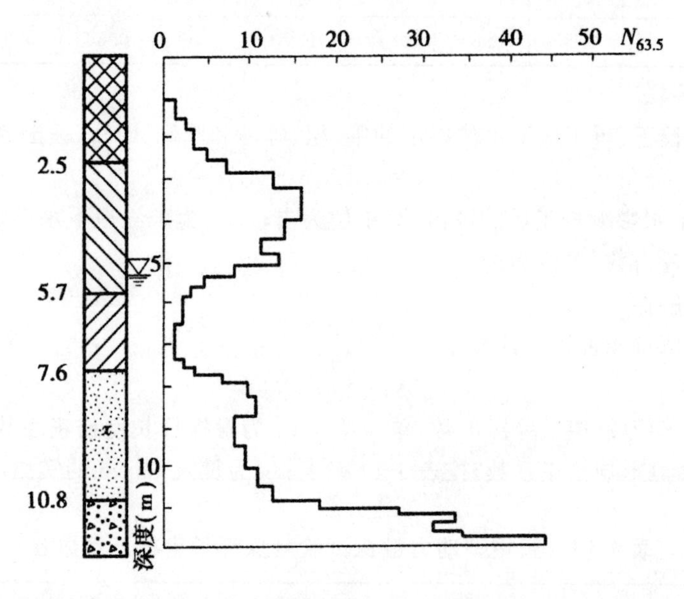

图 1-12　动力触探击数随深度分布的直方图及土层划分

据试验研究,当上覆为硬层下卧为软层时,对触探击数的影响范围大,超前反应量(一般为 0.5～0.7 m)大于滞后反应量(一般为 0.2 m);上覆为软层下卧为硬层时,影响范围小,超前反应量(一般为 0.1～0.2 m)小于滞后反应量(一般为 0.3～0.5 m)。在划分地层分界线时应根据具体情况做适当调整:一般由软层(小击数)进入硬层(大击数)时,分层界线可定在软层最后一个小值点以下 0.1～0.2 m 处;由硬层进入软层时,分层界线可定在软层第一个小值点以上 0.1～0.2 m 处。

根据力学分层，剔除层面上超前和滞后影响范围内及个别指标异常值，计算单孔各层动探指标的算术平均值。

当土质均匀，动探数据离散性不大时，可取各孔分层平均值，用厚度加权平均法计算场地分层平均动探指标。当动探数据离散性大时，宜用多孔资料与钻孔资料及其他原位测试资料综合分析。

1.4.3　标准贯入试验

1. 试验设备

标准贯入试验设备主要由标准贯入器(图 1-13)、触探杆和穿心锤三部分组成。我国贯入试验设备规格见表 1-15。

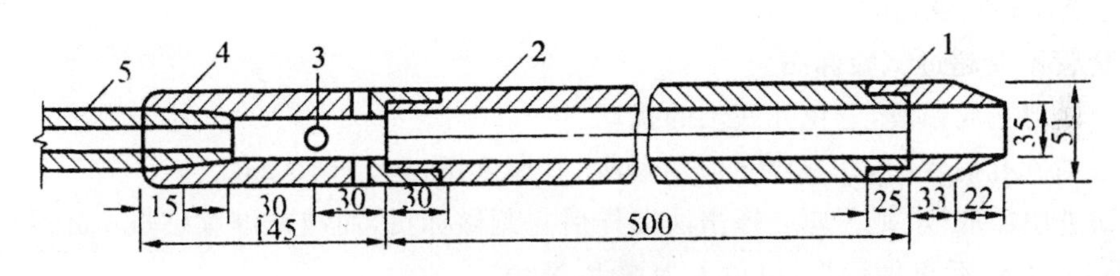

图 1-13　标准贯入器

1—贯入器靴;2—由两个半圆形管合成的贯入器身;

3—出水孔,$\phi 15$;4—贯入器头;5—触探杆

表 1-15　标准贯入试验设备

落锤质量/kg	落锤距离/cm	贯入器规格	触探指标	触探杆外径/mm
63.5±0.5	76±2	对开式，外径 5.1 cm，内径 3.5 cm，长度 70 cm，刃口角 18°～20°	将贯入器打入 15 cm 后，贯入 30 cm 的锤击数	42

2. 试验方法

标准贯入试验的设备和测试方法在世界上已基本统一。按《水电部土工试验规程》规定，其测试程序和相关要求如下。

①先用钻具钻至试验土层标高以上 0.15 m 处，清除残土。清孔时，应避免试验土层受到扰动。当在地下水位以下的土层中进行试验时，应使孔内水位保持高于地下水位，以免出现涌砂和塌孔；常采用泥浆护壁或下套管。钻进方式宜采用回转钻进。

②贯入前，检查探杆与贯入器接头是否连接好，将贯入器放入孔内，避免冲击孔底，注意保持导向杆、探杆和贯入器的垂直度。孔口宜加导向器，以保证穿心锤中心施力。贯入器放入孔内后，应测定贯入器所在深度，要求残土厚度不大于 0.1 m。

③将贯入器以每分钟击打 15～30 次的频率，先打入土中 0.15 m，不计锤击数，然后开始记

录每打入0.10 m,累计打入0.30 m的锤击数为标准贯入击数N。并记录贯入深度与试验情况。若土层较为密实,锤击数超过50击,而贯入度未达0.30 m时,不应强行打入,并记录50击的贯入深度。标准贯入击数N按下式计算:

$$N=30n/\Delta S \tag{1-21}$$

式中,N为所选取贯入量的锤击数,单位为击;通常取$n=50$击;ΔS为对应锤击数N击的贯入量,cm。

④旋转钻杆,然后拔出贯入器,取贯入器中的土样进行鉴别、描述记录,并测量其长度。将需要保存的土样仔细包装、编号,以备试验之用。

⑤重复上述步骤,进行下一深度的标贯测试,直至所需深度,一般每隔1 m进行一次标贯试验。

⑥注意事项:

a. 须保持孔内水位高出地下水位一定高度,以免塌孔,保持孔底土处于平衡状态,不使孔底发生涌砂变松而影响N值。

b. 下套管不要超过试验标高。

c. 须缓慢地下放钻具,避免孔底土的扰动。

d. 细心清除孔底浮土,孔底浮土应尽量少,其厚度不得大于10 cm。

e. 如钻进中需取样,则不应在锤击法取样后立刻做标贯,而应在继续钻进一定深度(可根据土层软硬程度而定)后再做标贯,以免人为增大N值。

f. 钻孔直径不宜过大,以免加大锤击时探杆的晃动;钻孔直径过大时,可减少N至50%;建议钻孔直径上限为100 mm,以免影响N值。

标贯和圆锥动力触探测试方法的不同点,主要是不能连续贯入,每贯入0.45 m必须提钻一次,然后换上钻头进行回转钻进至下一试验深度,重新开始试验。另外,标贯试验不宜在含有碎石的土层中进行,只宜用于黏性土、粉土和砂土中,以免损坏标贯器的管靴刃口。

3. 资料整理

在整理资料时,应按有关规定对实测标贯击数N'进行必要的校正,并绘制标贯击数N与深度的关系曲线。

当探杆长度大于3 m时,标贯击数应按下式进行杆长校正:

$$N=\alpha N' \tag{1-22}$$

式中,N为标准贯入试验锤击数,单位为击;α为触探杆长度校正系数,可按表1-16确定;N'为实测贯入30 cm的锤击数。

表1-16 触探杆长度校正系数α

杆长度/m	<3	6	9	12	15	18	21
校正系数α	1.00	0.92	0.86	0.81	0.77	0.73	0.70

注:应用值时是否修正,应据建立统计关系时的具体情况确定。

1.4.4　动力触探和标准贯入试验的成果应用

1. 确定地基土承载力

用动力触探和标准贯入的成果确定地基土的承载力已被多种规范所采纳，如《建筑地基基础设计规范》(GB 50007—2011)、《工业与民用建筑工程地质勘察规范》(TJ 21—77)和《湿陷性黄土地区建筑规范》(GB 50025—2004)等，各规范均提出了相应的方法和配套使用的表格。此方面内容请见相应规范或参考书。

2. 求单桩容许承载力

动力触探试验对桩基的设计和施工也具有指导意义。实践证明，动力触探不易打入时，桩也不易打入。这对确定桩基持力层及沉桩的可行性具有重要意义。用标准贯入击数预估打入桩的极限承载力是比较常用的方法，国内外都在采用。具体方法请见参考书。由于动力触探无法实测地基土的极限侧壁摩阻力，因而用于桩基勘察时，主要是采用以桩端承载力为主的短桩。

3. 按动力触探和标准贯入击数确定粗粒土的密实度

动力触探主要适用于粗粒土，用动力触探和标准贯入测定粗粒土的状态有其独特的优势。标准贯入可适用于砂土，动力触探可适用于砂土和碎石土。

用标准贯入试验锤击数 N 判定砂土的密实度在国内外已得到广泛承认，其划分标准按《建筑地基基础设计规范》(GB 50007—2011)，可见表1-17。

表1-17　标准贯入试验锤击数 N 判定砂土的密实度

N	$N \leqslant 10$	$10 < N \leqslant 15$	$15 < N \leqslant 30$	$N > 30$
密实度	松散	稍密	中密	密实

利用动力触探和标准贯入的测试成果还可以确定黏性土的黏聚力 c 及内摩擦角 φ，确定地基土的变形模量，检验碎石桩的施工质量，标准贯入法还是目前被认可的判断砂土液化可能性的较好方法。

总之，动探和标贯的优点很多，应用广泛，但影响其测试成果精度的因素也很多，所测成果的离散性大，因此是一种较粗糙的原位测试方法。在实际应用时，应与其他测试方法配合，在整理和应用测试资料时，运用数理统计方法有助于取得较好的效果。

1.5　十字板剪切试验

十字板剪切试验是快速测定饱和软黏土层快剪强度的一种简易而可靠的原位测试方法。所测得的抗剪强度值，相当于试验深度处，天然土层在天然压力下固结的不排水抗剪强度，在理论上它相当于三轴不排水剪的总强度，或无侧限抗压强度的一半（$\varphi=0$）。由于十字板剪切试验不需采取土样，特别对于难以取样的灵敏性高的黏性土，它可以在不改变天然应力的状态下进行扭剪。长期以来，十字板剪切试验被认为是一种较为有效的、可靠的现场测试方法，与钻探取样室内试验相比，土体的扰动较小，而且试验简便。

1.5.1 十字板剪切试验的基本原理

十字板剪切试验全称为野外十字板剪切试验，国际上简称为 FVST（Field Vane Shear Test）。十字板剪切试验是用插入软黏土中的十字板头，以一定的速率旋转，测出土的抵抗力矩，换算其抗剪强度。这个抗剪强度相当于摩擦角 $\varphi_u=0$ 时的黏聚力 c_u 值。

十字板剪切试验是在钻孔某试验深度的软黏性土中插入规定形状和尺寸的十字板头（图 1-14），施加一定的扭转力矩，使板头内的土体与周围土体产生相对扭剪，直至土体破坏，测出土体对抗扭剪的最大力矩，然后根据力矩的平衡条件，推算出土体抗剪强度。在推算强度时，作了以下几点假定。

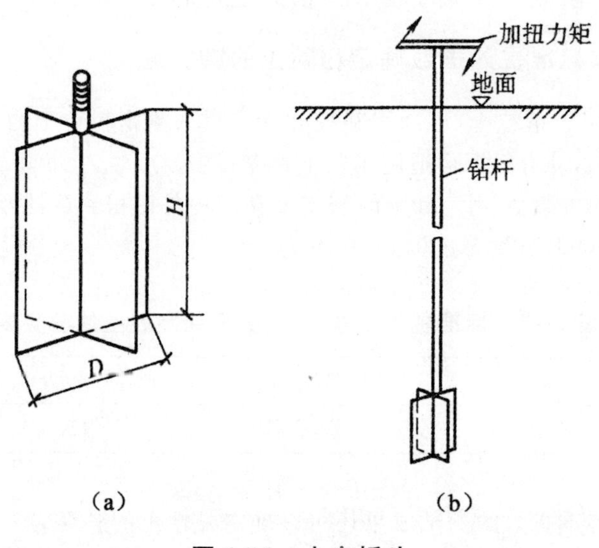

图 1-14　十字板头

①剪切破坏面为一圆柱面，圆柱面的直径与高度分别等于十字板板头的宽度 D 和高度 H，如图 1-15 所示。

②圆柱面侧表面的抗剪强度 τ_{fV} 和顶底面上的抗剪强度 τ_{fH} 为均匀分布并相等，即 $\tau_{fV}=\tau_{fH}=\tau_f$，如图 1-15 所示。则旋转过程中，土体产生的最大抵抗力矩 M_r 等于圆柱体上下面和侧表面上土体抵抗力矩之和，即

$$M_r=M_{r1}+M_{r2} \tag{1-23}$$

式中，M_{r1} 为圆柱上下面的抵抗力矩；M_{r2} 为圆柱侧表面的抵抗力矩，其计算式为

$$M_{r1}=2c_u\times\frac{1}{4}\times\pi D^2\times\frac{2}{3}\times\frac{D}{2}=\frac{1}{6}c_u\pi D^3$$

$$M_{r2}=c_u\times\pi DH\times\frac{D}{2}$$

代入式(1-23)中,得:

$$M_r=\frac{1}{6}c_u\pi D^3+c_u\times\pi DH\times\frac{D}{2}=\frac{1}{2}c_u\pi D^2\left(\frac{D}{3}+H\right)$$

故

$$c_u=\frac{2M_r}{\pi D^2\left(\frac{D}{3}+H\right)} \tag{1-24}$$

式中,c_u 为土的不排水抗剪强度,kPa;D 为十字板头直径,m;H 为十字板头高度,m。

对于不同的试验设备,测量最大抵抗力矩的方法也不同。

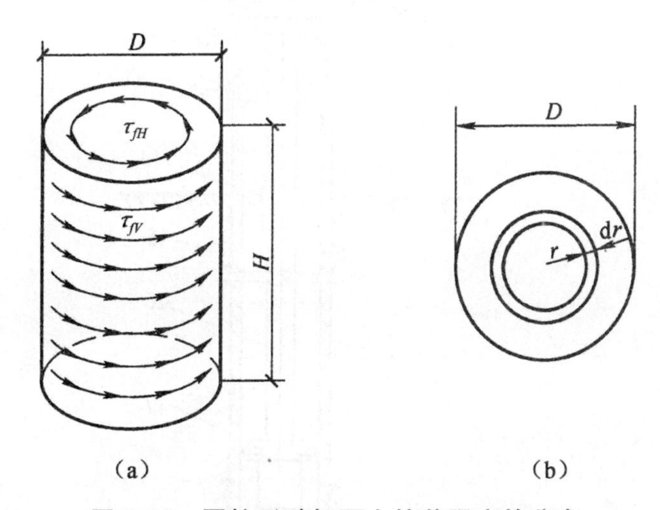

图1-15　圆柱形破坏面上抗剪强度的分布

1.5.2　十字板剪切试验的设备

十字板剪切试验的设备为十字板剪切仪,按传力方式分为机械式和电测式两类,目前国内有开口钢环式、轻便式和电测式三种。前两者属于机械式,后者属于电测式。

1. 开口钢环式十字板剪切仪

这是国内早期最常用的一种剪切仪,如图1-16所示。该仪器是利用蜗轮旋转将十字板头插入土层中,借开口钢环测力装置(图1-17)测出土体抵抗力矩,来计算土的抗剪强度。该法应用较广,效果也较好。

2. 轻便式十字板剪切仪

轻便式十字板剪切仪是一种在开口钢环式十字板剪切仪基础上改造简化的设备。它不需用钻探设备钻孔和下套管,只用人力将十字板压入试验深度,人力施加扭力和反力,通过固定在旋转把手上的拉力钢环测定扭力矩,如图1-18所示。设备全重只有20 kg,3～4人即可随身携带和试验,适用于饱和软土地区中小型工程的勘察。该仪器在试验中难于准确掌握剪切速率和不易准确维持仪器的水平，测试精度不高，使用较少。在一般简易小型工程中，具有熟练操作技术的工作人员可以应用。

该仪器的十字板头常选用 $D \times H = 50 \times 100$ mm 规格的板头，采用离合式接触。施测扭力的装置有铝盘、钢环、旋转手柄、百分表等。

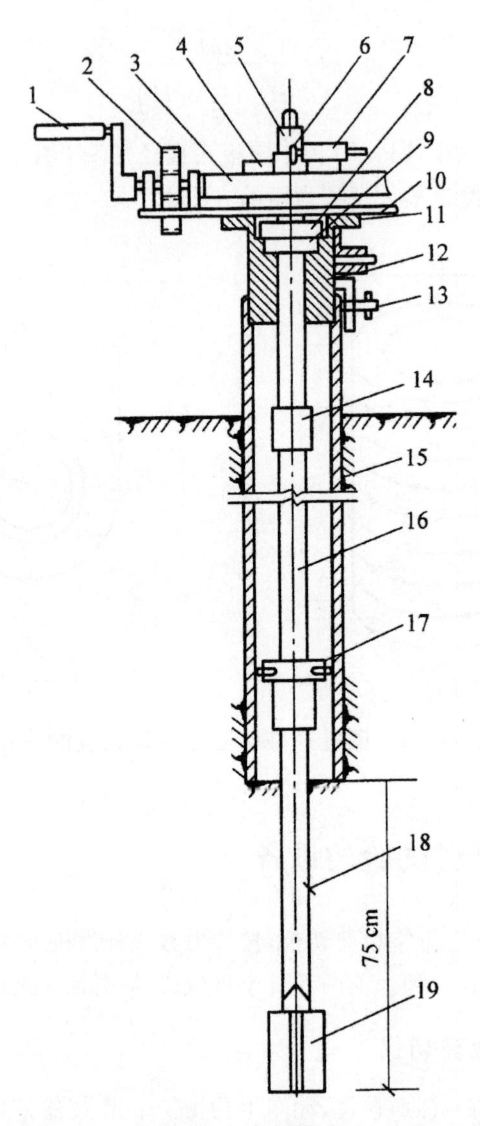

图 1-16　开口钢环式十字板剪切仪结构示意图

1—摇柄；2—齿轮；3—蜗轮；4—开口钢环；5—固定夹；6—导杆；7—百分表；8—底板；9—支圈；10—固定套；11—平面弹子盘；12—底座锁紧轴；13—制紧轴；14—接头；15—套管；16—钻杆；17—导杆；18—轴杆；19—十字板头

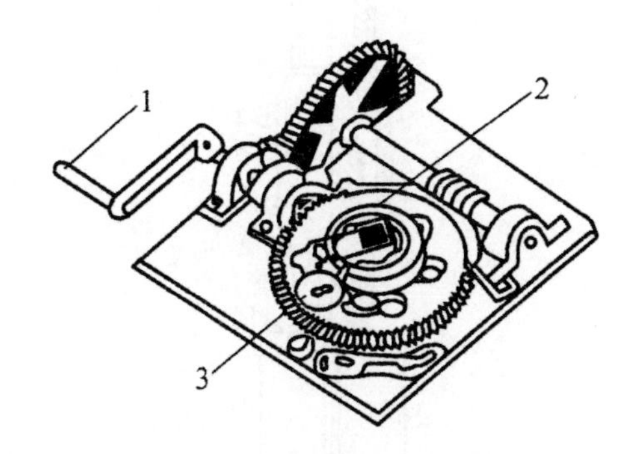

图 1-17　开口钢环测力装置

1—摇柄；2—开口钢环；3—百分表

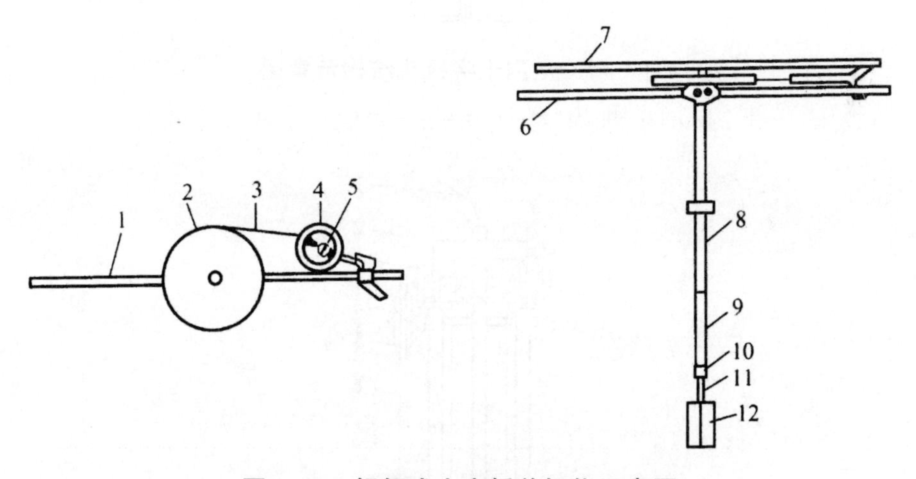

图 1-18　轻便式十字板剪切仪示意图

1—旋转手柄；2—铝盘；3—钢丝绳；4—钢环；5—量表；
6—制动扳手；7—施力把手；8—钻杆；9—轴杆；
10—离合齿；11—小丝杆；12—十字板头

3. 电测式十字板剪切仪

电测式十字板剪切仪与上述两种类型仪器的主要区别在于测力设备不用钢环，而是在十字板头上方连接一贴有电阻应变片的扭力传感器，如图 1-19 所示。利用静力触探仪的贯入装置（见图 1-20），将十字板头压入到土层不同试验深度，借助回转系统旋转十字板头，用电子仪器量测十字板头的剪切扭力。试验过程中不必进行钻杆和轴杆校正，操作容易，试验成果比较稳定。另外，同一场地还可以用一套仪器进行静力触探试验，因此得到了广泛使用。

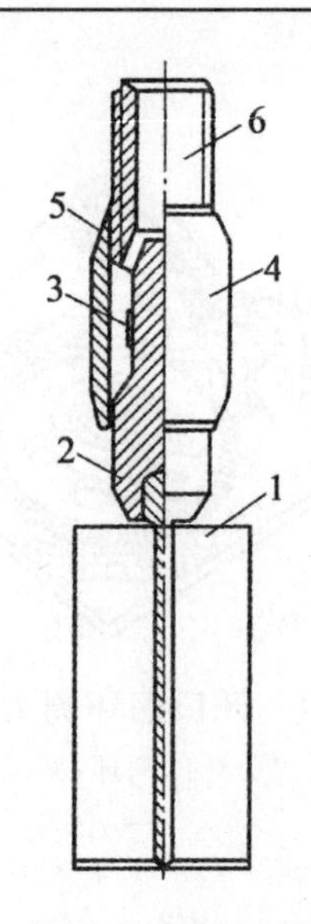

图 1-19 电测十字板头结构示意图

1—十字板头；2—扭力柱；3—应变片；4—护套；5—出线孔；6—钻杆

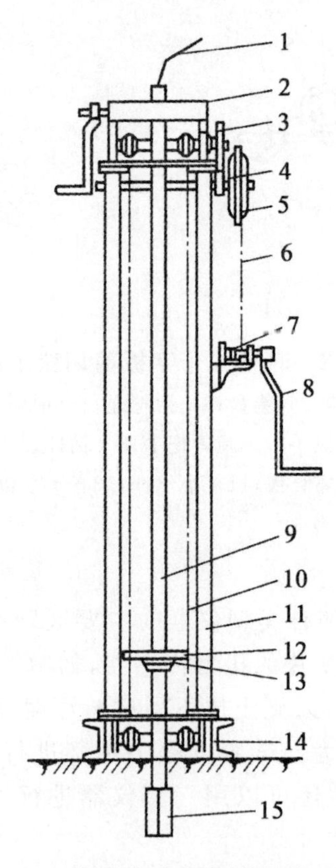

图 1-20 电测式十字板剪切仪示意图

1—电缆；2—施加扭力装置；3—大齿轮；4—小齿轮；5—大链条；
6，10—链条；7—小链条；8—摇把；9—探杆；11—支架立杆；
12—山形板；13—垫压板；14—槽钢；15—十字板头

1.5.3 基本技术要求

十字校剪切试验基本技术要求如下。

①进行钻孔十字板剪切试验时，十字板插入孔底以下的深度应大于五倍钻孔直径，以保证十字板能在不扰动土中进行剪切试验。

②十字板插入土中与开始扭剪间的间歇时间应小于 5 min。因为插入时产生的超孔隙水压力的消散，会使侧向有效应力增大。1977 年托斯坦桑发现间歇时间为 1 h 和 7 d 的试验所得的不排水抗剪强度，比间歇时间为 5 min 的约分别增大 9%和 19%。

③应很好地控制扭剪速率。速率过慢，会由于排水导致强度增大；速率过快，饱和软黏土会产生黏滞效应，这也使强度增大，一般应控制为 6°～12°/min 或 1°～2°/10 s。

④十字板剪切试验点的布置，对均质土竖向间距可为 1 m，对非均质或夹薄层粉细砂的软黏性土，宜先作静力触探，结合土层变化，选择软黏土进行试验。

⑤重塑土的不排水抗剪强度，应在峰值强度或稳定值强度出现后，顺剪切扭转方向连续转动 6 圈后测定。

⑥十字板剪切试验抗剪强度的测定精度应达到 1～2 kPa。

⑦为测定软黏性土不排水抗剪强度随深度的变化，试验点竖向间距应取为 1 m，或根据静力触探等资料布置试验点。

1.5.4 十字板剪切试验的适用条件和影响因素

1. 适用条件

长期以来，十字板剪切试验被认为对于均质饱和软黏性土是一种有效可靠的原位测试方法，国内外应用很广。但其缺点是仅适用于测定均质饱和软黏性土层的互剪强度，对于具有薄层粉砂、粉土夹层的软黏性土，测定结果往往偏大，而且成果比较分散；它对硬塑黏土和含有砂层、砾石、贝壳、树根及其他未分解有机质的土层不适用，否则会损伤十字板头。故在进行十字板剪切试验前，应先进行动探，摸清土层分布情况。

2. 影响因素

(1)十字板头规格

为了精确测定土层不排水抗剪强度，十字板不能太小。目前国内采用的尺寸为 50×100(mm)和 75×150(mm)两种标准的十字板，但两者的试验结果并非总是相同。

(2)土的各向异性

天然沉积土层常呈现层理，且土中应力状态不相同，显示出应力应变关系及强度的各向异性。扭剪破坏所形成的圆柱体侧面和顶底面上土的抗剪强度并不相等。有时需要采用不同 D/H 比的十字板头，在邻近位置进行多次测定，以便区分 τ_{fV} 和 τ_{fH}。另外，主十字板剪切过程中，顶底面和侧面应力达到峰值所需的变位(即扭转角)也不同。

(3)十字板剪切速率

土的所有剪切试验结果都受应力或应变施加速率的影响。试验结果表明,十字板的剪切速率对试验结果影响很大。剪切速率越大,抗剪强度越大。目前国内外一般都采用 0.1°/s 的速率,但实际工程的加荷速率一般较慢,故试验所得的抗剪强度相应偏大一些。

(4)剪应力的分布

土体扭剪破坏时,破坏面上剪应力的分布并不是均匀的,剪应力近边缘处(水平面及垂直面上)均有应力集中现象。1969 年,杰克逊(Jackson)提出,对计算抗剪强度 c_u 的公式(1-24)进行修正,表示为

$$c_u=\frac{2M_r}{\pi D^3\left(\frac{a}{2}+\frac{H}{D}\right)} \tag{1-25}$$

式中,a 为与顶面及底面剪应力在土体破坏时分布有关的系数。当剪应力分布均匀时,$a=2/3$;当剪应力分布是抛物线时,$a=3/5$;当剪应力分布是三角形时,$a=1/2$。

影响十字板剪切试验的因素很多,有些因素(如十字板厚度、间歇时间和扭转速率等)已由技术标准加以控制了,但有些因素是无法人为控制的,例如土的各向异性、剪切面剪应力的非均匀分布、应变软化和剪切破坏圆柱直径大于十字板直径等。所有这些因素的影响大小,均与土类、土的塑性指数 I_p 和灵敏度 S_t 有关。当 I_p 高、S_t 大时,各因素的影响也大。因此,对于高塑性的灵敏黏土的十字板剪切试验成果,要做慎重分析。

1.5.5 十字板剪切试验资料整理和应用

1. 资料整理

由于对于不同的试验设备,测量最人抵抗力矩的方法有所不同,因此由式(1-24)所推得的计算抗剪强度的公式也不同。

(1)开口钢环式十字板剪切试验

1)计算原状土的抗剪强度

$$c_u=KC(R_y-R_g) \tag{1-26}$$

$$K=\frac{2R}{\pi D^2\left(\frac{D}{3}+H\right)} \tag{1-27}$$

式中,c_u 为原状土的抗剪强度,kPa;C 为钢环系数,kN/0.01 mm;R_y 为原状土剪损时百分表最大读数,0.01 mm;R_g 为轴杆阻力校正时百分表最大读数,0.01 mm;K 为十字板常数,m^{-2},可按式(1-27)计算;R 为率定钢环时的力臂,m。

2)计算重塑土的抗剪力强度

$$c_u'=KC(R_c-R_g) \tag{1-28}$$

式中,c_u'为重塑土的抗剪强度,kPa;R_c 为重塑土剪损时百分表最大读数,0.01 mm。

3)计算土的灵敏度

$$S_t=\frac{c_u}{c_u'} \tag{1-29}$$

4)绘制抗剪强度与试验深度的关系曲线

以了解土的抗剪强度随深度的变化规律,如图1-21所示。

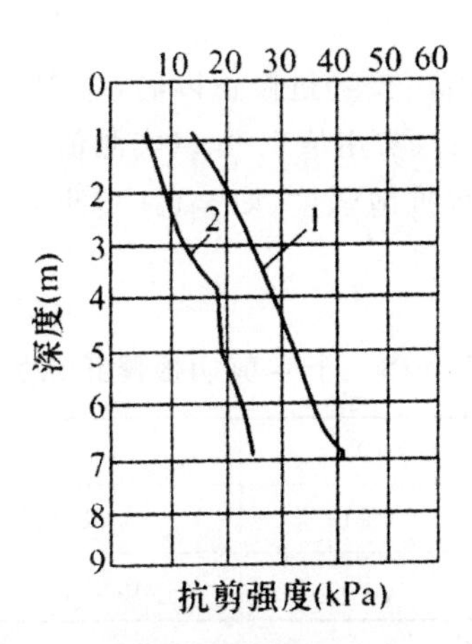

图1-21 抗剪强度随深度变化曲线图

1—原状土;2—重塑土

5)绘制抗剪强度与回转角的关系曲线

以了解土的结构性和受扭剪时的破坏过程,如图1-22所示。

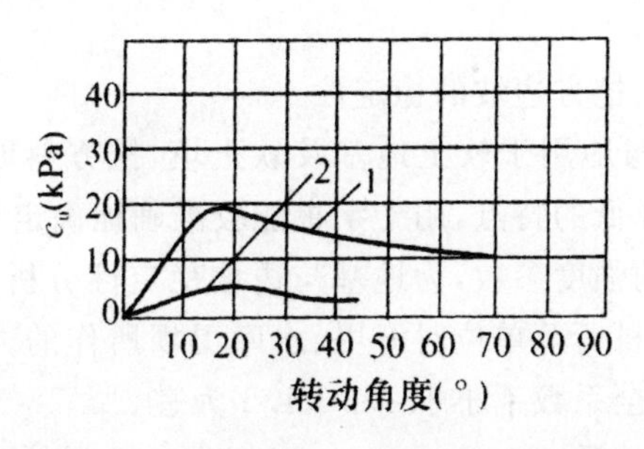

图1-22 抗剪强度与转角关系曲线

1—原状土;2—重塑土

(2)电测式十字板剪切试验

1)计算原状土的抗剪强度

$$c_u = K'\xi R_y \tag{1-30}$$

$$K' = \frac{2}{\pi D^2\left(\dfrac{D}{3}+H\right)} \tag{1-31}$$

式中,c_u 为原状土的抗剪强度,kPa;ξ 为电测十字板头传感器的率定系数,kN·m/$\mu\varepsilon$;R_y 为原状土剪损时最大微应变值,$\mu\varepsilon$;K'为电测十字板常数,m^{-3},可由式(1-31)计算得到。

2)计算重塑土的抗剪强度

$$c_u' = K'\xi R_c \tag{1-32}$$

式中,c_u'为重塑土的抗剪强度,kPa;R_c 为重塑土剪损时最大微应变值,$\mu\varepsilon$。

与开口钢环式十字板剪切试验一样,也可以依据试验资料计算土的灵敏度,绘制抗剪强度与深度的关系曲线和抗剪强度与回转角的关系曲线。

2. 成果应用

十字板不排水抗剪强度一般偏高，要经过修正以后，才能用于实际工程问题。其修正方法有

$$c_u(\text{实用值})=\mu c_u(\text{实测值}) \tag{1-33}$$

式中，c_u(实用值)为土的现场不排水抗剪强度，kPa；c_u(实测值)为十字板实测不排水抗剪强度，kPa；μ 为修正系数，按表1-18选取。

表1-18 十字剪切板修正系数

塑性指数 I_p		10	15	20	25
μ	各向同性土	0.91	0.88	0.85	0.82
	各向异性土	0.95	0.92	0.90	0.88

(1)计算地基承载力

对于内摩擦角等于零($\varphi=0°$)的饱和软黏性软土，其经验公式为

$$f_{ak}=2c_u+\gamma h \tag{1-34}$$

式中，f_{ak} 为地基土承载力特征值，kPa；c_u 为修正后的十字板抗剪强度，kPa；γ 为土的重度，kN/m^2；h 为基础埋置深度，m。

(2)分析饱和软黏性土填、挖方边坡的稳定性

十字板抗剪强度较为普遍地用于软土地基及软土填、挖方斜坡工程的稳定性分析与核算。根据软土中滑动带强度显著降低的特点，用十字板能较准确地确定滑动面的位置，并根据测得的抗剪强度来反算滑动面上土的强度参数，为地基与边坡稳定性分析和确定合理的安全系数提供依据。据南京水科所、浙江水科所等单位对海堤、水库堤坝所作的大量验算，表明十字板抗剪强度一般偏大，建议在设计中安全系数不小于1.3～1.5为宜。

(3)检验地基加固改良的效果

在软土地基堆载预压(或配以砂井排水)处理过程中，可用十字板剪切试验测定地基强度的变化，用于控制施工速率及检验地基加固的效果。另外，对于采用振冲法加固饱和软黏性土地基的小型工程，可用桩间土的十字板抗剪强度来计算复合地基的承载力标准值。

$$f_{sp,k}=[1+m(n-1)]\cdot 3c_u \tag{1-35}$$

式中，$f_{sp,k}$ 为复合地基的承载力标准值，kPa；n 为桩土应力比，无实测资料时可取2～4，原土强度低取大值，反之取小值；m 为面积置换率；c_u 为桩间土的十字板抗剪强度，kPa。

(4)估算软土的液性指数

用十字板实测不排水抗剪强度可以估算软土的液性指数 I_L。

$$I_L=\lg\frac{13}{\sqrt{(c_u)'_{fv}}} \tag{1-36}$$

式中，$(c_u)'_{fv}$ 为扰动的十字板不排水抗剪强度，kPa。

第 2 章　桩基检测试验

2.1　概述

桩是设置在地层中的竖直或倾斜的基础支承构件或支护构件。我们在岩土工程中称谓的“桩”，应该是单个的“桩基”（简称为“单桩”或“基桩”），它是包括桩和桩周土在内的一种深基础。可对桩基进行如下分类：

①按桩身材料不同，桩可分为木桩、混凝土桩、钢筋混凝土桩、钢桩、其他组合材料桩。

②按桩的使用功能分类，桩可分为竖向抗压桩、竖向抗拔桩、水平受荷桩、复合受荷桩。

③按施工方法分类，桩可分为预制桩、灌注桩两大类。

预制桩：预制桩按材料不同可分为木桩、混凝土桩和钢筋混凝土桩、钢桩。沉桩方式有锤击或振动打入、静力压入或旋入等。

灌注桩：灌注桩可分为钻孔灌注桩、沉管灌注桩、人工挖孔桩、爆扩桩等。

④按桩径大小分类，桩可分为小直径桩（小于 250 mm）、中等直径桩（250～800 mm）、大直径桩（800 mm 以上）。

⑤按承载性状分类，桩可分为端承型桩和摩擦型桩两大类。

桩基检测的目的主要有两个：一是为桩基的设计提供合理的依据，该目的是通过在建筑现场的试桩上实现的；二是检验工程桩的施工质量，是否能满足设计或建（构）筑物对桩基承载能力的要求，该目的是通过对工程桩抽样检测来达到的。

对桩基检测的基本要求主要有两项：一是桩的平面位置与几何尺寸；二是桩的完整性与承载能力。

桩基完整性：完整桩、缩颈桩、扩颈桩、多缺陷桩等（见图 2-1）。

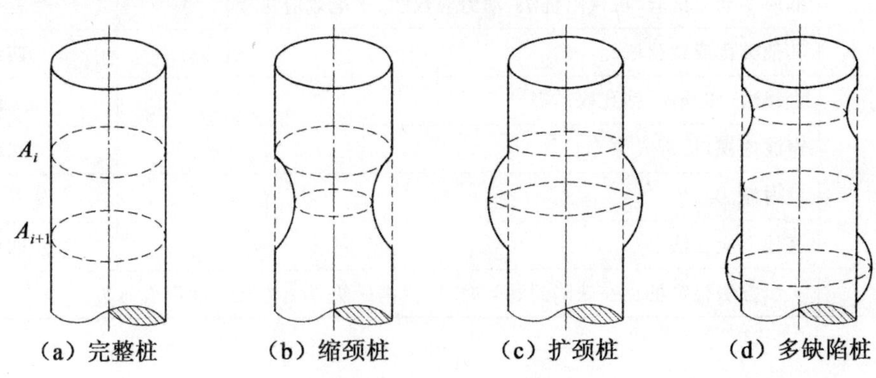

图 2-1　桩基完整性

单桩承载力检测内容包括桩的垂直承载力、水平承载力与抗拔承载力，它取决于桩周(端)介质对桩的支承阻力以及桩身材料的强度。单桩完整性反映了桩身截面尺寸变化、桩身材料密实度和连续性的综合性指标。检测参数包括桩身钢筋混凝土波速、密实度，桩身截面尺寸变化，桩身缺陷位置、缺陷形式、缺陷程度，推算桩长及估算钢筋混凝土强度等级等。

桩基检测技术分类如图 2-2 所示。

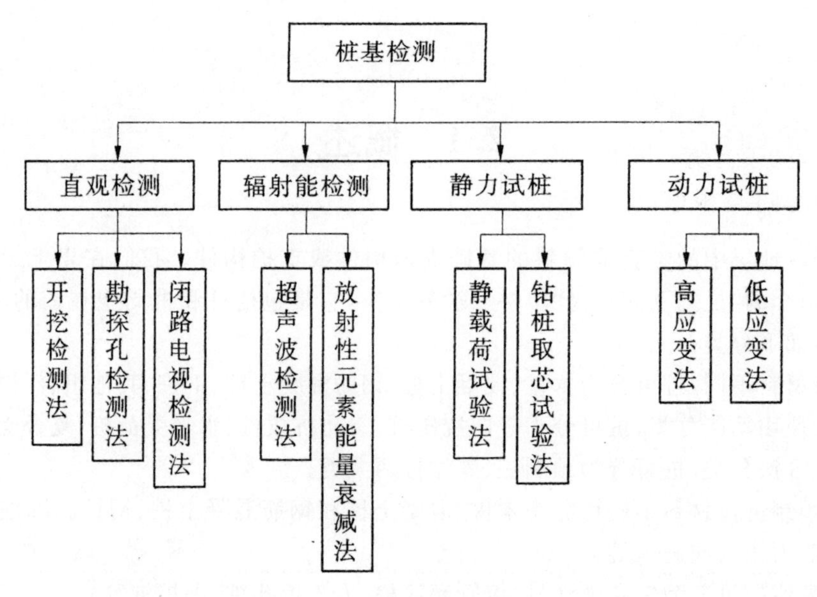

图 2-2　桩基检测技术分类

在桩基检测方法选择上，应该坚持“技术可靠、经济合理”的原则，检测方法的可靠性、正确性的比较级别见表 2-1。

表 2-1　桩的检测方法级别

检测项目	检测方法	次级
单桩承载力	静载试验	一级
	高应变法动力试验(包括静动法等)	二级
	低应变动力试验(机械阻抗法、动力参数法、水电效应法等)	三级
	其他类比或经验法	四级
单桩完整性	直视法(如开挖、钻孔取芯等)	一级
	声波透视，层析成像等	二级
	反射波法	三级
	其他低应变法	四级
说明	次级方法检定桩存在缺陷的疑问时，应由高一级以上方法来确定或证实	

2.2　单桩载荷试验

2.2.1　单桩竖向抗压静载荷试验

在工程实践中，桩基础以承受竖向下压荷载为主。一个工程究竟应抽取多少根桩进行载荷试验，各种规范并没有统一规定，建筑工程相关规范都要求同一条件下的试桩数量不应少于总桩数的 1%，并不少于 3 根；工程总桩数在 50 根以内时，不应少于 2 根。在实际测试时，可根据工程的实际情况参照相关的规范进行。

1. 检测目的

单桩竖向抗压静载荷试验的检测目的是：确定单桩竖向抗压极限承载力，判断竖向抗压承载力是否满足设计要求，通过桩身内力及变形测试，测定桩侧阻力、桩端阻力，验证高应变法的单桩竖向抗压承载力检测结果。

2. 常见的 *Q-S* 曲线形态

单桩 *Q-S* 曲线与只受地基土性桩制约的平板载荷试验不同，它是总侧阻 Q_s、总端阻 Q_p 随沉降发挥过程的综合反映。因此，许多情况下不出现初始线性变形段，端阻力的破坏模式与特征也难以由 *Q-S* 曲线明确反映出来。

一条典型的缓变型 *Q-S* 曲线(见图 2-3)应具有以下四个特征：

①比例界限荷载 Q_p(又称第一拐点)，它是 *Q-S* 曲线上起始的拟直线段的终点所对应的荷载。

②屈服荷载 Q_y，它是曲线上曲率最大点所对应的荷载。

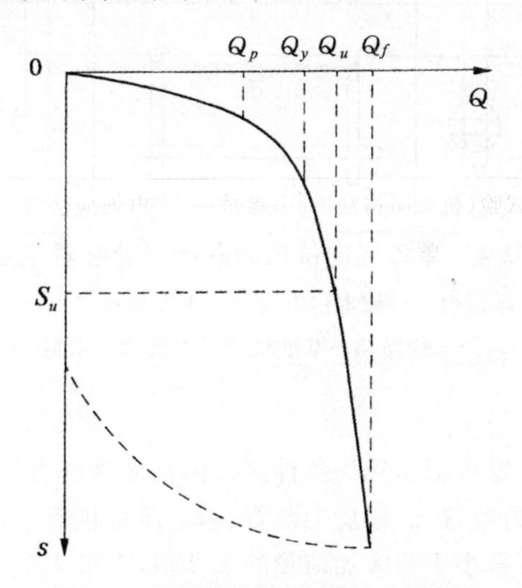

图 2-3　典型的缓变型 *Q-S* 曲线

Q_p—比例界限荷载；Q_y—屈服荷载；Q_u—工程上的极限荷载；Q_f—破坏荷载

③极限荷载 Q_u，它是曲线上某一极限位移 S_u 所对应的荷载。此荷载亦称为工程上的极限荷载。

④破坏荷载 Q_f，它是曲线的切线平行于 S 轴(或垂直于 Q 轴)时所对应的荷载。

事实上，Q_u 为工程上的极限荷载，而 Q_f 才是真正的极限荷载。但是，现今世界各国进行的多为检验目的的桩载荷试验，往往达不到极限荷载 Q_f 便终止了试验。而单桩竖向承载力特征值往往取最大试验荷载除以规定的安全系数(一般为 2)，这显然是偏于安全的。

3. 试验设备

单桩竖向抗压静载荷试验的试验装置与地基土静载荷试验的试验装置基本相同，如图 2-4 所示。

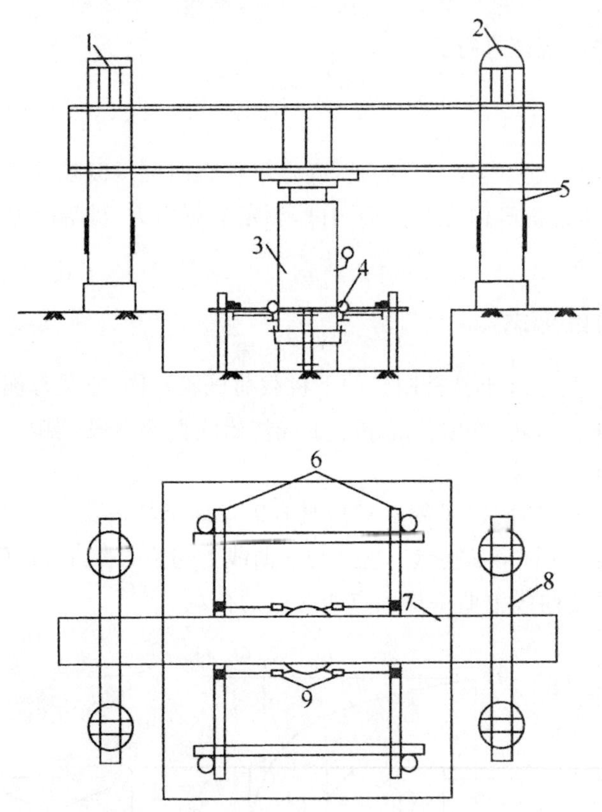

图 2-4 单桩竖向抗压静载荷试验装置示意图

1—厚钢板；2—硬木包钢皮；3—千斤顶；4、9—百分表；

5—锚筋；6—基准桩；7—主梁；8—次梁

(1)反力装置

静载荷试验加荷反力装置可根据现场条件选择锚桩横梁反力装置、压重平台反力装置、锚桩压重联合反力装置、地锚反力装置、岩锚反力装置、静力压桩机等。选择加荷反力装置应注意：加荷反力装置能提供的反力不得小于最大加荷量的 1.2 倍，在最大试验荷载作用下，加荷反力装置的全部构件不应产生过大的变形，应有足够的安全储备。应对加荷反力装置的全部构件进行强度和变形验算，当采用锚桩横梁反力装置时，还应对锚桩抗拔力(地基土、抗拔钢筋、桩的接头混凝土抗拉能力)进行验算,并应监测锚桩上拔量。

1)锚桩横梁反力装置

锚桩横梁反力装置,该装置是历年来国家规范中规定和推荐的一种装置。如图 2-4 所示,一般锚桩至少要 4 根。用灌注桩作为锚桩时,其钢筋笼要沿桩身通长配置;如用预制长桩作锚桩,要加强接头的连接,《建筑基桩检测技术规范》中还对锚桩与被测桩的距离、锚桩与基准桩的距离以及基准梁的架设方案都予以详细的说明,并给出了原始数据的记录表格等。采用工程桩作锚桩时,锚桩数量不应少于 4 根,当要求加荷值较大时,有时需要 6 根甚至更多的锚桩;具体锚桩数量要通过验算各锚桩的抗拔力来确定。在试验过程中对锚桩的上拔量进行监控测量。当桩身承载力较大时,横梁自重有时很大,这时它就需要放置在其他工程桩之上,而且基准梁亦应放在其他工程桩上较为稳妥。这种加载方法的不足之处在于它对桩身承载力很大的钻孔灌注桩无法进行随机抽样。

2)压重平台反力装置

压重平台反力装置如图 2-5 所示。堆载材料一般为钢铁块、混凝土块或沙袋。堆载重量不得少于预估值(试桩的破坏荷载)的 1.2 倍,在检测前应一次加足,并均匀稳固地放置于平台上。《建筑基桩检测技术规范》中同样规定压重平台支墩边与试桩和基准桩之间的最小距离,以减小桩周土的影响。《建筑基桩检测技术规范》要求压重施加于地基的压应力不宜大于地基承载力特征值的 1.5 倍。在软土地基上放置大量堆载将引起地面较大下沉,这时基准梁要支撑在其他工程桩上并远离沉降影响范围。作为基准梁的工字钢应尽量长些,但其高跨比以不小于 1/40 为宜。堆载的优点是能对试桩进行随机抽样,适合不配筋或少配筋的桩。不足之处是测试费用高,压重材料运输吊装费时费力。

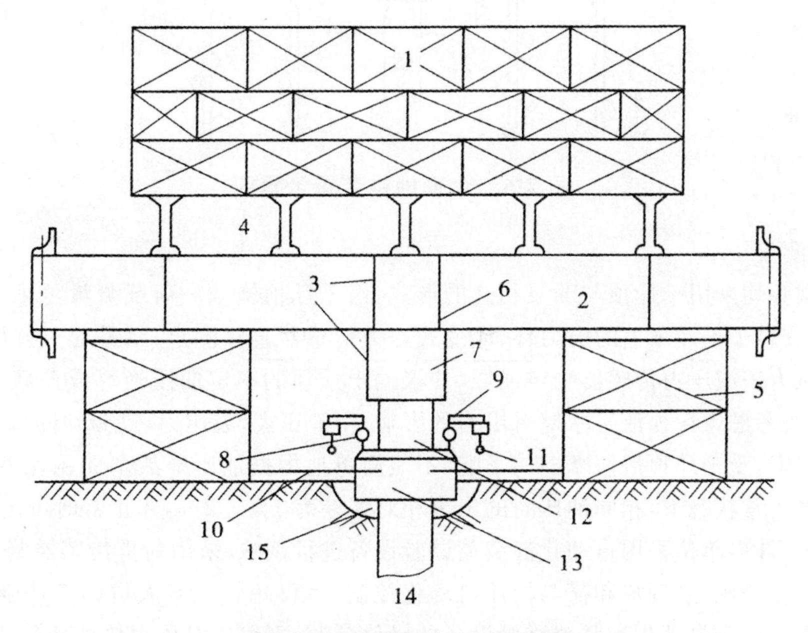

图 2-5　压重平台反力装置

1—压载铁;2、4—通用梁;3—加劲板;5—十字撑;6—测力环;7—支架;
8—千分表;9、11—槽钢;10—距离不小于 2.0 m;12—液压千斤顶;
13—灌注在试验桩桩头上的桩帽;14—试验桩;15—空隙

3)锚桩压重联合反力装置

当试桩最大加载重量超过锚桩的抗拔能力时,可在主梁和副梁上堆重或悬挂一定重物,由锚桩和重物共同承担上拔力,以满足试验荷载要求。采用此装置应注意两个问题:一是当各锚桩的抗拔力不一样时,重物应相对集中在抗拔力较小的锚桩附近;二是重物和锚桩反力的同步性问题,拉杆应预留足够的空隙,保证试验前期锚桩暂不受力,先用重物作为试验荷载,试验后期联合反力装置共同起作用。这种反力装置的缺点是,由于桁架或横梁上挂重或堆重的存在,使得由于桩的突发性破坏所引起的振动、反弹对安全不利。

除上述三种主要加荷反力装置外,还有其他形式。例如,地锚反力装置,如图 2-6 所示,适用于较小的试验加荷,采用地锚反力装置应注意基准桩、地锚锚杆、试验桩之间的中心距离应符合表 2-2 的规定;对岩面浅的嵌岩桩,可利用岩锚提供反力;对于静力压桩工程,可利用静力压桩机的自重作为反力装置,进行静载荷试验,但应注意不能直接利用静力压桩机的加荷装置,而应架设合适的主梁,采用千斤顶加荷,且基准桩的设置应符合规范规定。

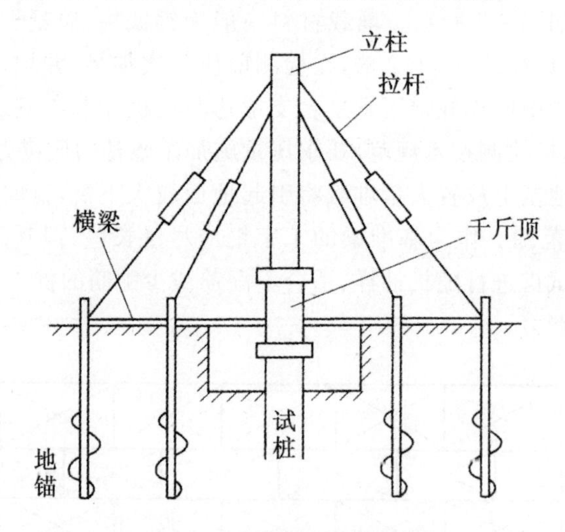

图 2-6　伞形地锚装置示意图

(2)荷载测量

静载荷试验均采用千斤顶与油泵相连的形式,由千斤顶施载。荷载测量可采用以下两种方式:一是可用放置于千斤顶上的应力环、应变式压力传感器直接测定;二是通过并联于千斤顶油路的高精度压力表或压力传感器测定油压,并根据千斤顶的率定曲线换算成荷载。用荷重传感器测力,不需要考虑千斤顶活塞摩擦对出力的影响;用油压表(或压力传感器)间接测量荷载需对千斤顶进行率定,受千斤顶活塞摩擦的影响,不能简单地根据油压乘活塞面积计算荷载,同型号千斤顶在保养正常状态下,相同油压时的出力相对误差为 1%~2%,非正常时可高达 5%。

近几年来,许多单位采用自动化静载荷试验设备进行试验,采用荷重传感器测量荷重或采用压力传感器测定油压,实现加卸荷与稳压自动化控制,不仅减轻检测人员的工作强度,而且测试数据准确可靠。关于自动化静载荷试验设备的量值溯源,不仅应对压力传感器进行校准,而且应对千斤顶进行校准,或者对压力传感器和千斤顶整个测力系统进行校准。

压力表一般由接头、弹簧管、传动机构等测量系统,指针和度盘等指示部分,表壳、罩圈、表玻璃等外壳部分组成。在被测介质的压力作用下,弹簧管的末端产生弹性位移,借助抽杆经齿轮传动机构的传动并予放大，由固定于齿轮轴上的指针将被测压力值在度盘上指示出来。压力表精度等级应优于或等于0.4级。

采用荷重传感器和压力传感器同样存在量程和精度问题，一般要求传感器的测量误差不应大于1%。

千斤顶校准一般从其量程的20%或30%开始，根据5～8个点的检定结果给出率定曲线（或校准方程）。选择千斤顶时，最大试验荷载对应的千斤顶出力宜为千斤顶量程的30%～80%。当采用两台及两台以上千斤顶加荷时，为了避免受检桩偏心受荷，千斤顶型号、规格应相同且应并联同步工作。

试验用油泵、油管在最大加荷时的压力不应超过规定工作压力的80%，当试验油压较高时，油泵应能满足试验要求。

（3）沉降测量

1）基准梁

基准梁应具有一定的刚度，梁的一端应固定于基准桩上，另一端应简支于基准桩上，以减少温度变化引起的基准梁挠曲变形。在满足规范规定的条件下，基准梁不宜过长，并应采取有效遮挡措施，以减少气温和刮风下雨、振动及其他外界因素的影响，尤其在昼夜温差较大且白天有阳光照射时更应注意。一般情况下，温度对沉降的影响为1～2 mm。

2）基准桩

《建筑基桩检测技术规范》要求试桩、锚桩（压重平台支墩边）和基准桩之间的中心距离大于4倍试桩和锚桩的设计直径且大于2.0 m。高层建筑物下的大直径桩试验荷载大、桩间净距小（规定最小中心距为3*D*），往往受设备能力制约，采用锚桩法检测时，三者间的距离有时很难满足“大于等于4*D*”的要求，加长基准梁又难避免产生显著的气候环境影响。考虑到现场验收试验中的困难，且加荷过程中锚桩上拔对基准桩、试桩的影响一般小于压重平台对它们的影响，因此《建筑基桩检测技术规范》对部分间距的规定放宽为“不小于3*D*”，具体见表2-2。

表2-2 试桩、锚桩（压重平台支墩边）和基准桩之间的中心距离

反力装置	试桩中心与锚桩中心（压重平台支墩边）	试桩中心与基准桩中心	基准桩中心与锚桩中心（压重平台支墩边）
锚桩横梁	≥4(3)*D*且>2.0 m	≥4(3)*D*且>2.0 m	≥4(3)*D*且>2.0 m
压重平台	≥4*D*且>2.0 m	≥4(3)*D*且>2.0 m	≥4*D*且>2.0 m
地锚装置	≥4*D*且>2.0 m	≥4(3)*D*且>2.0 m	≥4*D*且>2.0 m

注：①*D*为试桩、锚桩或地锚的设计直径或宽边，取其较大者。

②如试桩或锚桩为扩底桩或多支盘桩，试桩与锚桩的中心距尚不应小于2倍扩大端直径。

③括号内数值可用于工程桩验收检测时多排桩设计桩中心距离小于4*D*的情况。

④软土场地压重平台堆载重量较大时，宜增加支墩边与基准桩中心和试桩中心之间的距离，并在试验过程中观测基准桩的竖向位移。

3）百分表和位移传感器

沉降测定平面宜在桩顶200 mm以下位置，测点应牢固的固定于桩身。直径或边宽大于500 mm的桩，应在其两个正交直径方向对称安装4个位移测试仪表；直径或边宽小于等于

500 mm 的桩可对称安装 2 个位移测试仪表。

沉降测量一般采用位移传感器或大量程百分表,《大量程百分表检定规程》(JJC 379—2009)要求沉降测量误差不大于 0.1%FS,分辨力优于或等于 0.01 mm。常用的百分表量程有 50 mm、30 mm、10 mm,量程越大,周期检定合格率越低,但沉降测量使用的百分表量程过小,可能造成频繁调表,影响测量精度。

4. 试验方法

(1)加载方式

单桩竖向抗压静载试验的加载方式有慢速法、快速法、等贯入速率法和循环法等。

慢速法是慢速维持荷载法的简称,即按一定要求将荷载分级加到试桩上,待该级荷载达到相对稳定后,再加下一级荷载,直到试验破坏,然后按每级加载量的两倍卸载到零。慢速法载荷试验的加载分级,一般是按试桩的最大预估极限承载力将荷载等分成 10～15 级逐级施加。实际试验过程中,也可将开始阶段沉降变化较小时的第一、二级荷载合并,将试验最后一级荷载分成两级施加。卸载应分级进行,每级卸载量取加载时分级荷载的 2 倍,逐级等量卸载。加、卸载时应使荷载传递均匀、连续、无冲击,每级荷载在维持过程中的变化幅度不得超过分级荷载的±10%。为设计提供依据的竖向抗压静载试验应采用慢速维持荷载法。施工后的工程桩验收检测宜采用慢速维持荷载法。

(2)慢速法载荷试验沉降测读规定

每级加载后在第 5 min、10 min、15 min 时各测读一次,以后每隔 15 min 读一次,累计一小时后每隔半小时读一次。

(3)慢速法载荷试验的稳定标准

桩的沉降量连续两次在每小时内小于 0.1 mm(由 1.5 h 内连续三次观测值计算)。当桩顶沉降速率达到相对稳定标准时,再施加下一级荷载。

(4)慢速载荷试验的试验终止条件

当试桩过程中出现下列条件之一时,可终止加荷。

①某级荷载作用下,桩顶沉降量大于前一级荷载作用下沉降量的 5 倍。

②某级荷载作用下,桩顶沉降量大于前一级荷载作用下沉降量的 2 倍,且经过 24 h 尚未达到相对稳定标准。

③已达到设计要求的最大加载量。

④当工程桩作锚桩时,锚桩上拔量已达到允许值。

⑤当荷载-沉降曲线呈缓变型时,可加载至桩顶总沉降量 60～80 mm;在特殊情况下,可根据具体要求加载至桩顶累计沉降量超过 80 mm。

(5)慢速载荷试验的卸载规定

每级卸载值为加载值的两倍。卸载后隔 15 min 测读一次沉降量,读两次后,隔半小时再读一次,即可卸下一级荷载。全部卸载后,隔 3～4 h 再测读一次。

5. 试验资料的整理

(1)填写试验记录表

为了能够比较准确地描述静载荷试验过程中的现象,便于实际应用和统计,单桩竖向抗压静载荷试验成果宜整理成表格形式，并且对成桩和试验过程中出现的异常现象作必要的补充说明。表 2-3 为单桩竖向抗压静载荷试验概况表，表 2-4 为单桩竖向抗压静载荷试验记录表。

表 2-3　单桩竖向抗压静载荷试验概况表

<table>
<tr><td colspan="2">工程名称</td><td></td><td colspan="2">地点</td><td colspan="2"></td><td colspan="2">试验单位</td><td></td><td></td></tr>
<tr><td colspan="2">试桩编号</td><td></td><td colspan="2">桩型</td><td colspan="2"></td><td colspan="2">试验起止时间</td><td></td><td></td></tr>
<tr><td colspan="2">成桩工艺</td><td></td><td colspan="2">桩截面尺寸</td><td colspan="2"></td><td colspan="2">桩长</td><td></td><td></td></tr>
<tr><td rowspan="2">混凝土强度等级</td><td>设计</td><td></td><td colspan="2">灌注桩沉渣厚度</td><td colspan="2"></td><td rowspan="2">配筋情况</td><td rowspan="2">规格长度</td><td rowspan="2">配筋率</td><td></td></tr>
<tr><td>实际</td><td></td><td colspan="2">灌注桩充盈系数</td><td colspan="2"></td><td></td></tr>
<tr><td colspan="8">综合柱状图</td><td colspan="3">试验平面布置示意图</td></tr>
<tr><td>层次</td><td>土层名称</td><td colspan="2">土层描述</td><td colspan="2">相对标高</td><td colspan="2">桩身剖面</td><td colspan="3" rowspan="4"></td></tr>
<tr><td>1</td><td></td><td colspan="2"></td><td colspan="4" rowspan="3"></td></tr>
<tr><td>2</td><td></td><td colspan="2"></td></tr>
<tr><td>3</td><td></td><td colspan="2"></td></tr>
<tr><td>4</td><td></td><td colspan="2"></td><td colspan="4" rowspan="2"></td><td colspan="3" rowspan="2"></td></tr>
<tr><td>5</td><td></td><td colspan="2"></td></tr>
</table>

表 2-4　单桩竖向抗压静载荷试验记录表

<table>
<tr><td colspan="2">工程名称</td><td colspan="4"></td><td>桩号</td><td></td><td>日期</td><td colspan="2"></td></tr>
<tr><td rowspan="2">加载级</td><td rowspan="2">油压
(MPa)</td><td rowspan="2">荷载
(kN)</td><td rowspan="2">测读
时间</td><td colspan="4">位移计(百分表)读数</td><td rowspan="2">本级沉降
(mm)</td><td rowspan="2">累计沉降
(mm)</td><td rowspan="2">备注</td></tr>
<tr><td>1 号</td><td>2 号</td><td>3 号</td><td>4 号</td></tr>
<tr><td></td><td></td><td></td><td></td><td></td><td></td><td></td><td></td><td></td><td></td><td></td></tr>
<tr><td></td><td></td><td></td><td></td><td></td><td></td><td></td><td></td><td></td><td></td><td></td></tr>
<tr><td></td><td></td><td></td><td></td><td></td><td></td><td></td><td></td><td></td><td></td><td></td></tr>
<tr><td></td><td></td><td></td><td></td><td></td><td></td><td></td><td></td><td></td><td></td><td></td></tr>
<tr><td></td><td></td><td></td><td></td><td></td><td></td><td></td><td></td><td></td><td></td><td></td></tr>
<tr><td></td><td></td><td></td><td></td><td></td><td></td><td></td><td></td><td></td><td></td><td></td></tr>
<tr><td colspan="11">检测单位：　　　　　　　　校核：　　　　　　　　记录：</td></tr>
</table>

(2)绘制有关试验成果曲线

为了确定单桩竖向抗压极限承载力，一般应绘制竖向荷载-沉降(Q-S)、沉降-时间对数(S-lg$t$)、沉降-荷载对数(S-lg$Q$)曲线及其他进行辅助分析所需的曲线。

当单桩竖向抗压静载荷试验的同时进行桩身应力、应变和桩端阻力测定时，尚应整理出有关数据的记录表和绘制桩身轴力分布、桩侧阻力分布、桩端阻力等与各级荷载关系曲线。

6. 单桩竖向抗压承载力的确定

(1)单桩竖向抗压极限承载力的确定

①根据沉降随荷载变化的特征确定:对于陡降型 Q-S 曲线,取其发生明显陡降的起始点对应的荷载值。

②根据沉降随时间变化的特征确定:取 S-lg$t$ 曲线尾部出现明显向下弯曲的前一级荷载值。

③当某级荷载作用下,桩顶沉降量大于前一级荷载作用下沉降量的 2 倍,且经 24 h 未达稳定时,取前一级荷载值。

④对于缓变型 Q-S 曲线,可根据沉降量确定,宜取 $S=40$ mm 对应的荷载值;当桩长大于 40 m 时,宜考虑桩身弹性压缩量;对直径大于或等于 800 mm 的桩,可取 $S=0.05D$(D 为桩端直径)对应的荷载值。

说明:当按上述四条判定桩的竖向抗压承载力未达到极限时,桩的竖向抗压极限承载力应取最大试验荷载值。

(2)单桩竖向抗压极限承载力统计值的确定

①成桩工艺、桩径和单桩竖向抗压承载力设计值相同的受检桩数不少于 3 根时,可进行单位工程单桩竖向抗压极限承载力统计值计算。

②参加统计的试桩结果,当满足其极差不超过平均值的 30%时,取其平均值为单桩竖向抗压极限承载力。

③当极差超过平均值的 30%时,应分析极差过大的原因,结合工程具体情况综合确定,必要时可增加试桩数量。

④对桩数为 3 根或 3 根以下的柱下承台,或工程桩抽检数量少于 3 根时,应取最小值。

(3)单桩竖向抗压承载力特征值的确定

单位工程同一条件下的单桩竖向抗压承载力特征值 R_a 应按单桩竖向抗压极限承载力设计值的一半取值。《建筑地基基础设计规范》(GB 50007—2011)规定的单桩竖向抗压承载力特征值是按单桩竖向抗压极限承载力统计值除以安全系数 2 得到的。

2.2.2 单桩竖向抗拔静载荷试验

高耸建(构)筑物往往要承受较大的上拔荷载,而桩基础是建(构)筑物抵抗上拔荷载的重要基础形式。迄今为止,桩基础上拔承载力的计算还是一个没有从理论上解决的问题,在这种情况下,现场原位试验在确定单桩竖向抗拔承载力中的作用就显得尤为重要。单桩竖向抗拔静载荷试验就是采用接近于竖向抗拔桩实际工作条件的试验方法,确定单桩的竖向抗拔极限承载能力,判断竖向抗拔承载力是否满足设计要求,通过桩身内力及变形测试,测定桩的抗拔摩擦力。

1. 试验设备

(1)反力装置

抗拔试验反力装置可以采用反力桩(或工程桩)提供支座反力,也可根据现场情况采用天然地基提供支座反力。反力架系统应具有 1.2 倍的安全系数。

采用反力桩(或工程桩)提供支座反力时,反力桩顶面应平整并具有一定的强度。为保证反力梁的稳定性,应注意反力桩顶面直径(或边长)不宜小于反力梁的梁宽,否则,应加垫钢板以确保试验设备安装稳定。

采用天然地基提供反力时,两边支座处的地基强度应接近,且两边支座与地面的接触面积宜相同,施加于地基的压应力不宜超过地基承载力特征值的 1.5 倍;反力梁的支点重心应与支座中心重合。

加荷装置采用油压千斤顶,千斤顶的安装有两种方式:一种是千斤顶放在试桩的上方、主梁的上面,因拔桩试验时千斤顶安放在反力架上面,比较适用于一个千斤顶的情况,特别是穿心张拉千斤顶,当采用二台以上千斤顶加荷时,应采取一定的安全措施,防止千斤顶倾倒或其他意外事故发生。如对预应力管桩进行抗拔试验时,可采用穿心张拉千斤顶,将管桩的主筋直接穿过穿心张拉千斤顶的各个孔,然后锁定,进行试验,如图 2-7(a)所示。另一种是将两个千斤顶分别放在反力桩或支承墩的上面、主梁的下面,千斤顶主梁如图 2-7(b)所示,通过“抬”的形式对试桩施加上拔荷载。对于大直径、高承载力的桩,宜采用后一种形式。

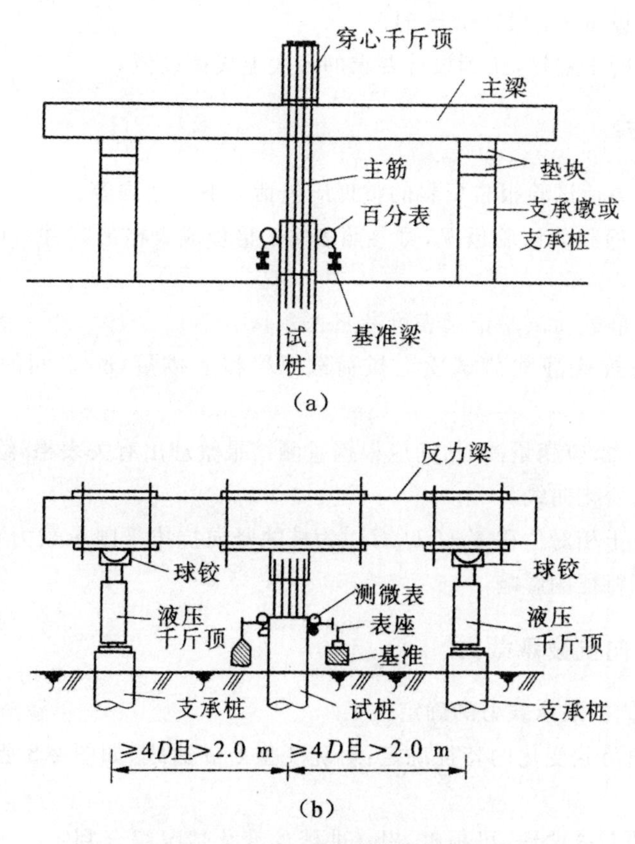

图 2-7　抗拔试验装置示意图

(2)荷载测量

静载荷试验均采用千斤顶与油泵相连的形式,由千斤顶施加荷载。荷载测量可采用放置在千斤顶上的荷重传感器直接测定,也可采用连接于千斤顶油路的压力表或压力传感器测定油压,根据千斤顶率定曲线换算荷载。试桩上拔变形一般用百分表量测,其布置方法与单桩竖向抗压静载荷试验相同。

2. 试验方法

(1)现场检测

从成桩到开始试验的时间间隔一般应遵循下列要求:在确定桩身强度已达到要求的前提下,对于砂类土,不应少于 10 d;对于粉土和黏性土,不应小于 15 d;对于淤泥或淤泥质土,不应少于 25 d。

单桩竖向抗拔静载荷试验一般采用慢速维持荷载法,需要时也可采用多循环加、卸载法,慢速维持荷载法的加载分级、试验方法可按单桩竖向抗压静载试验的规定执行。

(2)终止加载条件

试验过程中,当出现下列情况之一时,即可终止加载。

①按钢筋抗拉强度控制,桩顶上拔荷载达到钢筋抗拉强度标准值的 0.9 倍。

②某级荷载作用下,桩顶上拔量大于前一级上拔荷载作用下的上拔量的 5 倍。

③试桩的累计上拔量超过 100 mm 时。

④对于抽样检测的工程桩,达到设计要求的最大上拔荷载值。

3. 试验资料整理

单桩竖向抗拔静载荷试验报告资料的整理应包括以下一些内容:

①单桩竖向抗拔静载荷试验概况,可参照表 2-3 整理成表格形式并对试验出现的异常现象作补充说明。

②单桩竖向抗拔静载荷试验记录表可参照表 2-4。

③绘制单桩竖向抗拔静载荷试验上拔荷载(U)和上拔量(δ)之间的 U-δ 曲线以及 δ-lg$t$ 曲线。

④当进行桩身应力、应变量测时,尚应根据量测结果整理出有关表格,绘制桩身应力、桩侧阻力随桩顶上拔荷载的变化曲线。

⑤必要时绘制桩土相对位移 δ'-U/U_u(U_u 为桩的竖向抗拔极限承载力)曲线,以了解不同入土深度对抗拔桩破坏特征的影响。

4. 确定单桩竖向抗拔承载力

(1)单桩竖向抗拔极限承载力的确定

①根据上拔量随荷载变化的特征确定:对陡变型 U-δ 曲线,如图 2-8 所示,取陡升起始点对应的荷载值。

②对于缓变型的 U-δ 曲线,可根据 δ-lg$t$ 曲线的变化情况综合判定。一般取 δ-lg$t$ 曲线尾部显著弯曲的前一级荷载为竖向抗拔极限承载力,如图 2-9 所示。

③根据 δ-lg$U$ 曲线来确定单桩竖向抗拔极限承载力时,可取 δ-lg$U$ 曲线的直线段的起始点所对应的荷载作为桩的竖向抗拔极限承载力。将直线段延长与横坐标相交,交点的荷载值为极限侧阻力,其余部分为桩端阻力,如图 2-10 所示。

④根据桩的上拔位移量大小来确定单桩竖向抗拔极限承载力也是常用的一种方法。

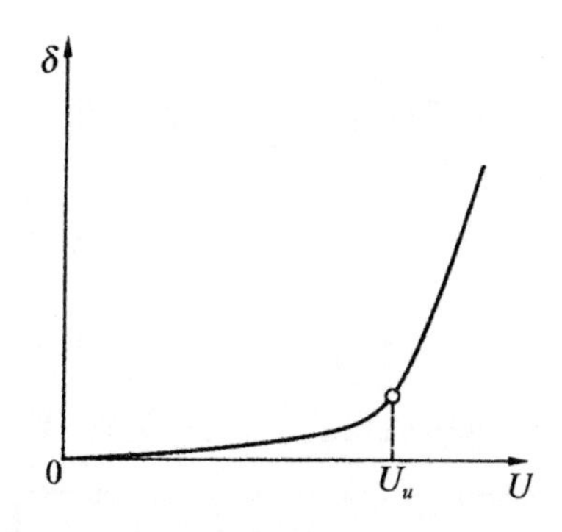

图 2-8　陡变型 U-δ 曲线确定单桩竖向抗拔极限承载力

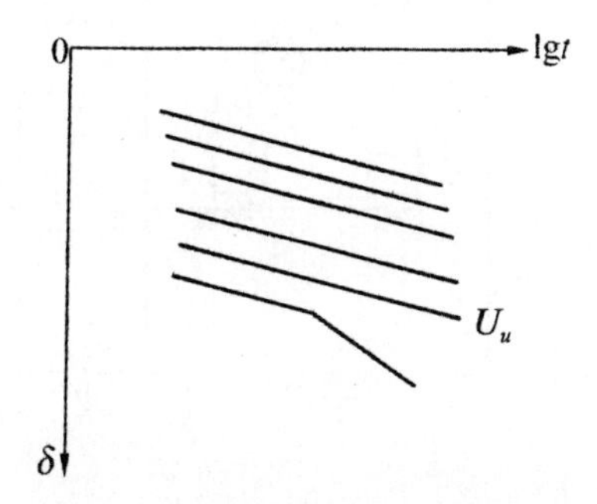

图 2-9　缓变型的 U-δ 曲线根据 δ-lg$t$ 曲线确定单桩竖向抗拔极限承载力

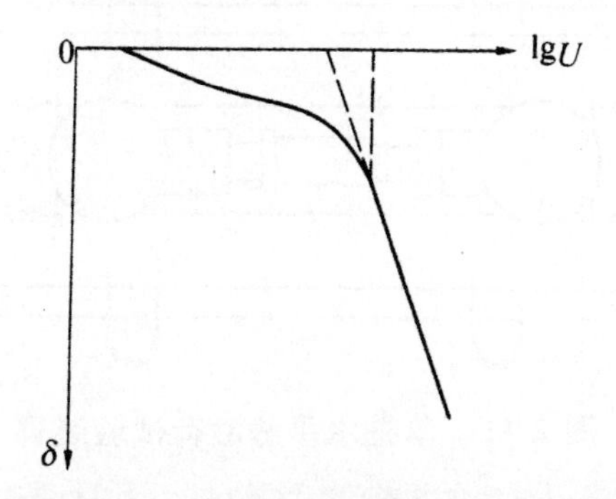

图 2-10　根据 δ-lg$U$ 曲线来确定单桩竖向抗拔极限承载力

(2)单桩竖向抗拔承载力特征值的确定

①单桩竖向抗拔极限承载力统计值的确定方法与单桩竖向抗压统计值的确定方法相同。

②单位工程同一条件下的单桩竖向抗拔承载力特征值应按单桩竖向抗拔极限承载力统计值的一半取值。

③当工程桩不允许带裂缝工作时，取桩身开裂的前一级荷载作为单桩竖向抗拔承载力特征值，并与按极限承载力一半取值确定的承载力特征值相比取小值。

2.2.3　单桩水平静载荷试验

单桩水平静载荷试验一般以桩顶自由的单桩为对象，采用接近于水平受荷桩实际工作条件的试验方法来达到以下目的：

①确定试桩的水平承载力。

②确定试桩在各级水平荷载作用下桩身弯矩的分配规律。

③确定弹性地基系数。

④推求实际地基反力系数。

1. 试验设备

单桩水平静载荷试验装置通常包括加载装置、反力装置、量测装置三部分如图 2-11 所示。

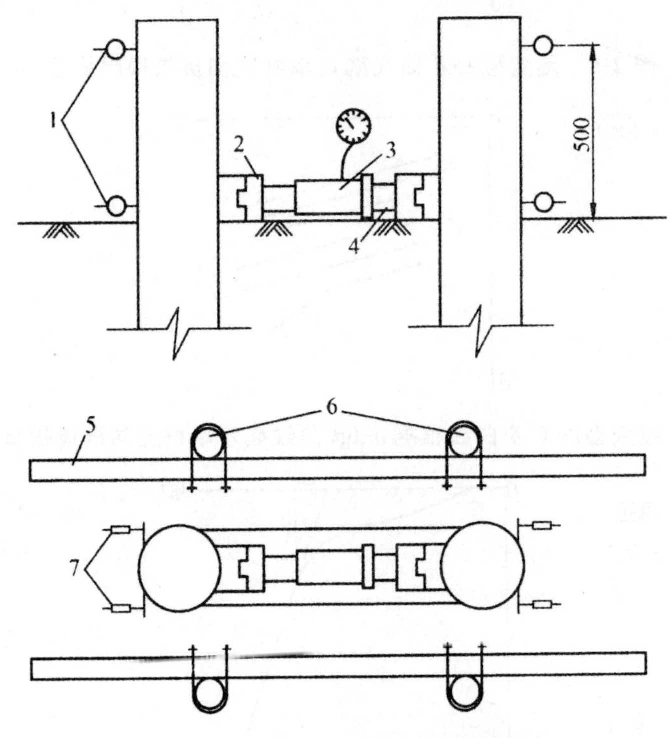

图 2-11 单桩水平静载荷试验装置

1、7—百分表；2—球铰；3—千斤顶；

4—垫块；5—基准梁；6—基准桩

(1)加载装置

试桩时一般都采用卧式千斤顶加载，加载能力不小于最大试验荷载的 1.2 倍，用测力环或测力传感器测定施加的荷载值，对往复式循环试验可采用双向往复式油压千斤顶，水平力作用线应与实际工程桩基承台地面标高一致。为了防止桩身荷载作用点处局部的挤压破坏，一般需用钢块对荷载作用点进行局部加强。

(2)反力装置

反力装置的选用应考虑充分利用试桩周围的现有条件，但必须满足其承载力应大于最大预估荷载的 1.2 倍的要求，其作用力方向上的刚度不应小于试桩本身的刚度。常用的方法是利用相邻桩提供反力，即两根试桩对顶，也可利用周围现有的结构物作为反力装置或专门设置反力结构。

(3)测量装置

桩的水平位移测量宜采用大量程位移计。在水平力作用平面的受检桩两侧应对称安装两个位移计，以测量地面处的桩水平位移；当需测量桩顶转角时，尚应在水平力作用平面以上 50 cm 的受检桩两侧对称安装两个位移计，根据两表位移差与两表距离的比值求出地面以上桩的转角。

固定位移计的基准点应设置在试桩影响范围之外(影响区见图 2-12)，设置基准点是为了量测桩在力作用点处断面的位移和转角，与作用力方向垂直且与位移方向相反的试桩侧面，基准点与试桩净距不小于 1 倍桩径。在陆上试桩可用人工 1.5 m 以上的钢钎或型钢作为基准点，在港口码头工程设置基准点时，因水深较大，可采用专门设置的桩作为基准点。

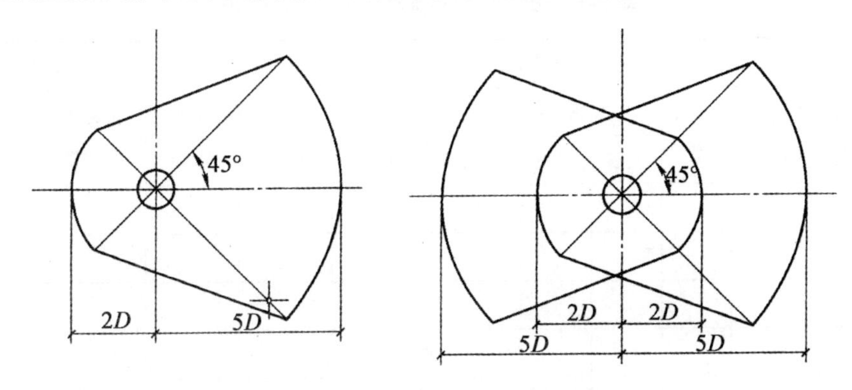

图 2-12　试桩影响区(*D* 为桩径)

2. 试验方法

(1)水平位移量测

试验证明，荷载稳定时间、循环形式、周期、加荷速率等因素将直接影响桩的承载力。

①单桩水平静载荷试验宜采用多循环加卸载试验法，当需要测量桩身应力或应变时宜采用慢速维持荷载法。

②采用千斤顶顶推或采用牵引法施加水平力，力作用点与试桩接触处宜安设球形铰，并保证水平作用力与试桩轴线位于同一平面。

③桩的水平位移宜采用位移传感器或大量程百分表测量。

④固定百分表的基准桩应设置在试桩及反力结构影响范围以外。

⑤采用顶推法时，反力结构与试桩之间净距不宜小于三倍试桩直径，采用牵引法时不宜小于 10 倍试桩直径。

⑥多循环加载时，荷载分级宜取设计或预估极限水平承载力的 1/10～1/15。

⑦慢速维持荷载法的加卸载分级、试验方法及稳定标准与单桩竖向抗压静载荷试验相同。

(2)终止加荷条件

出现下列情况之一时，可终止加荷。

①桩身折断。

②桩身水平位移超过 30～40 mm(软土中取 40 mm)。

③水平位移达到设计要求的水平位移允许值。

3. 资料整理

(1)单桩水平静载荷试验概况的记录

可参照表 2-5 记录实验基本情况，并对试验过程中发生的异常现象加以记录和补充说明。

(2)整理单桩水平静载荷试验记录表

将单桩水平静载荷试验记录表按表 2-4 的形式整理,以备进一步分析计算之用。

(3)绘制单桩水平静载荷试验曲线

绘制单桩水平静载荷试验水平力-时间-位移(H-t-X)关系曲线、水平力-位移梯度(H-$\Delta X/\Delta H$)曲线,如图 2-13、图 2-14 所示。

表 2-5　单桩水平静载荷试验记录表

工程名称						桩号		日期		上下表距		
油压(MPa)	荷载(kN)	观测时间	循环数	加载		卸载		水平位移(mm)		加载上下表读数差	转角	备注
				上表	下表	上表	下表	加载	卸载			
检测单位:				校核:			记录:					

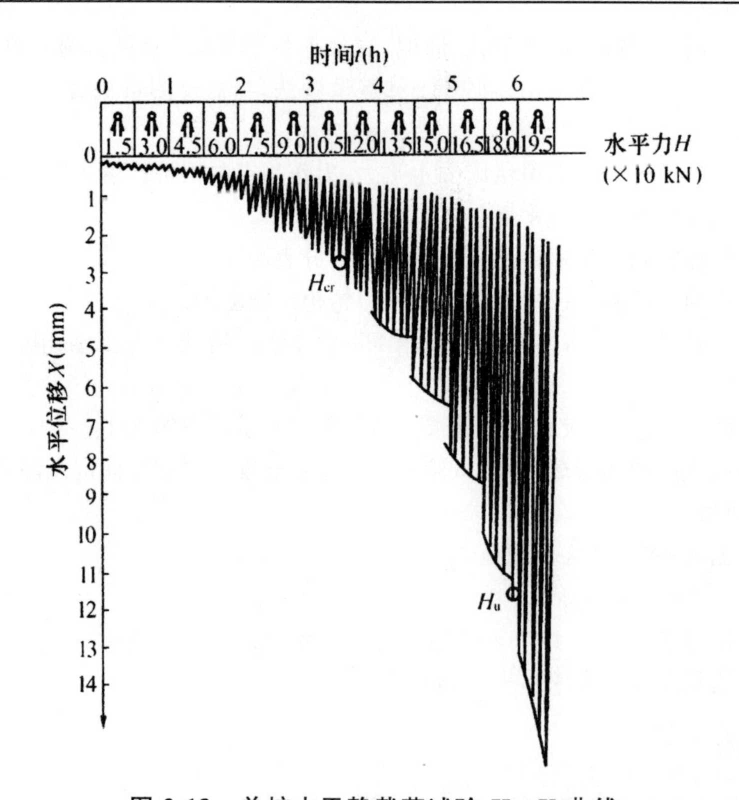

图 2-13　单桩水平静载荷试验 H-t-X 曲线

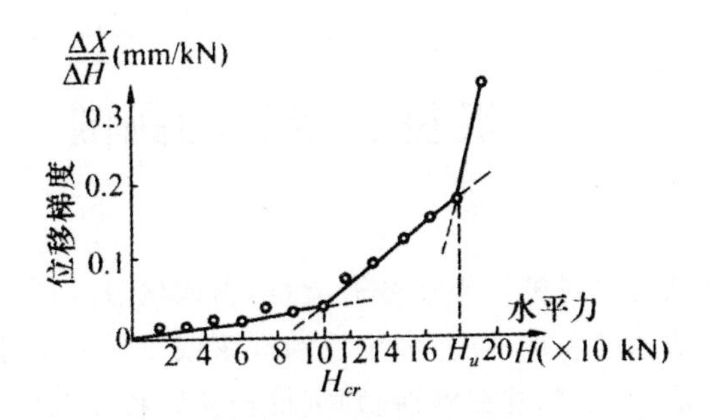

图 2-14　单桩水平静载荷试验 H-$\Delta X/\Delta H$ 曲线

4. 单桩水平临界荷载和极限荷载的确定

(1)单桩水平临界荷载的确定

①取 H-t-X 曲线出现拐点的前一级水平荷载值,如图 2-13 所示。

②取 H-$\Delta X/\Delta H$ 曲线上第一拐点对应的水平荷载值,如图 2-14 所示。

③取 H-σ_g 曲线第一拐点对应的水平荷载值,如图 2-15 所示。

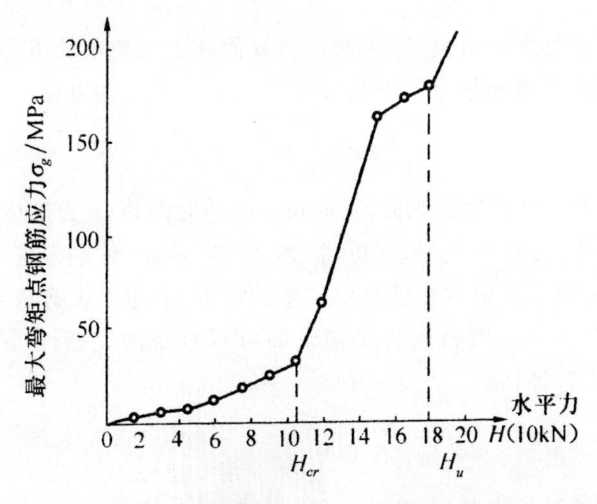

图 2-15　根据 H-σ_g 确定单桩水平临界荷载

(2)单桩的水平极限承载力的确定

①取 H-t-X 曲线产生明显陡降的前一级荷载为极限荷载值 H_u。

②取 H-$\Delta X/\Delta H$ 曲线上第二拐点对应的水平荷载值为极限荷载值 H_u。

③取桩身折断或受拉钢筋屈服时的前一级水平荷载值。

(3)单桩水平承载力特征值的确定

①当水平承载力按桩身强度控制时,取水平临界荷载统计值为单桩水平承载力特征值。

②当桩受长期水平荷载作用且桩不允许开裂时,取水平临界荷载统计值的 0.8 倍作为单桩水平承载力特征值。

③当水平承载力按设计要求的水平允许位移控制时,可取设计要求的水平允许位移对应的水平荷载作为单桩水平承载力的特征值,但应满足有关规范抗裂设计的要求。

2.3 桩基低应变动测试

基桩的低应变动测就是通过对桩顶施加激振能量，引起桩身及周围土体的微幅振动，同时用仪表量测和记录桩顶的振动速度和加速度，利用波动理论或机械阻抗理论对记录结果加以分析，从而达到检验桩基施工质量、判断单桩完整性、判定桩身缺陷程度及位置等目的。低应变法具有快速、简便、经济、实用等优点。

低应变法基桩动测的方法很多，本节主要介绍在工程中应用比较广泛、效果较好的反射波法和机械阻抗法。

2.3.1 反射波法

1. 概述

埋设于地下的桩的长度要远大于其直径，因此可将其简化为无侧限约束的一维弹性杆件，在桩顶初始扰力作用下产生的应力波沿桩身向下传播并且满足一维波动方程：

$$\frac{\partial^2 u}{\partial t^2}=c^2\frac{\partial^2 u}{\partial x^2} \tag{2-1}$$

式中，u 为 x 方向位移，m；c 为桩身材料的纵波波速，m/s；t 为时间，s；x 为坐标系中的 x 方向。

弹性波沿桩身传播过程中，在桩身夹泥、离析、扩颈、缩颈、断裂、桩端等桩身阻抗变化处将会发生反射和透射，用记录仪记录下反射波在桩身中传播的波形，通过对带有桩身质量信息的反射波曲线特征的分析，并结合有关地质资料和施工记录即可对桩身的完整性、缺陷的位置进行判定，并对桩身混凝土的强度进行评估。

2. 检测设备

反射波法使用的设备包括激振设备（手锤或力棒）、信号采集设备（加速度传感器或速度传感器）和信号采集分析仪。

激振设备的作用是产生振动信号。手锤产生的信号频率较高，可用于检测短、小桩或桩身的浅部缺陷；力棒的质量和棒头可调，增加力棒的质量和使用软质棒头（如尼龙、橡胶）可产生低频信号，可用于检测长、大桩和测试桩底信号。目前工程中常用的锤头有塑料头锤和尼龙头锤，它们激振的主频分别为 2 000 Hz 左右和 1 000 Hz 左右；锤柄有塑料柄、尼龙柄、铁柄等，柄长可根据需要而变化。一般说来，柄越短，则由柄本身振动所引起的噪声越小，而且短柄产生的力脉冲宽度小、力谱宽度大。当检测深部缺陷时，应选用柄长、重的尼龙锤来加大冲击能量；当检测浅部缺陷时，可选用柄短、轻的尼龙锤。激振的部位宜位于桩的中心，但对于大桩也可变换位置以确定缺陷的平面位置。激振的地点应打磨平整，以消除桩顶杂波的影响。另外，力棒激振时应保持棒身竖直，手锤激振时锤底面要平，以保持力的作用线竖直。

传感器是反射波法桩基动测的重要仪器，传感器一般可选用宽频带的速度或加速度传感器。

速度传感器的频率范围宜为 10 Hz～500 Hz，灵敏度应高于 300 mV/cm/s。加速度传感器的频率范围宜为 1 Hz～10 kHz，灵敏度应高于 100 mV/g。采集信号的传感器一般用黄油或凡士林粘贴在桩顶距桩中心 2/3 半径处（注意避开钢筋笼的影响）的平整处。粘贴处若欠平整，则要用砂轮磨平。粘贴剂不可太厚，但要保证传感器粘贴牢靠且不要直接与桩顶接触。需要时可变换传感器的位置或同时安装两只传感器。

信号采集分析仪用于测试过程的控制，反射信号的过滤、放大、分析和输出。测试过程中应注意连线应牢固可靠，线路全部连接好后才能开机。仪器一般配有操作手册，应严格遵循。

3. 检测方法

反射波法检测基桩质量的仪器布置如图 2-16 所示。

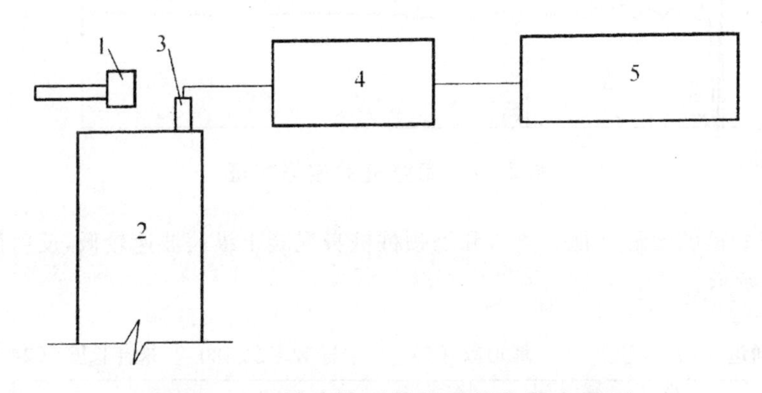

图 2-16　反射波检测基桩质量仪器布置图

1—手锤；2—桩；3—传感器；4—桩基分析仪；5—显示器

现场检测工作一般应遵循下面的一些基本程序。

①对被测桩头进行处理，凿去浮浆，平整桩头，割除桩外露的过长钢筋。

②接通电源，对测试仪器进行预热，进行激振和接收条件的选择性试验，以确定最佳激振方式和接收条件。

③为了减少随机干扰的影响，可采用信号增强技术进行多次重复激振，以提高信噪比。

④为了提高反射波的分辨率，应尽量使用小能量激振并选用截止频率较高的传感器和放大器。

⑤由于面波的干扰，桩身浅部的反射比较紊乱，为了有效地识别桩头附近的浅部缺陷，必要时可采用横向激振水平接收的方式进行辅助判别。

⑥每根试桩应进行 3～5 次重复测试，出现异常波形应立即分析原因，排除影响测试的不良因素后再重复测试，重复测试的波形应与原波形有良好的相似性。

4. 检测结果的应用

（1）确定桩身混凝土的纵波波速

桩身混凝土纵波波速可按下式计算：

$$C=\frac{2L}{t_r} \tag{2-2}$$

式中，C 为桩身纵波波速，m/s；L 为桩长，m；t_r 为桩底反射波到达时间，s。

(2)评价桩身质量

反射波形的特征是桩身质量的反应,利用反射波曲线进行桩身完整性判定时,应根据波形、相位、振幅、频率及波至时刻等因素综合考虑,桩身不同缺陷反射波特征如下。

①完整桩的波形特征。完整性好的基桩反射波具有波形规则、清晰、桩底反射波明显、反射波至时间容易读取、桩身混凝土平均纵波波速较高的特性,同一场地完整桩反射波形具有较好的相似性,如图 2-17 所示。

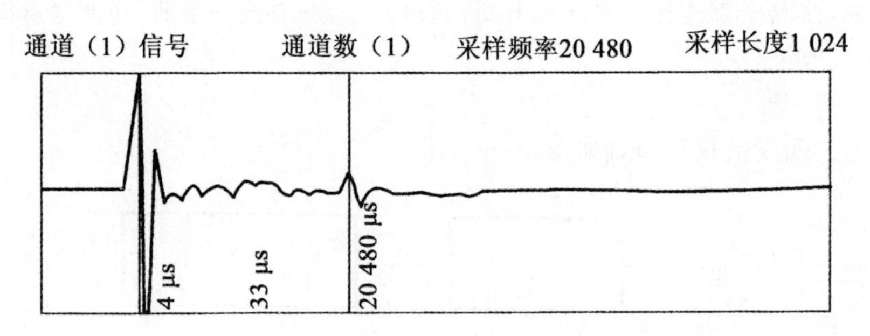

图 2-17　完整桩的波形特征

②离析和缩颈桩的波形特征。离析和缩颈桩桩身混凝土纵波波速较低,反射波幅减少,频率降低,如图 2-18 所示。

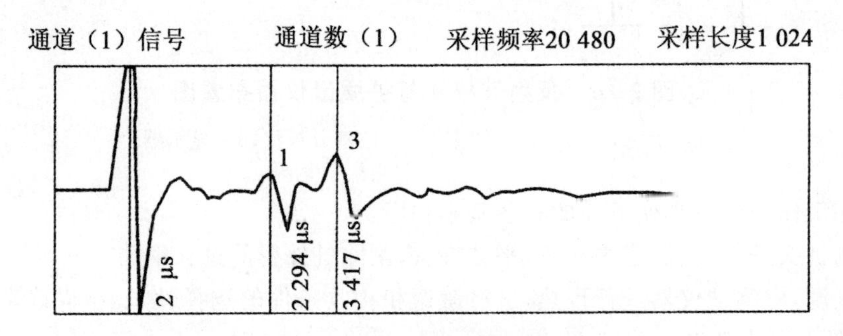

图 2-18　离析和缩颈桩的波形特征

③断裂桩的波形特征。桩身断裂时其反射波到达时间小于桩底反射波到达时间,波幅较大,往往出现多次反射,难以观测到桩底反射,如图 2-19 所示。

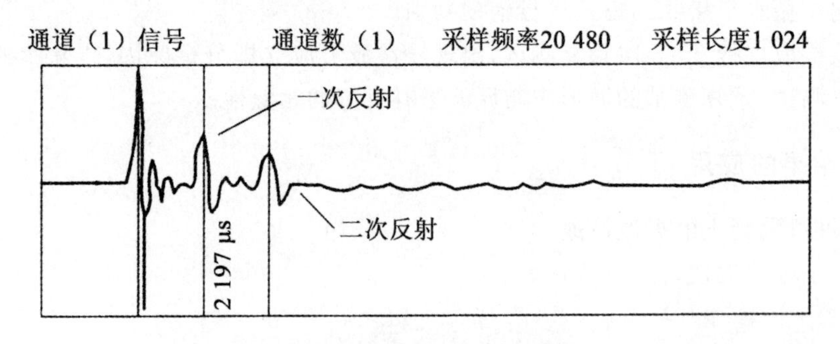

图 2-19　断裂桩的波形特征

(3)确定桩身缺陷的位置与范围

桩身缺陷离开桩顶的位置 L' 由下式计算:

$$L'=\frac{1}{2}t'_rC_0 \tag{2-3}$$

式中,L' 为桩身缺陷的位置,m;t'_r 为桩身缺陷的部位反射波至时间,s;C_0 为场地范围内桩身纵波波速平均值,m/s。

桩身缺陷范围是指桩身缺陷沿轴向的经历长度,如图 2-20 所示。桩身缺陷范围可按下面的方法计算:

$$l=\frac{1}{2}\Delta tC' \tag{2-4}$$

式中,l 为桩身缺陷的位置,m;Δt 为桩身缺陷的上、下面反射波至时间差,s;C' 为桩身缺陷段纵波波速,m/s,可由表 2-6 确定。

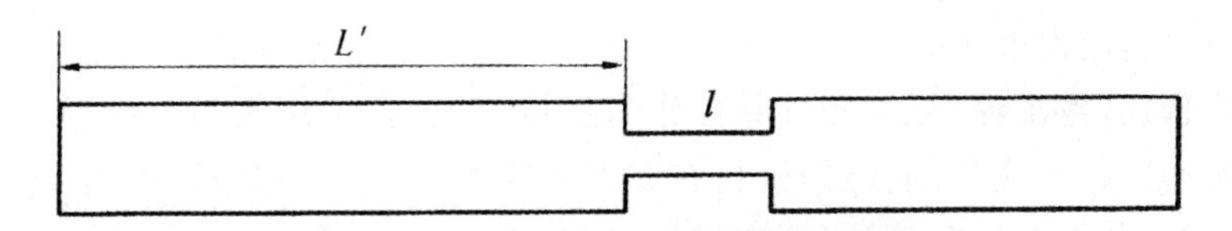

图 2-20　桩身缺陷的位置和范围

表 2-6　桩身缺陷段纵波速度

缺陷类别	离析	断层夹泥	裂缝空间	缩颈
纵波速度(m/s)	1 500～2 700	800 ～1 000	<600	正常纵波速度

(4)推求桩身混凝土强度

推求桩身混凝土强度是反射波法基桩动测的重要内容,桩身纵波波速与桩身混凝土强度之间的关系受施工方法、检测仪器的精度、桩周土性等因素的影响,根据实践经验,表 2-7 中桩身纵波波速与桩身混凝土强度之间的关系比较符合实际,效果较好。

表 2-7　混凝土纵波波速与桩身强度关系

混凝土纵波波速(ms^{-1})	>4 100	3 700～4 100	3 500～3 700	2 500～3 500	<2 700
混凝土强度等级	>C35	C30	C25	C20	<C20

2.3.2　机械阻抗法

1. 概述

埋设于地下的桩与其周围的土体构成连续系统,也就是无限自由度系统,但当桩身存在一些缺陷,如断裂、夹泥、扩颈、离析时,桩-土体系可视为有限自由度系统,而且这有限个自由度的共振频率是可以足够分离的。因此,在考虑每一级共振时可将系统看成是单自由度系统,故在测试频率范围内可依次激发出各阶共振频率。这就是机械阻抗法检测基桩质量的理论依据。

依据频率不同的激振方式，机械阻抗法可分为稳态激振和瞬态激振两种。实际工程中多采用稳态正弦激振法。利用机械阻抗法进行基桩动测，可以达到检测桩身混凝土的完整性，判定桩身缺陷的类型和位置等目的，对于摩擦桩，机械阻抗法测试的有效范围为 $L/D\leqslant30$；对于摩擦-端承桩或端承桩，测试的有效范围可达 $L/D\leqslant50$（L 为桩长，D 为桩断面直径或宽度）。

2. 检测设备

机械阻抗法的主要设备由激振器、传感器、记录分析系统三部分组成。

(1)激振器

稳态激振应选用电磁激振器，应满足以下技术要求。

①频率范围：5～1 500 Hz。

②最大出力：当桩径小于 1.5 m 时，应大于 200 N；当桩径在 1.5～3.0 m 之间时，应大于 400 N；当桩径大于 3.0 m 时，应大于 600 N。

可采用柔性悬挂（橡皮绳）或半刚性悬挂作为悬挂装置，在采用柔性悬挂时应注意避免高频段出现的横向振动。在采用半刚性悬挂时，在激振频率为 10～1 500 Hz 的范围内，系统本身特性曲线出现的谐振（共振及反共振）峰不应超过一个。

当使用力锤作激振设备时，所选用的力锤设备应优于 1 kHz，最大激振力不小于 300 N。

(2)量测系统

量测系统主要由力传感器、速度（加速度）传感器等组成。速度、加速度传感器的灵敏度应每年标定一次，力传感器可用振动台进行相对标定，或采用压力试验机作准静态标定。进行准静态标定所采用的电荷放大器，其输入阻抗应不小于 10^{11} Ω，测量响应的传感器可采用振动台进行相对标定。在有条件时，可进行绝对标定。

测试设备的布置如图 2-21 所示。

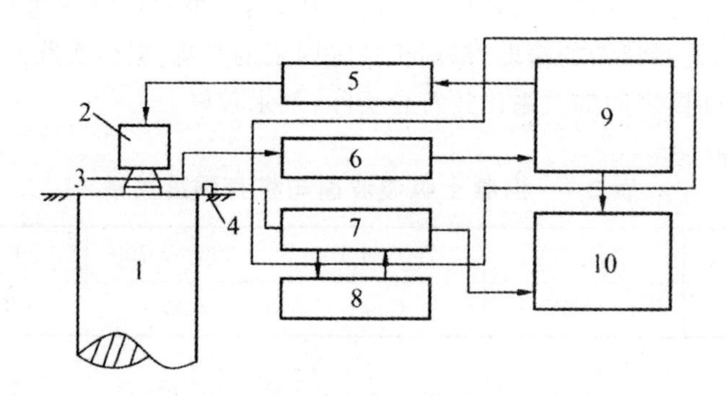

图 2-21 机械阻抗法测试仪器布置图

1—桩；2—激振器；3—力传感器；4—速度（加速度）传感器；5—功率放大器；6—电荷放大器；7—测振放大器；8—跟踪滤波器；9—振动控制仪；10—x-y 函数记录仪

(3)信号分析系统

除了采用通用的仪器设备组成的分析系统作为信号分析系统，还可采用专用的机械阻抗分析系统。压电加速度传感器的信号放大器应采用电荷放大器，磁电式速度传感器的信号放大器应采用电压放大器。在稳态测试中，为了减少其他振动的干扰，必须采用跟踪滤波器或在放大器内设置性能相似的滤波系统，滤波器的阻尼衰减应不小于 40 dB。在瞬态测试分析仪中，应具有频率均匀和计算相干函数的功能。

3. 检测方法

在进行正式测试前，必须认真做好被测桩的准备工作，以保证得到较为准确的测试结果。安装好全部测试设备并确认各仪器装置处于正常工作状态后方可开始测试。在正式测试前必须正确选定仪器系统的各项工作参数，使仪器能在设定的状态下完成试验工作。在测试过程中应注意观察各设备的工作状态，如未出现不正常状态，则该次测试为有效测试。

4. 检测结果的分析

(1)计算有关参数

根据记录到的桩的导纳曲线，如图 2-22 所示，可以计算出以下参数。

①导纳的几何平均值：

$$N_m=\sqrt{PQ} \tag{2-5}$$

式中，N_m 为导纳的几何平均值，m/kN・s；P 为导纳的极大值，m/kN・s；Q 为导纳的极小值，m/kN・s。

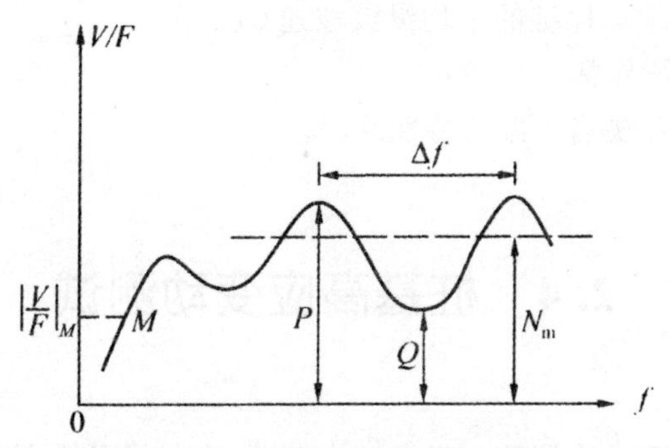

图 2-22　实测桩顶导纳曲线

②完整桩的桩身纵波波速：

$$C=2L\Delta f \tag{2-6}$$

式中，Δf 为两个谐振峰之间的频差，Hz。

③桩身动刚度：

$$K_d=\frac{2\pi f_m}{\left|\frac{V}{F}\right|_m} \tag{2-7}$$

式中，K_d 为桩的动刚度，kN/m；f_m 为导纳曲线初始线段上任一点的频率，Hz；$\left|\frac{V}{F}\right|_m$ 为导纳曲线初始直线段上任一点的导纳，m/kN・s；V 为振动速度，m/s；F 为激振力，kN。

④检测桩的长度：

$$L_m=\frac{C}{2\Delta f} \tag{2-8}$$

式中，L_m 为桩的检测长度，m。

⑤计算导纳的理论值：

$$N_c = \frac{1}{\rho C A_p} \tag{2-9}$$

式中，N_c 为导纳曲线的理论值，m/kN · s；ρ 为桩身材料的质量密度，kg/m^3；A_p 为桩截面积，m^2。

(2)分析桩身质量

计算出上述各参数后，结合导纳曲线形状，可以判断桩身混凝土完整性、判定桩身缺陷类型、计算缺陷出现的部位。

1)完整桩的导纳特征

①动刚度 K_d 大于或等于场地桩的平均动刚度$\overline{K}_d$。

②实测平均几何导纳值 N_m 小于或等于导纳理论值 N_c。

③纵波波速值 C 不小于场地桩的平均纵波波速 C_0。

④导纳曲线谱形状特征正常。

⑤导纳曲线谱中一般有完整桩振动特性反映。

2)缺陷桩的导纳特征

①动刚度 K_d 小于场地桩的平均动刚度$\overline{K}_d$。

②平均几何导纳值 N_m 大于导纳理论值 N_c。

③纵波波速值 C 不大于场地桩的平均纵波波速 C_0。

④导纳曲线谱形状特征异常。

⑤导纳曲线谱中一般有缺陷桩振动特性反映。

2.4 桩基高应变动测试

高应变动力检测是用重锤给桩顶一竖向冲击荷载，在桩两侧距桩顶一定距离对称安装力和加速度传感器，量测力和桩、土系统响应信号，从而计算分析桩身结构完整性和单桩承载力。

高应变动力试桩作用的桩顶力接近桩的实际应力水平，桩身应变相当于工程桩应变水平，冲击力的作用使桩、土之间产生相对位移，从而使桩侧摩阻力充分发挥，端阻力也相应被激发，因而测量信号含有承载力信息。

高应变动力试桩作用的桩顶力是瞬间力，荷载作用时间 20 ms 左右，因而使桩体产生显著的加速度和惯性力。动态响应信号不仅反映桩土特性(承载力)，而且和动荷载作用强度、频谱成分和持续时间密切相关。

高应变检测是当今国内外广泛使用的一种快速测桩技术，世界上许多国家和地区都已将此项技术列入有关规范或规程。我国目前的《建筑基桩检测技术规范》、《港口工程桩基动力检测规程》以及上海、广东、深圳、天津等许多地方规范、规程中均对桩的高应变检测技术作了规定，并将检测人员和单位的资质列入专项管理范围。

高应变动测常用的方法有锤击贯入法、波动方程法等。

2.4.1　锤击贯入法

锤击贯入法，简称锤贯法。它是指用一定质量的重锤以不同的落距由低到高依次锤击桩顶，同时用力传感器量测桩顶锤击力 Q_d，用百分表量测每次贯入所产生的贯入度 e，通过对测试结果的分析，判断桩身缺陷，确定单桩的承载能力。

1. 检测设备

锤贯法试验仪器和设备由锤击装置、锤击力量测和记录设备、贯入度量测设备三部分组成，如图 2-23 所示。

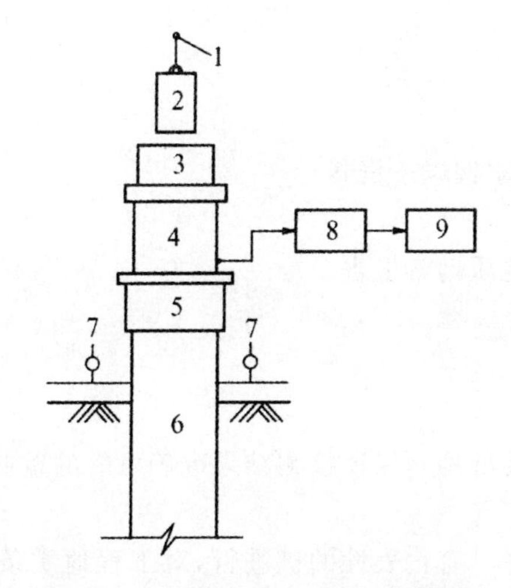

图 2-23　锤击贯入法试验装置

1—自动脱钩器；2—锤；3—锤垫；4—力传感器；5—桩帽；
6—桩；7—百分表；8—动态应变仪；9—记录仪

(1)锤击装置

锤击装置由重锤、落锤导向柱、起重机具等部分组成，如钢管脚手架搭设的锤击装置、卡车式锤击装置和全液压步履式试桩机等。选用锤击装置应保证设备移动方便，操作灵活，并能提供足够的锤击力。

高应变检测用重锤应材质均匀、形状对称、锤底平整、高径(宽)比不得小于 1，并采用铸铁或铸钢制作。当采取自由落锤安装加速度传感器的方式实测锤击力时，重锤应整体铸造，且高径(宽)比应在 1.0～1.5 范围内。

进行高应变检测时，锤的重量应大于预估单桩极限承载力的 1.0%～1.5%，混凝土桩的桩径大于 600 mm 或桩长大于 30 m 时取高值。

(2)锤击力量测和记录设备

锤击力量测和记录设备主要有：

①锤击力传感器。锤击力传感器的弹性元件应采用合金结构钢和优质碳素钢。应变元件宜采用电阻值为 120 Ω 的箔式应变片，应变片的绝缘电阻应大于 500 MΩ。传感器的量程可分为 2 000、3 000、4 000 和 5 000 kN，额定荷载范围内传感器的非线性误差不得大于 3%。

传感器除满足工作要求外尚应符合规定材质和绝缘。试验过程中，要合理地选择传感器的量程。承载力低的桩使用大量程传感器会降低精度；而承载力高的桩使用小量程传感器，不仅测不到桩的极限承载力，甚至还会使传感器损坏。

②动态电阻应变仪和光线示波器。锤击力的量程是通过动态电阻应变仪和光线示波器来实现的。动态电阻应变仪应变量测范围为 0～±1 000 $\mu\varepsilon$，标定误差不得大于 1%，工作频率范围不得小于 0～150 Hz，光线示波器振子非线性误差不得大于 3%，记录纸移动速度的范围宜为 5～2 500 m/s。

(3)贯入度量测设备

多使用分度值为 0.01 mm 的百分表和磁性表座。百分表量程有 5、10 和 30 mm 三种。也可用精密水准仪、经纬仪等光学仪器量测。

2. 检测方法

(1)收集资料

锤贯法试桩之前应收集、掌握以下资料：

①工程概况。

②试桩区域内场地工程地质勘察报告。

③桩基础施工图。

④试桩施工记录。

(2)试桩要求

检测前对试桩进行必要的处理是保证检测结果准确可靠的重要手段。试桩要求主要包括以下几个方面：

①试桩数量。试桩应选择具有代表性的桩进行，对工程地质条件相近，桩型、成桩机具和工艺相同的桩基工程，试桩数量不宜少于总桩数的 2%，并不应少于 5 根。

②从成桩至试验时间间隔。从沉桩至试验时间间隔可根据桩型和桩周土性质来确定。对于预制桩，当桩周土为碎石类土、砂土、粉土、非饱和黏性土和饱和黏性土时，相应的时间间隔分别为 3、7、10、15 和 25 d；对于灌注桩，一般要在桩身强度达到要求后再试验。

③桩头处理。桩头宜高出地面 0.5 m 左右，桩头平面尺寸应与桩身尺寸相当，桩头顶面应水平、平整，将损坏部分或浮浆部分剔除，然后再用比桩身混凝土强度高一个强度等级的混凝土，把桩头接长到要求的标高。桩头主筋应与桩身相同，为增强桩头抗冲击能力，可在顶部加设 1～3 层钢筋网片。

(3)设备安装

锤击装置就位后应做到底盘平稳、导杆垂直，锤的重心线应与试桩桩身中轴线重合；试桩与基准桩的中心距离不得小于 2 m，基准桩应稳固可靠，其设置深度不应小于 0.4 m。

(4)锤击力和贯入度量测

确认整个系统处于正常工作状态后，即可开始正式试验。试验时重锤落高的大小，应按试桩类型、桩的尺寸、桩端持力层性质等综合确定。一般说来，当采用锤击力(Q_d)-累计贯入度($\sum e$)曲线进行分析时，锤的落高应由低至高按等差级数递增，级差宜为 5 cm 或 10 cm(8～12 击)；当采用经验公式分析时，各击次可采用不同落高或相同落高，总锤击数为 5～8 击，一根桩的锤击贯入试验应一次做完，锤击过程中每击间隔时间为 3 min 左右。

试验过程中，随时绘制桩顶最大锤击力 Q_{max}-$\sum e$ 关系曲线，当出现下列情况之一时，即可停止锤击。

①开始数击的 Q_{max}-$\sum e$ 基本上呈直线按比例增加，随后数击 Q_{max} 值增加变缓，而 e 值增加明显乃至陡然急剧增加。

②单击贯入度大于 2 mm，且累计贯入度 $\sum e$ 大于 20 mm。

③ Q_{max} 已达到力传感器的额定最大值。

④桩头已严重破损。

⑤桩头发生摇摆、倾斜或落锤对桩头发生明显的偏心锤击。

⑥其他异常现象的发生。

3. 检测结果的应用

(1)确定单桩极限承载力

在实际工程中，确定单桩承载力的方法主要有以下几种：

①Q_d-$\sum e$ 曲线法。首先根据试验原始记录表的计算结果作出锤击力与桩顶累计贯入度 Q_d-$\sum e$ 曲线图，如图 2-24 所示。Q_d-$\sum e$ 曲线上第二拐点或 $\lg Q_d$-$\sum e$ 曲线起始点所对应的荷载即为试桩的动极限承载力 Q_{du}，该桩的静极限承载力 Q_{su} 可按下面的方法确定：

$$Q_{su}=Q_{du}/C_{dsc} \tag{2-10}$$

式中，Q_{su} 为 Q_d-$\sum e$ 曲线法确定的试桩极限承载力，kN；Q_{du} 为试桩的动极限承载力，kN；C_{dsc} 为动、静极限承载力对比系数。

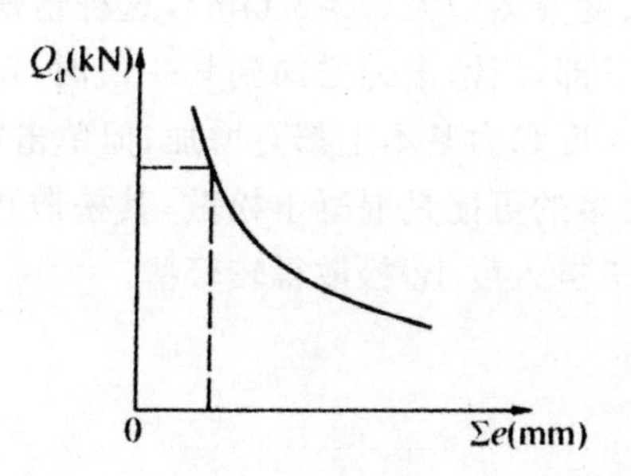

图 2-24　锤击贯入法的 Q_d-$\sum e$ 曲线

②经验公式法。单击贯入度不小于 2.0 mm 时，各击次的静极限承载力 Q_{sul}^f 可按下面公式计算：

$$Q_{sul}^f=\frac{1}{C_{ds}^f}\frac{Q_{di}}{1+S_{di}} \tag{2-11}$$

式中，Q_{sul}^f 为经验公式法确定的试桩第 i 击次的静极限承载力，kN；Q_{di} 为第 i 击次的实测桩顶锤击力峰值，kN；S_{di} 为第 i 击次的实测桩顶贯入度，m；C_{ds}^f 为经验公式法动、静极限承载力对比系数。

确定经验公式法的静极限承载力 Q_{sul}^f 值时，参加统计的单击贯入度不小于 2.0 mm 的击次不得少于 3 击，并取其中级差不超过平均值 20%的数值按下面公式计算：

$$Q_{su}^{f}=\frac{1}{m}\sum_{i=1}^{m}Q_{sui}^{f} \tag{2-12}$$

式中，Q_{su}^{f}为经验公式法确定的试桩静极限承载力，kN；m为单击贯入度不小于2.0 mm的锤击次数。

锤击贯入法和静载荷试验对比曲线如图2-25所示。

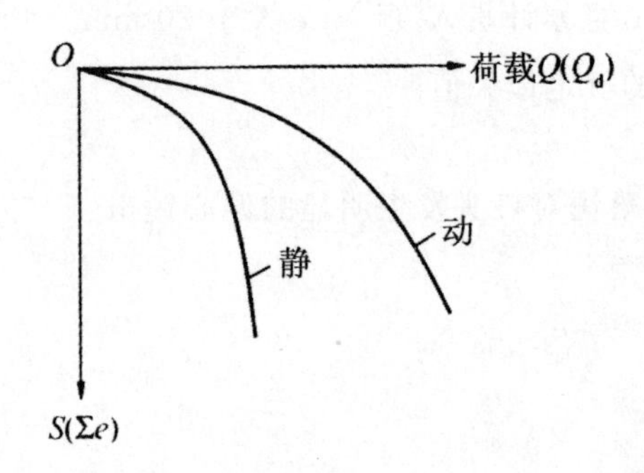

图2-25　锤击贯入法和静载荷试验对比曲线

(2)判定桩身缺陷

锤击贯入法对桩身缺陷，尤其是对桩身深部的轻度缺陷反应并不敏感。同时，这种方法对确定灌注桩缺陷类型、规模时的适用性远不如其他检测方法。因此，利用锤击贯入法检测桩身缺陷，需十分谨慎。不少单位在总结地区的经验基础上，提出了运用锤击贯入法检测沉管灌注桩桩身质量时一些可以借鉴的做法：当落距较小，锤击力不大，而贯入度较大时，即$e>2$ mm时，可以判定桩身浅部(5 m以内)有明显质量问题，比较多的情况为桩身断裂；当落距较小，贯入度不大，但当落距增加到某一值时，贯入度突然增大($e>3$ mm)，这种情况可能是桩身缩颈，当落距较小时尚能将缩颈处上部的力传至下部，当锤击力增加到某一值时，就会引起缩颈处断裂，造成贯入度突然增加；随落距的增大，贯入度和力基本上都有增加，但单击贯入度比正常桩偏大，力比正常桩增加的幅度小，这种情况比较多的可能是混凝土松散，其松散程度视单击贯入度大小而定，单击贯入度大，则松散较严重，单击贯入度小，松散得较轻些。

2.4.2　Case法

1. 检测设备

Case法的测试装置如图2-26所示。

(1)锤击设备

对于打入桩，可以利用打桩机作为锤击设备，进行复打试桩；对于灌注桩，则需要专用的锤击设备，不同重量的锤要形成系列，以满足不同承载力桩的使用要求。摩擦桩或端承-摩擦桩，锤重一般为单桩预估极限承载力的1%；端承桩则应选择较大的锤重，才能使桩端产生一定的贯入度。重锤必须质量均匀，形状对称，锤底平整。图2-27是常用的两种锤击装置，其中图(a)是由电动卷扬机通过滑轮组提升锤头图，(b)是由起重吊车起锤。两种装置的重锤提升高度都由自动脱钩器控制，锤自由下落时通过锤垫打在桩顶上。

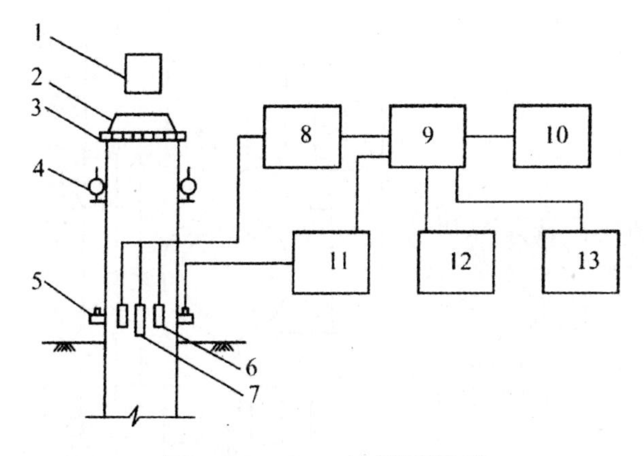

图 2-26　Case 法测试装置

1—锤；2—砧座；3—桩垫；4—百分表；5—加速度计；6—应变片；7—混凝土应变计；
8—动态应变仪；9—磁带机；10—滤波器；11—电荷放大器；12—计算机；13—峰值表

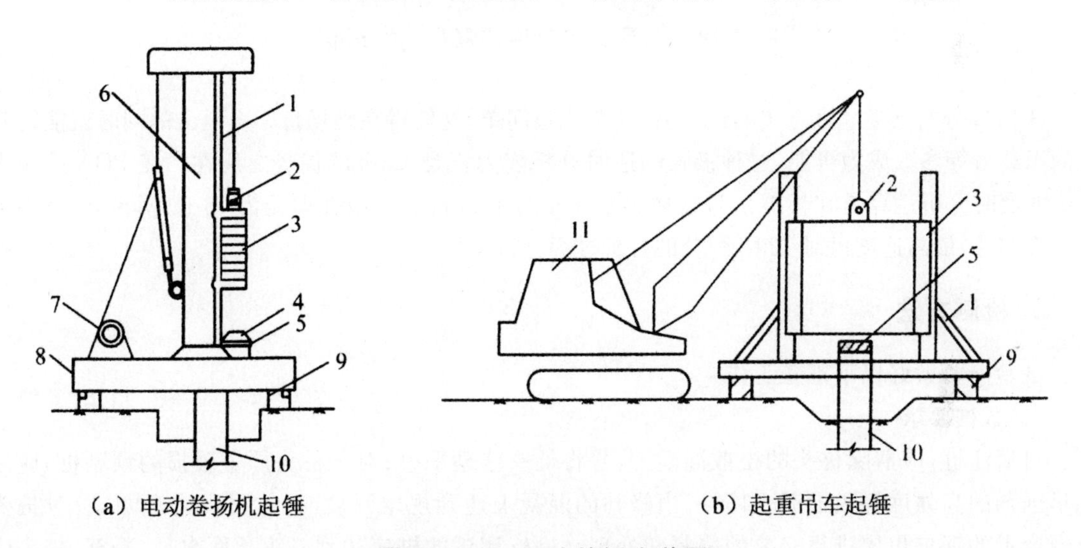

图 2-27　Case 法的锤击装置

1—导向架；2—自动脱钩；3—锤；4—砧座；5—锤垫；6—导向柱；
7—电机；8—底盘；9—道木；10—桩；11—吊车

(2)量测仪器

用于 Case 法动测的量测仪器主要由传感器、信号采集和分析装置等三部分组成。

①传感器量测力的操作常用工具式应变传感器，如图 2-28。它具有重量轻，安装使用方便等特点。量测加速度所使用的传感器，一般都采用压电式加速度计，它具有体积小、质量轻、低频特性好和频带宽等特点。安装好的加速度计应在 3 000 Hz 范围内成线性，其最大量程宜为 3 000～5 000 g。正常情况下，传感器应一年标定一次。

②信号采集装置。国内测桩仪的信号采集装置都是单成一体，用总线和计算机连接，PID 公司的 GB 信号采集装置是把数据采集和微机合为一体的专用机，它由模拟系统和数字系统两部分组成。采集频率宜为 10 kHz，对于超长桩，采样频率可适当降低。采样点数不应少于 1 024 点。

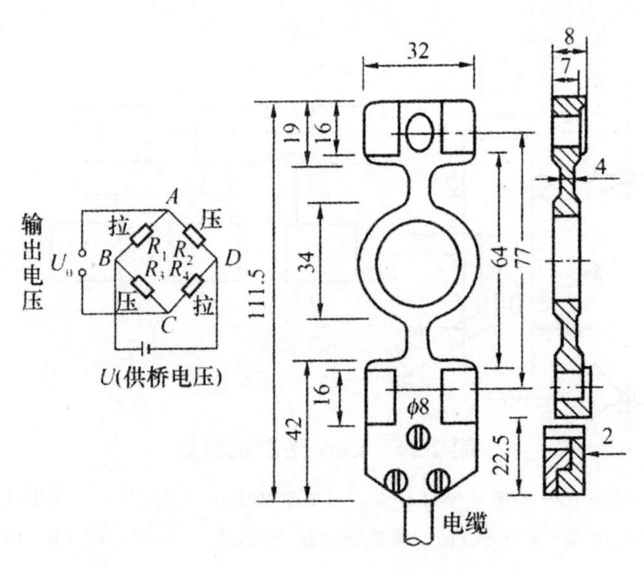

图 2-28 工具式应变传感器(单位:mm)

③信号分析装置。由于 Case 法的计算公式很简单,这使得在现场每一次锤击的同时就能得到桩的承载力等参数成为可能,这种极强的适时分析能力正是 Case 的优势之所在。在 PDA 系统中有关的实时分析运算是在模拟信号转换为数字信号后进行的。微处理器为 16 位 Motorola 68000 微处理芯片,最高速度可对 120 锤/分的打桩过程进行分析。

2. 检测方法

试验前要做好以下准备工作:

(1)试桩要求

对灌注桩,应清除桩头的松散混凝土,并将桩头修理平整;对于桩头严重破损的预制桩,应用掺早强剂的高强度等级混凝土修补,当修补的混凝土达到规定强度时,才可以进行测试;对桩头出现变形的钢桩也应进行必要的修复和处理。进行测试的桩应达到桩头顶面水平、平整,桩头中轴线与桩身中轴线重合,桩头截面积与桩身截面积相等等要求。

(2)传感器的安装

①传感器的安装位置与方法按图 2-29 的要求。

②桩身安装传感器的部位必须平整,其周围也不得有缺损或截面突变的情况;安装范围内桩身材料和尺寸必须和正常桩一致。

③当进行连续锤击检测时,应先将传感器引线固定牢靠,引线宜朝向地面一方。

(3)现场检测时参数设定要求

试验前认真检查整个测试系统是否处于正常状态,仪器外壳接地是否良好;设定测试所需的参数。这些参数包括:桩长、桩径、桩身的纵波波速值、桩身材料的重度和桩身材料的弹性模量等。这些参数可按下面的方法确定:

①桩长和桩径的选取应遵循下面的要求:对于预制桩可采用建设或施工单位提供的实际桩长和桩截面面积作为设定值,对于灌注桩可按建设或施工单位提供的完整施工记录确定。

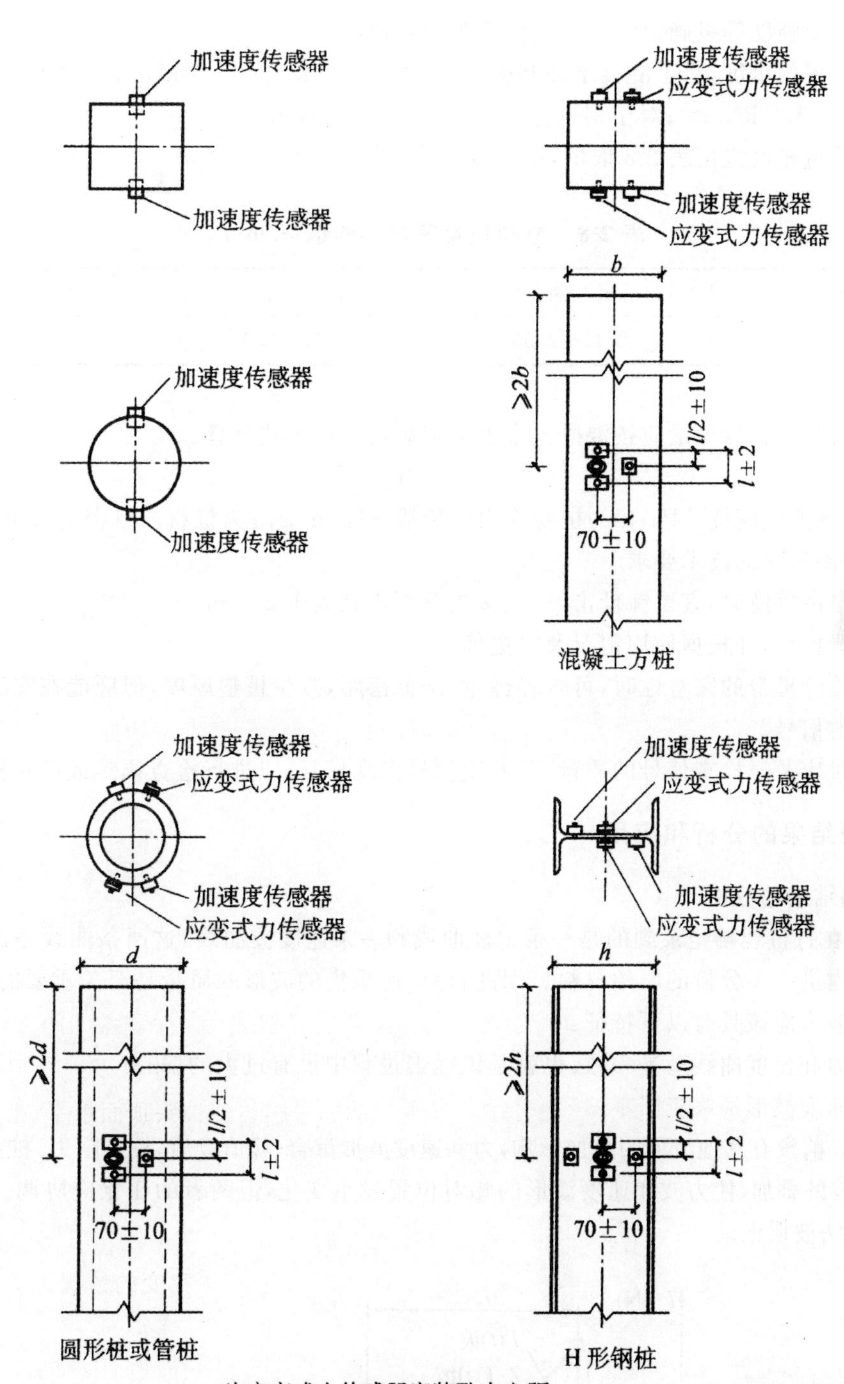

图 2-29　传感器安装示意图

②纵波波速的选取应满足以下一些要求：对于钢桩，纵波波速值可设定为 5 120 m/s；对于混凝土预制桩，可在打入前实测桩身纵波波速作为设定值或者根据桩身混凝土强度等级估算纵波波速值作为设定值；对于混凝土灌注桩，可根据反射波法测定桩身的纵波波速值作为设定值或者

根据桩身混凝土强度等级确定纵波波速值作为设定值。

③桩身材料的重度，对于混凝土预制桩，重度可取为 24.5～25.5 kN/m³；对于灌注桩，重度可取为 24.5～25.5 kN/m³；对于钢桩，重度可取为 78.5 kN/m³。

④桩材质量密度宜按表 2-8 取值，高强度者取高值。

表 2-8　桩材质量密度经验值(t/m³)

钢材	混凝土预制桩	预应力管桩	混凝土灌注桩
7.85	2.45～2.55	2.55～2.60	2.40～2.50

⑤桩身材料的弹性模量应按混凝土强度等级确定或按下式计算：

$$E=\rho \cdot C^2 \tag{2-13}$$

式中，E 为桩材弹性模量，kPa；C 为桩身应力波传播速度，m/s；ρ 为桩材质量密度，t/m³。

(4)现场测试时的技术要求

①采用自由落锤时，宜重锤低击，最大锤击落距不宜大于 2.5 m。

②应设置桩垫，并根据使用情况及时更换。

③当仅检测桩身的完整性时，可减轻锤重，降低落距，减少桩垫厚度，但应能在实测波形中观察到桩底反射信号。

④检测时应及时检查信号的质量，若发现信号出现异常，应进行检查调整或停止检测。

3. 检测结果的分析和应用

(1)检测结果的分析

Case 法在打桩现场记录到的是一条力波曲线和一条速度波曲线，这两条曲线是进行现场实时分析和室内进一步分析的原始材料。因此，保证所采集的波形的质量是至关重要的。

良好的波形应该具有以下特征：

①两组力和速度曲线基本一致，也就是说锤击过程中没有过大的偏心。

②力和速度波形最终应回零。

③峰值以前没有其他波形的叠加影响，力和速度波形重合；峰值以后，桩侧阻力、桩身阻抗变化和桩端反射波的叠加，使力波和速度波形的相对位置发生变化，但两者的变化应协调。图 2-30 是典型的 Case 法波形记录。

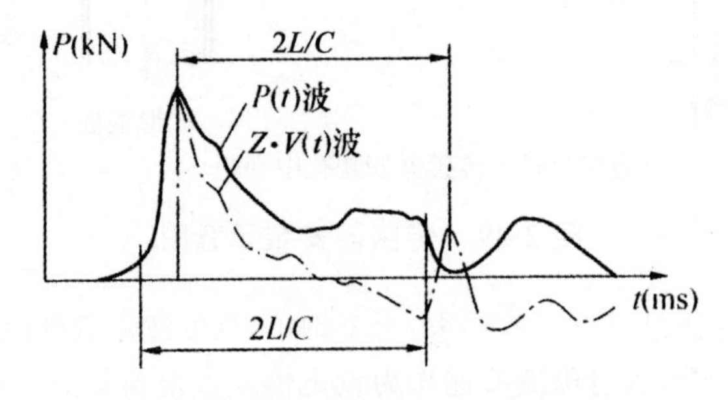

图 2-30　典型的 Case 法波形记录

在现场实测时，经常会出现下面的异常情况：P 波和 $Z \cdot V$ 波起始段不重合，如图 2-31 所示；另外一种情形，虽然从曲线形状上看，两者似乎有重合的趋势，但实测值与理论估算值相差太大，如图 2-32 所示，在实际应用时应将异常的波形剔除，以保证检测结果的可靠性。

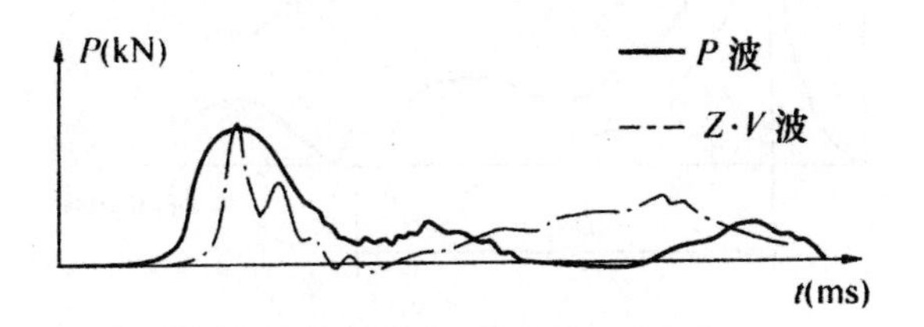

图 2-31　实测曲线异常的情形之一

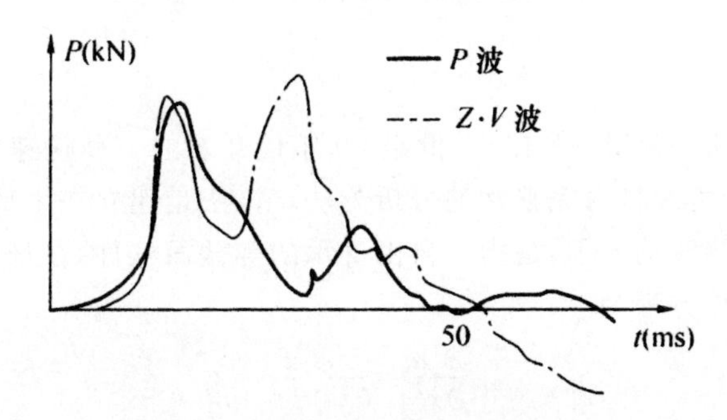

图 2-32　实测曲线异常的情形之二

选择正确的波形，对于计算纵波波速、确定承载力以及判断桩身质量等都是十分重要的。因此，现场实测时，要对记录的波形及时进行检查，发现问题，应找出原因，重新测试，直到得到满意的记录。锤击后出现下列情况之一者，其信号不得作为分析计算的依据：

①传感器振动或安装不合格。

②严重偏心锤击，记录上一测力信号呈现受拉。

③应变传感器出现故障。

④桩身上安装传感器的部位的混凝土发生开裂。

桩身的平均纵波波速对计算结果影响甚大，波速的大小直接影响到计算的力与速度值的大小。根据现场实测的记录信号，按下列方法确定桩身的平均纵波波速值：

①当有明显的桩底反射波时，可采用下行波波形上升段的起点到上升波下降段起始点之间的时间差和桩的长度来确定，如图 2-33 所示。设桩长为 L，桩顶到传感器的距离为 L_0，时间差为 t，则桩的平均纵波波速为

$$C=\frac{2(L-L_0)}{t}$$

②当桩底反射波不明显时，可根据桩长、桩身混凝土的纵波波速经验值以及同一工程中相同条件下（即成桩工艺、桩长、桩身材质相同）其他桩的纵波波速值综合确定。

③桩长较短且锤击力上升缓慢时，可以用其他方法确定纵波波速值。

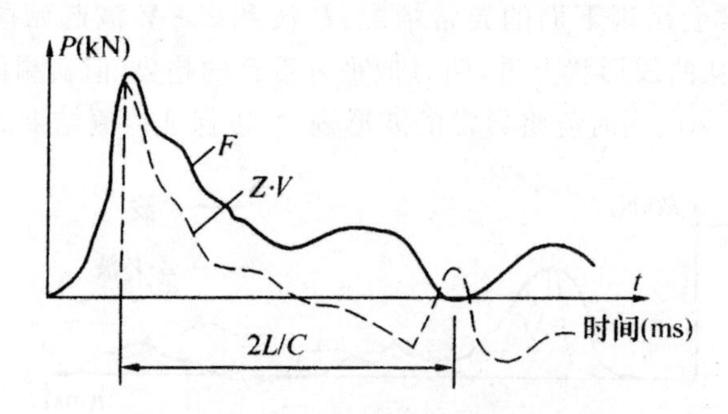

图 2-33　桩身纵波波速值的确定

(2)检测结果的应用

1)确定单桩承载力

Case 法是美国戈布尔(Goble)等在 20 世纪 60 年代开发的一种快速估算桩承载力、测定锤与打桩系统性能、打桩应力及桩身完整性的分析方法。该法是建立在牛顿第二定律的基础上的一维波动方程。所谓一维波动方程,是指一自由支承的等截面杆件,在杆的一端受撞击后,杆内产生的弹性波的传递。该方程为

$$\frac{\partial^2 u}{\partial x^2}=\frac{1}{C^2}\frac{\partial^2 u}{\partial t^2} \tag{2-14}$$

式中,u 为杆件某点位移;x 为空间坐标;t 为时间;C 为杆内弹性波波速,$C=\sqrt{\frac{E}{\rho}}$;E 为杆件弹性模量;ρ 为杆的质量密度。

在式(2-14)推导的基础上,得到等截面桩打桩时的总土阻力计算公式:

$$R_T=\frac{1}{2}\left[P(t_1)+P\left(t_1+\frac{2L}{C}\right)\right]+\frac{Z}{2}\left[V(t_1)-V\left(t_1+\frac{2L}{C}\right)\right] \tag{2-15}$$

式中,R_T 为总土阻力;P 为桩顶锤击力;V 为桩顶锤击时的质点运动速度;t_1 为速度第一峰值对应的时刻;Z 为桩身截面阻抗,$Z=EA/C$,其中 A 是桩身截面面积;E 为桩材弹性模量;L 为测点以下桩长;C 为应力波在桩内的传播速度。

打桩时的总土阻力又可分为两个部分

$$R_T=R_s+R_d \tag{2-16}$$

式中,R_s 为总的静土阻力,即单桩竖向承载力;R_d 为动土阻力(速度产生的阻力分量)。

Case 法又假定动土阻力集中在桩尖,且与桩尖处的运动速度 V_b 成正比,即

$$R_d=J_cZV_b \tag{2-17}$$

在上述公式推导的基础上得到

$$R_s=\frac{1}{2}(1-J_c)[P(t_1)+ZV(t_1)]+\frac{1}{2}(1+J_c)\left[P\left(t_1+\frac{2L}{C}\right)-ZV\left(t_1+\frac{2L}{C}\right)\right] \tag{2-18}$$

J_c 称为 Case 阻尼系数,实质上是一个与土的颗粒大小等因素有关的经验修正系数。一般地讲,土颗粒越大,J_c 值越小,国外资料的典型数据见表 2-9。

表 2-9 Case 阻尼系建议值

土的类型	取值范围	建议值
砂	0.05～0.20	0.05
粉砂和砂质粉土	0.15～0.30	0.15
粉土	0.20～0.45	0.30
粉质黏土和黏质粉土	0.40～0.70	0.55
黏土	0.60～1.10	1.10

Case 法的基本假定是桩身截面没有变化，应力波在传播过程中没有能量耗散和信号畸变，桩周土的动阻力忽略不计，桩底土的动阻力与桩端的运动速度成正比。J_c 为比例常数，无量纲，往往根据经验选定。所以 Case 是一个半经验的方法。它的优点是简明快速，可以在锤击的同时计算出承载力值，因此非常适合对打入桩打入过程中的质量控制和对打桩设备性能的测定。它的缺点是选择 J_c 有一定的随意性，在计算时仅用到检测曲线的几个特征值，有一定的误差，特别是对于灌注桩，误差较大。

高应变动测试确定单桩承载力还有另外一种方法，即实测曲线拟合(Capwapc)法。它的做法是把桩分成有限个单元，对每一单元的桩、土各种参数(如桩身阻抗、弹性模量、阻力、阻尼、Quake 值等)进行设定，再以实测的信号(力、速度)作为边界条件进行波动分析，求出波动方程的解，得到第一次的拟合计算结果。然后根据计算结果和实测信号的差异，调整桩土参数，继续进行拟合计算，直至拟合曲线与实测曲线的符合程度达到最佳状态为止。这时可以认为，最终选定的参数，就是桩、土的实际参数。

Capwapc 法一般需进行数十次甚至数百次的反复比较、迭代，以使拟合质量系数(MQ)达到最小。拟合过程中受人为影响较小，所求得的土阻力值也更精确、更符合实际工程情况。因此，单桩承载力的确定，要尽量采用 Capwapc 法，这对于现场浇注的灌注桩甚至是必需的。其缺点是，拟合分析速度较慢，对操作人员的要求也较高。

因此，对于以确定单桩极限承载力为目的的高应变检测(包括前期试桩和工程抽样桩)，都应采用实测曲线拟合法，而不应是 Case 法。

2)检测桩身质量

在利用记录信号对桩身的完整性进行评价时，首先要从记录信号上对力和速度波作定性分析，观察桩身缺陷的位置和数量以及连续锤击情况下缺陷的扩大或闭合情况。

锤击力作用于桩顶，产生的应力波沿桩身向下传播，在桩截面变化处会产生一个压力回波，这个压力回波返回到桩顶时，将使桩顶处的力增加，速度减少。同时，下行的压力波在桩截面处突然减小或有负摩阻力处将产生一个拉力回波。拉力回波返回到桩顶时，将使桩顶处力值减小，速度值增加，如图 2-34 所示。根据收到的拉力回波的时刻就可以估计出拉力回波的位置，即桩身缺损使阻抗变小的位置。这就是根据实测的力波和速度曲线来判断桩身缺陷，评价桩身结构完整性的基本原理。

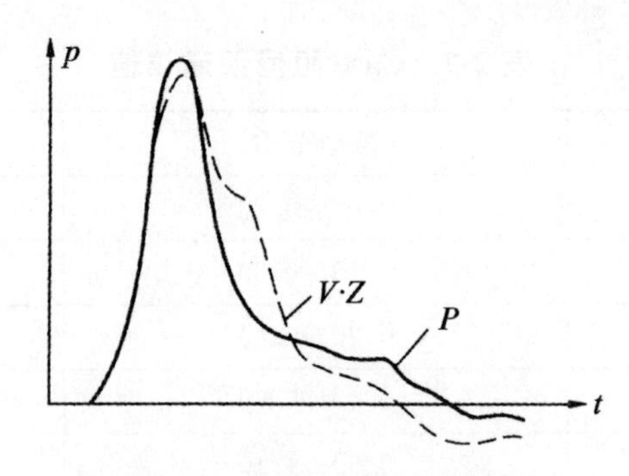

图 2-34　缺陷桩的反射波形

高应变动测在实测曲线的拟合分析过程中，将得到桩身变截面处的实际阻抗变化，因而还可通过所谓截面完整性系数 β 定性地确定桩的缺陷程度。一般定义

$$\beta=\frac{Z_1}{Z_2}=\frac{\rho_1 C_1 A_1}{\rho_2 C_2 A_2}$$

β 为截面完整性系数。β 值的大小由截面上下的材料密度、波速、截面积的比值决定。β 的大小客观地反映桩身的缺陷情况。表 2-10 为美国 ASTM 标准(1989 年)建议的 β 值和桩身结构完整性的关系。

表 2-10　β 值与桩身结构完整性的关系

β 值	评价
$\beta=1.0$	桩身完整
$0.8\leqslant\beta<1.0$	轻微缺陷桩
$0.6\leqslant\beta<0.8$	明显缺陷桩，对桩身结构承载力有影响
$\beta<0.6$	桩身存在严重缺陷或断桩

3)桩身材料质量的检查

利用 Case 法可以从波形曲线上发现桩端压力回波，这一回波的时间等于 $2L/C$，如果已知桩长，即可推算出纵波波速 C 值，根据 C 值就可对桩身材料的质量进行检查。这和反射波法确定桩身材料强度的方法是一样的。

第3章　基坑工程与边坡工程监测

3.1　基坑工程监测

在深基坑开挖的施工过程中，由于基坑内外土体应力状态的改变从而引起围护结构承受的荷载发生变化，并导致围护结构和土体的变形，围护结构的内力（围护桩和护墙的内力、支撑轴力或土锚拉力等）和变形（深基坑坑内土体的隆起、基坑支护结构及其周围土体的沉降和侧向位移等）中的任一量值超过允许的范围，将造成基坑的失稳破坏或对周围环境造成不利影响，且深基坑开挖工程往往在建筑密集的市中心；施工场地四周有建筑物和地下管线，基坑开挖所引起的土体变形将在一定程度上改变这些建筑物和地下管线的正常状态，当土体变形过大时，会造成邻近结构和设施的失效或破坏。同时，基坑相邻的建筑物又相当于较重的集中荷载，基坑周围的管线常引起地表水的渗漏，这些因素又导致土体变形加剧，将引起邻近建筑物的倾斜和开裂，以及管道的渗漏。

基坑坍塌往往造成重大的人员伤亡和财产损失。如：2005 年 7 月，位于广州市海珠区某十字路口的一广场工程深基坑发生坍塌，因工地塌方致使地基空悬的某宾馆北楼发生大面积倒塌，导致 3 人死亡、8 人受伤；2008 年 11 月，杭州某地铁施工工地基坑坍塌，发生大面积地面塌陷事故，造成 17 人死亡、4 人失踪。

因此，在深基坑施工过程中，只有对基坑支护结构、基坑周围的土体和相邻的构筑物进行全面、系统地监测，才能对基坑工程的安全性和对周围环境的影响程度有全面地了解，以确保工程的顺利进行；才能在出现异常情况时及时反馈，并采取必要的工程应急措施，甚至调整施工工艺或修改设计参数，保证基坑施工安全。

3.1.1　基坑监测的目的和内容

基坑监测的目的包括以下几个方面：

①确保支护结构的稳定和安全，确保基坑周围建筑物、构筑物、道路及地下管线等的安全与正常使用。在深基坑开挖与支护的施工过程中，必须在满足支护结构及被支护土体的稳定性，避免破坏和极限状态发生，避免产生由于支护结构及被支护土体的过大变形而引起邻近建筑物的倾斜或开裂及邻近管线的渗漏等。根据监测结果，判断基坑工程的安全性和对周围环境的影响，防止工程事故和周围环境事故的发生。

②指导基坑工程的施工。通过现场监测结果的信息反馈，采用反分析方法求得更合理的设计参数，并对基坑的后续施工工况的工作性状进行预测，指导后续施工的开展，验证原设计和施工方案的正确性。同时，可对基坑开挖到下一个施工工况时的受力和变形的数值及趋势进行预测，并根据受力、变形实测和预测结果与设计时采用的值进行比较，必要时对设计方案和施工工艺进行修正。

③验证基坑设计方法，完善基坑设计理论。基坑工程现场实测资料的积累为完善现行的设计方法和设计理论提供依据。监测结果与理论预测值的对比分析，有助于验证设计和施工方案的正确性，总结支护结构和土体的受力和变形规律，推动基坑工程的深入研究。现场监测不仅确保了本基坑工程的安全，在某种意义上也是一次1∶1的实体试验，所取得的数据是结构和土层在工程施工过程中的真实反映，是各种复杂因素影响和作用下基坑系统的综合体现，因而也为该领域的科学技术发展积累了第一手资料。

基坑工程现场监测的内容分为两大部分，即围护结构监测和周围环境监测。围护结构监测包括围护桩墙、支撑、围檩和圈梁、立柱、地下水位等项目。周围环境监测包括道路、地下管线、临近建筑物、地下水位等项目，基坑现场监测的主要项目及测试方法如表3-1所示。在制定监测方案时可根据基坑工程等级和监测目的选定监测项目。基坑安全等级划分参见表3-2。

表3-1　基坑现场监测的主要项目及测试方法

序号	监测项目	测试方法	基坑工程安全等级		
			一级	二级	三级
1	墙顶水平位移、沉降	水准仪和经纬仪	☆	☆	☆
2	墙体水平位移	测斜仪	☆	△	※
3	土体深层竖向位移、侧向位移	分层沉降标、测斜仪	☆	△	※
4	孔隙水压力、地下水位	孔隙水压力计、地下水位观察孔	☆	☆	△
5	墙体内力	钢筋应力计	☆	△	※
6	土压力	土压力计	△	※	※
7	支撑轴力	钢筋应力计、混凝土应变计或轴力计	☆	△	※
8	坑底隆起	水准仪	☆	△	※
9	锚杆拉力	钢筋应力计或轴力计	☆	△	※
10	立柱沉降	水准仪	☆	△	※
11	邻近建筑物沉降和倾斜	水准仪和经纬仪	☆	☆	☆
12	地下管线沉降和水平位移	水准仪和经纬仪	☆	☆	☆

注：☆为应测项目，△为宜测项目，※为可测项目。

表 3-2 基坑工程安全等级划分

安全等级	破坏后果	工程复杂程度			
		基坑深度(m)	地下水位埋深(m)	软土层厚度(m)	基坑边缘与已有建筑浅基础或重要管线边缘净距(m)
一级	支护结构破坏、土体失稳、过大变形对基坑周边环境及地下结构施工影响很严重	＞14	＜2	＞5	＜0.5h
二级	支护结构破坏、土体失稳、过大变形对基坑周边环境及地下结构施工影响一般	9～14	2～5	2～5	(0.5～1.0)h
三级	支护结构破坏、土体失稳、过大变形对基坑周边环境及地下结构施工影响不严重	＜9	＞5	＜2	＞1.0h

注：h 为基坑深度。

3.1.2 基坑监测的基本要求

①测得的数据应保证真实可靠，这就需要采用的监测仪器具有较高的精度。监测前，必须对所用的仪器设备按有关规定进行校检；保证测点数据的可靠性，并定期对其进行稳定性检测；不宜经常变动监测人员，采用同一仪器；需要保留原始数据作为依据。

②在进行现场监测时，若所测数据发生突变或大于警戒值，需要立即重复监测操作，找出原因以及所存在的隐患，并进行应急处理。

③对于不同的工程，按照其实际状况，设定变形值、内力值及其变化速率的警戒值。当监测数据大于警戒值时，应根据连续监测资料和各项监测内容找出其中的原因和发展趋势，进行相应的应急处理。

④应该记录完整的监测数据，绘制图表、曲线，提交监测报告。

3.1.3 变形监测

1. 水平位移监测

(1)地表水平位移监测

一般对挡墙顶面、地表面及地下管线等的水平位移进行地表水平位移监测。通常采用视准线法监测水平位移，如图 3-1 所示，沿基坑设置一条视准线，使其连接两个永久工作基点 A、B。根据实际情况沿基坑边设置若干测点，定期监测测点偏离视准线的距离，进行分析，则可得到测点的水平位移量。

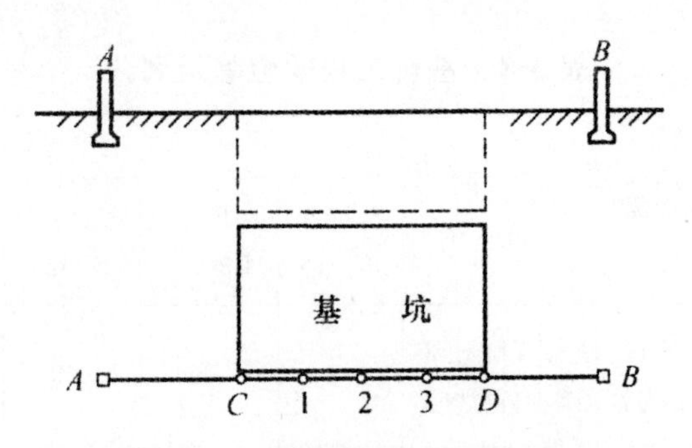

图 3-1　视准线法测水平位移

1)基点及测点的设置原则

①基点(通常为钢筋混凝土观测墩,见图 3-2)应设置在深基坑两端不动位置处,并经常检查基点有无移动。

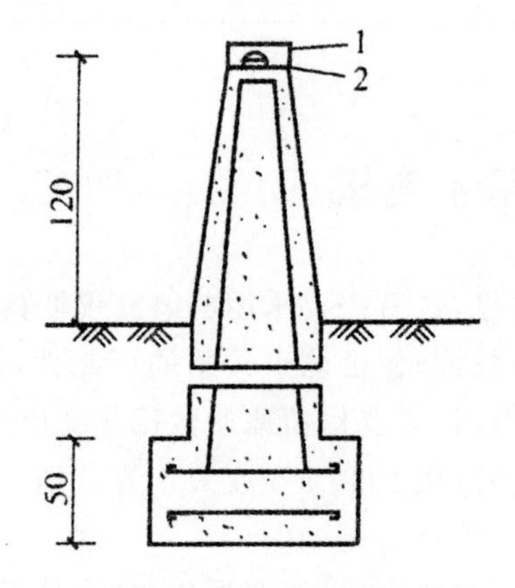

图 3-2　钢筋混凝土观测墩(单位:cm)

1—标盖;2—仪器基座

②测点应布置在基坑边 AB 方向线上有代表性的位置,也可布置在支护结构混凝土圈梁上,采用铆钉枪打入铝钉,或钻孔埋设膨胀螺钉,作为标记。

③测点的间距一般为 8～15 m,可等距布置,也可根据现场通视条件、地面堆载等具体情况随机布置。测点间距的确定应能够反映出基坑支护结构的变形特性,对水平位移变化剧烈的区域,测点可适当加密,当基坑有支撑时,测点宜设置在两根支撑的跨中。

④对于有支撑的地下连续墙或大直径灌注桩类的围护结构,通常基坑角点的水平位移较小,这时可在基坑角点部位设置临时基点 C、D,在每个工况内可以用临时基点监测,变换工况时用基点 A、B 测量临时基点 C、D 的水平位移,再用此结果对各测点的水平位移值进行校正。

2)监测方法

用视准线法监测水平位移时,活动觇标法是在一个端点 A 上安置经纬仪,在另一个端点 B 上设置固定觇标(见图 3-3),并在每一测点上安置活动觇标(见图 3-4)。观测时,经纬仪先后视固定觇标进行定向,然后观测基坑边各测点上的活动觇标。在活动觇标的读数设备上读取读数,即可得到该点相对于固定方向上的偏离值。比较历次观测所得的数值,即可求得该点的水平位移量。

每个测点应照准三次，观测时的顺序是由近到远，再由远到近往返进行。测点观测结束后，再应对准另一端点 B，检查在观测过程中仪器是否有移动。如果发现照准线移动，则重新观测。在 A 端点上观测结束后，应将仪器移至 B 点，重新进行以上各项观测。

第一次观测值与以后观测所得读数之差，即为该点水平位移值。

视准线法具有精度较高、直观性强、操作简易、确定位移量迅速等优点。当位移量较小时，可使用活动觇标法进行监测；当位移量增大，超出觇标活动范围时，可使用小角度法监测。该法的缺点是只能测出垂直于视准线方向的位移分量，难以确切地测出位移方向。要较准确地测位移方向，可采用前方交会法测量。

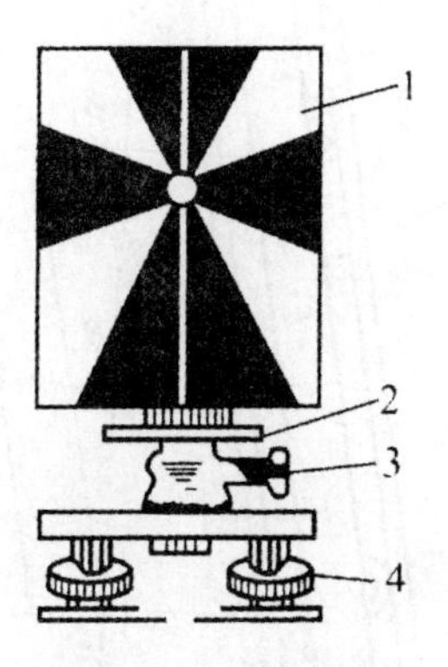

图 3-3　固定觇标

1—觇牌；2—水准器；3—制动螺旋；4—脚螺旋

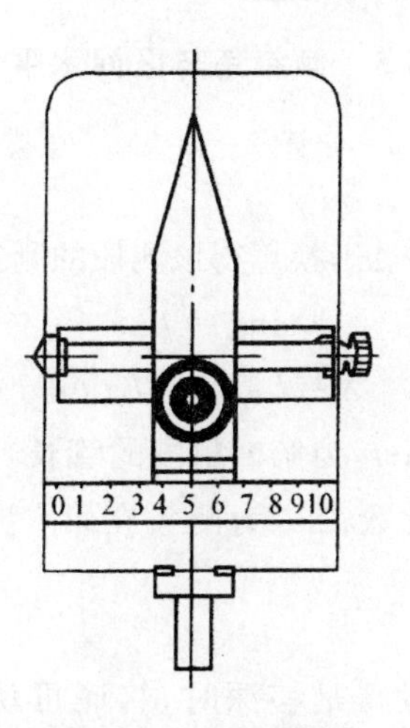

图 3-4　活动觇标

(2)深层水平位移监测

土体和围护结构的深层水平位移通常采用钻孔测斜仪观测。当被测土体产生变形时，测斜管轴线产生挠度，用测斜仪测量测斜管轴线与铅垂线之间夹角的变化量，从而获得土体内部各点的水平位移。

1)监测设备

深层水平位移的测量仪器为测斜仪。测斜仪分固定式和活动式两种。目前，普遍采用活动式测斜仪。该仪器只使用一个测头，即可连续测量，测点数量可以任选。

2)测斜仪基本原理

测斜仪主要由测头、测读仪、电缆和测斜管四部分组成。使用时，将测斜管划分成若干段，由测斜仪测量不同测段上测头轴线与铅垂线之间的倾角 θ，进而计算各测段位置的水平位移，如图 3-5 所示。

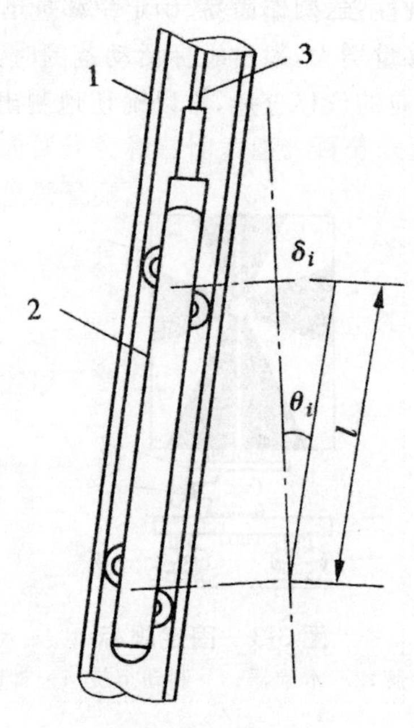

图 3-5 倾斜角与区间水平位移

1—导管；2—测头；3—电缆

由测斜仪测得第 i 测段的应变差 $\Delta\varepsilon_i$，换算得该测段的测斜管倾角 θ，则该测段的水平位移 δ_i 为

$$\sin\theta_i = f\Delta\varepsilon_i \tag{3-1}$$

$$\delta_i = l_i\sin\theta_i = l_i f\Delta\varepsilon_i \tag{3-2}$$

式中，δ_i 为第 i 测段的水平位移，mm；l_i 为第 i 测段的管长，通常取为 0.5 m、1.0 m；θ_i 为第 i 测段的倾角值，(°)；f 为测斜仪率定常数；$\Delta\varepsilon_i$ 为测头在第 i 测段正、反两次测得的应变读数差之半，$\Delta\varepsilon_i = \dfrac{\varepsilon_i^+ - \varepsilon_i^-}{2}$。

当测斜管管底进入基岩或埋设得足够深时，管底可认为是位移不动点，作为基准点，见图 3-6(a)。从管底上数第 n 测段处的总水平位移为

$$\Delta_i = \sum_{i=1}^{n}\delta_i = \sum_{i=1}^{n}(l_i\sin\theta_i) = f\sum_{i=1}^{n}(l_i\Delta\varepsilon_i) \tag{3-3}$$

当测斜管管底未进入基岩或埋置较浅时，可以管顶作为基准点，见图 3-6(b)，实测管顶的水平位移 δ_0，并由管顶向下计算第 n 测段处的总水平位移。

$$\Delta_i = \delta_0 - \sum_{i=1}^{n}\delta_i = \delta_0 - \sum_{i=1}^{n}(l_i\sin\theta_i) = \delta_0 - f\sum_{i=1}^{n}(l_i\Delta\varepsilon_i) \tag{3-4}$$

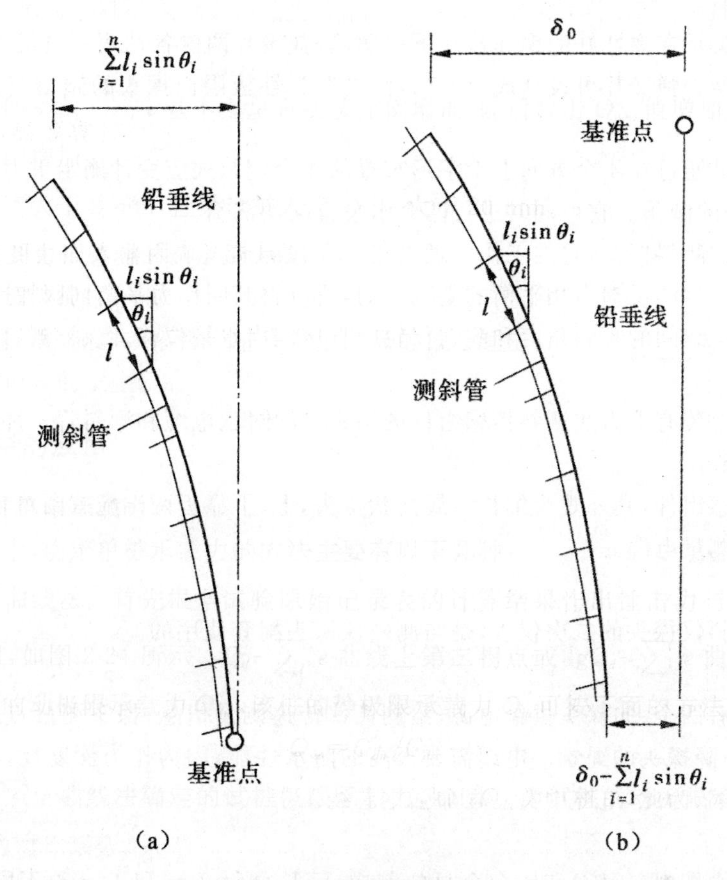

图 3-6　测斜管基准点

由于测斜管在埋没时不可能使得其轴线为铅垂线，测斜管埋设好后，总存在一定的倾斜或挠曲，因此各测段处的实际总水平位移 Δ_i' 应该是各次测得的水平位移与测斜管的初始水平位移之差，即

$$\Delta_i' = \Delta_i' - \Delta_{0i}' = \sum_{i=1}^{n} [l_i(\sin\theta_i - \sin\theta_{0i})] \text{ 管底作为基准点} \tag{3-5}$$

$$\Delta_i' = \Delta_i' - \Delta_{0i}' = \delta_0 - \sum_{i=1}^{n} [l_i(\sin\theta_i - \sin\theta_{0i})] \text{ 管顶作为基准点} \tag{3-6}$$

式中，θ_{0i} 为第 i 测段的初始倾角值，(°)。

测斜管可以用于测单向位移，也可以测双向位移。测双向位移时，由两个方向的测量值求出其矢量和，得位移的最大值和方向。

(3)测斜仪类型

测斜仪按探头的传感组件不同，可分为滑动电阻式、电阻片式、钢弦式及伺服加速度式 4 种。目前所使用的测斜仪多为石英挠性伺服加速度计作为敏感原件而制成的测斜装置。

滑动电阻式探头以悬吊摆为传感组件，在摆的活动端装一电刷，在探头壳体上装电位计，当摆相对壳体倾斜时，电刷在电位计表面滑动，由电位计将摆相对壳体的倾摆角位移变成电信号输出，用电桥测定电阻比的变化，根据标定结果就可进行倾斜测量。该探头的优点是坚固可靠，缺点是测量精度不高。

电阻片式探头是在弹性好的铜弹簧片下挂摆锤，弹簧片两侧各贴两片电阻应变片，构成全桥输出应变式传感器。弹簧片可设计成应变梁，使之在弹性极限内探头的倾角变化与电阻应变读数呈线性关系。

钢弦式探头是通过在4个方向上十字形布置的4个钢弦式应变计测定重力摆运动的弹性变形，进而求得探头的倾角。它可同时进行两个水平方向的测斜。

伺服加速度式测斜探头，它的工作原理是建立在检测质量块因输入加速度而产生的惯性力与地磁感应系统产生的反馈力相平衡的基础上的，所以将其叫作力平衡伺服加速度计，根据测斜仪测头轴线与铅垂线间的倾斜角度和测斜仪轮距直接测出水平位移。该类测斜探头灵敏度和精度较高。

测斜仪主要由装有重力式测斜传感组件的探头、读数仪、电缆和测斜管4部分组成。

1)测斜仪探头

它是倾角传感组件，其外观为细长金属筒状探头，上、下靠近两端配有两对轮子，上端有与读数仪连接的绝缘测量电缆。

2)读数仪

读数仪是测斜仪探头的二次仪表，是与测斜仪探头配套使用的。

3)电缆

电缆的作用有四个：向探头供给电源；给测读仪传递测量信息；探头测量点距孔口的深度标尺；作为提升和下降探头的绳索。电缆需要很高的防水性能，因为作为深度尺，在提升和下降过程中有较大的伸缩，为此，电缆中有一根加强钢芯线。

4)测斜管

测斜管一般由塑料(PVC)和铝合金材料制成，管长分为2 m和4 m等不同长度规格，管段之间由外包接头管连接，管内对称分布有四条十字形凹形导槽，管径有60 mm、70 mm、90 mm等多种不同规格。铝合金具有相当的韧性和柔度，较PVC管更适合于现场监测，但成本远大于后者。

(4)测斜管的埋设

测斜管的埋设有绑扎预埋式和钻孔后埋设两种方式。

1)绑扎预埋式

绑扎预埋式主要用于桩墙体深层挠曲监测，埋设时将测斜管在现场组装后绑扎固定在桩墙钢筋笼上，随钢筋笼一起下到孔槽内，并将其浇筑在混凝土中。

2)钻孔后埋设

首先在土层中预钻孔，孔径略大于所选用测斜管的外径，然后将测斜管封好底盖逐节组装、逐节放入钻孔内，并同时在测斜管内注满清水，直到放到预定的标高为止。随后在测斜管与钻孔之间空隙内回填细砂，或用水泥和黏土拌和的材料固定测斜管，配合比取决于土层的物理力学性质。

埋设过程中应注意，避免测斜管的纵向旋转，在管节连接时必须将上、下管节的滑槽严格对准，以免导槽不畅通。埋设就位时必须注意测斜管的一对凹槽与欲测量的位移方向一致(通常为与基坑边缘相垂直的方向)。测斜管固定完毕或混凝土浇筑完毕后，用清水将测斜管内冲洗干净。由于测斜仪的探头是贵重仪器，在未确认导槽畅通可用时，先将探头模型放入测斜管内，沿导槽上下滑行一遍，待检查导槽是正常可用时，方可用实际探头进行测试。埋设好测斜管后，需测量斜管导槽的方位、管口坐标及高程，要及时做好保护工作，如测斜管外局部设置金属套管保护，测斜管管口处砌筑窨井，并加盖。

(5)监测方法

①基准点设定。基准点可设在测斜管的管顶或管底。当测斜管管底进入基岩或较深的稳定土层时，则以管底作为基准点。对于测斜管底部未进入基岩或埋置较浅时，可以管顶作为基准点，每次测量前须用经纬仪或其他手段确定基准点的坐标。

②将电缆线与测读仪连接，测头的感应方向对准水平位移方向的导槽，自基准点管顶或管底逐段向下或向上，每50 cm或100 cm测出测斜管的倾角。

③测读仪读数稳定后，提升电缆线至欲测位置。每次应保证在同一位置上进行测读。

④将测头提升至管口处，旋转180°，再按上述步骤进行测量，以消除测斜仪本身的固有误差。

(6)监测与资料整理

根据施工进度，将测斜仪探头沿管内导槽放入测斜管内，根据测读仪测得的应变读数，求得各测面处的水平位移，并绘制水平位移随深度的分布曲线，可将不同时间的监测结果绘于同一图中，以便分析水平位移发展的趋势。

2. 沉降监测

沉降监测主要采用精密水准测量。监测的范围宜从基坑边线起到开挖深度2～3倍的距离。水准仪可采用(WILD)N3精密水准仪或S1精密水准仪，并配用铟钢水准尺。监测过程中应使用固定的仪器和水准尺，监测人员也应相对固定。

(1)土体分层沉降监测

土体分层沉降是指离地面不同深度处土层内点的沉降或隆起，通常用磁性分层沉降仪(由沉降管、磁性沉降环、测头、测尺和输出信号指示器组成)量测。通过在钻孔中埋设一根硬塑料管作为引导管，再根据需要分层埋入磁性沉降环，用测头测出各磁性沉降环的初始位置。在基坑施工过程中分别测出各沉降环的位置，便可算出各测点处的沉降值。

1)基本原理

埋设于土中的磁性沉降环会随土层沉降而同步下沉。当探头从引导管中缓慢下放遇到预埋的磁性沉降环时，电感探测装置上的峰鸣器就发出叫声，这时根据测量导线上标尺在孔口的刻度以及孔口的标高，就可计算沉降环所在位置的标高，测量精度可达1 mm。

2)沉降管和沉降环的埋设

用钻机在预定位置钻孔，孔底标高略低于欲测量土层的标高，取出的土分层堆放。提起套管30～40 cm，将引导管插入钻孔中，引导管可逐节连接直至略深于预定的最底部监测点深度，然后，在引导管与孔壁间用膨胀黏土球填充并捣实至最低的沉降环位置，再用一只铝质开口送筒装上沉降环，套在引导管上，沿引导管送至预埋位置，再用ϕ50 mm的硬质塑料管将沉降环推出并轻轻压入土中，使沉降环的弹性爪牢固地嵌入土中，提起套管至待埋沉降环以上30～40 cm，往钻孔内回填该层土做的土球至另一个沉降环埋设标高处，再用如上步骤进行埋设。埋设完成后，固定孔口，做好孔口的保护装置，并测量孔口标高和各磁性沉降环的初始标高。

(2)基坑回弹监测

基坑回弹是基坑开挖对坑底的土层卸荷过程引起基坑底面及坑外一定范围内土体的回弹变形或隆起。基坑回弹监测可采用回弹监测标和深层沉降标进行。当分层沉降环埋设于基坑开挖面以下时所监测到的土层隆起也就是土层回弹量。

1)回弹观测点与基准点布设要求

回弹观测及测点布置应根据基坑形状及工程地质条件,以最少的测点能测出所需的各纵横断面回弹量为原则,按中华人民共和国行业标准《建筑变形测量规程》,可利用回弹变形的近似对称性按下列要求在有代表性的位置和方向线上布置。

①在基坑中央和距坑底边缘 1/4 坑底宽度处,以及其他变形特征位置应设测点。对方形、圆形基坑可按单向对称布点;矩形基坑可按纵横向布点;复合矩形基坑可多向布点。

②当所选点位遇到地下管道或其他构筑物时应予避开,可将观测点移到与之对应的方向线的空位上。

③在基坑外相对稳定和不受施工影响的地点,选设工作基点(水准点)和寻找标志用的定位点。

④观测路线应组成起讫于工作基点的闭合或附合路线,使之具有检核条件。

基准点的规格一般为:对覆盖土层厚度大的场地,可选用深埋双层金属管标或深埋钢管标,钻孔先钻穿软土后,将其置于密实土层或基岩上。如选用浅埋钢管标,则在挖除表土后,将标底土夯实,设置混凝土(强度等级 C15)底座。也可直接在裸露基岩上浇混凝土标石。

2)回弹标埋设方法

①钻孔至基坑设计标高以下 200 mm,将回弹标旋入钻杆下端,顺钻孔徐徐放至孔底,并压入孔底土中 400～500 mm。旋开钻杆,使回弹标脱离钻杆。

②放入辅助测杆,用辅助测杆上的测头进行水准测量,确定回弹标顶面标高。

③监测完毕后,将辅助测杆、保护管(套管)提出地面,用砂或素土将钻孔回填,为了便于开挖后找到回弹标,可先用白灰回填 500 mm 左右。

用回弹标监测回弹一般在基坑开挖之前测读初读数,在基坑开挖到设计标高后再测读一次,在浇筑基础之前再监测一次。

3)深层沉降标及其埋设

深层沉降标由一个三卡锚头、一根 1/4″的内管和一根 1″外管组成,内管和外管都是钢管。内管连接在锚头上,可在外管中自由滑动。用光学仪器测量内管顶部的标高,标高的变化就相当于锚头位置土层的沉降或隆起。其埋设方法如下:

①用钻孔在预定位置钻孔,孔底标高略高于欲测量土层的标高约一个锚头长度。

②将 1/4″钢管旋在锚头顶部外侧的螺纹联接器上,用管钳旋紧。将锚头顶部外侧的左旋螺纹用黄油润滑后,与 1″钢管底部的左旋螺纹相连,但不必太紧。

③将装配好的深层沉降标慢慢地放入钻孔内,并逐步加长,直到放入孔底。用外管将锚头压入预测土层的指定标高位置。

④在孔口临时固定外管,将外管压下约 150 mm,此时锚头的三个卡子会向外弹,卡在土层里,卡子一旦弹开就不会再缩回。

⑤顺时针旋转外管,使外管与锚头分离。上提外管,使外管底部与锚头之间的距离稍大于预估的土层隆起量。

⑥固定外管，将外管与钻孔之间的空隙填实，做好测点的保护装置。孔口一般高出地面 200～1 000 mm 为宜。

4)基坑回弹监测方法

基坑回弹量监测，通常采用精密水准仪测出布置监测点的高程变化，即基坑开挖前后监测点的高程差作为基坑的回弹量。

基坑回弹量随基坑开挖的深度而变化，监测工作应随基坑开挖深度的进展而随时进行监测，这样可得出基坑回弹量随开挖深度的变化曲线。但由于开挖现场施工条件的限制，开挖中途进行测量很困难，因此每个基坑一般不得少于 3 次监测。第一次在基坑开挖之前，即监测点刚埋置之后；第二次在基坑开挖到设计标高，立即进行监测；第三次在打基础垫层或浇灌混凝土基础之前。对于分阶段开挖的深基坑，可在中间增加监测次数。

变形监测的观测周期，应根据变形速率、观测精度要求、不同施工阶段和工程地质条件等因素综合考虑。在观测过程中，可根据变形量和变形速率的情况，作适当的调整。

变形监测的初始值，应具有可靠的监测精度，因此对基准点或工作基点应定期进行稳定性监测。监测前，必须对所用的仪器设备按有关规定进行校检，并作好记录。监测过程中应采用相同的监测路线和监测方法。原始记录应说明监测时的气象情况、施工进度和荷载变化，以供分析参考。

3.1.4　土压力与孔隙水压力监测

1. 土压力监测

土压力监测就是测定作用在挡土结构上的土压力大小及其变化速率，以便判定土体的稳定性，控制施工速度。

土压力监测通常采用在量测位置上埋设土压力传感器(又称土压力盒)进行测量。常用的土压力盒有钢弦式和电阻式两种。其中，由于钢弦式土压力盒耐久性好，且可在较复杂环境中使用，因此在现场监测中使用较广泛。本节主要介绍钢弦式土压力盒。

目前采用的钢弦式土压力盒，可分为竖式和卧式两种。图 3-7 为卧式钢弦式土压力盒的构造简图，其直径为 100～150 mm，厚度为 20～50 mm。薄膜的厚度视所量测的压力的大小来选用，厚度为 2～3.1 mm 不等，它与外壳用整块钢轧制成形，钢弦的两端夹紧在支架上，弦长一般采用 70 mm。在薄膜中央的底座上，装有铁芯及线圈，线圈的两个接头与导线相连。

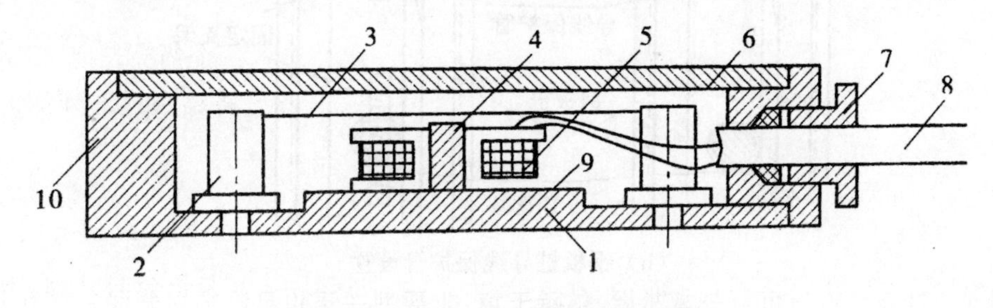

图 3-7　卧式钢弦式土压力盒构造

1—弹性薄膜；2—钢弦柱；3—钢弦；4—铁芯；5—线圈；
6—盖板；7—密封塞；8—电缆；9—底座；10—外壳

(1)土压力盒工作原理

根据施工进度,采用频率仪测得土压力计的频率,由下式换算出土压力盒所受的总压力:

$$p = k(f_0^2 - f^2) \tag{3-7}$$

式中,p 为作用在土压力计上的总压力,kPa;k 为压力计率定常数,kPa/Hz^2;f_0 为压力计零压时的频率,Hz;f 为压力计受压后的频率,Hz。

但在实际测量时,土压力盒实测的压力为土压力和孔隙水压力的总和,因此扣除孔隙水压力计实测的压力值才是实际的土压力值。

注意事项如下:

①应选择合适的土压力盒,当长期量测静态土压力时,土压力盒的量程一般应比预计压力大2～4倍,避免超量程使用。

②土压力盒在使用之前必须在与其使用条件相似的状态下进行标定(静态标定和动态标定)。通过标定建立压力与频率之间的关系,绘制压力-频率标定曲线,以及确定不同使用条件或不同标定条件下的误差关系。

(2)土压力盒的埋设

对于作用在挡土构筑物表面的土压力盒应镶嵌在挡土构筑物内,使其应力膜与构筑物表面平齐,土压力盒后面应具有良好的刚性支撑,在土压力作用下尽量不产生位移,以保证量测的可靠性。

对于钢板桩或钢筋混凝土预制构件挡土结构,施工时多用打入或振动压入方式。土压力盒及导线只能在施工前安装在构件上。土压力盒用固定支架安装在预制构件上,安装结构如图3-8所示,固定支架挡泥板及导线保护管使土压力盒和导线在施工过程中免受损坏。

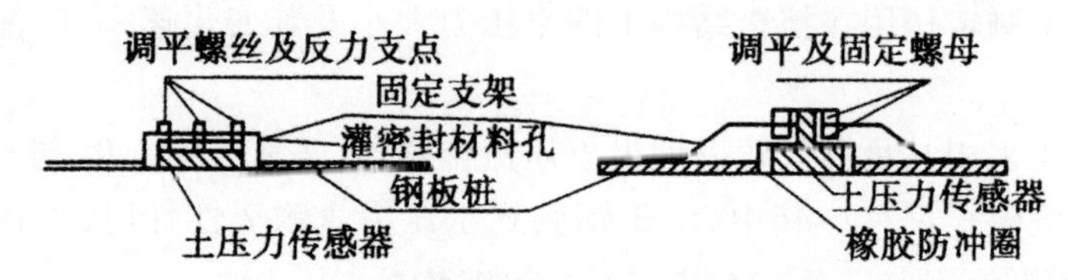

(a) 钢板桩上土压力盒的安装

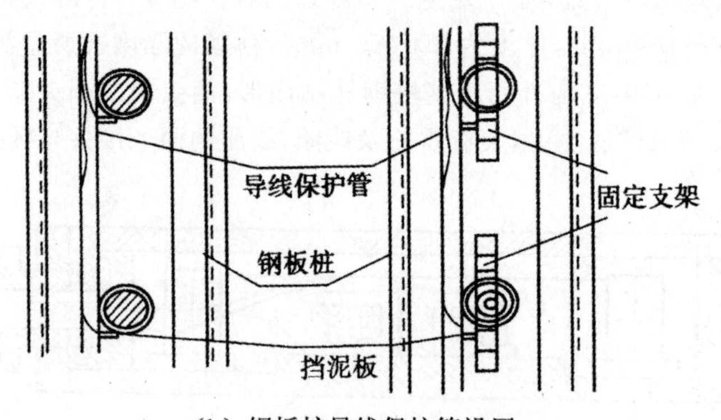

(b) 钢板桩导线保护管设置

图3-8 钢板桩安装土压力盒

对于地下连续墙等现浇混凝土挡土结构,土压力盒安装时需紧贴在围护结构的迎土面上,但由于土压力盒如随钢筋笼下入槽孔后,其面向土层的表面钢膜很容易在水下浇筑过程中被混凝土材料所包裹,混凝土凝固硬结后,水土压力根本无法直接被压力传感器所感应和接收,造成埋设失败。这种情况下土压力盒的埋设可采用挂布法、弹入法、活塞压入法及钻孔法。

2. 孔隙水压力监测

土体中的应力状态与地基土中的孔隙水压力和排水条件密切相关。监测土体中孔隙水压力在施工过程中的变化,可以直观、快速地得到土体中孔隙水压力的状态和消散规律,也是基坑支护结构稳定性控制的依据。

孔隙水压力探头分为钢弦式、电阻式和气动式3种类型,探头由金属壳体和透水石组成,其中,钢弦式结构牢固,长期稳定性好,不受埋设深度的影响,施工干扰小,埋设和操作简单。监测土体中的孔隙水压力最常用的仪器是孔隙水压力计。

孔隙水压力计的工作原理是把多孔组件(如透水石)放置在土中,使土中水连续通过组件的孔隙(透水后),把土体颗粒隔离在组件外面而只让水进入有感应膜的容器内,再测量容器中的水压力,即可测出孔隙压力。

孔隙水压力计的量程应根据埋置位置的深度、孔隙水压力变化幅度等确定。孔隙水压力计的安装与埋设应在水中进行,滤水石不得与大气接触,一旦与大气接触,滤水石应重新排气。埋设方法有压入法和钻孔法。

3.1.5 支护结构内力监测

支护结构是指深基坑工程中采用的围护墙(桩)、支锚结构、围檩等。支护结构的内力量测(应力、应变、轴力与弯矩等)是深基坑监测中的重要内容,也是进行基坑开挖反分析获取重要参数的主要途径。通常在有代表性位置的围护墙(桩)、支锚结构、围檩上布设钢筋应力计和混凝土计等监测设备,以监测支护结构在基坑开挖过程中的应力变化。

1. 桩(墙)体内力监测

(1)监测点布置

监测点布置应考虑以下几个因素:①计算的最大弯矩所在位置和反弯点位置;②各土层的分界面;③结构变截面或配筋率改变截面位置;④结构内支撑或拉锚所在位置等。

(2)墙体内力监测

采用钢筋混凝土材料制作的支护结构,通常采用在钢筋混凝土中埋设钢筋计,测定构件受力钢筋的应力或应变,然后根据钢筋与混凝土共同工作、变形协调条件计算求得其内力或轴力。钢筋计有钢弦式和电阻应变式两种,监测仪表分别用频率计和电阻应变仪。两种钢筋计的安装方法不相同,轴力和弯矩等的计算方法也略有不同。钢弦式钢筋计与结构主筋轴心对焊联结,即钢筋计与受力主筋串联,计算结果为钢筋的应力值。电阻式应变计安装时,电阻式应变计与主筋平行绑扎或点焊在箍筋上,应变仪测得的是混凝土内部该点的应变。由于主钢筋一般沿混凝土结构截面周边布置,所以钢筋计应上下或左右对称布置,或在矩形断面的4个角点处布置4个钢筋计，如图 3-9 所示。

通过埋设在钢筋混凝土结构中的钢筋计，可以量测：①围护结构沿深度方向的弯矩；②基坑支撑结构的轴力和弯矩；③圈梁或回檩的平面弯矩；④结构底板所受的弯矩。

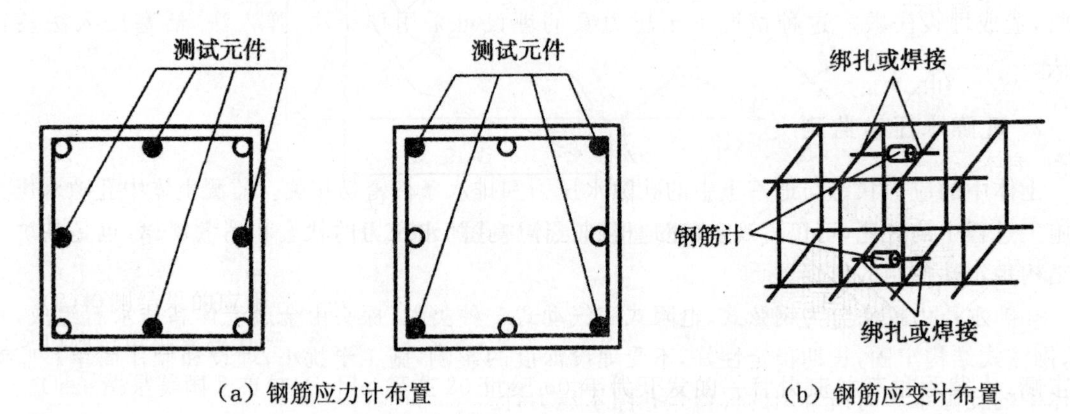

图 3-9　钢筋计的混凝土构件中的布置

(3)支撑内力监测

支撑内力的监测一般可采用下列途径进行：

①对于钢筋混凝土支撑，可采用钢筋应力计和混凝土应变计分别量测钢筋应力和混凝土应变，然后换算得到支撑轴力。

②对于钢支撑，可在支撑上直接粘贴电阻应变片量测钢支撑的应变，即可得到支撑轴力，也可采用轴力传感器(轴力计)量测。

2. 土层锚杆监测

在基坑开挖过程中，锚杆要在受力状态下工作数月，为了检查锚杆在整个施工期间是否按设计预定的方式起作用，有必要选择一定数量的锚杆进行长期监测。锚杆监测一般仅监测锚杆轴力的变化。锚杆轴力监测有专用的锚杆轴力计，其结构如图 3-10 所示。锚杆轴力计安装在承压板与锚头之间。钢筋锚杆可采用钢筋应力计和应变计监测，其埋设方法与钢筋混凝土中的埋设方法类似，但当锚杆由几根钢筋组合时，必须在每根钢筋上都安装钢筋计，它们的拉力总和才是锚杆总拉力，而不能只测其中几根钢筋的拉力求其平均值，再乘以钢筋总数来计算锚杆总拉力，因为多根钢筋组合的锚杆，各锚杆的初始拉紧程度是不一样的，所受的拉力与初始拉紧程度的关系很大。锚杆钢筋计、锚杆轴力计安装和锚杆施工完成后，进行锚杆预应力张拉时，要记录锚杆钢筋计和锚杆轴力计上的初始荷载，同时也可根据张拉千斤顶的读数对锚杆钢筋计和锚杆轴力计的结果进行校核。在整个基坑开挖过程中，宜每天测读一次，监测次数宜根据开挖进度和监测结果及其变化情况而适当增减。当基坑开挖到设计标高时，锚杆上的荷载应是相对稳定的。如果每周荷载的变化量大于 5%锚杆所受的荷载，就应当及时查明原因，采取适当措施。

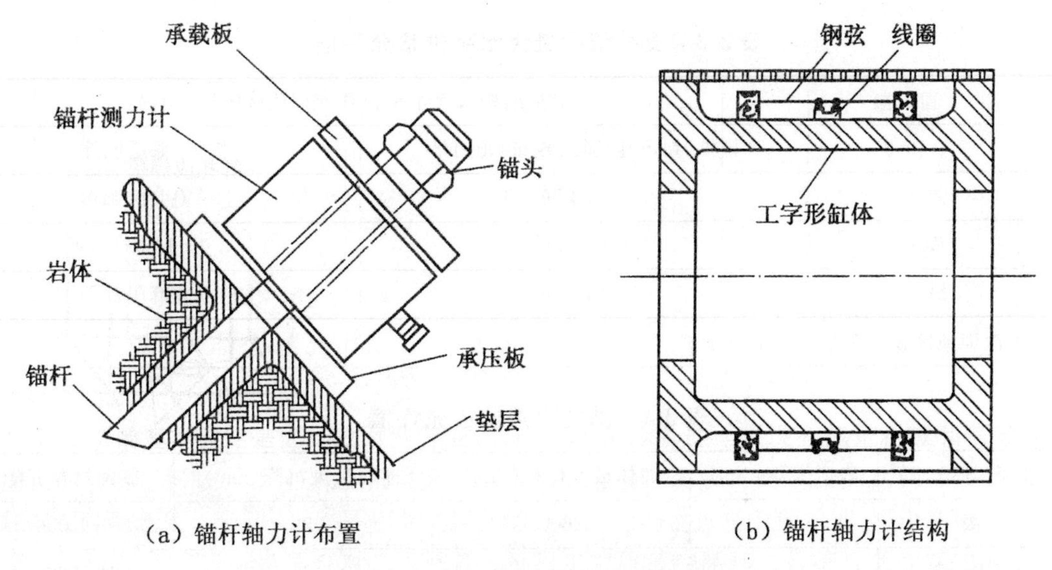

（a）锚杆轴力计布置　　（b）锚杆轴力计结构

图3-10　专用的锚杆轴力计结构图

3.1.6　监测警戒值与报警

在基坑工程监测中，每一监测项目都应根据工程的实际情况、周边环境和设计要求，事先确定相应的警戒值，以判断位移或受力状况是否会超过允许的范围，判断工程施工是否安全可靠，是否需调整施工步序或优化原设计方案。因此，监测项目警戒值的确定对于工程安全至关重要。

一般情况下，每个警戒值应由两部分控制，即总允许变化量和单位时间内允许变化量。

1. 警戒值确定的原则

①满足现行的相关规范、规程的要求，大多是位移或变形控制值。

②围护结构和支撑内力、锚杆拉力等不超过设计计算预估值。

③根据各保护对象的主管部门提出的要求。

④在满足监控和环境安全的前提下，综合考虑工程质量、施工进度、技术措施和经济等因素。

2. 警戒值的确定

确定预警值时还要综合考虑基坑的规模、工程地质和水文地质条件、周围环境的重要性程度以及基坑的施工方案等因素。确定预警值主要参照现行的相关规范和规程的规定值、经验类比值以及设计预估值这3个方面的数据。随着基坑工程经验的积累和增多，各地区的工程管理部门陆续以地区规范、规程等形式对基坑工程警戒值作了规定，其中大多是最大允许位移或变形值。表3-3和表3-4分别给出了深圳地区支护结构的最大水平位移允许值和上海地区基坑变形监控允许值。确定变形控制标准时，应考虑变形的时空效应，并控制监测值的变化速率，一级工程宜控制在2 mm/d之内，二级工程在3 mm/d之内控制。表3-5为工程建设行业标准《建筑基坑工程技术规范》给出的重力式挡墙最大水平位移的预估值。

表 3-3　支护结构最大水平位移允许值*

安全等级	支护结构最大水平位移允许值(mm)	
	排桩、地下连续墙、放坡、土钉墙	钢板桩、深层搅拌
一级	0.002 5h	
二级	0.005 0h	0.010 0h
三级	0.010 0h	0.020 0h

*《深圳地区建筑深基坑支护技术规范》

表 3-4　基坑变形监控允许值*

工程等级	墙顶位移(mm)	墙体最大位移(mm)	地面最大沉降(mm)	最大差异沉降
一级	30	60	30	6/1 000
二级	60	90	60	12/1 000

*《上海市基坑工程设计规程》

表 3-5　重力式挡墙最大水平位移预估值

墙的纵向长度		≤30 m	30～50 m	>50 m
土层条件	良好地基	(0.005～0.01)H	(0.010～0.015)H	>0.015H
	一般地基	(0.015～0.020)H	(0.020～0.025)H	>0.025H
	软弱地基	(0.025～0.035)H	(0.035～0.045)H	>0.045H

注：H 为监控开挖深度。

经验类比值是根据大量工程实际经验积累而确定的警戒值，如下一些经验警戒值可以作为参考：

①煤气管线的沉降和水平位移，均不得超过 10 mm，每天发展不得超过 2 mm。

②自来水管线沉降和水平位移，均不得超过 30 mm，每天发展不得超过 5 mm。

③基坑内降水或基坑开挖引起的基坑外水位下降不得超过 1 000 mm，每天发展不得超过 500 mm。

④基坑开挖中引起的立柱桩隆起或沉降不得超过 10 mm，每天发展不得超过 2 mm。

3. 施工监测报警

在施工险情预报中，应同时考虑各项监测内容的量值和变化速度及其相应的实际变化曲线，结合观察到的结构、地层和周围环境状况等综合因素作出预报。从理论上讲，设计合理、可靠的基坑工程，在每一工况的挖土结束后，一切表征基坑工程结构、地层和周围环境力学形态的物理量应随时间而渐趋稳定；反之，如果测得表征基坑工程结构、地层和周围环境力学性状的某一种或某几种物理量，其变化随时间而不是渐趋稳定，则可认为该工程是不稳定的，必须修改设计参数、调整施工工艺，保证工程安全。

报警制度宜分级进行，如深圳地区深基坑地下连续墙安全性判别标准给出了安全、注意、危险等 3 种指标，达到这 3 类指标时，应采取不同的措施。如：达到警戒值的 80％时，在监测日报表上提出报警信号，口头报告施工现场管理人员；达到警戒值的 100％时，除在监测日报表上提出报警信号外，写出书面报告和建议，并面交建设单位、监理和施工现场管理人员；达到警戒值的 110％时，除书面报告建设单位、监理和施工现场管理人员外，应通知项目主管立即到现场调查，召开现场会议，研究应急措施。

3.1.7　监测期限与频率

基坑工程施工的宗旨在于确保工程快速、安全、顺利地施筑完成。为了完成这一任务，施工监测工作基本上伴随基坑开挖和地下结构施工的全过程，即从基坑开挖开始直至地下结构施工到±0.000 标高。现场施工监测工作一般需连续开展 6～8 个月，基坑越大，监测期限则越长。

监测设备必须在开挖前埋设并读取初读数。初读数是监测的基准值，需复校无误后才能确定，通常是在连续三次测量无明显差异时，取其中一次的测量值作为初读数，否则应继续测读。土压力盒、孔隙水压力计、测斜管和分层沉降环等测试元件最好在基坑开挖 1 周前埋设完毕，以便被扰动的土有一定的恢复和稳定时间，从而保证初读数的可靠性。混凝土支撑内的钢筋计、钢支撑轴力计、土层锚杆轴力计及锚杆应力计等需随施工进度而埋设的组件，在埋设后读取初读数。

支护桩桩顶水平位移和沉降、支护桩深层侧向位移监测期限贯穿基坑开挖到主体结构施工到±0.000 标高的全过程，监测频率为：

①从基坑开始开挖到浇筑完主体结构底板，每天监测 1 次。

②浇筑完主体结构底板到主体结构施工到±0.000 标高，每周监测 2～3 次。

③各道支撑拆除后的 3 d 至 1 周，每天监测 1 次。

支撑轴力和锚杆拉力的监测期限从支撑和锚杆施工到全部支撑拆除实现换撑，每天监测 1 次。

土体分层沉降及深层沉降、土体回弹、水土压力、支护墙体内力监测期限一般也贯穿基坑开挖到主体结构到±0.000 标高的全过程，监测频率为：

①基坑每开挖其深度的 1/5～1/4，或在每道内支撑（或锚杆）施工间隔的时间内测读 2～3 次，必要时可加密到每周监测 1～2 次。

②基坑开挖至设计深度到浇筑完主体结构底板期间，每周监测 3～4 次。

③浇筑完主体结构底板到全部支撑拆除实现换撑，每周监测 1 次。

地下水位监测的期限是整个降水期间，或从基坑开挖到浇筑完主体结构底板，每天监测 1 次。当支护结构有渗漏水现象时，要加强监测。

当基坑周围有道路、地下管线和建筑物需要监测时，从支护桩墙施工到主体结构施工至±0.000 标高，这段期限都需进行监测。周围环境的沉降和水平位移需每天监测 1 次，建筑物倾斜和裂缝的监测频率为每周监测 1～2 次。对周围环境有影响的监测项目如孔隙水压力计、土体深层沉降和侧向位移等，在支护桩施工时的监测频率为每天 1 次，基坑开挖时的监测频率与支护桩内力监测频率一致。

现场施工监测的频率随监测项目的性质、施工速度和基坑状况而变化，实施过程中尚需根据基坑开挖和支护施筑情况、所测物理量的变化速率等作适当调整。当所监测的物理量的绝对值或增加速率明显增大时，应加密监测次数；反之，则可适当减少监测次数。当有事故征兆时应连续监测。

测读的数据必须在现场整理，对监测数据有疑虑可及时复测，当数据接近或达到警戒值时应尽快通知有关单位，以便施工单位尽快采取应急措施。

3.1.8 监测资料整理

1. 监测报表

在基坑监测前要设计好各种记录表格和报表。记录表格和报表应根据监测项目和监测点的数量合理地设计，记录表格的设计应以记录和数据处理的方便为原则，并留有一定的空间，以对监测中观测到的异常情况作及时的记录。监测报表一般形式有当日报表、周报表、阶段报表。其中当日报表最为重要，通常作为施工调整和安排的依据；周报表通常作为参加工程例会的书面文件，对一周的监测成果作简要的汇总；阶段报表作为某个基坑施工阶段监测数据的小结。

监测日报表应及时提交给工程建设、监理、施工、设计、管线与道路监察等有关单位，并另备一份经工程建设或现场监理工程师签字后返回存档，作为报表收到及监测工程量结算的依据。报表中应尽可能配备形象化的图形或曲线，如测点位置图或桩身深层水平位移曲线图等，使工程施工管理人员能够一目了然。报表中呈现的必须是原始数据，不得随意修改、删除，对有疑问或由人为和偶然因素引起的异常点应该在备注中说明。

2. 监测曲线

在监测过程中除了要及时给出各种类型的报表、绘制测点位置布置图外，还要及时整理各监测项目的汇总表和以下一些曲线。

①各监测项目时程曲线。

②各监测项目的速率时程曲线。

③各监测项目在各种不同工况和特殊日期的变化趋势图（如支护桩桩顶、建筑物和管线的水平位移和沉降用平面图，深层侧向位移、深层沉降、支护结构内力、不同深度的孔隙水压力和土压力分布剖面图）。

在绘制监测项目时程曲线、速率时程曲线时，应将施工工况、监测点位置、警戒值以及监测内容明显变化的日期标注在各种曲线和图上，以便能直观地掌握监测项目物理量的变化趋势和变化速度，以及反映与警戒值的关系。

3. 监测报告

在基坑工程施工结束时应提交完整的监测报告，监测报告是监测工作的回顾和总结，监测报告主要包括如下几部分内容：

①工程概况。

②监测项目、监测点的平面和剖面布置图。

③仪器设备和监测方法。

④监测数据处理方法和监测成果汇总表和监测曲线。

在整理监测项目汇总表、时程曲线、速率时程曲线的基础上，对基坑及周围环境等监测项目的全过程变化规律和变化趋势进行分析，给出特征位置位移或内力的最大值，并结合施工进度、施工工况、气象等具体情况对监测成果进行进一步分析。

⑤监测成果的评价。

根据基坑监测成果，对基坑支护设计的安全性、合理性和经济性进行总体评价，分析基坑支护结构受力、变形以及相邻环境的影响程度，总结设计施工中的经验教训，尤其要总结监测结果的信息反馈在基坑工程施工中对施工工艺和施工方案的调整和改进所起的作用，通过对基坑监测成果的归纳分析，总结相应的规律和特点，对类似工程有积极的借鉴作用，促进基坑支护设计理论和设计方法的完善。

3.2　边坡工程监测

3.2.1　边坡工程监测的目的和内容

边坡工程监测的目的必须根据工程条件确定。根据边坡岩土体的性质、状态和施工、设计的要求侧重点各有不同。一般情况下，边坡工程监测的目的包括：

①提供所需要的资料，用于评价各种不利情况下边坡工作性能和在施工期、运行期对工程安全进行评估。即由监测工作所取得的信息来分析判断边坡的变形趋势和进行稳定性预测预报。

②进行工程的修改设计或反馈设计，在勘测、设计和施工阶段即对边坡工程进行监测，采集资料和数据，及时反馈到设计中，指导和改进设计，即所谓动态设计与施工。

③改进分析技术。监测提供的资料及各种因素对工程运行性能影响的分析评价，将有助于减少假设中的不确定因素，可以进一步完善和改进分析技术及工程试验。

④提高对边坡工程性能受各种参数影响的认识。对可能危害岩土工程安全的早期或发展中险情作出预先警报，在设计、施工中采取预防和补救措施。

边坡工程监测内容的选取应根据边坡所处的状态有所侧重，从边坡变形的角度来划分，边坡的状态可分为三类：初始蠕变、稳定蠕变和加速蠕变三个阶段。

①初始蠕变阶段。变形速率小，变形趋势不明显，一般在该阶段不一定有发生破坏的征兆，监测系统的设计要求测试精度较高，侧重于长期监测。

②稳定蠕变阶段。边坡变形发展加快，有时变形宏观可见，坡面或坡顶可能出现拉张裂缝，坡脚也有可能出现剪切裂缝。此阶段位移量开始增大，监测系统设计要求测试敏感部位，量程和精度均要考虑。

③加速蠕变阶段。边坡变形速率大，变形趋势明显，监测系统设计对监测仪器的精度要求可适当降低，侧重于短期临滑监测。

边坡监测的具体内容应根据边坡的等级、地质及支护结构的特点综合考虑。长期监测设计应对边坡体进行动态跟踪，了解边坡稳定性变化，对短期监测侧重于滑坡预报。长期监测一般沿边坡主剖面进行，建立地面与地下相结合的综合立体监测网。边坡监测内容一般包括：地面变形、地表裂缝、地面倾斜、地下深部变形等变形监测，边坡应力、支护结构应力等应力监测，地下水、温度、降雨量等环境因素监测。表3-6为边坡监测内容表。

表3-6　边坡监测内容

监测项目	监测内容	测点布置
变形监测	地面大地变形、地表裂缝、地下深部变形、支护结构变形	边坡表面、裂缝、滑动部位、支护结构
应力监测	边坡岩体应力、抗滑桩、锚杆(索)应力	岩体内部、锚杆主筋、支护结构应力最大处
地下水等环境监测	地下水位、孔隙水压力、降雨量、流量、温度等	钻孔、出水点、滑坡体

3.2.2　边坡工程监测的基本要求

边坡监测方法的确定、仪器的选择既要考虑到能反映边坡体的变形动态，同时必须考虑到仪器维护方便和节省投资。由于边坡所处的环境恶劣，对所选仪器应满足以下要求：

①仪器的可靠性和长期稳定性好。

②仪器有能与边坡体变形相适应的足够的量测精度。

③仪器对施工安全监测和防治效果监测精度和灵敏度较高。

④仪器在长期监测中具有防风、防雨、防潮、防震、防雷等与环境相适应的性能。

⑤所采用的监测仪器必须经过国家有关计量部门标定，并具有相应的质检报告。

相关的监测工作应遵循以下原则：

①边坡监测系统包括仪器埋设、数据采集、存储和传输、数据处理、预测预报等。

②边坡监测应采用先进的方法和技术，同时应与群测群防相结合。

③监测数据的采集尽可能采用自动化方式，数据处理须在计算机上进行。

④监测设计须提供边坡体险情预警标准，并在施工过程中逐步加以完善。监测方须以周报或月报依次定期向建设单位、监理方、设计方和施工方提交监测分析报告，必要时可提交实时监测数据。

3.2.3　边坡变形监测

边坡岩土体的破坏，一般不是突然发生的，破坏前总是有相当长时间的变形发展期。根据边坡岩土体的变形量测，可以判断边坡变形滑动的状态，预测预报边坡的失稳滑动。边坡变形监测又分为地面变形监测和地下变形监测，包括边坡地表及地下变形的二维(x、y二方向)或三维(x、y、z三方向)位移、倾斜变化监测。通过对边坡表面和地下的位移监测，可以及时确定边坡变形的范围，破坏的可能性、破坏的方式、滑动面形态和位置、滑动方向等，对边坡稳定性的判断、边坡地质灾害的防治具有重要意义。

1. 地面变形监测

地面变形监测是边坡监测中最常用的方法。地面位移监测是在稳定的地段建立测量基准点，在被测量的地段上设置若干个监测点或设置有传感器的监测点，用仪器定期监测测点的位移变化。

地面变形监测采用的仪器有两类：一是大地测量仪器，如经纬仪、水准仪、红外测距仪、全站仪、GPS等，这类仪器只能定期监测地面位移，不能连续监测，常用的仪器与观测方法可参阅相关测量书籍。当地面明显出现裂隙及地面位移速度加快时，采用大地测量仪器定期测量满足不了工程要求，应采用连续监测的设备，也可采用专门用于边坡变形监测的设备，如裂缝计、钢带和标桩、地表位移伸长计和全自动无线边坡监测系统等。常用的边坡地面变形监测仪器及特点见表3-7所示。

表3-7 边坡地面变形监测仪器及特点

监测内容	主要监测方法	常用监测仪器	监测方法的特点	适用性评价
边坡地面变形	大地测量法（三角交会法、几何水准法、小角法、测距法、视准线法）	经纬仪 水准仪 测距仪	投入快，精度高，监测范围大，直观，安全，便于确定滑坡位移方向及变形速率	适用于不同变形阶段的位移监测；受地形通视和气候条件影响，不能连续观测
		全站式速测仪、电子经纬仪	精度高，速度快，自动化程度高，易操作，省人力，自动连续观测，监测信息量大	适用于不同变形阶段的位移监测；受地形通视条件的限制；适用于变形速率较大的滑坡水平位移及危岩陡壁裂缝变化监测；受气候条件影响较大
	近景摄影法	陆摄经纬仪等	监测信息量大，省人力，投入快，安全，但精度相对较低	适用于变形速率较大的边坡水平位移及危岩陡壁裂缝变化监测；受气候条件影响较大
	GPS法	GPS接收机	精度高，投入快，易操作，可全天候观测，不受地形通视条件限制	适用于边坡体不同变形阶段地表三维位移监测
	测缝法（人工测缝法、自记测缝法）	钢卷尺、游标卡尺、裂缝量测仪、伸缩自记仪、测缝仪、位移计等	人工、自记测缝法投入快，精度高，测程可调，方法简易直观，资料可靠；遥测法自动化程度高，可全天候观测，安全，速度快，省人力，可自动采集、存储、打印和显示观测值，资料需要用其他监测方法校核后使用	适用于裂缝量测岩土体张开、闭合、位错、升降的变化

测量的内容包括边坡地面的水平位移、垂直位移以及变化速率的测量，点位误差要求不超过±2～5 mm，水准测量中误差小于±1.0～1.5 mm/km。对于土质边坡，精度可适当降低，但要求水准测量中误差不超过±3.0 mm/km。边坡地表变形观测通常可以采用十字交叉网法，如图 3-11(a)所示，适用于滑体小、窄而长，滑动主轴位置明显的边坡；放射状网法如图 3-11(b)所示，适用于比较开阔、范围不大，在边坡两侧或上、下方有突出的山包能使测站通视全网的地形；任意观测网法如图 3-11(c)所示，适用于地形复杂的大型边坡。

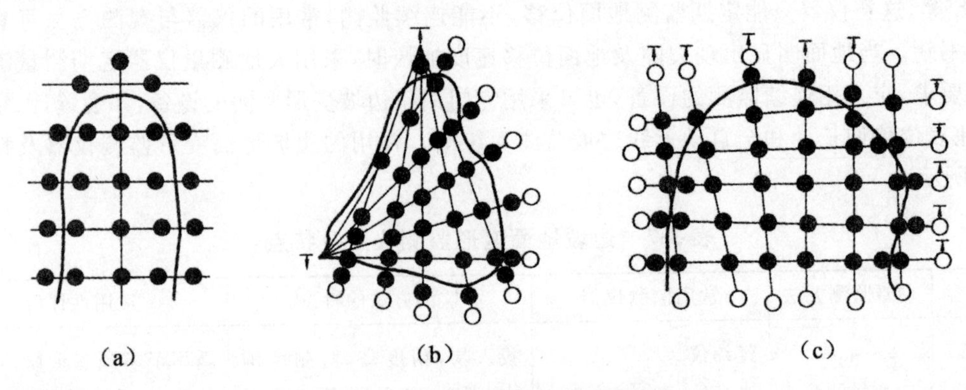

图 3-11　边坡表面位移观测网

2. 地下变形监测

边坡地面位移监测是监测边坡整体变形的重要方法，地面位移监测具有范围大、精度高等优点，裂缝量测也有直观性强、方便适用等特点。但边坡地面变形无法确定边坡滑动深度，不能了解边坡岩土体内部变形特征，需要利用地下变形监测技术和手段才能确定。因此，边坡地下位移监测也是非常重要的内容。地下变形监测包括地下岩土体深部位移与地下倾斜，监测方法有测斜法、应变测量法、重锤法和时间域反射技术等。监测仪器有钻孔倾斜仪、井壁位移计等，如表 3-8 所示。

表 3-8　边坡地下变形监测仪器

监测内容	监测方法	常用监测仪器	监测方法的特点	适用性评价
边坡地下变形监测	测斜法（钻孔测斜法、竖井）	钻孔倾斜仪、井壁位移计、位错计等	精度高，效果好，可远距离观测，易保护，受外界因素干扰少，资料可靠；但测程有限，成本较高，投入慢	主要适用于边坡体变形初期，在钻孔、竖井内测定边坡体内不同深度的变形特征及滑带位置
	测缝法（竖井）	多点位移计、井壁位移计、位错计等	精度较高，易保护，投入慢，成本高；仪器、传感器易受地下浸湿、锈蚀	一般用于监测竖井内多层堆积之间的相对位移，主要适用于初始蠕变变形阶段，即小变形、低速率，观测时间相对短的监测

续表

监测内容	监测方法	常用监测仪器	监测方法的特点	适用性评价
边坡地下变形监测	重锤法	重锤、极坐标盘、坐标仪、水平位错计等	精度高，易保护，机测直观、可靠；电测方便，量测仪器便于携带；但受潮湿、强酸、碱锈蚀等影响	适用于上部危岩相对下部稳定岩体的下沉变化及软层或裂缝垂直向收敛变化的监测
	沉降法			
	测缝法（硐室）	重锤、极坐标盘、坐标仪、水平位错计等	精度高，易保护，机测直观、可靠；电测方便，量测仪器便于携带；但受潮湿、强酸、碱锈蚀等影响	适用于危岩裂缝的三向位移（x,y,z 三方向）监测和危岩界面裂缝沿硐轴方向位移的监测
	时间域反射技术（TDR）	同轴测试电缆	一个钻孔内沿深度实时动态监测，自动采集与分析，不需特殊传感器	适用于边坡体变形初期，在钻孔、竖井内测定边坡体内不同深度的变形特征及滑带位置
	应变量测法	管式应变计，多点位移计，滑动测微计	精度高，易保护，机测直观、可靠；电测方便，量测仪器便于携带	主要适宜测定边坡不同深度的位移量和滑面（带）位置

（1）地下位移监测仪器

常用的地下位移监测仪器有位移计、测缝计、倾斜仪、沉降仪、垂线坐标仪、引张线仪、多点位移计和应变计等。

（2）地下倾斜监测仪器

测倾斜类仪器主要有钻孔倾斜仪（活动式与固定式）、倾斜计（仪）及倒垂线。用于钻孔中测斜管内的仪器，称之为测斜仪；设置在基岩或建筑物表面，用作测定某一点转动量的仪器称为倾斜计（仪）（图 3-12）。

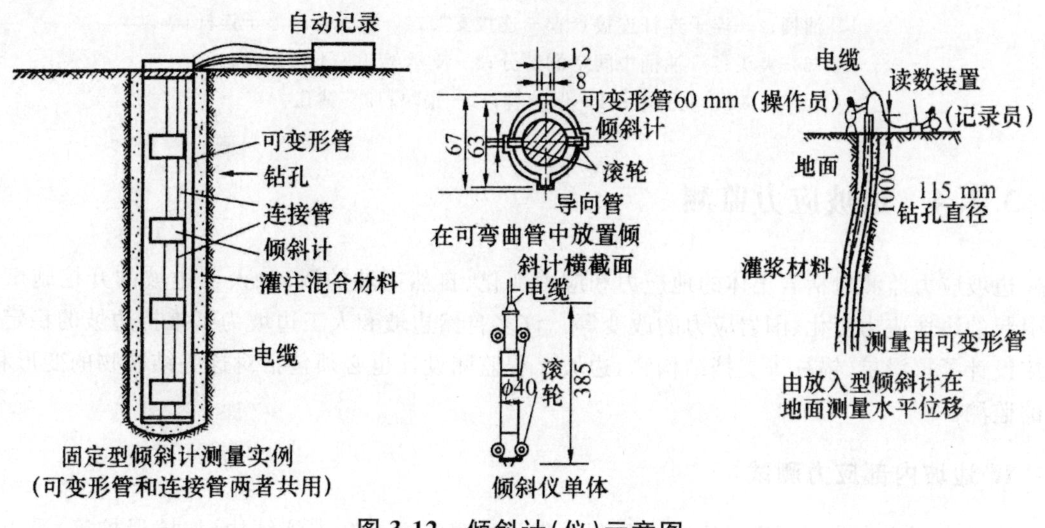

图 3-12　倾斜计（仪）示意图

测斜仪是通过量测测斜管轴线与铅垂线之间夹角的变化，来监测边坡岩土体的侧向位移。倾斜计也称点式倾斜仪，可以快速便捷地监测岩土体和结构的水平倾斜或垂直倾斜。可以是便携式的，也可以固定在结构物表面一起运动。是一种经济、可靠、测读精确、安装和操作都很简单的仪器。一般适合于边坡施工期和滑坡整治期的监测。

倒垂线观测系统一般由倒垂锚块、垂线、浮筒、观测墩、垂线观测仪等组成，如图 3-13 所示。垂线下端固定在基岩深处的孔底锚块上，上端与浮筒相连，在浮力的作用下，钢丝铅直方向被拉紧并保持不动。在各测点设观测墩进行观测，即得各测点对于基岩深处的绝对挠度值。一般只用于重大的人工边坡工程，费用较高，由监测单位自行设计安装调试。

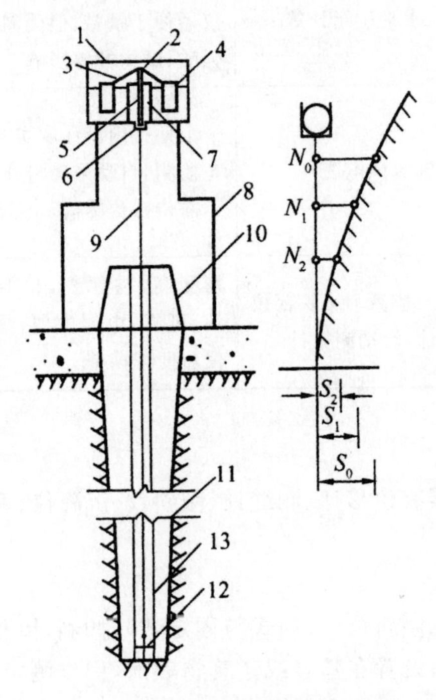

图 3-13　倒垂线装置示意图

1—油桶；2—浮子连杆连接点；3—连接支架；4—浮子；5—浮子连杆；
6—夹头；7—油桶中间空洞部分；8—支承架；9—不锈钢丝；
10—观测墩；11—保护管；12—锚块；13—钻孔

3.2.4　边坡应力监测

边坡应力监测包括岩土体的地应力和应力变化、自然边坡的滑动、人工边坡的开挖施工、爆破引起的边坡应力变化、围岩应力的改变等。许多自然边坡和人工边坡为了维持边坡的稳定性，相应设计了抗滑桩、锚杆等支挡结构物，边坡工程监测设计也必须包括对这些结构物的变形和内力的监测。

1. 边坡内部应力测试

边坡内部应力监测可通过压力盒量测滑带承重阻滑受力和支挡结构（如抗滑桩等）受力，以了解边坡体传递给支挡工程的压力以及支护结构的可靠性。压力盒根据测试原理可以分为液压式和电测式两类，液压式的优点是结构简单、可靠，现场直接读数，使用比较方便；电测式的优点是测量精度高，可远距离和长期观测。目前在边坡工程中多用电测式压力测力计。电测式压力测力计又可分为应变式、钢弦式、差动变压式、差动电阻式等。表 3-9 是国产常用压力盒类型、使用条件及优缺点归纳。

表 3-9　压力盒的类型及使用特点

工作原理	结构及材料	使用条件	优缺点
单线圈激振型	钢丝卧式 钢丝立式	测土压力 岩土压力	构造简单；输出间歇非等幅衰减波，不适用动态测量和连续测量，难于自动化
双线圈激振型	钢丝卧式	测水压力 土、岩压力	输出等幅波，稳定，电势大；抗干扰能力强，便于自动化；精度高，便于长期使用
钨丝压力盒	钢丝立式	测水压力 土压力	刚度大，精度高，线性好；温度补偿好，耐高温；便于自动化记录
钢弦摩擦压力盒	钢丝卧式	测井壁与土层间摩擦力	只能测与钢筋同方向的摩擦力

在现场进行实测工作时，为了增大钢弦压力盒接触面，避免由于埋设接触不良而使压力盆失效或测值很小，有时采用传压囊增大其接触面。囊内传压介质一般使用机油，因其传压系数可接近 1，而机油可使负荷以静水压力方式传到压力盒，也不会引起囊内锈蚀，便于密封。压力盒与传压囊装配情况如图 3-14 所示。

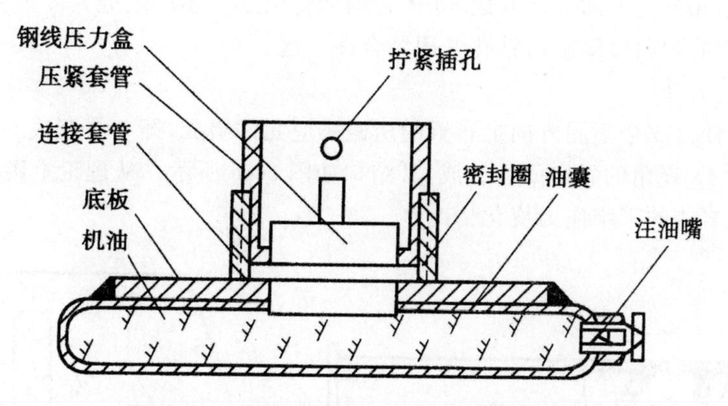

图 3-14　钢弦式压力盒与传压囊装配图

2. 岩石边坡地应力监测

边坡地应力监测主要是针对大型岩石边坡工程，为了了解边坡地应力或在施工过程中地应力变化而进行的一项重要监测工作。地应力监测包括绝对应力测量和地应力变化监测。绝对应力测量在边坡开挖前和边坡开挖中期以及边坡开挖完成后各进行一次，以了解三个不同阶段的地应力场情况，采用的方法一般是深孔应力解除法。地应力变化监测即在开挖前，利用原地质勘探平洞埋设应力监测仪器，以了解整个开挖过程中地应力变化的全过程。岩体应力变化监测可采用传感器测定，目前主要采用的传感器有 Yoke 应力计、国产电容式应力计和压磁式应力计等。

(1)Yoke 应力计

Yoke 应力计为电阻应变片式传感器。它由钻孔径向互成 60°的 3 个应变片测量元件组成，其结构如图 3-15 所示。根据读数可以计算测点部位岩体的垂直于钻孔平面上的二维应力。三峡工程船闸高边坡监测中使用了该应力计。

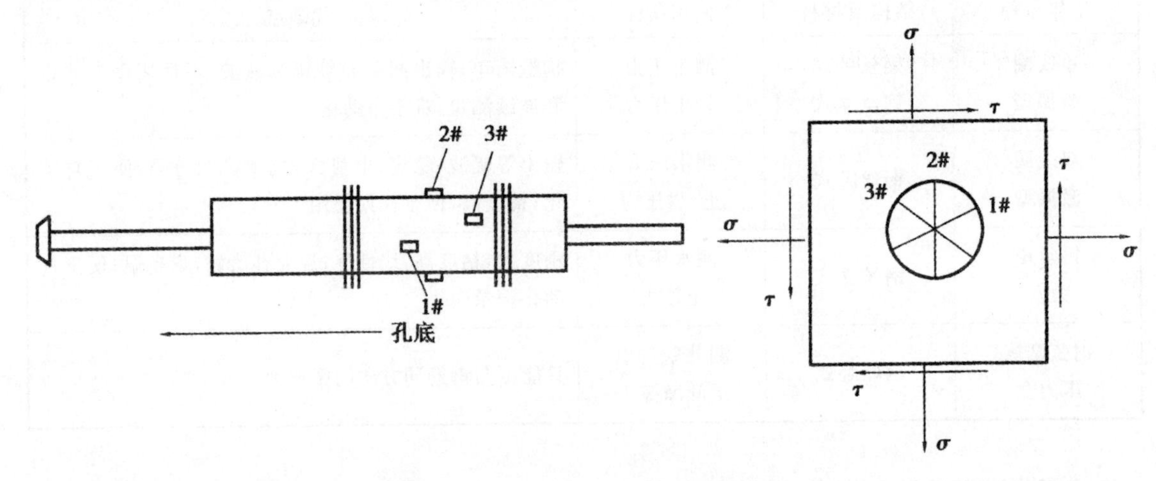

图 3-15　Yoke 应力计结构示意图

(2)电容应力计

电容式应力计最初主要用于地震测报中监测地应力活动情况。其结构与 Yoke 压力计类似，是由垂直于钻孔方向上的 3 个互成 60°的径向元件组成。不同之处是 3 个径向元件安装在 1 个薄壁钢筒中，钢筒则通过灌浆与钻孔壁固结合在一起。

(3)压磁式应力计

压磁式应力计由 6 个不同方向上布置的压磁感应元件组成，即 3 个互成 60°的径向元件和 3 个与钻孔轴线成 45°夹角的斜向元件组成，其结构如图 3-16 所示。从理论上讲，压磁式应力计可以量测测点部位岩体的三维应力变化情况。

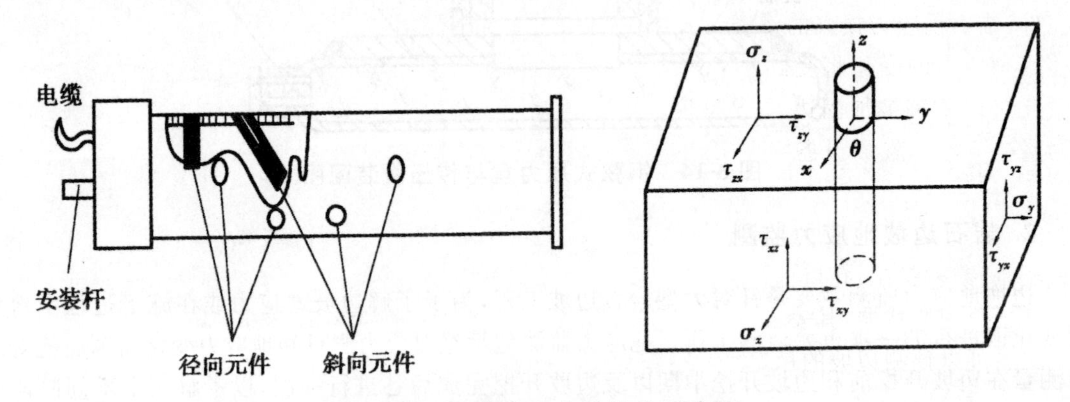

图 3-16　压磁式应力计结构示意图

3. 边坡锚固应力测试

(1)锚杆轴力的量测

锚杆轴力量测的目的在于了解锚杆实际工作状态,结合位移量测,修正锚杆的设计参数。锚杆轴力量测主要使用的是量测锚杆。量测锚杆的杆体是用中空的钢材制成,其材质同锚杆一样。量测锚杆主要有机械式和电阻应变片式两类。

机械式量测锚杆是在中空的杆体内放入 4 根细长杆(见图 3-17),将其头部固定在锚杆内预定的位置上。量测锚杆一般长度在 6 m 以内,测点最多为 4 个,用千分表直接读数。量出各点间的长度变化,计算出应变值,然后乘以钢材的弹性模量,便可得到各测点间的应力。

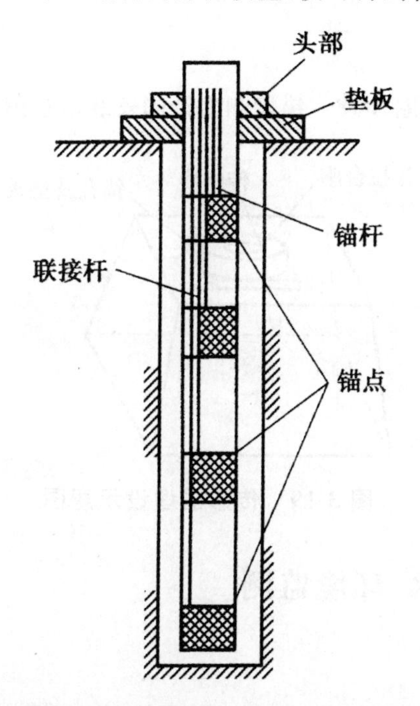

图 3-17　量测锚杆结构与安装示意图

电阻应变片式量测锚杆是在中空锚杆内壁或在锚杆上轴对称贴 4 块应变片,以 4 个应变的平均值作为量测应变值,测得的应变再乘以钢材的弹性模量,得各点的应力值。

(2)锚索预应力损失的量测

因预应力的变化将受到边坡的变形和内在荷载的变化的影响,通过监控锚固体系的预应力变化可以了解被加固边坡的变形与稳定状况。通常一个边坡工程长期监测的锚索数,不少于总数的 5%。监测设备一般采用圆环形测力计(液压式或钢弦式)或电阻应变式压力传感器。

锚索测力计的安装是在锚索施工前期工作中进行的,其安装全过程包括:测力计室内标定、现场安装、锚索张拉、孔口保护和建立观测站等。锚索测力计的安装示意图如图 3-18 所示。

如果采用传感器,其安装示意如图 3-19 所示。监测结果为预应力随时间的变化关系,通过这个关系可以预测边坡的稳定性。

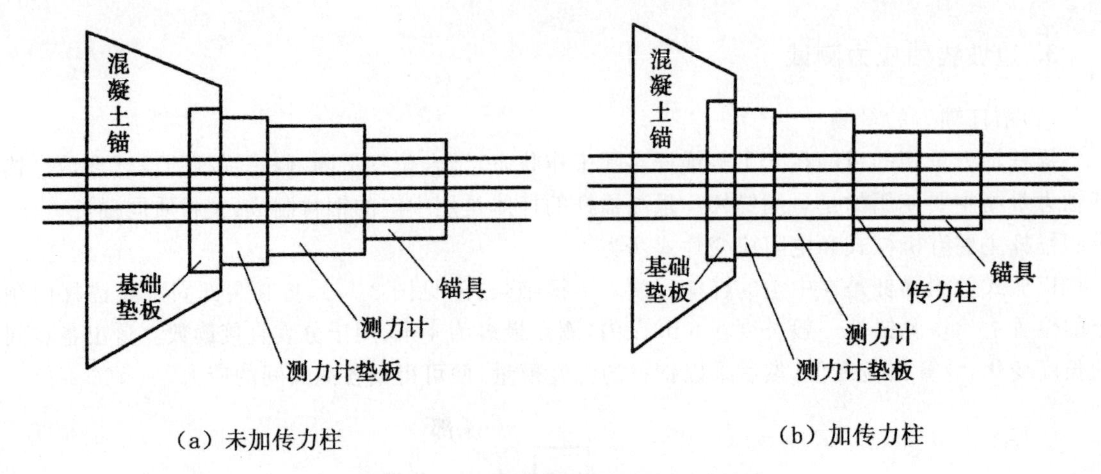

图 3-18 锚索测力计的安装示意图

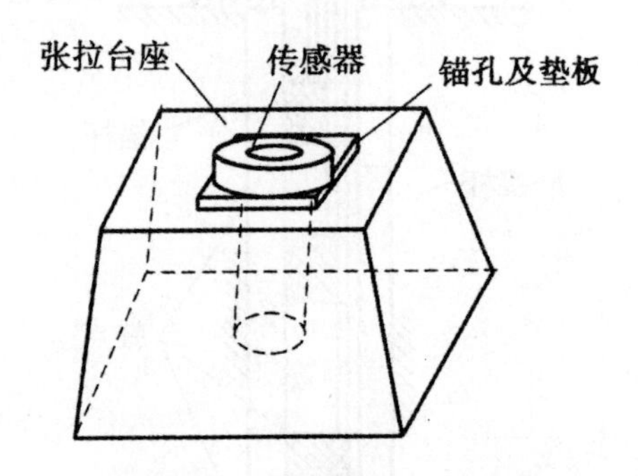

图 3-19 传感器埋设示意图

3.2.5 边坡地下水、环境监测

1. 边坡地下水监测

地下水是边坡失稳的主要诱发因素，地下水的监测也是边坡监测的重要内容。边坡水位监测分地表水位监测和地下水位监测两部分，常用仪器有电测水位计和遥测水位计等。

边坡工程监测中，孔隙水压力量测可采用竖管式、水管式、差动电阻式和钢弦式孔压计。

边坡水位监测可选择坡高最高处的山顶或不同高程的马道打钻孔，进行地下水位观测。钻孔应打到含水层底板以下；对于人工边坡，可在监测断面与排水洞交会处布置测压管监测，当边坡监测布置有钻孔测斜仪时，可在孔底布置渗压计。

2. 边坡环境因素测试

测试环境因素的仪器主要有水位记录仪、雨量计、温度记录仪等，以及对于监测爆破所引起的振动的测振仪器。

边坡降雨量与地表径流可采用雨量计和利用坡顶截水沟来布置量水堰。对于雨量计、温度记录仪等仪器，此处不再赘述。对于大型人工边坡由于施工引起的振动监测，可采用声波法和声波监测仪，也可采用地震法和地震仪进行监测。详细方法与仪器的介绍可参阅相关书籍。

3.2.6 边坡工程监测方案设计

边坡工程监测方案,应在对边坡或滑坡进行全面工程地质调查,确定边坡的变形阶段,变形的范围、规模与可能破坏的方式之后进行设计。

1. 设计原则

①应遵循工程需要,目的明确,按照整体控制,多层次布置,突出重点,掌控关键(部位)的原则。边坡监测应以边坡整体稳定性监测为主,监测的内容应着重于影响边坡稳定性的因素,如地面和地下变形、岩石边坡中存在的不利结构面、地下水位、渗流、孔压及降雨入渗等。

②施工期、运行期监测相结合,监测工作应贯穿工程活动(开挖、加固、运行)的全过程。

③监测仪器应根据监测对象和运行环境选择。例如,自然边坡监测的仪器应具有防潮、抗雷电、不易被人和动物破坏等特性;人工边坡监测仪器应具备牢固、抗施工干扰能力强、被破坏后易恢复等特性。精度和量程应根据边坡工程变形的阶段和岩土体特性确定。

2. 监测项目选择

监测项目要根据边坡工程性质(自然边坡、人工边坡)、工程的阶段(施工期、运行期)等确定,若边坡采取加固措施,还应根据加固方式(锚杆、锚索、抗滑桩、锚固洞、排水措施等)综合考虑监测项目。

无论是自然边坡还是人工边坡,以稳定性预测预报和控制为目的的边坡监测,应针对影响边坡稳定的关键问题和控制性观测来选择监测项目。边(滑)坡工程常见的监测项目见表3-10。

表3-10 边(滑)坡工程监测项目

序号	监测项目	人工边坡		自然边坡		
		施工期	运行期	前期	整治期	整治后
1	大地测量水平变形	√	√	√	√	√
2	大地测量垂直变形	√	√	√	√	
3	正垂线、倒垂线		√			
4	表面倾斜	√			√	
5	地表裂缝	√	√	√	√	√
6	钻孔深部位移	√	√	√	√	
7	爆破影响监测	√		√		
8	渗流渗压监测	√	√	√	√	
9	雨量监测	√	√	√	√	
10	水位监测		√	√	√	√
11	松动范围监测	√				
12	加固效果监测	√	√		√	√
13	巡视检查	√	√	√	√	√

3. 监测断面与测点布置

(1)监测断面布置原则

监测断面应选在:①地质条件差、变形大、可能破坏的部位,如有断层、裂隙、危岩体存在的部位;②边坡坡度高、稳定性差的部位;③结构上有代表性的部位;④分析计算的典型部位等。根据地形地貌地质条件以及监测目的要求,可按十字形或放射形等布置监测断面,形成有效的监测网络,如图 3-20 所示。十字形布置方法对于主滑方向和变形范围明确的边坡较为合适和经济,通常在主滑方向上布设监测点(孔)。放射形布置则适用于边坡中主滑方向和变形范围不能明确估计的边坡,可考虑不同方向交叉布置监测点(孔)。总之,应尽量做到利用有限的工作量满足监测的要求。

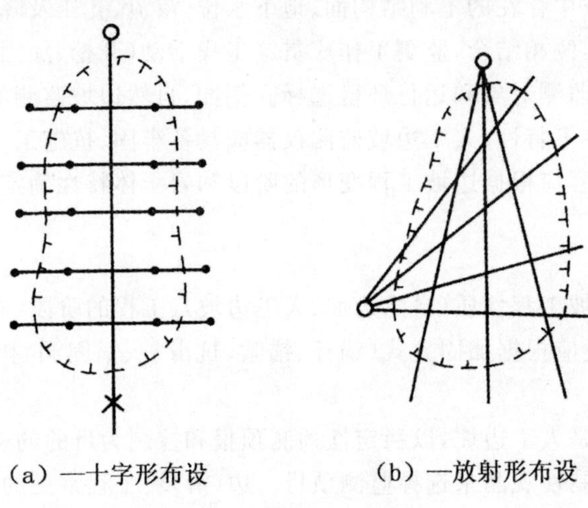

(a)—十字形布设　　(b)—放射形布设

图 3-20　测线布置示意图

○测站　×照准点　●测点

(2)监测点布置原则

监测点应布置在对边坡稳定具有控制性或影响性的位置,如主滑面和可能滑动面上、地质分层及界限面、不同风化带上等。

1)大地测量变形监测点

①监测网点应设在稳定地区,远离滑坡体。

②监测点的数量应能满足控制整个滑坡范围的需要。

③滑坡体上监测点的布置应突出重点、兼顾全面,尽可能在滑坡前后缘、裂缝和地质分界线等处设点。

④监测垂直位移的水准点应布置在滑坡体外,并必须与监测网点的高程系统统一。

2)变形监测网的布置

变形监测网的布置应满足监测网点的三维坐标中误差不超过±2～3 mm。

①建立满足 XY 坐标精度的平行监测网,配合建立满足点位高程精度的精密水准网。

②地形起伏大或交通不便、精密水准观测有困难时,应建立满足点位三维坐标精度要求的三维网。

3)水平位移测点布置方法

①视准线法:沿垂直于边坡滑动方向布置一排观测点,两端点为监测网点,中间为监测点。以两端为基准,观测中间测点的位移。

②联合交会法：以角后方交会法为主，角侧方交会法为辅。在监测点上设站，均匀观测周围四个监测网点。

③边交会法：以两个以上的监测网点为基准，观测监测网点到某测点的距离和高差。

④角前方交会法：在两个以上的监测网点设站，观测某一个测点，求取测点坐标。

4)垂直位移监测点的布置

垂直位移监测点一般采用水准测量法或测距高程导线法等大地测量法布置。

5)边坡地面倾斜监测点的布置

边坡地面倾斜一般采用倾角计监测。

①自然边坡应在边坡滑坡的前后缘、滑出口、主轴等特征点上布置测点。

②人工边坡测点可布置在边坡的马道、排水洞、监测支洞的地表。

③采取加固措施的边坡，可在抗滑挡墙、抗滑桩等结构物的顶部或侧面布置测点。

6)地面裂缝监测的布置

地面裂缝常用测缝计、收敛计、钢丝位移计和位错计监测裂缝，监测仪器一般跨裂缝、断层、夹层、层面等布置，或在边坡马道、斜坡或滑坡的地表，排水洞、监测支洞裂缝出露的地方布置仪器监测点。

7)地下位移监测布置

地下水平位移一般采用钻孔测斜仪监测。未确定边坡滑动面时，应采用活动式钻孔测斜仪；确定边坡滑动面后，可在滑动面上下安装固定式测斜仪。

8)边坡加固措施监测布置

边坡加固措施一般有锚杆、抗滑桩、锚固洞(阻滑键)等，应根据加固措施进行监测设计。

9)降雨量、水位和孔隙水压力监测

①降雨量一般使用雨量计监测，也可从当地气象部门收集。

②可在边坡顶部或不同高程马道上钻孔进行地下水位长期监测。

③孔隙水压力监测点应布置在边坡监测断面与排水洞交会处，使用测压管或孔隙水压计进行监测。当有钻孔倾斜仪时，可在每个钻孔倾斜仪孔底布置孔隙水压力计。

4. 监测频率与周期

监测频率与周期应根据工程所处的阶段、工程规模以及边坡变形的速率等确定。

边坡工程施工初期及大规模爆破阶段，以监测爆破振动为主，监测频率一般结合爆破工程而定。

处于初始蠕变和稳定蠕变状态的边坡，监测以地面及地下位移为主，一般在初测时每日或每两日一次，在施工阶段 3～7 日一次，在施工完成后进入运营阶段，且在变形及变形速率在控制的允许范围之内时一般以每一个水文年为一周期，每两个月左右监测一次，雨期加强到一个月一次。处于加速蠕变状态的边坡，应加大监测频次，时刻注意其变形值。

3.2.7　监测实施和资料汇总分析

1. 监测工作的实施

在监测方案和测点布置工作完成后，监测就进入实施阶段，在该阶段中元件的埋设和初始的调试工作较为复杂，涉及钻孔、元件埋设以及各个单位、部门之间的协调工作，往往工作的实施在该阶段较为困难，应根据实际情况对方案进行相关调整和补充。实施阶段的有关工作可归为以下几方面。

(1)地面位移监测工作

该工作包括地面测点选点、有关标点的埋设和标记的制作以及相关保护措施的进行。在这些工作完成后即可进入量测实施，在各次量测完成后，可将资料汇总并形成报表。可将这些工作归纳为以下几点：

①地面选点及布置。

②监测点制作。

③量测实施。

④资料汇总及报表形成。

(2)地下位移监测和滑动面测量

该工作的关键是钻孔工作，地下位移监测孔的钻孔技术要求较高，对于孔径、孔斜以及充填材料上都有专门的要求，比如同样是测斜孔的测斜管，在土质边坡中其周边通常采用填砂的办法，而在岩体边坡中就不可采用砂填，而应根据岩体的物理力学性质配制相应的充填材料，这样才能在测试中准确反映岩土体的实际变形值。

在钻孔完成后可进行有关的埋设工作，有关的元件在进入现场前均应进行标定，埋设完成后应及时进行初测，对相关的测试孔位要进行必要的保护，以免在施工和边坡使用过程中监测孔位及元件发生破坏，在这些工作完成后即可进入量测实施，在各次量测完成后，可将资料汇总并形成报表。

以上工作可归纳为以下几点：

①钻孔。

②元件埋设及初始量测。

③量测实施。

④资料汇总及报表形成。

(3)地下应力及支护结构应力监测

根据边坡岩土体和结构物的受力特性、工作性状、影响因素，确定相应的监测项目和测点位置，在结构物施工时埋设相应的监测元件或仪器，埋设时应注意元件的防潮、防腐蚀和人畜破坏，根据岩土体和结构物的类型，汇总资料并形成报表。

以上工作可以归纳为：

①岩体地应力测试。

②边坡土压力观测。

③锚索锚杆测力计测试。

④抗滑桩内力测试。

(4)环境因素监测

环境因素的监测一般没有一个统一的实施步骤，如降雨量可根据当地气象部门的有关资料进行统计，水位观测可利用已有监测孔(如测斜孔)进行。

将它们归纳为几类：

①地下水位长期观测。

②降雨量统计。

③声波测试。

④振动测试。

⑤其他，如地温及地下水浑浊程度和化学组分的变化及流量等。

2. 监测资料汇总

边坡工程的监测资料主要有以下几个方面，即每次监测的监测报表、监测总表、监测的相关图件以及阶段性的分析报告。

(1)监测的报表

对于不同的监测内容，每完成一次量测和进行到关键阶段都应为委托方提供监测的报表。

1)监测日报表

监测日报表一般是最为直接的原始资料，是将野外所得的监测数据直接汇总形成原始文件。

2)阶段性报表

当监测工作进行到一定的阶段后，应对原始数据加以处理，提出阶段性的数据、报表及有关建议，如最大位移表、位移速度表等。

3)监测总表

监测总表是在一个监测周期的工作完成以后，提出对该项边坡工程监测中规律性的归纳和建议，如地表变形汇总成果、地下变形汇总成果、降雨量实测统计表等。

(2)相关图表

为了更好地反映监测成果，一般应绘制相关的图件加以说明。常用的图件有：

①地表位移变形矢量图(见图 3-21)。

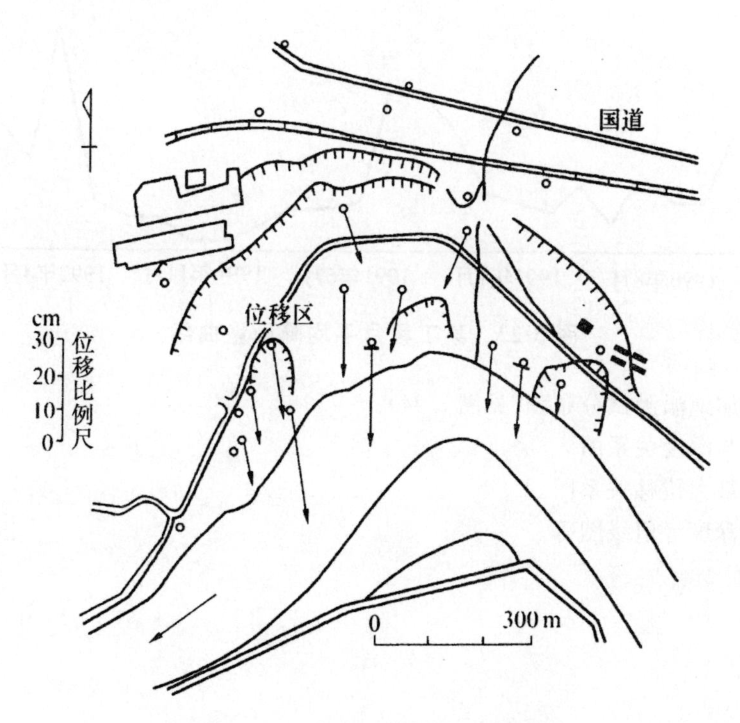

图 3-21　地表位移变形矢量图

②各时段深度-水平位移曲线及各时段深度-垂直位移曲线(见图 3-22)。

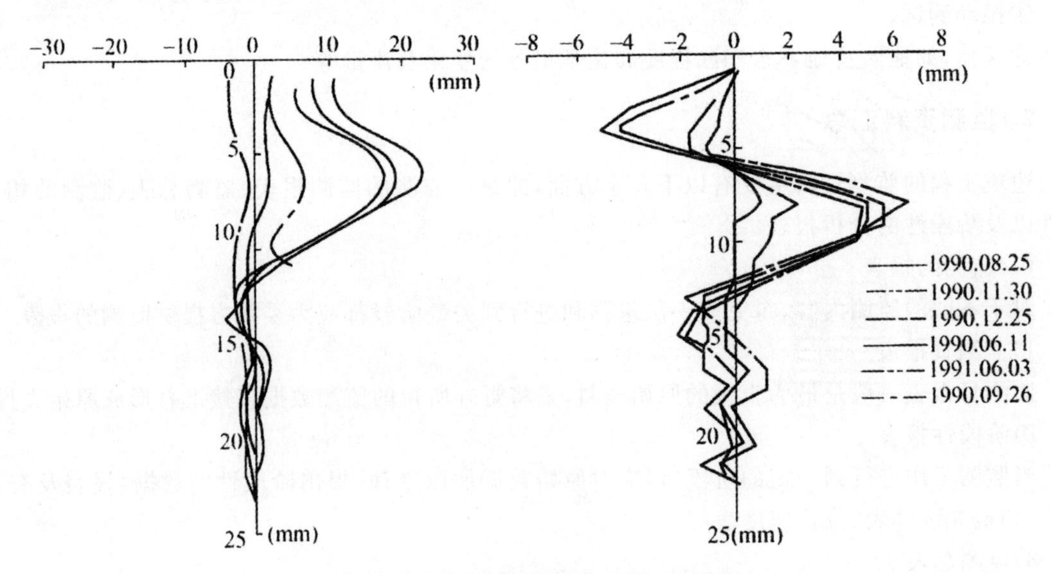

图 3-22　某孔各时段深度-位移曲线

③位移-水位(降雨量)变化曲线或降雨量曲线(见图 3-23)。

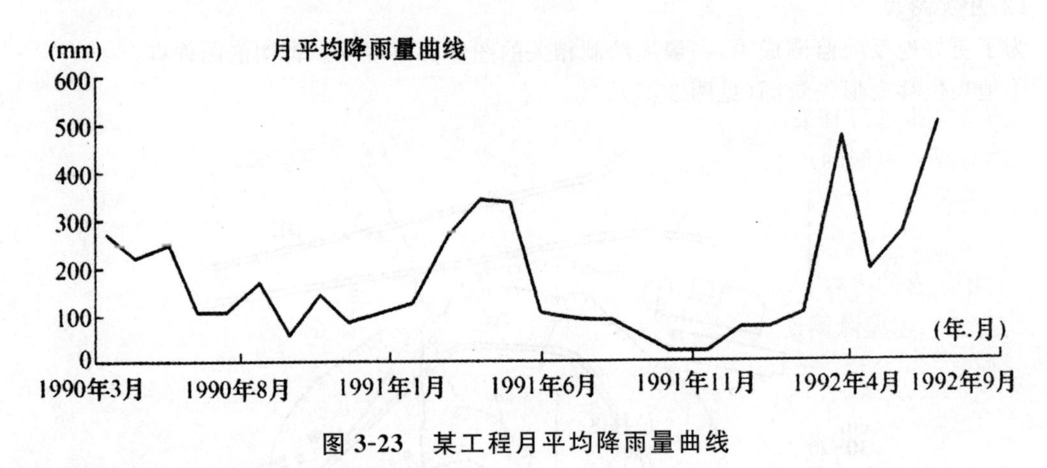

图 3-23　某工程月平均降雨量曲线

④其他图件如地温测试分布图(见图 3-24)。

⑤变形速率与深度关系图。

⑥加卸荷与最大位移关系图。

⑦最大位移深度等值线图等。

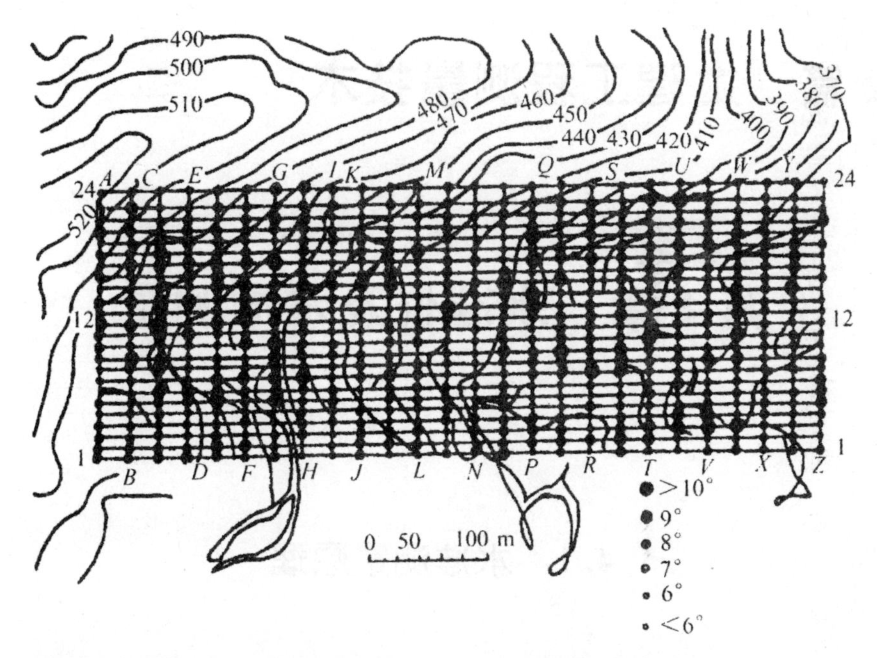

图 3-24　某工程地下 1 m 深处地温分布等值线图

3. 监测资料分析

监测分析报告中应提供监测数据总表、相关图件和监测资料的分析及最终结论。根据监测数据还可进一步进行有关反分析及其他数值计算方法的验证，进行理论与实际的类比，并提出建议及反馈意见。不同的边坡工程对监测的目的有不同要求，在分析报告时应结合有关要求进行，对于利用监测数据进行超前预报工作的报告，其分析报告将提前至每一次监测过程中都进行有关分析和反馈。对于滑坡工程，业主更加关心边坡的稳定性。因而分析也应及时和准确。一般分析报告中包含的内容有：①工程地质背景；②施工及工程进展情况；③监测目的、监测项目设计和工作量分布；④监测周期和频率；⑤各项资料汇总；⑥曲线判断及结论；⑦数值计算及分析；⑧结论及建议。

第2篇　土建工程测量技术

第4章　水准仪及水准测量

4.1　水准测量原理

4.1.1　水准测量原理概述

测定地面两点高度差，并通过已知高程，去求取未知高程，是水准测量的实质。

如图4-1所示，设已知A点的高程为H_A，欲测定B点的高程H_B，可在A、B两点上各竖一根有刻画的尺子——水准尺，在其间安置一台能提供水平视线的仪器——水准仪，用水准仪的水平视线分别读取A、B尺上的读数a、b，则B点对A点的高差为

$$h_{AB}=a-b \tag{4-1}$$

则B点的高程为

$$H_B=H_A+h_{AB} \tag{4-2}$$

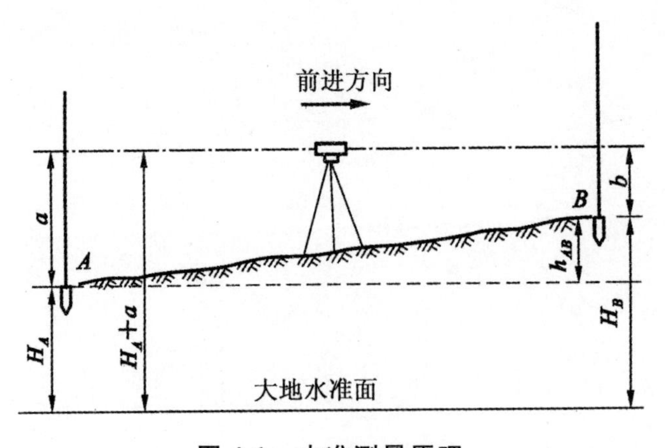

图4-1　水准测量原理

如果水准测量是由 A 点到 B 点进行的，如图 4-1 中的箭头所示，A 点为已知高程点，则称 A 点尺上读数 a 为后视读数，B 点为欲求高程的点，则称 B 点尺上读数 b 为前视读数。高差等于后视读数减去前视读数。a 大于 b，高差为正，则 B 点高于 A 点；反之为负，则 B 点低于 A 点。

还可以通过仪器的视线高程 H_i 计算 B 点的高程，公式为

$$\left.\begin{aligned} H_i &= H_A + a \\ H_B &= H_i - b \end{aligned}\right\} \tag{4-3}$$

由式(4-2)根据高差推算高程，称为高差法；由式(4-3)利用视线高程推算高程，称为视线高法。当安置一次仪器要求出几个点的高程时，视线高法比高差法方便。

4.1.2　转点、测点

在水准测量工作中，若已知点到待测点的距离很远或高差很大，只用一个测站点是不够的，应在两点之间设置若干个测站，如图 4-2 所示。这种连续多次的设测站测定高差，最后取测站高差代数和求得 A、B 两点间高差的方法，叫做附合水准测量。

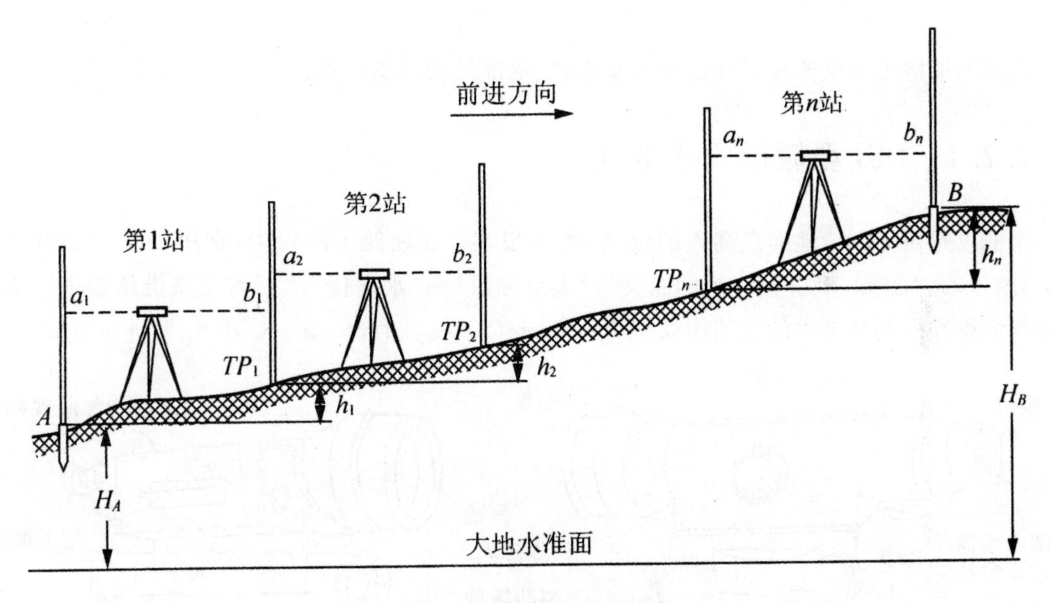

图 4-2　附合水准测量

设已知点 A 的高程 H_A，要测定 B 点的高程，必须在 A、B 点之间连续设置若干个测站进行观测，每安置一次仪器观测两点间的高差，称为一个测站；作为传递高程的临时立尺点 1、2、…、$n-1$ 称为转点。各测站的高差为

$$\begin{gathered} h_1 = a_1 - b_1 \\ h_2 = a_2 - b_2 \\ \vdots \\ h_n = a_n - b_n \end{gathered}$$

因此 A、B 两点间的高差为

$$h_{AB} = h_1 + h_2 + \cdots + h_n = \sum_{i=1}^{n} h_i$$

或写成

$$h_{AB} = (a_1 - b_1) + (a_2 - b_2) + \cdots + (a_n - b_n) = \sum_{i=1}^{n} a_i - \sum_{i=1}^{n} b_i \tag{4-4}$$

在实际工作中，可先算出每站的高差，然后求得和后得出 A、B 两点间的高差 h_{AB}，再用公式计算高差，并进行检核。

由此看出几何水准测量的规律：

①每站高差等于水平视线的后视读数减前视读数。

②起点至终点的高差等于各站高差的总和，也等于各站后视读数的总和减去前视读数的总和。

4.2 水准测量的仪器和工具

水准测量所用的仪器和工具主要有水准仪、水准尺和尺垫三种。

4.2.1 DS_3 型微倾式水准仪

水准仪是用于测量地面点高程的仪器，类型很多。在建筑工测量中，常用 DS_3 型微倾式水准仪（图 4-3），“D”和“S”分别代表的涵义为“大地测量”和“水准仪”，“3”为用该类仪器进行水准测量每公里往返测高差中的偶然中误差为±3 mm（$S_{0.5}$≤0.5 mm、S_1、S_3 和 S_{10} 四种型号）。

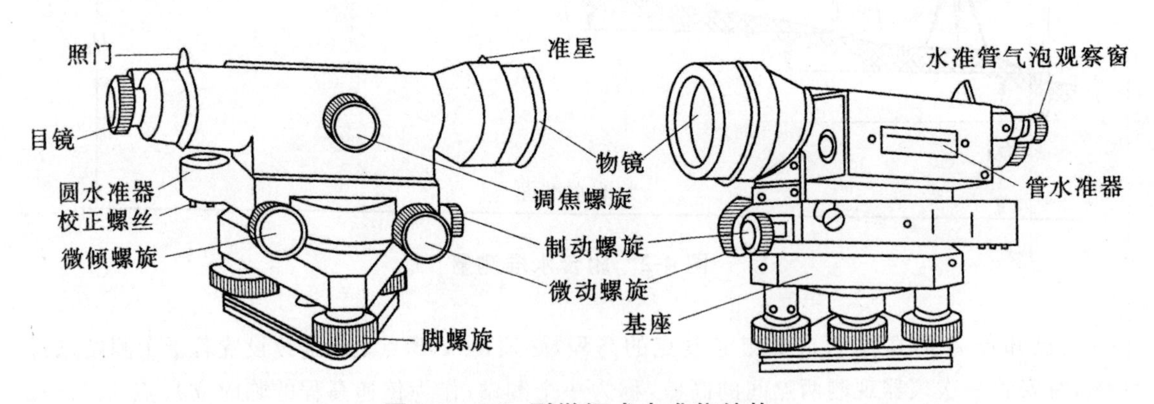

图 4-3 DS_3 型微倾式水准仪结构

1. 望远镜

望远镜是构成水平视线、瞄准目标并对水准尺进行读数的主要部件。目前主要为内对光望远镜。

如图 4-4 所示，望远镜主要有物镜、对光（调焦）透镜、十字丝分划板和目镜构成。

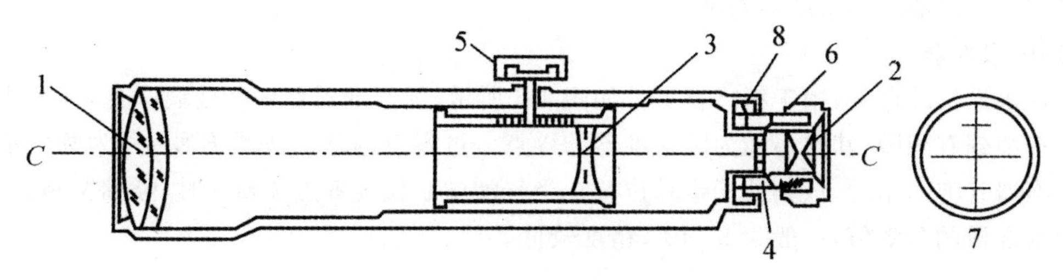

图 4-4　望远镜的构造

1—物镜；2—目镜；3—对光透镜；4—十字丝分划板；5—物镜对光螺旋；
6—目镜对光螺旋；7—十字丝放大镜；8—分划板座止头螺钉

经望远镜放大的虚像与眼睛直接看到的目标大小的比值，称为望远镜放大率，用 V 表示 S_3 型水准仪的望远镜放大率，一般不低于 28 倍。

(1)十字丝分划板

十字丝分划板上刻有两条互相垂直的长线(图 4-4 中的 7)，称为十字丝。竖直的一条称为竖丝，用来照准水准尺，中间横的一条称为中丝(也称横丝)，是为了瞄准目标和读数用的。在中丝的上、下还有对称的两根短横丝，用来测量距离，称视距丝(亦分别称为上丝和下丝)。

(2)物镜和目镜

多采用复合透镜组，望远镜成像原理如图 4-5 所示。目标 AB 经过物镜成像后形成一个倒立而缩小的实像 ab，移动对光透镜，不同距离的目标均能清晰地成像在十字丝平面上，再通过目镜的作用，便可看清同时放大了的十字丝和目标影像 $a'b'$。

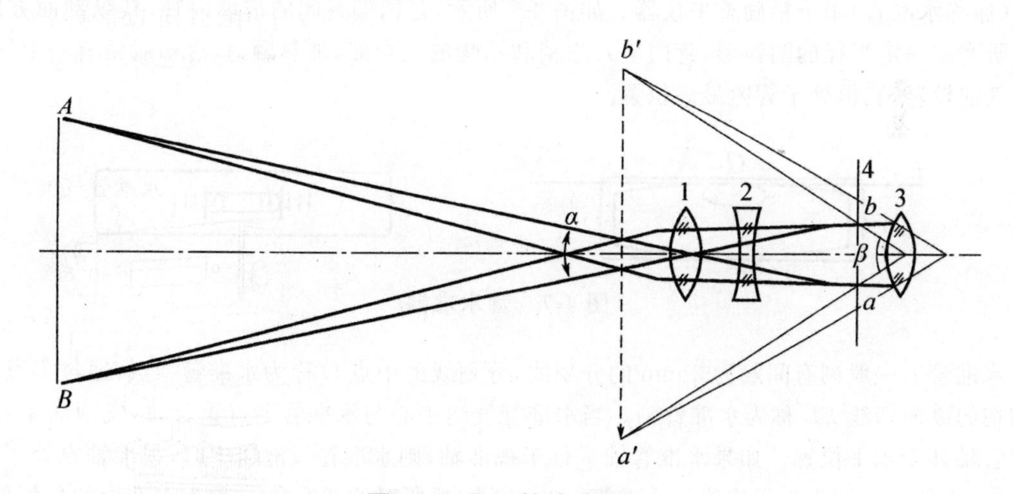

图 4-5　望远镜成像原理

(3)十字丝交点与物镜光心的连线

该连线称为视准轴(图 4-4 中的 CC)。视准轴的延长线即为视线，水准测量就是在视准轴水平时，用十字丝的中丝在水准尺上截取读数的。

2. 水准器

水准器是用来整平仪器的一种装置。可用它来指示视准轴是否水平，仪器的竖轴是否竖直。

水准器有管水准器和圆水准器两种。

(1)圆水准器

装在水准仪基座上,用于粗略整平。如图4-6所示,圆水准器是一个玻璃圆盒,顶面为球面,球面的正中刻有圆圈,其圆心称为圆水准器的零点。过零点的球面法线$L'L'$,称为圆水准器轴。当圆水准器气泡居中时,该轴处于铅垂位置。当气泡中心偏离零点2 mm时,竖轴所倾斜的角值称为圆水准器的分划值,一般为$8'$、$10'$,精度较低。

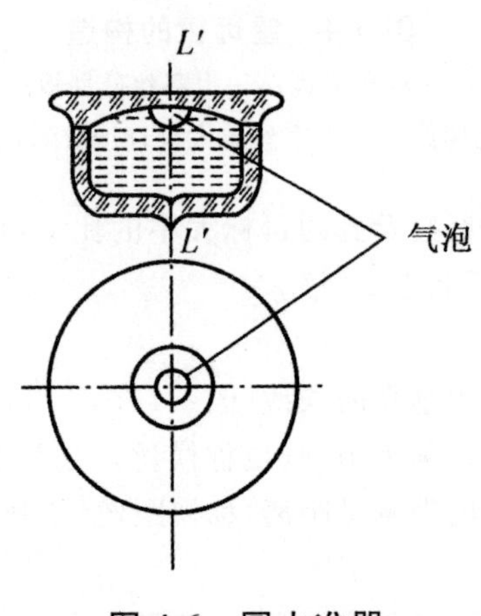

图4-6 圆水准器

(2)管水准器

(亦称水准管)用于精确整平仪器。如图4-7所示,是两端封闭的玻璃内管,其纵剖面方向的内壁研磨成一定半径的圆弧形,管内装入酒精和乙醚的混合液,加热融封,冷却后留有一个气泡,由于气泡较轻,它恒处于管内最高位置。

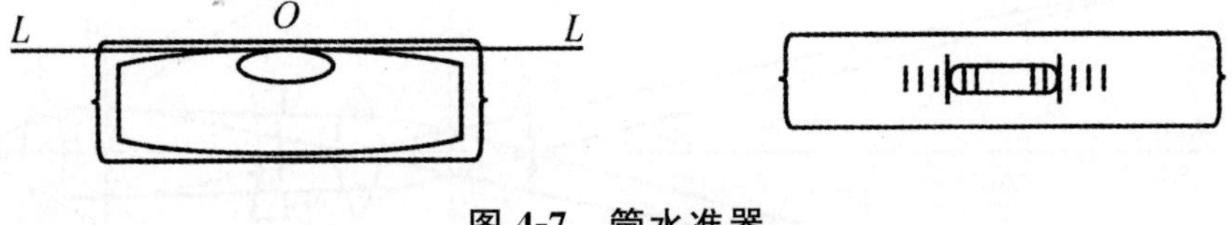

图4-7 管水准器

水准管上一般刻有间隔为2 mm的分划线,分划线的中点O称为水准管零点,通过零点与圆弧相切的纵向切线LL称为水准管轴。当水准管气泡中心与水准管零点重合时,气泡居中,这时水准管轴处于水平位置。如果水准管轴平行于视准轴,则水准管气泡居中时,视准轴也处于水平位置,水准仪视线即为水平视线。水准管上2 mm圆弧所对的圆心角τ,称为水准管的分划值,即

$$\tau=\frac{2}{R}\rho$$

式中,ρ为弧度秒值,$\rho=206265''$;R为圆弧半径,mm;τ为水准管分划值,$''$。

显然,圆弧半径愈大,水准管分划愈小,水准管灵敏度愈高,用其整平仪器的精度也愈高。DS_3型水准仪的水准管分划值为$20''$,记作$20''/2$mm。

目前生产的微倾式水准仪,都在水准管上方装有一组符合棱镜装置,如图4-8(a)所示。通过符合棱镜的反射作用,使气泡两端的半个影像成像在望远镜目镜左侧的水准管气泡观察窗中。

如果气泡两端的半个影像吻合时，就表示气泡居中，如图 4-8(d)所示。如果气泡两端的半个影像错开，则表示气泡不居中，如图 4-8(b)、(c)所示。这种装有符合棱镜组的水准管，称为符合水准器。

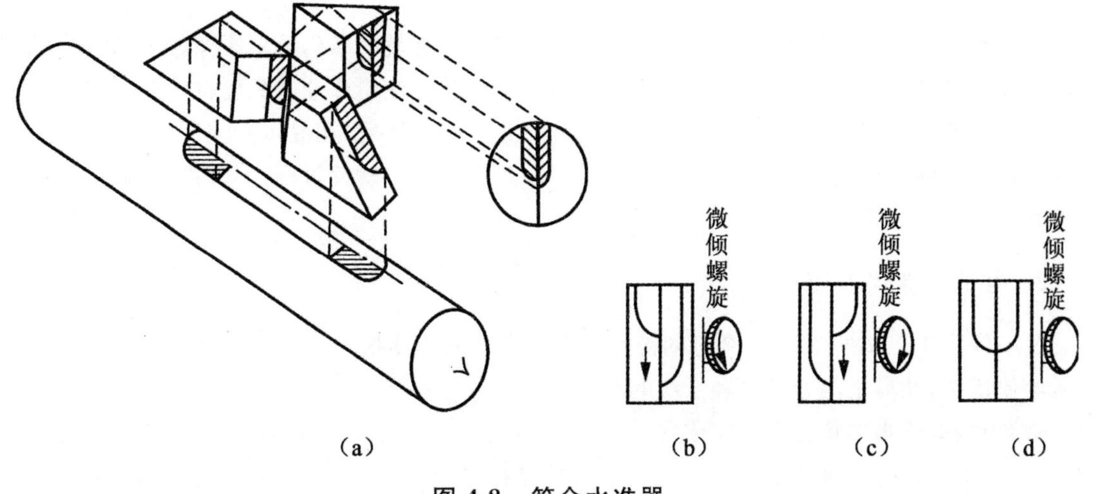

图 4-8　符合水准器

3. 基座

基座起承上启下的作用，主要由脚螺旋、轴座、地板和三角压板构成。用脚螺旋，可粗平仪器。

4.2.2　电子水准仪

电子水准仪是以自动安平水准仪为基础，在望远镜光路中增加了分光镜和探测器(CCD)，并采用条码标尺和图象处理电子系统二构成的光机电测一体化的高科技产品。采用普通标尺时，又可象一般自动安平水准仪一样使用。它与传统仪器相比有以下优点：

①读数客观。不存在误差、误记问题，没有人为读数误差。

②精度高。视线高和视距读数都是采用大量条码分划图象经处理后取平均得出来的，因此削弱了标尺分划误差的影响。多数仪器都有进行多次读数取平均的功能，可以削弱外界条件影响。不熟练的作业人员业也能进行高精度测量。

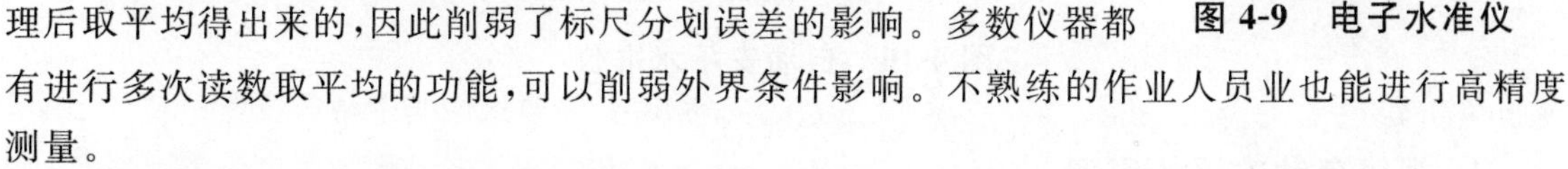

图 4-9　电子水准仪

③速度快。由于省去了报数、听记、现场计算的时间以及人为出错的重测数量，测量时间与传统仪器相比可以节省 1/3 左右。

④效率高。只需调焦和按键就可以自动读数，减轻了劳动强度。视距还能自动记录，检核，处理并能输入电子计算机进行后处理，可实线内外业一体化。

1. 电子水准仪的观测精度

电子水准仪的观测精度高，如瑞士徕卡公司开发的 NA2000 型电子水准仪的分辨力为

0.1 mm,每千米往返测得高差中数的偶然中误差为 2.0 mm;NA3003 型电子水准仪的分辨力为 0.01 mm,每千米往返测得高差中数的偶然中误差为 0.4 mm。

2. 电子水准仪的测量原理

电子水准仪利用数字图像处理技术,把由标尺进入望远镜的条码分划影像,用行阵探测器传感器替代观测员的肉眼,从而实现观测夹准和读数自动化。测量作业时只要将水准仪概略整平,补偿器自动使视线水平,照准标尺并调焦,按测量键等 4 秒钟后,在显示器上即显示 h 和 d。每站观测数据在内存模块或 PCMCIA 卡上自动记录并进行各项检校,仪器可设置自动进行地球弯曲差和大气垂直折光差改正。

3. 电子水准仪的使用

NA2000 电子水准仪用 15 个键的键盘和安装在侧面的测量键来操作。有两行 LCD 显示器显示给使用者,并显示测量结果和系统的状态。

观测时,电子水准仪在人工完成安置与粗平、瞄准目标(条形编码水准尺)后,按下测量键后约 3~4 s 即显示出测量结果。其测量结果可贮存在电子水准仪内或通过电缆连接存入机内记录器中。

另外,观测中如水准标尺条形编码被局部遮挡小于 30%,仍可进行观测。

4.2.3 自动安平水准仪

自动安平水准仪与微倾式水准仪的区别在于,自动安平水准仪(图 4-10)没有水准管和微倾螺旋,而是在望远镜的光学系统中装置了补偿器。

图 4-10 自动安平水准仪

1. 视线自动安平的原理

当圆水准器气泡居中后,视准轴仍存在一个微小倾角 α,在望远镜的光路上安置一补偿器,使通过物镜光心的水平光线经过补偿器后偏转一个 β 角,仍能通过十字丝交点,这样十字丝交点上读出的水准尺读数,即为视线水平时应该读出的水准尺读数。

由于无需精平,这样不仅可以缩短水准测量的观测时间,而且对于施工场地地面的微小震动、松软土地的仪器下沉以及大风吹刮等原因引起的视线微小倾斜,能迅速自动安平仪器,从而提高了水准测量的观测精度。

2. 自动安平水准仪的使用

使用自动安平水准仪时，首先将圆水准器气泡居中，然后瞄准水准尺，等待 2～4 s 后，即可进行读数。有的自动安平水准仪配有一个补偿器检查按钮，每次读数前按一下该按钮，确认补偿器能正常作用再读数。

4.2.4　水准尺与尺垫

水准尺是水准测量时使用的标尺，常用干燥的优质木料、玻璃钢、铝合金等材料制成。从尺形来看，水准尺有塔尺、直尺和折尺之分。

塔尺[图 4-11(a)]仅用于等外水准测量，其长度有 3 m 和 5 m 两种，分两节或三节套接而成。塔尺可以伸缩，尺底为零点，尺上黑白格相间，每格宽度为 1 cm，有的为 0.5 cm，每米和分米处皆注有数字。数字有正字和倒字两种。数字上加红点表示米数，如 8 表示 1.8 m，5 表示 2.5 m。

直尺[图 4-11(b)]多用于三、四等水准测量。其长度为 3 m，两根尺为一对。尺的两面均有刻划，一面为红白相间称为红面尺，另一面为黑白相间称为黑面尺，两面的刻画均为 1 cm，并在分米处注字。两根尺的黑面底部均为零；而红面底部，一根尺为 4.687 m，另一根为 4.787 m，两根尺必须配对使用。

折尺主要用于矿山测量或其他地下测量，由两节构成，单面刻画，尺底为零，最小分划一般为 1 cm，使用方便灵活，如图 4-11(c)所示。

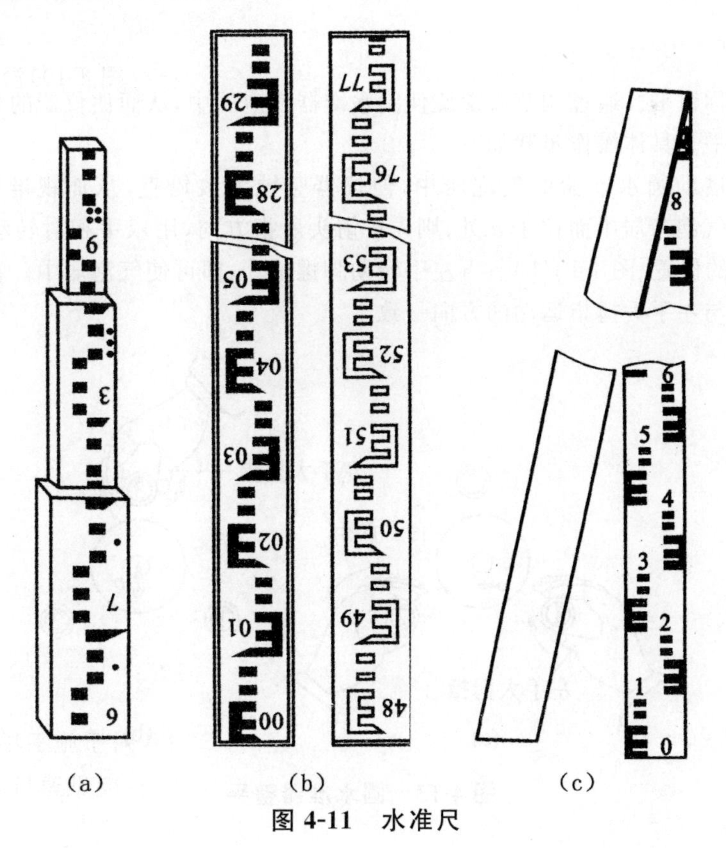

(a)　　(b)　　(c)

图 4-11　水准尺

尺垫是用生铁铸成，一般为三角形，中央有一凸起的半球体，下部有三个支脚，如图 4-12 所示。水准测量时，将支脚牢固地踩入地下，然后将水准尺立于半球顶上，用以保持尺底高度不变，尺垫仅在转点处竖立准尺时使用。

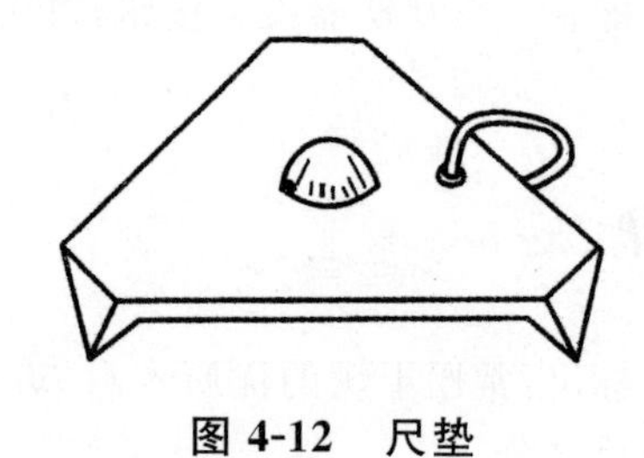

图 4-12　尺垫

4.2.5　微倾式水准仪的基本操作

微倾式水准仪的基本操作程序为：安置仪器，粗略整平，照准和调焦，精确整平和读数。

1. 安置仪器

①在测站上松开三脚架架腿的固定螺旋，按需要的高度调整架腿长度，目估脚架顶面大致水平，张开三脚架将架腿踩实，再拧紧固定螺旋，安置好三脚架。

②从仪器箱中取出水准仪，用连接螺旋将水准仪固定在三脚架架头上。

2. 粗略整平

粗略整平简称粗平。通过调节脚螺旋使圆水准器气泡居中，从而使仪器的竖轴大致铅垂，视准轴大致处于水平。具体操作步骤如下。

粗略整平是借助圆水准器的气泡居中，使仪器竖轴大致铅直，从而视准轴粗略水平。如图 4-13(a)所示，气泡未居中而位于 a 处；则先按箭头所指方向，用双手相对转动脚螺旋①和②，使气泡移动到 b 的位置[图 4-13(b)]；再左手转动脚螺旋③，即可使气泡居中。在整平的过程中，气泡移动的方向与左手大拇指运动的方向一致。

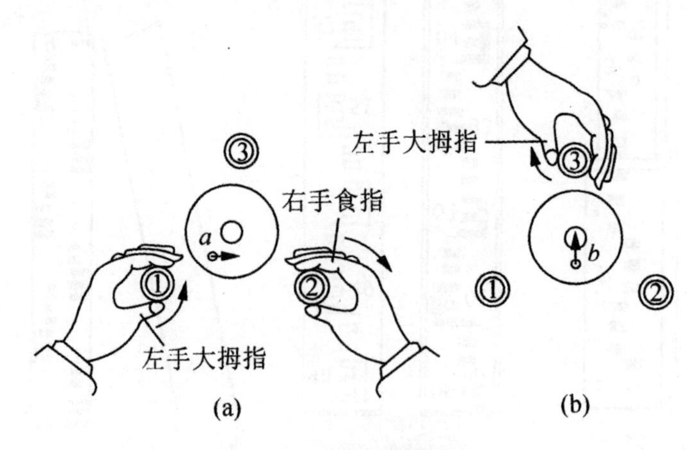

图 4-13　圆水准器整平

3. 照准和调焦

①将望远镜对准明亮的背影，转动目镜调焦螺旋使十字丝成像清晰。

②转动望远镜，利用精通的缺口和准星的连接，初略瞄准水准尺，旋紧水平制动螺旋。

③转动物镜调焦螺旋，并从望远镜内观测至水准尺影像清晰，然后转动水平微动螺旋，使十字丝纵丝照准水准尺的中央，如图 4-14 所示。

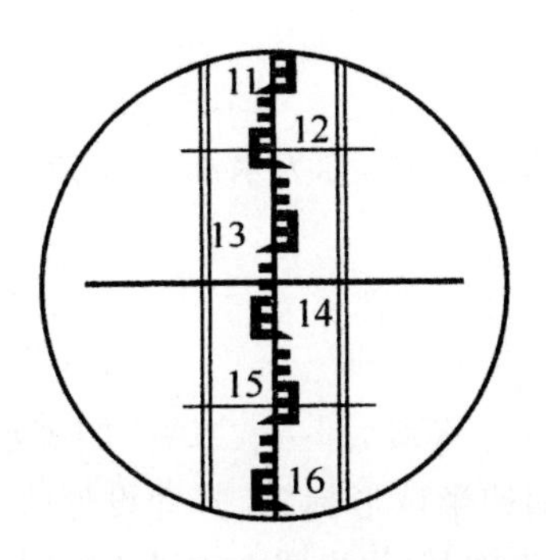

图 4-14 精确瞄准与读数

④消除视差，眼睛在目镜端上下移动，有时可看见十字丝的中丝与水准尺影像之间相对移动，这种现象叫视差。产生视差的原因是水准尺的尺像与十字丝平面不重合，如图 4-15(a)所示。视差的存在将影响读数的正确性，应予消除。

消除视差的方法是仔细地转动物镜对光螺旋，直至尺像与十字丝平面重合，如图 4-15(b)所示。

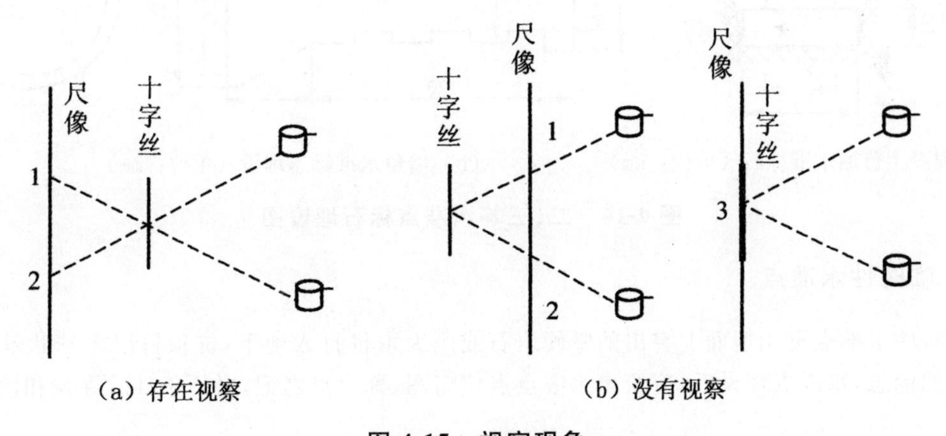

(a) 存在视察　　(b) 没有视察

图 4-15 视察现象

4. 精确整平

眼睛通过位于目镜左方的符合气泡观察窗看水准管气泡，右手转动微倾螺旋，使气泡两端的像吻合，即表示水准仪的视准轴已精确水平。

5. 读数

观察十字丝的中丝在水准尺上的分划位置，读取读数。

4.3 水准测量的方法

4.3.1 水准点

用水准测量的方法测定的高程控制点，称为水准点，记为 BM。水准点有永久性水准点和临时性水准点两种。

1. 永久性水准点

国家等级永久性水准点分为 4 个等级，即一、二、三、四等水准点。一般用钢筋混凝土或石料制成标石，在标石顶部嵌有不锈钢的半球形标志，其埋设形式如图 4-16 所示。有些永久性水准点的金属标志也可镶嵌在稳定的墙角上，称为墙上水准点。

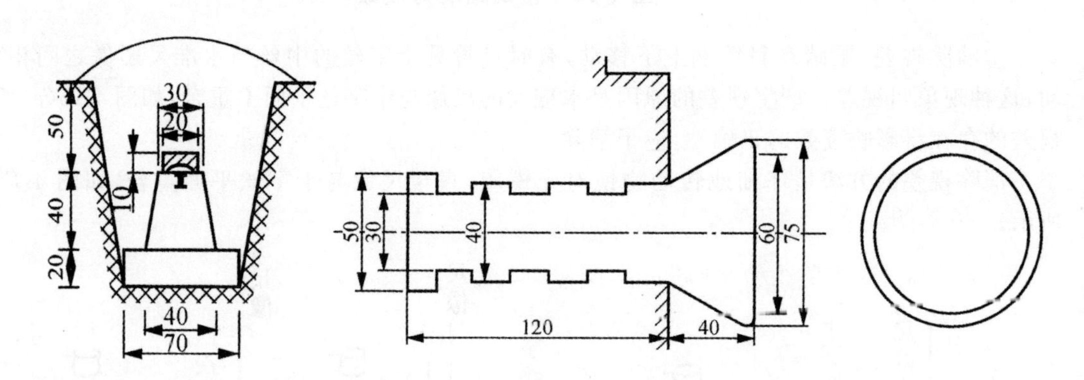

（a）混凝土普通水准标石（单位：cm）　　（b）墙角水准标志埋设（单位：mm）

图 4-16　二、三等水准点标石埋设图

2. 临时性水准点

临时性水准点可用地面上突出的坚硬岩石或用大木桩打入地下，桩顶钉以半球状铁钉作为水准点的标志，水准点埋设后，应绘出水准点点位略图，称为点之记，以便于日后寻找和使用。

4.3.2 水准线路的布设

在进行水准测量时，需要将已知水准点和待定点组成一定的水准路线，根据测区已知高程的水准点分布情况和实际需要，水准路线二般布置成单一水准路线和水准网。

1. 单一水准路线

单一水准路线又分为附合水准路线、闭合水准路线和支水准路线。

(1)附合水准路线

如图 4-17(a)所示,附合水准路线是从已知高程的水准点 BM1 出发,最后附合到另一已知水准点 BM2 上。

(2)闭合水准路线

如图 4-17(b)所示,闭合水准路线是由已知高程的水准点 BM1 出发,沿环线进行水准测量,测定 1、2、3、4 等待定点的高程,最后回到原水准点 BM1 上。

(3)支水准路线

如图 4-17(c)所示,支水准路线是从一已知高程的水准点 BM5 出发,测定 1、2 等待定点的高程,最后既不附合到其他水准点上,也不自行闭合。

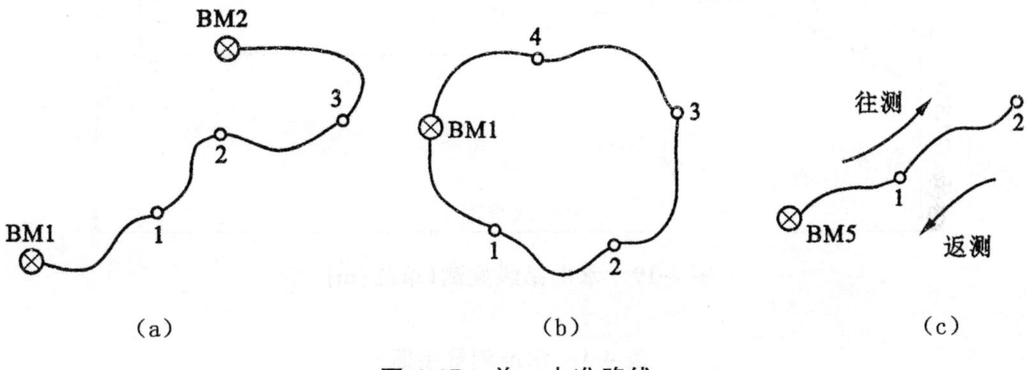

图 4-17　单一水准路线

2. 水准网

若干条单一水准路线相互连接构成图 4-18 所示的形状,称为水准网。

水准网中单一水准路线相互连接的点称为结点。如图 4-18(a)中的点 4 和图 4-18(b)中的点 1、点 2、点 3 和图 4-18(c)中的点 1、点 2、点 3、点 4。

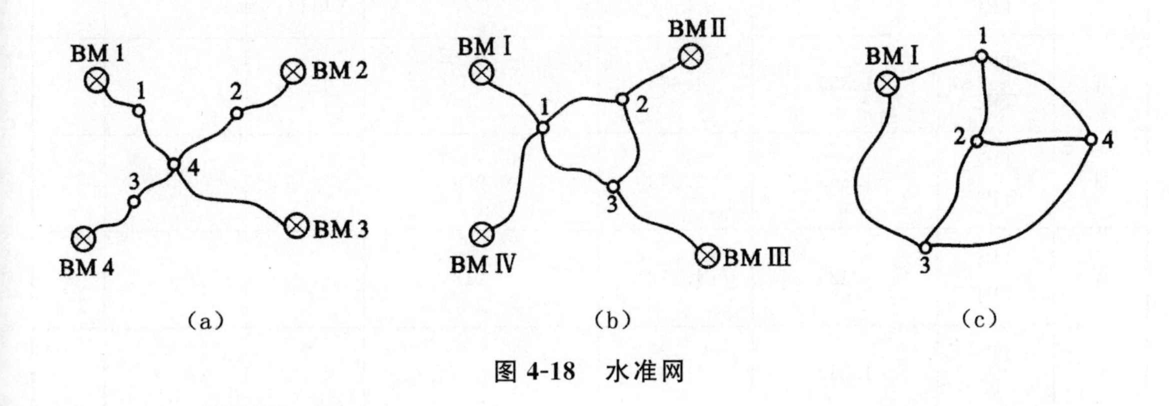

图 4-18　水准网

4.3.3　水准测量方法

当欲测高程点距水准点较远或高差很大时,就需要连续多次安置仪器测出两点的高差。

如图 4-19 所示,水准点 A 的高程为 27.354 m,现拟测量 B 点的高程,其观测步骤如下:

在离 A 点约 100～200 m 处选定点 TP1，在 A、TPl 两点上分别立水准尺，在距 A 和 TPl 等距离的Ⅰ处安置水准仪，将仪器粗略整平，后视 A 点上的水准尺，精平后读数得 1.467 m；旋转望远镜，前视 TPl 点上的水准尺，得前视读数 1.124 m，后视读数减前视读数得高差为＋0.343 m。观测记录与计算见表 4-1。

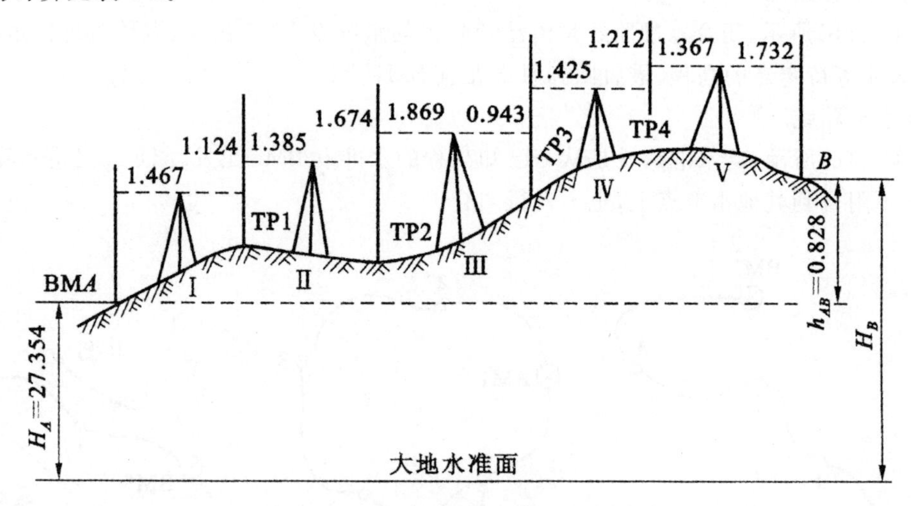

图 4-19 水准路线施测(单位:m)

表 4-1 水准测量手簿

日期:________ 仪器:________ 观察:________

天气:________ 地点:________ 记录:________

测站	测点	水准尺读数		高差(m)		高程(m)	备注
		后视(a)	前视(b)	+	−		
Ⅰ	BMA TP1	1.467	1.124	0.343		27.354	
Ⅱ	TP1 TP2	1.385	1.674		0.289		
Ⅲ	TP2 TP3	1.869	0.943	0.926			
Ⅳ	TP3 TP4	1.425	1.212	0.213			
Ⅴ	TP4 B	1.732	1.732		0.365	28.182	
计算校核		$\sum a = 7.513$ -6.685 $+0.826$	$\sum b = 6.685$	$\sum +1.482 - 0.654$ $\sum h = +0.828$	$\sum 0.654$	28.182 −27.354 +0.828	

为保证观测精度，必须进行测站检核。测站检核的方法有变动仪器高法和双面尺法两种。

变动仪器高法是在同一个测站上用两次不同的仪器高度，测得两次高差进行检核。即测得第一次高差后，改变仪器高度（大于 10 cm）再测一次高差。两次所测高差之差不超过容许值（例如等外水准容许值为 6 mm），则认为符合要求，取其平均值作为最后结果，否则须重测。

双面尺法是仪器的高度不变，而用双面水准尺的红、黑面两次测量高差，进行检核。两次高差之差的容许值与变动仪器高法相同。

点 TP1 上的水准尺不动，把 A 点上的水准尺移到点 TP2，仪器安置在点 TP1 和点 TP2 之间，进行观测和计算。依此法一直测到 B 点。

为保证记录表中数据的正确，应对记录表中每一页所计算的高差和高程进行计算检核即后视读数总和减前视读数总和，高差总和及 B 点高程与 A 点高程之差，这三个数字应相等。否则，计算有错，例如，表 4-1 中

$$\sum a - \sum b = 7.513 - 6.685 = +0.828$$

$$\sum h = 1.482 - 0.654 = +0.828$$

$$HB - HA = 28.182 - 27.354 = +0.828$$

三值相等，说明计算正确。

由上述可知，在观测过程中点 TP1、TP2、TP3、TP4 仅起传递高程的作用，这些点称为转点（Turning Point），常用 TP 表示。

4.3.4　水准测量的成果检核

在水准测量的实施过程中，进行测站检核只能检核一个测站上是否存在错误或误差是否超限。对于一条水准路线来说，测站检核还不足以说明所求水准点的高程精度是否符合要求。由于温度、风力、大气折射和水准尺下沉等外界条件引起的误差，尺子倾斜和估读误差，以及水准仪本身的误差等，虽然在一个测站上反映不很明显，但随着测站数的增多使误差积累，有时也会超过规定的限差。因此，还须进行整个水准路线的成果检核。

1. 附合水准路线的成果检核

由图 4-18(a)可知，在附合水准路线中，各待定高程点间高差的代数和应等于两个水准点间的高差。如果不相等，两者之差称为高差闭合差，其值不应超过容许值。用公式表示为

$$f_h = \sum h_{测} - (H_{终} - H_{始}) \tag{4-5}$$

式中，$H_{终}$ 表示终点水准点 BM2 的高程，$H_{始}$ 表示始点水准点 BM1 的高程。

各种测量规范对不同等级的水准测量规定了高差闭合差的容许值。表 4-2 为《工程测量规范》中水准测量成果的技术要求。

当 $|f_h| \leqslant |f_{h容}|$ 时，成果合格，否则，须重测。

表 4-2　水准测量成果技术要求

水准测量等级	往返较差、附合或环线闭合差	
	平地(mm)	山地(mm)
三等	$\pm 12\sqrt{L}$	$\pm 4\sqrt{n}$
四等	$\pm 20\sqrt{L}$	$\pm 6\sqrt{n}$
五等	$\pm 30\sqrt{L}$	

注：L 为水准路长度，以 km 计；n 为测站数

2. 闭合水准路线的成果检核

在图 4-18(b)所示的闭合水准路线中，各待定高程点之间的高差的代数和应等于 0，即

$$\sum h_{理} = 0 \tag{4-6}$$

由于测量误差的影响，实测高差总和 $\sum h_{测}$ 不等于 0，它与理论高差总和的差值即为高差闭合差：

$$f_h = \sum h_{测} - \sum h_{理} = \sum h_{测} \tag{4-7}$$

其高差闭合差不应超过容许值，否则，须重测。

3. 支水准路线的成果检核

在图 4-18(c)所示的支水准路线中，理论上往测与返测高差的绝对值相等，符号相反，两者的代数和即为高差闭合差：

$$f_h = \sum h_{往} + \sum h_{返} \tag{4-8}$$

通过往返测进行成果检核，其高差闭合差不应超过容许值，否则，须重测。

水准测量时应注意以下几点：

①在已知高程和待测高程点上立尺时，应直接放在标石中心(或木桩)上。

②一直测到前、后水准尺的距离要大致相等，可用视距或脚步量测确定。

③水准尺要扶直，不能前后左右倾斜。

④尺垫仅用于转点，仪器迁站前，不能移动后视点的尺垫。

⑤不得涂改原始读数的记录，记录簿要干净、整齐。

4.3.5　水准测量的成果计算

水准测量外业工作结束后，首先要检查外业观测手簿，计算相邻各点间高差，经检查无误后，才能按水准路线布设形式进行成果计算。

1. 附合水准路线的计算

图 4-20 是一附合水准路线等外水准测量示意图，A、B 为已知高程的水准点，1、2、3 为待定

高程的水准点，h_1、h_2、h_3 和 h_4 为各测段观测高差，n_1、n_2、n_3 和 n_4 为各测段测站数，L_1、L_2、L_3 和 L_4 为各测段水准路线长度。现已知 $H_A=65.376$ m，$H_A=68.623$ m，各测段站数、长度及高差均注于图 4-20 中，计算步骤如下。

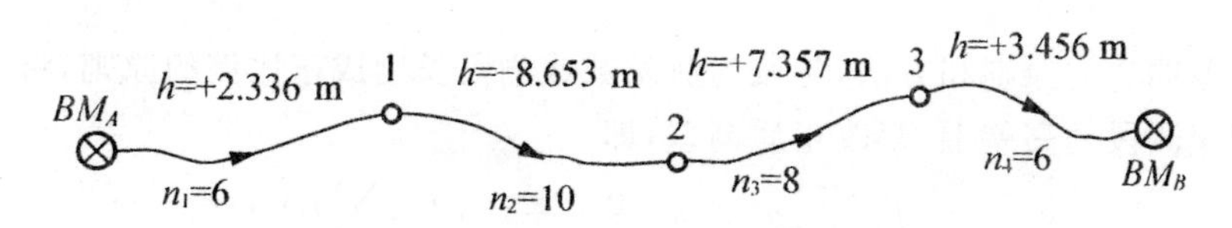

图 4-20　附合水准路线示意图

2. 填写观测数据和已知数据

依次将图 4-20 中点号、测段水准路线长度、测站数、观测高差从已知水准点 A、B 的高程填入附合水准路线成果计算表的有关各栏内，见表 4-3。

表 4-3　附合水准路线成果计算表

点号	测站数	实际高度差/m	改正数/mm	改正数高差/m	高程/m	备注
1	3	4	5	6	7	8
BMA	6	+2.336	+0.006	+2.342	72.536	已知 A 点高程 72.536 m，已知 B 点高程 77.062 m，
1	10	−8.653	+0.010	−8.643		
2	8	+7.357	+0.008	+7.345		
3	6	+3.456	+0.06	+3.462	77.062	
BMB	30	+4.496	0.030	+4.526		
辅助计算	$f_h=\sum h_{测}-\sum h_{理}=\sum h_{测}=4.496-(77.062-72.536)=-0.03$ m $f_{h允}=\pm12\sqrt{n}=\pm12\sqrt{30}\approx\pm66$ mm $f_h<f_{h允}$					

3. 计算高差闭合差

用式(4-5)计算附合水准路线高差闭合差。

$$f_h=\sum h_{测}-(H_{终}-H_{始})=3.315-(68.623-65.376)=+0.068\ \text{m}=68\ \text{mm}$$

根据附合水准路线的测站数及路线长度求出每公里测站数，以便确定采用平地或山地高差闭合差容许值的计算公式。在本例中

$$\sum n/\sum L=50/5.8=8.6(站/\text{km})<16(站/\text{km})$$

故高差闭合差容许值采用平地公式计算。由式(4-8)知，图根水准测量平地高差闭合差容许值的计算公式为

$$f_{h容}=\pm40\sqrt{L}=\pm96\ \text{mm}$$

说明观测成果精度符合要求，可对高差闭合差进行调整。如果 $f_h > f_{h容}$，说明观测成果不符合要求，必须重新测量。

4. 调整高差闭合差

高差闭合差调整的原则和方法，是按与测站数或测段长度成正比例的原则，将高差闭合差反号分配到各相应测段的高差上，得改正后高差，即

$$v_i = -(f_h / \sum n) \times n_i \text{ 或 } v_i = -(f_h / \sum L) \times L_i$$

式中，v_i 为第 i 测段的高差改正数，mm；$\sum n$、$\sum L$ 为水准路线总测站数与总长度；n_i、L_i 为第 i 测段的测站数与测段长度。

本例中，各测段改正数为

$$v_1 = -(f_h / \sum L) \times L_i = -(68 \text{ mm}/5.8 \text{ km}) \times 1.0 \text{ km} = -12 \text{ mm}$$

$$v_2 = -(f_h / \sum L) \times L_i = -(68 \text{ mm}/5.8 \text{ km}) \times 1.2 \text{ km} = -14 \text{ mm}$$

$$v_3 = -(f_h / \sum L) \times L_i = -(68 \text{ mm}/5.8 \text{ km}) \times 1.4 \text{ km} = -16 \text{ mm}$$

$$v_4 = -(f_h / \sum L) \times L_i = -(68 \text{ mm}/5.8 \text{ km}) \times 2.2 \text{ km} = -26 \text{ mm}$$

计算检核

$$\sum v_i = -f_h$$

将各测段高差改正数填入表 4-3 中第 5 栏内。

5. 计算各测段改正后高差

各测段改正后高差等于各测段观测高差加上相应的改正数，各测段改正数的总和应与高差闭合差的大小相等，符号相反，如果绝对值不等则说明计算有误。每测高差加相应的改正数便得到改正后的高差值。

本例中，各测段改正后高差为

$$h_1 = +1.575 \text{ m} + (-0.012 \text{ m}) = +1.563 \text{ m}$$

$$h_2 = +2.036 \text{ m} + (-0.014 \text{ m}) = +20.22 \text{ m}$$

$$h_3 = -1.742 \text{ m} + (-0.016 \text{ m}) = +1.758 \text{ m}$$

$$h_4 = +1.446 \text{ m} + (-0.026 \text{ m}) = +1.420 \text{ m}$$

$$\sum v_i = 68 \text{ mm} - f_h = -(-68 \text{ mm}) = 68 \text{ mm}$$

将各测段改正后高差填入表 4-3 中第 6 栏内。

6. 计算待定点高程

根据已知水准点 A 的高程和各测段改正后高差，即可依次推算出各待定点的高程，最后推算出的 B 点高程应与已知 B 点高程相等，以此作为计算检核。将推算出各待定点的高程填入表 4-3 中第 7 栏内。

4.4 水准仪的检验与校正

4.4.1 水准仪应满足的几何条件

如图4-21所示,DS3水准仪有四条轴线,即望远镜的视准轴CC、水准管轴LL、圆水准器轴$L'L'$、仪器的竖轴VV。

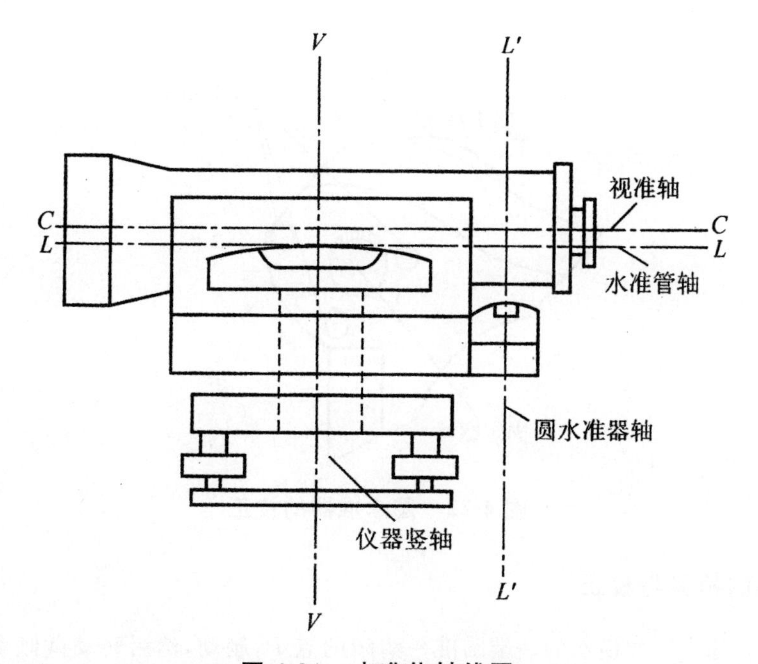

图4-21 水准仪轴线图

根据水准测量原理,水准仪必须提供一条水平视线,才能正确地测定地面两点间的高差。视线是否水平,是根据水准管气泡是否居中来判断的。因此,水准仪必须满足视准轴平行于水准管轴($CC/\!/LL$)这一主要条件。其次,为了加快用微倾螺旋精确整平的过程,以及保证水平视线的高度基本不变,精平前则要求仪器竖轴处于竖直位置。竖轴的竖直是借助圆水准器气泡居中,即圆水准器轴竖直来实现的。所以,水准仪还应满足圆水准器轴平行于仪器竖轴($L'L'/\!/VV$)。当仪器整平后,竖轴就竖直了,此时十字丝横丝应该水平,用十字丝的任何部位在水准尺上截取的读数都相同。因此,还要求十字丝横丝与仪器竖轴垂直。这些条件在仪器出厂时经检验都是满足的,但由于长期使用和运输中的震动等原因,可能使各部位螺钉松动,各轴线间的关系产生变化。因此,在正式作业之前,必须对所使用的仪器进行检验与校正。

4.4.2 水准仪的检验校正

1. 圆水准器的检验与校正

圆水准气泡轴是否平行于视准轴的检校。

转动脚螺旋使圆水准气泡居中，然后将仪器旋转180°，观察此时圆水准气泡的位置是否居中。如果此时不再居中而往某一侧偏移，则仪器需要校正。

校正方法是旋动脚螺旋使其向圆水准气泡中心移动偏距的一半。然后用校正针拨动圆水准器下的三个校正螺旋使气泡居中，再之后就是反复进行这两步。直到旋转仪器气泡不会再有偏移。如图4-22所示。

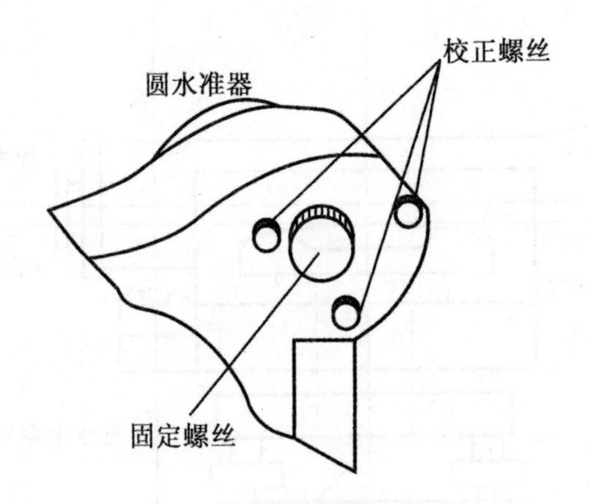

图4-22 圆水准器的校正

2. 十字丝的检验与校正

整平仪器后，用十字丝横丝的一端瞄准一清晰的点 P，制动，然后转动微倾螺旋移动横丝去观察 P 点。如果 P 始终在横丝上，万事大吉。否则，仪器需要校正。

校正方法是，松开十字环的三个固定螺钉。按十字丝倾斜的反方向微微旋动十字丝环使横丝水平。反复进行检和校两步，直到横丝水平。最后将螺钉紧固，如图4-23。

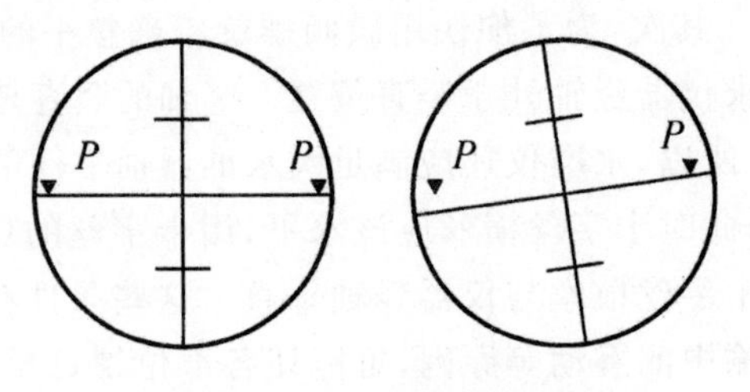

图4-23 十字丝的检测

松开十字丝分划板座的固定螺钉，转动十字丝分划板座，使中丝一端对准目标点，再将固定螺钉拧紧。此项校正也需反复进行(图4-24)。

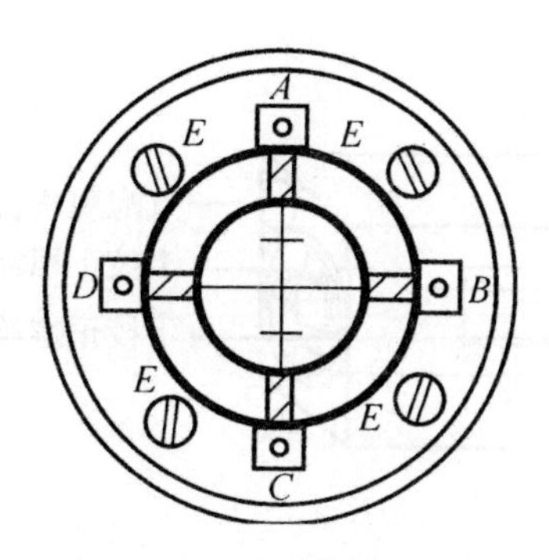

图 4-24　十字丝校正

3. 水准管轴的检验与校正

转动微倾螺旋改正远离架仪器点的尺的读数，使两次测量的高差相等，此时默认靠近尺面处读数是准确的。此时的视准轴已经水平。用校正针拨动水准管一端的上下两个校正螺钉，使符合气泡居中。操作的时候注意要先将左面或者右面的校正螺钉松开，然后再调整上下两个校正螺钉，讲究一松一紧，先松后紧。

①使水准管轴与视准轴平行。

②如图 4-25 所示，在较平坦的地面上选择相距约 80 m 的 A、B 两点，打下木桩或放置尺垫。用皮尺丈量，定出 AB 的中间点 C。

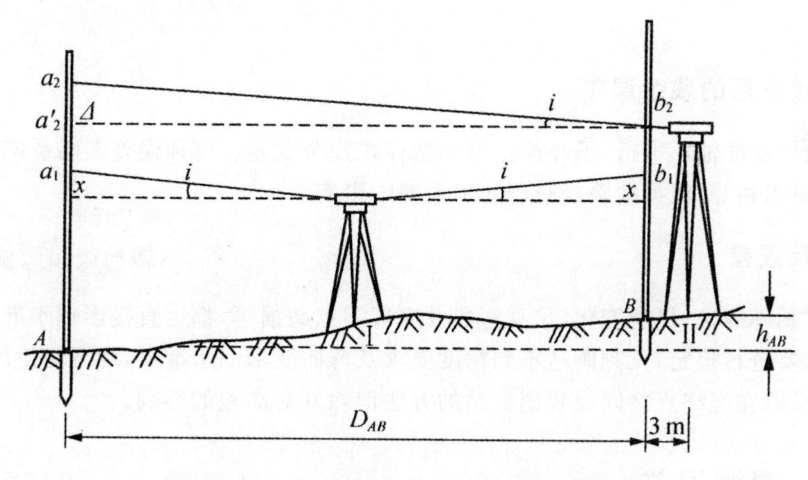

图 4-25　水准管轴平行于视准轴的检验

③转动微倾螺旋，使十字丝的中丝对准 A 点尺上应读读数 a_2'，此时视准轴处于水平位置，而水准管气泡不居中。用校正针先拨松水准管一端左、右校正螺钉，如图 4-26 所示，再拨动上、下两个校正螺钉，使偏离的气泡重新居中，最后要将校正螺钉旋紧。此项校正工作需反复进行，直至达到要求为止。

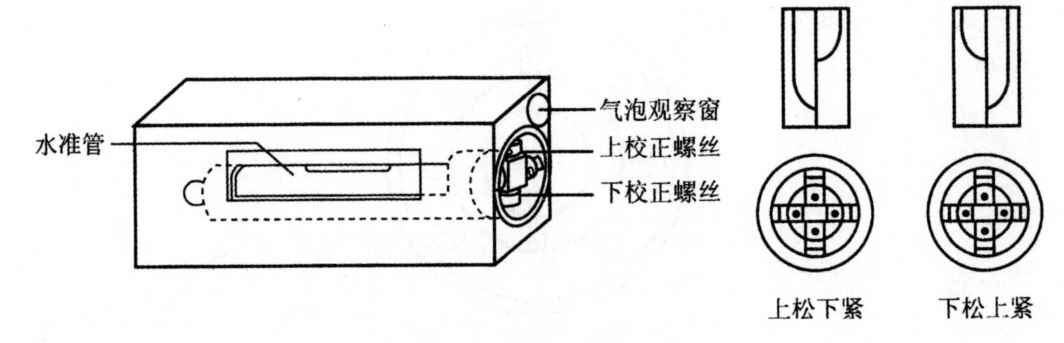

图 4-26　水准管的校正

4.5　水准测量的误差及注意事项

水准测量误差包括仪器误差、观测误差和外界条件的影响三个方面。在水准测量作业中，应根据产生误差的原因，采取相应措施，尽量减少或消除其影响。

4.5.1　仪器误差

1. 仪器校正后的残余误差

水准管轴与视准轴不平行，虽经校正但仍然存在残余误差。这种误差多属系统性的，若观测时使前、后视距离相等，便可消除或减弱此项误差的影响。

2. 水准尺误差

水准尺刻画不准确、尺长变化、尺身弯曲及底部零点磨损等，都会直接影响水准测量的精度。因此对水准尺要进行检定，凡刻画达不到精度要求及弯曲变形的水准尺，均不能使用。对于尺底的零点差，可采取在起终点之间设置偶数站的方法消除其对高差的影响。

4.5.2　观测误差

1. 水准管气泡居中误差

水准测量时，视线的水平是根据水准管气泡居中来实现的。由于气泡居中存在误差，致使视线偏离水平位置，从而带来读数误差。减少此误差的办法是每次读数时使气泡严格居中。

2. 估读水准尺的误差

在水准尺上估读毫米数的误差与人眼的分辨能力、望远镜的放大倍率，以及视线长度有关。

通常按下式计算：

$$mV=\frac{60''}{V}\cdot\frac{D}{\rho''} \tag{4-9}$$

式中，V 为望远镜的放大倍率；$60''$ 为人眼的极限分辨能力；D 为水准仪到水准尺的距离；$\rho''=206265''$。

式(4-9)说明，视线愈长，估读误差愈大。因此，在测量作业中，应遵循不同等级的水准测量对望远镜放大率和最大视线长度的规定，以保证估读精度。

3. 视差

当存在视差时，由于十字丝平面与水准尺影像不重合，若眼睛位置不同，便读出不同的读数，而产生读数误差。因此，观测时要仔细调焦，严格消除视差。

4. 水准尺倾斜误差

水准尺倾斜使读数增大，且视线离开地面越高，误差越大。如水准尺倾斜 3°30′，在水准尺上 1 m 处读数时，将产生 2 mm 的误差，若读数或倾斜角增大，误差也增大。为了减少这种误差的影响，扶尺必须认真，使尺既竖直又稳。由于一测站高差为后、前视读数之差，故在高差较大的测段，误差也较大。

4.5.3　外界条件的影响

1. 水准仪下沉误差

由于水准仪下沉，使视线降低，引起高差误差。如采用“后、前、前、后”的观测可减弱其影响(图 4-27)。

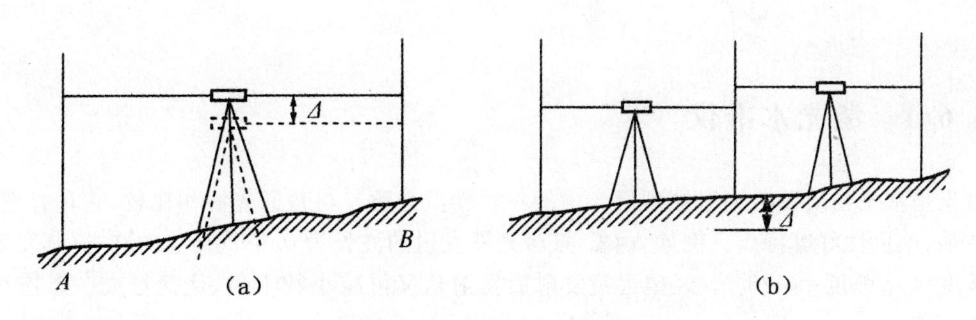

图 4-27　水准仪下沉的误差

2. 尺垫下沉误差

如果在转点发生尺垫下沉，将使下一站的后视读数增加，也将引起高差的误差。采用庄返观测的方法，取成果的中数，可减弱其影响。为了防止水准仪和尺垫下沉，测站和转点应选在土质实处，并踩实三脚架和尺垫，使其稳定。

3. 地球曲率及大气折光的影响

(1)地球曲率的影响

理论上,水准测量应根据水准面来求出两点的高差(图 4-28),但视准轴是一直线,因此读数中含有由地球曲率引起的误差。

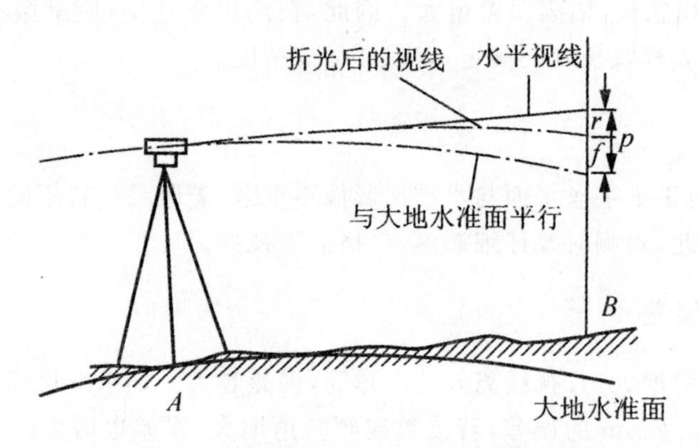

图 4-28 地球曲率及大气折光的影响

(2)大气折光的影响

因大气密度不同,对光线产生折射,使视线产生弯曲,从而使水准测量产生误差,视线离地面越近,视线越长,大气折光影响越大。为了抵消大气折光的影响,只有缩短视线,并使视线离地面有一定的高度及前、后视的距离相等。

4.6 其他水准仪简介

4.6.1 激光水准仪

激光是基于物质受激辐射原理所产生的一种新型光源。与普通光源相比较,它具有亮度高、方向性强、单色性好等特点。例如,由氦-氖激光器发射的波长为 0.6328 μm 的红光,其发射角可达毫弧度(1 毫弧度=3′26″)。经望远镜发射后发射角又可减小数十倍,从而形成一条连续可见的红色光束。

激光水准仪是将氦-氖气体激光器发出的激光导入水准仪的望远镜内,使在视准轴方向能射出一束可见红色激光的水准仪。

图 4-29 所示为国产激光水准仪,它是用两组螺钉将激光器固定在护罩内,护罩与望远镜相连,并随望远镜绕竖轴旋转。由激光器发出的激光,在棱镜和透镜的作用下与视准轴共轴,因而既保持了水准仪的性能,又有可见的红色激光,是高层建筑整体滑模提升中保证平台水平的主要仪器。若能在水准尺上装配一个跟踪光电接收靶,则既可作激光水准测量,又可用于大型建筑场地平整的水平面测设。

图 4-29　激光水准仪

激光水准仪的使用，详见有关使用说明书。

4.6.2　精密水准仪简介

精密水准仪主要用于国家一、二等水准测量和高精度的工程测量，其种类也很多，如国产的 DS03 型微倾式水准仪，进口的瑞士威特厂的 N3 微倾式水准仪等（图 4-30）。

图 4-30　精密水准仪

1. 精密水准仪

精密水准仪与一般水准仪比较，其特点是能够精密地整平视线和精确地读取读数。为此，在结构上应满足以下内容。

①水准器具有较高的灵敏度。如 DSl 水准仪的管水准器 τ 值为 10″/2 mm。

②望远镜具有良好的光学性能。如 DSl 水准仪望远镜的放大倍数为 38 倍。

望远镜的有效孔径为 47 mm，视场亮度较高。十字丝的中丝刻成楔形，能较精确地瞄准水准尺的分划。

③具有光学测微器装置，如图 4-31 所示，可直接读取水准尺一个分格（1 cm 或 0.5 cm）的 1/100 单位（0.1 mm 或 0.05 mm），提高读数精度。

④视准轴与水准轴之间的联系相对稳定。精密水准仪均采用钢构件，并且密封起来，受温度变化影响小。

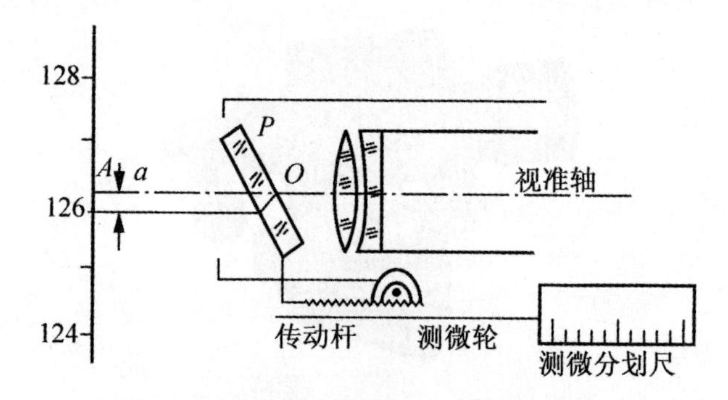

图 4-31　光学测微器的构造和读数

精密光学水准仪的测微装置主要由平行玻璃板、测微分划尺、传动杆、测微螺旋和测微读数系统组成，平行玻璃板装在物镜前面，它通过有齿条的传动杆与测微分划尺及测微螺旋连接。测微分划尺上刻 100 个分划。在另设的固定棱镜上刻有指标线，可通过目镜旁的微测读数显微镜进行读数，当转动测微螺旋时，传动杆推动平行玻璃板前后倾斜，此时视线通过平行玻璃板产生平行移动，移动的数值可由测微分划尺读数反映出来。当视线上下移动为 5 mm（或 0.1 mm）时，测微分划尺恰好移动 100 格，即测微尺最小格值为 0.05 mm（或 0.1 mm）。

2. 精密水准尺

精密水准仪必须配有精密水准尺。这种尺一般是在木质尺身的槽内，安有一根固瓦合金带，带上标有刻划，数字注在木尺上，如图 4-32 所示。精密水准尺的分划有 1 cm 和 0.5 cm 两种，它须与精密水准仪配套使用。

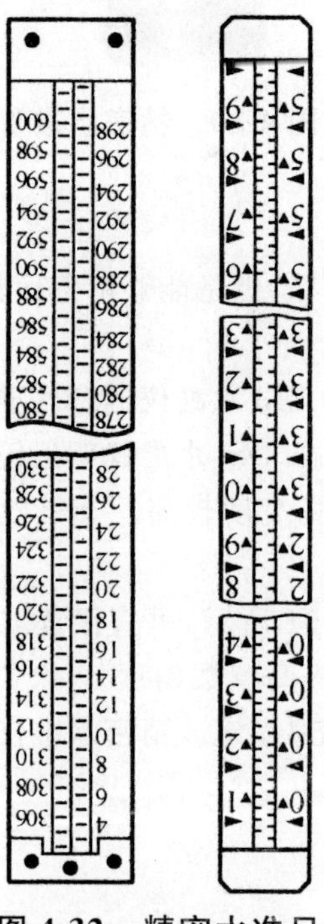

图 4-32　精密水准尺

精密水准尺上的分划注记形式一般有以下两种。

①尺身上刻有左右两排分划，右边为基本分划，左边为辅助分划。基本分划的注记从零开始，辅助分划的注记从某一常数 K 开始，K 称为基辅差。

②尺身上两排均为基本划分，其最小分划 10 mm，但彼此错开 5 mm；尺身一侧注记米数，另一种侧注记分米数；尺身标有大、小三角形，小三角形表示分米丢处，大三角形表示分米的起始线。这种水准尺上的注记数字比实际长度增大了一倍，即 5 cm 注记为 1 dm。因此使用这种水准尺进行测量时，要将观测高差除以 2 才是实际高差。图 4-33 所示为精密水准尺的读数。

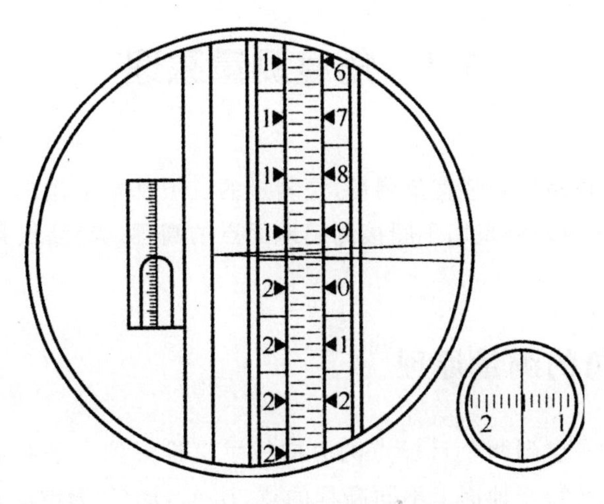

图 4-33　精密水准尺的读数

3. 水准仪的操作方法

精密水准仪的操作方法与一般水准仪基本相同，只是读数方法有些差异。在水准仪精平后，十字丝中丝往往不能对准水准尺上某一整分划线，这时就要转动测微轮使视线上、下平行移动，十字丝的楔形丝正好夹住一个整分划线，如图 4-33 所示，被夹住的分划线读数为 1.97 m。此时视线上下平移的距离则由测微器读数窗中读出，其读数为 L50 mm 所以水准尺的全读数为 1.97＋0.00150＝1.97150 m。实际读数为全部读数的一半，即 1.97150/2＝0.98575 m。

第5章 经纬仪及角度测量

5.1 角度测量原理

角度测量包括水平角测量和竖直角测量，是测量的三项基本工作之一。水平角测量用于确定地面点的平面位置，竖直角测量用于间接测定地面点的高程。经纬仪和全站仪是进行角度测量的主要仪器。

5.1.1 水平角的测量原理

水平角是指地面上一点到两个目标点的方向线垂直投影到水平面上的夹角。如图5-1所示，设A,B,C是任意三个位于地面上不同高程的点，B_1A_1，B_1C_1为空间直线BA,BC在水平面上的投影，B_1A_1与B_1C_1的夹角β即为地面点B由BA,BC两方向线构成的水平角。

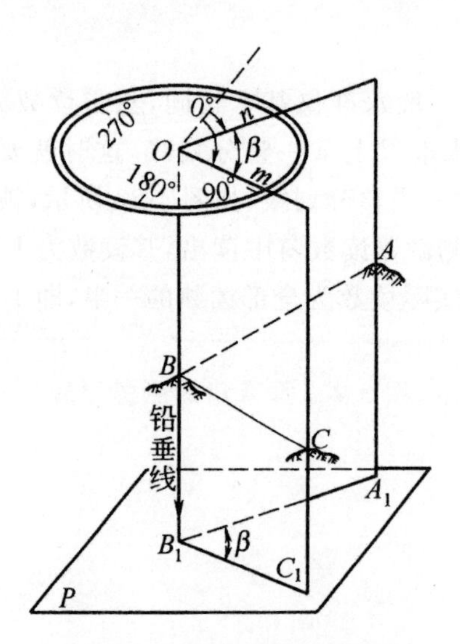

图5-1 水平角测量原理

为了测量水平角β，可以设想在过B点的上方水平地安置一个带有顺时针刻画、注记的圆盘，称为水平度盘，并使其圆心O在过B点的铅垂线上，直线BC,BA在水平度盘上的投影为Om,On；这时，若能读出Om,On在水平度盘上的读数m和n，水平角β就等于m减n，用公式表示为

$$\beta=\text{右目标读数 } m-\text{左目标读数 } n \tag{5-1}$$

由此可知，用于测量水平角的仪器必须有一个能安置水平且能使其中心处于过测站点铅垂线上的水平度盘；必须有一套能精确读取水平度盘读数的读数装置；还必须有一套不仅能上下转动成竖直面，还能绕铅垂线水平转动的望远镜，以便精确照准方向、高度、远近不同的目标。

水平角的取值范围为 0°～360°。

5.1.2　竖直角的测量原理

在同一竖直面内，测站点到目标点的视线与水平线的夹角称为竖直角。如图 5-2 所示，视线 AB 与水平线 AB' 的夹角 α 为 AB 方向线的竖直角。其角值从水平线算起，向上为正，称为仰角；向下为负，称为俯角。范围为 0°～±90°。

视线与测站点天顶方向之间的夹角称为天顶距，图 5-2 中以 Z 表示，其数值为 0°～180°，均为正值。显然，同一目标的竖直角 α 和天顶距 Z 之间有如下关系

$$\alpha = 90° - Z \tag{5-2}$$

为了观测天顶距或竖直角，经纬仪上必须装置一个带有刻画和注记的竖直圆盘，即竖直度盘，该度盘中心安装在望远镜的旋转轴上，并随望远镜一起上下转动；竖直度盘的读数指标线与竖盘指标水准管相连，当该水准管气泡居中时，指标线处于某一固定位置。显然，照准轴水平时的度盘读数与照准目标时度盘读数之差，即为所求的竖直角 α。光学经纬仪就是根据上述测角原理而设计制造的一种测角仪器。

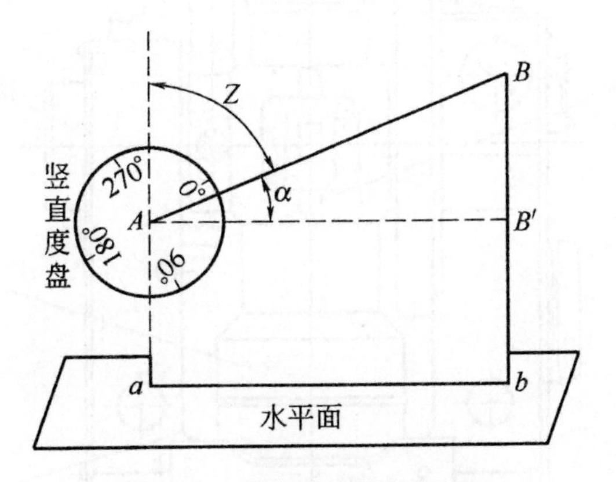

图 5-2　垂直角的测量原理

5.2　光学经纬仪

经纬仪的种类很多，但基本结构大致相同。按精度分，我国生产的经纬仪可以分为 DJ07、DJ1、DJ2、DJ6、DJ15 和 DJ60 等型号，其中“D”、“J”分别为“大地测量”、“经纬仪”的汉语拼音第一个字母；07、1、…、60 表示仪器的精度等级，即“一测回水平方向的方向中误差”，单位为秒。“DJ”通常简写为“J”。国外生产的经纬仪可依其所能达到的精度纳入相应级别，如 T2、DKM2、The0010 等，可视为 DJ2；T1、DKM1、The0030 等可视为 DJ6。

按性能分，经纬仪可分为方向经纬仪和复测经纬仪两种。

按读数设备分，可分为游标经纬仪、光学经纬仪和电子经纬仪三种类型。游标经纬仪已基本淘汰，厂家不再生产。电子经纬仪作为现代先进产品，已被一些生产单位采用。而目前在建筑测量中使用较多的是光学经纬仪，其中在工程上最常用的是 DJ6 光学经纬仪。

5.2.1 DJ6 光学经纬仪的构造

国产 DJ6 型光学经纬仪外型及各部件名称如图 5-3 所示。它由照准部、水平度盘和基座三个主要部分组成。如图 5-4 所示为 DJ6 型光学经纬仪主要部分的结构图。

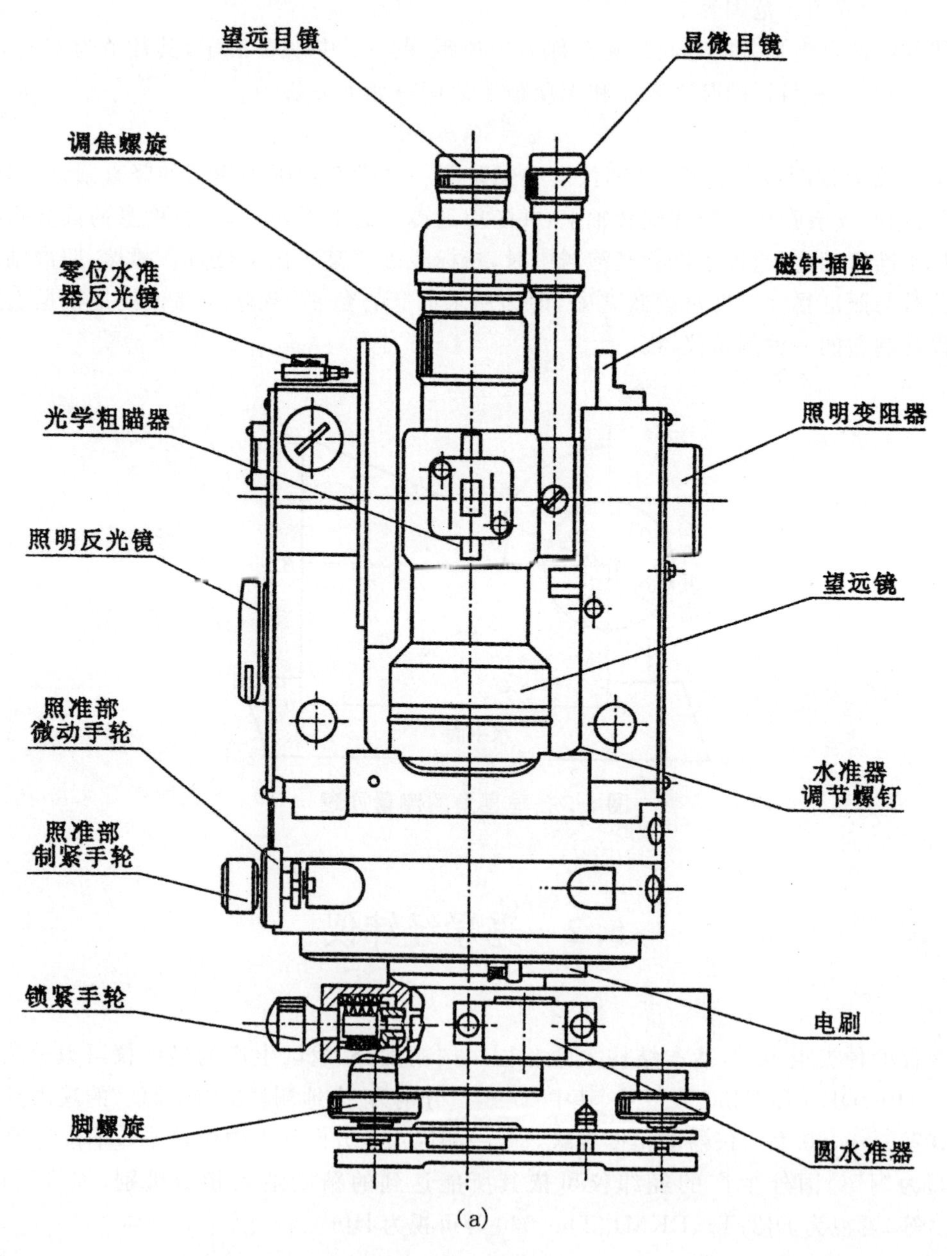

(a)

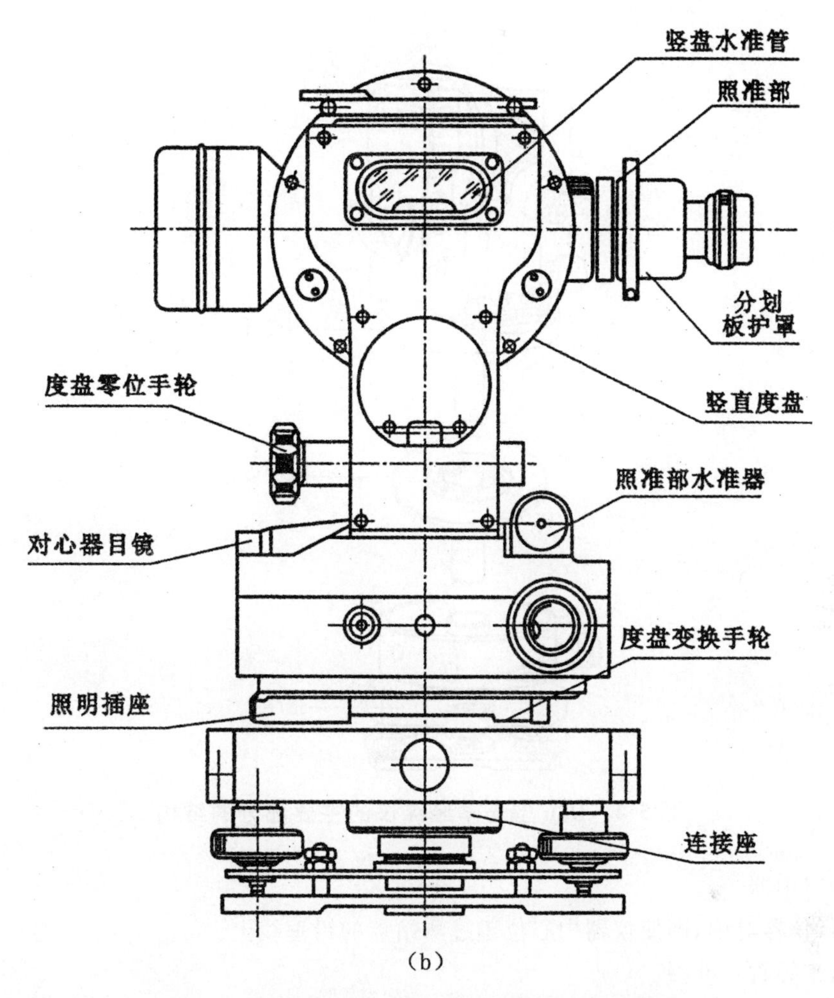

图 5-3　DJ6 型光学经纬仪外型及各部件名称

1. 照准部

照准部是光学经纬仪的重要组成部分，主要指在水平度盘上，能绕其旋转轴旋转的全部部件的总称，它主要由望远镜、照准部管水准器、竖直度盘(或简称竖盘)、竖盘指标管水准器、读数显微镜、横轴、竖轴、U 形支架和光学对中器等各部分组成。照准部可绕竖轴在水平面内转动，由水平制动螺旋和水平微动螺旋控制。

(1)望远镜

它固定连接在仪器横轴(又称水平轴)上，可绕横轴俯仰转动而照准高低不同的目标，并由望远镜制动螺旋和微动螺旋控制。

(2)照准部管水准器

用来精确整平仪器。

(3)竖直度盘

用光学玻璃制成，可随望远镜一起转动，用来测量竖直角。

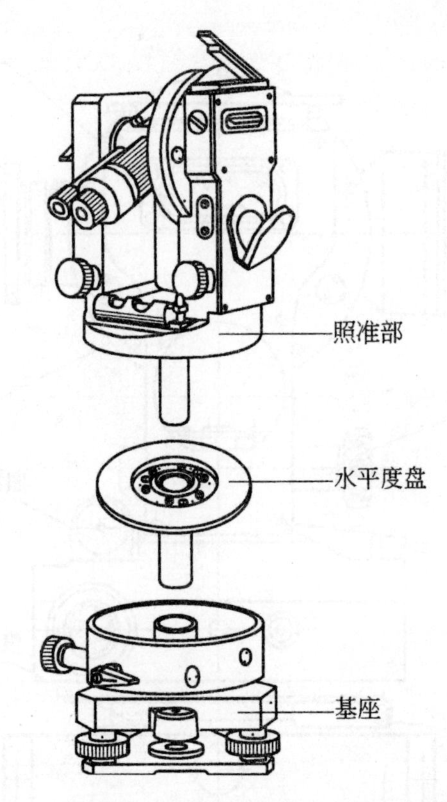

图 5-4　DJ6 型光学经纬仪的主要部分的结构

(4)光学对中器

用来进行仪器对中,即使仪器中心位于过测站点的铅垂线上。

(5)竖盘指标管水准器

在竖直角测量中,利用竖盘指标管水准微动螺旋使气泡居中,保证竖盘读数指标线处于正确位置。

(6)读数显微镜

用来精确读取水平度盘和竖直度盘的读数。

(7)仪器横轴

安装在 U 形支架上,望远镜可绕仪器横轴俯仰转动。

(8)仪器竖轴

又称为照准部的旋转轴,竖轴插入基座内的竖轴轴套中旋转。

2. 水平度盘

水平度盘是由光学玻璃制成的带有刻画和注记的圆环形的光学玻璃片,安装在仪器竖轴上,度盘边缘按顺时针方向在 0°～360°间每隔 1°刻画并注记度数。在一个测回观测过程中,平度盘和照准部是分离的,不随照准部一起转动,在观测开始前,通常将其始方向(零方向)的水平度盘读数配置在 0°左右,当转动照准部照准不同方向的目标时,移动的读数指标线便可在固定不动的度盘上读得不同的度盘读数即方向值。如需要变换度盘位置时,可利用仪器上的水平度盘变换器,把度盘变换到需要的读数上。使用时,将水平度盘变换器手轮推压进去,转动手轮,此时水平度盘跟着转动。待转到所需角度时,将手松开,手轮弹出,水平度盘位置即安。

3. 基座

基座即仪器的底座。照准部连同水平度盘一起插入基座轴座,用中心锁紧螺旋紧固。在基座下面,用中心连接螺旋把整个经纬仪和三脚架相连接,基座上装有三个脚螺旋,用于整平仪器。

5.2.2 读数装置及读数

DJ6 型光学经纬仪的读数设备包括:度盘、光路系统及测微器。当光线通过一组棱镜和透镜作用后,将光学玻璃度盘上的成像放大,反映到望远镜旁的读数显微镜内,利用光学测微器进行读数。各种 DJ6 型光学经纬仪的读数装置不完全相同,其相应读数方法也有所不同,归纳为两大类:

1. 分微尺读数装置及其读数方法

分微尺读数装置结构简单,读数方便,且具有一定的读数精度,故被广泛应用于 DJ6 型光学经纬仪。度盘上小于度盘分划值的读数要利用测微器读出。如图 5-5 所示,在读数显微镜内可以看到两个读数窗:注有“水平”、“—”或“H”的是水平盘读数窗;注有“竖直”、“⊥”或“V”的是竖直度盘读数窗。每个读数窗上有一分微尺。

分微尺的长度等于度盘上 1°影像的宽度,即分微尺全长代表 1°。将分微尺分成 60 小格,每 1 小格代表 1′,可估读到 0.1′,即 6″。每 10 小格注有数字,表示 10′的倍数。

读数时,先打开并旋转反光照明镜,使读数窗明亮,再调节读数显微镜目镜对光螺旋,使读数窗内度盘影像清晰,然后,读出位于分微尺中的度盘分划线上的注记度数,最后,以度盘分划线为指标,在分微尺上读取不足 1°的分数,并估读秒数。如图 5-5 所示,其水平度盘读数为 35°03′18″,竖直度盘读数为 34°58′00″。

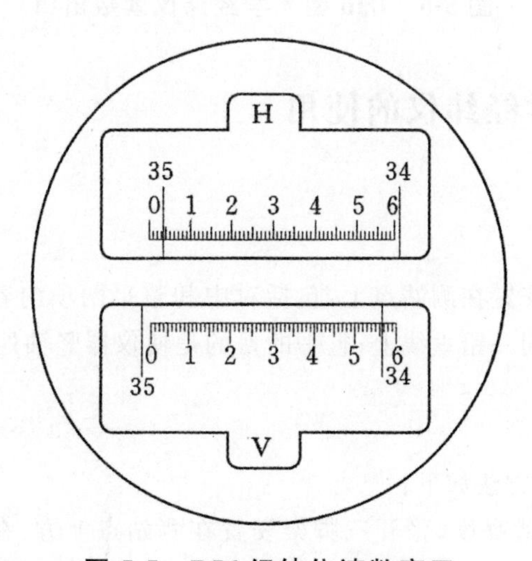

图 5-5 DJ6 经纬仪读数窗口

2. 单平板玻璃测微器装置及读数方法

单平板玻璃测微器主要由平板玻璃、测微尺、连接机构和测微轮组成。转动测微轮，单平板玻璃与测微尺绕轴同步转动。从读数显微镜中看到，当平板玻璃转动时，度盘分划线的影像也随之转动，当读数窗上的双指标线精确地夹准度盘某分划线时，其分划线移动的角值可在测微尺上根据单指标读出。

如图 5-6 所示的读数窗，上部窗为测微尺像，中部窗为竖直度盘分划像，下部窗为水平度盘分划像。读数窗中单指标线为测微器指标线，双指标线为度盘指标线。度盘最小分划值为 30′，测微尺共有 30″大格，一大格分划值为 1′，一大格又分为 3 小格，则一小格分划值为 20′。

读数前，应先转动测微轮，使度盘双指标线平分某一度盘分划线像，读出整度数或 30′的整分数。如图 5-6(a)中，水平度盘读数为 15°12′00″，如图 5-6(b)中，竖直度盘读数为 91°18′06″。即双指标线夹准竖直度盘 91°00′分划线像，读出竖直度盘读数为 91°00′+18′06″=91°18′06″。

无论哪种读数方式的仪器，读数前均应认清度盘在读数窗中的位置，并正确判读度盘和测微尺的最小分划值。

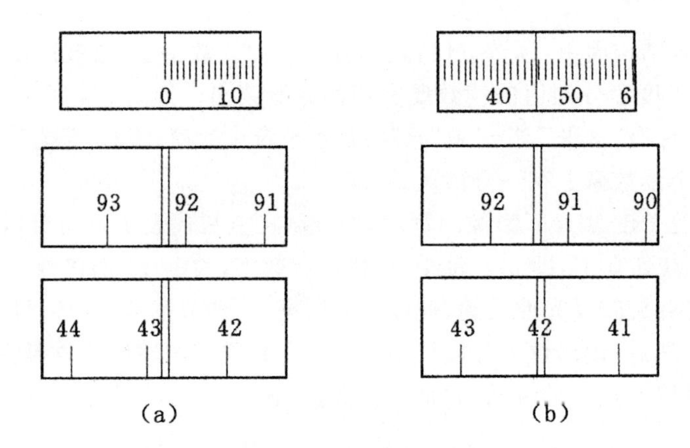

图 5-6　DJ6 型光学经纬仪读数窗口

5.2.3　DJ6 光学经纬仪的使用

1. 安置仪器

安置仪器是将经纬仪安置在测站点上，包括对中和整平两项内容。对中的目的是使仪器中心与测站点标志中心位于同一铅垂线上；整平的目的是使仪器竖轴处于铅垂位置，水平度盘处于水平位置。

(1)初步对中整平

1)用锤球对中，其操作方法如下：

①将三脚架调整到合适高度，张开三脚架安置在测站点上方，在脚架的连接螺旋上挂上锤球，如果锤球尖离标志中心太远，可固定一脚移动另外两脚，或将三脚架整体平移，使锤球尖大致对准测站点标志中心，并注意使架头大致水平，然后将三脚架的脚尖踩入土中。

②将经纬仪从箱中取出,用连接螺旋将经纬仪安装在三脚架上。调整脚螺旋,使圆水准器气泡居中。

③此时,如果锤球尖偏离测站点标志中心,可旋松连接螺旋,在架头上移动经纬仪,使锤球尖精确对准测站点标志中心,然后旋紧连接螺旋。

2)用光学对中器对中时,其操作方法如下:

①使架头大致对中和水平,连接经纬仪;调节光学对中器的目镜和物镜对光螺旋,使光学对中器的分划板小圆圈和测站点标志的影像清晰。

②转动脚螺旋,使光学对中器对准测站标志中心,此时圆水准器气泡偏离,伸缩三脚架架腿,使圆水准器气泡居中,注意脚架尖位置不得移动。

(2)精确对中和整平

①整平。先转动照准部,使水准管平行于任意一对脚螺旋的连线,如图5-7(a)所示,两手同时向内或向外转动这两个脚螺旋,使气泡居中,注意气泡移动方向始终与左手大拇指移动方向一致;然后将照准部转动90°,如图5-7(b)所示,转动第三个脚螺旋,使水准管气泡居中。再将照准部转回原位置,检查气泡是否居中,若不居中,按上述步骤反复进行,直到水准管在任何位置,气泡偏离零点不超过一格为止。

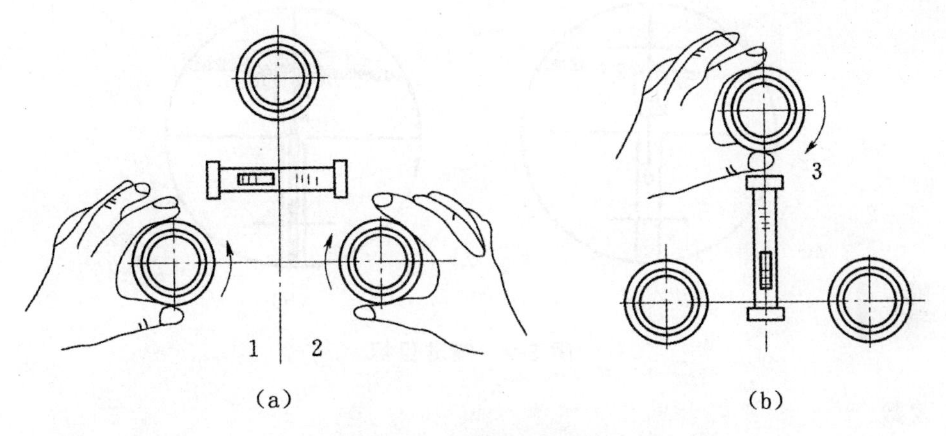

图5-7 经纬仪的整平

②对中。先旋松连接螺旋,在架头上轻轻移动经纬仪,使锤球尖精确对中测站点标志中心,或使对中器分划板的刻划中心与测站点标志影像重合;然后旋紧连接螺旋。锤球对中误差一般可控制在3 mm以内,光学对中器对中误差一般可控制在1 mm以内。

对中和整平,一般都需要经过几次“整平——对中——整平”的循环过程,直至整平和对称符合要求。

2. 瞄准目标

测角时的照准标志,一般是竖立于测点的标杆、测钎、垂球线或觇牌,如图5-8所示。测量水平角时,以望远镜的十字丝竖丝瞄准照准标志,并尽量瞄准标志底部;而测量竖直角时,一般以望远镜的十字丝中横丝横切标志的顶部。

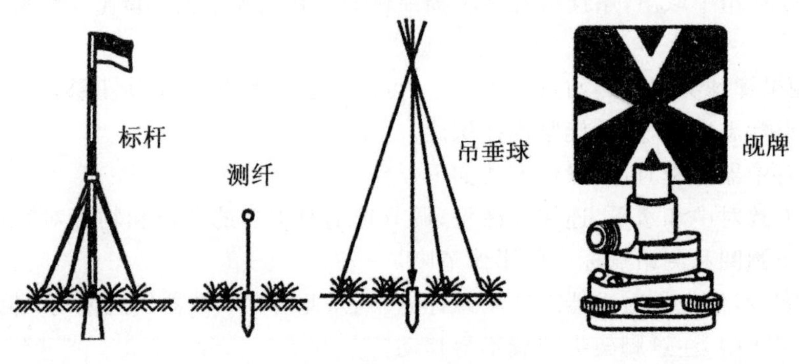

图 5-8 瞄准标志

瞄准时，先松开望远镜制动螺旋和照准部制动螺旋，将望远镜对向明亮的天空，调节目镜调焦螺旋使十字丝清晰，然后利用望远镜上的瞄准器，使目标位于望远镜视场内固定望远镜和照准部制动螺旋，调节物镜调焦螺旋使目标影像清晰；转动望远镜和照准部微动螺旋，当目标成像较大时，用十字丝竖丝单丝平分目标，当目标成像较小时，用双丝夹准目标，如图 5-9(a)、(b)所示。

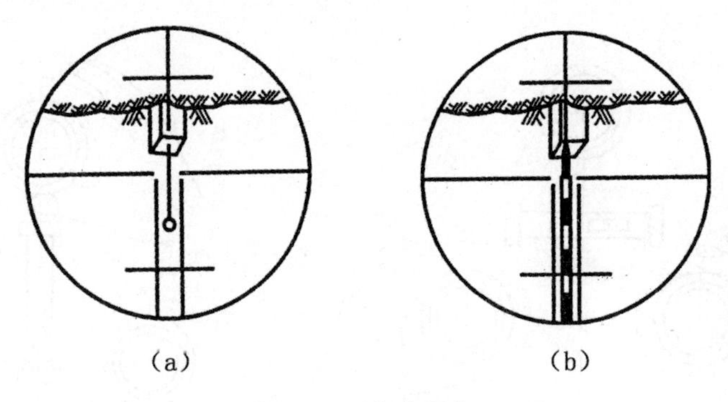

图 5-9 瞄准目标

3. 读数

照准目标后，打开反光镜，调整其位置，使读数窗内进光明亮均匀。然后进行读数显微镜调焦，使读数窗内分划清晰，按 5.2.2 节所述方法读数。

5.3 电子经纬仪

电子经纬仪是在光学经纬仪的基础上发展起来的新一代测角仪器，故仍然保留着许多光学经纬仪的特征。图 5-10 为北京博飞仪器股份有限公司生产的 DJD2 型电子经纬仪。电子经纬仪自面世以来，发展很快，有不同的设计原理和众多的型号。精度已达 5″以内，使用起来方便、快捷、精确，但价格较高。其主要特点为：

①使用电子测角系统，能将测量结果自动显示出来，实现了读数的自动化和数字化。

②采用积木式结构，可和光电测距仪组合成全站型电子速测仪，配合适当的接口，可将电子

手簿记录的数据输入计算机，以进行数据处理和测图。

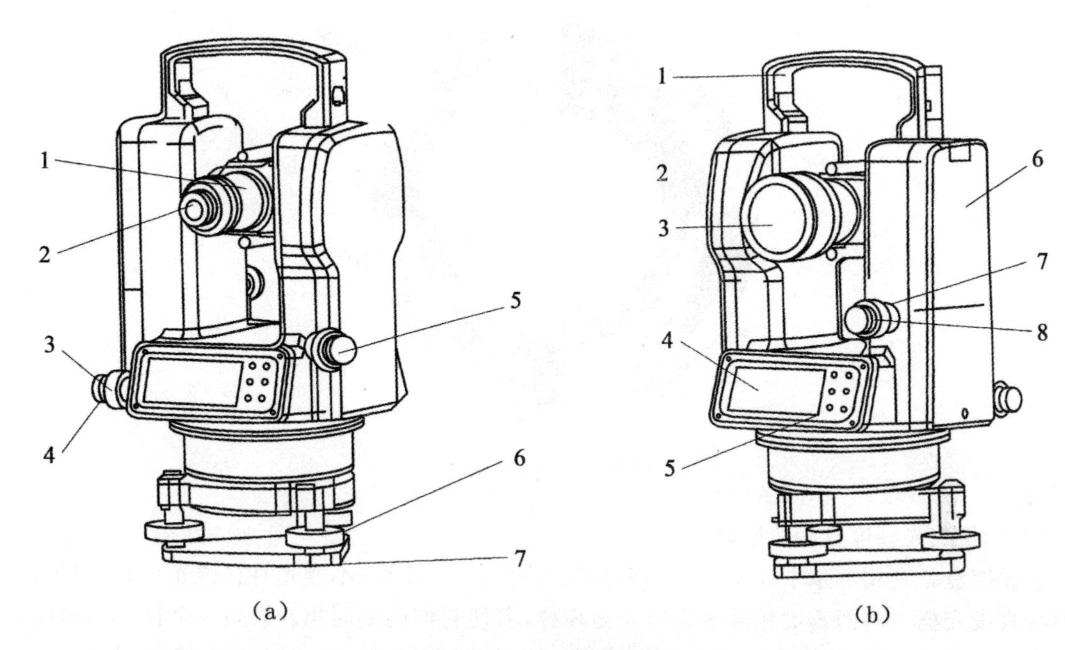

图 5-10　电子经纬仪

(a)1—调焦手轮；2—目镜；3—水平固定螺旋；4—水平微动螺旋；
5—光学对中器；6—脚螺旋；7—三角座
(b)1—提把；2—粗瞄器；3—物镜；4—液晶显示器；
5—操作键；6—电池盒；7—垂直固定螺旋；8—垂直微动螺旋

1. 电子的测角原理

电子经纬仪仍然采用度盘测角，但与光学测角不同的是，电子经纬仪测角是从特殊“度盘”——光电度盘上取得电信号，根据电信号再转换成角度值，并自动以数字方式输出，显示在显示器上并记入存储器，实现度盘读数记录的自动化。电子经纬仪的测角系统一般分为三大类：编码度盘测角系统、增量式光栅度盘测角系统和动态光栅度盘测角系统。

(1)编码度盘测角原理

在玻璃圆盘上刻画几个同心圆带，每一个环带表示一位二进制编码，称为码道。如果再将全圆划成若干扇区，则每个扇形区有几个梯形，如果每个梯形分别以“亮”和“黑”表示“0”和“1”的信号，则该扇形可用几个二进制数表示其角值。例如，用 4 位二进制表示角值，则全圆只能刻成 16 个扇形区，则度盘刻画值为 360°/16＝22.5°，如图 5-11 所示，这显然是没有什么实用意义的。如果最小值为 20″，则需刻成(360×60×60)/20＝64 800 个扇形区，而 64 800≈2^{16} 个码道，即要刻成 16 个码道。因为度盘直径有限，码道愈多，靠近度盘中心的扇形间隔愈小，又缺乏使用意义，故一般将度盘刻成适当的码道，再利用测微装置来达到细分角值的目的。编码度盘一般属于绝对测角系统，因为其角值是度盘已经注记的绝对数字。

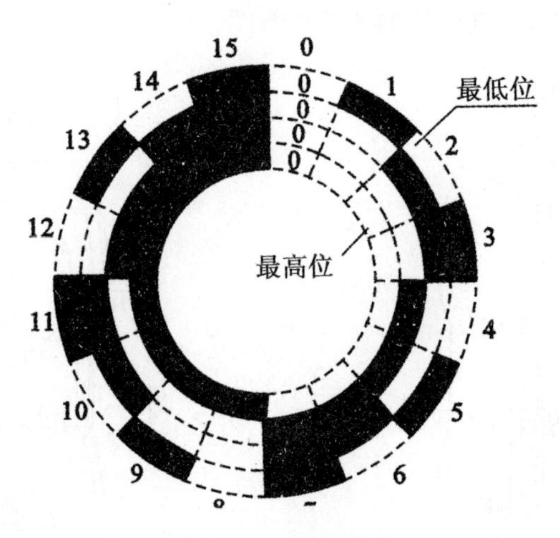

图 5-11　编码度盘

(2)增量式光栅度盘测角原理

光栅度盘是利用莫尔干涉条纹效应来实现测角的。一组黑(不透光)白(透光)相间的平行条纹称为直线光栅。将两密度相同的直线光栅相叠,着使它们的刻画相互倾斜一个很小的角度,这时。会出现明暗相同的条纹,这就是莫尔干涉条纹,如图 5-12 所示。它有三个特点:

①两光栅之间的倾角越小则条纹越粗,即相邻明条纹(或暗条纹)之间的间隔越大。

②在垂直于光栅构成平面的方向上,条纹亮度呈正弦周期变化。

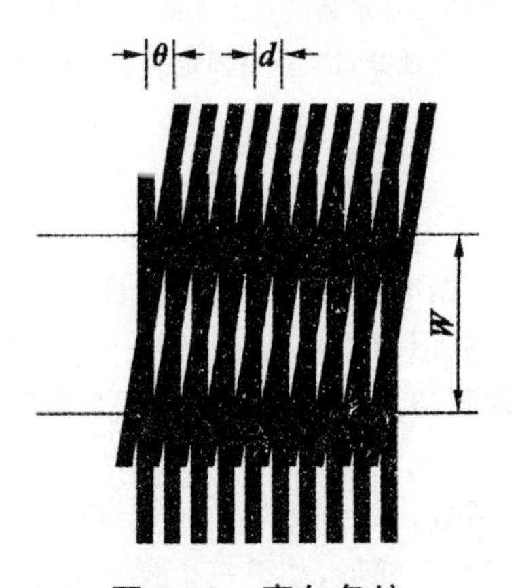

图 5-12　摩尔条纹

③当光栅水平移动时,莫尔条纹上、下移动。当两光栅倾角甚小时,光栅在水平方向相对移动一条刻线 d(栅距),莫尔条纹在垂直方向上移动一周,其移动量 W(纹距)为

$$W=d\cot\theta=d/\theta$$

由上式可见,只要光栅夹角小,则很小的光栅移动量就会产生很大的条纹移动量。$\theta=20''$约可放大 172 倍。由于 W 的宽度较大,容易用接收元件累计出条纹的移动量,从而推导出光栅的移动量,即角度值。虽然刻在圆盘上径向光栅其条纹是互不平行的,若将经纬仪度盘做成主光栅,另用相同栅距的光栅作为指示光栅,同样利用干涉条纹可实现测角。增量式光栅度盘测角原理如图 5-13 所示。指示光栅、接收管、发光管位置固定在照准部上。当度盘随照准部转动时,莫

尔条纹落在接收管上。度盘每转动一条光栅，莫尔条纹在接收管上移动一周，流过接收管的电流变化一周。当仪器照准零方向时，让仪器的计数器处于零位，而当度盘随照准部转动照准某目标时，流过接收管电流的周期数就是两方向之间所夹的光栅数。由于光栅之间的夹角是已知，计数器所计的电流周期数经过处理就可以显示出角度值。如果在电流波形的每一期内再均匀内插九个脉冲，计算器对脉冲进行计数，所得的脉冲数就等于两个方向所夹光栅数的 n 倍，就相当于把光栅刻画线增加了 n 倍，角度分辨率也就提高了 n 倍。使用增量式光栅度盘测角时，照准部转动的速度要均匀，不可突然加快或太快，以保证计数的正确性。

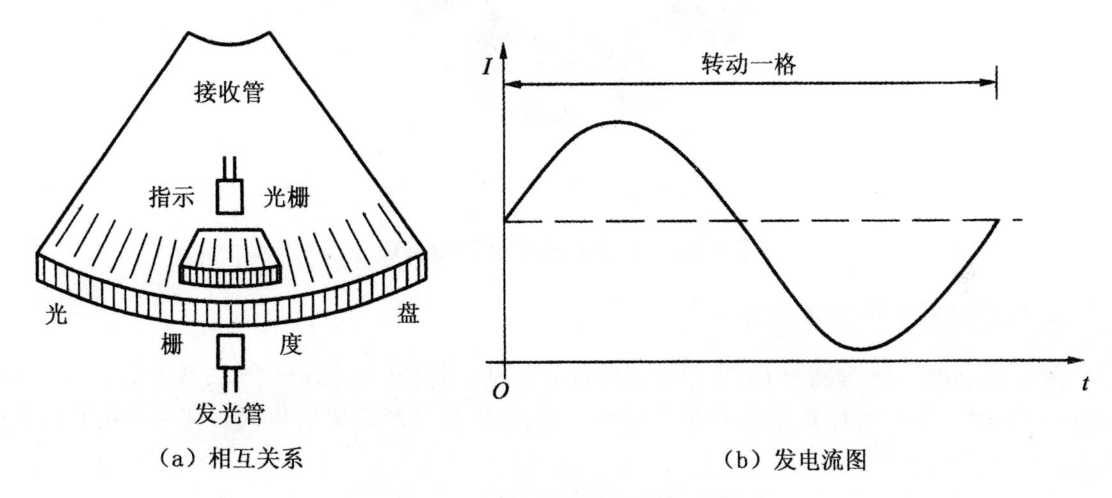

图 5-13　增量式光栅度盘测角原理

(3)动态光栅度盘测角原理

动态光栅度盘测角原理如图 5-14 所示，度盘光栅可以旋转，另有两个与度盘光栅交角为 β 的计数光栅 S 和 R：S 为固定光栅，位于度盘外侧；R 为可动光栅，位于度盘内侧。同时，度盘上还有两个标志点 a 和 b，S 只接收 a 的信号，R 只接收 b 的信号。测角时，S 代表一原方向，R 随着照准部旋转，当照准目标后，R 位置已定，此时启动测角系统，使度盘在马达的带动下，始终以一定的速度逆时针旋转，b 点先通过 R，开始计数。接着 a 通过 S，计数停止，此时计下了 R、S 之间的栅距(φ_0)的整倍数 n 和不是一个分划的小数 $\Delta\varphi_0$，则水平角为

$$\beta = n\varphi_0 + \Delta\varphi_0$$

事实上，每个栅格为一脉冲信号，由 R、S 的粗测功能可计数得 n；利用 R、S 的精测功能可测得不足一个分划的相位差 $\Delta\varphi_0$，其精度取决于将 φ_0 划分成多少相位差脉冲。

动态测角除具有前述两种测角方式的优点外，最大的特点在于消除了度盘刻画误差等，适宜在高精度(0.5″级)的仪器上采用。但动态测角需要马达带动度盘，因此在结构上比较复杂，耗电量也大一些。

2. 电子经纬仪的使用

DJD2 电子经纬仪在使用时，对中、整平以及瞄准目标的操作方法与光学经纬仪一样，键盘操作方法见使用说明书即可，在此不再详述。

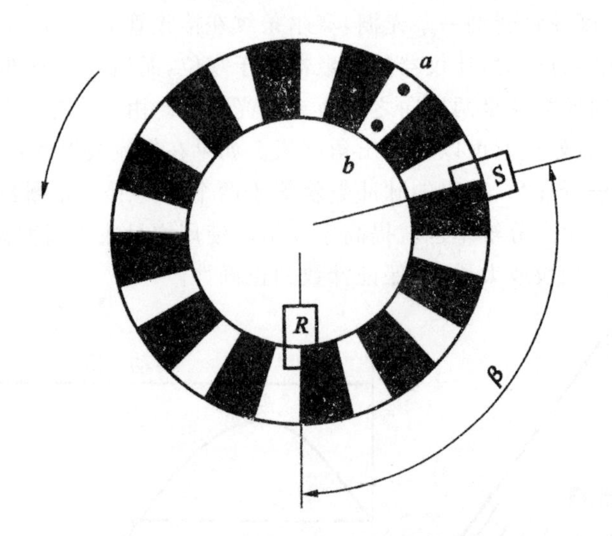

图 5-14　动态光栅度盘测角原理

3. 电子经纬仪的基本功能

图 5-15 和图 5-16 分别为 DJD2 电子经纬仪液晶显示器和显示标记。该仪器提供了多项可以选择的功能。用户可以根据需要在仪器中选择、设置自己所需要的模式。其选择项有以下种类：

图 5-15　电子经纬仪液晶显示器

编号	符号	内　容	编号	符号	内　容
(1)	*	测距仪工作状态	(7)	第二功能	第二功能选择
(2)	复测	复测角测量状态	(8)	补偿	在 5″电经中没有设置此功能
(3)	总值	复测角测量总值	(9)	均值	复测角取平均值
(4)	%	垂直坡度百分比	(10)	8	复测角平均数
(5)	m	距离单位米	(11)	垂水平角	水平角状态
(6)	[illegible]	电池电量显示			

图 5-16　电子经纬仪显示标记

①最小读数分辨率。可以选择 1″或 5″为最小读数单位。

②水平角度校正。仪器具有选择水平角度校正功能，也可以选择关闭该功能。

③定时关机断电。仪器具有无操作定时 20 min 或是 30 min 自动断电功能选择，也可以选择无自动关机断电功能。

④垂直角测量模式。仪器的垂直角测量模式有四种规格，如图 5-17 所示。其中图(d)坡度角，直接由按【V%】键选择，其他角度形式在功能设置中选择。

⑤垂直角倾斜补偿模式：仪器具有选择垂直轴倾斜补偿功能，也可以选择关闭此功能。一旦按自己需要设置完成，其设置模式记录并保存在仪器内，改变时需重新设置。

(a) 天顶角　(b) 垂直角　(c) 高度角　(d) 坡度角

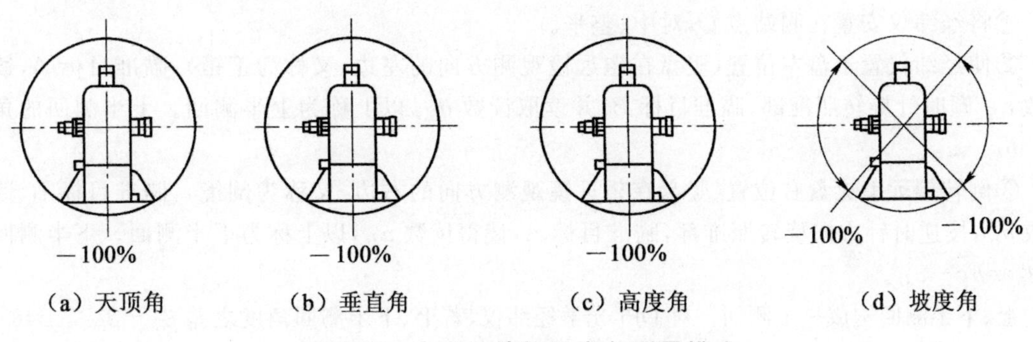

图 5-17　电子经纬仪垂直角测量模式

5.4 水平角测量

水平角的观测方法一般根据目标的多少而定，常用的方法有测回法和方向观测法。

5.4.1 测回法

此法适用于观测由两个目标所构成的水平角。

如图 5-18 所示，A、O、B 分别为地面上的三点，欲测定 OA 与 OB 所构成的水平角，其操作步骤如下：

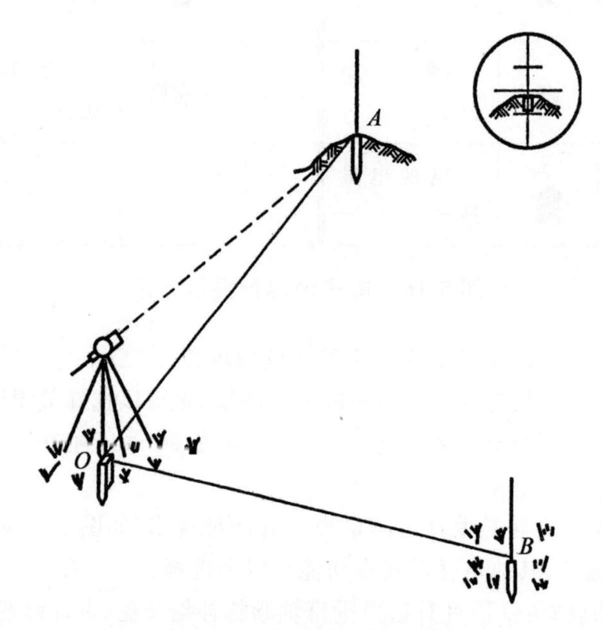

图 5-18 测回观测水平角

①将经纬仪安置在测站点 O，对中、整平。

②使经纬仪置于盘左位置（竖盘在望远镜观测方向的左边，又称为正镜），瞄准目标 A，读取读数 $a_{左}$ 顺时针旋转照准部，瞄准目标 B，并读取读数 $b_{左}$，以上称为上半测回。上半测回的角值 $\beta_{左}=b_{左}-a_{左}$。

③倒转望远镜成盘右位置（竖盘在望远镜观测方向的右边，又称为倒镜），瞄准目标 B，读得读数 $b_{右}$，按逆时针方向旋转照准部，瞄准目标 A，读得读数 $a_{右}$，以上称为下半测回。下半测回角值 $\beta_{右}=b_{右}-a_{右}$。

上、下半测回构成一个测回。对 DJ6 光学经纬仪，若上、下半测回角度之差 $\beta_{左}-\beta_{右}\leqslant\pm40''$，则取 $\beta_{左}$、$\beta_{右}$ 的平均值作为该测回角值。表 5-1 为测回法观测手簿。

表 5-1　测回法观测手簿

测站	竖盘位置	目标	水平度盘读数 ° ′ ″	半测回角值 ° ′ ″	一测回角值 ° ′ ″	各测回平均角值 ° ′ ″	备注
第 1 测回 O	左	A	0　03　54	96　48　06	96　48　00	96　48　04	
		B	96　52　00				
	右	A	180　03　30	96　47　54			
		B	276　51　24				
第 2 测回 O	左	A	90　02　30	96　48　12	96　48　09		
		B	186　50　42				
	右	A	270　02　12	96　48　06			
		B	6　50　18				

5.4.2　方向观测法

方向观测法简称方向法，又称为全圆测回法，适用于在一个测站上观测两个以上方向的水平角观测。

1. 方向观测法的施测步骤

如图 5-19 所示，设 O 为测站点，A、B、C、D 为观测目标，用方向观测法观测各方向间的水平角，具体施测步骤如下：

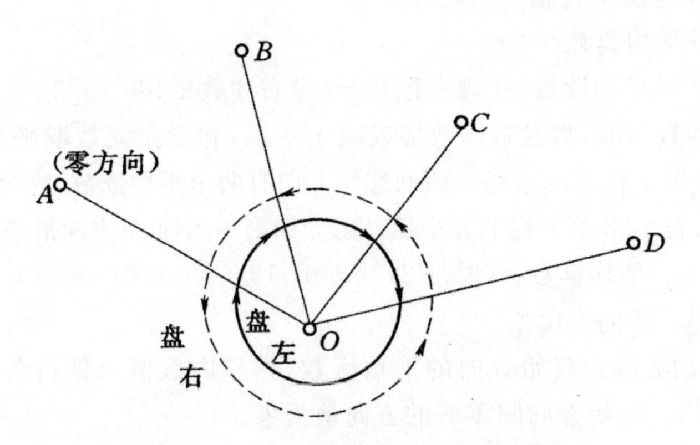

图 5-19　水平观测量(方向观测法)

①在测站点 O 安置经纬仪，在 A、B、C、D 观测目标处竖立观测标志。

②盘左位置。选择一个远近合适、目标清晰的方向 A 作为起始方向(称为零方向)，瞄准零方向 A，将水平度盘读数安置在稍大于 0°处，读取水平度盘读数，记入表 5-2 方向观测法观测手簿第 4 栏。

松开照准部制动螺旋，顺时针方向旋转照准部，依次瞄准 B、C、D 各目标，分别读取水平度盘读数，记入表 5-2 第 4 栏，为了校核，再次瞄准零方向 A，称为上半测回归零，读取水平度盘读数，记人表 5-2 第 4 栏。

零方向 A 的两次读数之差的绝对值，称为半测回归零差，归零差不应超过表 5-3 中的规定，如果归零差超限，应重新观测。以上称为上半测回。

③盘右位置。逆时针方向依次照准目标 A、D、C、B、A，并将水平度盘读数由下向上记入表 5-2 第 5 栏，此为下半测回。

上、下两个半测回合称一测回。为了提高精度，有时需要观测 n 个测回，则各测回起始方向（零方向）仍按 $180°/n$ 的差值，安置水平度盘读数。

2. 方向观测法的计算方法

表 5-2 为方向观测法观测手簿，盘左各目标的读数从上往下记录，盘右各目标的读数从下往上记录。

（1）归零差的计算

对起始目标，分别计算盘左两次瞄准的读数差和盘右两次瞄准的读数差 Δ，并记入表格。一旦“归零差超限”，应及时重测。

（2）计算两倍视准轴误差 $2c$ 值

$$2c=\text{盘左读数}-(\text{盘右读数}\pm 180°) \tag{5-3}$$

上式中，盘右读数大于 180°时取“－”号，盘右读数小于 180°时取“＋”号。计算各方向的 $2c$ 值，填入表 5-2 第 6 栏。如表 5-2 中第一测回 C 方向 $2c=105°29'54''-(285°29'48''-180°)=+6''$。一测回内各方向 $2c$ 值互差（同测回各方向的 $2c$ 最大值与最小值之差）不应超过表 5-3 中的规定。如果超限，应在原度盘位置重测。

当使用 DJ6 型经纬仪观测时，$2c$ 值的变化范围不作规定，但若使用 DJ2 型以上的经纬仪精密测角时，$2c$ 值的变化范围均有相应的限差。

（3）计算各方向的平均读数

$$\text{平均读数}=[\text{盘左读数}+(\text{盘右读数}\pm 180°)]/2 \tag{5-4}$$

计算时，以盘左读数为准，将盘右读数加或减 180°后，和盘左读数取平均值。计算各方向的平均读数，填入表 5-2 第 7 栏。由于每一测回起始方向有两个平均读数，故应再取其平均值作为起始方向平均读数，填入表 5-22 第 7 栏上方小括号内。如第一测回 A 方向最终平均读数应为：

$$\text{平均读数}=(0°01'21''+0°01'12'')/2=0°01'16'' \tag{5-5}$$

（4）计算各方向归零后的方向值

将各方向的平均读数减去起始方向的平均读数（括号内数值），即得各方向的“归零后方向值”，填入表 5-2 第 8 栏。起始方向归零后的方向值为零。

（5）计算各测回归零后方向值的平均值

多测回观测时，同一方向值各测回互差，符合表 5-3 中的规定，则取各测回归零后方向值的平均值，作为该方向的最后结果，填入表 5-2 第 9 栏。

（6）计算各目标间水平角角值

将表 5-2 第 9 栏相邻两方向值相减即可求得，注于第 10 栏相应位置上。

当需要观测的方向为三个时，除不做归零观测外，其他均与三个以上方向的观测方法相同。

表 5-2　方向观测法观测手簿

测站	测回	目标	水平度盘读数		2c	平均读数	归零后方向值	各测回归零后方向平均值	角值
			盘左	盘右					
			° ′ ″	° ′ ″	″	° ′ ″	° ′ ″	° ′ ″	° ′ ″
1	2	3	4	5	6	7	8	9	10
O	1	A	0 01 24	180 01 18	+6	(0 01 16) 0 01 21	0 00 00	0 00 00	35 48 28
		B	35 50 00	215 49 48	+12	35 49 54	35 48 38	35 48 28	69 40 16
		C	105 29 54	285 29 48	+6	105 29 51	105 28 35	105 28 44	150 54 36
		D	256 24 42	76 24 30	+12	256 24 36	256 23 20	256 23 20	103 36 40
		A	0 01 18	180 01 06	+12	0 01 12			
		Δ	−6	−12					
	2	A	90 03 12	270 03 6	+6	(90 03 15) 90 03 09	0 00 00		
		B	25 51 36	305 51 54	−18	125 51 45	35 48 30		
		C	195 31 54	15 31 48	+6	195 31 51	105 28 36		
		D	346 26 54	166 26 42	+12	346 26 48	256 23 33		
		A	90 03 24	270 03 18	+6	90 03 21			
		Δ	+12	+12					

3. 方向观测法的技术要求

表 5-3　方向观测法的技术要求

经纬仪型号	半测回归零差	一测回内 2c 互差	同一方向值各测回互差
DJ2	12″	18″	12″
DJ6	18″		24″

5.5　竖直角测量

根据角度测量的原理可知，经纬仪既可以测水平角，又可以测竖直角(或称垂直角)。

5.5.1　竖直度盘构造

经纬仪竖直度盘部分主要由竖盘、竖盘指标、竖盘指标水准管和竖盘指标水准管微动螺旋组成。竖直度盘垂直于望远镜横轴,且固定在横轴的一端,随望远镜的上下转动而转动。在竖盘中心的下方装有反映读数指标线的棱镜,它与竖盘指标水准管连在一起,不随望远镜转动,只能通过调节指标水准管微动螺旋,使棱镜和指标水准管一起作微小转动。当指标水准管气泡居中时,棱镜反映的读数指标线处于正确位置,如图 5-20 所示。

竖盘的注记形式很多,有天顶式注记和高度式注记两类。所谓天顶式注记就是假想望远镜指向天顶时,竖盘读数指标指示的读数为 0°或 180°;与此相对应的高度式注记是假想望远镜指向天顶时,读数为 90°或 270°。在天顶式和高度式注记中,由于度盘的刻画顺序不同,又可分为顺时针和逆时针两种形式。图 5-20 为天顶式顺时针注记的竖盘,近代生产的经纬仪多为此类注记。

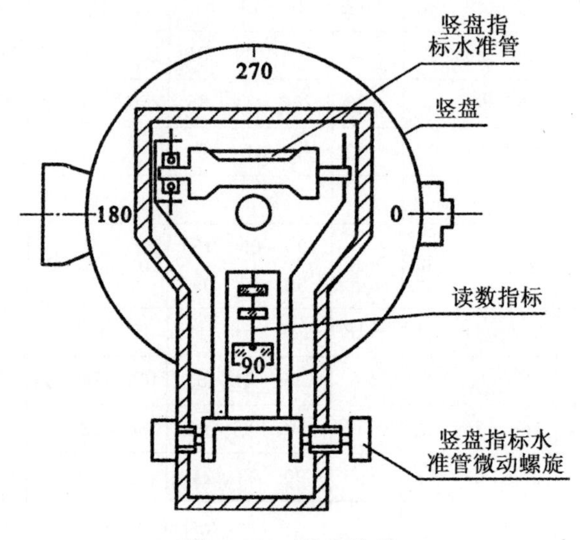

图 5-20　竖盘构造

5.5.2　竖直角的计算

竖直角是测站点到目标点的倾斜视线和水平视线之间的夹角。因此,与水平角计算原理一样,竖直角也应是两个方向线的竖盘读数之差;但是,由于视线水平时的竖盘读数为一常数(90°的整数倍),故进行竖直角测量时,只需读取目标方向的竖盘读数,便可根据不同度盘注记形式相对应的计算公式计算出所测目标的竖直角。

竖盘注记形式很多,如图 5-21 所示为 DJ6 型光学经纬仪常见的两种注记形式。

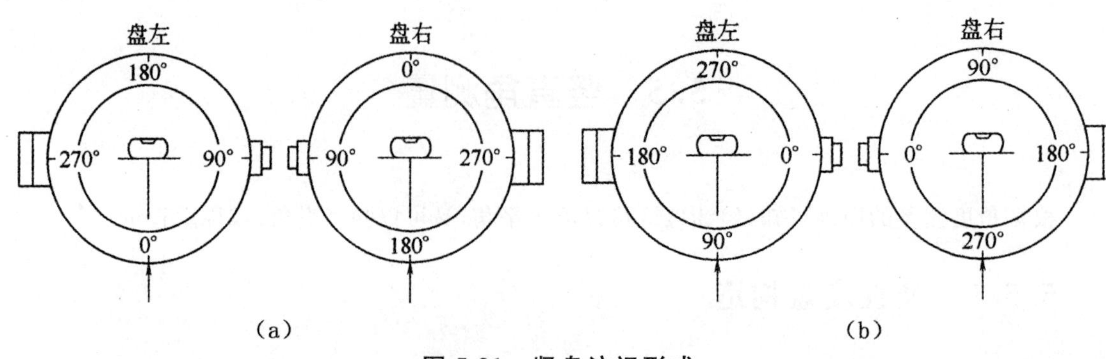

图 5-21　竖盘注记形式

如图 5-21(b)所示，设望远镜视线水平时，其竖盘读数盘左为 L_0，盘右为 R_0；望远镜照准目标时盘左、盘右竖盘读数分别为 L 和 R。

如图 5-22 所示，其上面部分为盘左时的三种情况，如果指标线位置正确，当视线水平且竖盘指标水准管气泡居中时，读数 $L_0=90°$。当视线向上倾斜时，竖直角为仰角，读数减小；当视线向下倾斜时，竖直角为俯角，读数增大。因此，盘左时竖直角应为视线水平时读数减照准目标时读数，即

$$\alpha_{左}=L_0-L=90°-L \tag{5-6}$$

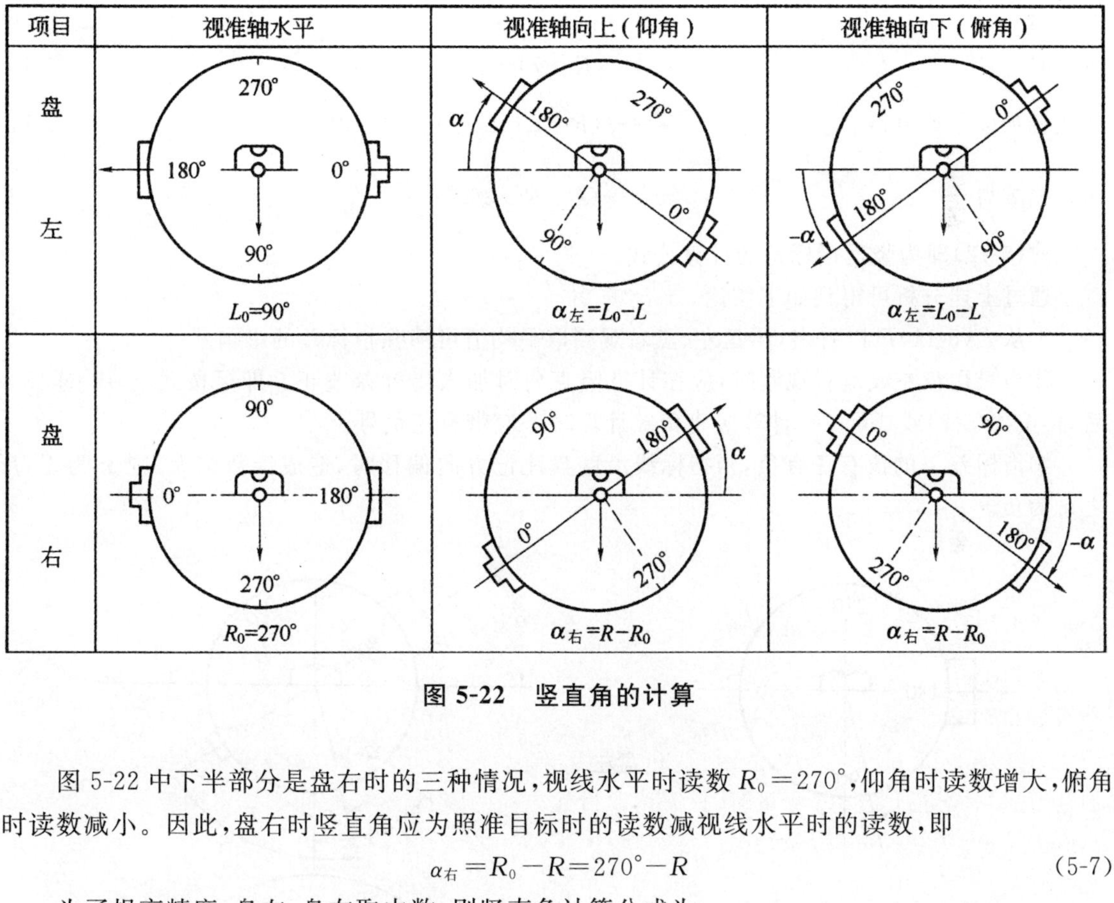

项目	视准轴水平	视准轴向上（仰角）	视准轴向下（俯角）
盘左	270° 180° 0° 90° $L_0=90°$	α 180° 270° 0° 90° $\alpha_{左}=L_0-L$	270° 0° 180° −α 90° $\alpha_{左}=L_0-L$
盘右	90° 0° 180° 270° $R_0=270°$	90° 180° α 0° 270° $\alpha_{右}=R-R_0$	0° 90° 180° −α 270° $\alpha_{右}=R-R_0$

图 5-22　竖直角的计算

图 5-22 中下半部分是盘右时的三种情况，视线水平时读数 $R_0=270°$，仰角时读数增大，俯角时读数减小。因此，盘右时竖直角应为照准目标时的读数减视线水平时的读数，即

$$\alpha_{右}=R_0-R=270°-R \tag{5-7}$$

为了提高精度，盘左、盘右取中数，则竖直角计算公式为

$$\alpha=\frac{1}{2}(\alpha_{右}+\alpha_{左})=\frac{1}{2}(R-L-180°) \tag{5-8}$$

计算结果为“+”时，α 为仰角；为“−”时，α 为俯角。

根据上述公式的推导，可得确定竖直角计算公式的通用判别法如下。

①仪器在盘左位置，使望远镜大致水平，确定视线水平时的读数 L。

②将望远镜缓慢上仰，观察读数变化情况，若读数减小，则 $\alpha_{左}=L_0-L$，若读数增大，则 $\alpha_{左}=L-L_0$。

③同法确定盘右读数和竖直角的关系。

④取盘左、盘右的平均值即可得出竖直角计算公式。

5.5.3 竖直指标差

上述竖直角计算公式的推导条件是在假定视线水平、竖盘指标水准管气泡居中，读数指标线位置正确的情况下得出的。实际工作中，读数指标线往往偏离正确位置，与正确位置相差一个小角值，该角值称为指标差，如图 5-23 所示。也就是说，竖盘指标偏离正确位置而产生的读数误差称为指标差。

指标差对竖直角的影响从图 5-23 中可以看出

盘左时 $$\alpha_{左}=90°-(L-x) \tag{5-9}$$

盘右时 $$\alpha_{右}=(R-x)-270° \tag{5-10}$$

两式相加取平均值得 $$\alpha=\frac{1}{2}(R-L-180°) \tag{5-11}$$

两式相减得 $$x=\frac{1}{2}(L+R-360°) \tag{5-12}$$

式(5-12)即为竖盘指标差的计算公式。

通过上述分析可得到如下结论。

①从式(5-11)可以看出，用盘左、盘右观测取平均值可消除指标差的影响。

②当只用盘左或盘右观测时，应在计算竖直角时加入指标差改正。即可按式(5-12)求得 x 后，再按式(5-9)或式(5-10)计算竖直角。计算时 x 应带有正负号。

③指标差 x 的值有正有负，当指标线沿度盘注记方向偏移时，造成读数偏大，则 x 为正，反之 x 为负。

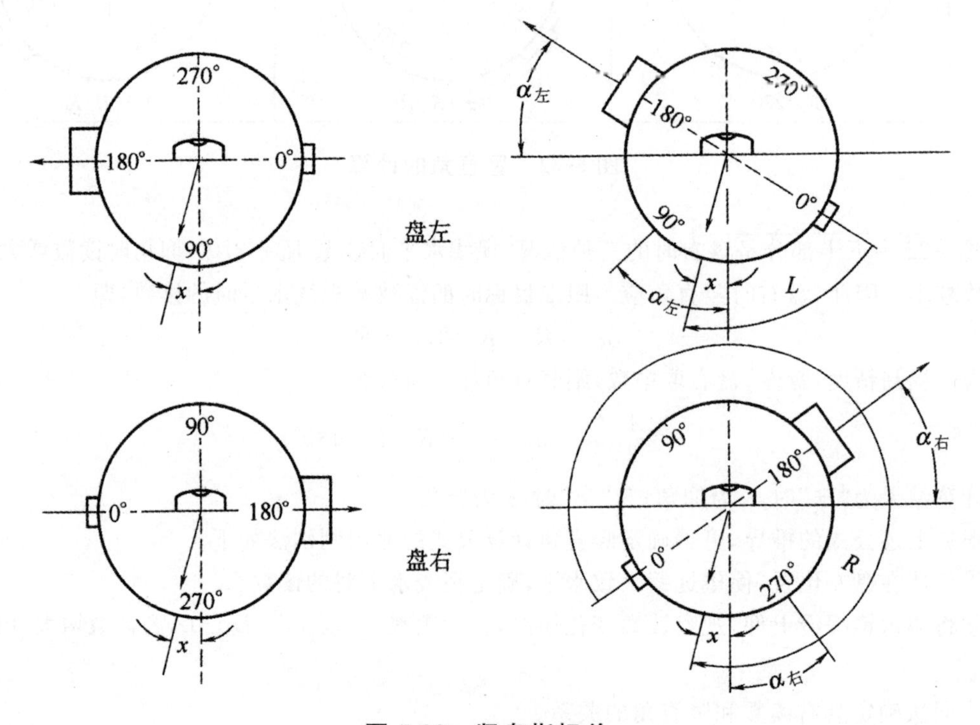

图 5-23 竖盘指标差

5.5.4　竖直角度的观测

竖直角的观测、记录和计算步骤如下：

①在测站点 O 安置经纬仪，在目标点 A 竖立观测标志，按前述方法确定该仪器竖直角计算公式，为方便应用，可将公式记录于竖直角观测手簿表 5-4 备注栏中。

②盘左位置：若使用新型 DJ6 光学经纬仪观测，瞄准前，先打开补偿器锁紧轮（注意观测结束后一定将其关闭）再瞄准目标 A，使十字丝横丝精确地切于目标顶端如图 5-24 所示。然后读取竖盘读数 L，为 $86°25'18''$，记入竖直角观测手簿表 5-4 相应栏内；若使用旧型 DJ6 光学经纬仪观测，则需在使用相同方法精确瞄准后，应首先转动竖盘指标水准管微动螺旋，使水准管气泡严格居中，再读取竖盘读数 L。

③盘右位置。重复步骤 2，其读数 R 为 $273°34'30''$，记入表 5-4 相应栏内。

④根据竖直角及竖盘指标差的计算公式，将计算结果分别填入表 5-4 相应栏内。

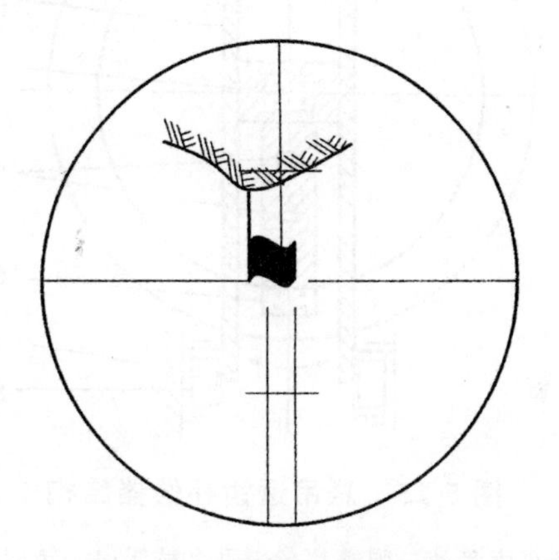

图 5-24　竖直角测量瞄准

表 5-4　竖直角测量手簿

测站	目标	竖盘位置	竖盘读数 ° ′ ″	半测回竖直角 ° ′ ″	指标差 ″	一测回竖直角 ° ′ ″	
1	2	3	4	5	6	7	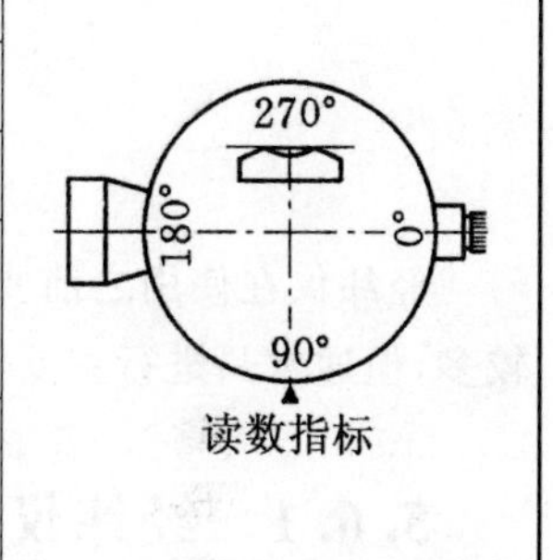
0	A	左	86 25 18	+3 34 42	−06	+3 34 36	
		右	273 34 30	+3 34 30			
0	B	左	95 03 12	−5 03 12	18	−5 03 30	
		右	264 56 12	−5 03 48			

5.5.5　竖盘指标自动归零补偿器

在竖直角观测中，为使指标线处于正确位置，每次读数前都必须转动竖盘指标水准管微动螺旋使竖盘指标水准管气泡居中。这就降低了竖直角观测的效率，操作很不方便。

为了克服这一缺点，大部分光学经纬仪均采用竖盘指标自动归零装置代替竖盘指标水准管。当仪器竖轴偏离铅垂线的角度在一定范围内时，由于自动补偿器的作用，可使读数指标线自动居于正确位置。在进行竖直角观测时，瞄准目标即可读取竖盘读数，从而提高了竖直角观测的速度和精度。

经纬仪竖盘指标自动归零装置常见结构有悬吊透镜、液体盒两种。如图 5-25 所示为悬吊透镜补偿器结构示意图。读数棱镜系统悬挂在一个弹性摆上，依靠摆的重力和空气阻尼盒的共同作用，能使弹性摆迅速处于静止位置。此种补偿器结构简单，未增加任何光学零件，只是将原有的成像透镜进行悬吊，当仪器在±2 范围内稍倾斜时，可达到自动补偿的目的。

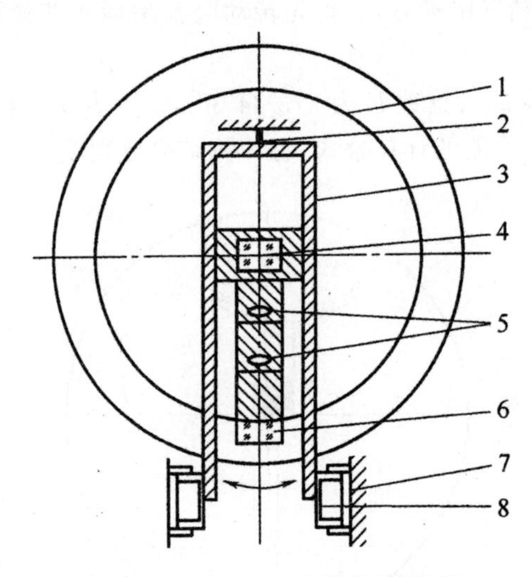

图 5-25　悬吊透镜补偿器结构

1—竖直度盘；2—弹簧片；3—垂直吊架；4—转向棱镜；
5—透镜组；6—竖直度盘棱镜；7—阻尼盒；8—阻尼器

5.6　经纬仪的检验与校正

经纬仪在使用之前要经过检验，必要时应对可调部件进行校正。经纬仪检验和校正的项目较多，但通常只进行主要轴线间几何关系的检校。

5.6.1　经纬仪应满足的几何条件

如图 5-26，经纬仪的主要轴线有：照准部水准管轴 LL、仪器的旋转轴（即竖轴）VV、望远镜视准轴 CC、望远镜的旋转轴（即横轴）HH。各轴线之间应满足的几何条件有：

①照准部水准管轴应垂直于仪器竖轴，即 $LL \perp VV$；

②望远镜十字丝竖丝应垂直于仪器横轴 HH；

③望远镜视准轴应垂直于仪器横轴，即 $CC \perp HH$；

④仪器横轴应垂直于仪器竖轴，即 $HH \perp VV$。

除以上条件外，经纬仪一般还应满足竖盘指标差为零，以及光学对点器的光学垂线与仪器竖轴重合等条件。

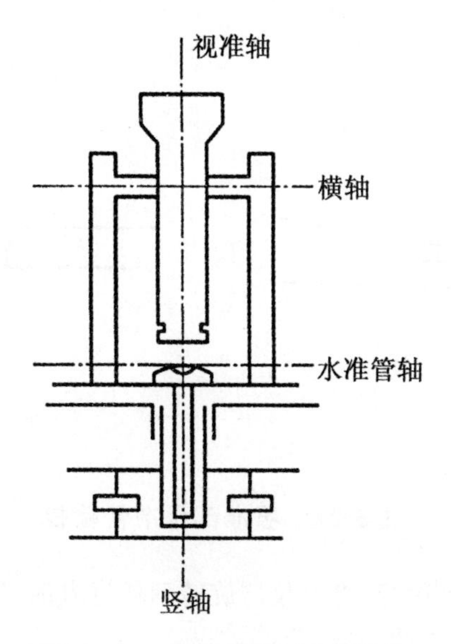

图 5-26　经纬仪的主要轴线

仪器在出厂时，以上各条件一般都能满足，但由于在搬运或长期使用过程中的震动、碰撞等原因，各项条件往往会发生变化。因此，在使用仪器作业前，必须对仪器进行检验与校正，即使新仪器也不例外。

5.6.2　检验与校正

在经纬仪检校之前，先检查仪器、脚架各部分的性能，确认性能良好后，可继续进行仪器检校。否则，应查明原因并及时处理所发现的各种问题。

1. 水准管轴垂直于竖轴的检验与校正

(1)检验

首先将仪器粗略整平，然后转动照准部使水准管平行于任意两个脚螺旋连线方向，调节这两个脚螺旋使水准管气泡居中，再将仪器旋转 180°，如果气泡仍然居中，表明条件满足，否则，需要校正。

(2)校正

如图 5-27(a)，竖轴与水准管轴不垂直，偏离了 α 角。当仪器绕竖轴旋转 180°后，竖轴不垂直于水准管轴的偏角为 2α，如图 5-27(b)。角 2α 的大小由气泡偏离的格数来度量。校正时，转动脚螺旋，使气泡退回偏离中心位置的一半，即图 5-27(c)的位置，再用校正针调节水准管一端的校正螺钉(注意先放松一个，再旋紧另一个)，使气泡居中，如图 5-27(d)。

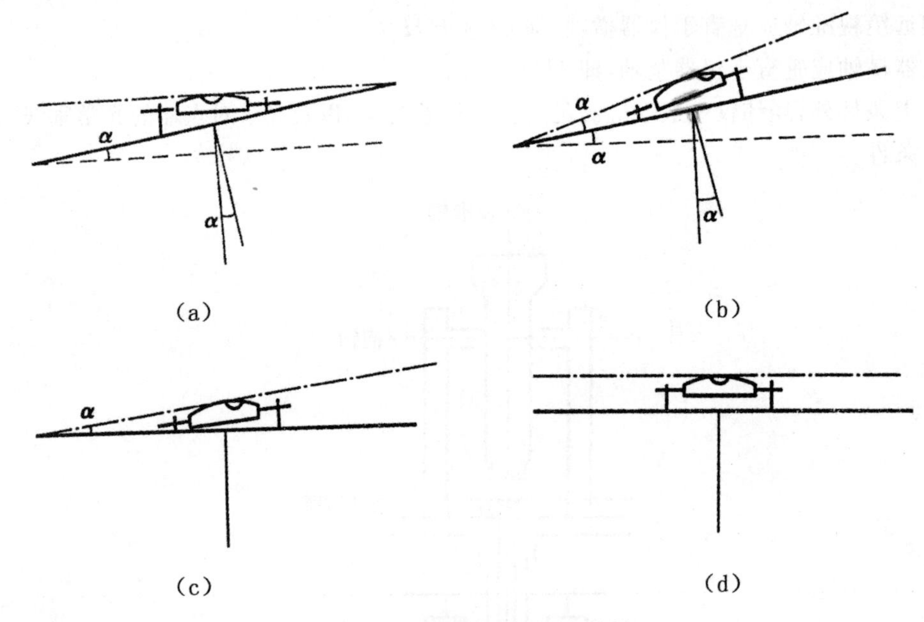

图 5-27 照准部水准管检校

此项检校比较精细,需反复进行,直至仪器旋转到任意方向,气泡仍然居中,或偏离不超过一个分划格为止。

对于有圆水准器的经纬仪,可在水准管气泡校正完毕后,严格整平仪器,若圆水准器气泡不居中,则可调节圆水准器的校正螺钉,使气泡居中。也可按水准仪检校中圆水准器气泡的检校方法进行检校。

2. 十字丝的竖丝垂直于横轴的检验与校正

(1)检验

仪器整平后,用十字丝竖丝的上端或下端精确对准远处一明显的目标点,固定水平制动螺旋和望远镜制动螺旋,用望远镜微动螺旋使望远镜上下作微小俯仰,如果目标点始终在竖丝上移动,说明条件满足。否则,需要校正,如图 5-28。

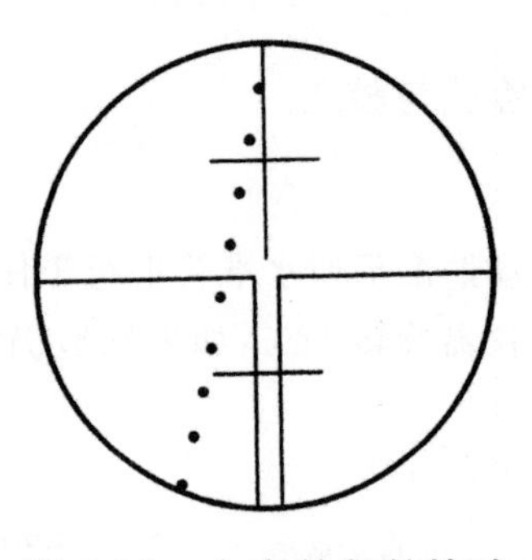

图 5-28 十字丝竖丝检验

(2)校正

与水准仪中横丝应垂直于竖轴的校正方法相同,此处只是应使竖丝竖直。如图 5-29,微微旋松十字丝环的四个固定螺钉，转动十字丝环，直至望远镜上下俯仰时竖丝与点状目标始终重合为止。最后拧紧各固定螺钉，并旋上护盖。

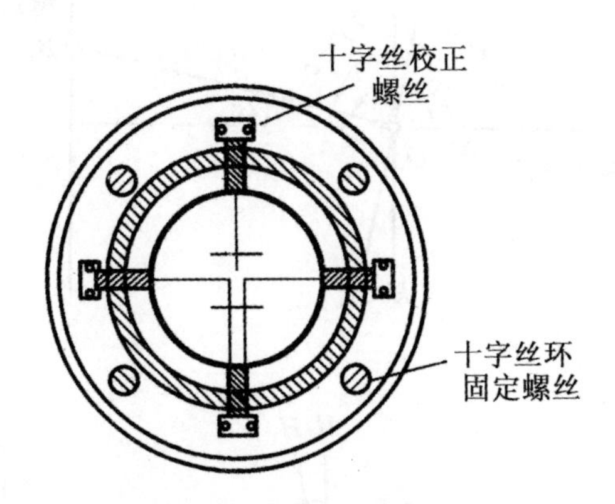

图 5-29　十字丝竖丝校正

3. 视准轴垂直于横轴的检验与校正

此项检校的目的是使仪器水平时，望远镜绕横轴旋转所扫出的面为一竖直平面，而不是锥面。检校的方法有两种。

(1)盘左盘右瞄点法

①检验时先在盘左位置瞄准远处水平方向一明显目标点 A，读取水平度盘读数，设 $M_{左}$ 然后在盘右位置瞄准同一目标点 A，读取水平度盘读数，设为 $M_{右}$。若 $M_{左}=M_{右}\pm180°$，说明条件满足。否则，视准轴不垂直于横轴所偏离的角度称为视准轴误差，用 c 表示，即按式(5-3)计算的结果除以 2。对普通经纬仪，当 c 超过 $\pm1'$ 时，需进行校正。

②校正时，在盘右位取点用水平微动螺旋使水平度盘读数为

$$m_{右}=\frac{M_{左}+(M_{右}\pm180°)}{2} \tag{5-13}$$

再从望远镜中观察，此时十字丝交点偏离目标点 A。校正时，取下十字丝环的保护罩，通过调节十字丝环的左右两个校正螺钉(如图 5-25)，一松一紧，使十字丝交点重新照准，目标点 A。反复检校，直至 c 值不超过 $\pm1'$。

这种方法适用于 DJ2 经纬仪或其他双指标读数的仪器。对于单指标读数的经纬仪(DJ6 或 DJ6 以下)，只有在度盘偏心差很小时才能见效。否则，$2c$ 中包含了较大的偏心差，校正时将得不到正确结果。因此，对于单指标读数仪器，常用另一种方法检校。

(2)四分之一法

①检验时，在平坦地面上选择一条长为 60～100 m 的直线 AB，将经纬仪安置在 A、B 中间的 O 点处，并在 A 点设置一瞄准标志，在 B 点横置一支有毫米刻画的尺子，如图 5-30 所示。盘左瞄准 A 点，固定照准部，倒转望远镜瞄准 B 点的横尺，用竖丝在横尺上读数，设为 B_1；盘右瞄准 A 点，固定照准部，倒转望远镜，在 B 点横尺上读得 B_2。若 B_1B、B_2B_3 两点重合，说明条件满足，否则，需要校正。

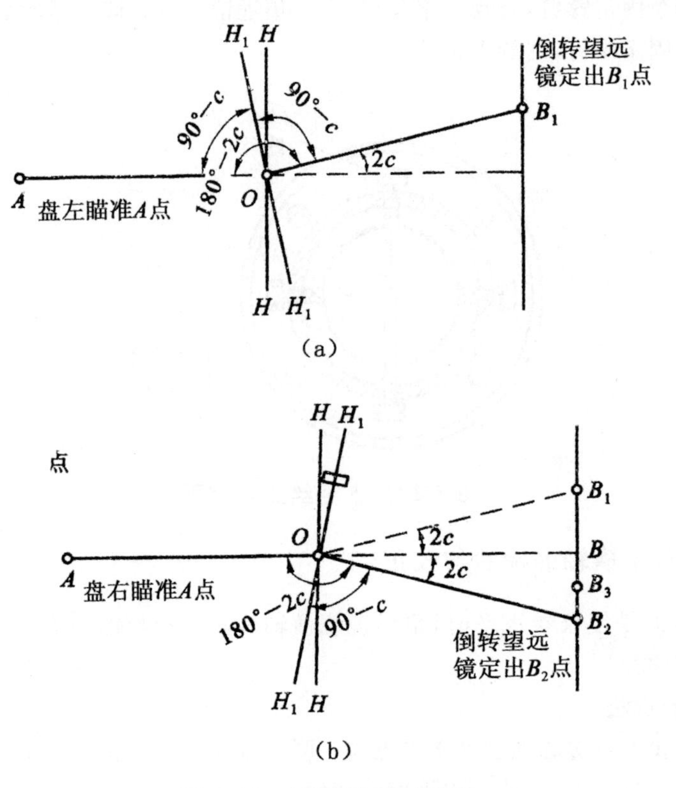

图 5-30　视准轴误差检校

②由图 5-26 可以看出，若仪器至横尺的距离为 D，则 c 可写成

$$c=\frac{|B_2-B_1|}{4D}\rho'' \tag{5-14}$$

校正时，在横尺上定出 B_3 点的位置，使 $\overline{B_2B_3}=\frac{1}{4}\overline{B_1B_2}$ 此时 $\angle B_3OB_2=c$。与盘左盘右瞄点法的校正方法一样，先取下十字丝环的保护罩，再通过调节十字丝环的校正螺钉，使十字丝交点对准 B_3 点。反复检校，直至 c 值不超过 $\pm1'$。

4. 横轴垂直竖轴的检验与校正

此项检校的目的是使仪器水平时，望远镜绕横轴旋转所扫过的平面成为竖直状态，而不倾斜的。

(1)检验

在距墙壁 15～30 m 处安置经纬仪，在墙面上设置一明显的目标点 P(可事先做好贴在墙面上)，如图 5-31 所示，要求望远镜瞄准 P 点时的仰角在 30°以上。盘左位置瞄准 P 点，固定照准部，调整竖盘指标水准管气泡居中后，读取竖盘读数 L，然后放平望远镜，照准墙上与仪器同高的一点 P_1，做出标志。盘右位置同样瞄准 P 点，读得竖盘读数 R，放平望远镜后在墙上与仪器同高处得出另一点 P_2，也做出标志。若 P_1、P_2 两点重合，说明条件满足。也可用带毫米刻画的横尺代替与望远镜同高时的墙上标志。若 P_1、P_2 两点不重合，则需要校正。

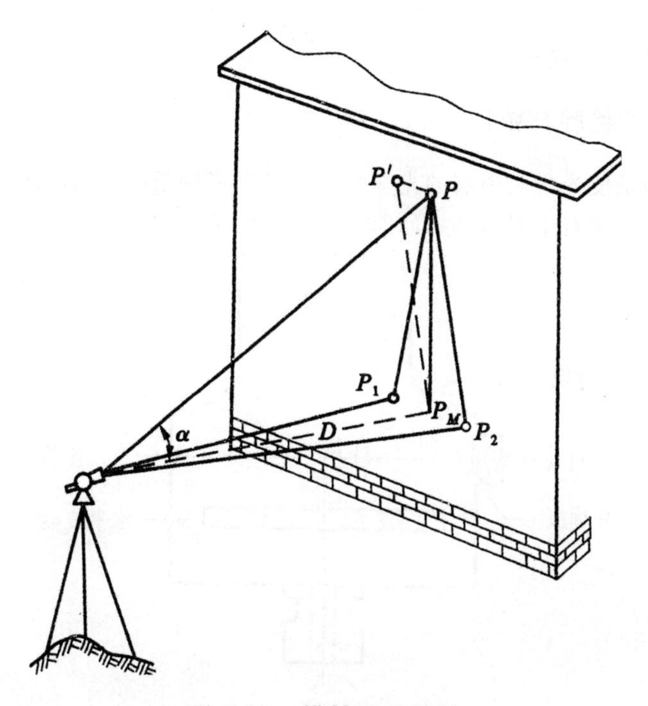

图 5-31　横轴误差检校

(2)校正

如图 5-27,在墙上定出 P_1P_2 的中点 P_M。调节水平微动螺旋使望远镜瞄准 P_MPM 点,再将望远镜往上仰,此时,十字丝交点必定偏离 P 点而照准 P'点。校正横轴一端支架上的偏心环,使横轴的一端升高或降低,移动十字丝交点位置,并精确照准 P 点。横轴不垂直于竖轴所构成的倾斜角 i 可通过下式计算:

$$i=\frac{\Delta\cot\alpha}{2D}\rho'' \tag{5-15}$$

式中,α 为瞄准 P 点的竖直角,通过瞄准 P 点时所得的 L 和 R 算出;D 为仪器至建筑物的距离;Δ 为 P_1、P_2 的间距。

反复检校,直至主角值不大于 1′。

由于近代光学经纬仪的制造工艺能确保横轴与竖轴垂直,且将横轴密封起来,故使用仪器时,一般只进行检验,如主值超过规定的范围,应由仪器修理人员进行修理。

5. 竖盘指标差的检验与校正

(1)检验

在地面上安置好经纬仪,用盘左、盘右分别瞄准同一目标,正确读取竖盘读数 L 和 R 并按式(5-11)和式(5-12)分别计算出竖直角 α 和指标差 x。当 x 值超过规定值时,应加以校正。

(2)校正

盘右位置,照准原目标,调节竖盘指标水准管微动螺旋,使竖盘读数对准正确读数 $R_{应}$:

$$R_{应}=\alpha+盘右视线水平时的读数 \tag{5-16}$$

此时,竖盘指标水准管气泡不居中,调节竖盘指标水准管校正螺钉,使气泡居中,注意勿使十字丝偏离原来的目标。

反复检校,直至指标差在±1′以内。

6. 光学对中器的检验与校正

此项检校的目的是使光学对中器的光学垂线与仪器竖轴重合,即仪器对中后,绕竖轴旋转至任何方向仍然对中。光学对中器的结构如图5-32所示。

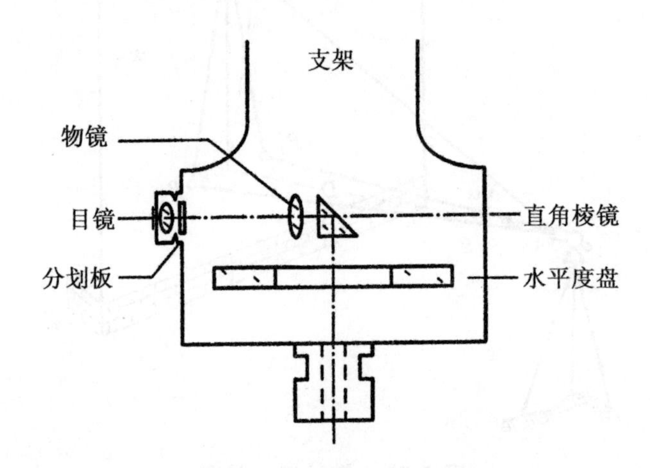

图5-32 光学对中器结构

(1)检验

如图5-33(a)所示,在地面上放置一张白纸,白纸上标出一点A作为对中标志,按光学对中的方法安置仪器,然后将照准部旋转180°,若光学对中器分划圈中心偏离A点0.5 mm以上,对准B点,说明光学对中器的光学垂线与仪器竖轴不重合,需要进行校正。

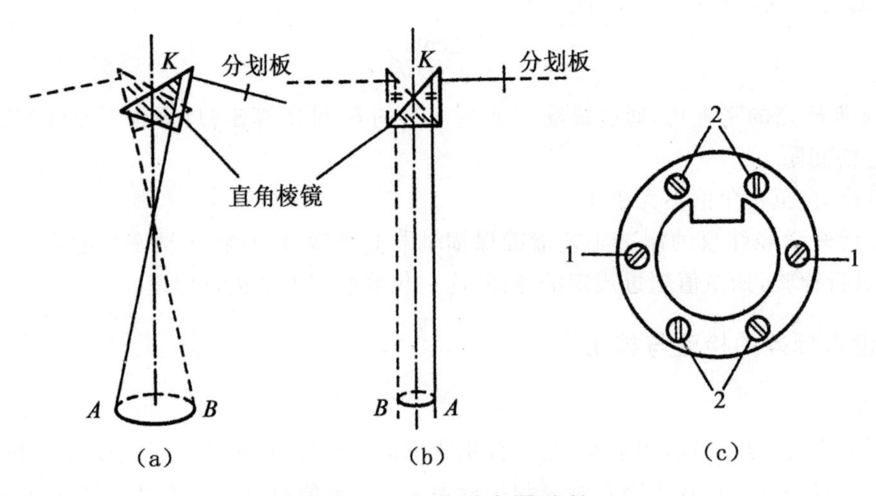

图5-33 光学对中器验校

(2)校正

仪器类型不同,校正部位也不同,有的校正直角转向棱镜,有的校正光学对点器分划板。图5-33(c)是位于照准部支架间圆形护盖下的校正螺钉,校正时,通过调节相应的校正螺钉1或

2,使分划圈中心左右或前后移动对准 A、B 的中点,反复 1～2 次,直到照准部转到任何位置,光学对中器分划圈中心始终对准 A 点为止,如图 5-33(b)所示。

经纬仪的各项检校均需反复进行,直至满足应具备的条件,但要使仪器完全满足理论上的要求是相当困难的。在实际检校中,一般只要求达到实际作业所需要的精度,这样必然存在仪器的残余误差。通过采用合理的观测方法,大部分残余误差是可以相互抵消的。

5.7 角度测量的误差分析

仪器误差、观测误差及外界条件的影响,是水平角观测过程中主要误差来源。

5.7.1 仪器误差

仪器误差包括两个方面:一方面是仪器检校不完善而引起的误差,如视准轴不垂直于横轴的误差,横轴不垂直于竖轴的误差等;另一方面是仪器制造和加工不完善而引起的误差,如照准部偏心差、度盘刻划不均匀误差等。这些误差可以通过适当的观测方法和相应的措施加以消除或减弱。

1. 视准轴不垂直于横轴的误差

望远镜视准轴不垂直于横轴时,其偏离垂直位置的角值 C 称为视准误差或照准差。由于盘左、盘右观测时符号相反,故水平角测量时,可采用盘左、盘右取平均的方法加以消除。

2. 横轴不垂直于竖轴的误

是由于支承横轴的支架有误差,造成横轴与竖轴不垂直。盘左、盘右观测时对水平角影响为 i 角误差,并且方向相反,也可采用盘左、盘右取平均的方法加以消除。

3. 竖轴倾斜误差

这是由于照准部水准管轴应垂直于仪器竖轴的校正不完善而引起的竖轴倾斜误差。此误差与正、倒镜观测无关,并且随望远镜瞄准不同方向而变化,不能用正、倒镜取平均的方法消除。因此,测量前应严格检校仪器,观测时仔细整平,并始终保持照准部水准管气泡居中,气泡不可偏离一格。

4. 度盘偏心差

这是由于度盘加工及安装不完善引起的。是照准部旋转中心 C_1 与水平度盘圆心 C 不重合引起读数误差,见图 5-34。

采用对径分划符合读数可以消除度盘偏心差的影响。对于单指标读数的仪器,可以通过盘左、盘右读数取平均的方法加以消除。

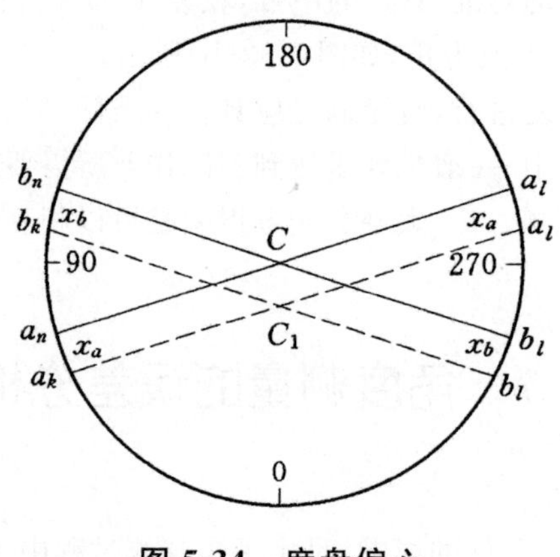

图 5-34　度盘偏心

5. 度盘刻划不均匀误差

这是由于仪器加工不完善引起的，这项误差很小。高精度测量时，为了提高测角精度，多个测回之间按一定的方式变换度盘起始位置，可以有效地减小这项误差的影响。

5.7.2　观测误差

1. 仪器对中误差

如图 5-35，设 C 为测站点，A、B 为两目标点。由于仪器存在对中误差，仪器中偏至 C'，设偏离量 CC' 为 e，β 为无对中误差时的正确角度，β' 为有对中误差时的实测角度。设 $\angle ACC'$ 为 θ，测站 C 至 A、B 的距离分别为 S_1、S_2。由于对中误差所引起的角度偏差为：

$$\Delta\beta=\beta-\beta'=\varepsilon_1+\varepsilon_2$$

而

$$\varepsilon_1=\frac{e\sin\theta}{S_1}\rho''$$

$$\varepsilon_2=\frac{e\sin(\beta'-\theta)}{S_2}\rho''$$

则

$$\Delta\beta=e\rho''\left[\frac{\sin\theta}{S1}+\frac{\sin(\beta'-\theta)}{S_2}\right] \tag{5-17}$$

由上式可知，仪器对中误差对水平角观测的影响与下列因素有关：

①与偏心距 e 成正比，e 愈大，$\Delta\beta$ 愈大；

②与边长成反比，边愈短，误差愈大；

③与水平角的大小有关 θ、$\beta'-\theta$ 愈接近 90°，误差愈大。

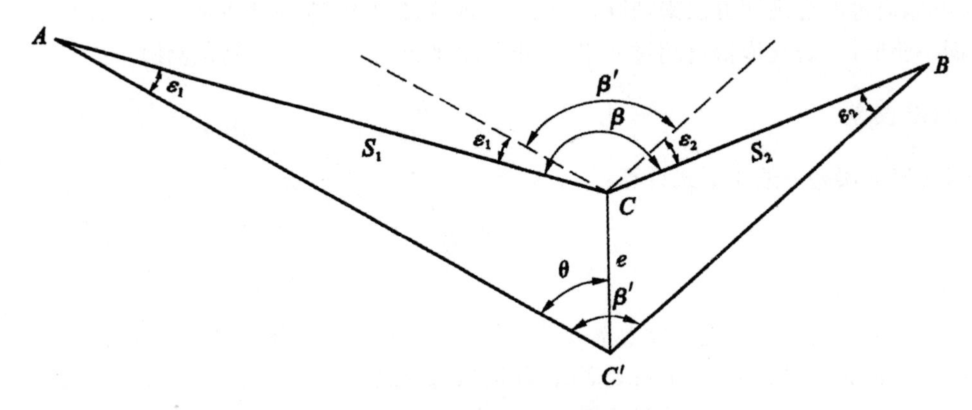

图 5-35　仪器对中误差

例 5-1　当 $e=3$ mm，$\theta=90°$，$\beta'=180°$，$S_1=S_2=100$ m 时，由对中误差引起的角度偏差是多少？

解：
$$\Delta\beta=\frac{3\times206\ 265''}{100\ 000}\times2=12.4''$$

因此，在观测目标较近或水平角接近 180°时，应特别注意仪器对中。

2. 目标偏心误差

如图 5-36，O 为测站点，A、B 为目标点。若立在 A 点的标杆是倾斜的，在水平角观测 中，因瞄准标杆的顶部，则投影位置由 A 偏离至 A'，产生偏心距 e，所引起的角度误差为

$$\Delta\beta=\beta-\beta'=\frac{e\rho''}{S}\sin\theta \tag{5-18}$$

由式(5-18)可知，$\Delta\beta$ 与偏心距 e 成正比，与距离 S 成反比。偏心距的方向直接影响 $\Delta\beta$ 的大小，当 $\theta=90°$时，$\Delta\beta$ 最大。

例 5-2　当 $e=10$ mm，$S=50$ m，$\theta=90°$时，目标偏心引起的角度误差是多少？

解：
$$\Delta\beta=\frac{10\times206\ 265''}{50\ 000}=41.3''$$

可见，目标偏心差对水平角的影响不能忽视。尤其是当目标较近时，影响更大。因此，在竖立标杆或其他照准标志时，应立在通过测点的铅垂线上。观测时，望远镜应尽量瞄准目标的底部。当目标较近时，可在测站点上悬吊锤球线作为照准目标，以减少目标偏心对角度的影响。

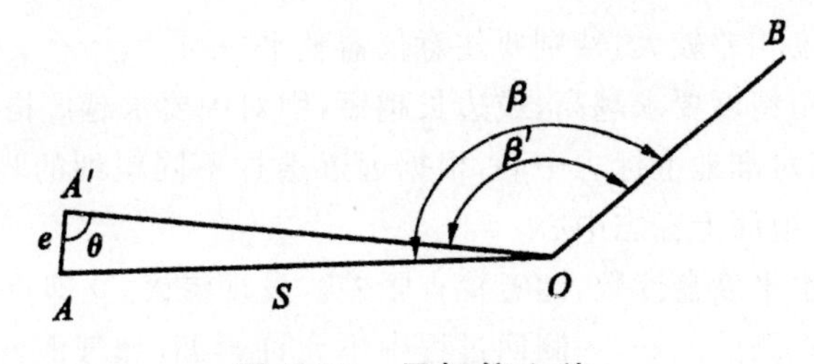

图 5-36　目标偏心差

3. 仪器整平误差

水平角观测时必须保持水平度盘水平、竖轴竖直。若气泡不居中，导致竖轴倾斜而引起的角

度误差，不能通过改变观测方法来消除。因此，在观测过程中，应特别注意仪器的整平。

在同一测回内，若气泡偏离超过 2 格，应重新整平仪器，并重新观测该测回。

4. 照准误差

望远镜照准误差一般用下式计算：

$$m_V = \pm \frac{60''}{V} \tag{5-20}$$

式中，V 为望远镜的放大率。

照准误差除取决于望远镜的放大率以外，还与人眼的分辨能力，目标的形状、大小、颜色、亮度和清晰度等有关。因此，在水平角观测时，除适当选择经纬仪外，还应尽量选择适宜的标志、有利的气候条件和观测时间，以削弱照准误差的影响。

5. 读数误差

读数误差与读数设备、照明情况和观测者的经验有关，其中主要取决于读数设备。一般认为，对 DJ6 经纬仪最大估读误差不超过±6″，对 DJ2 经纬仪一般不超过±1″。但如果照明情况不佳，显微镜的目镜未调好焦距或观测者技术不够熟练，估读误差可能大大超过上述数值。

5.7.3 外界条件影响带来的误差

外界环境的影响比较复杂，一般难以由人力来控制。大风可使仪器和标杆不稳定；雾气会使目标成像模糊；松软的土质会影响仪器的稳定；烈日曝晒可使三脚架发生扭转，影响仪器的整平；温度变化会引起视准轴位置变化；大气折光变化致使视线产生偏折等。这些都会给角度测量带来误差。因此，应选择有利的观测条件，尽量避免不利因素对角度测量的影响。

5.7.4 角度测量的注意事项

通过上述分析，为了保证测角精度，观测时必须注意下列事项：

①外业观测前，必须仔细检查仪器、脚架各部分性能，如有问题应及时处理。

②仪器安置的高度应合适，脚架应踩实，中心螺旋拧紧，观测时手不扶脚架，转动照准部及使用各种螺旋时，用力要轻。

③若观测目标的高度相差较大，特别要注意仪器整平。

④对中要准确。测角精度要求越高，或边长越短，则对中要求越严格。

⑤目标应竖直，仔细对准地上标志中心，根据远近选择不同粗细的瞄准标志，应尽可能瞄准标志底部，最好直接瞄准地面上标志中心。

⑥按观测顺序记录水平度盘读数，注意检查限差。发现错误，立即重测。

⑦水准管气泡应在观测前调好，一测回过程中不允许再调，如气泡偏离中心超过 2 格时，应再次整平重测该测回。

⑧观测结果当场计算。当各项限差满足规定要求后，方能搬站。如有超限或错误，应立即重测。

⑨选择有利的观测时间和避开不利的外界因素。

第6章　直线定向及距离测量

6.1　直线定向

地面两点的相对位置，不仅与两点之间的距离有关，还与两点连成的直线方向有关。确定直线的方向称直线定向，即确定直线和某一参照方向（称标准方向）的关系。

6.1.1　标准方向的种类

标准方向应有明确的定义并在一定区域的每一点上能够唯一确定。在测量中经常采用的标准方向有3种，即真子午线方向、磁子午线方向和坐标纵轴方向。

1. 真子午线方向

过地球某点及地球的北极和南极的半个大圆为该点的真子午线，通过该点真子午线的切线方向称为该点的真子午线方向，它指出地面上某点的正北和正南方向。真子午线方向是用天文测量方法或用陀螺经纬仪来测定的。

2. 磁子午线方向

自由悬浮的磁针静止时，磁针北极所指的方向是磁子午线方向，又称磁北方向。磁子午线方向可用罗盘仪来测定。

由于地球南北极与地磁场南北极不重合，故真子午线方向与磁子午线方向也不重合，它们之间的夹角为δ，称为磁偏角，如图6-1所示。磁子午线北端在真子午线以东为东偏，其符号为正；在西时为西偏，其符号为负。磁偏角δ的符号和大小因地而异，在我国，磁偏角δ的变化约在$+6°$（西北地区）到$10°$（东北地区）之间。

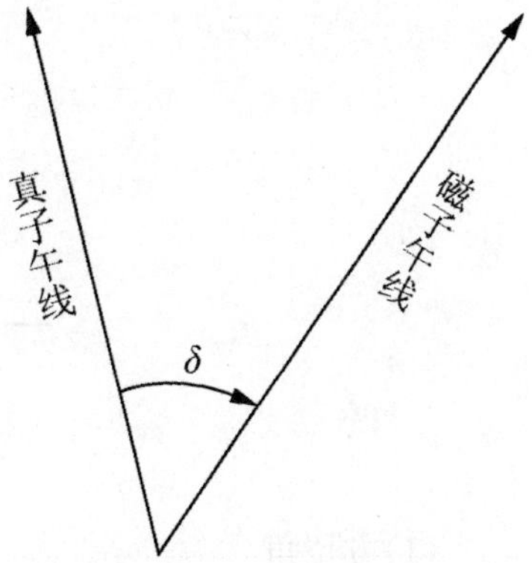

图6-1　磁偏角

3. 坐标纵轴方向

由于地面上任何两点的真子午线方向和磁子午线方向都不平行，这会给直线方向的计算带来不便。采用坐标纵轴作为标准方向，在同一坐标系中任何点的坐标纵轴方向都是平行的，这给使用上带来极大方便。因此，在平面直角坐标系中，一般采用坐标纵轴作为标准方向，称坐标纵轴方向，又称坐标北方向。

前已述及，我国采用高斯平面直角坐标系，在每个6°带或3°带内都以该带的中央子午线作为坐标纵轴。如采用假定坐标系，则用假定的坐标纵轴（x轴）。如图6-2所示，以过O点的真子午线作为坐标纵轴，任意点A或B的真子午线方向与坐标纵轴方向间的夹角就是任意点与O点间的子午线收敛角γ，当坐标纵轴方向的北端偏向真子午线方向以东时，γ定为正值，偏向西时γ定为负值。

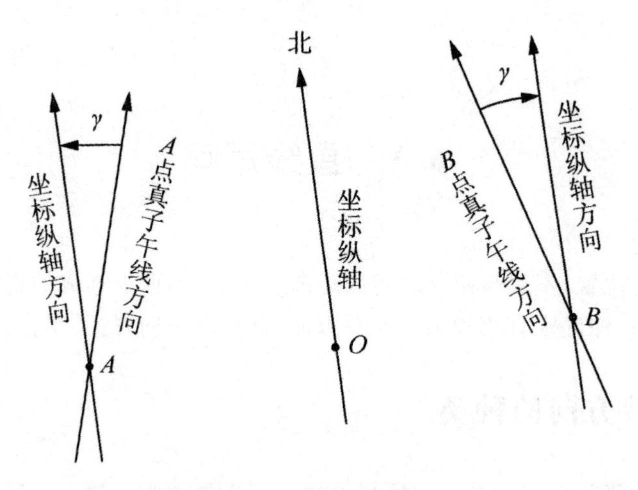

图 6-2　坐标纵轴

6.1.2　方位角

从标准方向的北端量起，沿着顺时针方向量到直线的水平角称为该直线的方位角，如图6-3的取值范围为0°～360°。

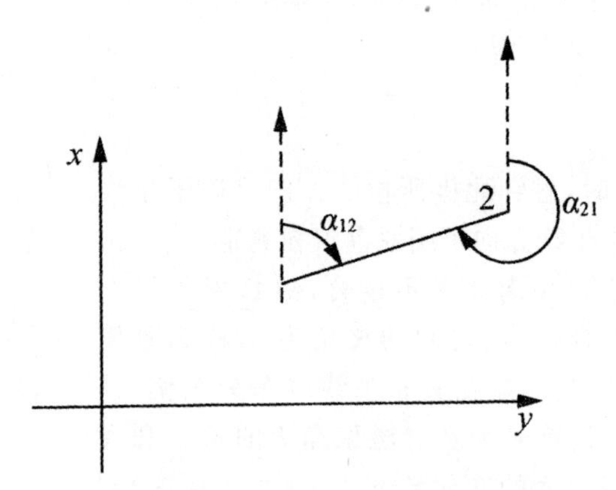

图 6-3　正反坐标方位角

（1）方位角

从真子午方向的北端起，按顺时针方向量至某直线间的水平角，称为该直线的真方位角，用A表示。

（2）磁方位角

从磁子午线方向的北端起，按顺时针方向量至某直线间的水平角，称为该直角线的磁方位角，用 A_m 表示。

(3)坐标方位角

从平行于坐标纵轴的方向线的北端起，按顺时针方向量至直线的水平角，称为该直线的坐标方位角，以 α 表示，通常简称为方向角。

(4)正反方位角

若规定直线一端量得的方位角为正方位角，则直线另一端量得的方位角为反方位角，正反方位角是不相等的，如图 6-3 所示。

6.1.3　用罗盘仪测定磁方位角

1. 罗盘仪的构造

如图 6-4 所示，罗盘仪(compass)是测量直线磁方位角的仪器，仪器构造简单，使用方便，但精度不高，外界环境对仪器的影响较大，如钢铁建筑和高压电线都会影响其精度。

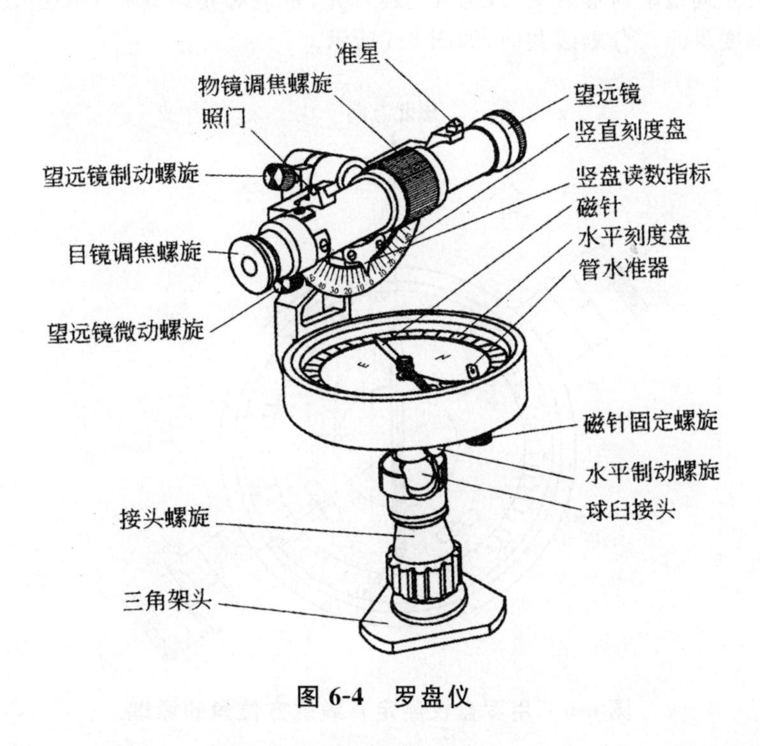

图 6-4　罗盘仪

当测区内没有国家控制点可用，需要在小范围内建立假定坐标系的平面控制网时，可用罗盘仪测量磁方位角，作为该控制网起始边的坐标方位角。

罗盘仪的主要部件有磁针、刻度盘、望远镜和基座，如图 6-5 所示。

(1)磁针

磁针用人造磁铁制成，磁针在度盘中心的顶针尖上可自由转动。为了减轻顶针尖的磨损，在不用时，可用位于底部的固定螺旋升高杠杆，将磁针固定在玻璃盖上。

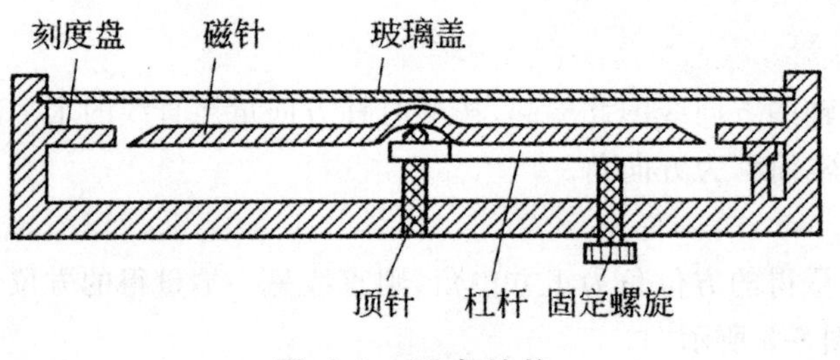

图 6-5 罗盘结构

(2)刻度盘

用钢或铝制成的圆环,随望远镜一起转动,每隔 10°有一注记,按逆时针方向从 0°注记到 360°,最小分划为 1′或 30′。刻度盘内装有一个圆水准器或者两个相互垂直的管水准器,用手控制气泡居中,使罗盘仪水平。

(3)望远镜

与经纬仪的望远镜结构基本相似,也有物镜对光、目镜对光螺旋和十字丝分划板等,其望远镜的视准轴与刻度盘的 0°分划线共面,如图 6-6 所示。

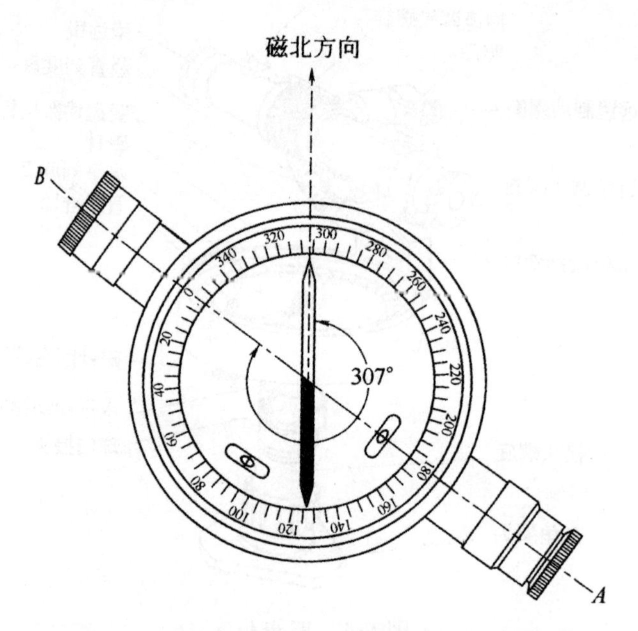

图 6-6 用罗盘仪测定直线磁方位角的原理

(4)基座

采用球臼结构,松开球臼接头螺旋,可摆动刻度盘,使水准气泡居中,度盘处于水平位置,然后拧紧接头螺旋。

2. 用罗盘仪测定直线磁方位角的方法

欲测直线 AB 的磁方位角,将罗盘仪安置在直线起点 A,挂上垂球对中,松开球臼接头螺旋,用手前、后、左、右转动刻度盘,使水准器气泡居中,拧紧球臼接头螺旋,使仪器处于对中和整平状态。松开磁针固定螺旋，让它自由转动，然后转动罗盘，用望远镜照准 B 点标志，待磁针静止后，按磁针北端（一般为黑色一端）所指的度盘分划值读数，即为直线 AB 的磁方位角角值，如图 6-6 所示。

使用时，要避开高压电线并避免铁质物体接近罗盘，在测量结束后，要旋紧固定螺旋将磁针固定。

6.1.4　象限角

如图 6-7 所示，由坐标纵轴的北端或南端起，顺时针或逆时针至某直线间所夹的锐角，并注出象限名称，称为该直线的象限角，以 R 表示，角值范围为 $0°\sim90°$。直线 O_1，O_2，O_3，O_4 的象限分别为北东 RO_1、南东 RO_2、南西 RO_3 和北西 RO_4。坐标方位角与象限角的换算关系见表 6-1。

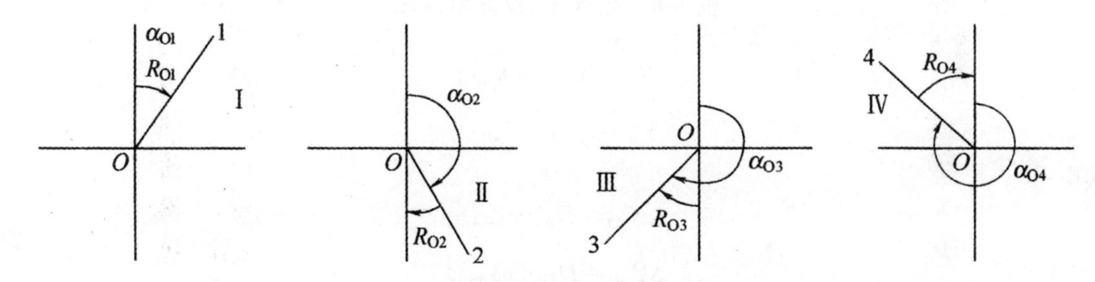

图 6-7　坐标方位及象限角的换算关系

表 6-1　坐标方位角与象限角的换算关系

直线方向	由坐标方位角推算象限角	由象限角推算坐标方位角
北东，第Ⅰ象限	$R=\alpha$	$\alpha=R$
南东，第Ⅱ象限	$R=180°-\alpha$	$\alpha=180°-R$
南西，第Ⅲ象限	$R=\alpha-180°$	$\alpha=R+180°$
北西，第Ⅳ象限	$R=360°-\alpha$	$\alpha=360°-R$

6.1.5　坐标正、反算

1. 坐标正算

根据已知点的坐标、已知边长及该边的坐标方位角计算未知点的坐标的方法，称为坐标正算。

如图 6-8 所示，A 为已知点，坐标为 X_A，Y_A，已知 AB 边长为 D_{AB}，坐标方位角为 α_{AB} 要求 B 点坐标 X_B，Y_B。由图 6-8 可知

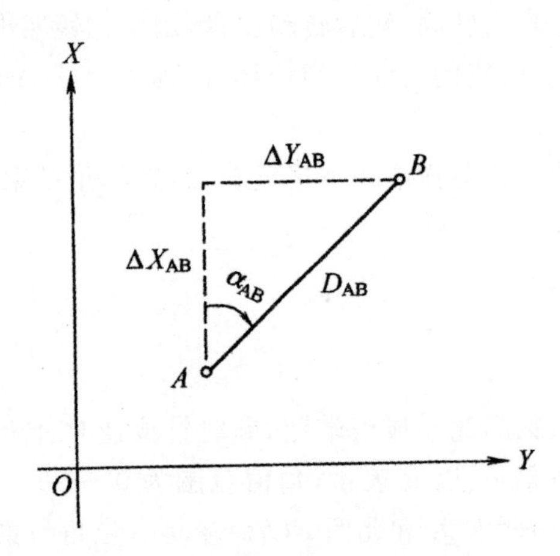

图 6-8　坐标正、反算示意图

$$\left.\begin{aligned} X_B &= X_A + \Delta X_{AB} \\ Y_B &= Y_A + \Delta Y_{AB} \end{aligned}\right\} \tag{6-1}$$

其中

$$\left.\begin{aligned} \Delta X_{AB} &= D_{AB}\cos\alpha_{AB} \\ \Delta Y_{AB} &= D_{AB}\sin\alpha_{AB} \end{aligned}\right\} \tag{6-2}$$

式中，sin 和 cos 的函数值随着 α 所在象限的不同有正、负之分，因此，坐标增量同样具有正、负号。其符号与 α 角值的关系见表 6-2。

当用计算器进行计算时，可直接显示 sin 和 cos 的正、负号。

表 6-2　坐标增量正负号与 α 角值关系

象限	方向角 α	$\cos\alpha$	$\sin\alpha$	ΔX	ΔY
Ⅰ	0°～90°	+	+	+	+
Ⅱ	90°～180°	−	+	−	+
Ⅲ	180°～270°	−	−	−	−
Ⅳ	270°～360°	+	−	+	−

2. 坐标反算

根据两个已知点的坐标计算出两点间的边长及其方位角，称为坐标反算。

由图 6-8 可知

$$D_{AB} = \sqrt{\Delta X_{AB}^2 + \Delta Y_{AB}^2} = \sqrt{(X_B - X_A)^2 + (Y_B - Y_A)^2} \tag{6-3}$$

$$\alpha_{AB} = \tan^{-1}\frac{\Delta Y_{AB}}{\Delta X_{AB}} = \tan^{-1}\frac{Y_B - Y_A}{X_B - X_A} \tag{6-4}$$

6.2　钢尺量距

6.2.1　量距工具

1. 钢尺

钢尺量距的首要工具是钢尺，又称钢卷尺。尺的宽度约为 10～15 mm，厚度约为 0.3～0.4 mm，长度有 20 m，30 m，50 m，100 m 等几种。最小刻画到毫米，有的钢尺仅在 0～1 dm 之间刻画到毫米，其他部分刻画到厘米。在分米和米的刻画处，注有数字注记。钢尺卷在圆形金属盒中或金属尺架内，便于携带使用，如图 6-9 所示。

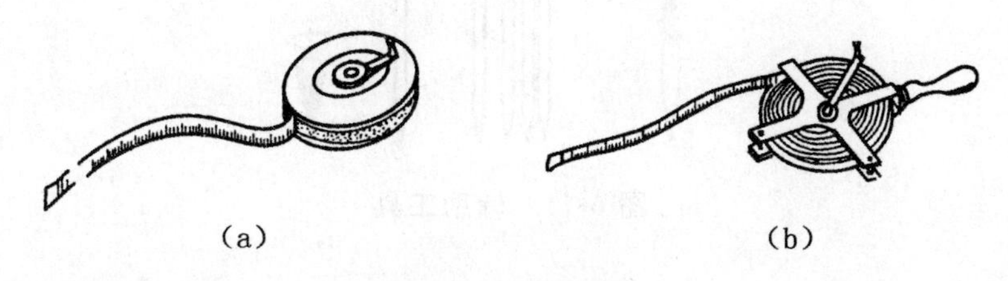

(a)　　　　(b)

图 6-9　钢卷尺

钢卷尺由于尺的零点位置不同，有刻线尺和端点尺之分，如图 6-10 所示。刻线尺是在尺上刻出零点的位置；端点尺是以尺的端部、金属环的最外端为零点，从建筑物的边缘开始丈量时用端点尺很方便。

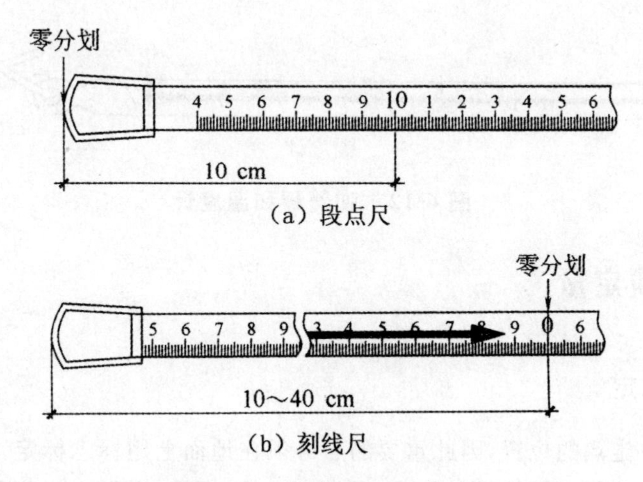

(a) 段点尺

(b) 刻线尺

图 6-10　刻线尺和端点尺

2. 钢尺量距的辅助工具

钢尺量距的辅助工具有测钎、标杆、垂球等。如图 6-11 所示，测钎亦称测针，用直径 5 mm

左右的粗钢丝制成，长 30～40 cm，上端弯成环形，下端磨尖，一般以 11 根为一组，穿在铁环中，用来标定尺的端点位置和计算整尺段数；标杆又称花杆，直径 3～4 cm，长 2～3 m，杆身涂以 20 cm 间隔的红、白漆，下端装有锥形铁尖，主要用于标定直线方向；垂球用于在不平坦地面丈量时将钢尺的端点垂直投影到地面。当进行精密量距时，还需配备弹簧秤和温度计，弹簧秤用于对钢尺施加规定的拉力，温度计用于测定钢尺量距时的温度，以便对钢尺丈量的距离施加温度改正，如图 6-12 所示。

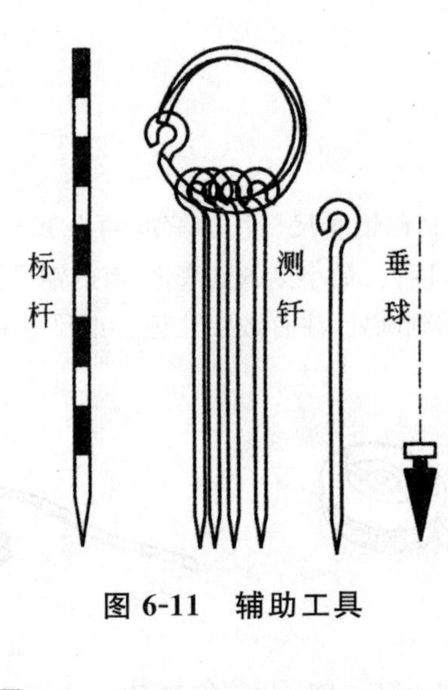

图 6-11　辅助工具

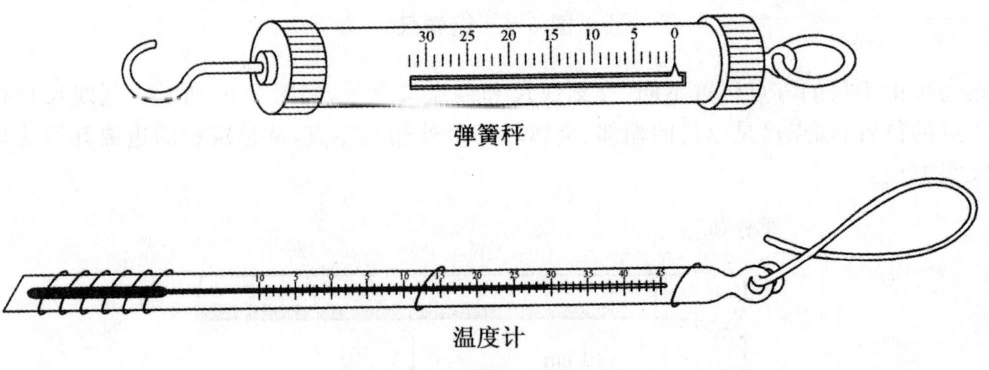

图 6-12　弹簧秤和温度计

6.2.2　直线定量

1. 地面点的标定

测量工作主要决定点的位置，因此重要的点必须在地面上用标志标定下来。点的标志种类很多，根据用途不同，可用不同的材料制成，通常有木桩、石桩、混凝土标石及测钎等。标志的选择，应根据对点位稳定程度的要求、使用年限、土壤性质等因素，并考虑节约的原则，尽可能做到就地取材。当要求稳定性较高而土质又较松软时，应该选择较长标志，如木桩、石桩及水泥桩，埋入土中也要深些。反之，当使用期限较短时，可用长 30 cm，顶面约为 3～6 cm^2 的小木桩，打入土中作为标志。在标志顶部标一小钉作为标志中心，以示点的精确位置，并在桩的顶面或侧面的适当地方用红油漆注明点的编号，以便管理和使用。为了保护和便于寻找这些目标，根据点的重要程度，可以在点的周围挖成小沟，并记载它附近的地物且描绘成草图。

在测量时，为了使观测者能在远处瞄准点位，还需在点位的标志上竖立各种形式的觇标，觇标的种类很多，常用的有花杆、旗杆等。花杆一般长 2～3 m、直径 3～4 cm，杆身涂有 20 cm 相间的红、白油漆。立花杆时，可在花杆上缠绕细铁丝，并沿三个方向拉紧，花杆就可以直立在点上。

2. 直线的定线

由于所丈量的边长大于整尺长而在欲量直线的方向上作一些标记以表明直线的走向称为直线定线。定线时，可采用目测定位法或者经纬仪定线法两种。

(1)经纬仪定线法

当丈量距离精度要求较高或测角量边同时进行时，可直接用经纬仪定线。如图 6-13 所示，把经纬仪安置在 A 点后，瞄准 B 点，然后固定仪器照准部，在望远镜的视线方向上，用花杆定出 1、2、3 等点。

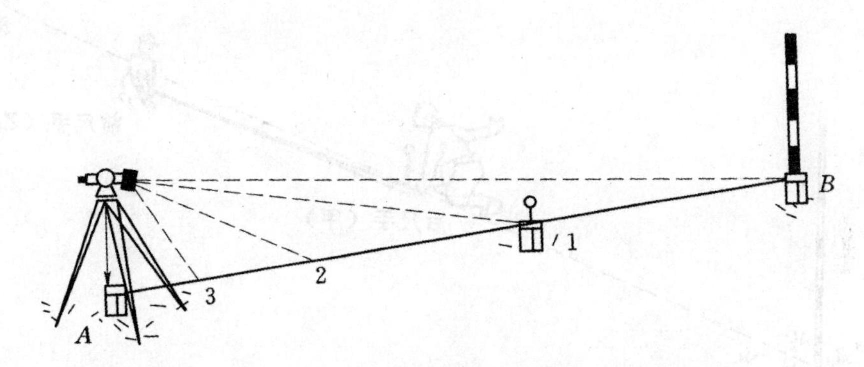

图 6-13　经纬仪定线法

(2)目测法定线

如图 6-14，在 A、B 上竖立标杆，一测量员在 A 点后沿着 AB 方向瞄向 B 点，另一测量员在中间移动另一标杆至 AB 视线上，确定 2 点。要求 A2、21、1B 距离小于一整尺长。

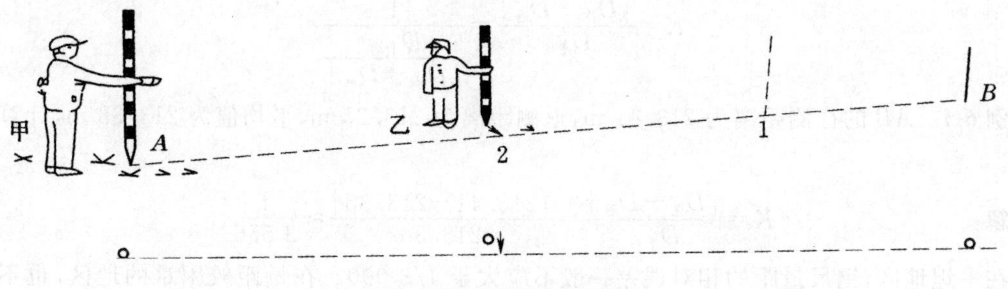

图 6-14　目测定位法

6.2.3 一般量距方法

1. 平坦地面的丈量方法

如图 6-15 所示，丈量工作一般由两人进行。后尺手甲持钢尺零端站在起点 A 处，前尺手乙持钢尺末端沿直线方向前进，至一尺段长处停下。甲指挥乙将钢尺拉在 AB 直线上，甲把尺的零端对准起点，甲、乙同时拉紧钢尺，乙将测钎对准钢尺末端刻画垂直插入地面（在坚硬地面处，可用铅笔在地面划线作标记）。量完第一尺段后，甲乙举尺前进，同法丈量第二尺段。依此丈量，直到最后量出不足一整尺的余长，乙在钢尺上读取余长值 q。A、B 两点间的水平距离为

$$D=nl+q \tag{6-5}$$

式中，n 为整尺段数；l 为钢尺整尺段长度；q 为不足一整尺的余长。

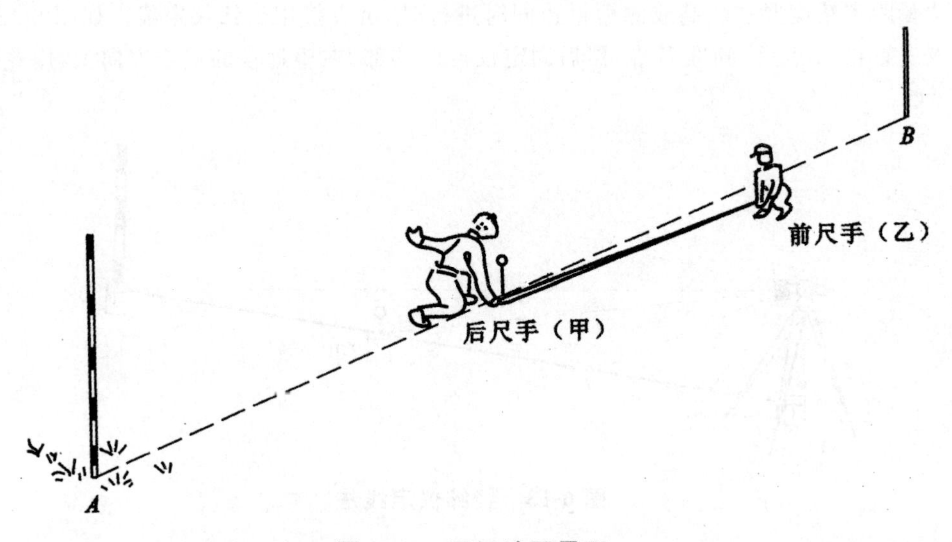

图 6-15　平坦地面量距

为了防止错误和提高丈量精度，需要往、返丈量，取平均值为最后结果。量距精度以相对误差 K 表示，通常化成分子为 1 的分数形式。相对误差用下式表示：

$$K=\frac{|D_{往}-D_{返}|}{D_{平均}}=\frac{1}{\dfrac{D_{平均}}{|D_{往}-D_{返}|}}$$

例 6-1　AB 的往测距离为 213.41 m，返测距离为 213.35 m，平均值为 213.38 m，计算相对误差。

解：

$$K=\frac{|D_{往}-D_{返}|}{D_{平均}}=\frac{|213.41-213.35|}{213.38}\approx\frac{1}{3\ 556}$$

在平坦地区，钢尺量距的相对误差一般不应大于 1/3 000。在量距较困难的地区，也不应大于 1/1 000。

2. 倾斜地面的丈量方法

(1)平量法

当倾斜地面地势起伏不大时，可将钢尺水平拉直丈量，如图 6-16 所示。尺子的水平情况可由第三人在尺子侧旁适当位置用目估判定。一般使尺子一端靠地，另一端用锤球线紧靠尺子的某分划，使锤球自由下坠，其尖端在地面上击出的印子作为该分划的水平投影位置。各测段丈量结果总和即为 AB 水平距离。

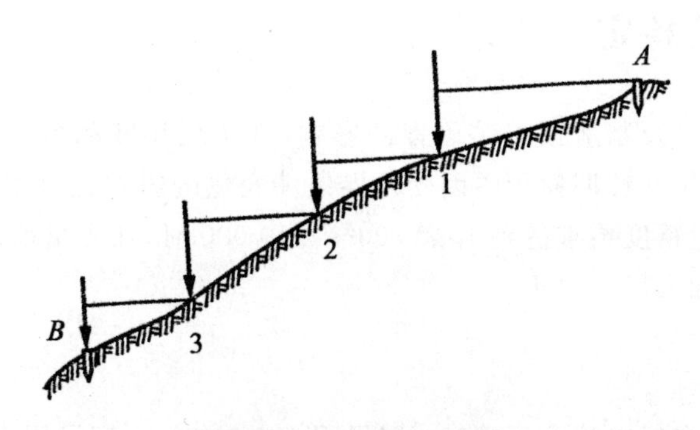

图 6-16　平量法示意图

(2)斜量法

如图 6-17 所示，当地面坡度较大时，可以直接量出 AB 的斜距 L，测定出 AB 的高差 h，按式(6-6)或式(6-7)中任一公式计算水平距离。公式为

$$D=\sqrt{L^2-h^2} \tag{6-6}$$

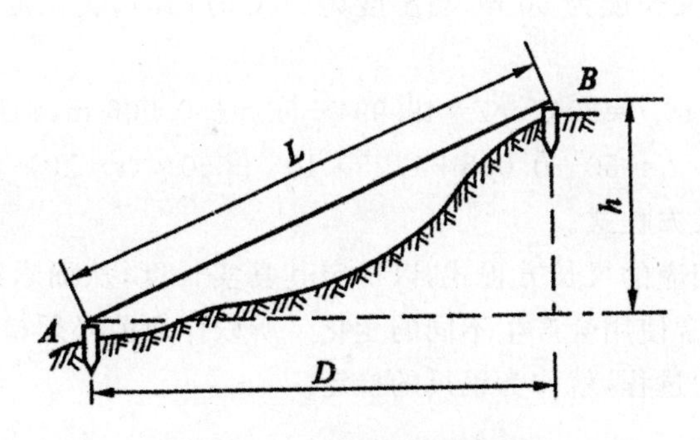

图 6-17　斜量法示意图

$$D=L+\Delta L_h=L-\frac{h^2}{2L} \tag{6-7}$$

式中，ΔL_h 为倾斜改正，用下式表示。

$$\Delta L_h=-\frac{h^2}{2L} \tag{6-8}$$

式(6-7)的证明如下：

$$L^2-D^2=h^2$$

$$(L-D)(L+D)=h^2$$

$$L-D=\frac{h^2}{L+D}$$

由于 h 与 L 相比总是小得多，因此 $L+D\approx 2L$，则

$$L-D\approx\frac{h^2}{2L}$$

$$D=L-\frac{h^2}{2L}$$

6.2.4 钢尺的检定

由于钢尺材料的质量及制造误差等因素的影响，其实际长度和名义长度(即尺上所注的长度)往往不一样，而且钢尺在长期使用中因受外界条件变化的影响也会引起尺长的变化。因此，在精密量距中，距离丈量精度要求达到1/40 000～1/10 000时，在丈量前必须对所用钢尺进行检定，以便在丈量结果中加入尺长改正。

1. 尺长方程式

所谓尺长方程式即在标准拉力下(30 m钢尺用100 N，50 m钢尺用150 N)钢尺的实际长度与温度的函数关系式。其形式为

$$l_t=l_0+\Delta l+\alpha l_0(t-t_0) \tag{6-9}$$

式中，l_t 为钢尺在温度 t 时的实际长度；l_0 为钢尺的名义长度；Δl 为尺长改正数，即钢尺在温度 t_0 时的改正数，等于实际长度减去名义长度；α 为钢尺的线膨胀系数，其值取为 1.25×10^{-5}℃；t_0 为钢尺检定时的标准温度(20℃)；t 为丈量时的温度。

例6-2 某钢尺的名义长度为50 m，当温度为20℃时，其真实长度为49.994 m。求该钢尺的尺长方程式。

解：根据题意 $l_0=50$ m，$t=20$℃，$\Delta l=49.994-50=-0.006$ m，则该钢尺的尺长方程式为

$$l_t=50-0.006+1.25\times10^{-5}\times50\times(t-20)$$

这就是该钢尺的尺长方程式。

每一根钢尺都有一相应的尺长方程式，以确定其真实长度，从而求得被量距离的真实长度。尺长改正数 Δl 因钢尺经常使用会产生不同的变化。所以作业前必须检定钢尺，以确定其尺长方程式。确定尺长方程式的过程，就称为钢尺的检定。

2. 钢尺的检定方法

(1)比长检定法

钢尺检定最简单的方法就是比长检定法，该法是用一根已有尺长方程式的钢尺作为标准尺，使作业尺与其比较从而求得作业钢尺的尺长方程式的方法。检定时，最好选在阴天或阴凉处，将标准钢尺与作业钢尺并排伸展在平坦的地面上，两钢尺零分划端各连接弹簧秤一支，使两尺末端分划线对齐并在一起，由一人拉着两尺，另一人辅助保持对齐状态，喊“预备”。听到口令，零分划端两人各拉一弹簧秤，当钢尺达到标准拉力时在零分划端的观测员将两尺的零分划线之间的差值 $\delta l(\delta l=l_{作}-l_{标})$ 读出，估读至0.5 mm，如此比较3次，若互差不超过2 mm，取中数作为最后结果。由于拉力相同，温度相同，若钢尺膨胀系数也相同，两尺长度之差值就是两尺尺长方程式的

差值。这样就能根据标准钢尺的尺长方程式计算出被检定钢尺的尺长方程式。

例 6-3　设 1 号标准尺的尺长方程式为 $l_{t1}=30+0.004+1.25\times10^{-5}\times30\times(t-20)$。被检定的 2 号钢尺，其名义长度也为 30 m，当两尺末端刻画对齐并施加标准拉力后，2 号钢尺比 1 号钢尺短 0.007 m，比较时的温度为 24℃。求 2 号作业钢尺的尺长方程式。

解：根据比较结果，可以得出

$$l_{t2}=l_{t1}-0.007$$

即

$$\begin{aligned}l_{t2}&=30+0.004+1.25\times10^{-5}\times30\times(t-20)-0.007\\&=30+0.004+(1.25\times10^{-5}\times30\times24-1.25\times10^{-5}\times30\times20)-0.007\\&=30+0.004+(0.009-0.008)-0.007\\&=30+0.004+0001-0.007\\&=30-0.002\end{aligned}$$

故 2 号钢尺的尺长方程为

$$l_{t2}=30-0.002+1.25\times10^{-5}\times30\times(t-24)$$

若将检定温度化成 20℃，则

$$l_{t2}=30+0.004+1.25\times10^{-5}\times(t-20)\times30-0.07$$

即

$$l_{t2}=30-0.003+1.25\times10^{-5}\times(t-20)\times30$$

(2)基线检定法

如果检定精度要求得更高一些，可在国家测绘机构已测定的已知精确长度的基线场进行量距，用欲检定的钢尺多次丈量基线长度，推算出尺长改正数及尺长方程式。

设基线长度为 D，丈量结果为 D'，钢尺名义长度为 l_0，则尺长改正数 Δl 为

$$\Delta l=\frac{D-D'}{D'}l_0 \tag{6-10}$$

再将结果改化为标准温度 20℃时的尺长改正数，即得到标准尺长方程式。

例 6-4　设基线长为 120.230 m，用名义长度为 30 m 的作业钢尺丈量基线的结果是 120.303 m，丈量时的温度为 14℃，求作业钢尺的尺长方程式。

解：根据题意，全长的差值为：120.230－120.303＝－0.073 m，一整尺段的改正数为

$$\Delta l=\frac{-0.073}{120.303}\times30=-0.018\ \text{m}$$

所以，作业钢尺在检定温度为 14℃时的尺长方程式为

$$l_{作}=30-0.018+1.25\times10^{-5}\times30(t-14)$$

若将检定时的温度改为标准温度 20℃，则尺长方程式为

$$\begin{aligned}l_{作}&=30-0.018+1.25\times10^{-5}\times30(20-14)+1.25\times10^{-5}\times30(t-20)\\&=30-0.016+1.25\times10^{-5}\times(t-20)\end{aligned}$$

应当指出：由于温度改正实际上往往是非线性的，因此，当丈量精度要求较高时，钢尺作业时的温度与检定时的温度就不能相差过大(规定温差限度为±15℃)，若温差超过规定限度，则应重新检定钢尺。

6.2.5 钢尺的精密距量定

当用钢尺进行精密量距时,钢尺必须经过检定并得出在检定时拉力与温度的条件下应有的尺长方程式。丈量前应先用经纬仪定线。如地势平坦或坡度均匀,可将测得的直线两端点高差作为倾斜改正的依据;若沿线地面坡度有起伏变化,标定木桩时应注意在坡度变化处两木桩间距离略短于钢尺全长,木桩顶高出地面 2～3 cm,桩顶用“＋”来标示点的位置,用水准仪测定各坡度变换点木桩桩顶间的高差,作为分段倾斜改正的依据。丈量时钢尺两端都对准尺段端点进行读数,如钢尺仅零点端有毫米分划,则须以尺末端某分米分划对准尺段一端以便零点端读出毫米数。每尺段丈量三次,以尺子的不同位置对准端点,其移动量一般在 1 dm 以内。三次读数所得尺段长度之差视不同要求而定,一般不超过 2～5 mm,若超限,须进行第四次丈量。丈量完成后还须进行成果整理,即改正数计算,最后得到精度较高的丈量成果。

1. 尺长改正 Δl_1

由于钢尺的名义长度和实际长度不一致,丈量时就产生误差。设钢尺在标准温度、标准拉力下的实际长度为 l,名义长度为 l_0,则一整尺的尺长改正数为

$$\Delta l = l - l_0$$

每量一米的尺长改正数为

$$\Delta l_{米} = \frac{l - l_0}{l_0}$$

丈量 D' 距离的尺长改正数为

$$\Delta l_1 = \frac{l - l_0}{l_0} D' \tag{6-11}$$

钢尺的实长大于名义长度时,尺长改正数为正,反之为负。

2. 温度改正 Δl_t

丈量距离都是在一定的环境条件下进行的,温度的变化对距离将产生一定的影响。设钢尺检定时温度为 t_0,丈量时温度为 t,钢尺的线膨胀系数 α 一般为 $1.25 \times 10^{-5}/℃$,则丈量一段距离 D' 的温度改正数为

$$\Delta l_t = \alpha (t - t_0) D' \tag{6-12}$$

若丈量时温度大于检定时温度,改正数 Δl_t 为正;反之为负。

3. 倾斜改正 Δl_h

设量得的倾斜距离为 D',两点间测得高差为 h,将 D' 改算成水平距离 D 需加倾斜改正 Δl_h,一般用下式计算

$$\Delta l_h = \frac{h^2}{2D'} \tag{6-13}$$

倾斜改正数 Δl_h 永远为负值。

4. 全长计算

将测得的结果加上上述三项改正值,即得

$$D=D'+\Delta l_1+\Delta l_t+\Delta l_h \tag{6-14}$$

相对误差在限差范围之内，取平均值为丈量的结果，如相对误差超限，应重测。

6.2.6　钢尺量距的误差分析及注意事项

1. 钢尺量距的误差分析

影响钢尺量距精度的因素很多，下面简要分析产生误差的主要来源和注意事项。

(1)尺长误差

钢尺的名义长度与实际长度不符，就产生尺长误差，用该钢尺所量距离越长，则误差累积越大。因此，新购的钢尺必须进行检定，以求得尺长改正值。

(2)温度误差

钢尺丈量的温度与钢尺检定时的温度不同，将产生温度误差。尺温每变化 8.5℃，尺长改变 1/10 000，按照钢的线膨胀系数计算，温度每变化 1℃，丈量距离为 30 m 时对距离的影响为 0.4 mm。在一般量距时，丈量温度与标准温度之差不超过±8.5℃时，可不考虑温度误差。但精密量距时，必须进行温度改正。

(3)拉力误差

钢尺在丈量时的拉力与检定时的拉力不同而产生误差。拉力变化 68.6 N，尺长将改变 1/10 000。以 30 m 的钢尺来说，当拉力改变 30～50 N 时，引起的尺长误差将有 1～1.8 mm。如果能保持拉力的变化在 30N 范围之内，这对于一般精度的丈量工作是足够的。对于精确的距离丈量，应使用弹簧秤，以保持钢尺的拉力是检定时的拉力。30 m 钢尺施力 100 N，50 m 钢尺施力 150 N。

(4)钢尺倾斜和垂曲误差

量距时钢尺两端不水平或中间下垂成曲线时，都会产生误差。因此丈量时必须注意保持尺子水平，整尺段悬空时，中间应有人托住钢尺，精密量距时须用水准仪测定两端点高差，以便进行高差改正。

(5)定线误差

由于定线不准确，所量得的距离是一组折线而产生的误差称为定线误差。丈量 30 m 的距离，若要求定线误差不大于 1/2 000，则钢尺尺端偏离方向线的距离就不应超过 0.47 m；若要求定线误差不大于 1/10 000，则钢尺的方向偏差不应超过 0.21 m。在一般量距中，用标杆目估定线能满足要求。但精密量距时需用经纬仪定线。

(6)丈量误差

丈量时插测钎或垂球落点不准，前、后尺手配合不好以及读数不准等产生的误差均属于丈量误差。这种误差对丈量结果影响可正可负，大小不定。因此，在操作时应认真仔细、配合默契，以尽量减少误差。

2. 量距时的注意事项

①伸展钢卷尺时，要小心慢拉，钢尺不可卷扭、打结。若发现有扭曲、打结情况，应细心解开，不能用力抖动，否则容易造成折断。

②丈量前，应辨认清钢尺的零端和末端。丈量时，钢尺应逐渐用力拉平、拉直、拉紧，不能突然猛拉。丈量过程中，钢尺的拉力应始终保持鉴定时的拉力。

③转移尺段时，前、后拉尺员应将钢尺提高，不应在地面上拖拉摩擦。以免磨损尺面分划，钢尺伸展开后，不能让车辆从钢尺上通过，否则极易损坏钢尺。

④测钎应对准钢尺的分划并插直。如插入土中有困难，可在地面上标志一明显记号，并把测钎尖端对准记号。

④单程丈量完毕后，前、后尺手应检查各自手中的测钎数目，避免加错或算错整尺段数。一测回丈量完毕，应立即检查限差是否合乎要求。不合乎要求时，应重测。

⑥丈量工作结束后，要用软布擦干净尺上的泥和水。然后涂上机油，以防生锈。

6.3 视距测量

视距测量是根据几何光学原理测距的一种方法。视距测量可分为精密视距测量和普通视距测量。目前精密视距测量已被光电测距仪所取代。普通视距测量的测距精度虽仅有$\frac{1}{300}\sim\frac{1}{200}$，但由于操作简便迅速，不受地形起伏限制，可同时测定距离和高差，被广泛用于测距精度要求不高的地形测量中。

6.3.1 普通视距测量原理

经纬仪、水准仪等测量仪器的十字丝分划板上，都有与横丝平行、等距对称的两根短丝，称为视距丝。利用视距丝配合标尺就可以进行视距测量。

1. 视准轴水平时的距离与高差公式

如图 6-18 所示，在 A 点安置仪器，并使视准轴水平，在 1 点或 2 点立标尺，视准轴与标尺垂直。对于倒像望远镜，下丝在标尺上读数为 a，上丝在标尺上读数为 b，下、上丝读数之差称为视距间隔或尺间隔 $l(l=a-b)$。由于上、下丝间距固定，两根丝引出的视线在竖直面内的夹角 φ 是一个固定角度(约为 $34'23''$)。因此，尺间隔 l 和立尺点到测站的水平距离 D 成正比，即

$$\frac{D_1}{l_1}=\frac{D_2}{l_2}=K$$

比例系数 K 称为视距乘常数，由上、下丝的间距来决定。制造仪器时，通常使 $K=100$。因而视准轴水平时的视距公式为

$$D=Kl=100l \tag{6-15}$$

同时由图 6-18 可知，测站点到立尺点的高差为

$$h=i-v \tag{6-16}$$

式中，i 为仪器高，是桩顶到仪器水平轴的高度；v 为中丝在标尺上的读数。

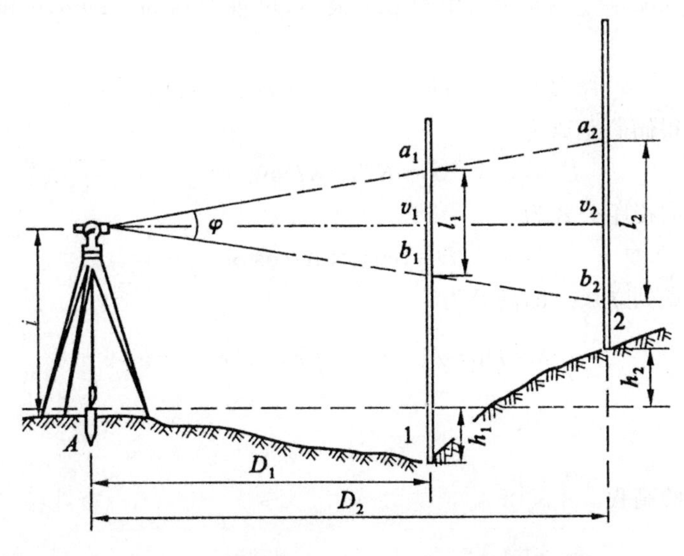

图 6-18　视准轴水平时的视距测量原理

2. 视准轴倾斜时的距离与高差公式

在地面起伏较大的地区测量时，必须使视准轴倾斜才能读取尺间隔，如图 6-19 所示。由于视准轴不垂直于标尺，不能用式(6-15)和式(6-16)。如果能将尺间隔 ab 转换成与视准轴垂直的尺间隔 $a'b'$，就可按式(6-15)计算倾斜距离 L，根据 L 和竖直角 α 算出测站点到立尺点的水平距离 D 和高差 h 以及立尺点的高程。

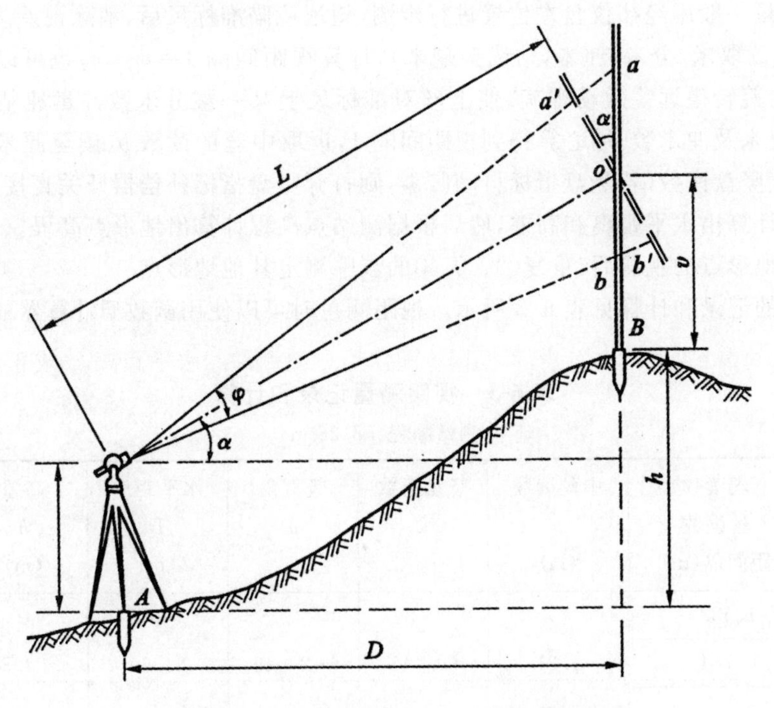

图 6-19　视准轴倾斜时的视距测量原理

图 6-19 中的$\angle aoa'=\angle bob'=\alpha$，由于$\varphi$角很小，可近似认为$\angle aa'o$，0 和$\angle bb'o$是直角，设$l'=a'b'$，$l=ab$，则

$$l'=a'o+ob'=ao\cos\alpha+ob\cos\alpha=l\cos\alpha$$

根据式(6-15)得倾斜距离为

$$L=Kl'=Kl\cos\alpha$$

视准轴倾斜时的视距公式为

$$D=l\cos\alpha=Kl\cos^2\alpha$$

由图 6-19 知，测站点到立尺点的高差为

$$h=D\tan\alpha+i-v=\frac{1}{2}Kl\sin2\alpha+i-v$$

立尺点的高程为

$$H=H_0+h$$

式中，H_0 为测站点的高程。

6.3.2 视距测量的观测与计算

视距测量主要用于地形测量测定测站点至地形点的水平距离及地形点的高程。视距测量的观测步骤如下：

①在测站点(如 A 点)上安置经纬仪，量取仪器高 i(取至厘米)，并抄录测站点的高程 H_A(取至厘米)。

②立标尺于欲测定其位置的地形点上，尽量使尺子竖直，尺面对准仪器。

③视距测量一般用经纬仪盘左位置进行观测，望远镜瞄准标尺后，消除视差读取下丝读数 m 及上丝读数 n(读取米、分米、厘米，估读至毫米)，计算视距间隔 $1=m-n$；也可以直接读出视距间隔，其方法为旋转望远镜微动螺旋，使上丝对准标尺上某一整分米数并迅速估读下丝的毫米数，再读取其分米及厘米数，用心算得到视距间隔 1，读取中丝的读数 v(读至厘米)；使竖盘水准管气泡居中，读竖盘读数(若竖盘指标自动归零，则打开竖盘指标补偿器开关直接读数)。

④按公式计算出水平距离和高差，然后根据测站点高程计算出地形点高程。

完成一个地形点的观测后，重复②、③、④的步骤测定其他地形点。

视距测量的记录和计算见表 6-3 所示。视距测量时可以使用函数型计算器或编程型计算器进行计算。

表 6-3 视距测量记录和计算

测站：A　　　　测站高程：58.26 m　　　　仪器高：1.42 m

照准点号	下丝读数 上丝读数 视距间隔(m)	中丝读数 v (m)	竖盘读数 L ° ′	竖直角 α ° ′	水平距离 D (m)	高差 h (m)	高程 H (m)
1	1.632 0.784 0.848	1.21	92 45	−2 45	84.60	−3.85	54.41

续表

照准点号	下丝读数 上丝读数 视距间隔(m)	中丝读数 v (m)	竖盘读数 L ° ′	竖直角 α ° ′	水平距离 D (m)	高差 h (m)	高程 H (m)
2	2.456 2.052 0.404	2.25	95 27	−5 27	40.04	−4.65	53.61
3	1.730 1.113 0.617	1.42	86 25	+3 35	61.46	+3.85	62.11

注:竖盘公式 $\alpha=90°-L$。

在十分平坦地区也可以用水准仪代替经纬仪采用视准轴水平时的方法进行视距测量。

6.3.3 视距测量误差及注意事项

1. 常数 K 不准确的误差

一般视距常数 $K=100$,但由于视距丝间隔有误差,视距尺有系统性误差,仪器检定有误差,会使 K 值不为 100。K 值误差会使视距测量产生系统误差。K 值应为 100 ± 0.1 之内,否则应加以改正。

2. 视距丝读数误差

视距丝读数误差是影响视距测量精度的重要因素,它与视距远近成正比,距离越远,误差越大。所以视距测量中要根据测网对测量精度的要求限制最远视距。

3. 标尺倾斜误差

视距计算的公式是在视距尺严格垂直的条件下得到的。若视距尺发生倾斜,将给测量带来不可忽视的误差影响。因此,测量时立尺要尽量竖直。在山区作业时,由于地表有坡度而给人一种错觉,使视距尺不易竖直,因此,应采用带有水准器装置的视距尺。

4. 外界气象条件对视距测量的影响

①大气折光的影响。视线穿过大气时会产生折射,其光程从直线变为曲线,造成误差。由于视线靠近地面,折光大,所以规定视线应高出地面 1 m 以上。

②空气对流使视距尺的成像不稳定。这种现象出现在晴天,视线通过水面上空和视线离地表太近时较为突出,成像不稳定造成读数误差的增大,对视距精度影响很大。

③风力使尺子抖动。如果风力较大使尺子不易立稳而发生抖动,分别用两根视距丝读数又不可能严格在同一个时候进行,所以对视距间隔将产生影响。

④减少外界条件影响的唯一办法,只有根据对视距精度的需要而选择合适的天气作业。

6.4 电磁波测距

钢尺量距是一项十分繁重的工作。在山区或沼泽地区使用钢尺更为困难,且视距测量精度又太低。为了提高测距速度和精度,降低测距人员的劳动强度,科研人员发明了能代替钢尺的电子测距仪器——电磁波测距仪。电磁波测距(简称 EDM)是用电磁波(光波或微波)作为载波,传输测距信号,以测量两点间距离的一种方法。与传统的钢尺量距和视距测量相比,EDM 具有测程长、精度高、作业快、工作强度低、几乎不受地形限制等优点。

6.4.1 电磁距技术发展简介

1948 年,瑞典 AGA(阿嘎)公司(现更名为 Geotronics 公司)研制成功了世界上第一台电磁波测距仪,它采用白炽灯发射的光波作载波,应用了大量的电子管元件,仪器相当笨重且功耗大。为避开白天太阳光对测距信号的干扰,只能在夜间作业,测距操作和计算都比较复杂。

1960 年世界上成功研制出了第一台红宝石激光器和第一台氦-氖激光器,1962 年砷化镓半导体激光器研制成功。与白炽灯比较,激光器的优点是发散角小、大气穿透力强,传输的距离远、不受白天太阳光干扰、基本上可以全天候作业。1967 年 AGA 公司推出了世界上第一台商品化的激光测距仪 AGA－8。该仪器采用 5 W 的氦-氖激光器作发光元件,白天测程为 0 km。夜间测程为 60 km,测距精度(5 mm＋1 ppm),主机重量 23 kg。

我国的武汉地震大队也于 1969 年研制成功了 JCY—1 型激光测距仪,1974 年又研制并生产了 JCY—2 型激光测距仪。该仪器采用 2.5 mW 的氦-氖激光器作发光元件,白天测程为 20 km,测距精度(5 mm＋ppm),主机重量 16.3 kg。

随着半导体技术的发展,从 20 世纪 60 年代末 70 年代初起,采用砷化镓发光二极管做发光元件的红外测距仪逐渐在世界上流行起来。与激光测距仪比较,红外测距仪有体积小、重量轻、功耗小、测距快、自动化程度高等优点。但由于红外光的发散角比激光大,所以红外测距仪的测程一般小于 15 km。现在的红外测距仪已经和电子经纬仪及计算机软硬件制造在一起,形成了全站仪,并向着自动化、智能化和利用蓝牙技术实现测量数据的无线传输方向飞速发展。

电磁波测距仪按其所采用的载波可分为:①用微波段的无线电波作为载波的微波测距仪(Microwave EDM Instrument);②用激光作为载波的激光测距仪(Laser EDM Instru-ment);③用红外光作为载波的红外测距仪(Infrared EDM Instrument)。后两者又统称为光电测距仪。微波和激光测距仪多属于长程测距,测程可达 60 km,一般用于大地测量,而红外测距仪属于中、短程测距仪(测程为 15 km 以下),一般用于小地区控制测量、地形测量、地籍测量和工程测量等。

光电测距是一种物理测距的方法,它通过测定光波在两点间传播的时间计算距离,按此原理制作的以光波为载波的测距仪叫光电测距仪。按测定传播时间的方式不同,测距仪分为相位式测距仪和脉冲式测距仪;按测程大小可分为远程、中程和短程测距仪 3 种,见表 6-4。目前工程测量中使用较多的是相位式短程光电测距仪。

表 6-4　光电测距仪的种类

仪器种类	短程光电测距仪器	中程光电测距仪器	远程光电测距仪器
测距	<3 km	3～15 km	>15 km
精度	±(5 mm+5 ppm×D)	±(5 mm+2 ppm×D)	±(5 mm+1 ppm ppm×D)
光源	红外光源(GaAs 发光二极管)	1-GaAs 发光二极管 2-激光管	
测距原理	相位式	相位式	相位式

注：ppm=10^{-6}

6.4.2　电磁波测距仪测距原理

电磁波测距是利用电磁波(微波、光波)作载波，在测线上传输测距信号，测量两点间距离的方法。若电磁波在测线两端往返传播的时间为 t，则两点间距离为

$$D=\frac{1}{2}ct \tag{6-17}$$

式中，c 为电磁波在大气中的传播速度。

测距仪测距原理有以下两种。

(1)脉冲法测距

用红外测距仪测定 A、B 两点间的距离 D，在待测定一端安置测距仪，另一端安放反光镜，如图 6-20 所示。当测距仪发出光脉冲，经反光镜反射，回到测距仪。若能测定光在距离 D 上往返传播时间，即测定反射光脉冲与接收光脉冲的时间差 Δt，则测距公式为

$$D=\frac{c_0}{2n_g}\Delta t \tag{6-18}$$

式中，c_0 为光在真空中的传播速度；n_g 为光在大气中的传输折射率。

此公式为脉冲法测距公式。这种方法测定距离的精度取决于时间 Δt 的量测精度。如要达到±1 cm 的测距精度，时间量测精度应达到 6.7×10^{-11} s，这对电子元件性能要求很高，难以达到。所以一般脉冲法测距常用于激光雷达、微波雷达等远距离测距上，其测距精度为 0.5～1 m。

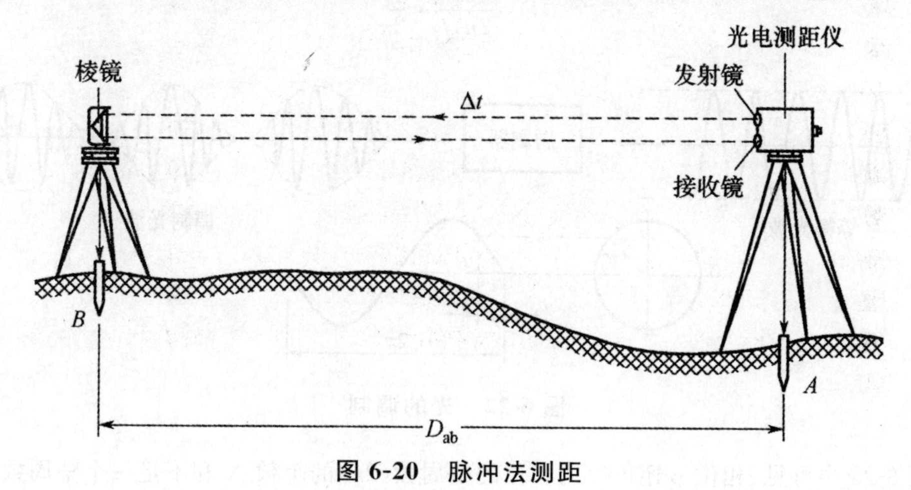

图 6-20　脉冲法测距

(2)相位法测距

在工程中使用的红外测距仪,都是采用相位法测距原理。它是将测量时间变成光在测线中传播的载波相位差,通过测定相位差来测定距离,故称为相位法测距。

红外测距仪采用的是GaAs(砷化镓)发光二极管做光源,其波长为6 700～9 300 A(1 A=10^{-10} m)。由于GaAs发光管耗电省、体积小、寿命长,抗震性能强,能连续发光并能直接调制等特点,目前工程用的基本上以红外测距仪为主。

在GaAs发光二极管上注入一定的恒定电流,它发生的红外光,其光强恒定不变,如图6-21(a)所示。若改变注入电流的大小,GaAs发光管发射光强也随之变化。若对发光管注入交变电流,便使发光管发射的光强随着注入电流的大小发生变化,如图6-21(b)所示,这种光称为调制光。

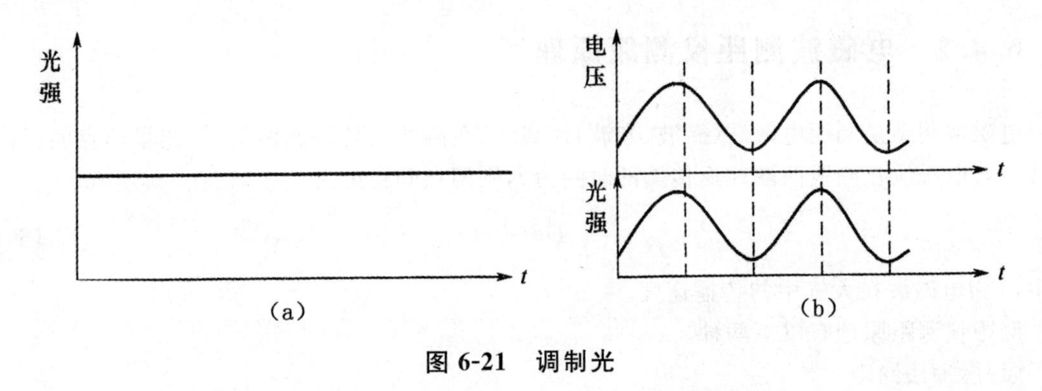

图6-21　调制光

测距仪在A站发射的调制光在待测距离上传播,被B点反光镜反射后又回到A点,被测距仪接收器接收,所经过的时间为t。为便于说明,将反光镜B反射后回到A点的光波沿测线方向展开,则调制光往返经过了$2D$的路程,如图6-22所示。

设调制光的角频率为ω,则调制光在测线上传播时的相位延迟角φ为

$$\varphi=\omega\Delta t=2\pi f\Delta t \tag{6-19}$$

$$\Delta t=\frac{\varphi}{2\pi f} \tag{6-20}$$

将Δt代入式(6-18),得

$$D=\frac{c_0}{2n_g f}\cdot\frac{\varphi}{2\pi} \tag{6-21}$$

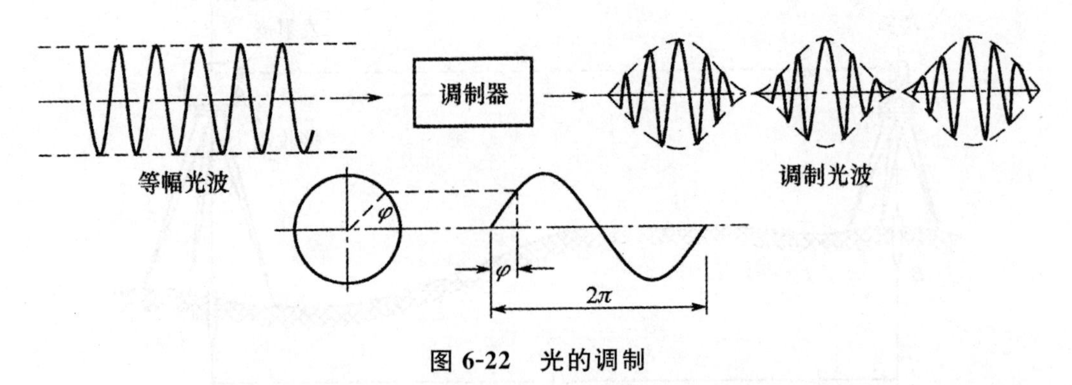

图6-22　光的调制

从图6-23中可见,相位φ还可以用相位的整周数(2π)的个数N和不足一个整周数的$\Delta\varphi$来

表示，则

$$\varphi = N \times 2\pi + \Delta\varphi \tag{6-22}$$

将 φ 代入式(6-21)，得相位法测距基本公式

$$D = \frac{c_0}{2n_g f}\left(N + \frac{\Delta\varphi}{2\pi}\right) = \frac{\lambda}{2}\left(N + \frac{\varphi}{2\pi}\right) \tag{6-23}$$

式中，λ 为调制光的波长，$\lambda = \frac{c_0}{n_g f}$。

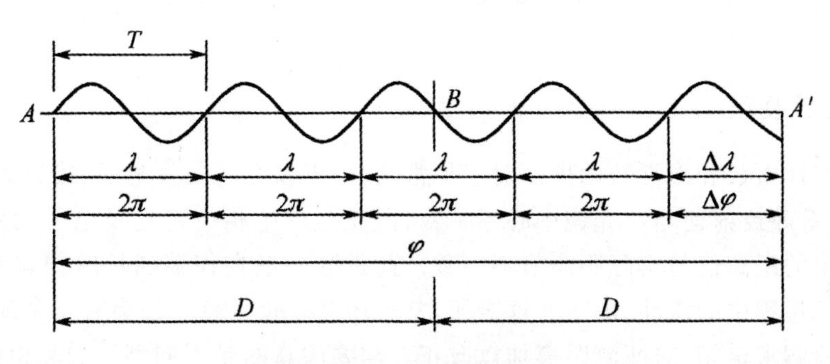

图 6-23　相位法测距

将该式与钢尺量距公式相比，有相像之处。$\lambda/2$ 相当于尺长，N 为整尺段数，$\Delta\varphi/2\pi$ 为不足一整尺段的余长，令其为 ΔN。因此我们常称 $\lambda/2$ 为“光测尺”，令其为 L_s。光尺长度可用式(6-24)、式(6-25)计算

$$L_s = \frac{\lambda}{2} = \frac{c_0}{2n_g f} \tag{6-24}$$

所以

$$D = L_s(N + \Delta N) \tag{6-25}$$

式(6-25)中，n_g 为大气折射率，它是载波波长、大气温度、大气压力、大气湿度的函数。

仪器在设计时，选定发射光源后，发射光源波长 λ 即定，然后确定一个标准温度 t 和标准气压 P，这样可以求得仪器在确定的标准气压条件下的折射率 n_g。而测距时的气温、气压、湿度与仪器设计时选用的标准温度、气压等不一致。所以在测距时还要测定测线的温度和气压对所测距离进行气象改正。

测距仪对于相位 φ 的测定是采用将接收测线上返回的载波相位与机内固定的参考相位在相位计中比相。相位计只能分辨 0～2π 之间的相位变化，即只能测出不足一个整周期的相位差 $\Delta\varphi$ 而不能测出整周数 N。例如，“光尺”为 10 m，只能测出小于 10 m 的距离；光尺 1 000 m 只能测出小于 1 000 m 的距离。由于仪器测相精度一般为 1/1 000，1 km 的测尺测量精度只有米级。测尺越长、精度越低。所以为了兼顾测程和精度，目前测距仪常采用多个调制频率(即 n 个测尺)进行测距。用短测尺(称为精尺)测定精确的小数。用长测尺(称为粗尺)测定距离的大数。将两者衔接起来，就解决了长距离测距数字直接显示的问题。

例如，某双频测距仪，测程为 2 km，设计了精、粗两个测尺，精尺为 10 m(载波频率 f_1=15 MHz)，粗尺为 2 000 m(载波频率 f_2=75 kHz)。用精尺测 10 m 以下小数，粗尺测 10 m 以上大数。如实测距离为 1 156.356 m，其中

精测距离：6.356 m

粗测距离:1 150 m

仪器显示距离:1 156.356 m

对于更远测程的测距仪,可以设几个测尺配合测距。

6.4.3 测距成果计算

一般测距仪测定的是斜距,需对测试成果进行仪器常数改正、气象改正、倾斜改正等,最后求得水平距离。

1. 仪器常数改正

仪器常数有加常数和乘常数两项。对于加常数,由于发光管的发射面、接收面与仪器中心不一致,反光镜的等效反射面与反光镜中心不一致,内光路产生相位延迟及电子元件的相位延迟,使得测距仪测出的距离值与实际距离值不一致。此常数一般在仪器出厂时预置在仪器中,但是由于仪器在搬运过程中的震动、电子元件老化,常数还会变化,因此,还会有剩余加常数。这个常数要经过仪器检测求定,并对所测距离加以改正。需要注意的是不同型号的测距仪,其反光镜常数是不一样的。若互换反光镜要经过加常数重新测试方可使用。

仪器的测尺长度与仪器振荡频率有关。仪器经过一段时间使用,晶体会老化,致使测距时仪器的晶振频率与设计时的频率有偏移,因此产生与测试距离成正比的系统误差。其比例因子称为乘常数。如晶振有 15 kHz 误差,会产生 10^{-6} 系统误差,使 1 km 的距离产生 1 mm 误差。此项误差也应通过检测求定,在所测距离中加以改正。

现代测距仪都具有设置仪器常数的功能,测距前预先设置常数,在仪器测距过程中自动改正。若测距前未设置常数,可按式(6 26)计算。

$$\Delta D_K = K + RD \tag{6-26}$$

式中,K 为仪器加常数;R 仪器乘常数。

2. 气象改正

仪器的测尺长度是在一定的气象条件下推算出来的。但是仪器在野外测量时气象参数与仪器标准气象元素不一致,因此使测距值产生系统误差。所以在测距时,应同时测定环境温度(读至 1℃),气压[读至 1 mmHg(133.3 Pa)]。利用仪器生产厂家提供的气象改正公式计算距离改正值。如某厂家测距仪气象改正公式为

$$\Delta D_0 = 28.2 + \frac{0.029P}{1 + 0.0037t} \tag{6-27}$$

式中,P 为观测时气压,mbar(1 bar$=10^5$ Pa);t 为观测时温度,℃;ΔD_0 为 100 m 为单位的改正值。

目前,测距仪都具有设置气象参数的功能,在测距前设置气象参数,在测距过程中仪器自动进行气象改正。

3. 倾斜改正

测距仪测试结果经过前几项改正后的距离是测距仪几何中心到反光镜几何中心的斜距。要

改算成平距还应进行倾斜改正。现代测距仪一般都与光学经纬仪或电子经纬仪组合，测距时可以同时测出竖直角 α，或天顶距 z（天顶距是从天顶方向到目标方向的角度）。平距 D 的计算公式为

$$D=D_0\sin z \tag{6-28}$$

例 6-5　测得 A、B 两点间斜距为 516.350 m，高差为 7.432 m，测距时温度为 20℃，气压为 740 mmHg，计算 A、B 两点间的水平距离。

解：气象改正值为

$$\Delta L=(278.96-\frac{0.3872\times740}{1+0.003661\times20})\times0.51635=6.2\ \text{mm}$$

倾斜改正值为

$$\Delta L_h=\frac{7.432^2}{2\times516.350}=-0.053$$

水平距离为

$$D=L+\Delta L+\Delta L_h=516.350+0.0062-0.053=516.303\ \text{m}$$

6.4.4　光电测距仪的使用

1. ND3000 红外相位测距仪

(1)仪器部件

如图 6-24 所示为南方测绘公司生产的 ND3000 红外相位式测距仪，它自带望远镜，望远镜的视准轴、发射光轴和接收光轴同轴，有垂直制动螺旋和微动螺旋，可以安装在光学经纬仪上或电子经纬仪上。测距时，测距仪瞄准棱镜测距，经纬仪瞄准棱镜测量竖直角，通过测距仪面板上的键盘，将经纬仪测量出的天顶距输入到测距仪中，可以计算出水平距离和高差。

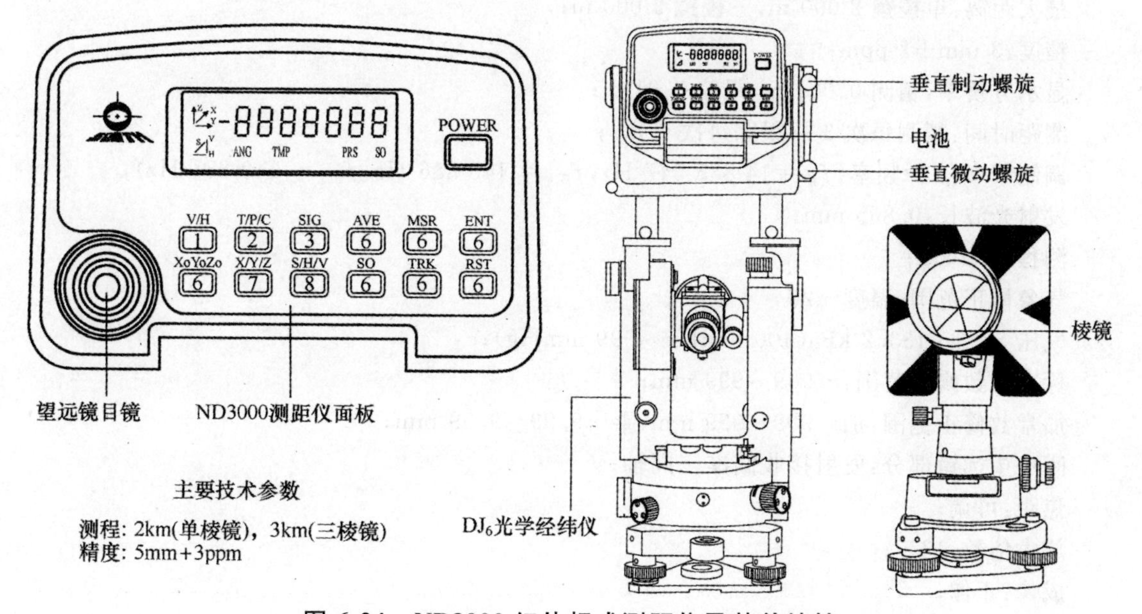

图 6-24　ND3000 红外相式测距仪及其单棱镜

如图 6-25 所示为与仪器配套的棱镜对中杆与支架，它用于放样测量非常方便。

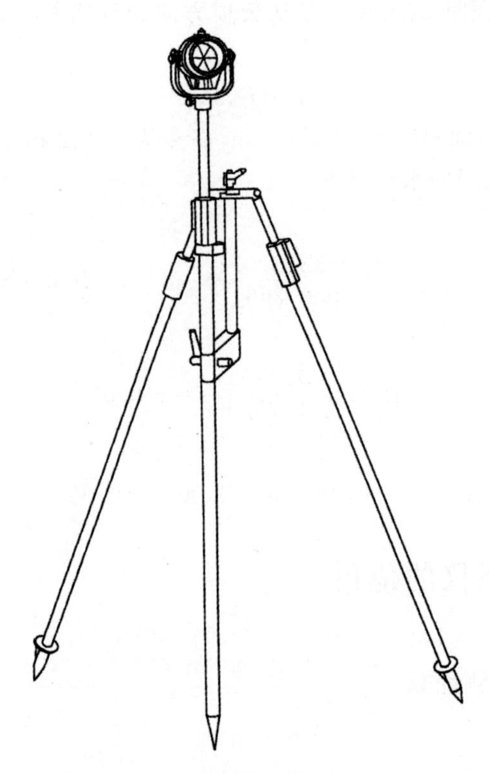

图 6-25　棱镜对中杆和支架

ND3000 红外测距仪的主要技术指标如下。

测距部分：红外发光二极管；

最大距离：单棱镜 2 000 m，三棱镜 3 000 m；

精度：3 mm+2 ppm；

显示分辨率：精测 0.001 m，跟踪 0.01 m；

测距时间：精测每次 3 s，跟踪每次 0.8 s；

调制频率：3 种频率（$f_{精}$=14 835 547 Hz，$f_{粗1}$= 146 886 Hz，$f_{粗2}$= 149 854 Hz）；

发射光波长：0.865 mm；

测程：3.0 km；

气象修正范围：温度－20～＋50℃；

气压 53.3～133.2 kPa(400 mmHg～999 mmHg)；

标准常数修正范围：－999～999 mm；

加常数修正范围：加－999～999 mm，乘－9.99～9.99 mm；

瞄准望远镜部分：发射接收瞄准三同轴；

焦距：可调；

放大倍数：13×；

成像：正像；

视场角：1030′；

显示器:8 位液晶显示;

键盘:13 个塑胶密封型键;

自检功能:代码信息显示;

自动衰减:有;

电池残容量显示:用编码显示;

自动断电装置:操作停止两分钟后自动断电;

接口:异步式,RS-232C 可兼容;

使用温度范围:−20～+50℃;

尺寸(宽长高):200 mm×174 mm×165 mm;

主机重量:1.6 kg;

电源电压:6 VDC(功耗 3.6 W)。

(2)仪器安置

将经纬仪安置于测站上,主机连接在经纬仪望远镜的连接座内并锁紧固定。经纬仪对中、整平。在目标点安置反光棱镜三脚架并对中、整平。按一下测距仪上的〈POWER〉键开,再按一下为关,显示窗内显示"88888888"3～5 s,为仪器自检,表示仪器显示正常。

(3)测量竖直角和气温、气压

用经纬仪望远镜十字丝瞄准反光镜觇板中心,读取并记录竖盘读数,然后记录温度计的温度和气压表的气压 P。

(4)距离测量

测距仪上、下转动,使目镜的十字丝中心对准棱镜中心,左、右方向如果不对准棱镜,则可以调节测距仪的支架位置使其对准;测距仪瞄准棱镜后,发射的光波经棱镜反射回来,若仪器接收到足够的回光量,则显示窗下方显示"*",并发出持续鸣声;如果"*"不显示,或显示暗淡,或忽隐忽现,表示未收回光,或回光不足,应重新瞄准;测距仪上下、左右微动,使"*"的颜色最浓(表示接收到的回光量最大),称为电瞄准。

按〈MSR〉键,仪器进行测距,测距结束时仪器发出断续鸣声(提示注意),鸣声结束后显示窗显示测得的斜距,记下距离读数;按〈MSR〉键,进行第二次测距和第二次读数,一般进行 4 次,称为一个测回。各次距离读数最大、最小相差不超过 5 mm 时取其平均值,作为一测回的观测值。如果需进行第二测回,则重复以上步骤操作。在各次测距过程中,若显示窗中"*"消失,且出现一行虚线,并发现急促鸣声,表示红外光被遮,应消除其原因。

2. REDmini2 测距仪

(1)仪器构造

日本索佳 REDmini2 仪器的各操作部件如图 6-26 所示。测距仪常安置在经纬仪上同时使用。测距仪的支架座下有插孔及制紧螺旋,可使测距仪牢固地安装在经纬仪的支架上。测距仪的支架上有垂直制动螺旋和微动螺旋,可以使测距仪在竖直面内俯、仰转动。测距仪的发射接收目镜内有十字丝分划板,用以瞄准反射棱镜。

反射棱镜通常与照准觇牌一起安置在单独的基座上,如图 6-27 所示,测程较近时(通常在 500 m 以内)用单棱镜,当测程较远时可换三棱镜组。

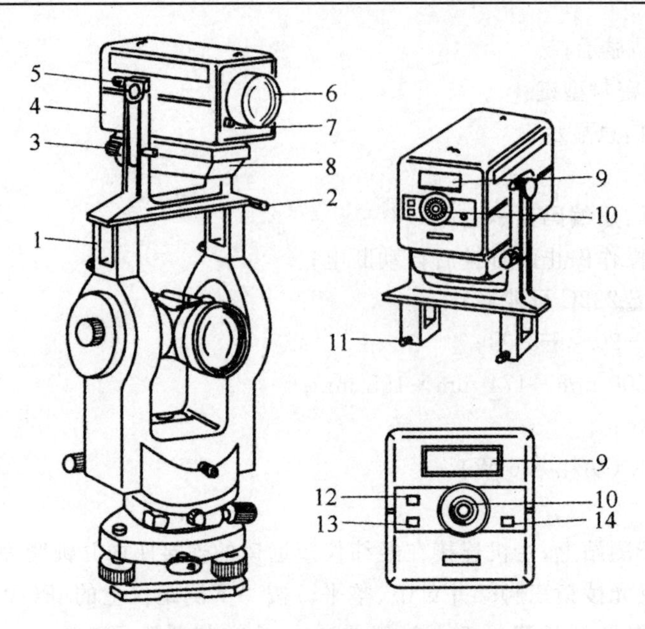

图 6-26 REDmini2 测距仪

1—支架座；2—水平方向调节螺旋；3—垂直微动螺旋；4—测距仪主机；5—垂直制动螺旋；
6—发射接收镜物镜；7—数据传输接口；8—电池；9—显示窗；10—发射接收镜目镜；
11—支架固定螺旋；12—测距模式键；13—电源开关；14—测量键

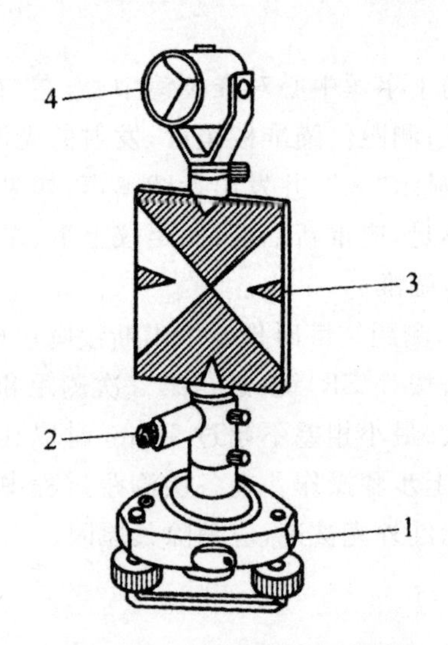

图 6-27 反射棱镜与觇牌

1—基座；2—光学对中目镜；3—照准觇牌；4—反射棱镜

(2)仪器安置

①在测站点上安置经纬仪，其高度应比单纯测角度时低约 25 cm。

②将测距仪安装到经纬仪上，要将支架座上的插孔对准经纬仪支架上的插栓，并拧紧固定螺旋。

③在主机底部的电池夹内装入电池盒，按下电源开关键，显示窗内显示“8888888”约 2 s，此时为仪器自检，当显示“－30.000”时，表示自检结果正常。

④在待测点上安置反射棱境，用基座上的光学对中器对中，整平基座，使觇牌面和棱镜面对准测距仪所在方向。

(3)距离测量

①用经纬仪望远镜中的十字丝中心瞄准目标点上的觇牌中心，读取竖盘读数，计算出竖直角 α。

②上、下转动测距仪，使其望远镜的十字丝中心对准棱镜中心，左、右方向如果不对准棱镜中心，则调整支架上的水平方向调节螺旋，使其对准。

③开机后，若仪器收到足够的回光量，则显示窗下方显示“ * ”示，或显示暗淡，或忽隐忽现，则表示未收到回光，或回光不足，应重新瞄准棱镜。

④显示窗显示“ * ”后，按测量键，发生短促音响，表示正在进行测量，显示测量记号“Δ”，并不断闪烁，测量结束时，又发生短促音响，显示测得斜距。

⑤初次测距显示后，继续进行距离测量和斜距数值显示，直至再次按测量键，即停止测量。

⑥如果要进行跟踪测距，则在按下电源开关键后，再按测距模式键，则每 0.3 s 显示一次斜距值(最小显示单位为 cm)，再次按测距模式键，则停止跟踪测量。

⑦当测距精度要求较高时(例如相对精度为 1/10 000 以上)，则测距的同时应测定气温和气压，以便进行气象改正。

6.4.5　光电测距仪使用注意事项

光电测距仪使用注意事项如下。

①光电测距仪属于精密贵重仪器，运输、携带、装卸、操作过程中都必须十分小心。运输和携带中要防震、防潮，装卸和操作中要注意连接牢固、电源插接正确、严格按操作程序使用仪器；搬站时，必须将仪器装箱。

②当前市场上出售的大部分红外测距仪是使用镍镉可充电电池作为供电电源，由于镍镉电池具有记忆效应，所以一定要确认电池的电量已经全部用完后才可以充电，否则电池的容量会逐渐减小而损坏电池。

③在有阳光的天气，必须撑伞保护仪器，在通电作业时，严防阳光及其他强光直射接收物镜，更不能将接收物镜对准太阳，以免损坏接收镜内的光敏二极管。

④设置测站时，要避免强电磁场的干扰，例如，在变压器、高压线附近不宜设站。

⑤气象条件对光电测距有较大的影响。不宜在阳光强烈、视线靠近地面或者高温的环境条件下观测。

⑥要注意仪器防晒、防雨、防潮和防震。

6.4.6　全站仪简介

1. 全站仪的基本功能

全站型电子速测仪(简称全站仪)是集测角、测距和常用测量软件功能于一体，由微处理机控制，自动测距、测角，自动归算水平距离、高差、坐标增量等，同时还可自动显示、记录、存储和数据输出的一种智能型测绘仪器。

全站仪集光电、计算机、微电子通信、精密机械加工等高精尖技术于一体,可方便、高效、可靠地完成多种工程测量工作,是目前测量工作中使用频率最高的仪器之一,具有常规测量仪器无法比拟的优点,是新一代综合性勘察测绘仪器。与普通测绘仪器相比,全站仪具有如下基本功能:

①具有普通仪器(如经纬仪)的全部功能。

②能在数秒内测定距离、坐标值,测量方式分为精测、粗测、跟踪三种,可任选其中。

③角度、距离、坐标的测量结果在液晶屏幕上自动显示,不需人工读数、计算,测量速度快、效率高。

④测距时仪器可自动进行气象改正。

⑤系统参数可视需要进行设置、更改。

⑥菜单式操作,可进行人机对话。提示语言有中文、英文等。

⑦内存大,一般可储存几千个点的测量数据,能充分满足野外测量需要。

⑧数据可录入电子手簿,并输入计算机进行处理。

⑨仪器内置多种测量应用程序,可视实际测量工作需要,随时调用。

全站仪作为一种现代大地测量仪器,它的主要特点是同时具备电子经纬仪测角和测距两种功能,并由电子计算机控制、采集、处理和储存观测数据,使测量数字化、后处理自动化。全站仪除了应用于常规的控制测量、地形测量和工程测量外,还广泛地应用于变形测量等领域。

全站仪的种类很多,目前常见的全站仪有瑞士徕卡的 TC 系列、日本拓普康的 GTS 系列、日本索佳的 SET 系列、日本尼康 DTM 系列、中国南方 NTS 系列等十几种品牌。各类全站仪的外形大致相同,酷似光学经纬仪,也有照准部、基座和度盘三大部件。照准部上有望远镜,水平、竖直制微动螺旋,管水准器,圆水准器经纬仪,光学对中器等。另外,仪器正反两侧大都有液晶显示器和操作键盘,图 6-28 所示为我国南方 NTS—660 系列全站仪。

图 6-28　南方 NTS—660 系列全站仪

2. 全站仪的基本结构

全站仪的基本结构如图 6-29 所示。其基本技术装备包括光电测角系统、光电测距系统、双轴液体补偿装置和微处理器(测量计算机系统)。有些自动化程度高的全站仪还有自动瞄准和自动跟踪系统。全站仪通过测量计算机有序地实现每一专用设备的功能。

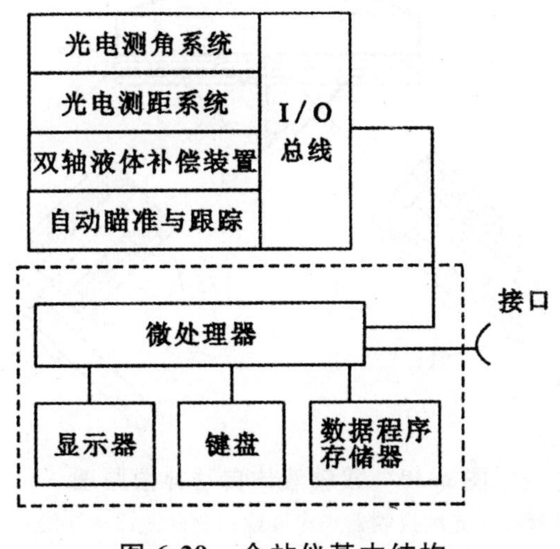

图 6-29　全站仪基本结构

(1)光电测量系统

全站仪有两大光电测量系统，即光电测角系统和光电测距系统，它是全站仪的技术核心。电子测角系统的机械转动部分及光学照准部分与一般光学经纬仪基本相同，其主要的不同点在于电子测角采用电子度盘而非光学度盘。光电测距机构与普通电磁波测距仪相同，与望远镜集成在一起。光电测角系统与光电测距系统使用共同的光学望远镜，使得角度和距离测量只需照准一次。光电测量系统通过 I/O 接口与测量计算机联系起来，由测量计算机控制光电测角、测距，并实时处理数据。

在现代全站仪光电测距系统中，有的还具有无棱镜激光测距技术，它是在测距时将激光(可见或不可见)射向目标，经目标表面漫反射，测距仪接收到漫反射光而实现距离测量。目前，由于漫反射信号衰减，无棱镜测距范围一般在 200 m 以内。

(2)双轴液体补偿系统

由于竖轴不严格在铅垂线方向上，对角度的影响无法通过一测回取平均消除，一些较高精度的全站仪都装有双轴液体补偿器，以补偿(自动改正)竖轴倾斜对观测角度的影响。双轴液体补偿器补偿范围一般在 3′以内。

光电液体补偿器补偿功能，是仪器在粗平后以光电传感技术和倾斜测微技术为基础，实现双轴自动误差改正。如图 6-30 所示，由发光管 1 发出的光经物镜组 6 发射到硅油 4，液面全反射后经接收物镜组 7 聚焦至光电接收器 2 上。光电接收器为一光电二极管阵列，可以分为四个象限，其原点为竖轴竖直时光落点的位置。当竖轴倾斜时(在补偿范围内)，光电接收器接收到的光落点位置就发生了变化，其变化量即反映了竖轴偏离正确位置的纵向和横向上的倾斜分量。位置变化信息经处理，对所测角自动加以补偿(改正)。

除双轴光电液体补偿之外有的全站仪还有视准差、横轴误差、指标差等修正，以提高单盘位观测精度。

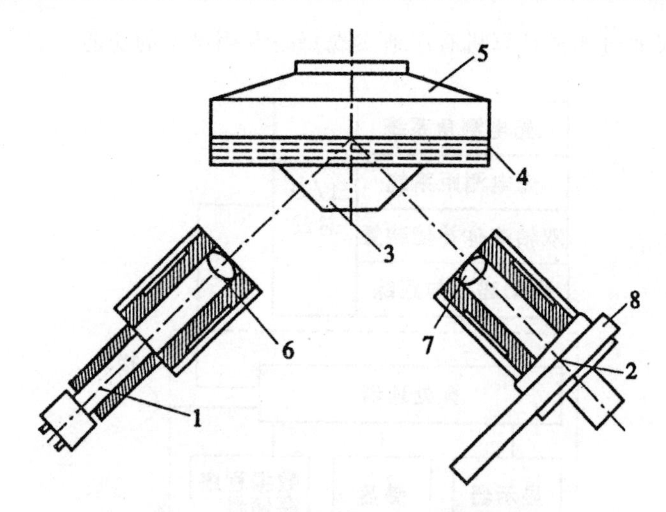

图 6-30 双轴液体自动补偿原理

1—发光管；2—光电接收器；3—棱镜；4—硅油；5—补偿器液体盒；
6—发射物镜；7—接收物镜；8—接收二极管阵列

(3)自动瞄准与跟踪

全站仪正向着测量机器人的方向发展，自动瞄准与跟踪是重要的技术标志。全站仪自动瞄准的原理是用CCD摄像机获取棱镜反射器影像与内存的反射器标准图像比较，获取目标影像中心与内存图像中心的差异量，同时启动全站仪内部的伺服电机转动全站仪照准部、望远镜，减少差异量，实现正确瞄准目标。比较与调整是反复的自动过程，同时伴随有自动对光等动作。

全站仪自动跟踪是以CCD摄像技术和自动寻找瞄准技术为基础，自动进行图像判断，指自身照准部和望远镜的转动、寻找、瞄准、测量的全自动的跟踪测量过程。

(4)测量计算机系统

全站仪是测量光电化技术与计算机技术的有机结合，图6-29下半部(虚线框内)实际是全站仪配有的测量专用计算机。微处理器是全站仪的核心部件，它如同计算机CPU，由它来控制和处理电子测角、测距的信号，控制各项固定参数，如温度、气压等信息的输入、输出，还由它进行安置、观测误差的改正有关数据的实时处理及自动记录数据或控制电子手簿等。微处理器通过键盘和显示器指挥全站仪有条不紊地进行光电测量工作。

早期的全站仪一般有与之相匹配的数据自动记录装置(即电子手簿)，它不仅具有自动数据记录功能，还具有编程处理功能。目前市场上的全站仪大都采用内存储器或插入式存储卡，实现了观测装置与存储装置一体化，可非常方便地进行数据自动记录和查询。

3. 全站仪的使用

全站仪的功能很多，它是通过显示屏和操作键盘来实现的。不同型号的全站仪操作键盘不同，大致可区分为两大类：一类是操作按键比较多(15个左右)每个键都有2～3个功能，通过按某个键执行某个功能；另一类是操作按键比较少，只有几个作业模式按键和几个软键(功能键)，通过选择菜单达到执行某项功能。下面以南方NTS—660系列全站仪为例，介绍全站仪的使用。

(1)按键名称与功能

NTS—660系列全站仪有双面操作键盘和显示屏，只有21个按键，操作方便。操作键盘如图 6-31，其名称与功能见表 6-5。

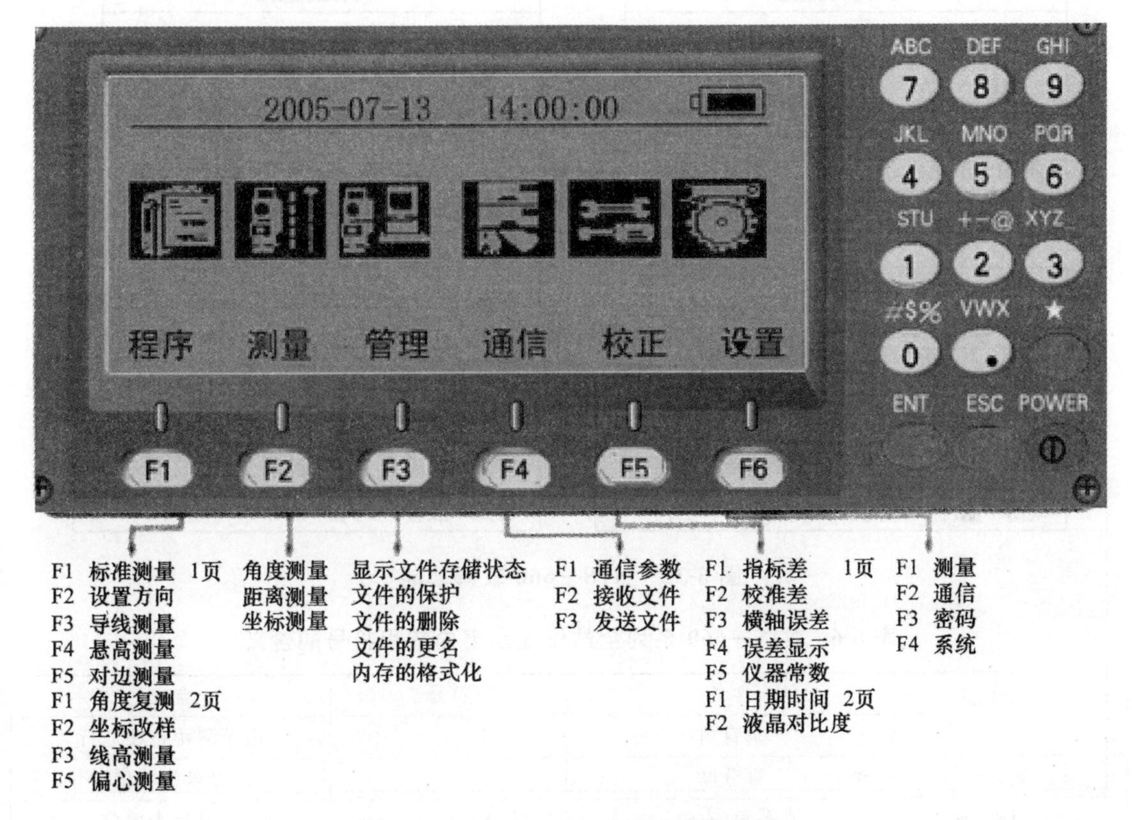

图 6-31　NTS—660 系列全站仪键盘

表 6-5　NTS—660 系列全站按键名称及功能

按键	名称	功能
F1～F6	软键	功能参见所显示的信息
0～9	数字键	输入数字，用于欲置数值
A～/	字母键	输入字母
ESC	退出键	退回到前一个显示屏或前一个模式
★	星键	用于仪器若干常用功能的操作
ENT	回车键	数据输入结束并认可时按此键
POWER	电源键	控制电源的开/关

软键功能标记在显示屏的底行，如图 6-32 所示，相应功能随测量模式的不同而改变。各软键在角度测量、斜距测量、平距测量和坐标测量。

NTS—660 系列显示窗采用点阵式液晶显示(LCD)，一般上面几行显示观测数据，底行显示随测量模式变化的软键功能。显示符号的含义如表 6-6 所示。

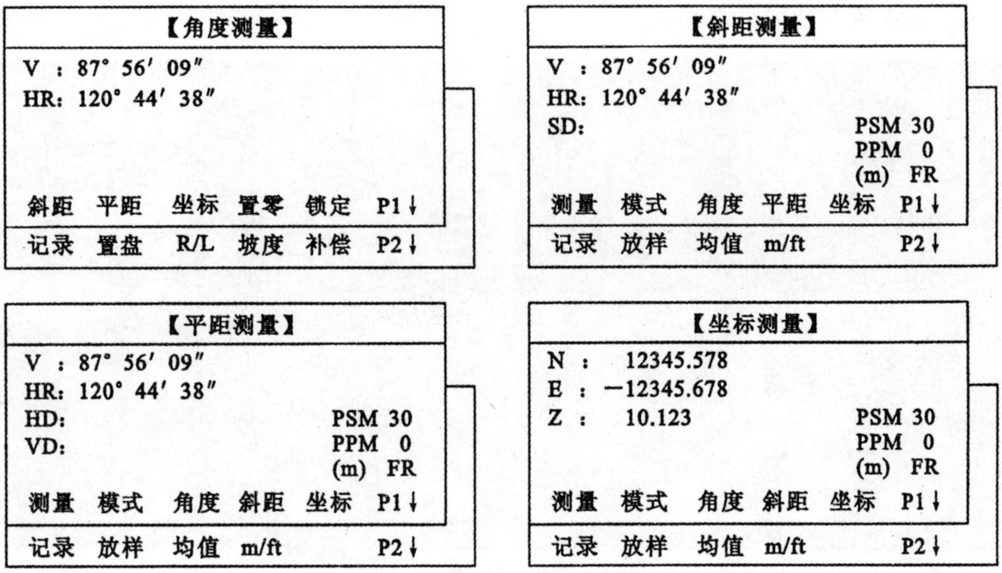

【角度测量】

V ：87° 56′ 09″
HR：120° 44′ 38″

斜距　平距　坐标　置零　锁定　P1↓
记录　置盘　R/L　坡度　补偿　P2↓

【斜距测量】

V ：87° 56′ 09″
HR：120° 44′ 38″
SD：　PSM 30
PPM 0
(m) FR

测量　模式　角度　平距　坐标　P1↓
记录　放样　均值　m/ft　P2↓

【平距测量】

V ：87° 56′ 09″
HR：120° 44′ 38″
HD：　PSM 30
VD：　PPM 0
(m) FR

测量　模式　角度　斜距　坐标　P1↓
记录　放样　均值　m/ft　P2↓

【坐标测量】

N ：12345.578
E ：−12345.678
Z ：10.123　PSM 30
PPM 0
(m) FR

测量　模式　角度　斜距　坐标　P1↓
记录　放样　均值　m/ft　P2↓

图 6-32　NTS—660 软键功能

表 6-6　NTS—660 系列全站仪显示窗内常用符号的含义

符号	含义	符号	含义
V	垂直角	*	电子测距正在进行
V%	百分度	m	以米为单位
HR	水平角(右角)	ft	以英尺为单位
HL	水平角(左角)	F	精测模式
HD	平距	T	跟踪模式(10 mm)
VD	高差	R	重复测量
SD	斜距	S	单次测量
N	北向坐标	N	N 次测量
E	东向坐标	PPM	大气改正值
Z	天顶方向坐标	PSM	棱镜常数值

(2)测量准备

1)仪器开箱和存放

开箱：轻轻地放下箱子，让其盖朝上，打开箱子的锁栓，开箱盖，取出仪器。

存放：盖好望远镜镜盖，使照准部的垂直制动手轮和基座的水准器朝上，将仪器平卧(望远镜物镜端朝下)放入箱中，轻轻旋紧垂直制动手轮，盖好箱盖，并关上锁栓。

2)安置仪器

将仪器安装在三脚架上，精确整平和对中，以保证测量成果的精度(应使用专用的中心连接螺旋的三脚架)。

3)打开电源开关

将 NTS—660 系列全站仪对中、整平后，按下〈POWER〉键，即打开电源，显示器初始化约两秒钟后，显示初始界面，如图 6-33 所示。确认显示窗中显示有足够的电池电量，当电池电量不多时，应及时更换电池或对电池进行充电。

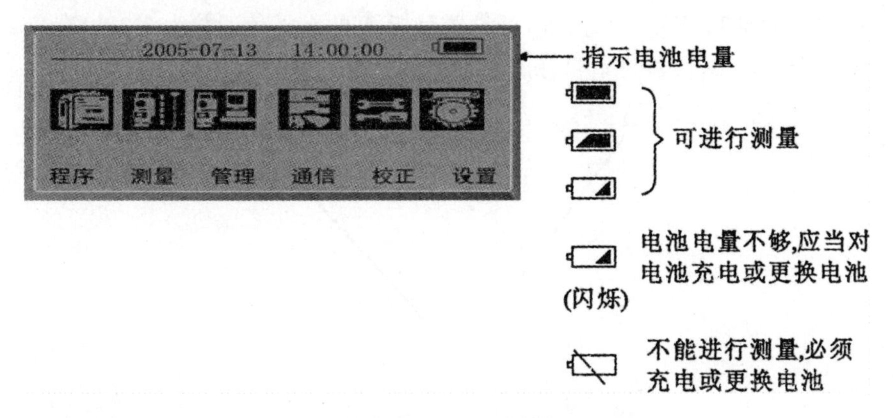

图 6-33　NTS—660 系列初始显示

4)安置反射棱镜

全站仪在进行距离测量等作业时，需在目标处放置反射棱镜。反射棱镜有单(三)棱镜组，可通过基座连接器将棱镜组与基座连接，再安置到三脚架上，也可直接安置在对中杆上。棱镜组由用户根据作业需要自行配置。

5)望远镜目镜调整和目标照准

①将望远镜对准明亮地方，旋转目镜筒，调焦看清十字丝(先朝自己方向旋转目镜筒，再慢慢旋进，调焦清楚十字丝)。

②利用粗瞄准器内的三角形标志的顶尖瞄准目标点，照准时眼睛与瞄准器之间应保留有一定距离。

③利用望远镜调焦螺旋使目标成像清晰。

当眼睛在目镜端上下或左右移动发现有视差时，说明调焦或目镜屈光度未调好，这将影响观测的精度，应仔细调焦并调节目镜筒消除视差。

6)垂直角和水平角的倾斜改正

当启动倾斜传感器功能时，将显示由于仪器不严格水平而需对垂直角和水平角自动施加的改正数。为确保精密测角，必须启动倾斜传感器。

倾斜量的显示也可用于仪器精密整平。若显示(补偿超限)，则表示仪器倾斜已超过自动补偿范围，必须人工整平仪器。

7)仪器系统误差的补偿

仪器系统误差主要有：仪器竖轴误差(x、y 方向倾斜传感器的偏离量)、视准轴误差、垂直角零基准误差、水平轴误差等。

以上误差均可由软件根据每一项补偿值在仪器内部计算得到改正。这些误差在仪器仅仅作为一个盘位(盘左/盘右)观测时也能通过软件计算得到补偿，而为了消除这些误差，一般都是采取正倒镜观测取平均值的方法。

(3)角度测量

1)水平角(右角)和垂直角测量

如图 6-34 所示，欲测定 OA、OB 两方向的水平角，以及 A 点、B 点的竖直角，其操作步骤如下：

①在 O 点整置仪器，开机后，按[F2]键进入测量模式，遗择角度测量。

②照准第一个目标 A，仪器显示目标 A 的水平角和垂直角。

③按[F4](置零)键和[F6](设置)键，可设置目标 A 的水平角读数为 0°00′00″。

④照准第二个目标 B，仪器显示目标 B 的水平角和垂直角。

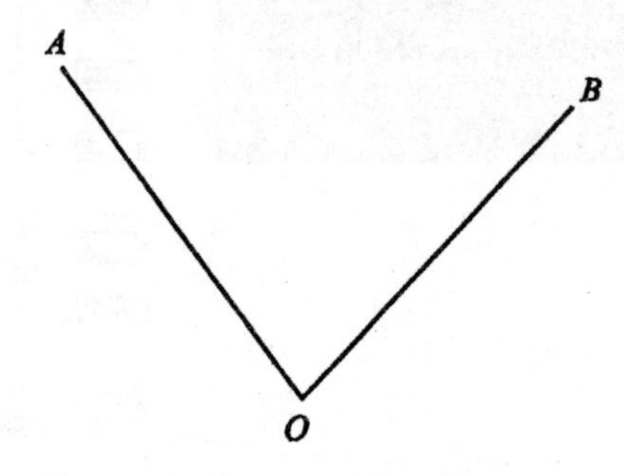

图 6-34　角度测量

2)水平角右角、左角的转换

水平角右角，即仪器右旋角，从上往下看水平度盘，水平读数顺时针增大；水平角左角，即仪器左旋角，水平读数逆时针增大。在测角模式下，右角、左角可交替转换。通常使用右角模式观测，右角、左角的转换步骤如下：

①在角度测量模式下按[F6](P1↓)键，进入第 2 页显示功能。

②按[F3]键，水平角测量右角模式转换成左角模式。

③类似右角观测方法进行左角观测。

每按一次[F3](R/L)键，右角/左角便依次切换。右角/左角转换开关可以在“参数设置模式”关闭或开启。

(4)距离测量

1)大气改正的设置

设置大气改正时，须量取温度和气压，由此即可求得大气改正值。在星键(★)模式下进行大气改正的设置。

2)棱镜常数的设置

南方的棱镜常数为－30，因此棱镜常数应设置为－30。如果使用的是另外厂家的棱镜，则应预先设置相应的棱镜常数。在星键(★)模式下进行棱镜常数的设置。

3)距离测量

距离测量可设为单次测量和 N 次测量。一般设为单次测量，以节约用电。当预置了观测次数时，仪器会按设置的次数进行距离测量并显示出平均距离值。距离测量可分为三种测量模式，即精测模式、粗测模式、跟踪模式。若要改变测量模式，按[F2](模式)键，每按一次测量模式就改变一次。一般情况下用精测模式观测，最小显示单位为 1 mm，测量时间约 2.4 s。粗测模式最小显示单位为 10 mm，测量时间约 0.7 s。跟踪模式用于观测移动目标或工程放样中，此模式测量时间要比精测模式短，在跟踪运动目标或工程放样中非常有用，最小显示单位为 10 mm，测量时间约 0.3 s。

第7章 小区域控制测量

7.1 概述

测量工作必须遵循“从整体到局部，先控制后碎部”的原则。测量工作首先要进行控制测量。控制测量是指在测区内布设若干个起控制作用的点并对其平面位置和高程进行测定。这些起控制作用的点称为控制点，控制点按一定规律和要求布设成的网状几何图形称为控制网。控制网按内容可分为平面控制网和高程控制网。确定控制点平面位置(坐标)的工作称为平面控制测量，确定控制点高程的工作称为高程控制测量。

7.1.1 国家控制网

在全国范围内建立的控制网，称为国家控制网。国家控制网是用精密测量方法按一、二、三、四等4个等级建立的，它的低级点受高级点逐级控制。

(1)国家平面控制网

国家平面控制网是全国各种比例尺测图的基本控制，并为确定地球的形状和大小提供研究资料。国家平面控制网主要布设成三角网(锁)，是采用三角测量的方法进行测定的，一等三角锁是国家平面控制网的骨干，二等三角网布设于一等三角锁环内，是国家平面控制网的全面基础，如图7-1所示。三、四等三角网为二等三角网内的插点，是二、三等三角网的进一步加密。

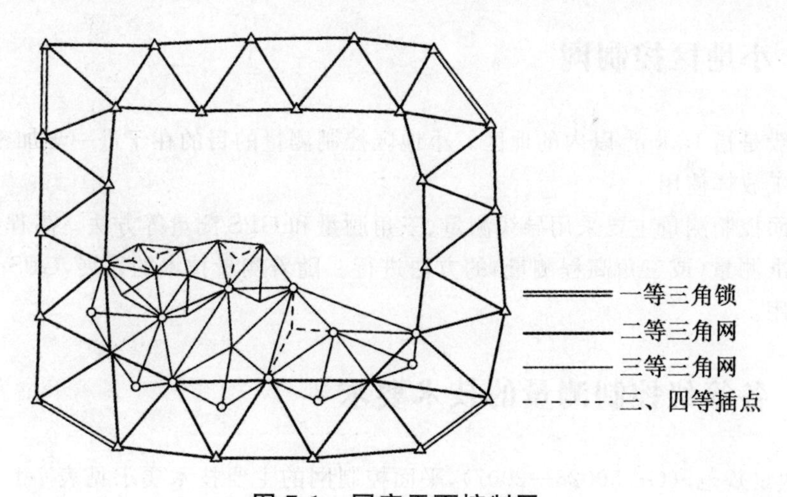

图7-1 国家平面控制网

(2)国家高程控制网

国家高程控制网是从国家水准原点出发，用精密水准测量方法按一、二、三、四等4个等级逐级建立的。国家一等水准网是国家高程控制网的骨干，二等水准网布设于一等水准环内，是国家高程控制网的全面基础，如图7-2所示。三、四等水准网为国家高程控制网的进一步加密。

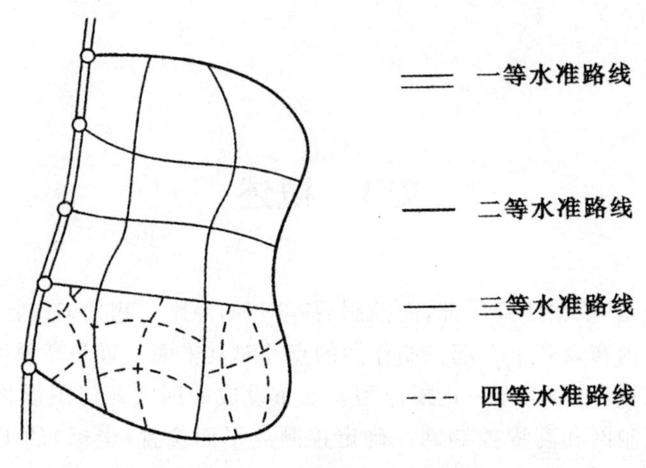

图7-2　国家高程控制网

7.1.2　城市控制网

在城市或厂矿地区，为了测绘大比例尺地形图、进行市政工程或建筑工程放样，在国家控制网的基础上建立起来的控制网，称为城市控制网。城市控制网平面网分为二、三、四等和一、二级小三角网(或者一、二、三级导线网)。城市高程控制网分为二、三、四等水准网和图根水准测量等几个等级，是城市大比例尺测图及工程测量的高程控制基础。

直接为测绘地形测图服务的控制点称为图根控制点，简称图根点。测定图根点位置的工作，称为图根控制测量。图根点的密度，取决于测图比例尺和地物、地貌的复杂程度。图根控制网主要采用导线网和GPS RTK网两种形式。

7.1.3　小地区控制网

小地区一般是指15 km^2 以内的地区。小地区控制测量的目的在于进一步加密控制点，以直接供测图或施工放样使用。

小地区平面控制测量主要采用导线测量、三角测量和GPS测量等方法。高程控制通常采用四等及等外水准测量(或三角高程测量)的方法进行。随着测量技术的发展，GPS在控制测量中已得到广泛应用。

7.1.4　各等级控制测量的技术要求

按《工程测量规范》(GB 50026—2007)，平面控制网的主要技术要求见表7-1～表7-6所示。高程控制网的主要技术要求见表7-7和表7-8。

表 7-1　三角测量的主要技术要求

等级		平均边长/km	测角中误差	起始边边长相对中误差	最弱边边长相对中误差	测回数			三角形最大闭合差/(″)
						DJ1	DJ2	DJ5	
二等		13	±1.0	≤1/250 000	≤1/120 000	12	—	—	±3.5
三等	首级	8	±1.8	≤1/150 000	≤1/70 000	5	9		±7.0
	加密			≤1/120 000					
四等	首级	2～6	±2.5	≤1/70 000	≤1/40 000	4	5		±9.0
	加密			≤1/100 000					
一级小三角		1	±5	≤1/40 000	≤1/20 000		2	4	±15
二级小三角		0.5	±10	≤1/20 000	≤1/10 000		1	2	±30

注：当测区测图的最大比例尺为 1∶1 000 时，一、二级小三角的边长可适当放长，但最大长度不应大于表中的 2 倍。

表 7-2　图根三角测量的主要技术要求

边长/m	测角中误差/″	三角形个数	DJ5 测回数	三角形最大闭合差/″	方位角闭合差/″
≦ 1.7 测图最大视距	±20	≦ 13	1	±50	$\pm 40\sqrt{n}$

表 7-3　图根三角测量的主要技术要求

等级	导线长度/km	平均边长/km	测角中误差/″	测量的相对误差	测回数			方位角闭合差/″	相对闭合差
					DJ1	DJ2	DI6		
三等	14	3	±20	≦ 1/150 000	5	10		$\pm 3.5\sqrt{n}$	≦ 1/55 000
四等	9	1.5	±18	≦ 1/80 000	4	5		$\pm 5\sqrt{n}$	≦ 1/35 000
一级	2.5	0.25	±15	≦ 1/30 000		2	4	$\pm 10\sqrt{n}$	≦ 1/10 000
二级	1.8	0.18	±15	≦ 1/140 000		1	3	$\pm 16\sqrt{n}$	≦ 1/7 000
三级	1.2	0.12	±15	≦ 1/7 000		1	2	$\pm 24\sqrt{n}$	≦ 1/5 000

注：表中 n 为测站数；当测区测图的最大比例尺为 1∶1 000 时，一、二、三级导线的平均边长及总长可适当放长，但最大长度不应大于表中规定的 2 倍

表 7-4　图根导线测回的技术要求

导线长度/m	相对闭合差	测角中误差/″		DJ6 测回数	方位角闭合差/″	
		一般	首级控制		一般	首级控制
≦ $a \times M$	≤1(2 000×a)	±30	±20	1	$\pm 60\sqrt{n}$	$\pm 40\sqrt{n}$

注：a 为比例系数，取值宜为 1，当采用 1∶500、1∶1 000 比例尺测图时，其值可在 1～2 之间选用；M 为测图比例尺的分母，但对于工矿区现状图测量，不论测图比例尺大小，M 均应取值为 500；隐蔽或施测困难地区导线相对闭合差可放宽，但不应大于 1/1 000×a

表 7-5　一般地区解析图根点的个数

测回比例尺	图幅尺寸/cm	解析控制点个数/个
1∶500	50×50	8
1∶1 000	50×50	12
1∶2 000	50×50	15
1∶5 000	40×40	30

表 7-6　GPS 控制网主要技术要求

项目＼级别	*A*	*B*	*C*	*D*	*E*
固定误差 a/mm	≦ 5	≦ 8	≦ 10	≦ 10	≦ 10
比例误差系数 $b/10^{-5}$	≦ 0.1	≦ 1	≦ 5	≦ 10	≦ 20
相邻点的最小距离/km	100	15	5	2	1
相邻点的最大距离/km	2 000	250	40	15	10
相邻点的平均距离/km	300	70	15～10	10～5	5～2

表 7-7　水准测量的主要技术要求

等级	每千米高差中的误差/mm	路线长度/km	水准仪型号	水准尺	观测次数		往返较差、符合或环线闭合差	
					与已知点联测	符合或环线	平地/mm	山地/mm
二等	±2		DS1	因瓦	往返各一次	往返各一次	$\pm 4\sqrt{L}$	
三等	±5	≦ 50	DS1	因瓦	往返各一次	往一次	$\pm 12\sqrt{L}$	$\pm 4\sqrt{n}$
			DS3	双面	往返各一次	往返各一次	$\pm 20\sqrt{L}$	
四等	±10	≦ 15	DS3	双面	往返各一次	往一次	$\pm 30\sqrt{L}$	$\pm 6\sqrt{n}$
五等	±15		DS3	单面	往返各一次	往一次		

注：结点之间或结点与高级点之间，其路线的长度，不应大于表中规定的 0.7 倍；L 为往返测段，附合或环线的水准路线长度，km；n 为测站数

表 7-8　图根水准测量的主要技术要求

仪器类型	每千米高差中的误差/mm	符合线路长度/m	视线长度/m	观测次数		往返较差、附合或环线闭合/mm	
				附合或闭合线路	支水准路线	平地	山地
DS10	±2	≦ 5	≦ 100	往一次	往返各一次	$\pm 40\sqrt{L}$	$\pm 12\sqrt{n}$

注：L 为往返测段、附合或环线的水准路线长度（单位为 km）；n 为测站数；当水准路线布设成支线时，其路线长度不应大于 2.5 km

本书主要讨论小地区（10 km^2 以下）控制网建立的有关问题。下面将分别介绍用导线测量建立小地区平面控制网的方法和用三、四等水准测量，以及光电测距三角高程测量建立小地区高程控制网的方法。

7.2　导线测量

7.2.1　导线布设的基本形式

导线是城市控制测量常用的一种布设形式，特别是图根控制测量常常会采用导线的形式布置控制网。

导线是由若干条直线连成的折线，每条直线称为导线边，相邻两条导线边之间的水平角称为转折角。导线端点称为导线点。在导线测量中，测定了转折角和导线边长后，即可以根据已知坐标方位角和已知坐标算出各导线点的坐标。

按照测区的条件和需要，导线可以布置成下列三种形式：

1. 闭合导线

从一个已知高级控制点和已知方向出发，经过一系列的导线点，最后闭合到原已知高级控制点，这种导线称为闭合导线。如图 7-3(a)所示，从已知高级控制点 P_0 和方向 α_{AB} 出发，经过的 P_1、P_2、P_3、P_4 为待测的导线点，最后回到已知高级控制点 P_0。闭合导线本身具有严格的几何条件，能检核观测成果但不能检核原有成果，可用于测区的首级控制。

2. 附合导线

从一个已知高级控制点和已知方向出发，经过一系列的导线点，最后附合到另一个已知高级控制点和已知方向，这种导线称为附合导线。如图 7-3(b)所示。从已知高级控制点 B 和方向 α_{AB} 出发，经过 P_1、P_2、P_3 待测的导线点，最后附合到已知高级控制点 C 和方向 α_{CD}。附合导线具有检核观测成果和原有成果的作用，普遍应用于平面控制网的加密。

3. 支导线

从一已知高级控制点出发，经过一系列的导线点，最后既不附合到另一已知高级控制点，也不闭合回同一已知高级控制点，这种导线称为支导线。如图 7-3(c)所示，从已知高级控制点 B 和方向 α_{AB} 出发，观测导线点 P_1、P_2、P_3，最后既不测回到 B 点，也不附合到另一个已知高级控制点。由于支导线缺乏检核条件，按照《城市测量规范》规定，其导线边不得超过 4 条，且仅适用于图根控制点的加密和增补。

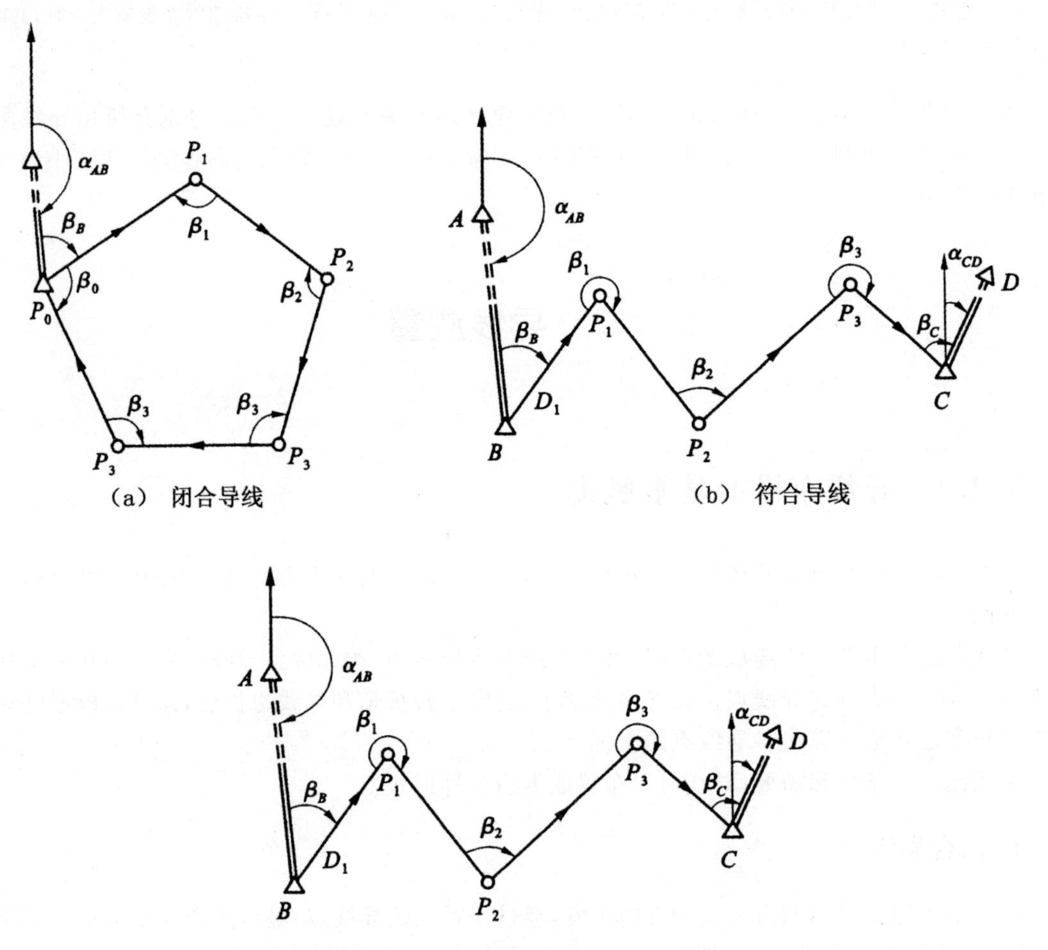

图 7-3 控制导线的集中基本形式

7.2.2 导线测量的外业工作

导线测量的外业工作包括踏勘选点、导线边长的测定、角度观测和联系测量。

1. 踏勘选点及建立标志

踏勘选点的任务就是根据测图的目的和测区的具体情况，拟定导线的布设形式，实地选定导线点，并建立标志。

选点是建立控制网的关键，导线点位置的选择应注意下列几点：

①相邻的导线点之间要相互通视，这是进行导线测量的基本条件。

②导线点应均匀分布在测区内，边长视测图比例尺而定，对 1∶2 000～1∶500 比例尺的测图，一般在 40～300 m（可参考表 7-5），相邻边的长度不宜相差太大，除特别情况外，长短边之比不应超过 3∶1，以避免测角时带来较大的误差。

③导线点应有适当的密度，分布较均匀，以便控制整个测区。

④点位应选择在土质坚实处，以便保存标志和安置仪器。

⑤点位的选择应注意地形，便于测角和量距。

⑥导线点应四周视野开阔，便于碎部测量。

导线点位选定后，若是在泥土地面上，则要在点位上打一木桩，桩顶钉一小钉，作为临时性标志，如图 7-4(a)所示；若是在碎石或沥青路面上，可用顶上凿有十字纹的大铁钉代替木桩，在混凝土场地或路面上，可以用钢凿凿一十字纹，再涂上红油漆使标志明显。若导线点需长期保存，可参照图 7-4(b)所示埋设混凝土导线点标石。

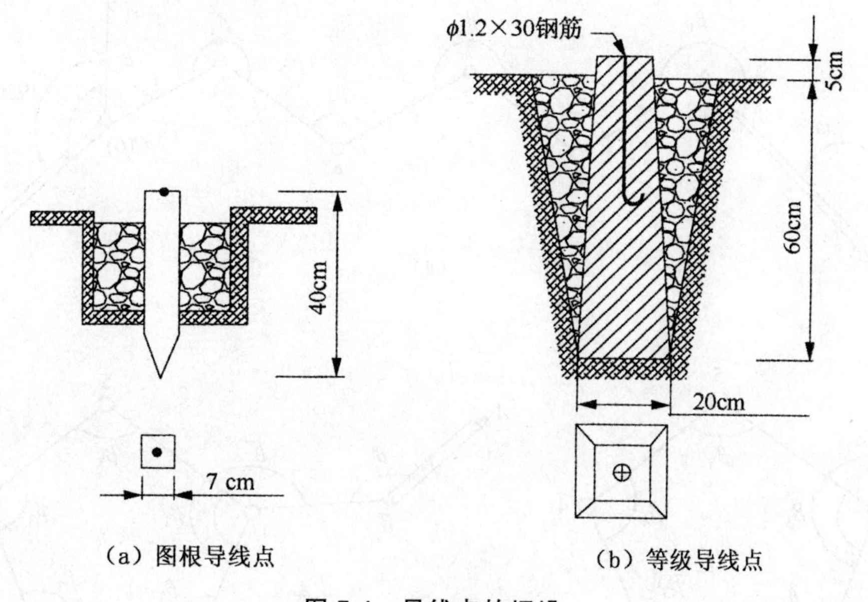

（a）图根导线点　　（b）等级导线点

图 7-4　导线点的埋设

导线点应分等级统一编号，闭合导线最好按逆时针方向编号，以便于测量资料的统一管理。导线点埋设后，为便于观测时寻找，可在点位附近明显地物上用红油漆标明指示导线点的位置。并应为每一个导线点绘制一张点之记，在其上注记地名、路名、导线点编号及导线点距邻近明显地物点的距离。

2. 测量导线边的长度

导线测量有条件时，最好采用光电测距仪测量边长，一、二级导线可采用单向观测，两个测回，各测回较差应不大于 15 mm，三级及图根导线 1 个测回。图根导线也可用检定过的钢尺，往返丈量导线边各一次，往返丈量的相对误差在平坦地区应不低于 1/3 000，起伏变化稍大的地区也应不低于 1/2 000，特殊困难地区允许到 1/1 000，如符合限差要求，可取往返中数为该边的实长。

3. 测量转折角

导线的转折角即两导线边的夹角，有左角和右角之分，在导线前进方向左侧的水平角为左角，在右侧的为右角。一般规定观测左角。在闭合导线中，导线点按逆时针方向顺序编号，左角就是多边形的内角。

4. 联系测量

导线必须与高一级控制点连接，以取得坐标和方位角的起始数据。

附合导线的两端点均为已知点，见图 7-5(a)，只要在已知点 B 和 C 上测出 β_1 及 β_6，就能获得起始数据，角及屉称为连接角。

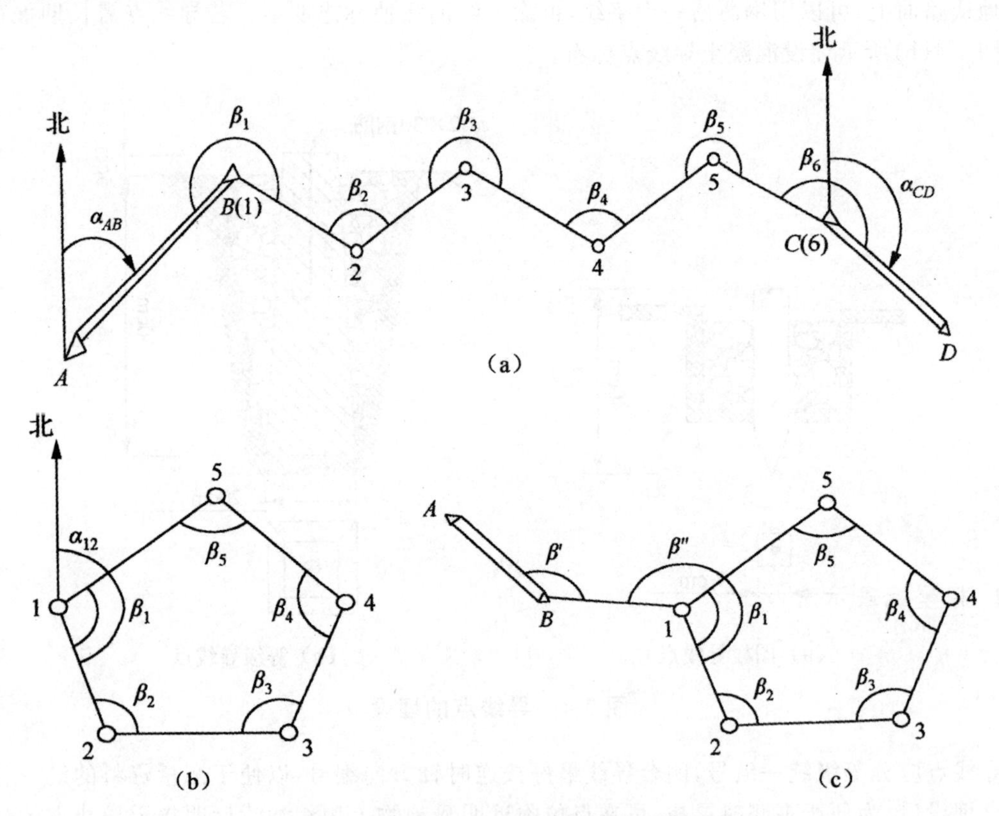

图 7-5 附合导线和闭合导线的连接测量

闭合导线的连接测量分两种情况：一是没有高一级控制点可以连接，或在测区内布设的是独立闭合导线，这时需要在第一点上测出第一条边磁方位角，并假定第 1 点的坐标，就具有起始数据，如图 7-5(b)所示；第二种情况如图 7-5(c)所示，A、B 为高一级控制点，1、2、3、4、5 等点组成闭合导线，则需要测出连接角 β' 和 β''，还要测出连接边长 D_0，才具有起始数据。控制测量成果的好坏，直接影响到测图的质量。如果测角和测量距离达不到要求，要分析研究，找出原因，进行局部返工或全部重测。

7.2.3　坐标正、反算

在掌握了坐标方位角的概念后，即可解决地面点的平面坐标计算问题。平面控制网中，地面点的坐标不是直接测定的，而是在测定了有关点位的相对坐标位置后，由已知点的坐标推算出未知点的坐标的。任意两点在平面直角坐标系中的相互位置关系有两种表示方法。

1. 直角坐标表示法

直角坐标表示法就是用两点间的坐标增量 Δx、Δy 来表示。如图 7-6 所示，当 1 点的坐标 x_1、y_1 已知时，2 点的坐标即可根据 1、2 两点间的坐标增量算出。即

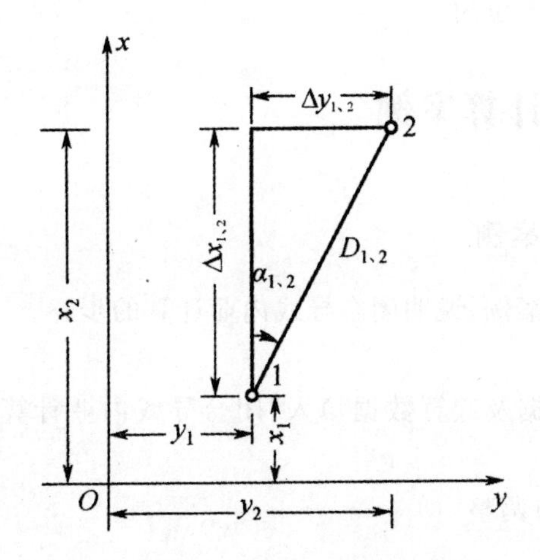

图 7-6　直角坐标与极坐标之间的关系

$$\left.\begin{aligned}x_2 &= x_1 + \Delta x_{1,2}\\ y_2 &= y_1 + \Delta y_{1,2}\end{aligned}\right\} \tag{7-1}$$

2. 极坐标表示法

极坐标法就是用两点间连线的坐标方位角 α 和水平距离 D 来表示。

这两种坐标可以互相换算，图 7-6 所示为两点间直角坐标和极坐标的关系。根据测量出的相关位置关系数据，利用这两种坐标之间的换算关系即可求出所需的平面坐标。

3. 坐标正算(极坐标化为直角坐标)

在平面控制坐标计算中，将极坐标化为直角坐标又称坐标正算，如图 7-6 所示，若 1、2 两点间的水平距离 $D_{1,2}$ 和坐标方位角 $\alpha_{1,2}$ 都已经测量出来，即可计算此两点间的坐标增量 $\Delta x_{1,2}$、$\Delta y_{1,2}$，其计算式为

$$\left.\begin{aligned}\Delta x_{1,2} &= D_{1,2}\cdot\cos\alpha_{1,2}\\ \Delta y_{1,2} &= D_{1,2}\cdot\sin\alpha_{1,2}\end{aligned}\right\} \tag{7-2}$$

上式计算时，sin 和 cos 函数值有正、有负，因此算得的坐标增量同样有正、有负。

4. 坐标反算(直角坐标化为极坐标)

由直角坐标化为极坐标的过程称坐标反算,即已知两点的直角坐标或坐标增量 Δx、Δy 计算两点间的水平距离 D 和坐标方位角 α。根据式(7-2)可得

$$\left.\begin{aligned} D_{1,2} &= \sqrt{\Delta x_{1,2}^2 + \Delta y_{1,2}^2} \\ \alpha_{1,2} &= \arctan\frac{\Delta y_{1,2}}{\Delta x_{1,2}} \end{aligned}\right\} \tag{7-3}$$

需要特别说明的是:式(7-3)等式左边的坐标方位角,其角值范围为 0°～360°,而等式右边的 arctan 函数,其值域为 −90°～90°,两者是不一致的。故当按式(7-3)的反正切函数计算坐标方位角时,计算器上得到的是象限角值,因此,应根据坐标增量 Δx 与 Δy 的正、负号,按其所在象限再把象限角换算成相应的坐标方位角。

7.2.4 导线内业计算案例

1. 闭合导线内业计算案例

现以某实测数据为计算案例,说明闭合导线内业计算的步骤。

(1)准备工作

将校核过的外业观测数据及起算数据填入"闭合导线内业计算表"(表 7-9)中,起算数据用双线标明。

(2)角度闭合差的计算与调整

1)计算角度闭合差

测量规范规定,闭合导线要观测内角,根据平面几何多边形内角和的理论值

$$\sum \beta_{理} = (n-2) \times 180° \tag{7-4}$$

式中,以为内角的个数,在图 7-7 中,$n=4$。

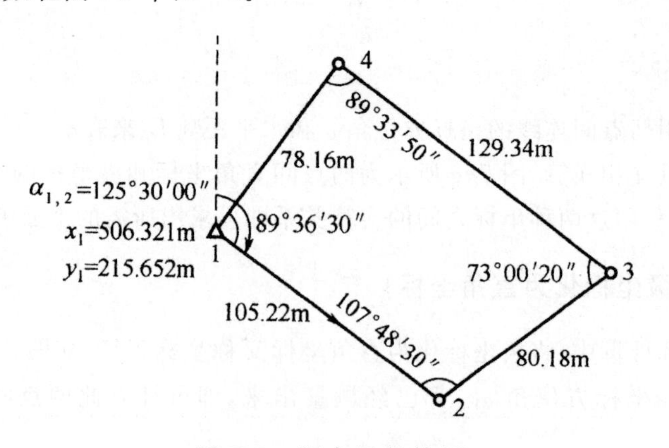

图 7-7　闭合导线算例

由于野外观测的角度不可避免地含有误差,致使实测的多变边形内角之和 $\sum \beta_{测}$ 不等于多变边形的内角之和理论值 $\sum \beta_{理}$,因而产生角度闭合差 f_β,其计算公式为

$$f_\beta = \sum \beta_{测} - \sum \beta_{理} = \sum \beta_{测} - (n-2) \times 180° \tag{7-5}$$

在本例中，$f_\beta = \sum \beta_{测} - (n-2) \times 180° = 359°59'10'' - 360° = -50''$。

2)对角度闭合差进行调整

不同等级的导线规定有相对应的角度闭合差的容许值 $f_{\beta容}$，见表 7-3 及表 7-4，若 $f_\beta \leqslant f_{\beta容}$ 取，即可进行角度闭合差的调整。否则，则说明所测角不符合要求，应重新检测角度。调整的原则是：将角度闭合差 f_β 反其符号平均分配到各观测角中，即可算得各个观测角的改正数 υ_β。

$$\upsilon_\beta = -f_\beta / n \tag{7-6}$$

当 f_β 不能被 n 整除时，将余数均匀分配到若干较短边所夹观测角度中。本例中，按式(7-6)所计算的角度闭合差改正数分别为：$+13''$、$+13''$、$+12''$和$+12''$。

检核：当式 $\upsilon_\beta = -f_\beta = +50''$成立，则说明改正数分配正确。否则，重新计算，直至该式成立为止。然后计算改正角 $\beta_{i改} = \beta_{i测} + \upsilon_{\beta_i}$。

改正角之和应为 $\beta_{i改} = \sum \beta_{理} = (n-2) \times 180°$，本例应为 360°，以作计算校核。

(3)推算各边的坐标方位角

根据起始边的已知坐标方位角及改正后的水平角，推算其他各导线边的坐标方位角，即

$$\alpha_{前} = \alpha_{后} + 180° \pm \beta_{右}^{左} \tag{7-7}$$

例如：　$\alpha_{2,3} = \alpha_{1,2} + 180° \pm \beta_{2改} = 125°30'00'' + 180° + 107°48'43'' = 413°18'43''$

因推算出的 2、3 边坐标方位角 $\alpha_{2,3} \geqslant 360°$，应减去 360°，故 $\alpha_{2,3} = 53°18'43''$。

按上式推算出其他导线边的坐标方位角，列入表 7-9 的第 6 栏。在推算过程中必须注意以下几点。

①如果推算出的 $\alpha_{前} \geqslant 360°$，则应减去 360°。

②如果推算出的 $\alpha_{前} < 0°$，则应加上 360°。

③闭合导线各边坐标方位角的推算，直至最后再推算出的起始边坐标方位角，与原有的起始边已知坐标方位角值相等方可，否则说明计算有错，应重新检查计算。

(4)坐标增量的计算及其闭合差的调整

1)坐标增量的计算

如图 7-7 所示，设点 1 的坐标(x_1, y_1)和 1、2 边的坐标方位角 $\alpha_{1,2}$ 均为已知，水平距离 $D_{1,2}$ 也已测得，则点 2 的坐标为

$$\begin{aligned} x_2 &= x_1 + \Delta x_{1,2} \\ y_2 &= y_1 + \Delta y_{1,2} \end{aligned} \tag{7-8}$$

$$\begin{aligned} \Delta x_{1,2} &= D_{1,2} \cdot \cos\alpha_{1,2} \\ \Delta y_{1,2} &= D_{1,2} \cdot \sin\alpha_{1,2} \end{aligned} \tag{7-9}$$

式(7-9)中，$\Delta x_{1,2}$ 及 $\Delta y_{1,2}$ 的正负号由 $\cos\alpha_{1,2}$ 及 $\sin\alpha_{1,2}$ 的正负决定。

本例按上式所算得的其他各边的坐标增量填入表 7-9 中的第 7、8 两栏中。

2)坐标增量闭合差的计算

从图 7-8 上可以看出，闭合导线纵、横坐标增量代数和的理论值应为零，即

$$\begin{aligned} \sum \Delta x_{理} &= 0 \\ \sum \Delta y_{理} &= 0 \end{aligned} \tag{7-10}$$

实际上由于转折角测量的残余误差和边长测量误差的存在，往往使 $\sum \Delta x_{测}$、$\sum \Delta y_{测}$ 测不等于零，因而产生纵坐标增量闭合差 f_x 与横坐标增量闭合差 f_y，即

$$f_x = \sum \Delta x_{测} - \sum \Delta x_{理} = \sum \Delta x_{测}$$

$$f_y = \sum \Delta y_{测} - \sum \Delta y_{理} = \sum \Delta y_{测} \tag{7-11}$$

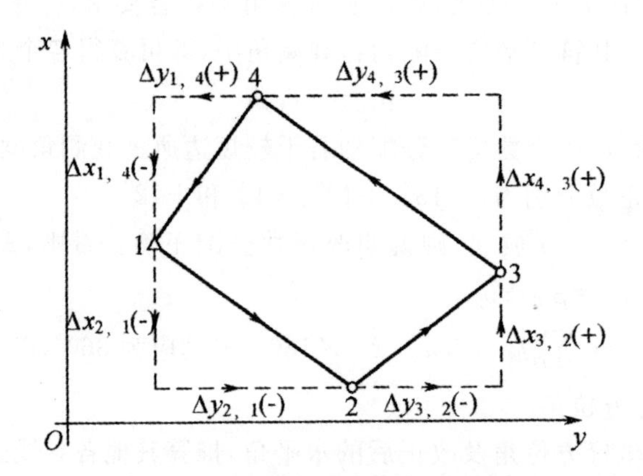

图 7-8　导线坐标增量的计算

从图 7-9 上看出，由于 f_x、f_y 的存在，使导线不能闭合，1—1′ 之长度称为导线全长的绝对闭合差，并用式(7-12) 计算

$$f_D = \sqrt{f_x^2 + f_y^2} \tag{7-12}$$

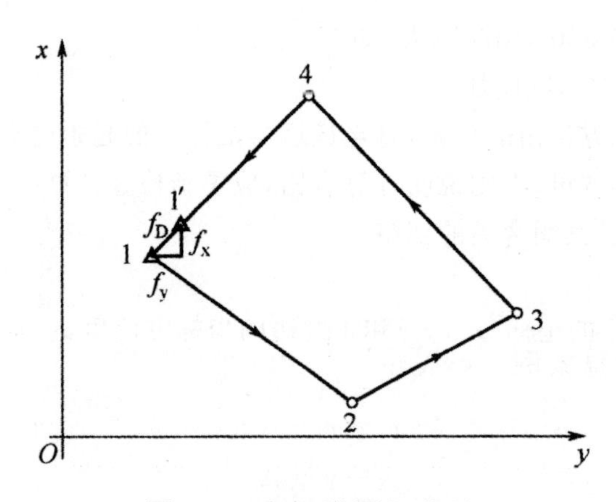

图 7-9　坐标增量闭合差

由于每条导线的总长度不同，仅从 f_D 值的大小还不能说明导线测量的精度是否满足要求，故应当将 f_D 与导线全长 $\sum D$ 相比，以分子为 1 的分数来表示导线全长的相对闭合差，即

$$K = \frac{f_D}{\sum D} = \frac{1}{\sum D / f_D} \tag{7-13}$$

即以导线全长的相对闭合差 K 来衡量的精度较为合理。K 的分母值越大，精度越高。不同等级的导线全长的相对闭合差容许值 K 容已列入表 7-3 和表 7-4。若 K 超过 $K_{容}$，则说明成果不合格，此时应首先检查内业计算有无错误，必要时重测导线边长。若 K 不超过 $K_{容}$，则说明成

果符合精度要求，可以进行调整。其调整的原则是：将 f_x、f_y 反其符号按边长成正比分配到各边的纵、横坐标增量中去，进行各边坐标增量的改正。以 υ_{xi}、y_{xi} 分别表示第 i 边的纵、横坐标增量改正数，即

$$\left.\begin{aligned}\upsilon_{xi} &= -\frac{f_x}{\sum D}D_i\\ \upsilon_{yi} &= -\frac{f_y}{\sum D}D_i\end{aligned}\right\} \tag{7-14}$$

纵、横坐标增量改正数之和应满足式(7-15)。

$$\left.\begin{aligned}\sum \upsilon_x &= - f_x\\ \sum \upsilon_y &= - f_y\end{aligned}\right\} \tag{7-15}$$

计算出的各边坐标增量改正数填入表7-9中的第7、8两栏坐标增量计算值的右上方(如－2、＋2等)。

3)坐标增量改正值的计算

$$\begin{aligned}\Delta x_{改i} &= \Delta x_{计i} + \upsilon_{xi}\\ \Delta y_{改i} &= \Delta y_{计i} + \upsilon_{yi}\end{aligned} \tag{7-16}$$

按式(7-16)计算出导线各边的坐标增量改正值，填入表7-9中的第9、10曲栏。

检核：$\sum \Delta x_{改} = 0$；$\sum \Delta y_{改} = 0$，即改正后纵、横坐标增量之代数和分别为零，则说明坐标增量改正值计算正确。

(5)计算各导线点的坐标

根据起点1的已知坐标及改正后的各边的坐标增量，用下式依次推算出2、3、4等各点的坐标

$$\begin{aligned}x_{前} &= x_{后} + \Delta x_{改正}\\ x_{前} &= x_{后} + \Delta x_{改正}\end{aligned} \tag{7-17}$$

算得的坐标值填入表7-9中的第11、12两栏。最后还应推算起点1的坐标，其值应与原有的已知数值相等，以作校核。

2. 附合导线坐标计算案例

附合导线的坐标计算步骤与闭合导线相同，角度闭合差与坐标增量闭合差的计算公式和调整原则也与闭合导线相同，即

$$f_\beta = \sum \beta_{测} - \sum \beta_{理} \tag{7-18}$$

$$\left.\begin{aligned}f_x &= \sum \Delta x_{测} - \sum \Delta x_{理}\\ f_y &= \sum \Delta y_{测} - \sum \Delta y_{理}\end{aligned}\right\} \tag{7-19}$$

但对于附合导线，闭合差计算公式中 $\sum \beta_{理}$、$\sum \Delta x_{理}$、$\sum \Delta y_{理}$ 与闭合导线不同。下面着重介绍其不同点。

(1) 角度闭合差中 $\sum \beta_{理}$ 的计算

设有附合导线如图7-5所示，已知起始边 AB 的坐标方位角 $\alpha_{A,B}$ 和终边 CD 的坐标方位角

$\alpha_{C,D}$。观测所有左角(包括连接角 β_B 和 β_C),由式(7-5)有

$$\alpha_{B,1}=\alpha_{A,B}+180^\circ+\beta_B$$

$$\alpha_{1,2}=\alpha_{B,1}+180^\circ+\beta_1$$

$$\alpha_{2,C}=\alpha_{1,2}+180^\circ+\beta_2$$

$$\alpha_{C,D}=\alpha_{2,C}+180^\circ+\beta_C$$

$$\alpha_{C,D}=\alpha_{A,B}+4\times 180^\circ+\sum\beta_{左}$$

$$\alpha_{终}=\alpha_{始}+n\times 180^\circ$$

$$\sum\beta_{右理}=\alpha_{始}-\alpha_{终}-n\times 180^\circ$$

$$f_\beta=\sum\beta_{测}-\alpha_{始}+\alpha_{终}-n\times 180$$

$$\Delta x_{B,1}=x_1-x_B\alpha_{2,C}=\alpha_{1,2}+180^\circ+\beta_2$$

$$\alpha_{C,D}=\alpha_{2,C}+180^\circ+\beta_C$$

将以上各式左、右分别相加,得

$$\alpha_{C,D}=\alpha_{A,B}+4\times 180^\circ+\sum\beta_{左}$$

写成一般公式为

$$\alpha_{终}=\alpha_{始}+n\times 180^\circ+\sum\beta_{左} \tag{7-20}$$

式中,n 为水平角观测个数。满足上式的 $\sum\beta_{左}$ 即为其理论值。将上式整理可得

$$\sum\beta_{左理}=\alpha_{终}-\alpha_{始}-n\times 180^\circ \tag{7-21}$$

若观测右角,同样可得

$$\sum\beta_{右理}=\alpha_{始}-\alpha_{终}-n\times 180^\circ \tag{7-22}$$

(2) 角度闭合差 f_β 的计算

将式(7-21)、式(7-22) 分别代入式(7-18),可求得附和导线角度闭合差的计算公式。

转折角为左角时的角度闭合差计算公式为

$$f_\beta=\sum\beta_{测}+\alpha_{始}-\alpha_{终}-n\times 180^\circ$$

转折角为右角角时的角度闭合差计算公式为

$$f_\beta=\sum\beta_{测}-\alpha_{始}+\alpha_{终}-n\times 180^\circ$$

(3) 坐标增量闭合差中 $\sum\Delta x_{理}$、$\sum\Delta y_{理}$ 理的计算

$$\Delta x_{B,1}=x_1-x_B$$

$$\Delta x_{1,2}=x_2-x_1$$

$$\Delta x_{2,C}=x_C-x_2$$

将以上各式左、右分别相加,得

$$\sum\Delta x=x_C-x_B$$

写成一般公式为

$$\sum\Delta x_{理}=x_{终}-x_{始} \tag{7-23}$$

同样可得

$$\sum\Delta y_{理}=y_{终}-y_{始} \tag{7-24}$$

即附合导线的坐标增量代数和的理论值应等于终、始两点的已知坐标值之差。

附合导线的导线全长闭合差、全长相对闭合差和容许相对闭合差的计算，以及增量闭合差的调整等，均与闭合导线相同。

表 7-9　闭合导线的复合参数

点号	观测角（左角）° ′ ″	改正数/″	改正角 ° ′ ″	改正角方位角 α ° ′ ″	距离 D/m	增量计算		改后增量		坐标值		点号
						$\Delta x/m$	$\Delta y/m$	$\Delta x/m$	$\Delta y/m$	x/m	y/m	
1	2	3	4=2+3	5	6	7	8	9	10	11	12	13
1												1
2	107 48 30	+13	107 4843	12530 00	105.22	−2 −61.10	+2 +85.66	−61.12	+85.68	506.321	215.652	
3	73 00 20	+12	73 00 32	53 18 43	80.18	−2 +47.90	+2 +64.3	+47.88	+64.32	445.201	301.332	2
4	89 33 50	+13	89 34 03	30619 15	129.34	−3 +76.61	+2 −104.2	+76.58	−104.19	493.081	365.652	3
1	89 36 30	+12	89 36 42	215 53 18	78.16	−2 −63.32	+1 −45.82	−63.34	−45.81	569.661	261.462	4
2				152 30 00						506.321	215.652	1
$\sum$	359 59 10	+50	360 00 00		329.90	+0.09	−0.07	0.00	0.00	示意图 北 4 β_4 $\alpha_{1,2}$ β_1 1 β_3 3 β_2 2		
辅助计算	$\sum\beta_{测}=359°59'10''$ $-\sum\beta_{理}=360°00'00''$ $f_\beta=-50''$ $f_{\beta容}=\pm60''\sqrt{4}=\pm120''$				$f_x=\sum\Delta x_{测}=+0.09\ m$ $f_y=\sum\Delta y_{测}=-0.07$ 导线全长相对闭合差 $K=\frac{0.11}{392.90}\approx\frac{1}{3\ 400}$ 容许的相对闭合差 $K_{容}=\frac{1}{2\ 000}$					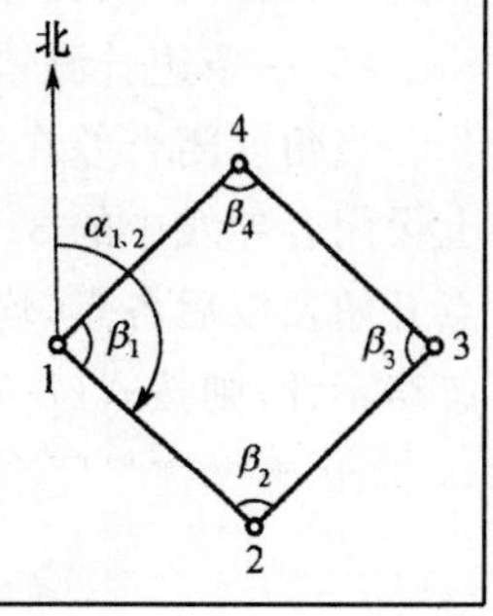		

3. 支导线的坐标计算

支导线中没有多余观测值，因此也没有闭合差产生，导线转折角和计算的坐标增量均不需要进行改正。支导线的计算步骤如下所示。

①根据观测的转折角推算各边坐标位角。

②根据各边坐标方位角和边长计算坐标增量。

③根据各边的坐标增量推算各点的坐标。

以上各计算步骤的计算方法同闭合导线。

4. 导线测量错误的查找方法

在导线计算中,如要发现闭合差超限,则应首先复查导线测量外业观测记录、内业计算时的数据抄录和计算。如果都没有发现问题,则说明导线外业中的测角、量距有错误,应到现场去返工重测。但在去现场之前。如果能分析判断错误可能发生在某处,就应首先到该处重测,这样就可以避免角度或边长的全部重测,大大减少返工的工作量。下面介绍仅有一个错误存在的查找方法。

(1)一个角度测错的查找方法

在图 7-10 上设附合导线的第 3 点上的转折角发生一个错误,使角度闭合差超限。

如果分别从导线两端的已知坐标方位角推算各边的坐标方位角,则到测错角度的第 3 点为止,导线边的坐标方位角仍然是正确的。经过第 3 点的转折角以后,导线边的坐标方位角开始向错误方向偏转,使以后各边坐标方位角都包含错误。

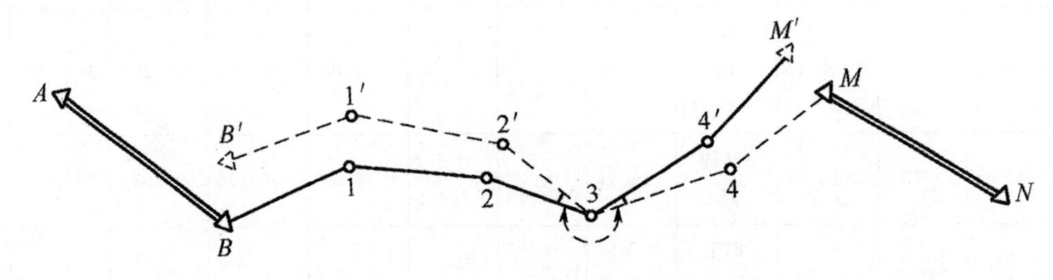

图 7-10　一个角度测错的查找方法

因此,一个转折角测错的查找方法为:分别从导线两端的已知坐标方位角出发,按支线计算导线各点的坐标。则所得到的同一个点的两套坐标值非常接近的点最有可能为角度测错的点。对于闭合导线,方法也相类似。只是从同一个已知点及已知坐标方位角出发,分别沿顺时针方向和逆时针方向,按支导线计算两套坐标值,去寻找两套坐标值接近的点。

(2)一条边长测错的查找方法

当角度闭合差在容许范围以内,而坐标增量闭合差超限时,说明边长测量有错误,在图 7-11 上设闭合导线中的 3—4 边 $D_{3,4}$ 发生错误量为 ΔD。由于其他各边和各角没有错误,因此从第 4 点开始及以后各点,均产生一个平行于 3—4 边的移动量 ΔD。如果其他各边、角中的偶然误差忽略不计,则按式(7-17)计算的导线全长的绝对闭合差即等于 ΔD,即

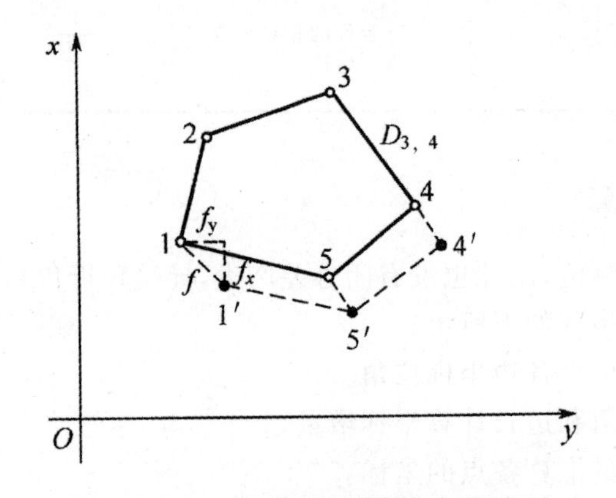

图 7-11　一条边长测错的查找方法

$$f=\sqrt{f_x^2+f_y^2}=\Delta D \tag{7-25}$$

计算的全长闭合差的坐标方位角即等于 3—4 边或 4—3 边的坐标方位角 $\alpha_{3,4}$（或 $\alpha_{4,3}$），即

$$\alpha_f=\arctan\frac{f_y}{f_x}=\alpha_{3,4}（或\ \alpha_{4,3}） \tag{7-26}$$

据此原理，求得的 α_f 值等于或十分接近于某导线边方位角（或其反方位角）时，此导线边就可能是量距错误边。

7.3　交会定点

当测区内已有控制点需要加密时，可以采用交会测量的方法来加密控制点。交会测量的方法可以分为角度交会和距离交会，如图 7-12 所示。其中角度交会包括前方交会、侧方交会和后方交会。

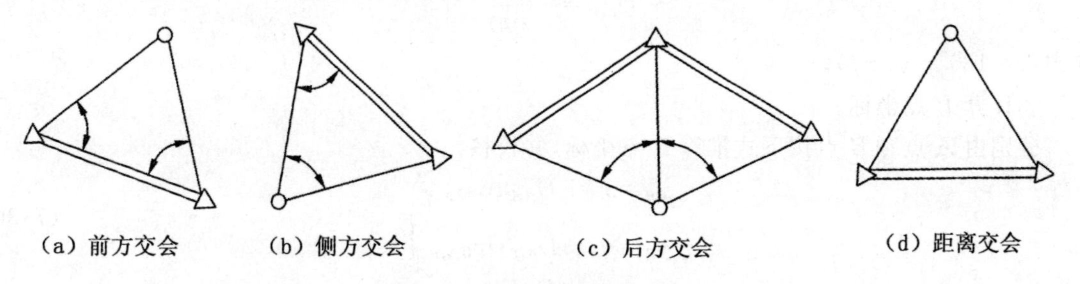

图 7-12　交会测量的方法

7.3.1　前方交会

当原有控制点不能满足工程需要时，可用交会法加密控制点，称为交会定点。常用的交会法有前方交会、后方交会和距离交会。

如图 7-13(a)所示，在已知点 A、B 分别对 P 点观测了水平角 α 和 β，求 P 点坐标，称为前方交会。为了检核，通常需从 3 个已知点 A、B、C 分别向点观测水平角，如图 7-13(b)所示，分别由两个三角形计算 P 点坐标。P 点精度除了与 α、β 角观测精度有关外，还与 α 角的大小有关。α 角接近 90°精度最高，在不利条件下，口角也不应小于 30°或大于 120°。

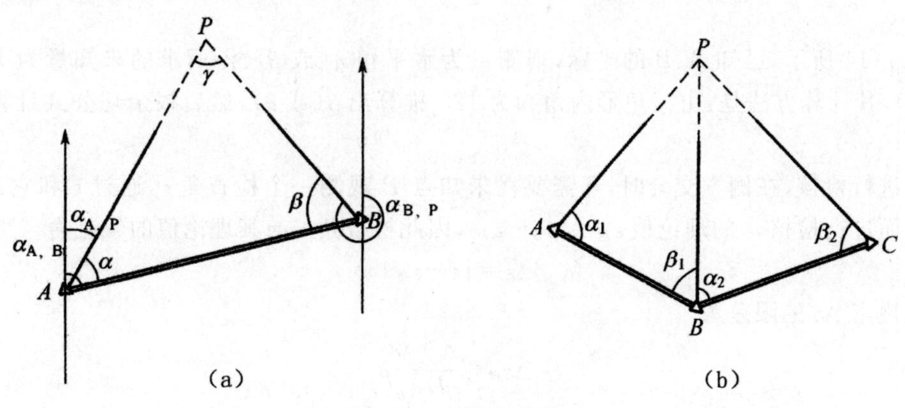

图 7-13　前方交会

现以一个三角形为例说明前方交会的定点方法。

①根据已知坐标计算已知边 AB 的方位角和边长。

$$\left.\begin{aligned}\alpha_{A,B}&=\arctan\frac{y_B-y_A}{x_B-x_A}\\D_{A,B}&=\sqrt{(x_B-x_A)^2+(y_B-y_A)^2}\end{aligned}\right\}\tag{7-27}$$

②推算 AP 和 BP 边的坐标方位角和边长。

由图 7-13 得

$$\left.\begin{aligned}\alpha_{A,P}&=\alpha_{A,B}-\alpha\\\beta_{B,P}&=\alpha_{B,A}+\beta\end{aligned}\right\}\tag{7-28}$$

$$\left.\begin{aligned}D_{A,P}&=\frac{D_{A,B}\sin\beta}{\sin\gamma}\\D_{B,P}&=\frac{D_{A,B}\sin\alpha}{\sin\gamma}\end{aligned}\right\}\tag{7-29}$$

式中，$\gamma=180°-(\alpha+\beta)$。

③计算 P 点坐标。

分别由 A 点和 B 点按下式推算 P 点坐标，并校核。

$$\left.\begin{aligned}x_P&=x_A+D_{A,P}\cos\alpha_{A,P}\\y_P&=y_A+D_{A,P}\sin\alpha_{A,P}\end{aligned}\right\}\tag{7-30}$$

$$\left.\begin{aligned}x_P&=x_B+D_{B,P}\cos\alpha_{B,P}\\y_P&=y_B+D_{B,P}\sin\alpha_{B,P}\end{aligned}\right\}\tag{7-31}$$

另外介绍一种应用电子计算器直接计算 P 点坐标的公式，公式推导从略。

$$\left.\begin{aligned}x_P&=\frac{x_A\cot\beta+x_B\cot\alpha+(y_B-y_A)}{\cot\alpha+\cot\beta}\\y_P&=\frac{y_A\cot\beta+y_B\cot\alpha+(x_B-x_A)}{\cot\alpha+\cot\beta}\end{aligned}\right\}\tag{7-32}$$

应用式(7-32)时，A、B、P 的点号须按逆时针次序排列，如图 7-13 所示。

7.3.2 侧方交会

如图 7-14 所示，已知 A、B 的坐标，观测量为水平角 α（或 β）、γ，所求的未知量为 P 的坐标 $P(x_P, y_P)$，其计算方法是：由三角形内角和为 180°推算出 β（或 α），然后根余切公式计算出 P 的坐标 $P(x_P, y_P)$。

为了进行检核，在侧方交会时，还需要在未知点 P 观测一个检查角 ε，通过 ε 和它的理论值进行比较而进行检核，ε 的理论值 $\varepsilon_{理}=\alpha_{PB}-\alpha_{PC}$，因此检查角 ε 与其理论值的较差为

$$\Delta\varepsilon=|\varepsilon-\varepsilon_{理}|$$

规范规定 $\Delta\varepsilon$ 的限差为

$$\Delta\varepsilon_{容}\leqslant\frac{0.2M}{D_{PC}}\rho\tag{7-33}$$

在上式中，M 为测图比例尺分母，$\rho=206\ 265''$，D_{PC} 为 PC 的距离，以 mm 为单位。由公式(7-

33)可知,如果 D_{PC} 太小,$\Delta\varepsilon_{容}$ 就会过大。

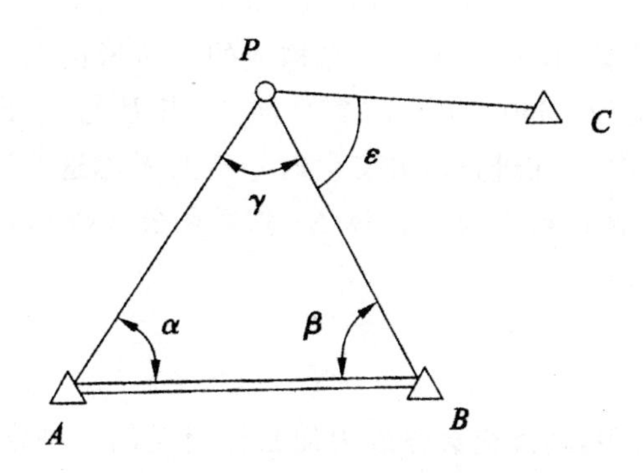

图 7-14　侧方交会示意图

7.3.3　后方交会

图 7-15 为后方交会示意图,A、B、C 为已知控制点,观测量为水平角 α、β,未知量为点 P 的坐标。后方交会的计算公式较多,这里介绍一种比较实用的计算公式,该公式也称为仿权公式。

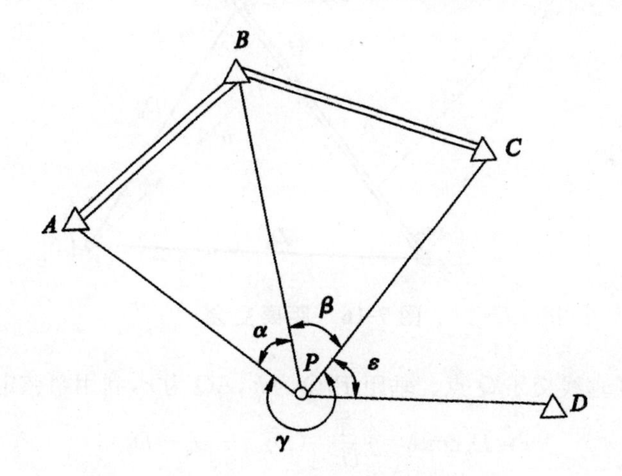

图 7-15　后方交会示意图

仿权计算公式形式如下

$$\left.\begin{aligned} x_P &= \frac{P_A x_A + P_B x_B + P_C x_C}{P_A + P_B + P_C} \\ y_P &= \frac{P_A y_A + P_B y_B + P_C y_C}{P_A + P_B + P_C} \end{aligned}\right\} \tag{7-34}$$

其中

$$P_A = \frac{1}{\cot\angle A - \cot\alpha}$$

$$P_B = \frac{1}{\cot\angle B - \cot\beta}$$

$$P_C=\frac{1}{\cot\angle C-\cot\gamma}$$

上式中$\angle A$、$\angle B$、$\angle C$为A、B、C三个已知点构成的三角形内角，可以通过坐标反算求得，γ与α、β之和为一个圆周，因此$\gamma=360^\circ-\alpha-\beta$。需要注意，当$P$与$A$、$B$、$C$共圆时，公式(7-34)无解，此圆称为后方交会的危险圆，在进行后方交会时一定要考虑这个问题。另外，后方交会也需要检核，可以再测一个方向，测出检查角ε，计算$\Delta\varepsilon$，然后用公式(7-33)检查后方交会是否合格。

7.3.4 距离交会

随着电磁波测距仪的应用，距离交会也成为加密控制点的一种常用方法。如图7-16所示，在两个已知点A、B上分别量至待定点P_1的边长D_A和D_B，求解P_1点坐标，称为距离交会。

①利用A、B已知坐标求方位角$\alpha_{A,B}$和边长$D_{A,B}$。

$$D_b^2=D_{A,B}^2+D_a^2-2D_{A,B}D_a\cos A \tag{7-35}$$

$$\cos A=\frac{D_{A,B}^2+D_a^2-D_b^2}{2D_{A,B}D_a}$$

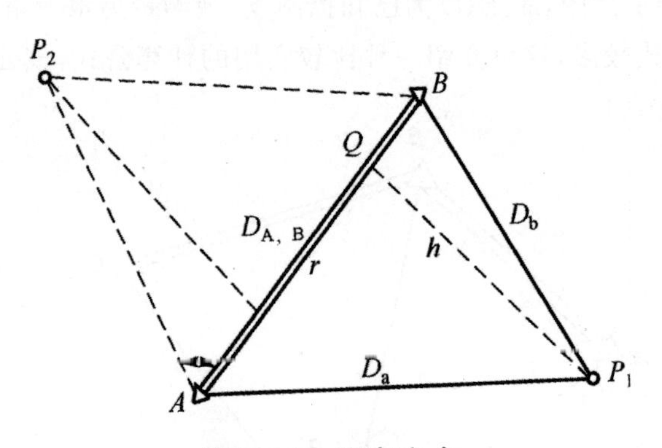

图7-16 距离交会

②过P_1点作AB垂线交于Q点。垂距P_1Q为h，AQ为r，利用余弦定理求A角。

$$\left.\begin{aligned}r&=D_a\cos A=\frac{1}{2D_{A,B}}(D_{A,B}^2+D_a^2-D_b^2)\\h&=\sqrt{D_a^2-r^2}\end{aligned}\right\} \tag{7-34}$$

③P_1点坐标如下。

$$\left.\begin{aligned}x_{P,1}&=x_A+r\cos\alpha_{A,B}-h\sin\alpha_{A,B}\\y_{P,1}&=y_A+r\sin\alpha_{A,B}-h\cos\alpha_{A,B}\end{aligned}\right\} \tag{7-35}$$

上式P_1点在AB线段右侧(A、B、P_1顺时针构成三角形)。若待定点P_2在AB线段左侧(A、B、P_2逆时针构成三角形)，公式为

$$\left.\begin{aligned}x_{P,2}&=x_A+r\cos\alpha_{A,B}+h\sin\alpha_{A,B}\\y_{P,2}&=y_A+r\sin\alpha_{A,B}-h\cos\alpha_{A,B}\end{aligned}\right\} \tag{7-36}$$

距离交会的计算见表7-10。

表 7-10　距离交会计算表

已知坐标	x_A	1 035.147	y_A	2 601.295	观测数据	D_A	703.760
	x_B	1 501.295	y_B	3 270.053		D_B	670.486
$\alpha_{A,B}$	55°07′20″		$D_{A,B}$	815.188	r	435.641	
h	552.716		x_P	1 737.692	y_P	2 642.625	

7.4　三、四等水准测量

7.4.1　三、四等水准测量的主要技术要求

三、四等水准测量除用于国家高程控制网的加密外，还常用作小地区的首级高程控制，以及工程建设地区内工程测量和变形观测的基本控制。三、四等水准网应从附近的国家高一级水准点引测高程。

三、四等水准路线一般沿道路布设，尽量避开土质松软地段，水准点间的距离一般为 2～4 km，在城市建筑区为 1～2 km。水准点应选在地基稳固，能长久保存和便于观测的地方。水准点应埋设普通水准标石或临时水准点标志，也可利用埋石的平面控制点作为水准点。在厂区内则注意不要选在地下管线上方，距离厂房或高大建筑物不小于 25 m，距震动影响区 5 m 以外，距回填土边不少于 5 m。

三、四等水准测量的要求和施测方法如下。

①三、四等水准测量使用的水准尺，通常是双面水准尺。两根标尺黑面的尺底均为 0，红面的尺底一根为 4.687 m，一根为 7.787 m。

②三、四等水准测量的主要技术要求参看表 7-5，在观测中，每一测站的技术要求见表 7-11。

表 7-11　三、四等水准测量站技术要求

等级	标准视线长度/m	前后视距差/m	前后视距累积差/m	视线距地面最低高度/m	红黑面读数差/mm	红黑面高差之差/mm
三	75	3.0	5.0	0.3	2.0	3.0
四	100	5.0	10.0	0.2	3.0	5.0

7.4.2　四等水准测量的方法

1. 观测方法

三、四等水准测量的观测应在通视良好、望远镜成像清晰稳定的情况下进行。若用普通 DS3

水准仪观测，则应注意：每次读数前都应精平。如果使用自动安平水准仪，则无需精平，工作效率大为提高。以下介绍用双面水准尺法在一个测站的观测顺序。

①后视水准尺黑面，读取上、下视距丝和中丝读数，记入记录表(表 7-12)中(1)、(2)、(3)位置。

②前视水准尺黑面，读取上、下视距丝和中丝读数，记入记录表中(4)、(5)、(6)位置。

③前视水准尺红面，读取中丝读数，记入记录表中(7)位置。

④后视水准尺红面，读取中丝读数，记入记录表中(8)位置。

这样的观测顺序简称为“后—前—前—后”，其优点是可以抵消水准仪与水准尺下沉产生的误差。四等水准测量每站的观测顺序也可以为“后—后—前—前”，即“黑—红黑—红”。每个测站共需读 8 个读数，并立即进行测站计算与检核。满足三、四等水准测量的有关限差要求后(表 7-10)方可迁站。表中各次中丝读数(3)、(6)、(7)、(8)是用来计算高差的。因此，在每次读取中丝读数前，都要注意使附合气泡的两个半像严密重合。

2. 测站计算与检核

(1)视距计算与检核

根据前、后视的上与下视距丝读数，计算前、后视的视距。

后视距离：(9)＝100×[(1)－(2)]

前视距离：(10)＝100×[(4)－(5)]

计算前、后视距差(11)：(11)＝(9)－(10)

计算前、后视距离累积差：(12)＝上站(12)＋本站(11)

以上计算得前、后视距、视距差及视距累积差均应满足表 7-10 要求。

(2)尺常数 K 检核

尺常数 K 为同一水准尺黑面与红面读数差。尺常数误差计算式为

$$(13)=(6)+K_i+(7)$$

$$(14)=(3)+K_j-(8)$$

$K_{i,j}$ 为双面水准尺的红面分划与黑面分划的零点差(A 尺：$K_1=4.687$ m；B 尺：$K_2=4.787$)。对于三等水准测量，尺常数误差不得超过 2 mm 对于四等水准测量，不得超过 3 mm。

(3)高差计算与检核

按前、后视水准尺红和黑面中丝读数分别计算该站高差。

黑面高差：(15)＝(3)－(6)

红面高差：(16)＝(8)－(7)

红黑面高差之误差：(17)＝(15)－(16)±0.100 m

对于三等水准测量，(17)不得超过 3 mm，对于四等水准测量，(17)不得超过 5 mm。

红黑面高差之差在容许范围以内时，取其平均值作为该站的观测高差。

$$(18)=\{(15)+[(16)\pm 0.100\text{ m}]\}/2$$

上式计算时，若(15)＞(16)，0.100 m 前取正号计算，若(15)＜(16)，0.100 m 前取负号计算。总之，平均高差(18)应与黑面高差(15)接近。

表 7-12 三(四)等水准测量观测手簿

测段:$A \sim B$	日期:2015 年 6 月 12 日	仪器型号:苏光 DZS2
开始时间:8 时 20 分	天气:多云	观测者
结束:9 时 30 分	成像:清晰稳定	记录者

测站编号	点号	后尺 下丝 / 上丝 后视距 视距差	前尺 下丝 / 上丝 前视距 累计差	方向及尺号	水准尺中丝读数 黑面	水准尺中丝读数 红面	K+黑-红/mm	平均高差/m	备注
		(1)	(4)	后	(3)	(8)	(14)		
		(2)	(5)	前	(6)	(7)	(13)		
		(9)	(10)	后-前	(15)	(16)	(17)	(18)	
		(11)	(12)						
1	$A \sim TP_1$	1.587	0.755	后 106	1.400	6.187	0		
		1.213	0.379	前 107	0.567	5.255	-1		
		37.4	37.6	后-前	+0.833	+0.932	+1	0.8325	
		-0.2	-0.2						
2	$TP_1 \sim TP_2$	2.111	2.186	后 107	1.924	6.611	0		
		1.737	1.811	前 106	1.998	6.786	-1		
		37.4	37.5	后-前	-0.074	-0.175	+1	0.0745	
		-0.1	-0.3						K 为水准尺常数,表中 $K_{106}=4.787$ $K_{107}=4.687$
3	$TP_2 \sim TP_3$	1.916	2.057	后 106	1.728	6.611	0		
		1.541	1.680	前 107	1.868	6.556	+1		
		37.5	37.7	后-前	-0.140	-0.041	-1	0.1405	
		-0.2	-0.5						
4	$TP_3 \sim TP_4$	1.945	2.121	后 107	1.812	6.499	0		
		1.680	1.854	前 106	1.987	6.773	+1		
		26.5	26.7	后-前	-0.175	-0.274	-1	-0.1745	
		-0.2	-0.7						
5	$TP_4 \sim B$	0.675	2.902	后	0.466	5.254	-1		
		0.237	2.466	前	2.684	7.371	0		
		43.8	43.6	后-前	-2.218	-2.117	-1	-2.2175	
		+0.2	-0.5						

(4)每页水准测量记录计算校核

每页水准测量记录应作总的计算校核。

高差校核

$$\sum(3)-\sum(6)=\sum(15)$$
$$\sum(8)-\sum(7)=\sum(16)$$

或

$$\sum(15)+\sum(16)=2\sum(18)(\text{偶数站})$$
$$\sum(15)+\sum(16)=2\sum(18)\pm 0.100\ m(\text{奇数站})$$

视距差校核

$$\sum(9)-\sum(10)=\text{末站}(12)$$

本页总视距

$$\sum(9)+\sum(10)$$

7.4.3 三、四等水准测量的成果整理

三、四等水准测量的闭合或附合线路的成果整理首先应按表 7-1 的规定，检验测段往返测高差不符值，及附合或闭合线路的高差闭合差。如果在容许范围以内，则测段高差取往、返测的平均值，线路的高差闭合差反其符号按测段的长度或测站数成正比例进行分配。

7.5 三角高程测量

根据已知点高程及两点间的垂直角和距离确定待定点高程的方法称为三角高程测量。

当两点间地形起伏较大而不利于水准观测时，可采用三角高程测量的方法测定两点间的高差，进而求得待定点的高程。三角高程测量的精度一般低于水准测量，常用于山区的高程控制测量和地形测量。

7.5.1 三角高程测量的原理

如图 7-17 所示，已知点 A 的高程 H_A，B 为待定点，待求高程为 H_B。在点 A 安置经纬仪，照准点 B 目标顶端 M，测得竖直角 α。量取仪器高 i 和目标高 υ。如果测得 AM 之间距离为 D'，则 A、B 点的高差 h_{AB} 为：

$$h_{AB}=D'\sin\alpha+i-\upsilon \tag{7-37}$$

如果测得 A、B 点的水平距离 D，则高差 h_{AB} 为：

$$h_{AB}=D\tan\alpha+i-\upsilon \tag{7-38}$$

则 B 点高程为

$$H_B = H_A + h_{AB} \tag{7-39}$$

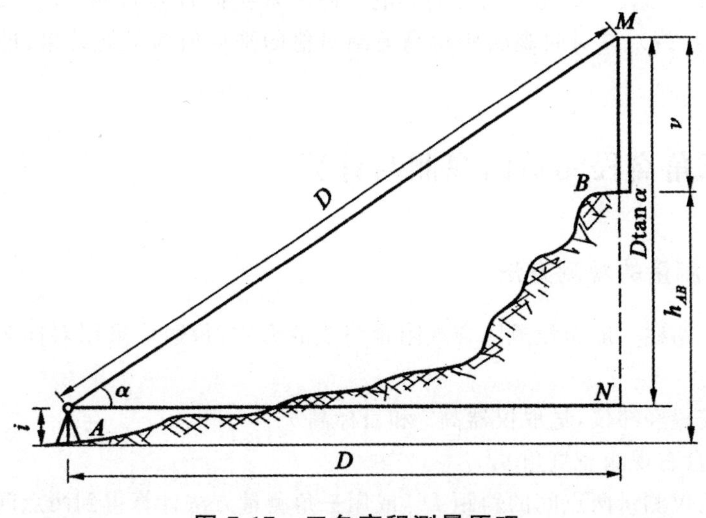

图 7-17　三角高程测量原理

7.5.2　地球曲线和大气折光对高差的影响与改正

式(7-37)～式(7-39)是假定地球表面为水平面(即水准面为水平面)、观测视线为直线的基础上推导而得到的。当地面上两点间距离小于 300 m 时,可以近似认为这些假设条件是成立的,上述公式也可以直接应用。但两点间的距离超过 300 m 时,就要考虑地球曲率对高程的影响,加以曲率改正,称为球差改正,其改正数为 c。同时,观测视线受大气折光的影响而称为一条向上凸起的弧线,须加以大气折光影响的改正,称为气差改正,其改正数为 γ。以上两项改正合称为球气差改正,简称两差改正,其改正数为 $f=c-\gamma$。

(1)地球曲率的改正

当地面两点间的距离较长(超过 300 m)时,大地水准面是一个曲面,而不能视为水平面,所以应用式(7-37)～式(7-39)时,须加上球差改正 c,其计算公式为:

$$c = \frac{D^2}{2R} \tag{7-41}$$

式中,R 为地球的平均曲率半径,计算时可取 $R=6\ 371$ km。

(2)大气折光的改正

在进行竖直角测量时,由于大气层密度分布不均匀,使得观测视线受大气折光的影响总是一条向上凸起的曲线,使竖直角观测值比实际值偏大,必须进行气差改正。一般认为大气折光的曲率半径约为地球曲率半径的 7 倍,则气差改正数 γ 为:

$$\gamma = \frac{D^2}{14R} \tag{7-42}$$

则二差改正数 f 为:

$$f = c - \gamma = \frac{D^2}{2R} - \frac{D^2}{14R} \approx 0.43\frac{D^2}{R} = 6.7D^2 \tag{7-43}$$

式中,水平距离 D 以 km 为单位。

以上是考虑二差改正的三角高程测量中高程的计算方法。在实际测量中还常采用对向观测的方法消除地球曲率和大气折光对高程的影响。即由 A 点向 B 点观测(称为直觇),然后由 B 点向 A 点观测(称为反觇),取对向观测所得高差绝对值的平均值为最终结果,即可消除或减弱二差的影响。

7.5.3 三角高程测量的观测与计算

1. 三角高程测量的观测方法

三角高程测量路线一般布设成闭合或附合路线的形式,每边均采用对向观测。在每个测站上,进行以下步骤:

①在测站上安置经纬仪,量取仪器高 i 和目标高 v。

②采用盘左、盘右观测竖直角 α。

③用光电测距仪测量两点间的斜距 D',或用三角测量方法计算得到两点间的平距 D。

④采用反觇,重复步骤①～③。

某三角高程测量的附合路线 A—1—2—B,如图 7-18 所示,A、B 为已知高程控制点,其高程分别为 H_A=1 506.45 m、H_B=1 587.28 m,1、2 为高程待定点:观测记录和高差计算见表 7-13,高差计算结果标注于图 7-18。

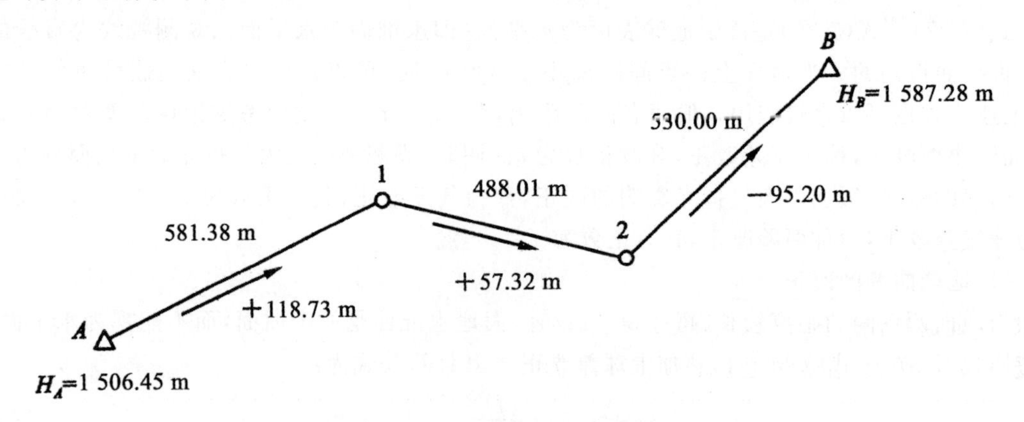

图 7-18 三角高程附合路线计算

表 7-13 三角高程附合路线的高差计算

起算点	A		1		2	
待定点	1		2		B	
觇法	直觇	反觇	直觇	反觇	直觇	反觇
竖直角 α	11°38′30″	−11°24′00″	6°52′15″	−6°35′18″	−10°04′45″	10°20′30″
平距 D(m)	581.38	581.38	488.01	488.01	530.00	530.00
D$\tan\alpha$(m)	119.78	−117.23	58.80	−56.36	−94.21	96.71

续表

起算点	A		1		2	
待定点	1		2		B	
觇法	直觇	反觇	直觇	反觇	直觇	反觇
仪器高 i(m)	1.44	1.49	1.49	1.50	1.50	1.48
目标高 v(m)	2.50	3.00	3.00	2.50	2.50	3.00
二差改正 f(m)	0.02	0.02	0.02	0.02	0.02	0.02
高差 h(m)	+118.74	−118.72	+57.31	−57.34	−95.19	+95.22
平均高差(m)	+118.73	+57.32	−95.20			

2. 三角高程计算

①三角高程直觇、反觇测量所得的高差，经过二差改正后，其互差不应大于 $0.1D$(单位:m)，D 为边长，以 km 为单位。若精度满足要求，取对向观测所得高差的平均值。

②计算闭合或附合路线的闭合差 f_h(单位:m)，闭合差的容许限差为

$$f_h = \pm 0.05\sqrt{\sum D^2} \tag{7-44}$$

其中，水平距离 D 以 km 为单位，则按照前面章节所描述的闭合差的改正进行分配，再按改正后的高差推算各点的高程。

7.6　施工场地的控制测量

在工程建设勘测阶段已建立了测图控制网，但是由于它是为了测图而建立的，未考虑施工的要求，因此起控制点的分布、密度、精度都难以满足施工测量的要求。此外，平整场地时控制点大多受到破坏，因此，在施工之前必须重新建立专门的施工控制网。

7.6.1　施工坐标与测量坐标的换算

1. 施工坐标系统

为了工作上的方便，在建立施工平面控制网和进行建筑物定位时，多采用一种独立直角坐标系统，称为建筑坐标系，也叫施工坐标系。该坐标系的纵横坐标轴与场地主要建筑物的轴线平行，坐标原点常设在总平面图的西南角，使所有建筑物的设计坐标均为正值。

为了与原测量坐标系统区别，规定施工坐标系统的纵轴为 A 轴，横轴为 B 轴。由于建筑物布置的方向受场地地形和生产工艺流程的限制，建筑坐标系通常与测量坐标系不一致。故在测量工作中需要将一些点的施工坐标换算为测量坐标。

2. 测量坐标系统

测量坐标系与施工场地地形图坐标系一致,工程建设中地形图坐标系有两种情况,一种是高斯平面直角坐标,另一种是测区独立平面直角坐标系,用 XOY 表示。

3. 坐标换算公式

如图 7-19 所示,测量坐标为 XOY,施工坐标为 $AO'B$,原点 O' 在测量坐标系中的坐标为 $X_{O'}$、$Y_{O'}$。设两坐标轴之间的夹角为 α(一般由设计单位提供,也可在总平面图按图解法求得),P 点的施工坐标为((A_P,B_P),测量坐标为(X_P,Y_P),则 P 点的施工坐标可按式(7-45)换算成测量坐标

$$X_P = X_{O'} + A_P \cdot \cos\alpha - B_P \cdot \sin\alpha$$
$$Y_P = Y_{O'} + A_P \cdot \sin\alpha - B_P \cdot \cos\alpha \tag{7-45}$$

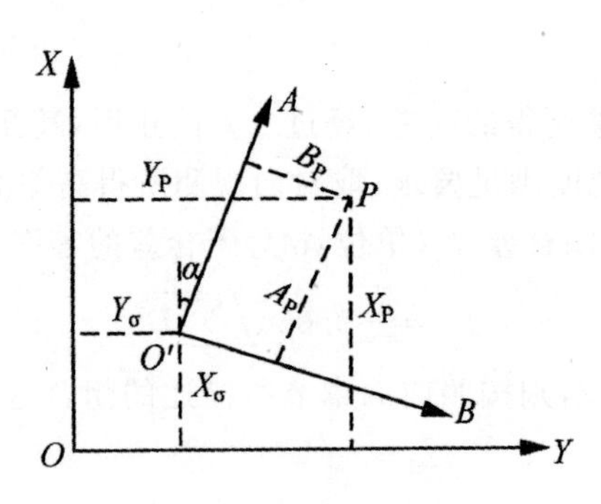

图 7-19　测量坐标各点

P 点的测量坐标可按式(7-46)换算成施工坐标

$$A_P = (x_P - x'_0)\cos\alpha + (y_P - y'_0)\sin\alpha$$
$$B_P = -(x_P - x'_0)\sin\alpha + (y_P - y'_0)\cos\alpha \tag{7-46}$$

7.6.2　建筑基线

1. 建筑基线的布设

建筑基线是建筑场地的施工控制基准线,即在场地中央放样一条长轴线或若干条与其垂直的短轴线。它适用于建筑设计总平面图布置比较简单的小型建筑场地。

建筑基线的布设形式是根据建筑物的分布、场地地形等因素来确定的。其常见的形式有"一"字形、"L"字形、"T"字形、"十"字形,如图 7-20 所示。建筑基线的形式可以灵活多样,适合于各种地形条件。

设计建筑基线时应该注意以下几点:①建筑基线应平行或垂直于主要建筑物的轴线;③建筑基线主点间应相互通视,边长为 100～400 m;③主点在不受挖土损坏的情况下应尽量靠近主要建筑物,且平行主体建筑的主轴线;④建筑基线的测设精度应满足施工放样的要求;⑤基线点应不少于 3 个,以便检测建筑基线点有无变动。

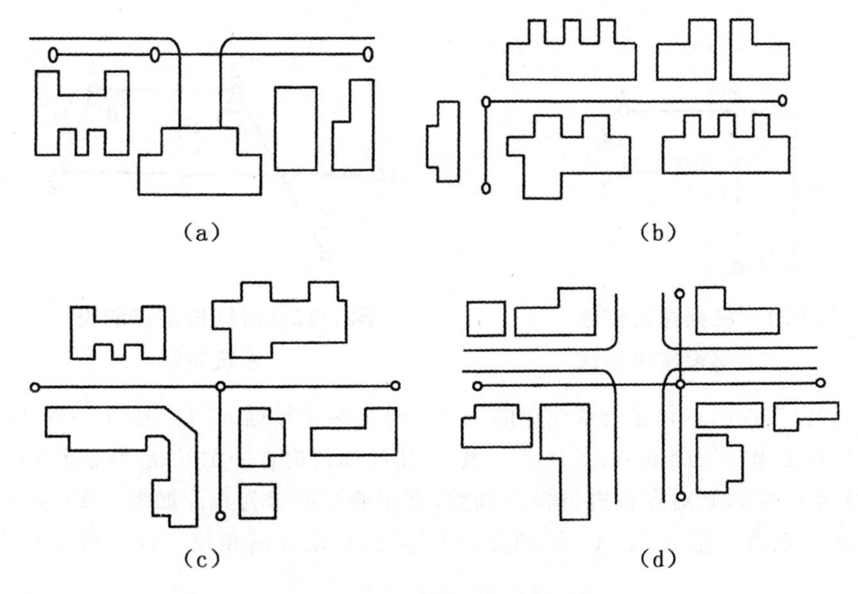

图 7-20　建筑基线布置形式

2. 建筑基线的布设要求

建筑基线的布设要求有以下几点。

①建筑基线应尽可能靠近拟建的主要建筑物，并与其主要轴线平行或垂直，长的基线尽可能布设在场地中央，以便使用比较简单的直角坐标法进行建筑物定位。

②建筑基线上基线点应不少于 3 个，以便相互检核。

③建筑基线应尽可能与施工场地的建筑红线相联系。

④基线点位应选在通视良好和不易被破坏的地方，为能长期保存，要埋设永久性的混凝土桩。

3. 建筑基线的测设方法

根据施工场地的条件不同，建筑基线的测设方法有以下两种。

(1)根据建筑红线测设建筑基线

由测绘部门测定的建筑用地边界线称为建筑红线。

在城市建设区，建筑红线可用作建筑基线测设的依据，如图 7-21 所示，AB、AC 为建筑红线，1、2、3 为建筑基线点，利用建筑红线测设建筑基线的方法如下所示。

首先，从 A 点沿 AB 方向量取 d_2 定出 P 点，沿 AC 方向量取 d_1 定出 Q 点。然后过 B 点作 AB 的垂线，沿垂线量取 d_1 定出 2 点，作出标志；过 C 点作 AC 的垂线，沿垂线量取 d_2 定出 3 点，作出标志；用细线拉出直线 P_3 和 Q_2，两条直线的交点即为 1 点，作出标志。最后，在 1 点安置经纬仪，精确观测$\angle 213$，其与 $90°$的差值应小于$\pm 20''$。

(2)根据附近已有控制点测设建筑基线

在新建区可以利用建筑基线的设计坐标和附近已有控制点的坐标，用极坐标法测设建筑基线。如图 7-22 所示，1、2、3 为附近已有控制点，A、O、B 为选定的基线点。测设方法如下所示。

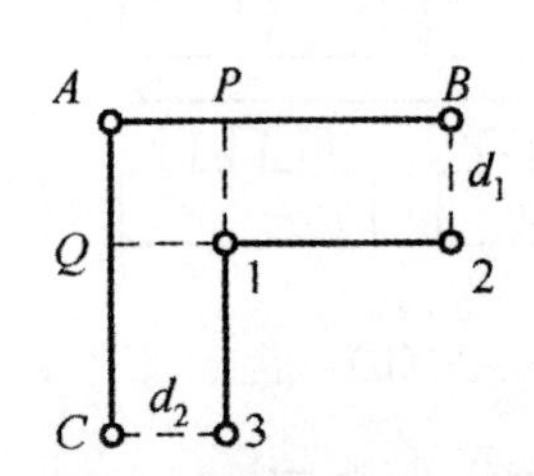

图 7-21　根据建筑红线测设建筑基线

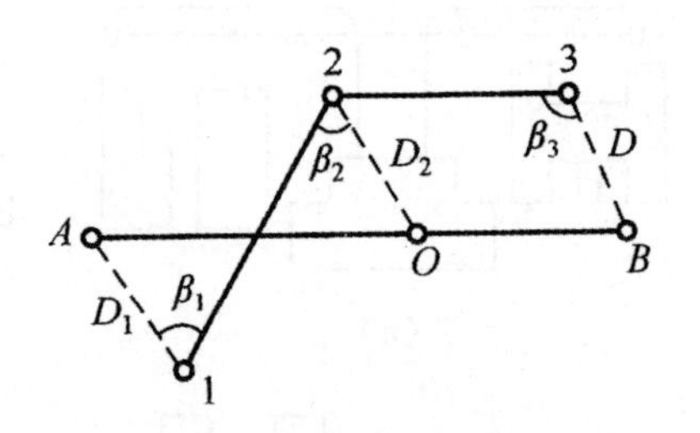

图 7-22　根据控制点测设建筑基线

首先，根据已知控制点和建筑基线点的坐标计算出测设数据 β_1、D_1、β_2、D_2、β_3、D_3。然后，用经纬仪和钢尺按极坐标法测设 A、O、B 点。最后，用经纬仪检查∠AOB 是否等于 180°，若差值超过规定（一般为＋20″），则对点位进行横向调整，直至满足要求为止。如图 7-23 所示，调整方法是将各点横向移动改正值 δ，且 A'、B' 两点与 O' 点的移动方向相反。改正值 δ 可按式(7-47)计算。

$$\delta=\frac{a\cdot b}{2\cdot(a+b)}\times\frac{180^{\circ}-\beta}{\rho''}$$

式中，a 指 AO 距离，b 指 OB 距离，$\rho''=206\ 265''$。

横向调整后，精密量取 AO 和 OB 距离，若实量值与设计值之差超过规定（大于 1/10 000），则应以 O 点为准，按设计值纵向调整 A 和 B 点位置，直至满足要求为止。

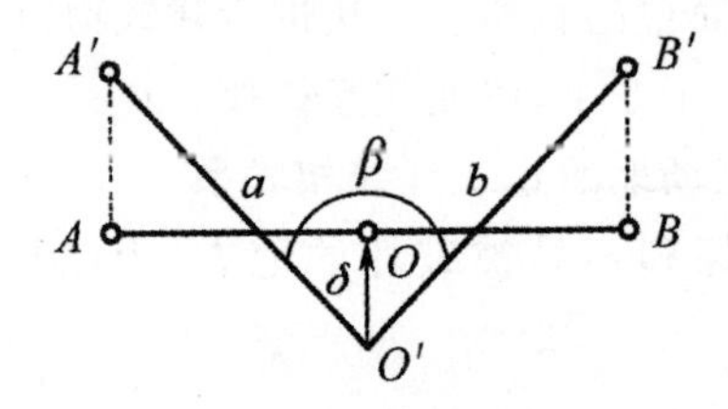

图 7-23　“一”字形建筑基线横向调整

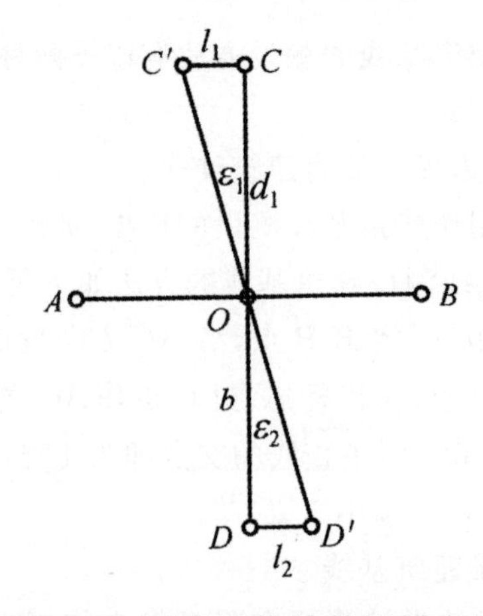

图 7-24　“十”字形建筑基线横向调整

如果是图7-24所示的"+"字形建筑基线，则当A、O、B_3点调整后，再安置经缚仪于O点，照准A点，分别向右、左测设90°，并根据基线点间的距离，在实地标定出C'和D'，如图7-24所示。再精确地测出$\angle AOC'$和$\angle AOD'$，分别算出它们与90°之差ε_1，ε_2，并按式$1=d\cdot\frac{\varepsilon''}{\rho''}\cdot$三计算出改正数$\varepsilon_1$、$\varepsilon_2$，式中蠹为$OC'$或$OD'$的距离。

将C'、D'两点分别沿OC及OD的垂直方向移动Z_1、Z_2，得C、D点，C、D，的移动方向按观测角值的大小而定。然后再检测COD应等于180°，其误差应在容许范围内。

7.6.3 建筑方格网

对于地势较平坦，建筑物多为矩形且布置比较规则和密集的大、中型的施工场地，可以采用由正方形或矩形组成的施工控制网，称为建筑方格网，如图7-25所示。下面简要介绍其布设和测设步骤。

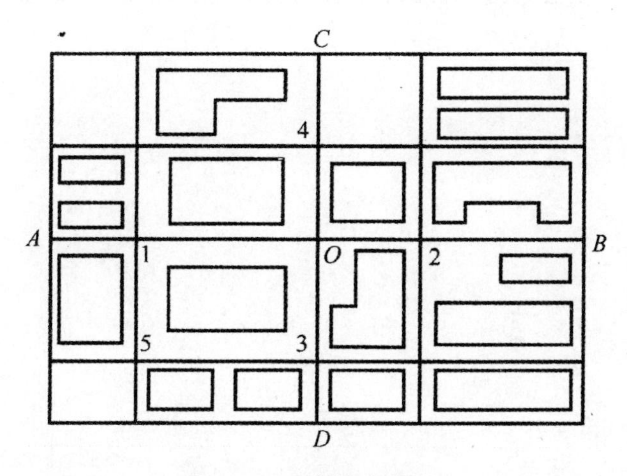

图7-25 建筑方格网

1. 建筑方格网的布设

首先应根据设计总图上的各建(构)筑物，各种管线的位置，结合现场地形，选定方格网的主轴线AOB和COD，其中A、O、B、C、D为主点，然后再布设其他各点。主轴线应尽量布设在建筑区中央，并与主要建筑物轴线平行或垂直，其长度应能控制整个建筑区；各网点可布设成正方形或矩形；各网点、线在不受施工影响条件下，应靠近建筑物；纵横格网边应严格垂直。正方形格网的边长一般为100～200 m，矩形网一般为几十米至几百米的整数长度。

2. 建筑方格网的测设

首先测设主轴线AOB和COD，按前述测设十字形建筑基线的方法，利用测量控制点将A、O、B和C、O、D点测设于实地，然后再测设各方格网点。

建筑方格网具有使用方便、计算简单、精度较高等优点，它不仅可以作为施工测量的依据，还可以作竣工总平面图施测的依据。但是它的测设工作量过大，精度要求高，因此，一般由专业测量人员进行。

7.6.4 施工场地高程控测量

在一般情况下，施工场地平面控制点也可兼作高程控制点。高程控制网可分首级网和加密网，相应的水准点称为基本水准点和施工水准点。

基本水准点应布设在不受施工影响、无振动、便于施测和能永久保存的地方，按四等水准测量的要求进行施测。而对于为连续性生产车间、地下管道放样所设立的基本水准点，则需按三等水准测量的要求进行施测。为了便于成果检测和提高测量精度，场地高程控制网应布设成闭合环线、附合路线或结点网形。

施工水准点用来直接放样建筑物的高程。为了放样方便和减少误差，施工水准点应靠近建筑物，通常可以采用建筑方格网点的标志桩加设圆头钉作为施工水准点。

为了放样方便，在每栋较大的建筑物附近还要布设±0.000 水准点(一般以底层建筑_物的地坪标高为±0.000)，其位置多选在较稳定的建筑物墙、柱的侧面，用红油漆绘成“Δ”形，其顶端表示±0.000 位置。

第 8 章　大比例尺地形图测绘与应用

8.1　地形图的基本知识

8.1.1　测图比例尺

地形图比例尺是指图上两点间直线的长度 d 与其相对应在地面上的实际水平距离 D 的比值，其表示形式分为数字比例尺和图示比例尺两种。

1. 比例尺的表示方法

(1)数字比例尺

数字比例尺以分子为 1、分母为整数的分数表示，即

$$\frac{d}{D}=\frac{1}{\frac{D}{d}}=\frac{1}{M}\text{或 }1:M$$

式中，M 为比例尺分母。图 8-1 中图上 1 cm 代表地面水平长度 10 m(即 1 000 cm)时比例尺就是 1∶1 000。由此可见，分母 1 000 就是将实地水平长度缩绘在图上的倍数。

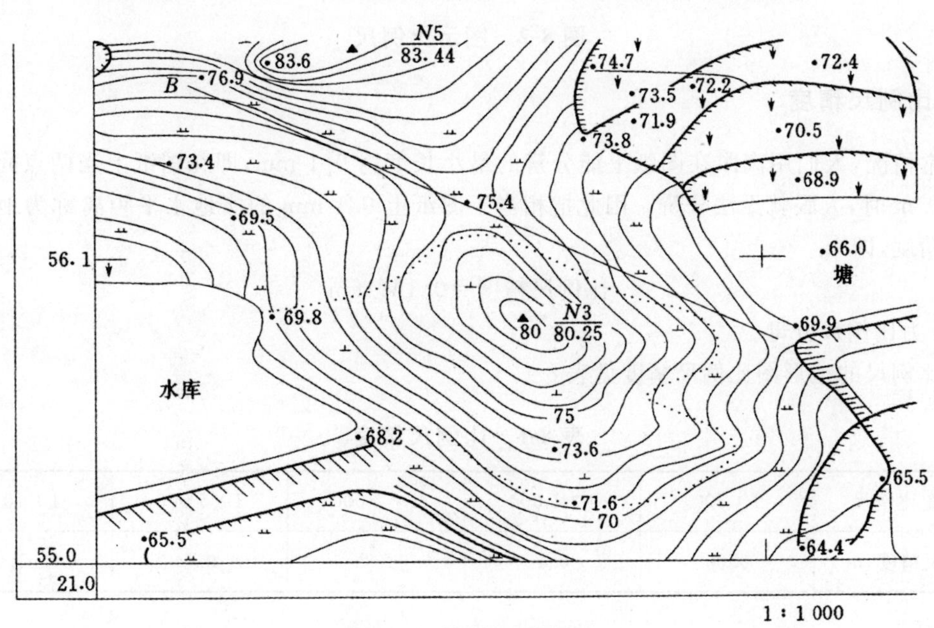

图 8-1　某地区地形图

采用分子为 1 的分数来表示。根据测区面积和图幅尺寸的大小，选用 3 种类型的比例尺。

①小比例尺地形图常指 1：100 万、1：50 万、1：20 万的地形图。

②中比例尺地形图常指 1：10 万、1：5 万、1：2.5 万的地形图。

③大比例尺地形图常指 1：1 万、1：5 000、1：2 000、1：1 000、1：500 的地形图。

在城镇建设及建筑工程规划、设计工作中，常使用大比例尺地形图，尤其是 1：2 000、1：1 000、1：500 的地形图使用得更多。

(2)图示比例尺

在绘制地形图时，应在图幅下面附一比例尺图，称为图示比例尺。如图 8-2 所示，尺的划分按 2 cm 分段，最左一段再分为 20 等分，故每一等分为 1 mm。根据比例尺大小读数。

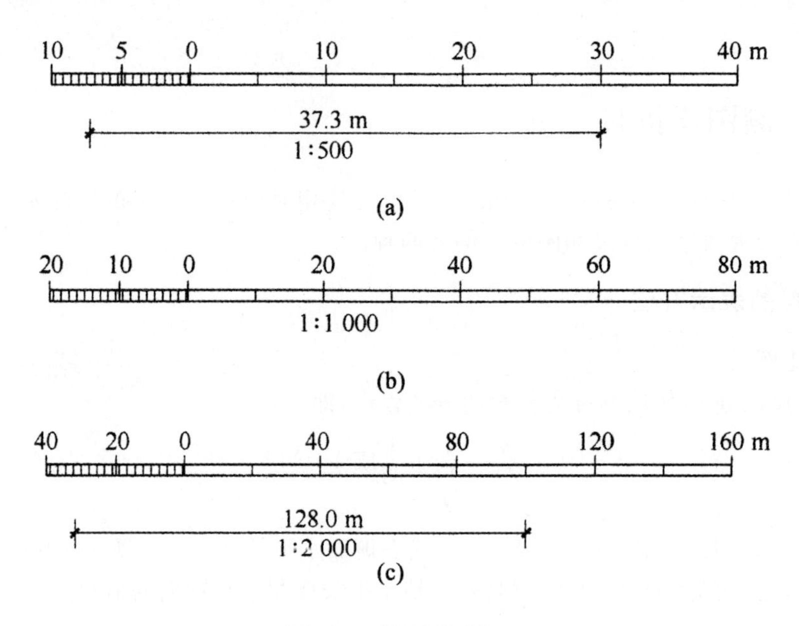

图 8-2 图示比例尺

2. 比例尺精度

正常情况，人们用肉眼在图纸上能分辨的最小长度为 0.1 mm，即在图纸上当两点间的距离小于 0.1 m 时，人眼就无法分辨。因此把相当于图纸上 0.1 mm 的实地水平距离称为地形图的比例尺精度，即

$$比例尺精度=0.1M\ \mathrm{mm}$$

式中，M 为比例尺分母。

各比例尺的地形图比例尺精度见表 8-1。

表 8-1 比例尺精度

地形图比例尺	1：500	1：1 000	1：2 000	1：5 000	1：10 000
比例尺精度/m	0.05	0.1	0.2	0.5	1.0

8.1.2 地形图的分幅和编号

为了便于管理和使用地形图,需要将各种比例尺的地形图进行统一的分幅和编号。地形图分幅和编号的方法分两类:一类是按经纬线分幅的梯形分幅法(又称为国际分幅);另一类是按坐标格网分幅的矩形分幅法。

我国基本比例尺地形图分幅与编号,以1∶100万地形图为基础,按规定的经差和纬差划分图幅。

1∶100万采用国际1∶1 000 000地图分幅标准。每幅1∶1 000 000地形图范围是经差6°,纬差4°;纬度66°~76°之间经差12°,纬差4°;纬度76°~88°之间纬经差24°,纬差4°。

1∶1 000 000地图编号采用国际1∶1 000 000地图编号标准。从赤道起算,每纬差4°为一行,至88°,南北半球各分为22横列,依次编号A、B、…、V;由精度180°西向东每6°一列,全球60列,以1—60表示,如北京为J—50。

每幅1∶100万地形图划分为2行2列,按经差3°纬差2°分成四幅1∶50万地形图。

每幅1∶100万地形图划分为4行4列,按经差1°30′纬差1°分成16幅1∶25万地形图。

每幅1∶100万地形图划分为12行12列,按经差30′纬差20′分成144幅1∶10万地形图。

每幅1∶100万地形图划分为24行24列,按经差15′纬差10′分成576幅1∶5万地形图。

每幅1∶100万地形图划分为48行48列,按经差7′30″纬差5′分成2 304幅1∶2.5万地形图。

每幅1∶100万地形图划分为96行96列,按经差3′45″纬差2′30″分成9 216幅1∶1万地形图。

每幅1∶100万地形图划分为192行192列,按经差1′52″纬差1′15″分成36 864幅1∶5 000地形图。

1. 地形图的梯形分幅与编号

(1)1∶100万地形图分幅和编号

按国际上的规定,1∶100万的世界地图实行统一的分幅和编号(图8-3)。即自赤道向北或向南分别按纬差4°分成横列,各列依次用A、B、…、V表示。自经度180°开始起算,自西向东按经差6°分成纵行,各行依次用1、2、…、60表示。每一幅图的编号由其所在的"横列—纵行"代号组成。例如北京某地的经度为东经118°24′20″,纬度为39°56′30″,则所在的1∶100万比例尺图的图号为J—50。

(2)1∶50万、1∶5万、1∶10万地形图分幅和编号

这三种比例尺图的分幅编号都是以1∶100万比例尺图为基础的。将一幅1∶100万的图若分为2行2列,共4幅1∶50万的图,分别以A、B、C、D为代号。若分为4行4列,共16幅1∶25万的图,分别以[1]、[2]、…、[16]为代号。若分为12行12列,共144幅1∶10万的图,分别以1、2、…、144为代号。

(3)1∶5万、1∶2.5万、1∶1万地形图分幅和编号

这三种比例尺图的分幅编号都是以1∶10万比例尺图为基础的。每幅1∶10万的图,划分成4幅1∶5万的图,分别以A、B、C、D为代号。每幅1∶5万的图又可分为4幅1∶2.5万的图,分别以1、2、3、4编号。每幅1∶10万图分为64幅1∶1万的图,分别以(1)、(2)、…、(64)表示,见图8-4。

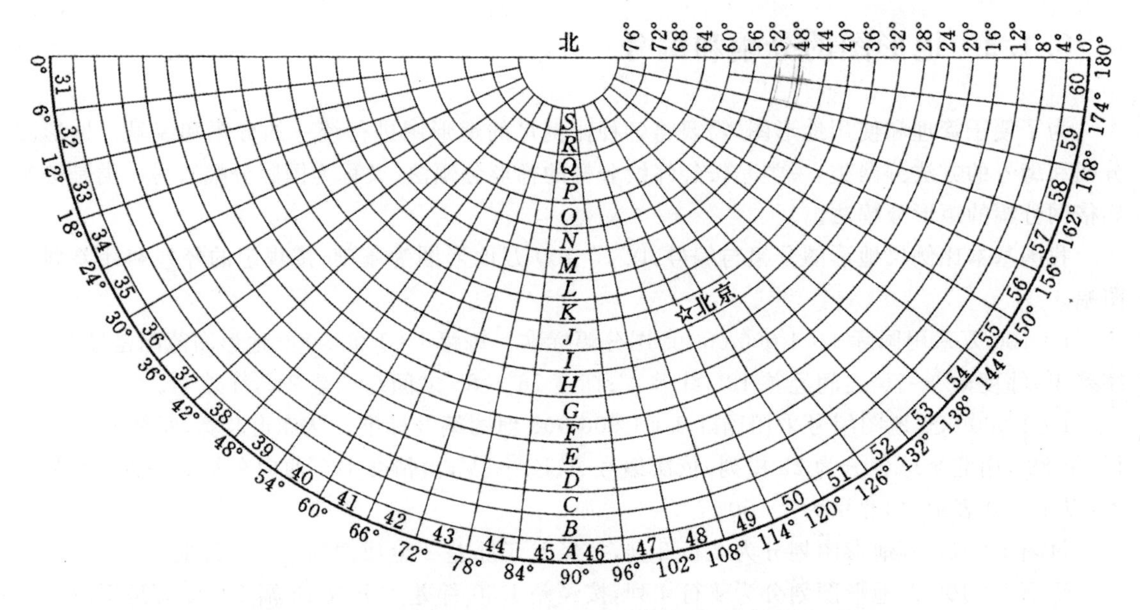

图 8-3　北半球东侧 1∶100 万地图的国际分幅与编号

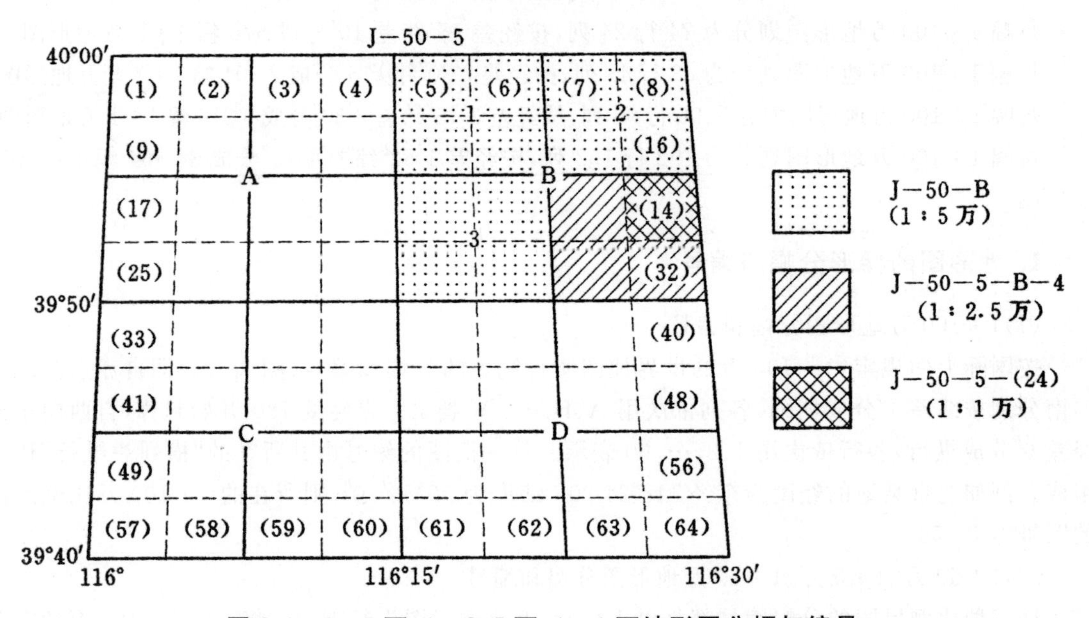

图 8-4　1∶5 万、1∶2.5 万、1∶1 万地形图分幅与编号

(4)1∶5 000 和 1∶2 000 比例尺图的分幅编号

1∶5 000 和 1∶2 000 比例尺图的分幅编号是在 1∶10 000 图的基础上进行的。每幅 1∶10 000 的图分为 4 幅 1∶1 000 的图,分别在 1∶10 000 的图号后面写上各自的代号 a、b、c、d。每幅 1∶5 000 的图又分成 9 幅 1∶2 000 的图,分别以 1、2、…、9 表示。

2. 地形图的矩形分幅与编号

大比例尺地形图大多采用矩形分幅法,它是按统一的直角坐标格网划分的。采用矩形分幅时，大比例尺地形图的编号，一般采用图幅西南角坐标公里数编号法。如西南角的坐标 $X=3\ 530.0$ km，$Y=531.0$ km，则其编号为“3 530.0—531.0”。编号时，比例尺为 1∶500 地形图，坐标值取至 0.01 km，而 1∶1 000、1∶2 000 地形图取至 0.1 km。

某些工矿企业和城镇，面积较大，而且测绘有几种不同比例尺的地形图，编号时是以 1∶5 000 比例尺图为基础，并作为包括在本图幅中的较大比例尺图幅的基本图号。例如，某 1∶5 000 图幅西南角的坐标值 $x=20$ km，$y=60$ km，则其图幅编号为“20—60”。这个图号将作为该图幅中的较大比例尺所有图幅的基本图号。也就是在 1∶5 000 图号的末尾分别加上罗马字Ⅰ、Ⅱ、Ⅲ、Ⅳ，就是 1∶2 000 比例尺图幅的编号。同样，在 1∶2 000 图幅编号的末尾分别再加上Ⅰ、Ⅱ、Ⅲ、Ⅳ，就是 1∶1 000 图幅的编号，在 1∶1 000 比例尺的图号末尾再加上Ⅰ、Ⅱ、Ⅲ、Ⅳ，就是 1∶500 图幅的编号，见图 8-5。

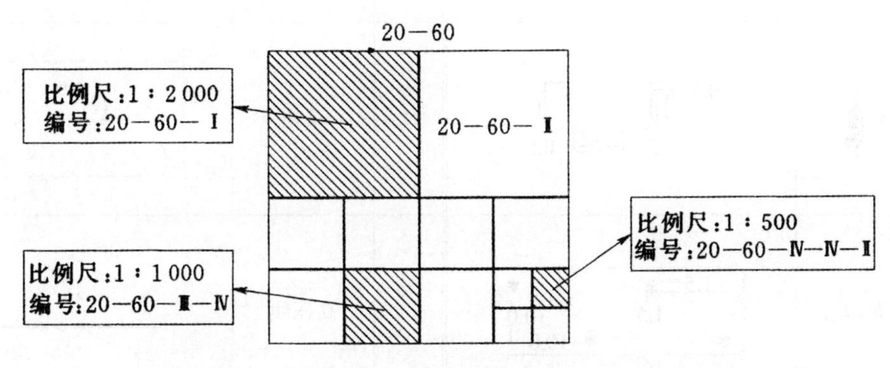

图 8-5　1∶500～1∶2 000 基本图号法分幅与编号

8.1.3　地物符号

根据国家测绘总局颁发的《地形图图式》（以下简称《图式》），统一规定了我国地形图使用的符号，测绘时必须遵照执行。

地物符号是表示各种地物（包括天然的和人工建造的地物）的形状、大小和它们在图上的位置的一种特定符号，可分为非比例符号、比例符号、半比例符号（线形符号）及注记符号 4 类。

地形图使用的地物符号很多，《图式》规定了各种比例尺图的地物符号供选用，本书只摘录了常用的一部分。测绘时如遇某些特殊地物，《图式》中又无此种地物符号时，可由测绘人员自行假定一种表示符号，但必须另加图例说明（表 8-2）。

表 8-2　地物符号

编号	符号名称	图例	编号	符号名称	图例
1	坚固房屋 4 —房屋层数	1.5 0.8 10.0 10.0	9	水稻田	0.2 2.0 10.0 10.0

续表

编号	符号名称	图例	编号	符号名称	图例
2	普通房屋 2—房屋层数	2　1.5	10	旱地	1.0　2.0　10.0　10.0
3	窑洞(1)住人的(2)不住人的(3)地面下的	1　2.5　2　3	11	灌木林	0.5　1.0
4	台阶	0.5　0.5　0.5	12	菜地	2.0　2.0　10.0　10.0
5	花园	1.5　1.5　10.0　10.0	13	高压线	4.0
6	草图	竖4　1.5	14	低压线	4.0
7	经济作物地	0.8　3.0　蔗　10.0　10.0	15	电杆	1.0
8	水生经济作物地	3.0　藕　0.5	16	电线架	
17 18	砖、石及混凝土墙 土围墙	10.0　10.0　0.5　0.5　0.3　10.0	28	图根点(1)埋石的(2)不埋石	1　2.0　N16/84.46 2　1.5　1.5　25/62.74

续表

编号	符号名称	图例	编号	符号名称	图例
19	栅栏、栏杆	1.0 10.0	29	水准点	2.0 Ⅱ京石5 32.804
20	篱笆	1.0 10.0	30	旗杆	1.5 4.0 1.0 1.0
21	活树篱笆	3.5 0.5 10.0 1.0 0.8	31	水塔	2.0 3.0 1.0 1.2
22	沟渠 (1)有堤岸的 (2)一般的 (3)有沟堑的	1 2 0.3 3	32	烟囱	3.5 1.0
23	公路	0.3 0.3 沥 砾	33	气象站(台)	3.0 4.0 1.2
24	简易公路	8.0 2.0	34	消防栓	1.5 1.5 2.0
25	大车路	0.15 0.3 碎石	35	阀门	1.5 1.5 2.0
26	小路	0.3 4.0 1.0	36	水龙头	3.5 2.0 1.2
27	三角点凤凰山—点名 394.468—高程	3.0 凤凰山 394.468	37	钻孔	3.0 1.0

续表

编号	符号名称	图例	编号	符号名称	图例
38	路灯	1.5 1.0	40	岗亭、岗楼	90° 3.0 1.5
39	独立树 (1)阔叶 (2)针叶	1.5 1 3.0 0.7 2 3.0 0.7	41	等高线 (1)首曲线 (2)计曲线 (3)间曲线	0.15 87 1 0.3 85 2 0.15 6.0 1.0 3

8.1.4 地貌符号

地貌是指地表面的高低起伏状态,它包括山地、丘陵和平原等(图 8-6)。在图上表示地貌的方法很多,而测量工作中通常用等高线表示,因为用等高线表示地貌,不仅能表示地面的起伏形态,并且还能表示出地面的坡度和地面点的高程。

图 8-6 某地区地貌

1. 等高线的概念

等高线是地面上高程相同的点所连接而成的连续闭合曲线。如图 8-7 所示,设有一座位于平静湖水中的小山头,山顶被湖水恰好淹没时的水面高程为 100 m。然后水位下降 5 m,露出山头,此时水面与山坡就有一条交线,而且是闭合曲线,曲线上各点的高程是相等的,这就是高程为

95 m 的等高线。随后水位又下降 5 m，山坡与水面又有一条交线，这就是高程为 90 m 的等高线。依次类推，水位每降落 5 m，水面就与地表面相交留下一条等高线，从而得到一组高差为 5 m 的等高线。设想把这组实地上的等高线沿铅垂线方向投影到水平面 H 上，并按规定的比例尺缩绘到图纸上，就得到用等高线表示该山头地貌的等高线图。

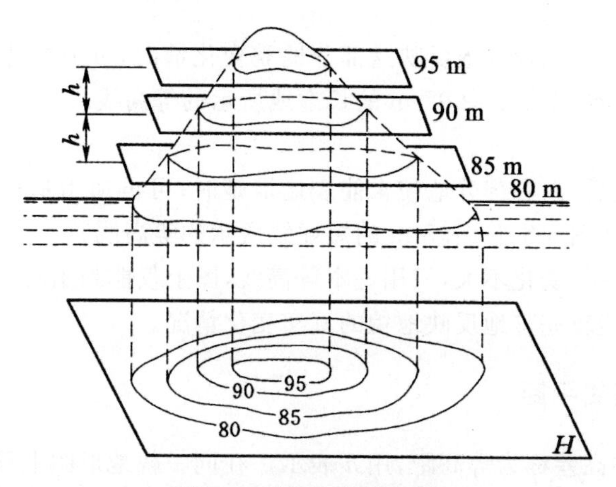

图 8-7　等高线的概念

等高线的分类如下：

(1)首曲线

按规定等高距画出的等高线，称为“基本等高线”，也叫“首曲线”，用 0.15 mm 粗的细实线绘制，如图 8-8 中 92 m、94 m、96 m、98 m 的等高线。

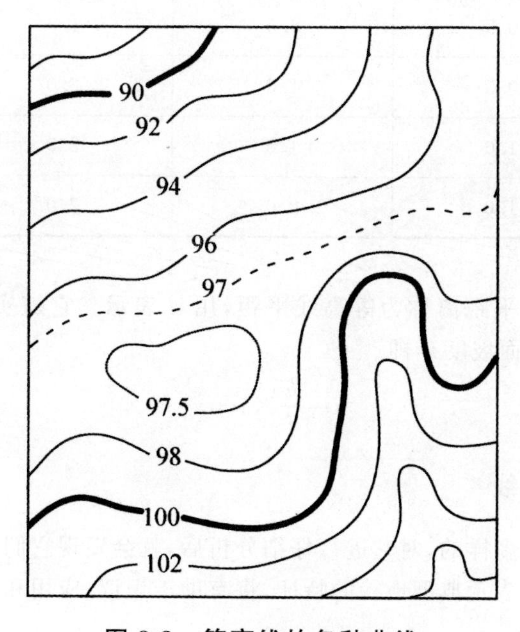

图 8-8　等高线的各种曲线

(2)计曲线

为了阅读方便,每隔 4 根基本等高线应加粗一根,并用 0.25 mm 粗的实线绘制,称为“加粗等高线”,也叫“计曲线”。因此,两根加粗等高线的等高距为基本等高距的 5 倍。如图 8-8 中 90 m、100 m 的等高线。

(3)间曲线

如部分地貌复杂,为了能较好地反映这部分地貌变化情况,可加绘基本等高距 1/2 的“半距等高线”,也叫“间曲线”,如图 8-8 中 97 m 的长虚线所示的等高线。

(4)助曲线

如使用半距等高线后,尚有部分地貌未能表达清楚时,可再加用基本等高距 1/4 的“辅助等高线”,又称“助曲线”,如图 8-8 中 97.5 m 的短虚线所示的等高线。

在平坦地区,地貌起伏变化不大,只用基本等高线,图上仅能画出两三根。这时,也可使用半距或辅助等高线,以便能较完整地反映地貌的真实变化情况。

2. 等高距和等高线平距

相邻两等高线间的高差称为等高距,用 h 表示。在同一幅地形图上只能有一个等高距,通常按测图的比例尺和测区地形类别,确定测图的基本等高距,如表 8-3 所列。

表 8-3 测图基本等高距表

地形类别	不同比例尺的基本等高距/m			
	1∶500	1∶1 000	1∶2 000	1∶5 000
平原区	0.5	0.5	1.0	2.0
微丘区	0.5	1.0	2.0	5.0
重丘区	1.0	1.0	2.0	5.0
山岭区	1.0	2.0	2.0	5.0

相邻两等高线间的水平距离称为等高线平距,用 d 表示。它随实地地面坡度的变化而改变。h 与 d 的比值就是地面坡度 i,即

$$i=\frac{h}{d}\times 100\%$$

3. 典型地貌的等高线

地面上地貌的形态是多样的,对它进行仔细分析后,就会发现它们不外是几种典型地貌的综合。了解和熟悉用等高线表示典型地貌的特征,将有助于识读、应用和测绘地形图。典型地貌有以下几种。

(1)山丘和盆地(洼地)

山丘和洼地的等高线都是一组闭合曲线。在地形图上区分山丘或洼地的方法是:凡是内圈等高线的高程注记大于外圈者为山丘(图 8-9),小于外圈者为洼地(图 8-10)。如果等高线上没有高程注记,则用示坡线来表示。

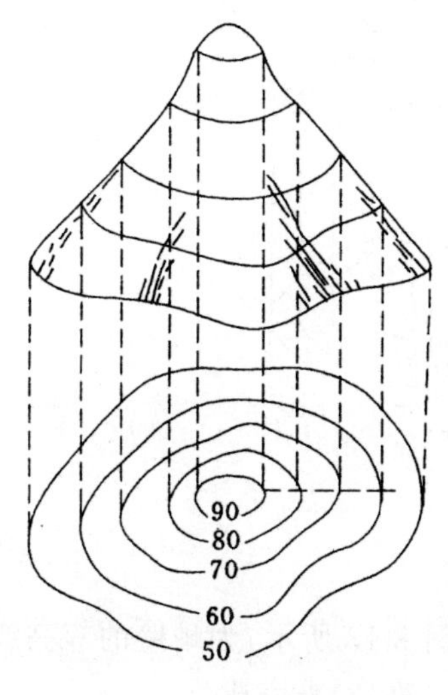

图 8-9　山头等高线

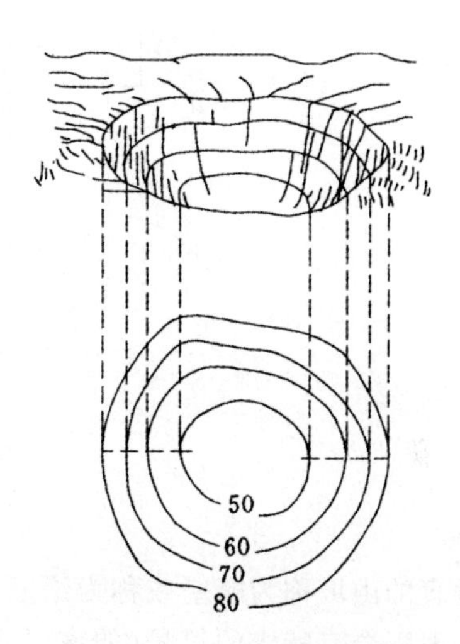

图 8-10　洼地等高线

(2)山脊和山谷

高地向一个方向凸出延伸的部位叫“山脊”,其最高点的连线叫“山脊线”,亦称“分水线”。因落在山脊上的雨水,将沿分水线向山脊的两侧流走,故名“分水线”。

洼地向一个方向延伸的部位叫“山谷”,其最低点连线叫“山谷线”,亦称“集水线”。因由山脊流下的雨水均往山谷集中,沿山谷线下泄,故名“集水线”,如图 8-11 所示。

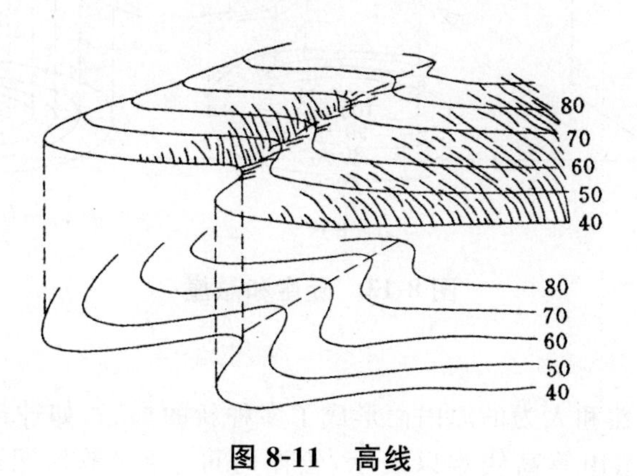

图 8-11　高线

示坡线是垂直于等高线的短线,用以指示坡度下降的方向。示坡线从内圈指向外圈,说明中间高,四周低,为山丘。示坡线从外圈指向内圈,说明四周高,中间低,故为洼地。

(3)鞍部

相对的两个山脊和两个山谷会聚处的马鞍地形,称为鞍部,又称为垭口,如图 8-12 所示,用两簇相对的山脊和山谷的等高线表示。

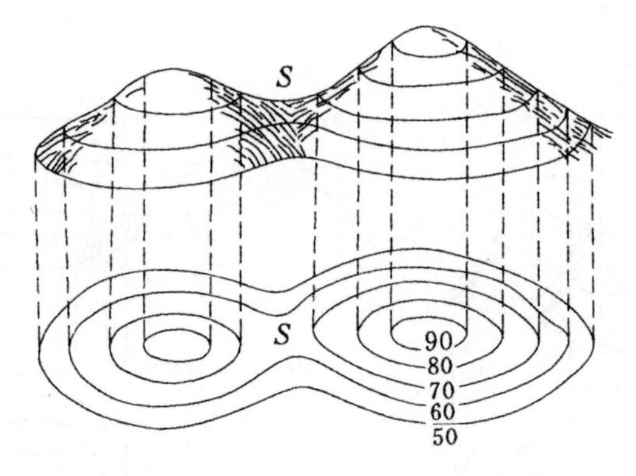

图 8-12　鞍部

(4)峭壁

近于垂直的山坡称为峭壁或称为绝壁、陡崖等。如图 8-13 所示,为峭壁的等高线,这种地形的等高线一般配合有特定的符号(如该图的锯齿形的断崖符号)来完成。

(5)悬崖

山的侧面称为山坡,上部凸出,下部凹入的山坡称为悬崖。如图 8-13 所示,为悬崖的等高线,其凹入部分投影到水平面上后与其他等高线相交,俯视时隐蔽的等高线用虚线表示。

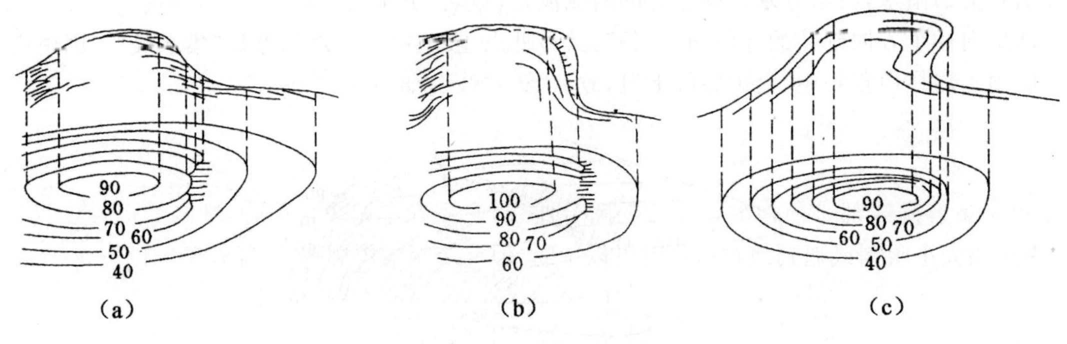

图 8-13　陡崖和悬崖

(6)其他

地面上由于各种自然和人为的原因而形成了多种新的形态,如冲沟、陡坎、崩崖、滑坡、雨裂、梯田坎等。这些形态用等高线难以表示,绘图时可参照《地形图图式》规定的符号配合使用。

识别上述典型地貌的等高线表示方法以后,就基本能够认识地形图上用等高线表示的复杂地貌,如图 8-14 所示为某一地区综合地貌及其等高线地形图,读者可对照识别。

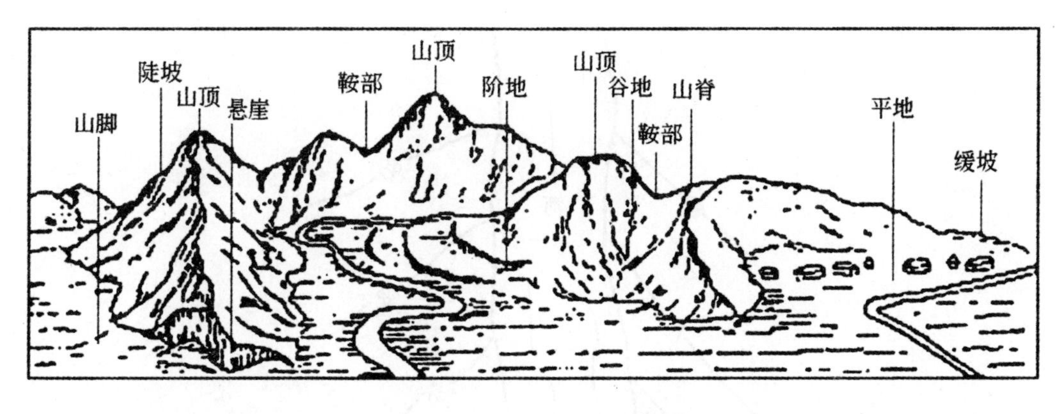

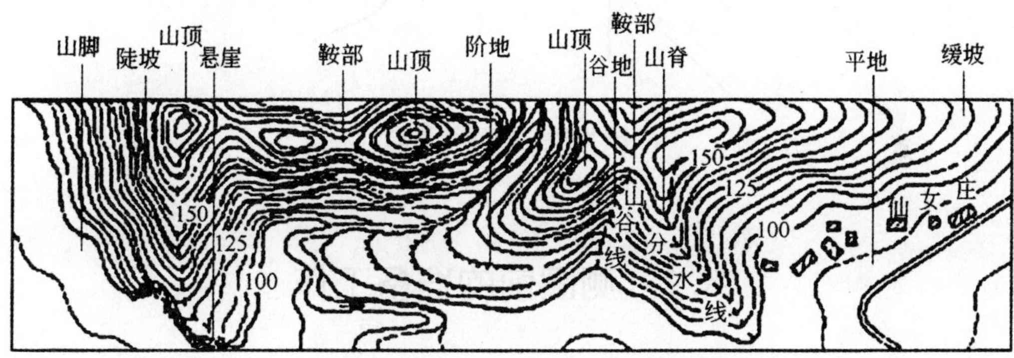

图 8-14　综合地貌及其等高线

4. 等高线的特征

(1)等高性

同一条等高线上各点的高程都相等。

(2)闭合性

每一条等高线都必须构成一连续的闭合曲线,它不在本幅图内闭合,则必然闭合于另一幅图,因图幅大小限制或遇到地物符号时可以中断,但要绘至内图廓线,不能在图幅内中断。

(3)陡缓性

等高线的平距小,表示坡度陡,平距大表示坡度缓,平距相等则坡度相等。

(4)正交性

等高线和山脊线、山谷线垂直相交。

(5)非交性

除绝壁和悬崖等特殊地貌外,等高线不能相交或重叠。

(6)跨河上折性

等高线跨越河流时,不能直穿而过,要渐渐折向上游,过河后渐渐折向下游,如图 8-15 所示。

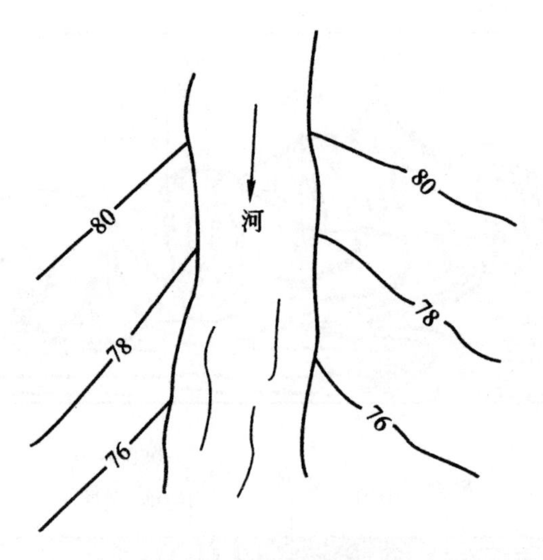

图 8-15　跨河等高线

8.2　测图前的准备工作

8.2.1　图纸准备

大比例尺地形图的图幅大小一般为 50 cm×50 cm、50 cm×40 cm、40 cm×40 cm。为保证测图的质量，应选择优质绘图纸。一般临时性测图，可直接将图纸固定在图板上进行测绘，需要长期保存的地形图，为减少图纸的伸缩变形，通常将图纸裱糊在锌板、铝板或胶合板上。目前各测绘部门大多采用聚酯薄膜代替绘图纸，它具有透明度好、伸缩性小、不怕潮湿、牢固耐用等特点。聚酯薄膜图纸的厚度为 0.07～0.1 mm，表面打毛，可直接在底图上着墨复晒蓝图，如果表面不清洁，还可用水洗涤，因而方便和简化了成图的工序。但聚酯薄膜易燃，易折和老化，故在使用保管过程中应注意防火防折。为便于看清薄膜上的铅笔线，最好在薄膜下垫一张白纸。

8.2.2　绘制坐标格网

为了准确地将控制点展绘在图纸上，首先要在图纸上绘制 10 cm×10 cm 的直角坐标格网。绘制坐标格网的工具和方法很多，常用的有对角线法绘制格网，也可用坐标仪或坐标格网尺等专用仪器工具绘制。坐标仪是专门用于展绘控制点和绘制坐标格网的仪器，坐标格网尺是专门用于绘制格网的金属尺，它们都是测图的专用设备。

1. 对角线法绘制坐标格网

如图 8-16，先用直尺在图纸上绘出两条对角线，以交点 M 为圆心沿对角线量取等长线段，

得 A、B、C、D 点，用直线顺序连接 4 点，得矩形 $ABCD$，再从 A、D 两点起各沿 AB、DC 方向每隔 10 cm 定一点；从 D、C 两点起各沿 DA、CB 方向每隔 10 cm 定一点，连接矩形对边上的相应点，即得正方形坐标格网。坐标格网是测绘地形图的基础，每一个方格的边长都应该准确，纵横格网线应严格垂直。因此，坐标格网绘好后，要进行格网边长和垂直度的检查。小方格网的边长检查，可用比例尺量取，其值与 10 cm 的误差不应超过 0.2 mm；小方格网对角线长度与 14.14 cm 的误差不应超过 0.3 mm。方格网垂直度的检查，可用直尺检查格网的交点是否在同一直线上（如图中 ab 直线），其偏离值不应超过 0.2 mm。如检查值超过限差，应重新绘制方格网。

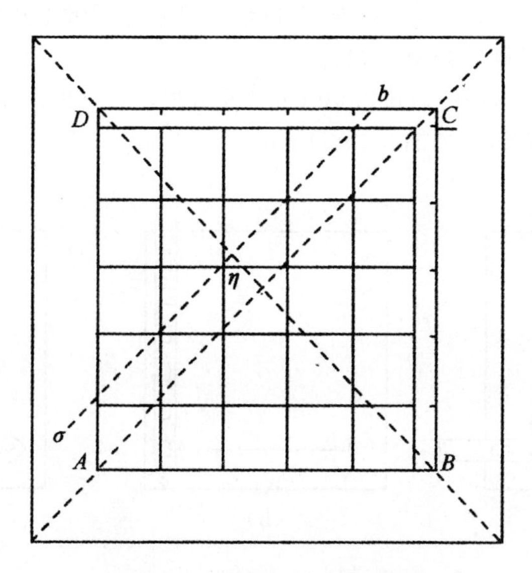

图 8-16　对角线法绘制格网

2. 用坐标格网尺绘制坐标格网

坐标格网尺是一种专门用于绘制方格网和展点的钢尺，这种钢尺刻线比较精密，便于携带，坐标格网尺有很多型号，但结构和使用方法基本相同。如图 8-17 所示为一种方眼尺。尺上有六个方孔，每隔 10 cm 为一方孔，方孔左侧均为斜面。左端第一孔的斜面上刻有一条细指标线，斜面边缘为直线，细指标线与斜面边缘的交点是长度的起算点。其他各孔的斜面边缘是以起算点为圆心，分别以 10 cm、20 cm、…、50 cm 为半径的圆弧线。尺右顶端亦为一斜面，其边缘也是以起算点为圆心，以 50 cm×50 cm 正方形的对角线长度（70.711 cm）为半径的圆弧线。

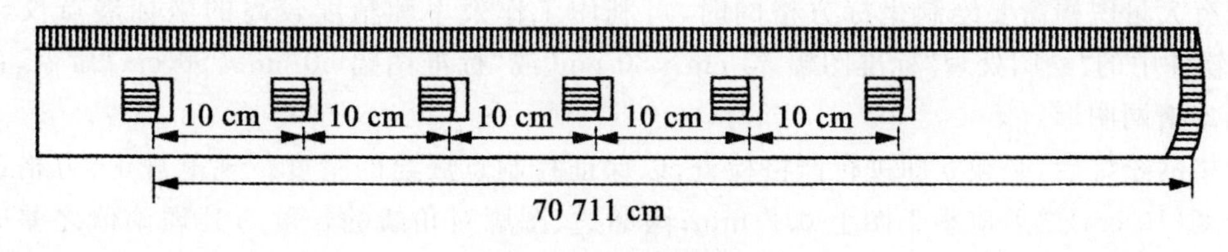

图 8-17　坐标格网尺

用坐标格网尺绘制坐标方格网的方法如图 8-18 所示。

①首先确定图幅在图纸中的位置,然后平行于图纸下边缘,将 4H 绘图铅笔削尖,沿尺边画一条直线。将尺子的零点对准直线左端适当位置,沿各孔画与直线相交的弧线,得 6 个交点,设两端交点为 A、B,如图 8-18(a)所示。

②如图 8-18(b)所示,将尺子零点对准 B,目估使尺子垂直于 AB,沿各孔斜边画弧线。

③如图 8-18(c)所示,将尺子零点对准 A,并沿对角线放置,以尺子末端斜边画弧线,使其与右上方的弧线相交得 C 点。

④如图 8-18(d)所示,将尺子零点对准 A,目估使尺子垂直于 AB,沿各孔斜边画弧线。

⑤如图 8-18(e)所示,将尺子零点对准 C,目估使尺子与图纸上边缘平行,沿各孔斜边画弧线,第 6 根弧线与左上方的弧线相交得 D 点。

⑥连接 A、B、C、D 各点,即得边长为 50 cm 的正方形。再连接正方形两对边的对应分点,即得边长为 10 cm 的坐标方格网,如图 8-18(f)所示。

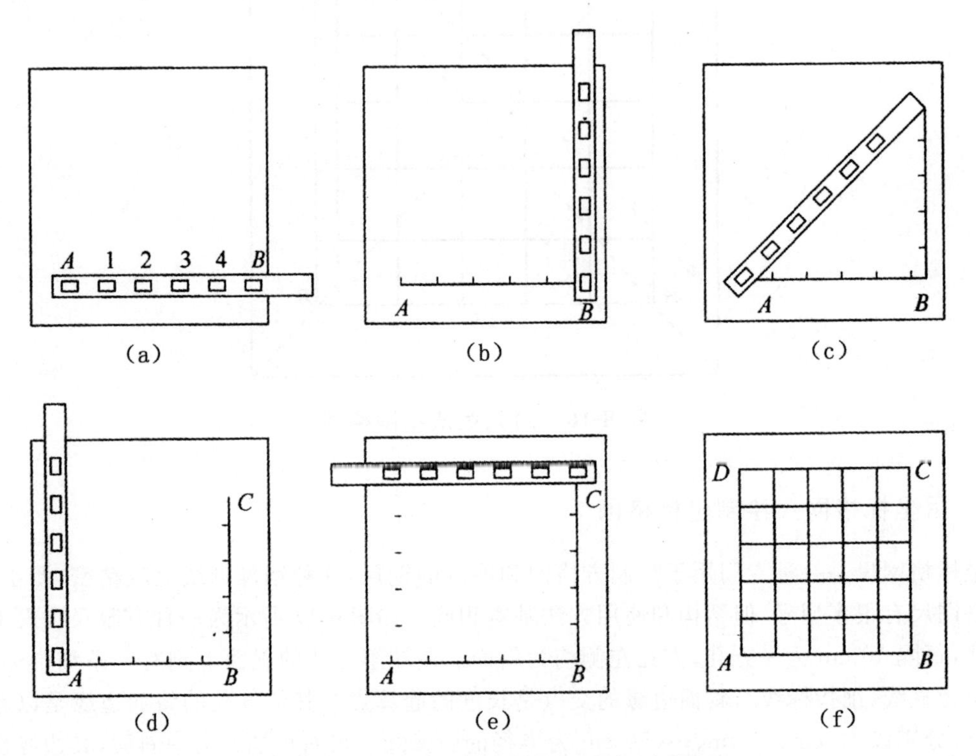

图 8-18　用坐标格网尺绘制坐标方格网

如有大量图幅需要绘制坐标方格网时,可利用工作效率和精度较高的坐标展点仪或使用 CASS 软件中的"绘图处理/标准图幅 50 cm×50 cm"或"标准图幅 50 cm×50 cm"命令,直接生成坐标方格网图形。

方格网绘好后,必须立即进行严格检查,以保证控制点展绘的精度。规范规定:方格边长与理论长度(10 cm)之差应小于图上 0.2 mm;图廓边、图廓对角线的长度与其理论值之差应小于图上 0.3 mm;网格线粗与刺孔应小于 0.1 mm。若超过限差规定,应重新绘制。

3. 控制点展绘

展绘控制点时,应先根据该控制点的坐标,确定其所在的方格,如图 8-19 所示,控制点 C 的

坐标为 x_C＝1 352.136 m，y_C＝961.007 m，由其坐标值可知 C 点的位置在方格 $lmnp$ 内。C 点与此方格西南角坐标差为 Δx＝52.136 m，Δy＝61.00 m，然后用 1∶1 000 比例尺从 p 和 n 点各沿 pl、nm 线向上量取 52.136 m，得 a、b 两点；从 p、l 两点沿 pn、lm 量取 61.007 m，得 c、d 两点；连接 ab 和 cd，其交点即为 C 点在图上的位置。同法，将其余控制点展绘在图纸上，并按《地形图图式》的规定，在点的右侧画一横线，横线上方注点名，下方注高程，如图 8-19 所示的 A，B，…，E 各点。

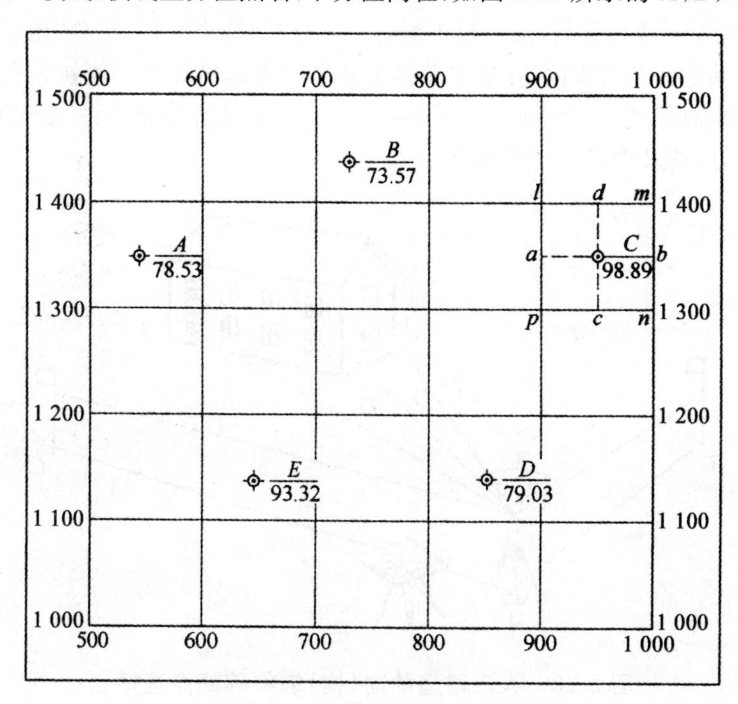

图 8-19　控制点展绘示意

控制点展绘完成后，必须进行校核。其方法是用比例尺量出各相邻控制点之间的距离，与控制测量成果表中相应距离比较，其差值在图上不得超过 0.3 mm，否则应重新展点。

8.3　经纬仪测绘法

8.3.1　选择碎部点

碎部点是地形测量中的地物、地貌的特征点。地物指人工构筑或自然形成的形体，如房屋、道路、河、湖等。地貌是指地球表面自然起伏的状态，如山地、盆地等。在地形测量中合理选择特征点，不仅能勾绘出地形图，较好地反映实地情况，还可省时省力，多、快、好、省地完成测绘任务。

1. 地物点的选择

凡属下列各种地物点，均应选择立尺点进行测绘。

人工建造的建(构)筑物的轮廓线转折点,由于一般建(构)筑物平面多为规则的几何图形,如图 8-20 所示的房屋,只须选择 1、2、3 为碎部点,在控制点 A 测绘其位置。对轮廓线为曲线的地物,如道路、河流、土地的边界等,应在转弯处适当选点。但一般测图规定,凡轮廓线在图上反映凸凹不超过 0.4 mm 的,可当直线看待。反之,必须适当选择凸凹点作碎部点。如图 8-21 所示,点 2 偏离 13 连线超过图上尺寸 0.4 mm,点 2 应作碎部点测出;但点 4 偏离 35 连线在图上不超过 0.4 mm,即可视 345 线为直线,点 4 可不测定。实测时,选点立尺(俗称"跑点"),可根据比例尺大小,在实地目估这些凸凹程度,并确定是否选择凸凹点作碎部点。例如施测一张 1∶500 的地形图,当凸凹点偏离超过 0.4×500=200 mm=0.2 m 时,该点不得舍去,必须测定。独立的地物如大树、电杆等,应选其中心点为碎部点。

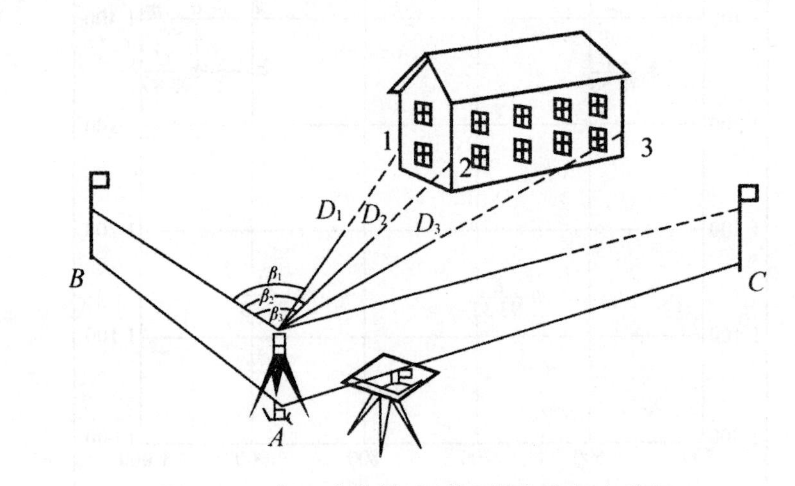

图 8-20　人工建造的建(构)筑物碎部点选择

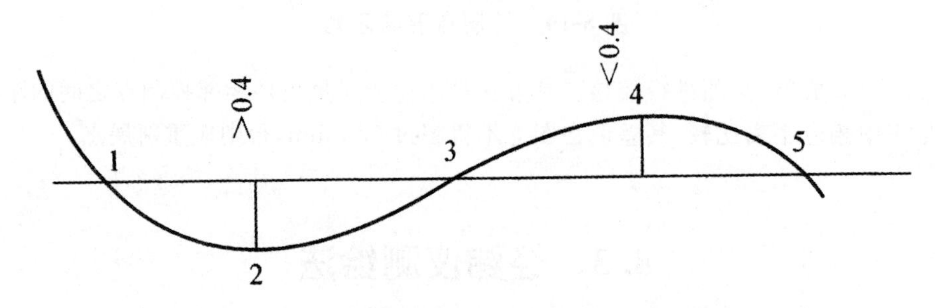

图 8-21　轮廓线为曲线的地物碎部点选择

2. 地貌点的选择

凡地貌坡度及方向改变的地方,应选点测定。如坡脚、山顶、山谷、鞍部、断崖等起伏变化处,都要适当选择碎部点。选点时要特别注意断崖处立尺的安全。测绘地貌时,一般应沿山脊线和山谷线跑尺测绘,丘陵地带或梯田处可沿等高线跑尺测绘。

平坦地区或无显著变化的地区,应根据视距的要求,见表 8-4,选择适当的碎部点。如高差不大,不便勾绘等高线,可用小圆点表示测点,在点旁标注该点高程。

表 8-4　碎部点的最大间距和最大视距

测图比例尺	地貌点最大间距	最大视距/m			
		主要地物点		次要地物点和地貌点	
		一般地区	城市建筑区	一般地区	城市建筑区
1∶500	15	60	50(量距)	100	70
1∶1 000	30	100	80	150	120
1∶2 000	50	180	120	250	200
1∶5 000	100	300		350	

8.3.2　一个测站上的测绘工作

经纬仪测绘法的实质是极坐标法。将经纬仪安置在测站上，用经纬仪测定碎部点方向与已知控制方向之间的水平角，并测定测站到碎部点的距离和碎部点的高程。然后根据数据用量角器和比例尺把碎部点的平面位置展绘于图纸上，并在点的右侧注记高程，对照实地勾绘地形。具体施测步骤如下。

1. 安置仪器

如图 8-22 所示，将经纬仪安置在控制点 A 上，经对中、整平后，量取仪器高 i，并记入如表 8-5 所示的碎部测量手薄。后视另一控制点 B，配置水平度盘读为 $0°00'$，则 AB 称为起始方向。

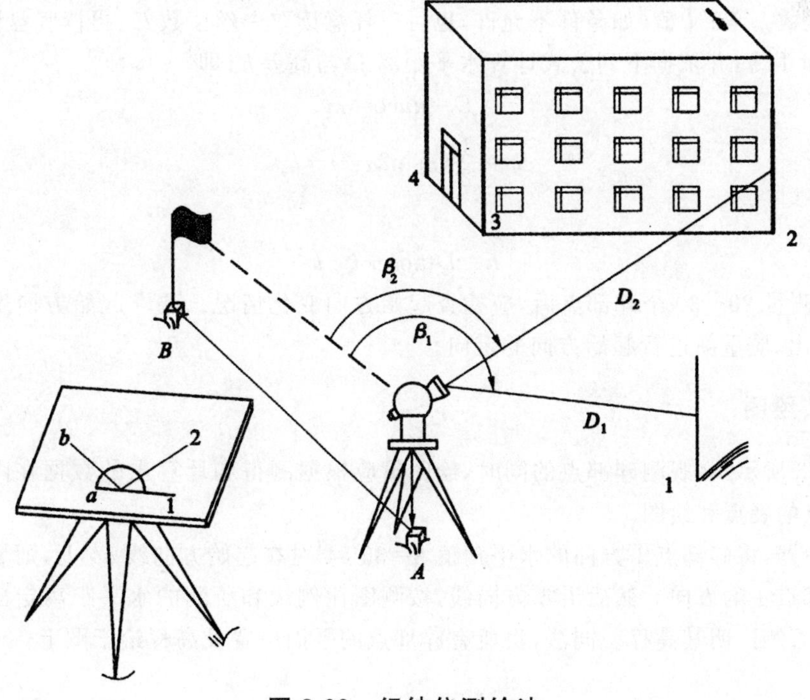

图 8-22　经纬仪测绘法

将测图板放置在测站附近，使图纸上控制边(ab)方向与地面上对应控制边(AB)方向大致一致。连接图上相应控制点并适当延长 ab 线，则 ab 为图上起始方向线。然后用小针通过量角器圆心的小孔插在 a 点，使量角器圆心固定在 a 点。

表 8-5 碎部测量手簿

测站:A 定向点:B 仪器高 i=1.45 m 指标差 $x=0''$ 测站高程:H_A= 264.34 m									
点号	视距 kn/m	中丝读数 l/m	竖盘读数 L	数值角±α	高差 ±h/m	水平角 β	水平距离 D/m	高程 H/m	备注
1	45.0	1.45	92°25′	−2°25′	−1.90	36°44′	44.9	262.44	山脚
2	41.8	1.45	86°42′	+3°12′	+2.33	50°12′	41.7	266.67	山脊
3	35.2	2.45	90°08′	−0°08′	−0.08	167°25′	35.2	264.26	山脊
4	26.4	2.00	89°16′	+0°44′	+0.34	251°30′	26.4	264.68	排水沟

2. 立尺

在立尺之前，跑尺员应根据实地情况及本测站测量范围，与观测员、绘图员共同商定跑尺路线，然后依次将视距尺立在地物、地貌特征点上。现将视距尺立于 1 点上。

3. 观测、记录与计算

观测员用经纬仪照准碎部点上的标尺，使中丝读数 l 在仪器高 i 值附近，读取视距间隔 kn，然后使中丝读数 l 等于 i 值(如条件不允许，也可以任意读取中丝读数 l)，再读竖盘读数 l 和水平角 β，记入测量手簿，并依据下列公式计算水平距离 D 与高差 h，即

$$D=kn\cos^2\alpha$$

$$h=\frac{1}{2}kn\sin2\alpha+i-l$$

或

$$h=D\tan\alpha+i-l$$

另外，每测量 20～30 个碎部点后，应检查起始方向变化情况。要求起始方向度盘读数不得超过 4′，如超出，应重新进行起始方向的定向。

4. 展点、绘图

如图 8-23 所示，在观测碎部点的同时，绘图员应根据测得和计算出的数据在图纸上用量角器进行碎部点的展点和绘图。

转动量角器，将碎部点 1 方向的水平角值 $\beta=36°54'$ 对在起始方向线 ab 上，则量角器上 0°方向线便是碎部点 1 的方向。然后沿零方向线，按测图比例尺和所测的水平距离定出碎部点的位置，并在点的右侧注明其高程。同法，将所有碎部点的平面位置及高程绘于图上。

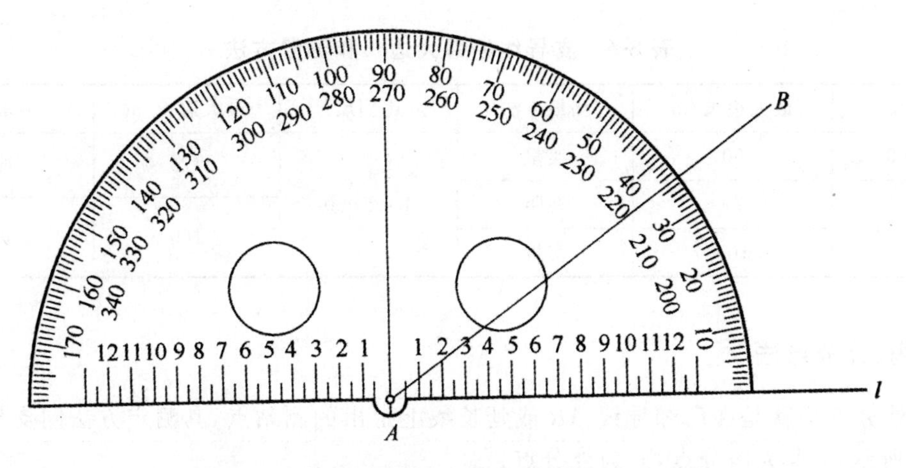

图 8-23　用量角器进行碎部点的展点和绘图

8.3.3　测站点的增补

按照测图的要求，有些地形受条件的限制，图根点分布不太均匀，或在图根点较稀少的地方需要增补测站点。测站点的增补常采用支导线法和内、外分点法。

1. 导线法

如图 8-24 所示，A、B 点为图根点，I 点为增补的测站点，用支导线施测的方法为：在图根点 A 上安置经纬仪，测出 AB 与 BI 所夹的水平角 β；然后用视距测量的方法（或量距、电磁波测距仪测距）测定 A 点到 I 点的水平距离 D 及高程 H；在图板上用量角器量出 β 角并画出直线 AI，将 D_{AI} 按测图比例尺换算为图上长度，在直线 AI 上定出 I 点。

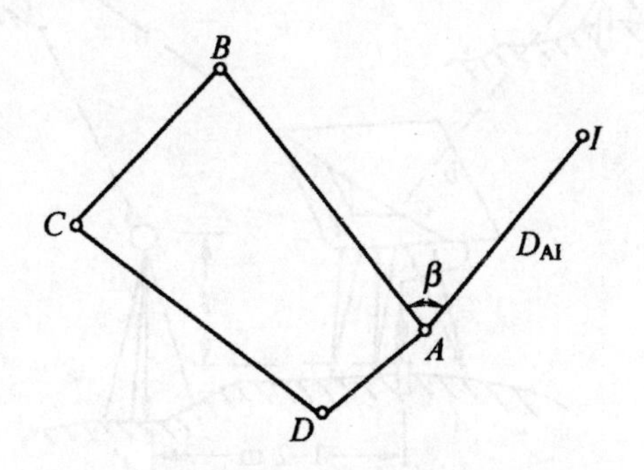

图 8-24　支导线法

支导线的最大边长和测量方法见表 8-6。

表 8-6　支导线的最大边长和测量方法

比例尺	最大边长/m	测量方法	比例尺	最大边长/m	测量方法
1∶500	50	实量	1∶2 000	120	视距
1∶1 000	70	视距		160	实量
	100	实量			

2. 内、外分点法

内、外分点法就是在已知导线 AR 或延长线上定出的测站点，其测定方法同支导线。如图 8-25 所示，J 点为内分点，J'为外分点。

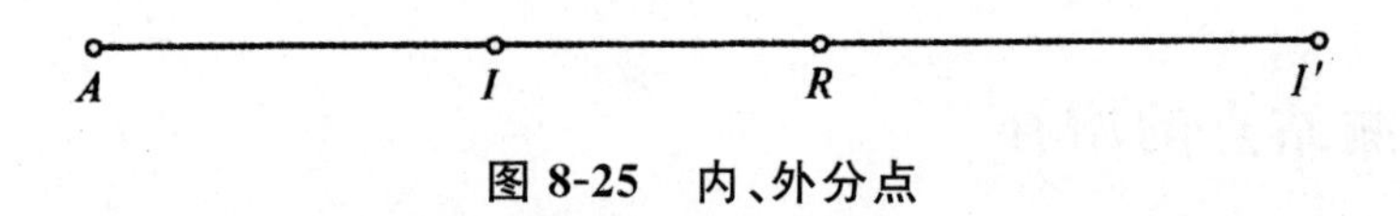

图 8-25　内、外分点

8.3.4　小平板仪与经纬仪联合测图法

小平板仪与经纬仪联合测绘法，其实质是方向与距离交会定点。如图 8-26 示，其具体操作步骤如下：

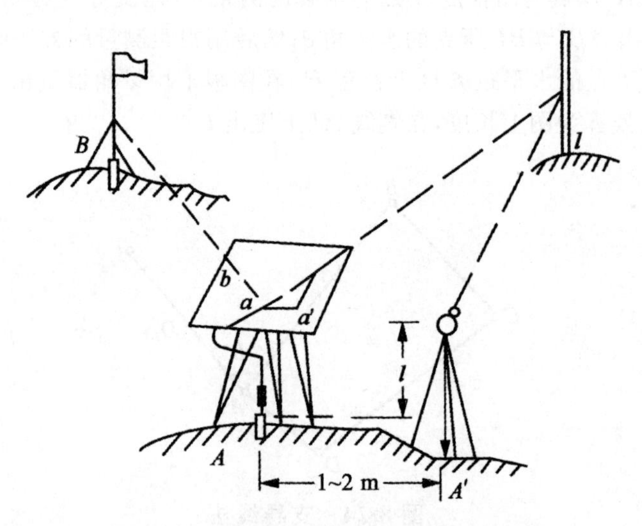

图 8-26　小平板仪与经纬仪联合测图法

①首先将经纬仪架设在距测站点 1～2 m 处，假定为 A'点，并量取 AA'距离，在 A 点桩顶上竖立水准尺，当经纬仪望远镜视线水平时，用中丝读取 A 尺读数，该读数即为经纬仪高 i。

②将平板仪安置于 A 点(以 AB 方向定向)，对中、整平、定向。用觇板照准器直尺切于图上所在的测站点，用照准器瞄准经纬仪垂球线，定出 AA'方向线，再在该方向上按比例截取 AA'长度，从而将 A'点缩绘在图上，定出 a'点。

③用平板仪照准器瞄准碎部点 1，定出口 1 方向，经纬仪同时瞄准点 1 上的标尺，用视距测量方法测定 A'点至 1 点的距离 a_1'和 A 点与 1 点间的高差 h_{A1}，并算出 1 点高程 $H_1=H_A+h_{A1}$。

④在图上以 a'点为圆心，a_1'为半径画弧。交 a_1 方向线于 1 点，再在点旁注以高程，至此，一个碎部点的测定工作结束。

若测区内地面较平坦，可使经纬仪视线保持水平或用水准仪代替，这样视距测量工作将方便得多。对于近距离地物，亦可用皮尺直接量距定点，有利于提高测图工作效率。在某些测图中，对精度要求高的主要地物点，如厂房角点、地下管线检查井、烟囱中心等，当视距测量的精度满足不了要求时，可用经纬仪测水平角，钢尺丈量距离，水准仪测高差，来满足点位需要。地形图测图中，应充分利用已有的控制点和图根点，当控制点和图根点密度不够时，可以根据具体情况，采用支导线或交会定点等方法增补测站点，以满足测图的需要。

8.3.5　地物、地貌的勾绘

1. 地物的描绘

在碎部点测绘到图纸上后，需对照实地及时描绘地物和等高线。地物要按地形图图式规定的符号表示。如房屋按其轮廓用直线连接；而河流、道路的弯曲部分，则用圆滑的曲线连接，对于不能按比例描绘的地物，应按相应的非比例符号表示。

2. 等高线的勾绘

地貌主要用等高线来表示。对于不能用等高线表示的特殊地貌，如悬崖、峭壁、陡坎、冲沟、雨裂等，则用地形图图式规定的符号表示。

等高线是根据相邻地貌特征点的高程，按规定的等高距勾绘的。在碎部测量中，地貌特征点是选在坡度和方向变化处，这样两相邻点间可视为坡度均匀。由于等高线的高程是等高距的整倍数而所测地貌特征点高程并非整数，故勾绘等高线时，首先要用比例内插法在各相邻地貌特征点间定出等高线通过的高程点，再将高程相同的相邻点用光滑的曲线相连接。等高线的勾绘方法有比例内插法、图解法和目估法等，但其基本原理都是比例内插法。下面介绍用比例内插法勾绘等高线的方法。

如图 8-27 中 A、B 两点的高程分别为 53.7 m 和 49.5 m，两点间距离由图上量得为 21 mm，当等高距为 1 m 时，就有 53 m、52 m、51 m、50 m 四条等高线通过。内插时先算出一个等高距在图上的平距，然后计算其余等高线通过的位置。

如图 8-28 所示，对于等高距 1 m 的等高线，图上平距 $d=\frac{21}{4.2}=5$ mm。而后计算 53 m 及 50 m 两根等高线至 A 及 B 点的平距 x_1 及 x_2，定出 a 及 b 两点，$x_1=0.7\times5$ mm$=3.5$ mm，$x_2=0.5\times5$ mm$=2.5$ mm；再将 ab 分为三等分，等分点即为 52 m 及 51 m 等高线通过的位置。同法可定出其他各相邻碎部点间等高线的位置。将高程相同的点连成平滑曲线，即为等高线，结果如图 8-27 所示。

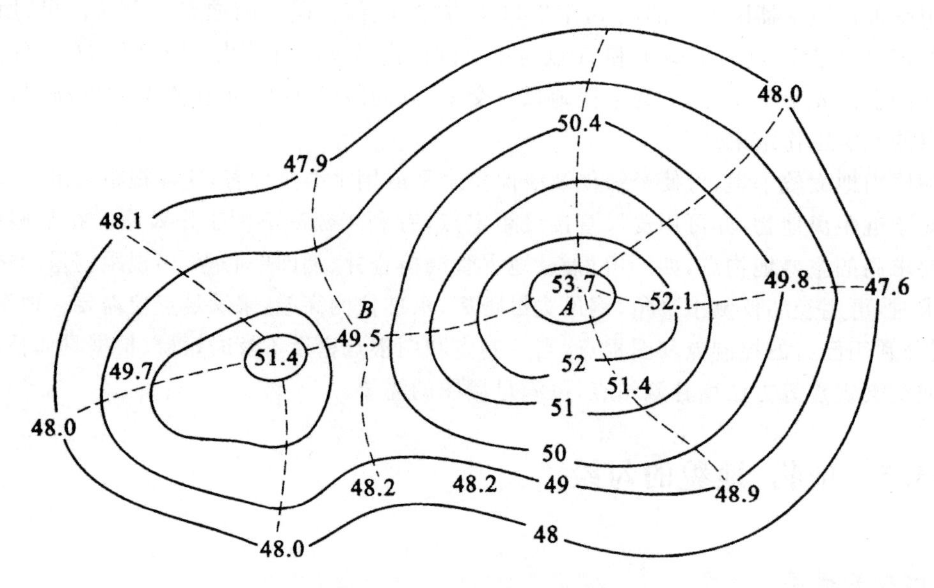

图 8-27 等高线的勾绘

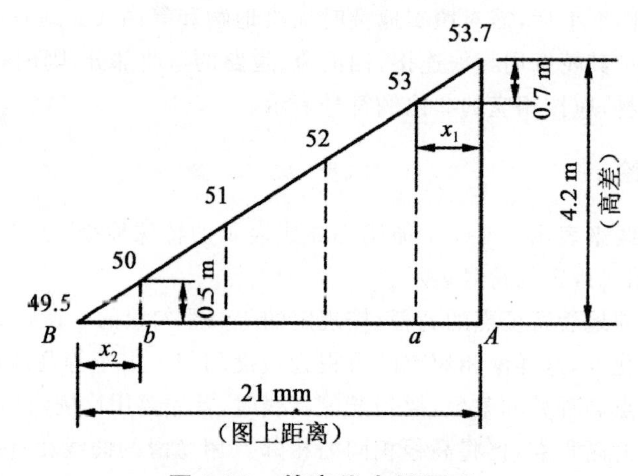

图 8-28 等高线内插原理

8.4 地形图的拼接、检查与整饰

8.4.1 地形图的拼接

当测图是分区测绘成若干图幅时，最后应将各图幅拼接成全测区的地形图。拼接时用 3～4 cm 的透明纸一张，用铅笔画出纸条的中线，分别在中线两侧捕出相邻图幅的地形图，如图 8-29 所示。因测绘时的误差，使两幅图形不能很好衔接，如两幅图中同一地物（地貌）线偏差不超过表 8-7 及表 8-8 中的规定时，可取其平均位置，勾绘各地物轮廓线和等高线，否则，应到实地复查修正。

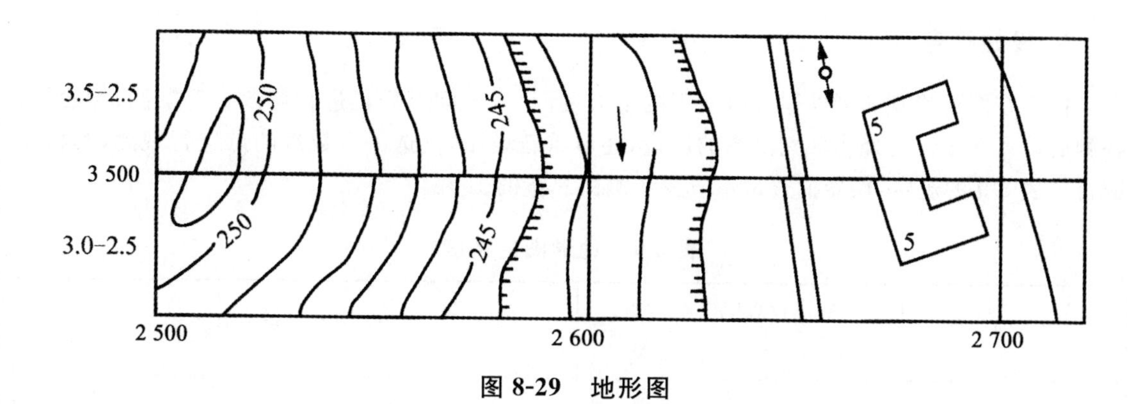

图 8-29　地形图

表 8-7　拼接地形图地物轮廓线允许偏差

地区情况	地物轮廓允许偏差(图上)/mm	
	主要地物	次要地物
一般地区	±1.7	±2.3
城市建筑区	±1.1	±1.7

表 8-8　拼接地形图等高线位置允许偏差

地区情况	等高线位置允许偏差
平坦地区	不大于相邻等高线的平距
山区	不大于相邻等高线平距的两倍

8.4.2　地形图的检查

地形图测完后，首先由作业组自检，然后由作业组之间互检或由质量监督部门抽检，检查的方式包括：图面检查、野外巡查和设站检查。

1. 图面检查

主要检查控制点的分布、展绘是否符合规范；地物、地貌的位置和形状绘制得是否正确；图式符号使用的是否符合规定；等高线的高程和地形点的高程是否存在矛盾；名称注记是否有遗漏或错误。一旦发现问题，先检查记录、计算和展绘有无错误，如果不是由于记录、计算和展绘所造成的错误，不得随意修改，待野外检查后再确定。

2. 野外巡查

将地形图带到现场与实际地形对照，核对地物和地貌的表示是否清晰合理，检查是否存在遗漏、错误等。对图面检查发现的疑问必须重点检查。如果等高线表示的与实际地貌略有差异，可立即修改，重大错误必须用仪器检查后再修改。

3. 设站检查

检查在图面检查和野外巡查时发现的重大疑问，找出问题后再进行修改。对漏测、漏绘的，补测后填入图中。另外为评判测图的质量，还应重新设站，挑选一定数量的点进行观测，其精度应符合表 8-9 的规定，仪器抽查量不应少于测图总量的 10%。

表 8-9　地形图的精度

地区类别	图上地物点位置中误差/mm		等高线的高程中误差		
	主要地物	次要地物			
一般地区	±0.6	±0.8	6°以下	6°～15°	15°以上
城市建筑	±0.4	±0.6	$\frac{1}{3}H_d$	$\frac{1}{2}H_d$	$\frac{2}{3}H_d$

8.4.3　地形图的整饰

原图经过拼接和检查后，还应按规定的地形图图式符号对地物、地貌进行清绘和整饰，使图面更加合理、清晰、美观。整饰应按照先图内后图外、先注记后符号、先地物后地貌的顺序进行。最后标注图名、图号、比例尺、坐标系、高程系统、施测单位、测绘者及测绘日期等。如果是独立坐标系统，还需画出指北方向。整饰完成后，可将地形图和有关资料一起上交。

8.4.4　图的注记原则

名称的注记必须使用我国国务院公布的简化汉字，各种注记的字意、字体、字码、字向、字序、字位应准确无误，字间隔应均匀，宜根据所指地物的面积和长度妥善配置。

1. 注记的排列形式

①水平字列——各字中心连线应平行于南、北图廓，由左向右排列。

②垂直字列——各字中心连线应垂直于南、北图廓，由上而下排列。

③雁行字列——各字中心连线应为直线且斜交于南、北图廓。

④屈曲字列——各字字边应垂直或平行于线状地物，且依线状地物的弯曲形状而排列。

2. 注记的字向

注记的字向一般为正向，即字头朝向北图廓。对于雁行字列，如果字中心连线与南、北图廓的交角小于 45°，则字向垂直于连线，如大于 45°，则字向平行于连线，此称为注字的“光线法则”。

3. 名称注记

城市、急诊、村庄、街道、公寓、胡同等居民地和政府、企事业单位名称一般采用水平字列，有时根据图形的特殊情况，也可采用垂直字列和雁行字列。

4. 说明注记

建筑物的结构(砖木结构、混凝土结构、钢结构等)、层次、道路的等级、路面材料、管线的用途、属性、土地的土质和植被种类等,凡属用图形线条和图式符号不能充分说明的地物,需加说明注记。说明注记用的字符应尽可能简单,例如对于房屋结构和层次,“砼 5”表示混凝土结构 5 层、“混 3”表示混合结构 3 层、“钢 10”表示钢结构 10 层等。注记的位置应在地物内部适中的位置,不偏于一隅,并以不妨碍地物线条为原则。

5. 数字注记

①门牌注记宜全部逐号注记,毗邻房屋过密的,可分段注以起讫号数。

②对于高程注记数字以 m 为单位,重要地物高程注记至 cm,例如桥、闸、坝、铁路、公路、市政道路、防洪墙等,其余高程点可注至 dm,注记字头一律向北。

③等高线高程的注记对每一条计曲线应注明高程值;在地势平缓、等高线较稀时,每一条等高线都应注明高程值,数字的排列方向应与曲线平列,字头应向高处,但也应尽量不要让注记的数字呈倒置形状。

8.5 大比例尺数字测图

随着电子技术、计算机技术的发展和全站仪的广泛应用,逐步构成了野外数据采集系统,将其与内业机助制图系统结合,形成了一套从野外数据采集到内业制图全过程的、实现数字化和自动化的测量制图系统,人们通常称为数字测图或机助成图。

如图 8-30 所示,数字测图是以计算机为核心,在外连输入、输出设备硬件、软件的条件下,通过计算机对地形空间数据进行处理而得到数字地图。这种方法改变了以手工描绘为主的传统测量方法,其测量成果不仅是绘制在图纸上的地图,还有方便传输、处理、共享的数字信息,现已广泛应用于测绘生产、城市规划、土地管理、建筑工程等行业与部门,并成为测绘技术变革的重要标志。

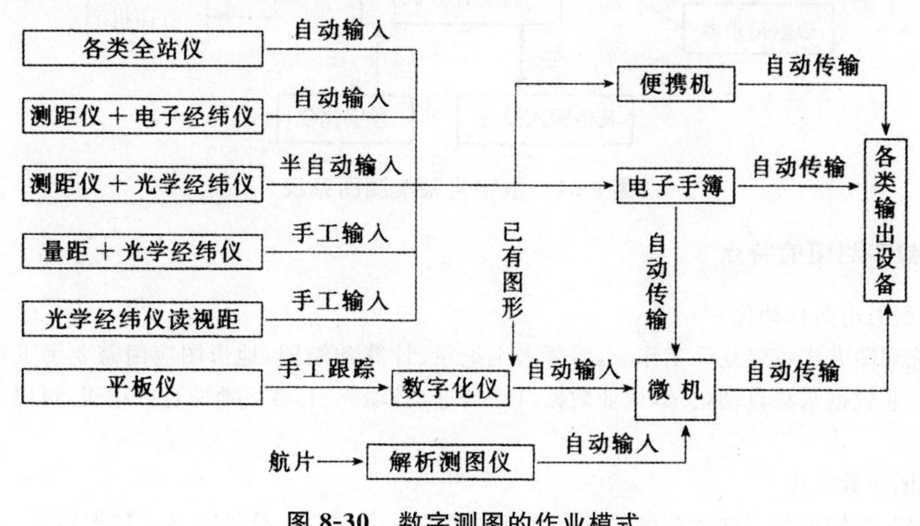

图 8-30　数字测图的作业模式

8.5.1 数字测图的原理和特点

1. 数字测图的基本思想

传统的地形测图(白纸测图)是将测得的观测值用图解的方法转化为图形,其转化过程几乎都是在野外实现的,图形信息承载量少,变更修改极为不便,劳动强度较大,难以适应当前经济建设飞速发展的需要。而数字测图则不同,它希望尽可能缩短野外的作业时间,减轻野外劳动强度,将大部分作业内容安排到室内去完成,把大量的手工作业转化为电子计算机控制下的机械操作,图上内容可根据实际地形、地物随时变更与修改,而且不会损失应有的观测精度。

数字测图就是将采集的各种有关的地物、地貌信息转化为数字形式,经计算机处理后,得到内容丰富的电子地图,并可将地形图或各种专题图显示或打印出来。这就是数字测图的基本思想。

2. 数字化测图系统

数字化测图是以计算机系统为核心组成的,包括硬件和软件两部分。

硬件有全站仪(或其他采集设备)、数据记录器(电子手簿)、计算机主机(便携机或台式机)、绘图仪、打印机、数字化仪及其输入输出设备组成。利用全站仪能同时测定距离、角度、高差,提供待测点三维坐标,将仪器野外采集的数据,结合计算机、绘图仪以及相应软件,就可以实现自动化测图。由于硬件配置、工作方式、数据输入方法、输出成果内容的不同,可产生多种数字化测图系统,按输入方法可分为野外数据采集测图系统;航片数据采集测图系统;底图数据数字化采集测图系统。其框图见图 8-31。而软件部分则是对其进行内业处理,对数据进行编辑、整理、入库管理和成图输出的一整套过程。

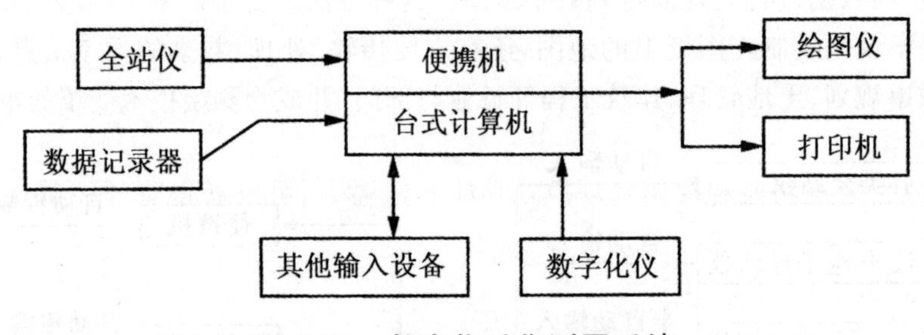

图 8-31 数字化采集测图系统

3. 数字测图的特点

(1)测图用图自动化

传统测图方式主要是手工作业,需要人工记录、计算和绘图,地形图应用需要手工量算。数字测图外业数据采集自动记录,内业数据自动处理、自动成图,数字地图可以编辑,可以自动提取图形信息。

(2)图形数字化

用磁盘存储的数字地图存储了具有特定含义的数字、文字、符号等各类数据信息,可以方便地传输、处理，可供多用户共享。图形管理方便，节省空间。

(3)点位精度高

传统的经纬仪等仪器测图，碎部点的位置误差主要受视距测量误差、方向误差、展点误差、刺点误差等的影响，使得碎部点的平面位置和高程精度较低。在数字化测图过程中，从数据采集到数字成图精度毫无损失，也与测图比例尺无关，从而获得高精度的测量成果。

(4)便于成果更新

数字化测图的成果是以点的空间位置信息和属性信息存入计算机，当实地发生变化时，只需输入变化信息的坐标、代码，经过编辑处理，很快便可更新原图，确保地形图的可靠性和现实性。

(5)避免图纸伸缩带来的各种误差

纸质地图随时间的推移会产生伸缩变形，地图信息会产生误差。数字地图成果是以数字信息保存，避免了对图纸的依赖性。

(6)输出成果形式多样化

计算机与显示器、打印机、绘图仪联机，可以显示、打印输出各种图形资料信息，也可输出各种比例尺的地形图、专题图，以满足不同用户需求。

(7)方便成果的深加工利用

数字地图分层存放，地理信息可无限存放，不受图面负载限制，便于成果的深加工。根据需要可以加工成路网图、电网图、管线图等各类专题图、综合图等。可拓宽测绘工作的服务面，开拓市场。

(8)可作为 GIS 的信息源

地理信息系统(GIS)具有方便的空间信息查询检索功能、空间分析功能以及辅助决策功能，GIS 需要大量的地理信息资料，数字测图能提供现实性很强的地理信息资料，经过数据格式转换，可以直接进入并更新 GIS 数据库。

8.5.2　全站仪测图模式

用全站仪在测站进行数字化测图，称为地面数字测图。由于用全站仪直接测定地物点和地形点的精度很高，地面数字测图是几种数字测图方法中精度最高的一种，也是大比例尺地形图最主要的数字测图方法。

全站仪的数字采集功能和存储管理模式功能非常强大，可以获得野外控制点和碎部点的坐标数据文件，以便在室内利用成图软件绘制平面图、地形图或地籍图，也可以直接与掌上测绘通连接，在野外采集并成图，在室内进行编辑，还可以在野外与笔记本电脑(作电子平板)直接成图。结合不同的电子设备，全站仪数字化测图主要有如图 8-32 所示的三种模式。

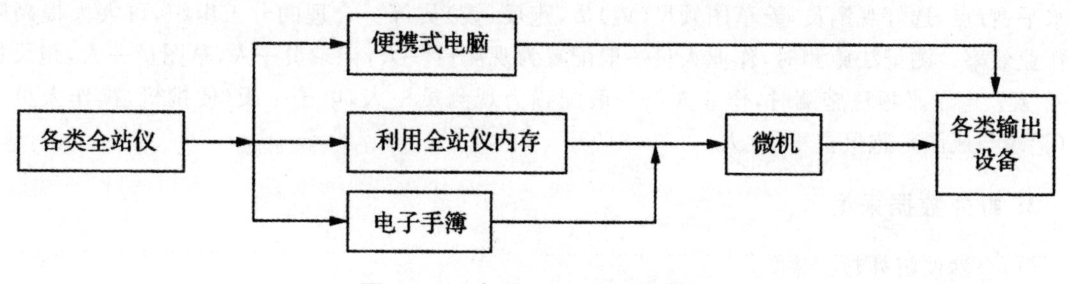

图 8-32　全站仪地形测图模式

1. 全站仪结合电子平板模式

该模式是以便携式电脑作为电子平板，通过通信线直接与全站仪通信、记录数据，实时成图。

2. 直接利用全站仪内存模式

该模式使用全站仪内存或自带记忆卡，把野外测得的数据，通过一定的编码方式，直接记录，同时野外现场绘制复杂地形草图，供室内成图时参考对照。

3. 全站仪加电子手簿或高性能掌上电脑模式

该模式通过通信网线将全站仪与电子手簿或掌上电脑相连接，把测量数据记录在电子手簿或便携式电脑上，同时可以进行一些简单的属性操作，并绘制现场草图。内业时把数据传输到计算机中进行成图处理。

8.5.3 全站仪数字测图过程

全站仪数字化测图，主要分为准备工作、数据获取、数据输入、数据处理、数据输出等五个阶段。

1. 准备工作阶段

(1)仪器器材准备

实施数字测图前，应准备好仪器、器材和技术资料。仪器、器材主要包括全站仪、对讲机、电子手簿或便携机、备用电池、通信电缆(若使用全站仪的内存或内插式记录卡，不用电缆)、花杆、反光棱镜、皮尺或钢尺等。全站仪、对讲机应提前充电。

(2)资料准备

大多数数字测图系统在进行数据采集时，要求绘制较详细的草图。绘制草图一般在专门准备的工作底图上进行。工作底图最好用旧地形图、平面图的晒蓝图或复印件制作，也可用航片放大影像图制作。为了便于多个作业组作业，在野外采集数据之前，通常要对测区进行“作业区”划分。一般以沟渠、道路等明显线状地物将测区划分为若干个作业区。对于地籍测量来说，一般以街坊为单位划分作业区。分区的原则是各区之间的数据(地物)尽可能地独立。

(3)作业组组织

为切实保证野外作业的顺利进行，出测前必须对作业组成员进行合理分工，根据各成果的业务水平、特点，选好观测员，绘草图领尺(镜)员，跑尺(镜)员等。合理的分工组织，可大大提高野外作业效率。测记法施测时，作业人员一般配置为观测员一人，记录员一人，草图员一人，跑尺员1～2人。电子平板法施测时，作业人员一般配置为观测员一人，电子平板(便携机)操作人员一人(记录与成图)，跑尺员1～2人。

2. 野外数据采集

(1)全站仪野外数据采集

数据采集工作是数字测图的基础，它是通过全站仪测定地形特征点的平面位置和高程，将这些点位信息自动记录和存贮在电子手簿中再传输到计算机中或直接将其记录到与全站仪相连的便携式计算机中。每一个地形特征点都有记录，包括点号、平面坐标、高程、属性编码和与其他点之间的连接关系等。属性编码指示了该点的性质，应根据规定的属性编码表在电子手簿或便携机上输入，因为计算机在进行数据处理时就是根据这些编码来区分不同的地图要素的；点与点之间的连接关系，它标明了哪些点按何种连接顺序构成了一个有意义的实体，通常采用绘草图或在便携机上采用边测边绘的方式来确定。

在利用全站仪进行野外数据采集的过程中，既可以像常规测图那样，先进行图根控制测量，再进行碎部测量，也可以采取图根控制测量和碎部测量同时进行的方法，充分体现了数字测图数据采集过程的灵活性。由于全站仪具有很高的测量精度，因此在通视良好、定向边较长的情况下，一个测站的测图范围可以比常规测图时增大。野外数据采集的碎部测量方法仍以极坐标法为主，同时在有关软件的支持下，也可以灵活采用其他方法，如方向直线交会法、单交会法、正交内插法、导线法、对称点法和填充法等。

野外数据采集包括两个阶段，即图根控制测量和地形特征点（碎部点）采集。有的测图软件可将两个阶段同步进行，也称一步测量法。数字地形图的精度主要取决于野外采集数据的精度。

1)设站与检核

测量碎部点前，先在测站上安置全站仪，经对中整平后，进行测站的设置：第一需要输入测站点号、后视点号和仪器高；第二选择定向点，照准后输入定向点号和水平度盘读数；第三选择另一已知点进行检核，输入检核点号，照准后进行测量。测量后将显示检核点的 x、y、H 差值，如果没有通过检核则不能继续测量，必须检查原因继续检核，直到通过为止。

2)碎部点测量

通常采用极坐标法进行碎部点测量，测定各个碎部点的三维坐标并记录在全站仪内存中，记录时注意棱镜高、点号和编码的正确性。如果没有任何选择全站仪默认点号为自动累计方式。若有特殊要求时，也可以采用点号手工输入方式。每站测量一定数量的碎部点后，应进行归零检查，归零差不得大于 $1'$。

(2)GNSS-RTK 野外数据采集

目前，因 GNSS-RTK 测量具有快捷、方便、精度高等优点，已被广泛用于碎部点数据采集工作中。在大比例尺数字测图工作中，采用 GNSS-RTK 技术进行碎部点数据采集，可不布设各级控制点，仅依据一定数量的基准控制点，不要求点间通视（但在影响 GPS 卫星信号接收的遮蔽地带，还应采用常规的测绘方法进行细部测量），仅需一人操作，在要测的碎部点上停留几秒钟，能实时测定点的位置并能达到厘米级精度，若并同时输入采集点的特征编码，通过电子手簿或便携机记录，在点位精度合乎要求的情况下，把一个区域内的地形点、地物点的坐标测定后，可在室外或室内用专业测图软件一次测绘成电子地图。

3. 数据处理

数据处理是数字测图过程的中心环节，它直接影响最后输出地形图的质量和数字地图在数据库中的管理。数据处理是通过相应的计算机软件来完成的，主要包括地图符号库、地物要素绘制。等高线绘制、文字注记、图形编辑、图形显示、图形裁剪、图幅接边和地图整饰等功能。通过计算机软件进行数据处理，生成可进行绘图输出的图形文件。

4. 地图数据输出

绘图输出是数字测图的最后阶段,可在计算机控制下通过数控绘图仪绘制完整的纸质地形图。除此之外,还可根据需要绘制不同规格和不同形式的图件,如开窗输出、分层输出和变比例输出等。

8.5.4 数据编码

1. 地形要素码

地形要素码用于标识碎部点的属性。该码基本上根据《地形图图式》中各符号的名称和顺序来设计,用三位表示,位于8位编码的前部,其表示形式可分为两种,即三位数字型和三位字符型。

三位数字型编码是计算机能够识别并能有效迅速处理的地形编码形式,又称内码。其基本编码思路是将整个地形信息要素进行分类、分元设计。首先将所有地形要素分为10大类,每个信息类中又按地形元素分为若干个信息元,百位码为信息类代码(0～9),十位和个位码为信息元代码,则3位数字型地形要素码由(1位类码)+(2位元码)组成,如:

0类地貌特征点

1类测量控制点

2类居民地、工矿企业建筑物和公共设施

3类独立地物

4类道路及附属设施

5类管线和垣栅

6类水系和附属设施

7类境界

8类地貌及土质

9类植被

每一类中的信息元编码基本上取图式符号中的顺序号码。如第一大类码是测量控制点,又分平面控制点、高程控制点、GPS点和其他控制点四个小类码,编码分别为11、12、13和14。小类码又分若干一级代码,一级代码又分若干二级代码。如小三角点是第3个一级代码,5秒小三角点是第1个二级代码,则小三角点的编码是113,5秒小三角点的编码是1131、导线点(115)、水准点(128)等;第三类独立地物,如纪念碑(301)、塑像(303)、水塔(321)、路灯(327)等;又如第0类地貌特征点中,包含有一般地形点(01)、山脊点(002)、山谷点(003)、山顶点(004)以及鞍部点(005)等。

三位字符型编码是根据图式中各符号名称的汉语拼音(缩写成3位,不足3位时在后面用“.”补齐),或1位信息类编码加信息元汉语拼音的前两位缩写字母的数字符号混合方式来编码。例如:山脊点(SJD)、导线点(IXI)、水准点(SZI);台阶(TJ.)、水塔(ST.)、塔(T..);埋石图根点(MTG)、一般房屋(YBF)、特种房屋(TZF)、活树篱笆(SLB);鞍部点(OAB)、水准点(ISZ)、简单房屋(2JF)、公路(4GL)、门(2M.)等。这种编码形式比较直观,易记忆,便于野外操作,又称为外码。在实际工作中,三位地形要素码的输入形式可根据操作员的爱好和习惯,灵活使用或交叉使用，并能通过数字化采集软件的处理，使野外作业简化成只操作 1～2 位字符键，或在便携机屏幕上直接点取相应菜单即可。计算机在数据处理、生成数据库和图形显示时，能够将字符型代码自动转化为相应的数字型地形要素码，以便二者最终得到统一。

2. 信息Ⅰ编码

由 4 位数字组成信息Ⅰ编码，其功能是控制地形要素的绘图动作，描述某测点与另一测点之间的相对关系，又称为连接码。

编码的具体设计有两种不同的方式：第一是设计成注记连接点号或断点号，以提供某两点之间相连或断开的信息。这种编码形式可以简化现场绘制草图的工作。第二种是在该信息码中注记分区号(或各类单一实地，如房屋、道路的顺序号)以及相应的测点号。分区号和测点号各占两位，共计四位。采用该编码形式要求在现场详细绘制地形草图，各分区和测点编号应与信息Ⅰ编码中相应的编号完全一致，不能遗漏，以保证在现场绘制的草图，真正成为计算机处理、屏幕编辑和绘图仪绘图的重要依据。

3. 信息Ⅱ编码(线型码)

信息Ⅱ(1 位线型码)编码仅用 1 位数表示，是对绘图指令的进一步描述，常用不同的数字对联线的形式进行区分，0 表示非连线、1 表示直线、2 表示曲线、3 表示圆弧，故信息 Ⅱ 编码又叫线型码。

野外观测，除要记录测站参数、距离、水平角和竖直角等观测量外，还要记录地物点连接关系信息编码。在实际测绘中，可以输入点号、连接码、线型码等，如使用便携计算机可以利用屏幕光标指示被连接点及线型菜单。连接信息码和线型信息码可由软件自动搜索生成毋须人工生成。现以一条小路为例说明。小路的地形要素为 443，信息Ⅰ编码 4 位数字前两位表示测点号，后两位表示连接点号，其中 00 表示断点，最后一位是信息Ⅱ编码，1 表示直线、2 表示曲线、3 表示圆弧，如图 8-33 所示。

测点号	数据编码
1	443 0100 0
2	443 0201 3
3	443 0302 2
4	443 0403 2
5	443 0506 2
6	443 0607 2
7	443 0704 2
8	443 0805 1

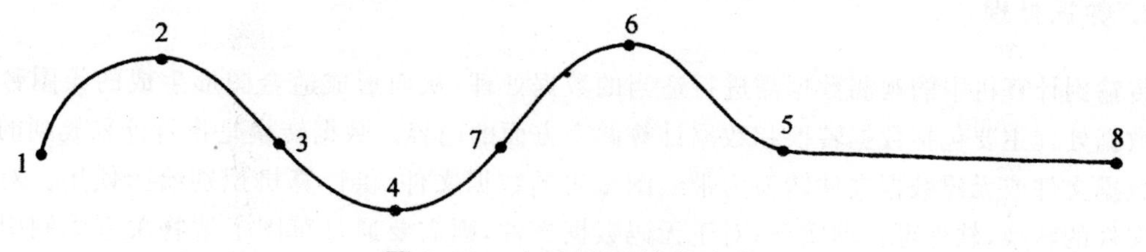

图 8-33　小路测图的数字化

4. 其他编码规则

在目前开发的测图软件中,有些也是根据自身特点的需要、作业习惯、仪器设备和数据处理方法制定自己的编码规则。如利用全站仪进行野外测设时,编码一般由地物代码和连接关系的简单符号组成。如代码 F0、F1、F2、…分别表示特种房、普通房、简单房、……(F 字为“房”的第一拼音字母,以下类同),H1、H2、…分别表示第一条河流点位、第二条河流点位、……,具体请参照其自身的软件说明书。

8.5.5 数字测图内业处理的作业过程

数字测图的内业处理要借助数字测图软件来完成。目前国内市场上比较有影响的数字测图软件主要有武汉瑞得公司的 RDMS、南方测绘仪器公司的 CASs、清华山维的 EPSW 电子平板等。它们各有其特点,都能测绘地形图、地籍图,并有多种数据采集接口,成果都能输出地理信息系统(GIS)所接受的格式。都具有丰富的图形编辑功能和一定的图形管理能力。

数字测图的外业数据采集的方法不同,内业处理的作业过程也存在一定的差异。对于全站仪电子平板数字测图系统,由于数据采集与绘图同步进行,其内业只进行一些图形编辑、整饰工作。对于草图法,数据采集完成后,应进行内业处理。内业处理主要包括数据传输、数据处理、图形处理和地形图及成果输出。其作业流程用框图表示如图 8-34 所示。

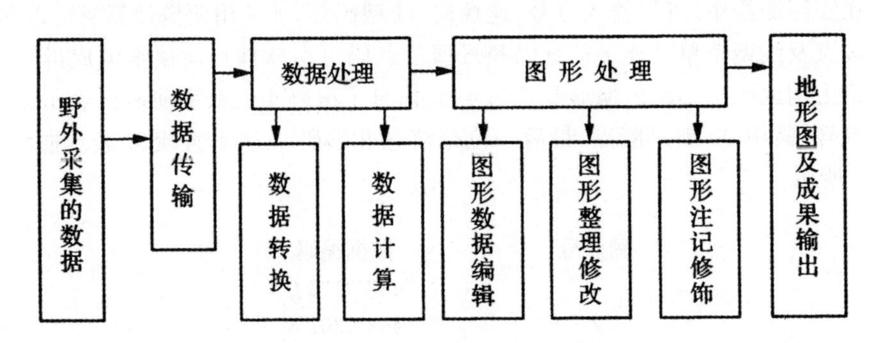

图 8-34　数字化测图内业工作流程

1. 数据传输

将存储在全站仪(或电子手簿)中外业采集的观测数据按一定的格式传输到内业处理的计算机中,生成数字测图软件要求的数据文件。

2. 数据处理

传输到计算机中的观测数据需进行适当的数据处理,从而形成适合图形生成的绘图数据文件。数据处理主要包括数据转换和数据计算两个方面的内容。数据转换是将野外采集到的带简码的数据文件或无码数据文件转换为带绘图编码的数据文件,供计算机识别绘图使用。对简码数据文件的转换,软件可自动实现;对于无码数据文件,则需要通过草图上地物关系编制引导文件来实现转换。数据计算是指通过实测的离散高程点经过数学插值,从而为建立数字地形模型绘制等高线而进行的插值模型建立、插值计算、等高线光滑的工作。在计算过程中，需要给计算机输入必要的数据，如插值等高距、光滑的拟合步距等，其他工作全部由计算机完成。经过计算机处理后，未经整饰的地形图即可显示在计算机屏幕上，同时计算机将自动生成各种绘图数据文件并保存在存储设备中。

3. 图形处理及成果输出

图形处理是对经数据处理后所生成的图形数据文件进行编辑、整理、修改、填加汉字注记、高程注记、填充各种面状地物符号，生成规范的地形图。对生成的地形图要进行图幅整饰和图廓整饰，图幅整饰主要利用编辑功能菜单项对地形图进行删除、断开、修剪、移动、复制、修改等操作，最后编辑好的图形即为所需地形图，并对其按图形文件保存。

经过绘图仪绘出所需的地形图并形成最终成果。

8.6　地形图的应用

8.6.1　地形图的基本应用

1. 求图上某点的坐标

大比例尺地形图绘有 10 cm×10 cm 的坐标方格网，并在图廓的西、南边上注有方格的纵、横坐标值，如图 8-35 所示。根据图上坐标方格网的坐标可以确定图上某点的坐标。例如，欲求图上 A 点的坐标，首先根据图上坐标注记和 A 点在图上的位置，找出 A 点所在的方格，过 A 点作坐标方格网的平行线与坐标方格相交于 a、b 两点，量出 $pa=2.46$ cm、$pb=6.48$ cm 再按地形图比例尺(1∶1 000)换算成实际距离 $pb\times1\,000\div100=64.8$ m、$pa\times1\,000\div100=24.6$ m，则 A 点的坐标为

$$X_A=X_P+pb\times1\,000\div100=600+64.8=664.8\text{ m}$$
$$Y_A=Y_P+pa\times1\,000\div100=600+24.6=624.6\text{ m}$$

图解法求得的坐标精度受图解精度的限制，一般认为，图解精度为图上 0.1 mm，则图解精度不会高于 $0.1M$，mm。

2. 在图上确定两点间的直线距离

如图 8-36 所示，求 A、B 两点间的直线距离，可采用下述两种方法。

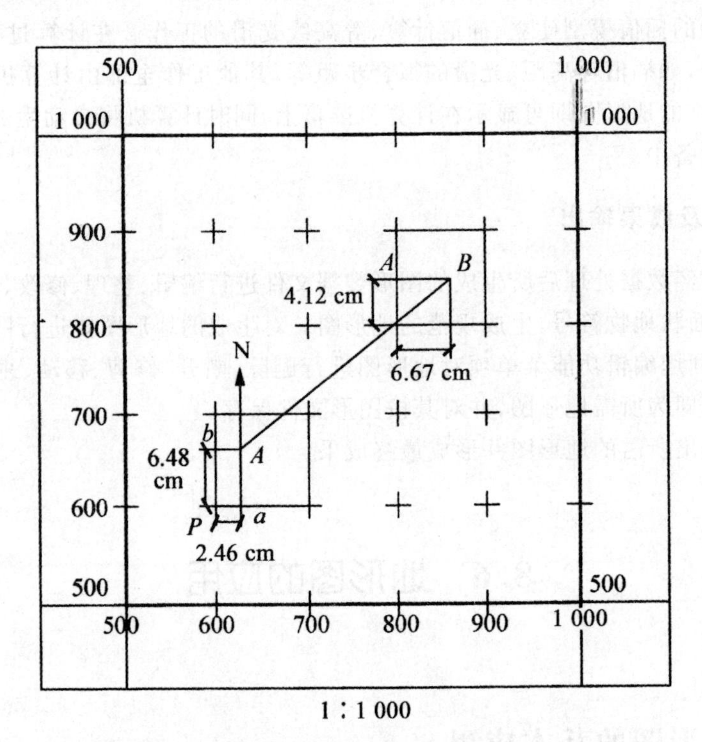

图 8-35　某点坐标计算图

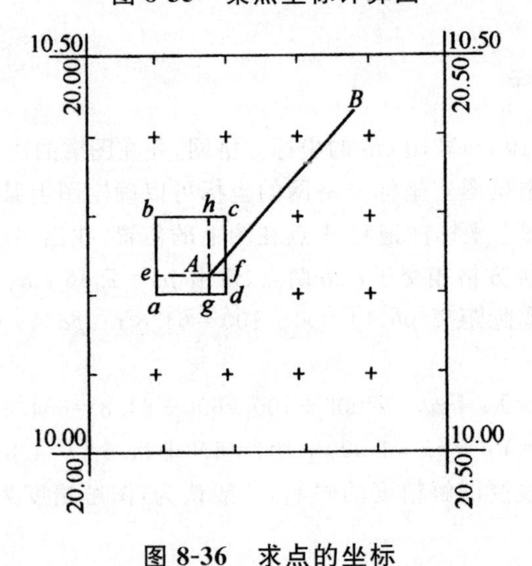

图 8-36　求点的坐标

(1)图解法

当精度要求不高时,可用直尺直接在图上量出 A、B 两点间的距离 d_{AB},再根据比例尺计算出两点间的距离 D_{AB}。

$$D_{AB}=d_{AB}\times M$$

式中,M 为比例尺的分母。

(2)解析法

先求出图上两点的坐标,再用两点间的距离公式计算出两点间的直线距离。

如图 8-36 所示，求出坐标 $A(x_A, y_A)$ 和 $B(x_B, y_B)$ 后，则用下列公式计算。

$$D_{AB}=\sqrt{(x_B-x_A)^2+(y_B-y_A)^2}$$

3. 求图上某点的高程

地形图上点的高程可根据等高线的高程求得。如图 8-37 所示，若某点 A 恰好在等高线上，则 A 点的高程与该等高线的高程相同，即 $H_A=51.0$ m。若某点 B 不在等高线上，而位于 54 m 和 55 m 两根等高线之间，这时可通过 B 点作一条垂直于相邻等高线的线段 mn，量取 mn 和 mB，如长度为 9.0 mm、5.4 mm，已知等高距 $h=1$ m，则可按内插法求得 B 点的高程。

$$H_B=H_m+\frac{mB}{mn}\times h=54+\frac{5.4}{9.0}\times 1=54.6\text{ m}$$

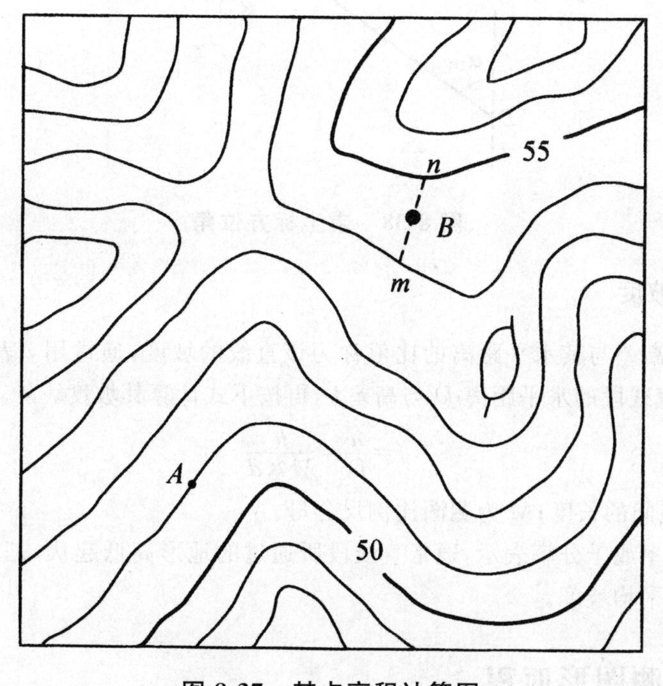

图 8-37　某点高程计算图

求图上某点的高程，通常也可根据等高线用目估法按比例推算该点的高程。例如，mB 约为 mn 的 6/10，则

$$H_B=H_m+\frac{6}{10}h=54.6\text{ m}$$

4. 在图上确定某直线的坐标方位角

(1)图解法

此方法是先作出辅助线，然后在图上用量角器直接量取坐标方位角。如图 8-38 所示，需量出坐标方位角 α_{CD}，先过 C、D 点分别作出纵向坐标线的平行线，再用量角器量出方位角 α'_{CD}、α'_{DC} 的角值，即正、反坐标方位角。取平均值作为最后结果。

$$\alpha_{CD}=\frac{1}{2}(\alpha'_{CD}+\alpha'_{DC}\pm 180°)$$

(2)解析法

先按图解法求出图上两点的坐标，若两点坐标为 $C(x_C,y_C)$，$D(x_D,y_D)$，则方位角计算公式为

$$\alpha_{CD}=\tan^{-1}\frac{y_D-y_C}{x_D-x_C}=\tan^{-1}\frac{\Delta y_{CD}}{\Delta x_{CD}}$$

上式计算出的角值为象限角，再根据 Δx_{CD} 和 Δy_{CD} 的正、负值求得直线 CD 的坐标方位角。

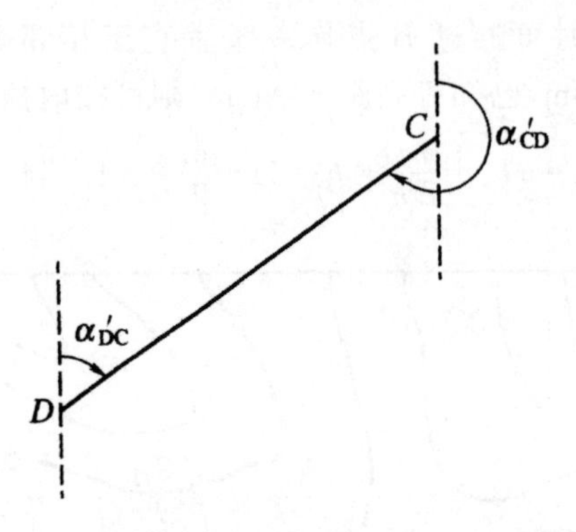

图 8-38　求坐标方位角

5. 求直线的坡度

地面上两点的高差与其水平距离的比值称为该直线的坡度，通常用 i 表示。欲求图上直线的坡度，须先求出直线段的水平距离 D 与高差 h，再按下式计算其坡度。

$$i=\frac{h}{D}=\frac{h}{M\times d}$$

式中，d 为图上两点间的长度；M 为测图比例尺分母。

坡度常用百分率或千分率表示，通常直线段所通过的地形高低起伏，是不规则的，因而所求的直线坡度实际为平均坡度。

8.6.2　量测图形面积

1. 几何图形法

若图形是由直线连接的多边形，则可将图形划分为若干种简单的几何图形，如图 8-39 中的三角形、四边形、梯形等。然后用比例尺量取计算时所需的元素（长、宽、高），应用面积计算公式求出各个简单几何图形的面积，再汇总出多边形的面积。

图形面积如为曲线时，可近似地用直线连接成多边形，再按上述方法计算面积。

当用几何图形法量算线状物面积时，可将线状看作为长方形，用分规量出其总长度，乘以实量宽度，即可得线状地物面积。

将多边形划分为简单几何图形时，需要注意以下几点。

①将多边形划分为三角形，面积量算的精度最高，其次为梯形、长方形。

②划分为三角形以外的几何图形时，尽量使它的图形个数最少，线段最长，以减少误差。

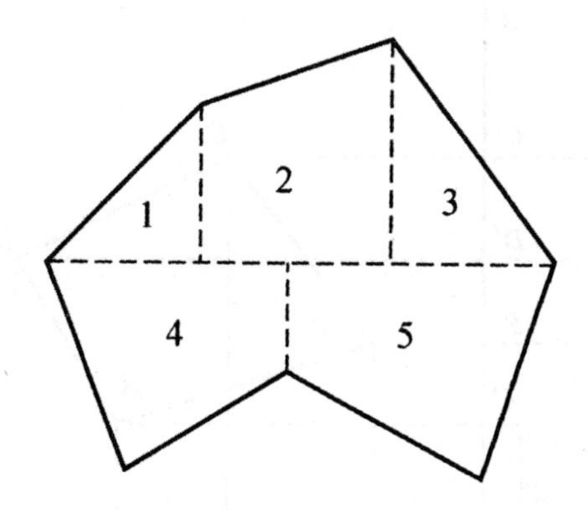

图 8-39　几何图形法

③划分几何图形时，尽量使底与高之比接近 1∶1（使梯形的中位线接近于高）。

④若图形的某些线段有实量数据，则首先选用实量数据。

⑤进行校核和提高面积量算的精度，要求对同一几何图形量取另一组面积计算要素，量算两次面积，两次量算结果在容许范围内（表 8-10），方可取其平均值。

表 8-10　两次量算面积之较差的容许范围

图上面积/mm^2	相对误差
＜100	＜1/30
100～400	＜1/50
400～1 000	＜1/100
1 000～3 000	＜1/150
3 000～5 000	＜1/200
＞5 000	＜1/250

2. 解析法

如果欲求面积的图形为任意多边形，且各顶点的坐标已知，则可根据公式计算面积。如图 8-40 所示，$ABCD$ 为任意四边形，各顶点 A、B、C、D 的坐标按顺时针方向编号，分别为(x_1, y_1)、(x_2, y_2)、(x_3, y_3)、(x_4, y_4)，各顶点向 x 轴投影得 A'、B'、C'、D'点，则四边形 $ABCD$ 的面积，等于 $C'CDD'$的面积加 $D'DAA'$的面积减去 $C'CBB'$和 $B'BAA'$的面积。四边形 $ABCD$ 的面积为

$$S=\frac{1}{2}[(y_3+y_4)(x_3-x_4)]+\frac{1}{2}[(y_4+y_1)(x_4-x_1)]$$
$$-\frac{1}{2}[(y_3+y_2)(x_3-x_2)]-\frac{1}{2}[(y_2+y_1)(x_2-x_1)]$$
$$=\frac{1}{2}[x_1(y_2-y_4)+x_2(y_3-y_1)+x_3(y_4-y_2)+x_4(y_1-y_3)]$$

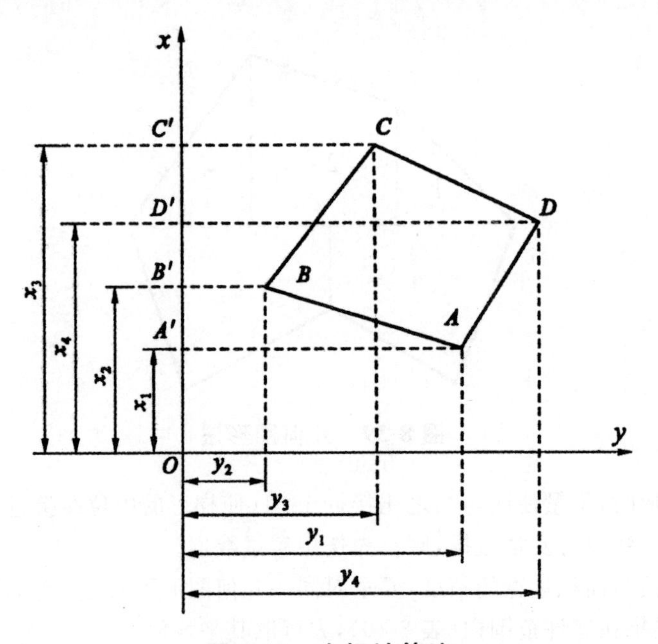

图 8-40　坐标计算法

若图形有 n 个顶点,则上式可推广为

$$S=\frac{1}{2}[x_1(y_2-y_4)+x_2(y_3-y_1)+\cdots+x_n(y_{n+1}-y_{n-1})]$$

即

$$S=\frac{1}{2}\sum_{i-1}^{n}x_i(y_{i+1}-y_{i-1})$$

若将各顶点投影于 y 轴,同理可推出

$$S=\frac{1}{2}\sum_{i=1}^{n}y_i(x_{i-1}-x_{i+1})$$

3. 透明方格纸法

将毫米透明方格纸覆盖在欲求面积的图形上,如图 8-41 所示,然后数出图形占据的整格数目 n,将不完整方格数累计折成一整格数 n_1,可按下式计算出该图形的面积 A。

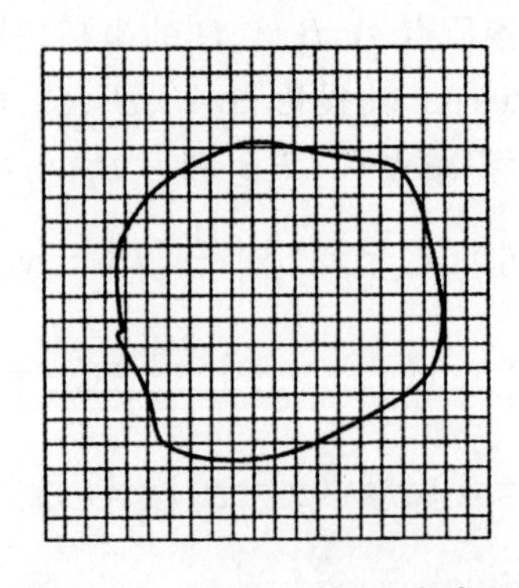

图 8-41　透明方格纸法求面

$$A=(n+n_1)aM^2$$

式中，a 为透明方格纸小方格的面积；M 为比例尺的分母。

4. 平行线法

如图 8-42 所示，将画有平行线的透明纸覆盖到图形上，转动透明纸使平行线与图形的上、下边线相切。把相邻两平行线之间所截的部分图形视为近似梯形，量出各梯形的底边长度 $l_1, l_2, \cdots, l_n$，则各梯形面积分别为

$$S_1=\frac{1}{2}(l_1+0)h$$

$$S_2=\frac{1}{2}(l_1+l_2)h$$

$$S_{n+1}=\frac{1}{2}(l_n+0)h$$

图形总面积为

$$S=S_1+S_2+\cdots+S_{n+1}=(l_1+l_2+\cdots+l_n)h$$

式中，h 为透明纸平行线间距。

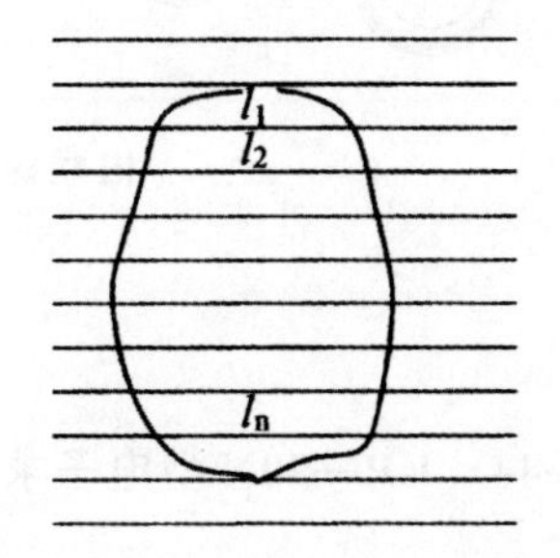

图 8-42　平行线法求面积

5. 图解法

当待求面积的图形轮廓比较简单，可将其划分为一定的简单几何图形，如三角形、梯形、平行四边形、扇形、弓形等。用比例尺量取其面积计算公式中所需的元素，分别求出各几何图形的面积，各个面积的综合即为整个图形面积。如图 8-43 所示，当图形边不太规则可目估取之，使曲线在直线内外大致相等，然后再分割为简单几何图形面积。当图形很复杂，除分割为直线型外，还可适当分割为扇形、弓形等求面积。

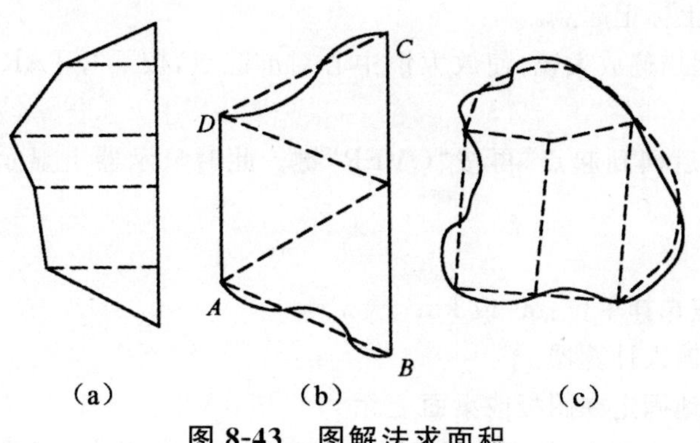

图 8-43　图解法求面积

6. 求积仪法

电子求积仪具有操作简便、功能全、精度高等特点。有定极式和动极式两种,现以 KP-90N 动极式电子求积仪为例说明其特点及其量测方法。

(1)KP—90N 动极式电子求积仪的构造

KP—90N 电子求积仪的组成包括:键盘、显示部(8 位液晶显示器)、动极轴及动极、跟踪臂、跟踪放大镜(放大镜中央刻有十字丝)、积分车、编码器、交流转换器插座等。仪器正面和底部图形参见图 8-44。

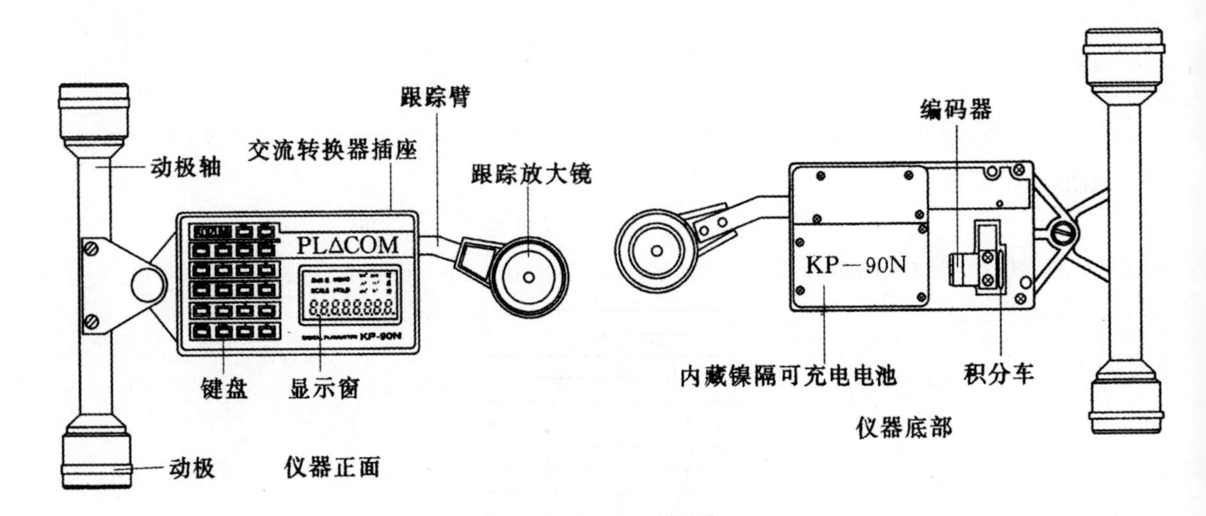

图 8-44 KP—90N 型电子求积仪

(2)特点

该仪器可进行面积累加测量,平均值测量和累加平均值测量,可选用不同的面积单位,还可通过计算器进行单位与比例尺的换算,以及测量面积的存贮,精度可达 1/1 000。

(3)测量方法

电子求积仪的测量方法如下:

①固定欲测面积的地形图,并将以其放在图形轮廓的中间偏左处,动极轴与跟踪臂大致垂直,放大镜大致放在图形中央。

②在图形轮廓线上标记起点。

③打开电源,手握描迹放大镜,使放大镜中心对准起点,按下"STAR"键后沿图形轮廓线顺时针方向移动。

④准确跟踪一周后回到起点,再按"OVER"键。此时显示器上显示的数值即为所测量的面积。

(4)注意事项。

①开始测量前,应选择单位:m^2 或 km^2。

②将比例尺分母输入计算器。

③应将图纸平整地固定在图板或桌面上。

④当需要测量的面积较大时,可以采取将大面积划分为若干块小面积的方法,分别求这些小

面积,最后把量测结果加起来。也可以在待测的大面积内划出一个或若干个规则图形(四边形、三角形、圆等等),用解析法求算面积,剩下的边、角小块面积用求积仪求取。

8.6.3　地形图在工程中的应用

1. 按指定线路绘制纵断面图

纵断面图是反映指定方向地面起伏变化的剖面。在铁路、公路、管道线路、电力或通信线路等工程设计中,为进行填挖、土石方量的概算,合理确定线路的纵坡,均需要较详细的了解沿线路方向上地面起伏的变化情况。

如图 8-45 所示,利用地形图绘制断面图时,首先要确定方向线 MN 与等高线交点 1、2、…的高程及各个交点至起点 M 的水平距离,再根据点的高程及水平距离,按一定的比例尺绘制成纵断面图。具体步骤如下:

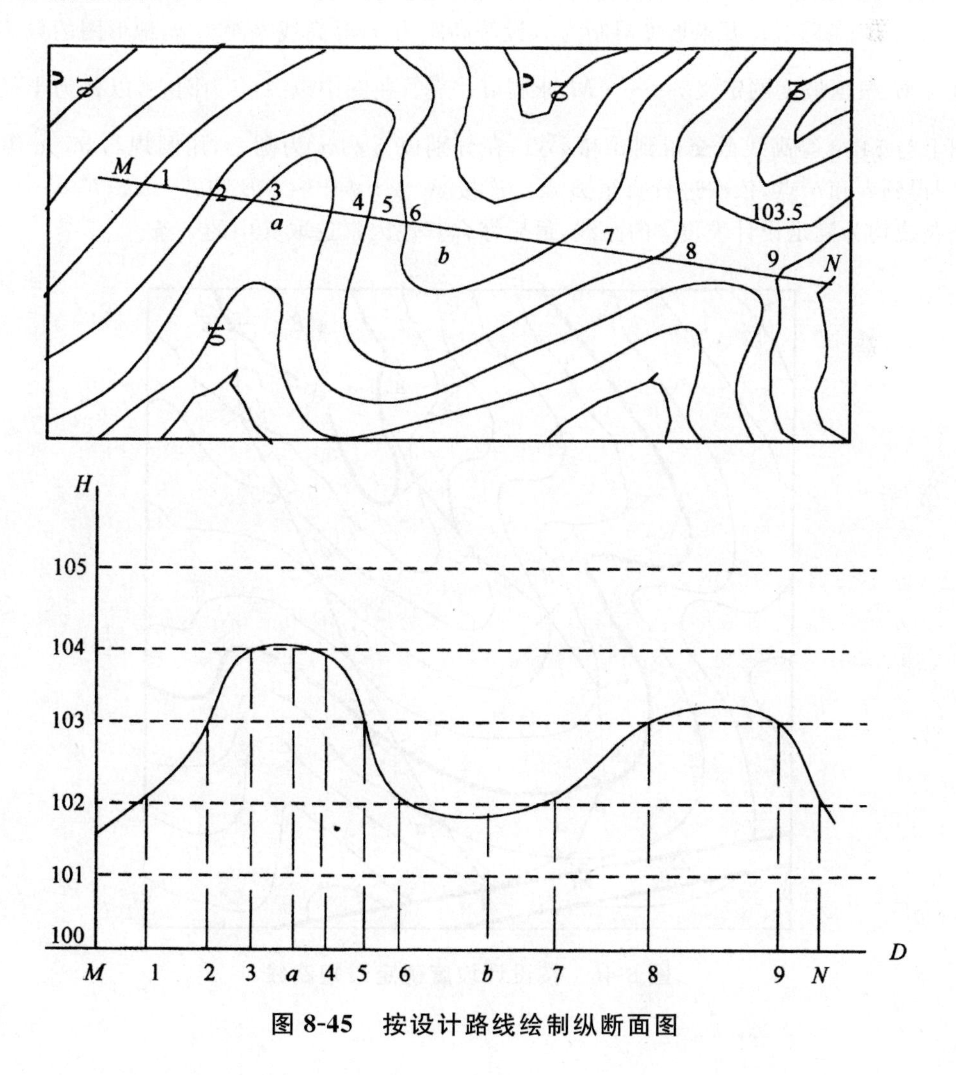

图 8-45　按设计路线绘制纵断面图

①绘制直角坐标轴线横坐标 D 表示水平距离，其比例尺与地形图的比例尺相同，纵坐标轴 H 表示高程，其比例尺根据 M 到 N 的高差而定。为了明显地表示地面起伏的变化情况，高程比例尺往往比平距比例尺放大 10～20 倍。在纵轴注明高程时，其起始值选择要恰当，使断面图位置适中。

②用分规在地形图上分别量取 $M1$、$M2$、…、MN 的距离，再在横坐标轴 D 上，以 M 为起点量出长度 $M1$、$M2$、…、MN，以定出 M、1、2、…、N 点。

③根据等高线或碎部点高程，按比例内插法求得各个点的高程，对各个点做横轴的垂线，在垂线上按各个点的高程，对照纵轴标注的高程确定各个点在剖面上的位置。

④用光滑的曲线连接各个点，即得已知方向线 MN 的纵断面图。

2. 按规定坡度在地形图上选择线路

在山地或丘陵地区进行道路、管线等工程设计时，往往要求在不超过某一坡度的条件下，选定一条最短路线。如图 8-46 所示，需要从低地 A 点(位于等高线 53 m 处)到高地 B 点(位于等高线 60 m 处)定出一条路线。要求坡度限制为 i，设等高距为 h，等高线平距为 d，地形图的数字比例尺分母值为 M，根据坡度的定义 $i=\frac{h}{d}\cdot M$，求得 $d=\frac{h}{i}$。在图中以 A 点为圆心，以 d 为半径。用圆规在图上与 54 m 等高线截交得到 a 和 a' 点；在分别以 a 和 a' 为圆心，用圆规与 55 m 等高线截交，分别得到 b 和 b' 点，依次进行直至 B 点。连接 $A-a-b-\cdots-B$ 和 $A-a'-b'-\cdots-B$ 得到的两条路线均为满足设计坡度 i 的路线，最后综合其他因素选取其中的一条。

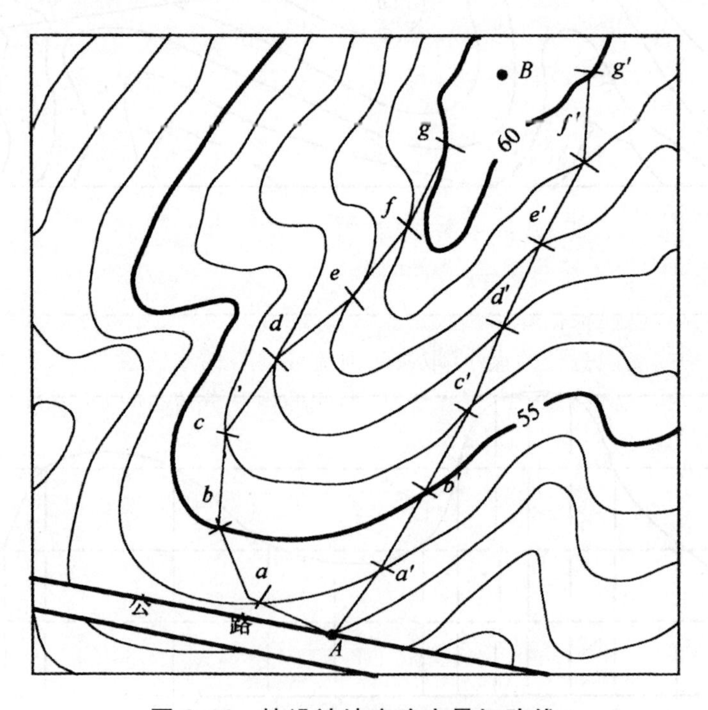

图 8-46 按设计坡度确定最短路线

3. 在地形图上确定土坝坡脚线

土坝坡脚线是指土坝坡面与地面的交线，如图 8-47 所示，设坝顶高程为 74 m，坝顶宽度为 5 m，迎水面坡度与背水面坡度为 1∶3 及 1∶2。先将坝轴线画在地形图上，再按坝顶宽度画出坝顶位置。然后根据坝顶高程迎水面与背水面坡度，画出与地面等高线相应的坝面等高线。图中与坝顶线平行的一组虚线，相同高程的等高线与坡面等高线相交，连接所有交点得到的曲线，就是土坝的坡脚线。

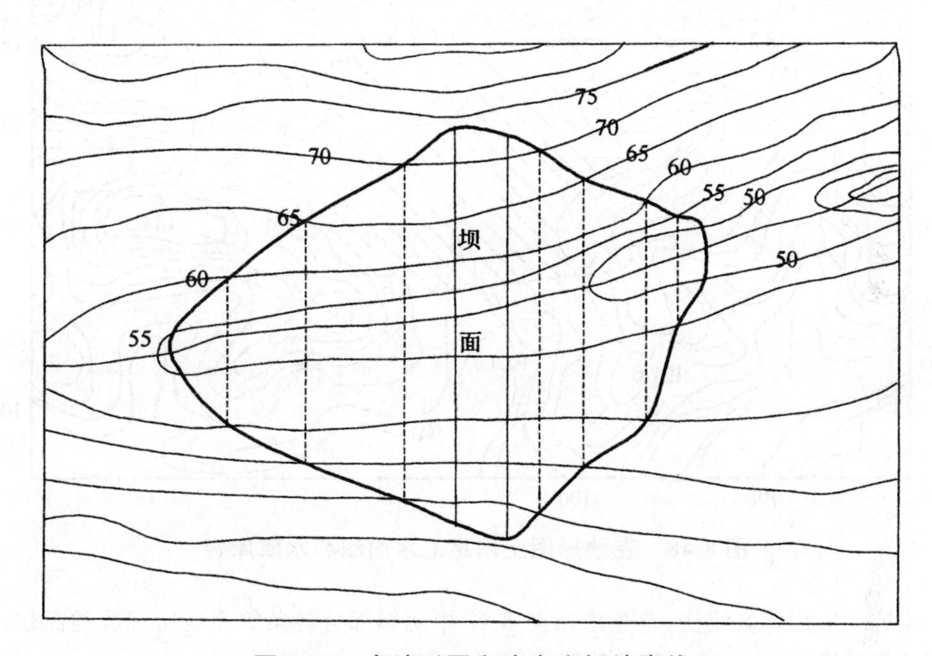

图 8-47　在地形图上确定土坝坡脚线

4. 确定汇水面积

通过某一断面的雨水汇集范围称为断面的汇水面积，例如修建水库时应确定水库大坝的汇水面积的范围和大小，以便根据降水量决定库容和大坝高度。在道路跨越河流或河谷时，需要修建桥梁或涵洞，桥梁或涵洞孔径的大小，取决于河流或河谷的水流量，而水流量的大小又取决于汇水面积。由于雨水是沿着山脊线（分水线）向两侧的山坡分流，所以汇水面积的边界线是由一系列的山脊线连接而成的。如图 8-48 所示，勾绘山脊线的要点如下：

①分水线应通过山顶、鞍部及凸向低处等高线的拐点，在地形图上应先找出这些特征地貌，然后进行勾绘。

②分水线与等高线正交。

③边界线是经过一系列山脊线、山头和鞍部的曲线，并在河谷的指定断面（如公路的中心线或水库大坝的坝轴线）形成闭合环线。

5. 水库库容的计算

进行水库设计时，如坝的溢洪道高程已定，就可以确定水库的淹没面积，淹没面积以下的蓄水量就是水库的库容，如图 8-48 中的阴影部分。

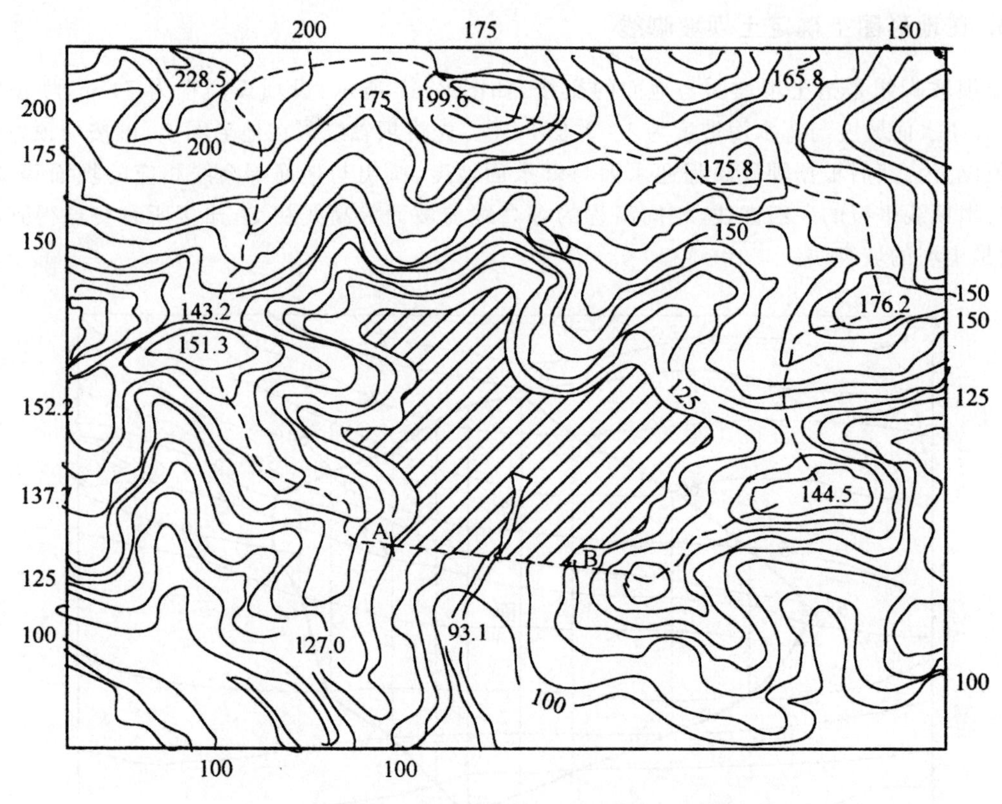

图 8-48　在地形图上确定汇水面积和水库库容

计算库容一般用等高线法，首先求出图 8-47 中阴影部分各条等高线所围成的面积，然后计算各相邻两等高线之间的体积，其总和即为库容。

设 S_1 为淹没线高程的等高线所围成的面积，S_2、S_3、…、S_n、S_{n+1} 为淹没线以下各等高线所围成的面积，其中 S_{n+1} 为最低一条等高线所围成的面积，h 为等高距，h' 为最低一条等高线与库底的高差，则相邻等高线之间的体积及最低一条等高线与库底之间的体积分别为

$$V_1=\frac{1}{2}(S_1+S_2)h$$

$$V_2=\frac{1}{2}(S_2+S_3)h$$

$$V_n=\frac{1}{2}(S_n+S_{n+1})h$$

$$V'_n=\frac{1}{3}S_{n+1}h'$$

因此，水库的库容为

$$V=V_1+V_2+\cdots+V_n+V'_n=\left(\frac{S_1}{2}+S_2+S_3+\cdots+\frac{S_{n+1}}{2}\right)h+\frac{S_{n+1}}{3}h'$$

如果溢洪道高程不等于地形图上某一条等高线的高程时，就要根据高程用内插法求出水库淹没线，然后计算库容。这时水库淹没线与下一条等高线间的高差不等于等高距，上式要做相应的改动。

8.6.4　地形图在平整场地中的应用

1. 将场地平整为水平地面

如图 8-49 所示，为 1∶1 000 比例尺的地形图，拟将原地面平整成某一高程的水平面，要求填、挖土石方量基本平衡。具体方法步骤如下。

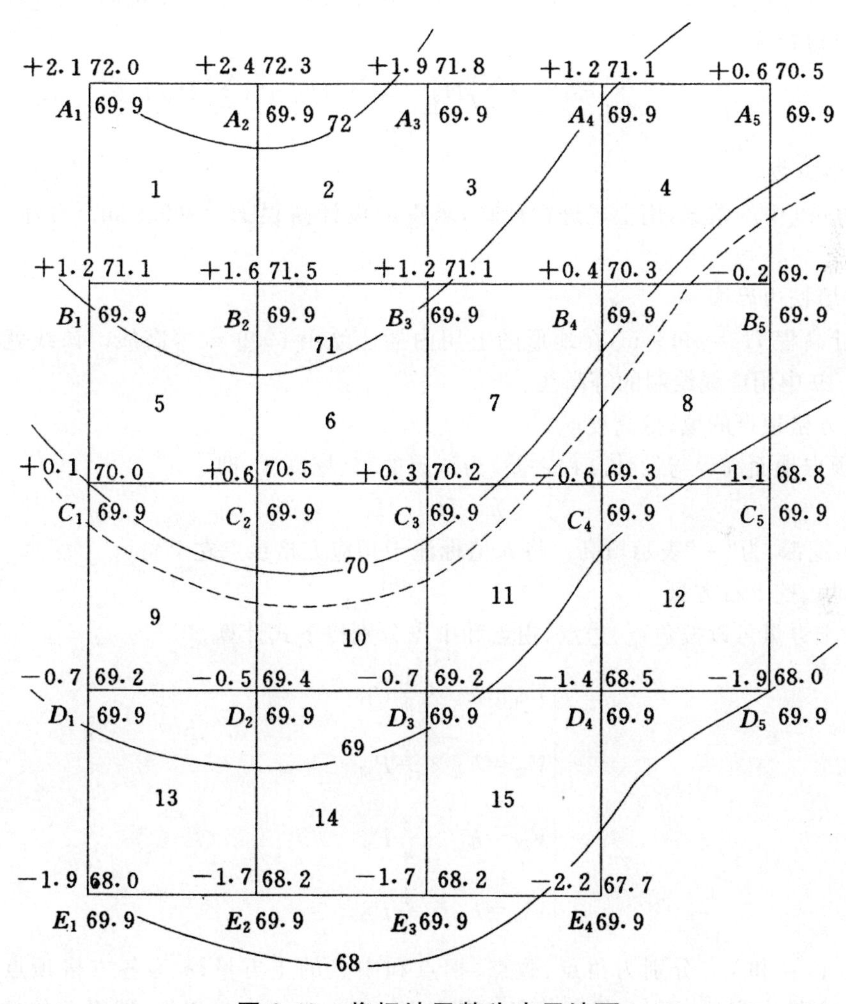

图 8-49　将场地平整为水平地面

(1)绘制方格网

在地形图上拟平整场地的区域内绘制方格网，方格大小取决于地形复杂程度、地形图比例尺和土方量概算的精度。一般方格的边长为 10 m 或 20 m。图中方格为 20 m×20 m。各方格顶点号注于方格点的左下角，如图中的 A_1、A_2、…、E_3、E_4 等。

(2)计算设计高程

根据地形图上的等高线，用内插法求出各方格顶点的地面高程 H_i，并注于方格点的右上角，如图 8-49 所示。分别求出各方格四个顶点的平均高程，然后，将各方格的平均高程求和并除以方格数 n，即得到设计高程 H_0 为

$$H_0 = \frac{\overline{H}_1 + \overline{H}_2 + \cdots + \overline{H}_n}{n} = \frac{1}{n}\sum_{i=1}^{n}\overline{H}_i$$

式中，$\overline{H}_i$ 为每一方格平均高程；n 为方格总数。

为了计算方便，从设计高程的计算可以分析出：角点 A_1、A_5、D_5、E_1、E_4 的高程在计算中只用了一次，边点 A_2、A_3、A_4、B_1、D_1、E_2、E_3、…的高程在计算中用过两次，拐点 D_4 的高程在计算中用了三次。其他的中间点 B_2、B_3、B_4、C_2、C_3、C_4、…的高程在计算中用过四次，这样，设计高程的计算公式可以写成

$$H_0 = \frac{\left(\sum H_{角} + 2\sum H_{边} + 3\sum H_{拐} + 4\sum H_{中}\right)}{4n}$$

式中，n 为方格总数。

根据图 8-49 中的数据，用上式进行计算，求得的设计高程 H_0＝69.9 m。并注于方格顶点右下角。

(3)确定填挖边界线

根据设计高程 H_0＝69.9 m，在地形图上用内插法绘出 69.9 m 等高线。该线就是填、挖边界线，如图 8-49 中用虚线绘制的等高线。

(4)确定方格顶点的填、挖高度

各方格顶点地面高程与设计高程之差，为该点的填、挖高度，即

$$h = H_i - H_0$$

h 为“＋”表示挖深，为“－”表示填高。将 h 值标注于相应方格顶点左上角。

(5)计算填、挖土石方量

填、挖方土方量可以按角点、边点、拐点和中点分别按下式计算。

$$\begin{cases} V_{角} = h_{角} \times \frac{1}{4} P_{格} \\ V_{边} = h_{边} \times \frac{2}{4} P_{格} \\ V_{拐} = h_{拐} \times \frac{3}{4} P_{格} \\ V_{中} = h_{中} \times \frac{4}{4} P_{格} \end{cases}$$

式中，$V_{角}$、$V_{边}$、$V_{拐}$ 和 $V_{中}$ 分别为角点、边点、拐点和中点的土方量；h 为各方格顶点的填、挖高度；P 为每一方格内实地面积。最后将各方格的填、挖方土石方量累加，即得总的填、挖方土石方量。

2. 将场地平整为一定坡度的倾斜场地

当地形起伏较大时，为了场地平整和排水需要，往往设计成一定坡度的倾斜场地，以利于各项建设需要。但是有时要求所设计的倾斜面必须包含不能改动的某些高程点(控制高程点)。如图 8-50 所示，根据地形图将地面平整为倾斜场地，设计要求是：a、b、c 三点为控制高程点，其地面高程分别为 54.6 m、51.3 m 和 53.7 m。将原地形改造成通过三点的倾斜面，其步骤如下。

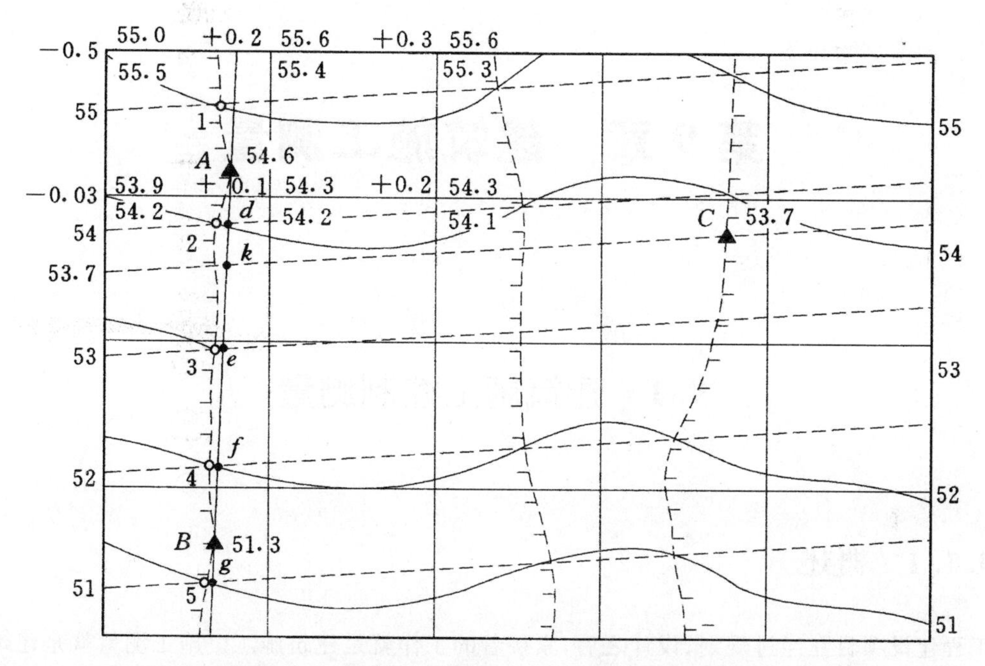

图 8-50　将场地平整为一定坡度的倾斜场地

(1)确定设计等高线的平距

过 a、b 二点作直线，用比例内插法在 ab 直线上求出高程为 54 m、53 m、52 m 各点的位置，也就是设计等高线应经过 ab 直线上的相应位置，如 d、e、f、g 等点。

(2)确定设计等高线的方向

在 ab 直线上比例内插出一点 k，使其高程等于 c 点的高程 53.7m。过 kc 连一直线，则 kc 方向就是设计等高线的方向。

(3)描绘设计倾斜面的等高线

过 d、e、f、g 各点作的平行线(图 8-50 中的虚线)，即为设计倾斜面的等高线。过设计等高线和原同高程的等高线交点的连线，如图中连接 1、2、3、4、5 等点，就可得到挖、填边界线。图中绘有短线的一侧为填土区，另一侧为挖土区。

(4)计算挖、填土方量

与前面的方法相同，首先在图上绘制方格网，并确定各方格顶点的挖深和填高量。不同之处是各方格顶点的设计高程是根据设计等高线内插求得的，并注记在方格顶点的右下方。其填高和挖深量仍注记在各顶点的左上方。挖方量和填方量的计算和前面的方法相同。

第9章 建筑施工测量

9.1 建筑施工控制测量

9.1.1 概述

工程建设项目在经过规划、设计之后，紧接着的工作就是建筑施工。施工测量就是建筑施工阶段所进行的测量工作。工程项目在勘测设计阶段布设的控制网主要是为测图服务，控制点的点位选择是根据地形条件来确定的，并未考虑待建建(构)筑物的总体布置，因而在点位的分布与密度方面一般都无法满足施工放样的要求。在测量精度上，测图控制网的精度按测图比例尺的大小确定，而施工控制网的精度则要根据工程建设的性质来决定，通常要高于测图控制网。因此，在建筑施工测量放线时，必须以测图控制点为基础建立施工控制网。

施工控制网分为场区平面控制网和场区高程控制网两种。平面控制网常采用三角网、导线网、建筑基线或建筑方格网等，高程控制网则采用水准网。

施工控制网与测图控制网相比，具有以下特点。

(1)控制范围小，控制点的密度大，精度要求高

与测图的范围相比，工程施工的地区比较小，在施工控制网所控制的范围内，各种建筑物的分布错综复杂，没有较为稠密的控制点是无法进行放样工作的。

施工控制网的主要任务是进行建筑物轴线的放样。这些轴线的位置偏差都必须满足相应的施工要求限值，因此，施工控制网的精度比测图控制网的精度要高。

(2)受施工干扰较大

工程建设的现代化施工通常采用平行交叉作业的方法，施工场地范围内往往有多工种在同时作业，各种施工机械(例如吊车、建筑材料运输机、混凝土搅拌机等)不可避免地会阻碍测量视线。同时，场地地形高程的不同会使工地上各种建筑的施工高度有时相差十分悬殊，因此妨碍了控制点之间的相互通视。为此，施工控制点的布设位置应考虑这些因素的影响，点位分布要恰当，密度也应比较大，以便在工作时有所选择。

(3)布网等级宜采用两级布设

建筑场地施工控制网的布设，采用两级布网的方案是比较合适的，即首先建立布满整个场地范围的厂区控制网，目的是放样各个建筑物的主要轴线，然后，根据厂区控制网所定出的厂房主轴线建立厂房矩形控制网，以便进行厂房或主要生产设备的细部放样。

根据上述的这些特点，施工控制网的布设应作为整个工程施工的一部分。布网时，必须考虑施工的顺序、方法，以及施工场地的布置情况。施工控制网的点位应标在施工设计的总平面图上。

9.1.2　平面施工控制网的测设

1. 建筑基线及其测设

(1)建筑基线的布设形式

建筑基线是建筑场地的施工控制基准线，即在建筑场地布置一条或几条与其平行的轴线。它适用于建筑设计总平面图布置比较简单、地面平坦的小型建筑场地。

建筑基线的布设形式常根据建筑物的分布、施工场地地形等因素来确定的。常见的形式有“一”字形[9-1(a)]、“L”字形[9-1(b)]、“十”字形[图 9-1(c)]和“T”字形[图 9-1(d)]等。

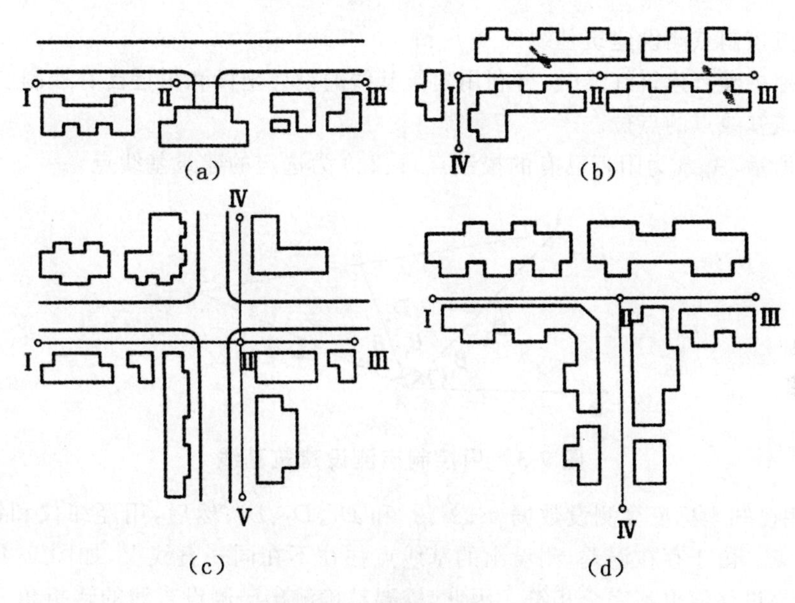

图 9-1　建筑基线形式

(2)建筑基线的布设要求

①建筑基线应尽可能靠近待建的主要建筑物，并与其主要轴线平行。

②建筑基线的定位点不应少于三个，以便相互检核。

③基线点位应选在通视良好且不易被破坏的地方，且要设置成永久性控制点，如设置混凝土桩或石桩。

(3)建筑基线的测设方法

根据建筑场地的条件不同，建筑基线的测设方法主要有以下两种。

1)根据建筑红线测设建筑基线

建筑红线是建筑用地的界定基准线，由城市规划部门测定，它可用作为建筑基线测设的依据。

如图 9-2 所示，AB、AC 是建筑红线，从 A 点沿 AB 方向测设已知水平距离 D_{AP} 定出 P 点，沿 AC 方向测设已知水平距离 D_{AQ} 定出 Q 点。通过 B 点测设直角作红线 AB 的垂线，测设距离

D_{AQ}得到 2 点，并用木桩标定下来；通过 C 点作红线 AC 的垂线，并测设距离 D_{AP} 标定出 3 点；用细线拉出直线 $P3$ 和 $Q2$，两直线相交得到 1 点，并用木桩标定。也可分别安置经纬仪于 P、Q 两点，交会出 1 点。则 1、2、3 点即为建筑基线点。将经纬仪安置于 1 点，检测∠312 是否为直角，其误差不应超过±20″，否则应进行点位调整。

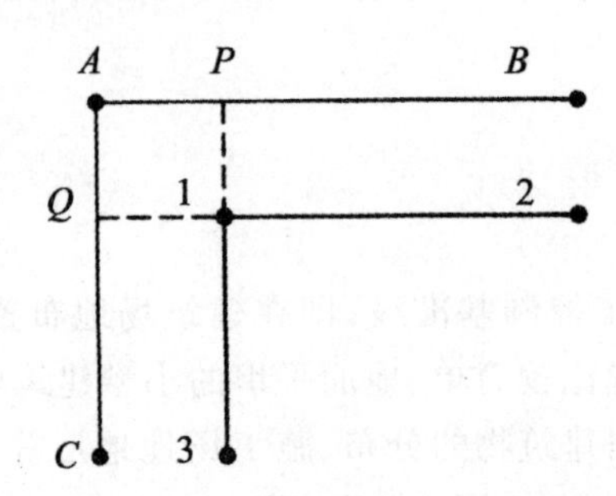

图 9-2　用建筑红线测设建筑基线

2)利用测量控制点测设建筑基线

在建筑场地中没有建筑红线时，可利用建筑基线的设计坐标和附近已有控制点的坐标，按极坐标法测设建筑基线点的点位。

如图 9-3 所示，A、B 为附近已有的控制点，1、2、3 为选定的建筑基线点。

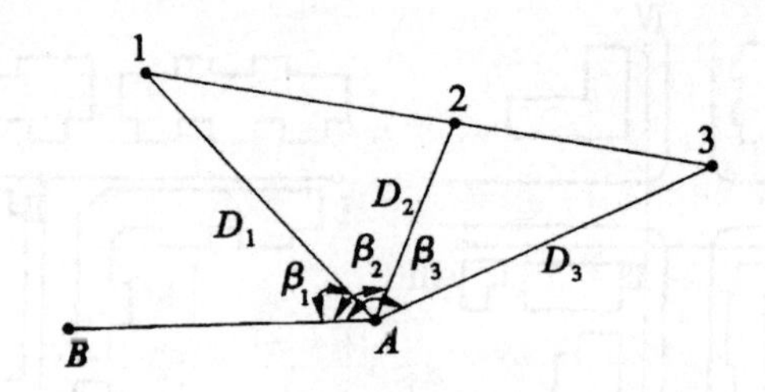

图 9-3　用控制点测设建筑基线

首先，利用已知坐标反算测设数据 β_1、β_2、β_3 和 D_1、D_2、D_3；然后，用经纬仪和钢尺按极坐标法测设出基线点。由于存在误差，测设出的基线点往往不在同一直线上，如图 9-4 所示，且点与点之间的距离与设计值也不完全相符。因此，需要精确测出已测设直线的转折角 β'和距离 D'并与设计值相比较。若 $\Delta\beta=\beta'-180°$超过±15″，则应对 1′、2′、3′点在横向进行等量调整，图中 12、23 边的边长为 a 和 b。则调整量为

$$\delta=\frac{ab}{a+b}\cdot\frac{\Delta\beta}{2\rho}$$

如果测设距离超限，例如$\frac{\Delta D}{D}=\frac{D'-D}{D}>\frac{1}{10\ 000}$，则以 2 点为准，按设计长度沿基线方向调整 1、3 点。

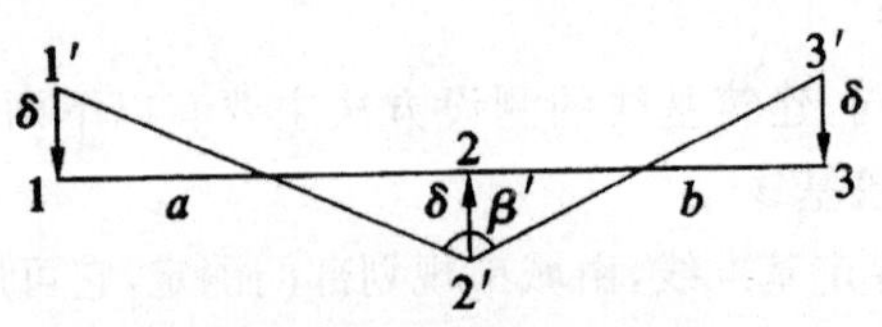

图 9-4　基线点的调整

2. 建筑方格网

(1)建筑方格网的布置

建筑方格网的布置应根据建筑设计总平面图上各已建和待建的建(构)筑物、道路及各种管线的布设情况,结合现场地形条件,先选定建筑方格网的主轴线 MON 和 COD,如图 9-5 所示。然后再布设其他方格网点。当施工区面积较大时,常分两级,首级可采用"+"字形,"口"字形或"田"字形,然后再加密方格网。当施工区面积不大时,可布置成全面方格网。建筑方格网布置时应注意以下几点。

①主轴线应尽可能布设在建筑场区的中央,并与主要建筑物的主轴线、道路或管线方向平行,长度应能控制整个建筑场区。

②方格网点、线在不受施工影响条件下,应尽量靠近建筑物。

③方格网的纵、横边应严格互相垂直。

④方格网边长一般为 100～200 m,矩形方格网的边长应尽可能为 50 m 或其整倍数。

⑤方格网的边应保证通视且便于量距和测角,点位标石应能长期保存。

(2)施工坐标与测量坐标的换算

如图 9-5 所示,施工坐标系(即建筑坐标系)中的 A、B 轴一般与厂区的主要建筑物或主要道路、管线、主轴线方向平行,坐标原点设在总平面图的西南角,使所有建筑物和构筑物的设计坐标均为正值。因此,施工坐标系与测量坐标系往往不一致。有时需要互换,施工坐标系和测量坐标系的关系,可用施工坐标系原点 O' 在测量坐标系中的坐标($x_{O'}$、$y_{O'}$)及 A 轴在测量坐标系中的坐标方位角 α 来确定。如图 9-6 所示,点 P 在施工坐标系中的坐标为 A_P、B_P,则点 P 在测量坐标系中的坐标为

$$\begin{cases} x_P = x_O + A_P\cos\alpha - B_P\sin\alpha \\ y_P = y_O + A_P\sin\alpha + B_P\cos\alpha \end{cases}$$

若将 P 点在测量坐标系中的坐标转化为施工坐标系中的坐标,其转换公式为

$$\begin{cases} A_P = (x_P - x_{O'})\cos\alpha + (y_P - y_{O'})\sin\alpha \\ B_P = (y_P - y_{O'})\cos\alpha - (x_P - x_{O'})\sin\alpha \end{cases}$$

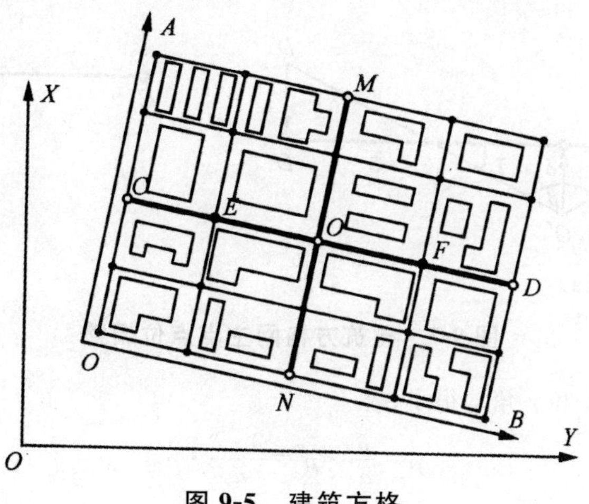

图 9-5　建筑方格

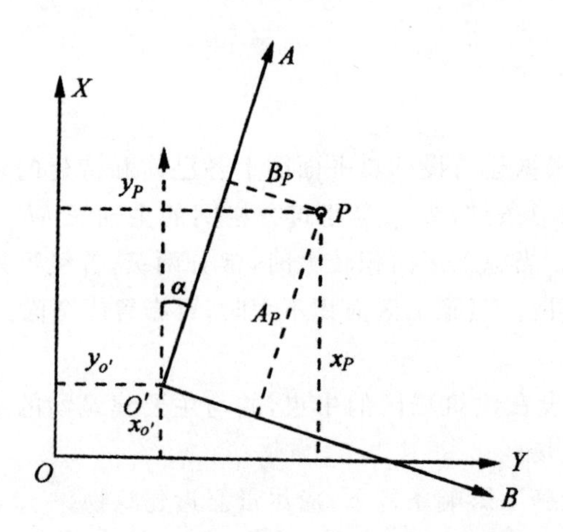

图 9-6　施工坐标与测量坐标的关系

(3)建筑方格网的测设

1)主轴线的测设

如图 9-5 所示,CD、MN 为建筑方格网的主轴线,是建筑方格网扩展的基础。E、C、O、D、F 和 M、N 是主轴线的定位点,称为主点。测设主点时,首先应将主点的施工坐标换算成测量坐标系中的坐标,再根据场地测量控制点和仪器设备情况,选择测设方法,计算测设数据然后再分别测设出主点的概略位置。用混凝土桩把主点固定下来。混凝土桩顶部常设一块 10 cm×10 cm 的铁板,供调整点位使用。

由于主点测设误差的影响,致使 C'、O'、D' 主点位置一般不在同一条直线上,如图 9-7(a)所示。因此,需要在 O' 点安置经纬仪精确测量 $\angle C'O'D'$ 的角值 β,若 β 与 180°之差超过 ±5″时应进行调整。调整时,C'、O'、D' 均应沿 COD 的垂直方向移动同一改正值 δ,分别至 COD 位置,使三主点成一直线。

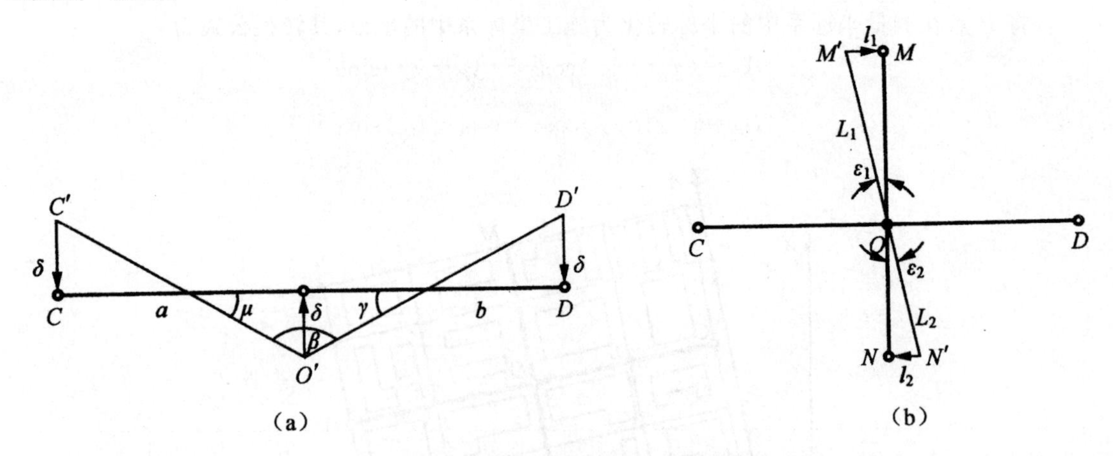

图 9-7　建筑方格网主点点位调整

图 9-7(a)中,由于 μ 和 γ 角均很小,故

$$\mu=\frac{\delta}{\frac{a}{2}}\cdot\rho''=\frac{2\cdot\delta}{a}\cdot\rho''$$

$$\gamma=\frac{\delta}{\frac{b}{2}}\cdot\rho''=\frac{2\cdot\delta}{b}\cdot\rho''$$

而

$$\begin{cases}180^\circ-\beta=\mu+\gamma=\left(\frac{2\cdot\delta}{a}+\frac{2\cdot\delta}{b}\right)\cdot\rho''=2\cdot\delta\cdot\left(\frac{a+b}{a\cdot b}\right)\cdot\rho''\\ \delta=\frac{a\cdot b}{2\cdot(a+b)}\cdot\frac{1}{\rho''}(180-\beta)\end{cases}$$

移动 C'、O'、D' 三点之后，再测量∠COD，如果测得的结果与 180°之差仍超限时应再进行调整，直到误差在规范允许的±5″范围之内为止。

C、O、D 三个主点测设好后，如图 9-7(b)所示，将经纬仪安置在 O 点，瞄准 C 点，分别向左、右测设 90°角，测设另一主轴线 MON，同样用混凝土桩在地上定出其概略位置 M' 和 N'，再精确测出∠COM'和∠CON'，分别算出它们与 90°之差 ε_1、ε_2，如果超过±5″，按下式计算改正值 l_1 和 l_2 为

$$l=L\cdot\frac{\varepsilon''}{\rho''}$$

式中，L 为 OM'或 ON'的距离；ρ''为 1 弧度转换成秒的数值：206 265。

将 M'沿垂直方向移动距离 l_1 得 M 点，同法定出 N 点。然后，还应实测改正后的∠MON，它与 180°之差应在限差范围内。

最后，精确测量 OC、OD、OM、ON 的距离，并与设计边长比较，其相对中误差不得超过 1/30 000，否则沿纵向予以调整，最后在铁板上刻出其点位。

2)详细测设

如图 9-8 所示，主点测设好后，分别在主轴线端点 C、D 和 M、N 上安置经纬仪，均以 O 点为起始方向，分别向左、向右测设 90°角，这样就交会出田字形方格的四个角点 G、H、P 和 Q。为了进行检核，还要安置经纬仪于方格网点上，精密测量各角是否为 90°，误差应小于±5″；并精确测量各段的距离，看是否与设计边长相等，相对中误差应小于 1/2 000。最后，用混凝土桩标定。以这些基本点为基础，用角度交会或导线测量方法测设方格网所有各点，并用大木桩或混凝土桩标定。

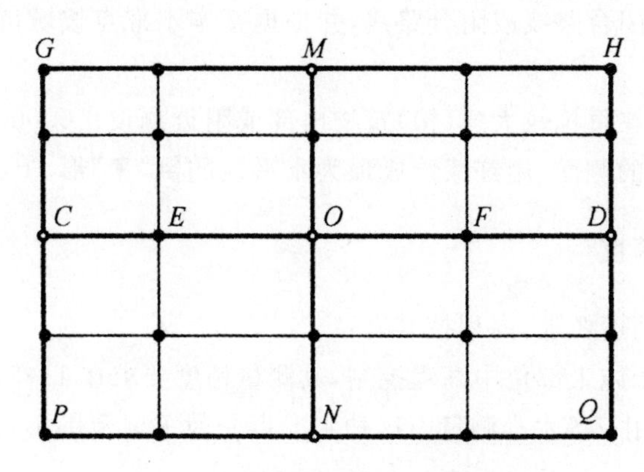

图 9-8　建筑方格网详细测设

9.1.3 施工场地的高程控制测量

1. 施工场地高程控制网的建立

高程控制网是场区内建(构)筑物标高控制的依据,其测量一般采用水准测量方法。根据施工场地附近的国家或城市已知水准点,引测施工场地水准点的高程,以便纳入统一的高程系统,并在整个施工区域内建立可靠的水准点,形成水准网。施工场地的高程控制网应满足以下要求:

①水准点的密度应尽可能使得在施工放样时,安置一次仪器即可测设所需要的高程点。

②高程点的位置应设置在稳定、不变形、不易被破坏的地方。

为方便施工,一般情况下,建筑基线点、建筑方格网点以及导线点可兼作高程控制点。为了便于检核和提高测量精度,施工场地高程控制网应布设成闭合或附合路线。当场地面积较大时,高程控制网可分为首级网和加密网两级布设,相应的水准点称为基本水准点和施工水准点。

2. 基本水准点

基本水准点是施工场地高程的首级控制点,可用来检核其他水准点高程是否有变动,其位置应设在不受施工影响、土质坚实、无振动、便于实测和能永久保存的地方。在一般建筑场地上,通常埋设三个基本水准点,将其布设成闭合水准路线,并按城市四等水准测量要求进行施测。对于为连续性生产车间或地下管道测设所建立的基本水准点,则需按三等水准测量要求进行施测。

3. 施工水准点

施工水准点是用来直接测设建(构)筑物的高程。为了测设方便和减少误差,施工水准点应靠近建(构)筑物,通常在建筑方格网的标志上加设圆头钉作为施工水准点。对于中、小型建筑场地,施工水准点应布设成闭合路线或附合路线,并根据基本水准点按城市四等水准或图根水准要求进行测量。

为了施工测设方便,在每栋较大建(构)筑物内部或附近测设±0.000 m水准点,其位置多选在较稳定的建筑物墙、柱的侧面,用红漆绘成顶为水平线的倒“▼”形。

4. 高程控制测量精度

根据施工中的不同精度要求,高程控制有:

①对工业安装和若干施工部位中高程控制,其测量精度要求在1~3 mm以内,则按建筑物的分布设置三等水准点,采用三等水准测量。这种水准点一般关联范围不大,只要在局部有2~3点就能满足要求。

②对一般建筑施工高程控制,其测量精度要求在3~5 mm以内,则可在三等水准点以下建立四等水准点,或单独建立四等水准点。

四等水准点可利用平面控制点作水准点，三等水准点一般应单独埋设，点间距离通常以600 m为宜，可在400～800 m之间变动。三等水准点距厂房或高大建筑物一般应不小于25 m，存振动影响范围以外不小于5 m，距回填土边线不小于15 m。

9.2 民用建筑施工测量

民用建筑是指居民住宅楼、学校、办公楼、仓库、剧院、医院等建筑物。民用建筑施工测量是指在民用建筑施工过程中所进行的测量工作。民用建筑施工测量的目的是把图纸上设计的建（构）筑物的平面位置和高程，按设计和施工的要求放样（测设）到地面上，并在施工过程中进行一系列的测量工作。以指导和衔接各施工阶段各工种间的施工。建筑施工测量贯穿于整个施工过程中，施工测量是直接为工程施工服务的，因此它必须与施工组织、计划相协调，测量人员必须详细了解设计的内容、性质及其对测量工作的精度要求，随时掌握工程进度及现场变动，使测设精度和速度满足施工的需要。

施工测量的原则：为了保证各个建（构）筑物的平面位置和高程都符合设计要求，施工测量也应遵循“从整体到局部，先控制后碎部”的原则。即在施工现场先建立统一的平面控制网和高程控制网，然后根据控制点的点位测设各个建（构）筑物的位置。此外民用建筑施工测量的检核工作也很重要，因此必须加强外业和内业的检核工作。

9.2.1 施工测量准备工作

1. 了解设计内容及测设精度要求

根据施工进度安排，组织测量人员，并建立健全测量组织和检查制度。

2. 熟悉设计图纸

设计图纸是施工测量的主要依据，在测设前，应熟悉建筑物的设计图纸，了解施工建筑物与相邻地物的相互关系，以及建筑物的尺寸和施工的要求等，并仔细核对各设计图纸的有关尺寸。测设时必须具备下列图纸资料。

（1）总平面图

如图9-9所示，建筑总平面图给出了建筑场地上所有建筑物和道路的平面位置及其主要点的坐标，从总平面图上，可以查取或计算设计建筑物与原有建筑物或测量控制点之间的平面尺寸和高差，作为测设建筑物总体位置的依据。

（2）建筑平面图

从建筑平面图中，可以查取建筑物首层、标准层等各楼层的总尺寸，以及内部各定位轴线之间的关系尺寸，是建筑物细部轴线放样的基本资料，如图9-10所示。

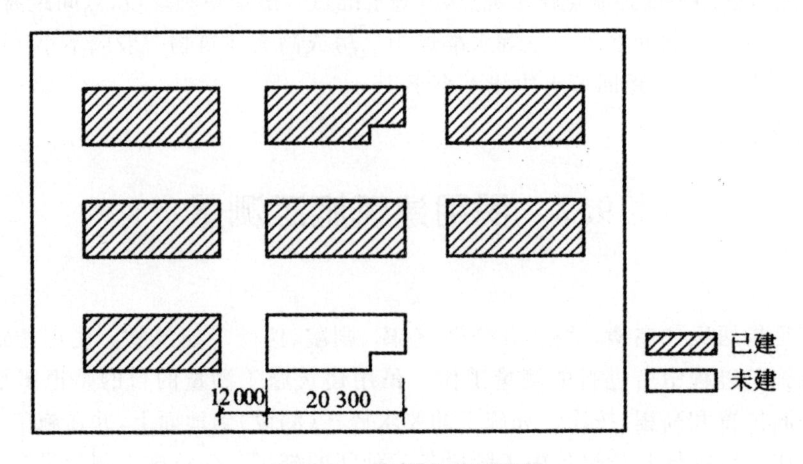

图 9-9　建筑总平面图

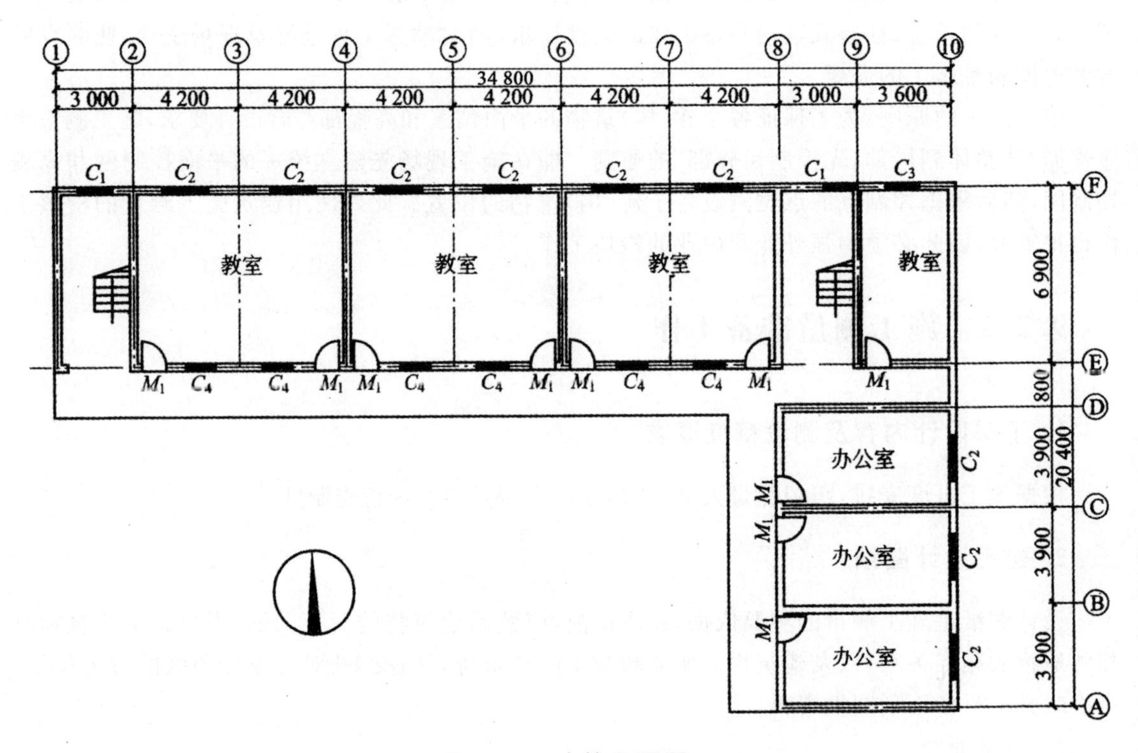

图 9-10　建筑平面图

(3)基础平面图

基础平面图绘出了基础形式、基础平面布置、基础中心或中线的位置、基础横断面的形状和大小,从基础平面图上,可以查取基础边线与定位轴线的平面尺寸,这是测设基础轴线的必要数据。如图 9-11 所示。

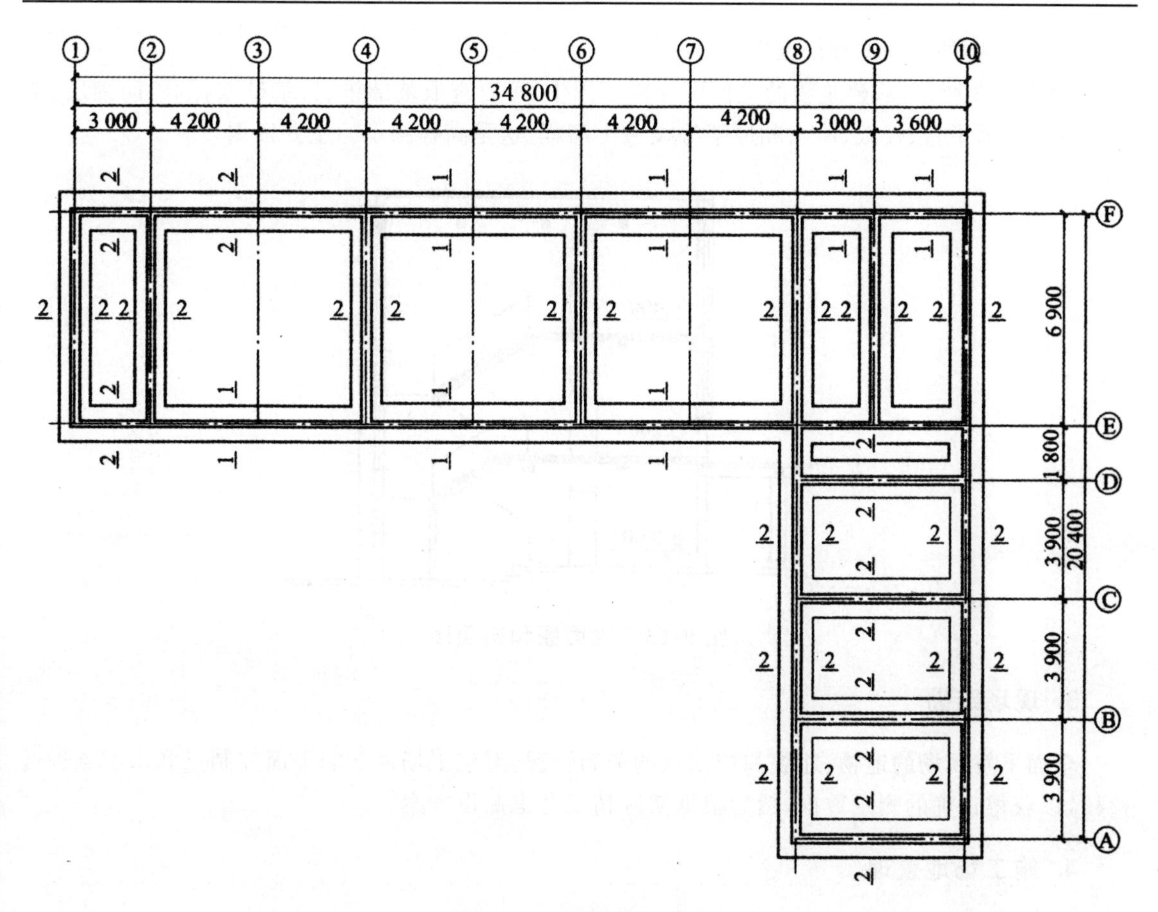

图 9-11　基础平面图

(4)基础详图

从基础详图中,可以查取基础立面尺寸和设计标高,这是基础高程测设的依据。如图 9-12 所示。

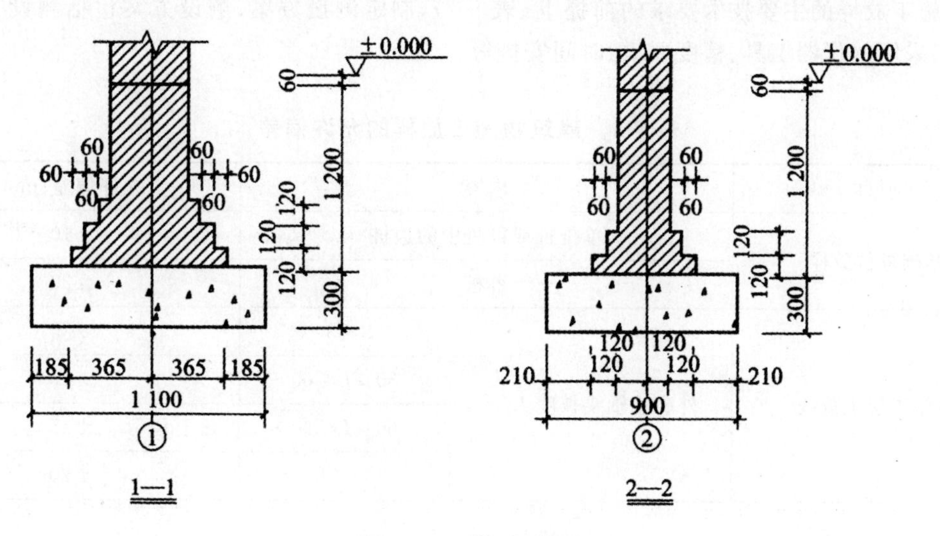

图 9-12　基础详图

(5)建筑物的立面图和剖面图

如图 9-13 所示,从建筑物的立面图和剖面图中,可以查取基础垫层、基础墙标高、防潮层、地坪、门窗、楼梯平台、楼板、屋面和屋架等设主十高程,这是高程测设的主要依据。

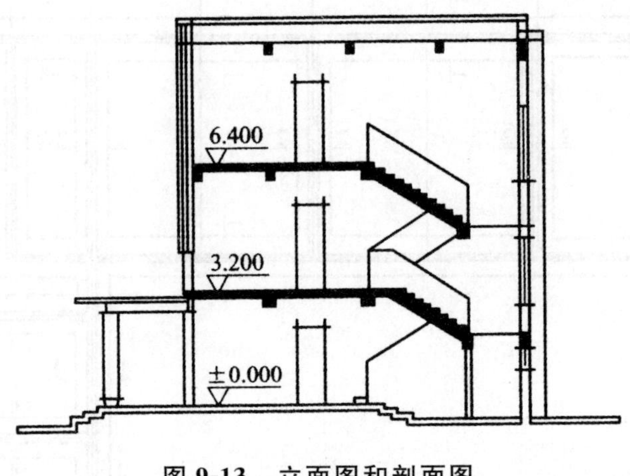

图 9-13 立面图和剖面图

3. 现场踏勘

全面了解现场的地物、地貌和控制点的分布情况,对施工场地上的平面控制点和水准点进行检核,以获得正确的测量数据,然后根据实际情况考虑测设方案。

4. 施工场地整理

平整和清理施工场地,以便进行测设工作。

5. 拟定放样计划、绘制放样草图

根据设计要求、定位条件、现场地形和施工方案等因素,在满足工程测量规范(GB 50026—2007)建筑物施工放样的主要技术要求的前提下(表 9-1),制定测设方案,测设方案包括测设方法、测设步骤、采用的仪器工具、精度要求、时间安排等。

表 9-1 建筑物施工放样的允许偏差

项目	内容		允许偏差/mm
基础桩位放样	单排桩或群桩中的边桩		±10
	群桩		±20
各施工层上放线	外廓主轴线长度 L/m	$L \leqslant 30$	±5
		$30 < L \leqslant 60$	±10
		$60 < L \leqslant 90$	±15
		$90 < L$	±20

续表

项目	内容	允许偏差/mm
外廓主轴线长度 L/m	细部轴线	±2
	承重墙、梁、柱边线	±3
	非承重墙边线	±3
	门窗洞口线	±3

在每次现场测设之前，应根据设计图纸和测设控制点的分布情况，准备好相应的测设数据并对数据进行检核，需要时还可绘出测设草图，把测设数据标注在草图上，如图 9-14 所示，使现场测设时方便、快捷，并减少出错。

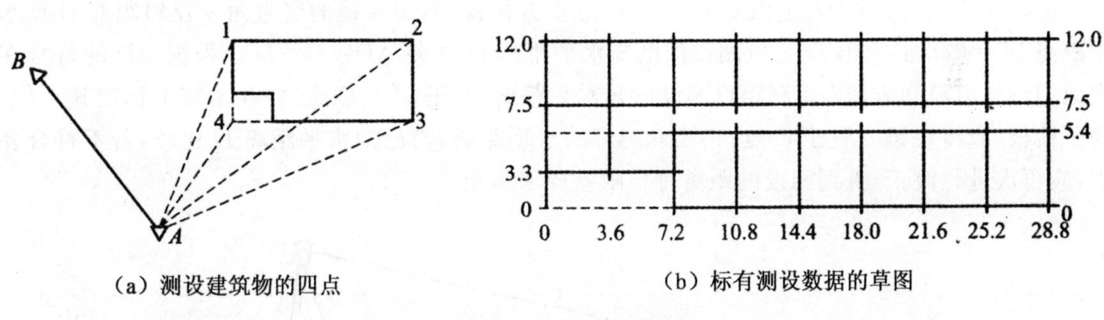

(a) 测设建筑物的四点　　(b) 标有测设数据的草图

图 9-14　测设数据草图

6. 准备仪器和工具

按照精度要求选用合适的仪器和钢尺等器具。先将选定的器具送往具有仪器校验资质的检测厂家进行校验，检验合格后方可投入使用。

9.2.2　测设的基本工作

在建筑场地上根据设计图纸所给定的条件和有关数据，为施工做出实地标志而进行的测量工作称为测设(或称放样)。

测设与前面所学的测量高差、水平角、水平距离有所不同，它在地面上尚无点的标志，而只有设计数据的情况下，根据设计数据和有关条件要求做出符合一定精度的实地标志。

测设的 3 项基本工作包括已知水平距离的测设、已知水平角测设、已知高程测设。

1. 测设已知水平距离

已知水平距离的测设是从地面上一个已知点出发，沿给定的方向，量出已知(设计)的水平距离，在地面上定出这段距离另一端点的位置。

(1)钢尺测设

1)一般方法

当测设精度要求不高时，从已知点出发，沿给定的方向，用钢尺直接丈量出已知水平距离，定出这段距离的端点。为了检核,应返测丈量一次,若两次丈量的相对误差在 1/3 000～1/5 000 内,取平均位置作为该端点的最后位置。

2)精确方法

当测设精度要求 1/10 000 以上时,则用精密方法,使用检定过的钢尺,用经纬仪定线,水准仪测定高差,根据已知水平距离 D 经过尺长改正 Δl_d、温度改正 Δl_t 和倾斜改正 Δl_h 后,用下列公式计算出实地测设长度 L,再根据计算结果,用钢尺进行测设。

$$L=D-\Delta l_d-\Delta l_t-\Delta l_h$$

(2)光电测距仪测设

随着电磁波测距仪的逐渐普及,现在测量人员已很少使用钢尺精密方法丈量距离,而采用光电测距仪(或全站仪)。

如图 9-15 所示,安置光电测距仪于 A 点,瞄准已知方向。沿此方向移动棱镜位置,使仪器显示值略大于测设距离 D,定出 C'点。在 C'点安置棱镜,测出棱镜的竖直角 α 及斜距 L 计算水平距离 $D'=L\cos\alpha$,求出 D'与应测设的已知水平距离 D 之差 $\Delta D=D-D'$。根据 ΔD 的符号在实地用钢尺沿已知方向 l 用测距仪测设已知水平距离,改正 C'至 C 点,并在木桩上标定其点位。为了检核,应将棱镜安置于 C 点,再实测 AC 的水平距离,与已知水平距离 D 比较,若不符合要求,应再次进行改正,直到测设的距离符合限差要求为止。

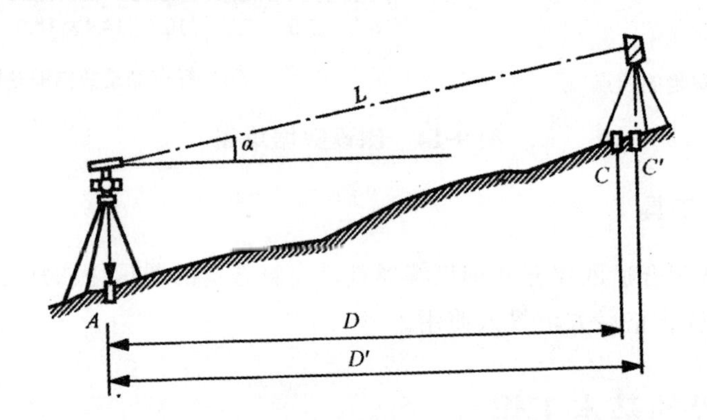

图 9-15 用光电测距仪测设水平距离的方法

2. 测设已知水平角

已知水平角的测设就是在已知角顶点并根据一个已知边方向,标定出另一边的方向,使两方向的水平角等于已知水平角角值。

(1)一般方法

当测设水平角的精度要求不高时,可采用盘左、盘右取中的方法测设。如图 9-16 所示,OA 为已知方向,欲在 O 点测设已知角值 β,定出该角的另一边 OB,可按下列步骤进行操作。

①安置经纬仪于 O 点,盘左瞄准 A 点,同时配置水平度盘读数为 $0°00'00''$。

②顺时针旋转照准部,使水平度盘增加角值 β 时,在视线方向定出一点 B'。

③纵转望远镜成盘右,瞄准 A 点,读取水平度盘读数。

④顺时针旋转照准部,使水平度盘读数增加角值 β 时,在视线方向上定出一点 B''。

若 B'和 B''重合,则所测设之角已为 β。若 B'和 B''不重合,则取 B'和 B''的中点 B,得到 OB 方

向，则$\angle AOB$就是所测设的β角。因为B点是B'和B''的中点，故此法亦称为盘左、盘右取中法。

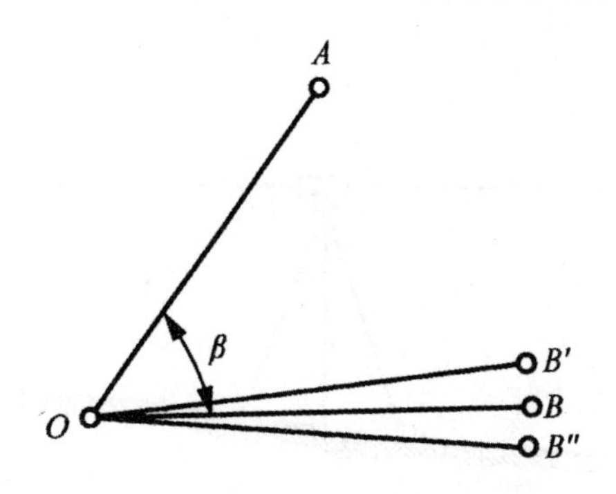

图 9-16　已知水平角测设的一般方法

(2)精确方法

当水平角测设精度要求较高时，可采用垂线支距法进行改正。如图 9-17 所示，水平角测设步骤如下所示。

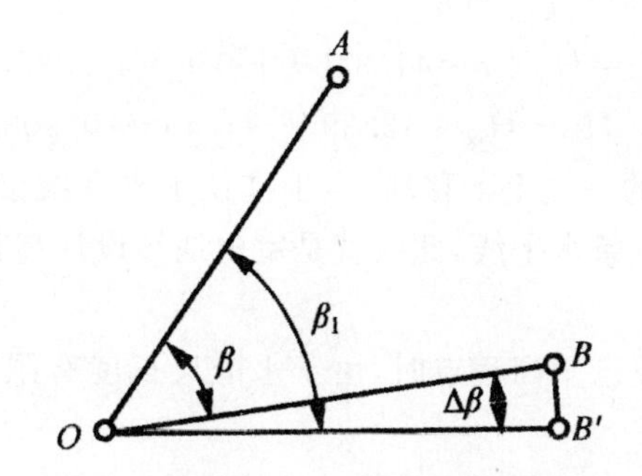

图 9-17　已知水平角测设的精确方法

①在O点安置经纬仪，先用盘左、盘右取中的方法测设β角，在地面上定出B'点。

②用测回法对$\angle AOB'$观测若干个测回(测回数根据要求的精度而定)，求出各测回平均值β_1，并计算$\Delta\beta=\beta-\beta_1$值。

③量取OB'的水平距离。

④计算垂直支距距离。

$$BB'=OB\tan\Delta\beta\approx OB'\frac{\Delta\beta}{\rho''}$$

式中，$\rho''=206\ 265''$。

⑤自点B'沿OB'的垂直方向量出距离BB'，定出B点，则$\angle AOB$就是要测设的角度。

量取改正距离时，如$\Delta\beta$为正，则沿OB'的垂直方向向外量取；如$\Delta\beta$为负，则沿OB'的垂直方向向内量取。

3. 测设已知高程

已知高程的测设是利用水准测量的方法，根据已知水准点，将设计高程测设到现场作业面上。

(1)在地面上测设已知高程

如图 9-18 所示，设某建筑物室内地坪设计高程为 41.495 m，附近一水准点R的高程为

$H_R=41.345$ m,现要将室内地坪的设计高程测设在木桩 A 上,作为施工时控制高程的依据。其测设方法如下所示。

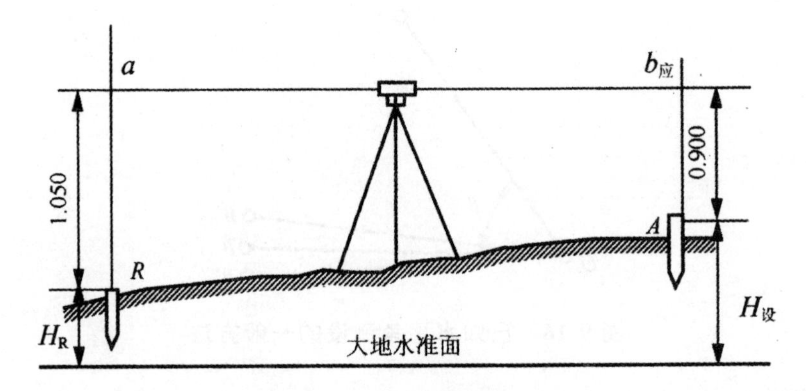

图 9-18　已知高程的测设

①安置水准仪于水准点 R 和木桩 A 之间,读取水准点 R 上水准尺读数 $a=1.050$ m。

②计算木桩 A 水准尺上的应读读数 $b_{应}$。

$$H_{视}=H_R+a=41.345+1.050=42.395\ \text{m}$$

$$b_{应}=H_R-H_{设}=42.395-41.495=0.900\ \text{m}$$

③将水准尺靠在木桩 A 的一侧上下移动,当水准仪水平视线读数恰好为 $b_{应}=0.900$ m 时,在木桩侧面沿水准尺底边画一条水平线,此线就是室内地坪设计高程(41.495 m)的位置。

(2)高程传递与测设

当需要向低处或高处测设已知高程点时,由于水准尺长度有限,可借助钢尺进行高程的上、下传递和测设。

现以从高处向低处传递高程为例说明操作方法。

如图 9-19 所示,欲在一深基坑内设置一点 B,使其高程为 H。地面附近有一水准点 R,其高程为 H_R。

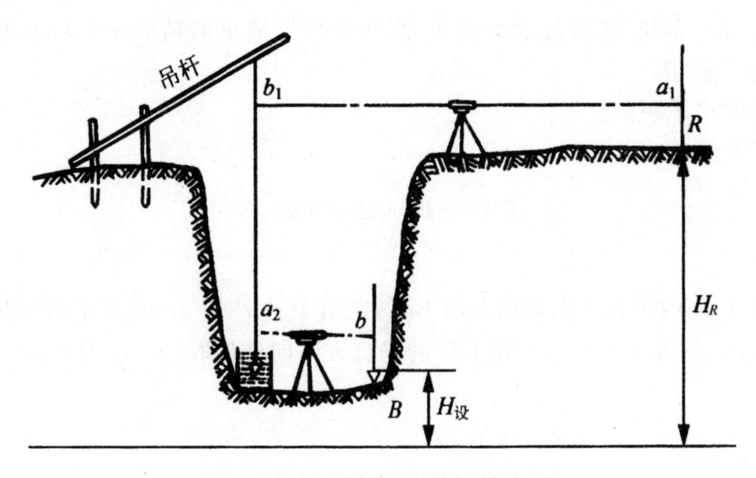

图 9-19　深坑高程测设的方法

①在基坑一边架设吊杆,杆上吊一根零点向下的经检定的钢尺,尺的下端挂上一个与要求拉力相等的重锤,放在油桶内。

②在地面安置一台水准仪，设水准仪在 R 点所立水准尺上读数为 a_1，在钢尺上读数为 b_1。

③在基坑底安置另一台水准仪，设水准仪在钢尺上读数为 a_2。

④计算 B 点水准尺底高程为 H 设时，B 点处水准尺的读数 $b_{应}$ 为

$$b_{应}=(H_R+a_1)-(b_1-a_2)-H_{设}$$

用同样的方法也可从低处向高处测设已知高程的点。

9.2.3　建筑物的定位与基础放线

1. 建筑物定位

(1)利用控制点定位

如果建筑总平面图上给出了建筑物的位置坐标(一般是建筑物外墙角坐标)，可根据给定坐标和建筑物施工图上的设计尺寸，计算出建筑物各定位点(外轮廓轴线交点)的坐标。利用场地上的平面控制点，采用适当的方法将建筑物定位点的平面位置测设在地面上，并用大木桩固定(俗称角桩)。

(2)利用建筑红线定位

如图 9-20 所示，为一建筑物总平面设计图，A、B、C 是建筑红线桩，图中给出了拟建建筑物与建筑红线距离关系。现欲利用建筑红线测设建筑物外轮廓轴线交点 M、N、P、Q。由于总平面图中给出的尺寸是建筑物外墙到建筑红线的净距离，再根据图 9-21，建筑物轴线 A—A—和轴线⑨到建筑红线的距离分别为：8.24 m 和 6.24 m。如图 9-22 所示，测设时，可先在 B 点上安置经纬仪，瞄准 A 点，沿视线方向从 B 点向 A 点用钢尺量取 6.24 m 和 35.04 m(6.24+28.8)，依次定出 1、2 点。然后在 2 点安置经纬仪，后视 A 点，向右测设 90°角，沿视线方向用钢尺从 2 点分别量取 8.24 m 和 20.24 m(8.24+12.0)得 M、P 两点。同样，在 1 点安置经纬仪，后视 B 点，向左测设 90°角，沿视线方向用钢尺从 2 点分别量取 8.24 m 和 20.24 m(8.24+12.0)得 N、Q 两点。最后，用经纬仪检测四个角是否等于 90°，并用钢尺检测四条轴线的长度。

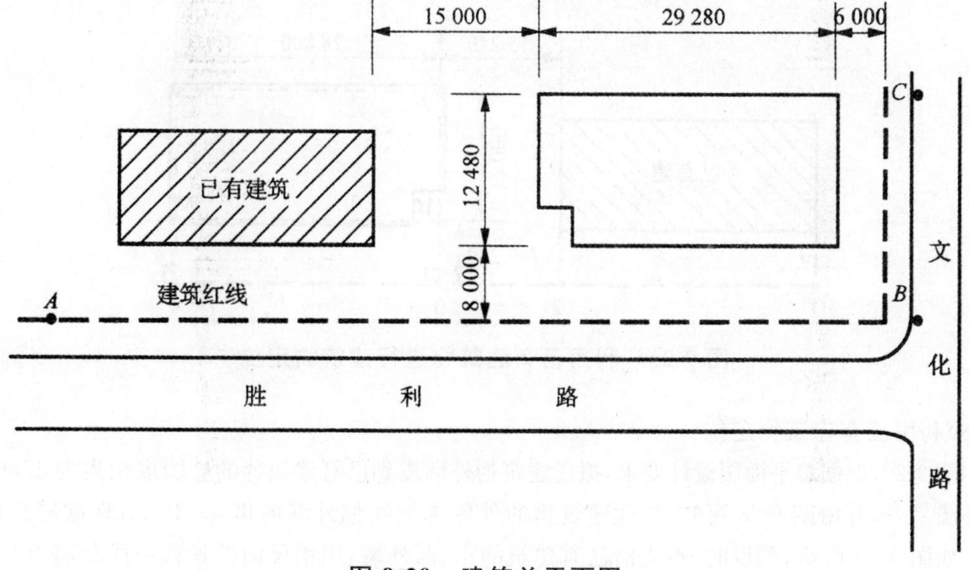

图 9-20　建筑总平面图

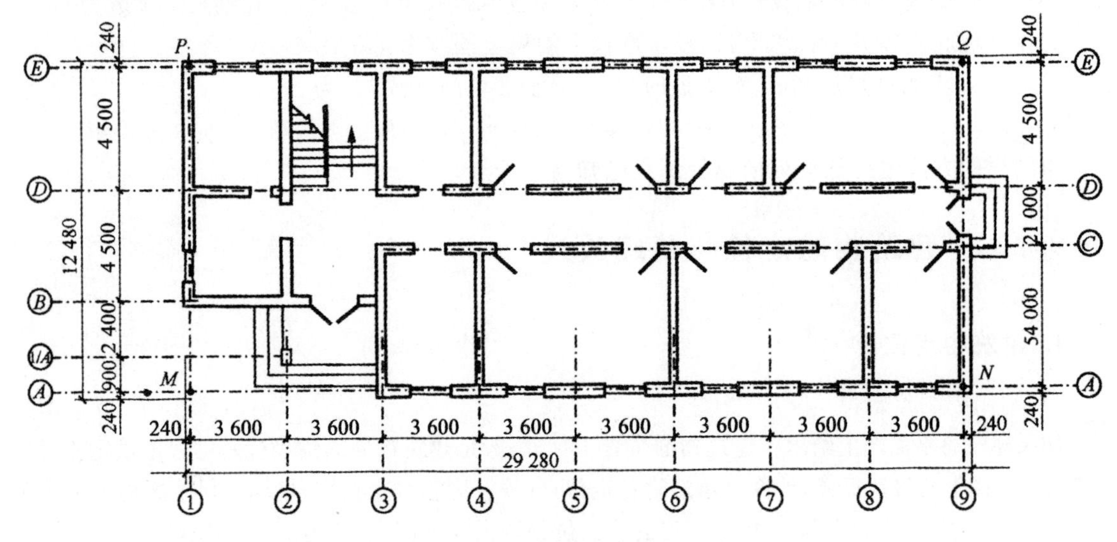

图 9-21 建筑平面图

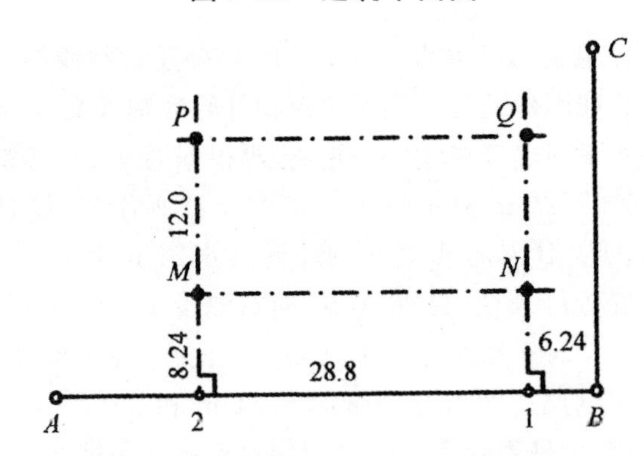

图 9-22 利用建筑红线进行建筑物定位

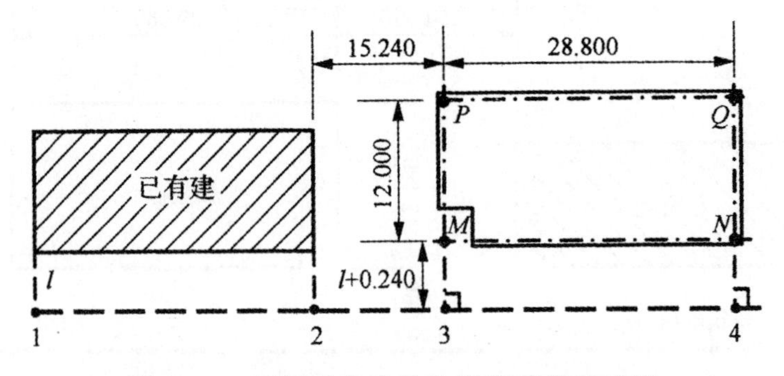

图 9-23 利用已有建筑物进行建筑物定位

(3)利用已有建筑物定位

如图 9-20,根据总平面图设计要求,拟建建筑物外墙皮到已有建筑物的外墙皮距离为 15.000 m,南侧外墙平齐,并由图 9-23 可知,拟建建筑物的外轮廓轴线偏外墙向里 0.240 m,现欲进行建筑物定位。如图 9-23 所示,测设时,首先沿已有建筑的东、西外墙,用钢尺向外延长一段距离 l(l 不宜太长,可根据现场实际情况确定)得 1、2 两点。将经纬仪安置在 1 点上,瞄准 2 点,分别从 2 点沿 12

延长线方向量出15.240 m(15.000 m+0.240 m)和44.040m(15.000 m+0.240 m+28.800 m)得3、4两点，直线34就是用于测设拟建建筑物平面位置的建筑基线。然后将经纬仪安置在3点上，后视1点向右测设直角，沿视线方向从2点分别量取l+0.24 m和l+0.24 m+12.0 m，得M、P两点。再将经纬仪安置在4点上，以相同方法测设出N、Q两点。M、N、P、Q四点即为拟建建筑物外轮廓定位轴线的交点。最后，检查PQ的距离是否等于28.8 m，$\angle P$和$\angle Q$是否等于90°；验证MP轴线距办公楼外墙皮距离是否为15.24 m。

2. 建筑物的放线

(1)设置龙门板

一般民用建筑施工测量，常在基槽开挖边界线以外一定距离处设置龙门板，如图9-24所示，其步骤和要求如下：

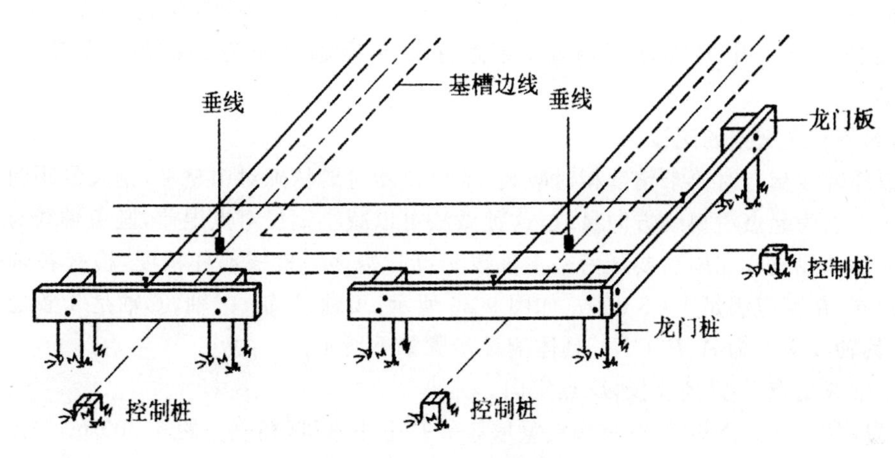

图9-24 龙门板的设置

①在建筑物四周和中间定位轴线的基槽开挖线以外约1.5～3 m处(根据土质和基槽深度而定)设置龙门桩，桩要钉得竖直、牢固，桩外侧面应与基槽平行。

②根据场地内水准点，用水准仪将±0.000标高测设到每一个龙门桩侧面上，并用红笔做出标志。若现场条件不允许，也可测设比±0.000高或低一整数的高程。但同一建筑物最好选用同一标高。

③沿龙门桩上测设的±0.000线钉龙门板，使板的顶面恰好为±0.000。测设龙门板的高程允许误差为±5 mm。

④用经纬仪将轴线投测到龙门板上并钉小钉(也称中心钉)，同法可将各轴线都引测到相应的龙门板上。引测轴线点的误差应小于±5 mm。如果是小型建筑物，则可用铅垂投点在龙门板上钉中心钉。

⑤用钢尺沿龙门板顶面检查轴线钉之间的距离，其精度应达到1/2 000～1/5 000。经检查合格后，以轴线钉为准，将墙边线、基础边线、基槽开挖线等标定在龙门板上并钉小钉，称为边线钉。标定基槽上口开挖宽度时，应按有关规定考虑工作面和放坡的尺寸要求。

⑥撒出基槽开挖边界线。在轴线两端，根据龙门板上的边线钉拉直细线，并沿此线在地面上撒出白灰线，施工时按白灰线开挖基槽。

(2)设置轴线控制点

龙门板使用方便，但它成本较高，且容易遭到破坏影响施工，近年来有些施工单位已不再设置龙门板，而只设置主轴线控制点。主轴线控制点一般设在基础开挖范围以外 5～15 m 范围内，根据现场实际情况和建筑物高度设定，设在不受施工干扰、便于引测和保存桩位的地方，可以在一条主轴线上设 3～4 个轴线控制点用于相互之间检核，也可以将轴线投测到周围建筑物上作好标志代替引桩。如图 9-25 所示，A、B、C、D 为新建建筑物的外墙主轴线的 4 个交点，设置轴线控制点方法如下所示。

①在 A 点上安置经纬仪，B 点定向，由 B 点向外量取一定的距离得 B_1 点。

②倒镜在该方向上由 A 向外量取一定距离得 A_1 点。

③同样的方法测其他各轴线控制点，由于场地条件限制向外量取的距离不同，因此必须画轴线控制点略图。

设置轴线控制桩一定要严格对中整平仪器，反复检核边长，量距精度应达到 1∶2 000～1∶5 000。设置的轴线控制点一定要浇注混凝土，并做好明显标志以防遭到破坏，遭破坏的要立即恢复。

(3)细部各轴线交点的测设

测设细部轴线交点时要求精度相对较高，架设仪器时要精确对中整平，钢尺量距时要始终在一个主轴线交点为起点沿视线方向量取，这种做法可以减小钢尺对点误差，避免轴线总长度增长或减短。细部轴线放样完毕后要从另一主轴线交点开始逐一检核放样精度，检查各轴线间距是否与设计相同，精度应满足 1∶3 000。如图 9-26 所示，A 轴、E 轴、①轴、⑥轴是 4 条建筑物的外墙主轴线，其轴线交点为 A、B、C、D，具体测设步骤如下所示。

①在主轴线交点 A 置经纬仪，D 点定向。

②在 AD 的方向线上以 A 点为起点量取 5 m 打上小木桩，精确量距 5.000 m，钉上小钉即得细部轴线交点 A_2。

③在 AD 的方向线上以 A 点为起点量 10 m 打上小木桩，精确量距 10.000 m，钉上小钉即得细部轴线交点 A_3。同样的方法量取其他细部轴线交点。

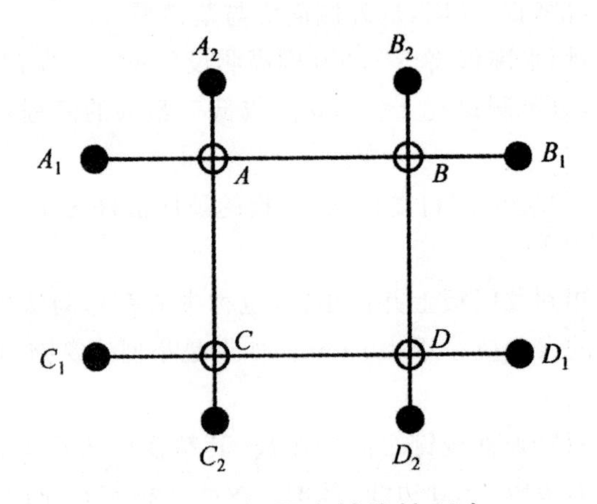

图 9-25　设置主轴线控制点

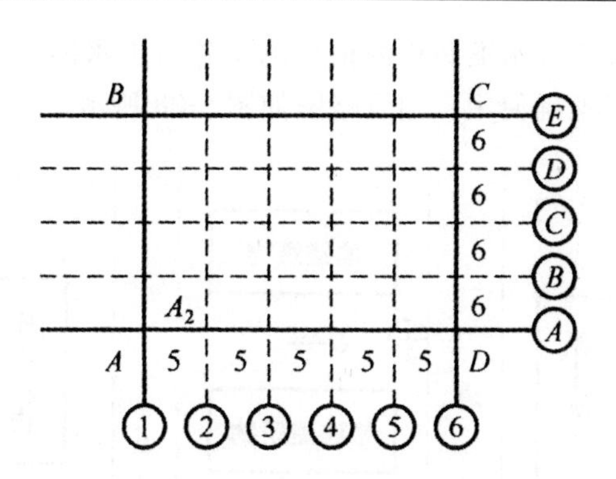

图 9-26　细部各轴线交点的测设

(4)确定开挖边界线

根据基础宽和放坡宽,用石灰撒出基础开挖边界线。先按基础剖面图给出的设计尺寸计算基槽的开挖宽度 $2d$。

$$d=B+mh$$

式中,B 为基底宽度,由基础剖面图中查取;h 为基槽深度;m 为边坡坡度的倒数。根据计算结果,在地面上以轴线为中线往两边各量出 d,拉线并撒石灰,即为开挖边线。

如果是基坑开挖,只需按最外围墙体基础的宽度、深度及放坡确定开挖边线。基槽开挖宽度如图 9-27 所示。

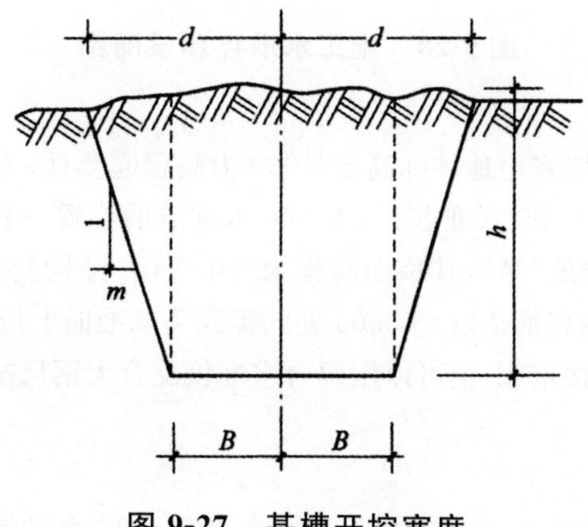

图 9-27　基槽开挖宽度

9.2.4　建筑抄平测量

1. 室内地坪测设

(1)施工水准点的测设

在施工场地上基本水准点的密度往往不能满足施工的要求,还需增设一些水准点,这些水准点称为施工水准点。为了测设方便和减少误差,施工水准点应靠近建筑物,施工水准点的布置应尽可能满足安置一次仪器即可测设出所有点的高程,这样能提高施工水准点的精度。如果不能一次全部观测到,则应按四等水准的精度要求测设各点且要布设成附合水准路线或闭合水准路线。如果是高层建筑则应按三等水准测量的精度测设各施工水准点。测设完毕、检验合格后画出测设略图以保证施工时能准确使用。测设略图如图 9-28 所示。

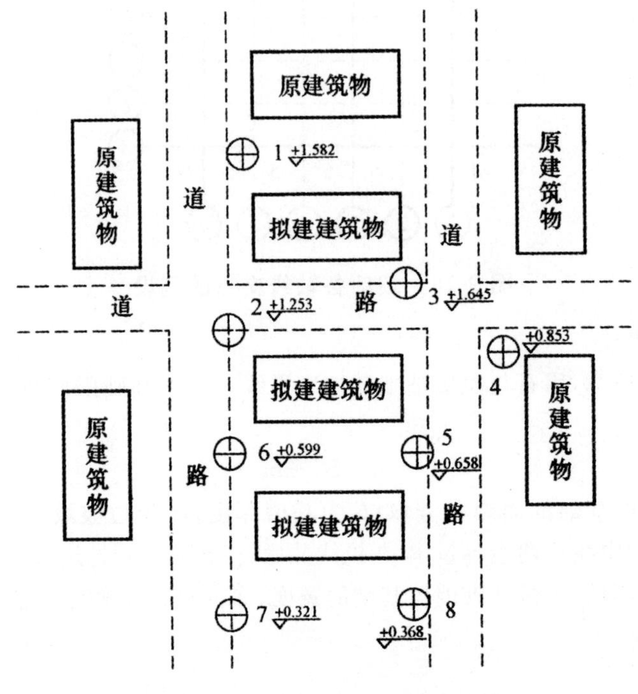

图 9-28　施工水准点测设略图

(2)室内地坪的测设

由于设计建筑物常以底层室内地坪标高±0.000 为高程起算面,为了施工引测方便,常在建筑物内部或建筑物附近测设±0.000 水准点。±0.000 水准点的位置一般设在原有建筑物的墙、柱的侧面,用红漆绘成顶为水平线的"▼",其顶面高程为±0.000。经检验合格后作为建筑物施工的基准点,以上各层的室内地坪标高都是以±0.000 处的标高为基准向上传递的。传递方法可以用大钢尺沿建筑物外墙或楼梯间直接量取,也可以用两台水准仪配合大钢尺按设计标高向施工楼层引测。

2. 50 线的测设

50 线是指建筑物中高于室内地平±0.000 标高 0.5 m 的水平控制线,作为砌筑墙体、屋顶支模板、洞口预留、室内装修地面装修的标高依据。50 线控制着整个施工过程的标高,50 线的精度非常重要,相对精度要满足 1/5 000。50 线的测设步骤如下所示。

①检验水准仪的 i 角误差,i 角误差不大于 20″。

②为防止±0.000 点处标高下沉从高等级高程控制点重新引测±0.000 标高处的高程,检核±0.000 的标高。

③在新建建筑物内引测高于±0.000 处 0.5 m 的标高点,复测 3 次取其平均值并准确标记在新建建筑物内。

④当墙体砌筑高于 1 m 时,以引测点为准采用小刻度抄平尺(最小刻度不大于 1 砌)在墙上抄 50 线。

⑤50 线抄平完毕后用抄平水管进行检核,误差不超过±3 mm。

9.2.5　基础施工测量

1. 条形基础施工测量

当基础长度大于或等于 10 倍基础宽度时称为条形基础。条形基础按结构形式可分为墙下条形基础和柱下条形基础，如图 9-29 所示。

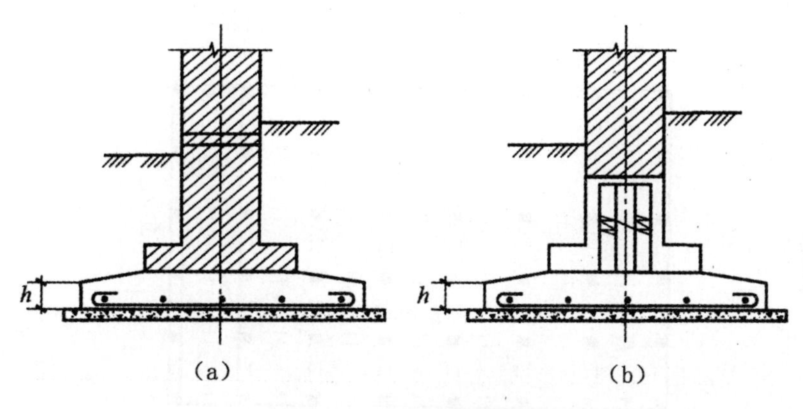

图 9-29　墙下条形基础

条形基础的施工测量主要包括两部分：一是基础的平面位置控制，一是基础的标高控制。平面位置控制方法所述如下。

①根据基础施工平面图和基础施工详图计算放样数据。

②根据建筑方格网、建筑基线或龙门板在垫层上用经纬仪投测建筑物主轴线。

③按放样数据在垫层上依据轴线放样出基础的边线。

基础的标高控制所述如下。

为了控制挖基槽深度、修平基槽底和打基础垫层，一般在基槽壁各拐角处、深度变化处和基槽壁上每隔 3～4 m 测设一些水平桩。为了控制基槽的开挖深度，当要挖到槽底设计标高时，应用水准仪根据地面上±0.000 m 点，在基槽壁上测设一些水平小木桩(称为水平桩)。

如图 9-30 所示，使木桩的上表面离槽底的设计标高为一固定值(如 0.300 m)。根据这些小木桩支护模板，支护完毕用水准仪根据±0.000 标高对模板进行复测、校正使其标高正好为设计标高。

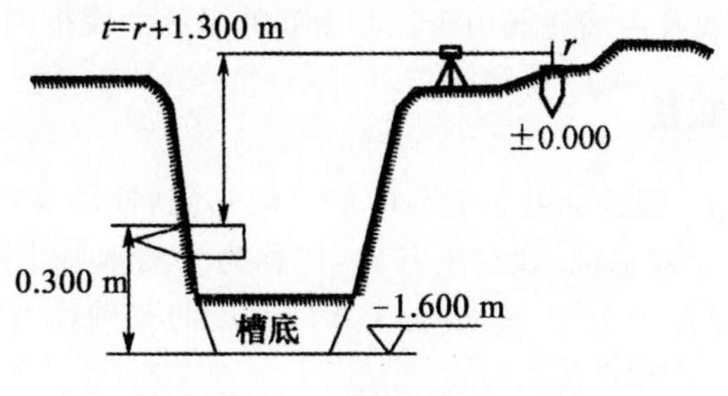

图 9-30　设置水平小木桩

2. 箱形基础施工测量

所谓箱形基础是指基础由钢筋混凝土墙纵横交错相交组成，并且基础高度比较高，形成一个箱子形状的维护结构的基础，它的承重能力要比单独的条形基础高出很多。箱形基础是高层建筑广泛采用的基础形式，但其材料用量较大，且为保证箱基刚度要求设置较多的内墙，墙的开洞率也有限制，故箱基作为地下室时，对使用带来一些不便，因此要根据使用要求比较确定，如图 9-31 所示。箱形基础的施工测量比较繁琐，首先放样基础地板以及内墙的位置，待施工完毕后对顶板进行放样。

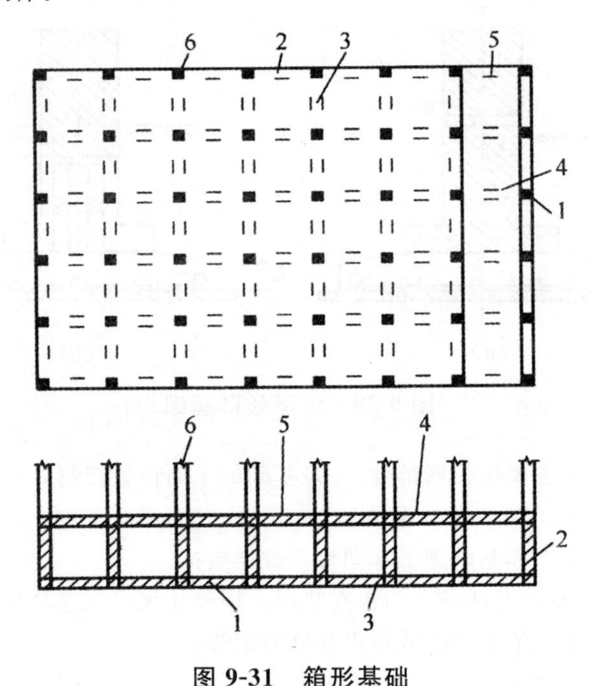

图 9-31　箱形基础

1—底板；2—外墙；3—内横隔墙；4—内墙纵墙；5—顶板；6—柱子

箱形基础平面位置控制方法如下：

①依据基础施工平面图和基础施工详图计算基础内墙与各主轴线间的位置关系。

②根据建筑方格网、建筑基线或龙门板在垫层上用经纬仪投测建筑物主轴线。

③依据主轴线放样出箱形基础的边线及各内墙中线。

④用墨线弹出基础边线及内墙边线用于控制钢筋的绑扎和模板的支护。

3. 深基坑基础施工测量

通常把位于天然地基上、埋置深度小于 5 m 的一般基础(柱基或墙基)以及埋置深度虽超过 5 m，但小于基础宽度的大尺寸基础(如箱形基础)统称为天然地基上的浅基础。位于地基深处承载力较高的土层上，埋置深度大于 5m 或大于基础宽度的基础称为深基础，如桩基、地下连续墙、墩基和沉井等，如图 9-32 所示。

桩基的施工测量包括桩位测设和测量桩入土深度。定桩位是根据施工设计图计算放样数据，计算出每个桩的坐标，用经纬仪根据建筑方格网或龙门板放样出桩位，或用全站仪根据场地控制点放样每个桩位，钉上小木桩。放样完后对桩位进行检核，桩位的放线允许误差为：群桩±20 mm，单排桩±10 mm。

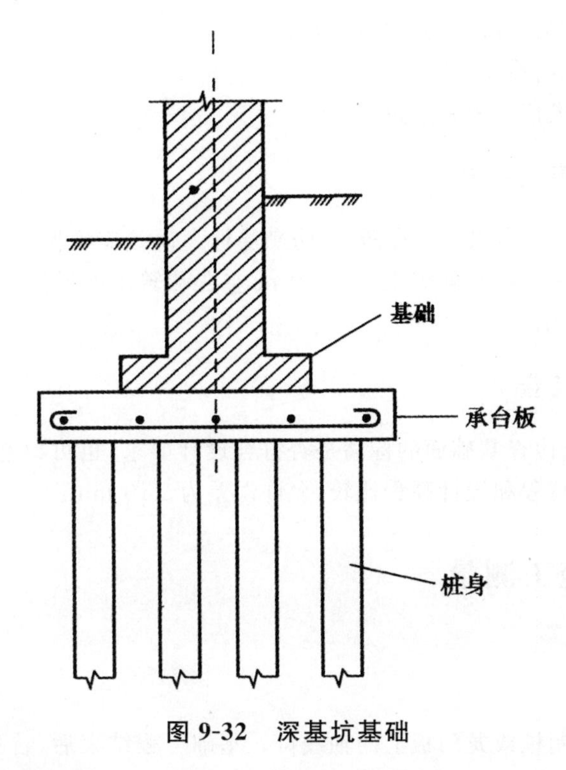

图 9-32　深基坑基础

4. 基础墙标高的控制

(1)砖墙基础的标高控制

房屋基础墙是指±0.000 m 以下的砖墙，它的高度是用基础皮数杆来控制的。

基础皮数杆是一根木制的杆子，如图 9-33 所示，在杆上事先按照设计尺寸，将砖、灰缝厚度从上往下画出线条，并标明±0.000 m 和防潮层的标高位置。

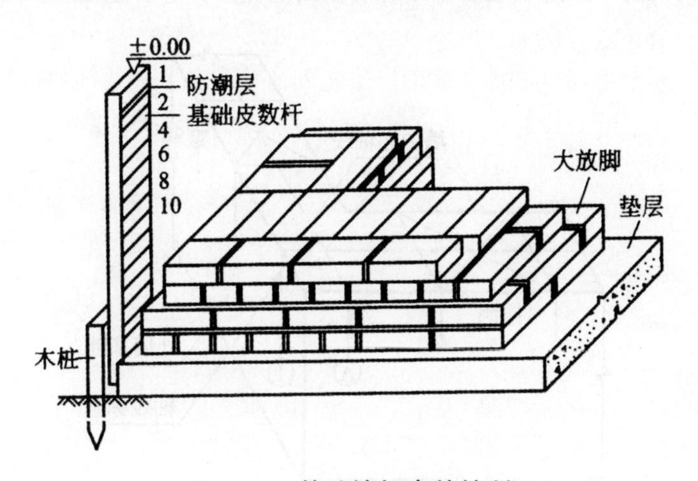

图 9-33　基础墙标高的控制

立皮数杆时，先在立杆处打一木桩，用水准仪在木桩侧面定出一条高于垫层某一数值（如100 mm）的水平线，然后将皮数杆上标高相同的一条线与木桩上的水平线对齐，并用大铁钉把皮数杆与木桩钉在一起，作为基础墙的标高依据。

（2）混凝土基础的标高控制

混凝土基础通过水准仪在模板上进行控制。

5. 防潮层顶面标高的控制

基础砌至±0.000 m标高以下一皮砖时，防潮层标高误差应确保在±5 mm内，为保持防潮层顶面高程与设计值相等，在基础墙上相间10 m左右和转角处做防水砂浆灰墩，用水准仪抄平，其上表面标高为设计值。

6. 基础面标高的检查

基础施工结束后，应检查基础面的标高是否符合设计要求（也可检查防潮层）。可用水准仪测出基础面上若干点的高程和设计高程比较，允许误差为±10 mm。

9.2.6 墙体施工测量

1. 墙体轴线测设

①复核检查轴线控制桩或龙门板上的轴线钉。基础工程结束后，首先对轴线控制桩或龙门板上的轴线钉进行复核检查，若误差符合允许范围内，才可作为墙体轴线测设的依据。

②投测轴线并检核。根据轴线控制桩或龙门板上的轴线钉，用经纬仪视线法或拉线法把一层楼房的墙体轴线投测到防潮层上，并用钢尺检查其投测的轴线间距和总长是否等于设计值，外墙轴线四个主要交角是否等于90°，符合要求后，根据墙体厚度用墨线弹出墙边线。

③将墙轴线延伸并在基础外墙侧面上以红色三角形标定，作为向上投测轴线的依据。

④把门、窗和其他洞口的边线也在基础外墙侧面上做出标志。如图9-34所示。

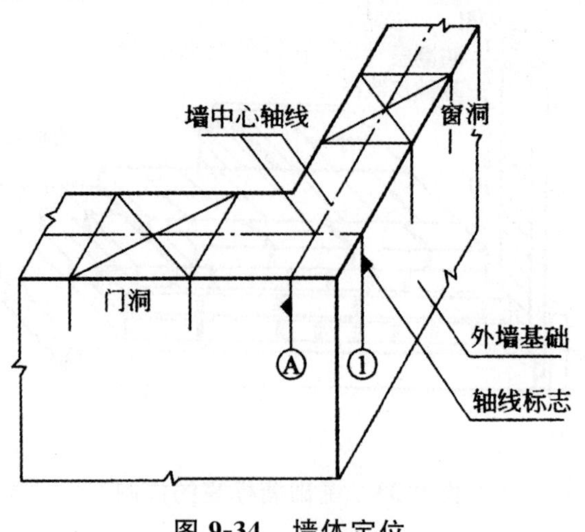

图9-34　墙体定位

根据墙边线进行砌筑，当砌筑到一定高度后，为了防止基础覆土后看不见轴线标志，可用吊锤线将基础外墙侧面上的轴线引测到地面以上的墙体上。如果轴线处是钢筋混凝土柱，则在柱体拆模后将轴线引测到柱身上。

2. 墙体标高的控制

在墙体砌筑施工中，墙体各部位标高通常用皮数杆来控制。

皮数杆是根据建筑物剖面设计尺寸，在每皮砖（或砌块）、灰缝厚度处划出线条，并且标明±0.000 标高、门、窗、楼板、过梁、圈梁等构件高度位置的木杆，如图 9-33 所示。在墙体施工中，用皮数杆可以控制墙体各部位构件的准确位置，并保证每皮砖灰缝厚度均匀，每皮砖都处在同一水平面上。

皮数杆一般立在建筑物拐角和隔墙处，如图 9-35 所示。

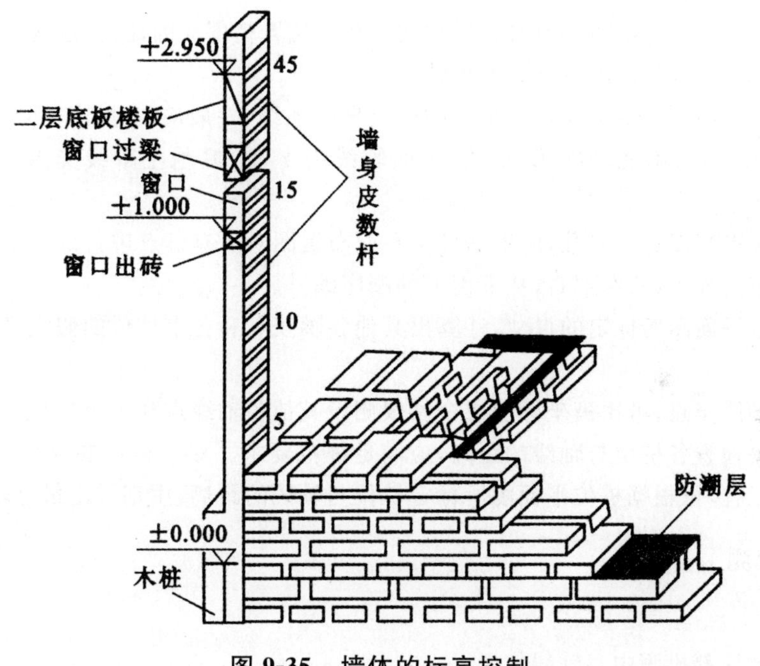

图 9-35　墙体的标高控制

立皮数杆时，先在地面上打一木桩，用水准仪测出±0.000 标高位置，并画一横线作为标志；然后，把皮数杆上的±0.000 线与木桩上±0.000 对齐、钉牢。皮数杆钉好后要用水准仪进行检测，并用铅垂校正皮数杆的垂直度。

为了施工方便，墙体施工采用里脚手架时，皮数杆应立在墙外侧；采用外脚手架时，皮数杆应立在墙内侧，如砌框架或钢筋混凝土柱间墙时，每层皮数可直接画在构件上，而不立皮数杆。

皮数杆±0.000 标高线的允许误差为±3 mm。一般在墙体砌起 1 m 后，就在室内墙身上测设出＋0.500 m 的标高线，作为该层地面施工及室内装修的依据，称为“装修线”或“500 线”。在第二层以上墙体施工中，为了使同层四角的皮数杆立在同一水平面上，要用水准仪测出楼板面四角的标高，取平均值作为本层的地坪标高，并以此作为本层立皮数杆的依据。

当精度要求较高时，可用钢尺沿墙身自±0.000 起向上直接丈量至楼板底面，确定立皮数杆的标志。

框架结构的民用建筑，墙体砌筑是在框架施工后进行的，可在柱侧面画线表示各层砌块和灰缝厚度，代替皮数杆。

9.2.7 高层建筑施工测量

1. 桩基础定位

桩基础是高层建筑物常用的基础形式，是深基础的一种，桩基础分为灌注桩和预制桩两大类。建筑工程桩基础不论采用何种类型的桩，施工前必须进行定位，其目的是把设计图上的建筑物基础桩位按设计和施工的要求，准确地测设到拟建筑场地上，为桩基础工程施工提供标志，作为按图施工、指导施工的依据。

桩位的精度要求是建筑物桩位对其主轴线的相对位置精度。因此，桩位测设时：

①首先在深基坑内测设出建筑物的主轴线。

②建立与建筑物定位主轴线相互平行的假定坐标系统，一般应以建筑物西南角的主轴线交点作为坐标系的原点，南北轴线为 X 轴，东西轴线为 Y 轴，其他主轴线交点坐标由轴线尺寸得出。

③为避免桩点测设时的混乱，应根据桩位平面布置图对所有桩点进行统一编号，桩点编号应由建筑物的西南角开始，从左到右，从下而上的顺序编号。

④根据桩位平面图所标定的尺寸，计算出其他各轴线点和各个桩位的假定坐标，标注在图上或列表表示。

⑤根据主轴线交点，可用极坐标法或全站仪测设其他各轴线点和各个桩位。

最后用钢尺检查各桩位与轴线的距离，应满足规范要求。对于桩位要求精度不高或坑底比较平坦的建筑工程，可根据桩位平面图所标定桩位与轴线的距离，用钢尺由最近轴线量得。

2. 轴线投测

(1)外控法

1)在建筑物底部投测中心轴线位置

高层建筑的基础工程完工后，将经纬仪安置在轴线控制桩 A_1、A_1'、B_1、B_1'上，把建筑物主轴线精确地投测到建筑物的底部，并设立标志，如图 9-36 中的 a_1、a_1'、b_1、b_1'，以供首层施工及向上投测之用。

2)向上投测中心线

随着建筑物不断升高，要逐层将轴线向上传递，如图 9-36 所示，将经纬仪安置在中心轴线控制桩 A_1、A_1'、B_1、B_1'上，严格整平仪器，用望远镜瞄准建筑物底部已标出的轴线 a_1、a_1'、b_1、b_1'点，用盘左和盘右分别向上投测到每层楼板上，并画出短线作出标记，取其中点作为该层中心轴线的投影点，如图中的 a_2、a_2'、b_2、b_2'。

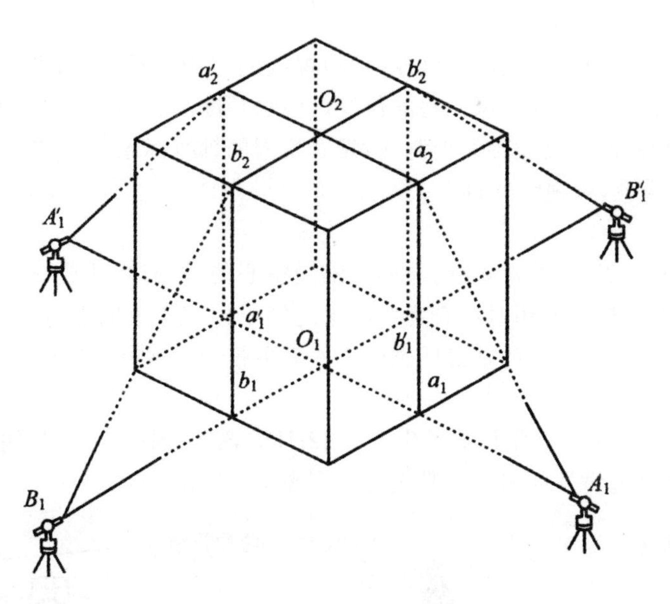

图 9-36　经纬仪引桩投测法

3)增设轴线引桩

当建筑物增加到一定高度,望远镜的仰角太大,操作不便,投测精度也会随仰角增大而降低。为此,需将中心轴线控制桩引测到更远或更高的地方,具体做法是将经纬仪安置在已投上去的中心轴线上,瞄准地面上原有的轴线控制桩 C、C'、3 和 3′,将轴线引测至远处或附近已有的建筑物上,设置新的轴线控制桩,如图 9-37 所示。更高的各层中心轴线可将经纬仪安置在新的引桩上,按上述方法进行向上投测。

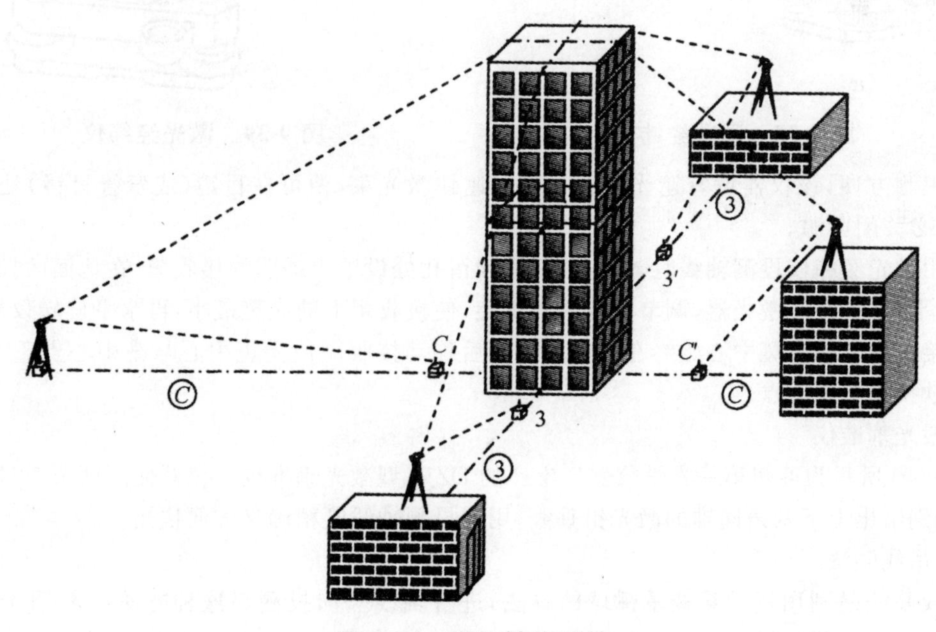

图 9-37　增设轴线引桩

(2)垂准仪法

垂准仪法就是利用能提供竖直向上(或向下)视线的专用测量仪器,进行轴线投测。常用的仪器有垂准经纬仪、激光经纬仪和激光垂准仪等。该法精度高、占地少、速度快。

此法要事先在建筑底层测设轴线控制网,建立稳固的轴线标志,在标志上方每层楼板都预留20 cm×20 cm的垂准孔,供视线通过。

1)垂准经纬仪

垂准经纬仪如图9-38(a)所示,该仪器的中轴是空心的,配有弯曲成90°角的目镜,能竖直观测正下方或正上方的目标。使用时可安置在底层的轴线控制点上向上方投测轴线,也可安置在工作面的预留孔洞上,照准底层的轴线标志向工作面上投测轴线[9-38(b)]。

2)激光经纬仪

图9-39所示为苏州第一光学仪器厂生产的J2-JDE激光经纬仪。其作用与垂准经纬仪的作用相同,只不过可从望远镜发射出一束激光代替人眼进行观测。

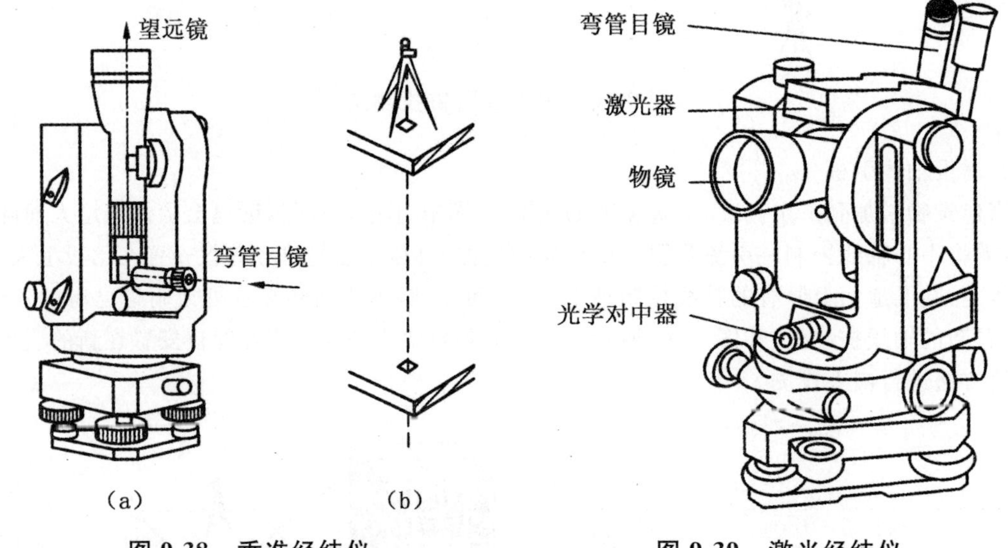

图9-38 垂准经纬仪　　图9-39 激光经纬仪

为观测方便,该仪器设有遮光转换开关。遮住激光束,便可在目镜(或弯管目镜)处观测目标,而不必关闭电源。

使用激光经纬仪投测轴线时,在作业面的预留孔处设置半透明的接收靶,在地面的控制点上对中、整平仪器,打开激光器,调节物镜调焦螺旋,使接收靶上的光斑最小,再水平旋转仪器,调整并保证接收靶上的光斑中心始终在同一点。然后移动接收靶使光斑中心与靶中心点重合,则靶心即为欲投测的轴线点。

3)激光垂准仪

图9-40所示为苏州第一光学仪器厂生产的DZJ2型激光垂准仪。仪器使用两节5号电池供电,可分别给出上下两条同轴的激光铅垂线,用它投测轴线既精确又方便快捷。

(3)吊线坠法

吊线坠法是利用钢丝悬挂重锤球的方法,进行轴线竖向投测。这种方法一般用于高度在50～100 m的高层建筑施工中,锤球的重量为10～20 kg,钢丝的直径为0.5～0.8 mm。吊线坠投测方法如图9-41所示,在预留孔上面安置十字架,挂上锤球,对准首层预埋标志。当锤球线静止时，固定十字架，并在预留孔四周作出标记，作为以后恢复轴线及放样的依据。此时，十字架中心即为轴线控制点在该楼面上的投测点。

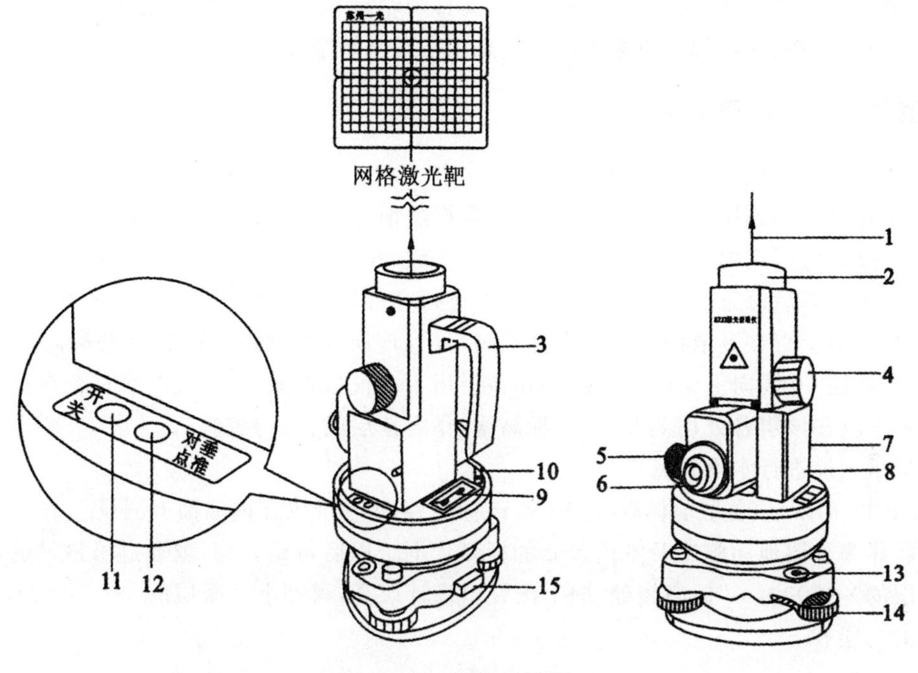

图 9-40 激光垂准仪

1—望远镜激光束；2—物镜；3—手柄；4—物镜调焦螺旋；5—激光光斑调焦螺旋；6—目镜；7—电池盒固定螺钉；8—电池盒盖；9—管水准器；10—管水准器校正螺钉；11—电源开关；12—对点/垂准激光切换开关；13—圆水准器；14—脚螺旋；15—轴套锁定钮

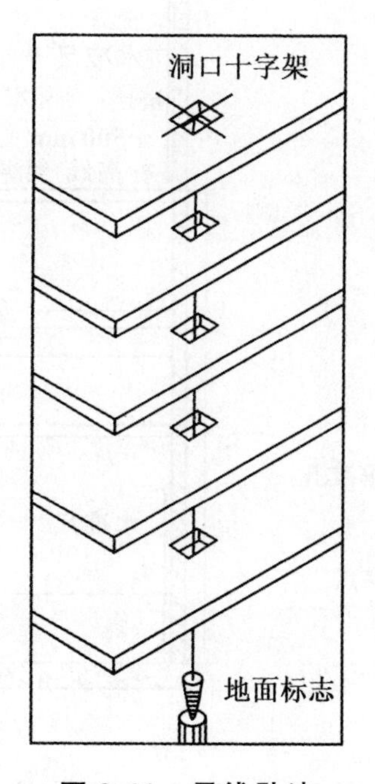

图 9-41 吊线坠法

用吊线坠法实测时,要采取一些必要措施,如用铅直的塑料管套着坠线或将锤球沉浸于油中,以减少摆动。

使用吊线坠法进行轴线投测,经济、简单,又直观精度也比较可靠,但投测时费时又费力,且受到建筑物高度的限制,因此,更多的内控法采用了激光垂准仪法。

3. 高层建筑的高程传递

(1)钢尺直接测设法

当高层建筑的基础层和地下室施工完后,根据场地上的水准点,在底层的墙或柱子上用水准仪测设一条高出底层室内地坪(±0)0.5 m 的水平线,称为"50 线",作为首层地面施工及室内装修的标高依据。以后每施工一层,由 50 线向上进行高程传递。以后每砌高一层,用钢尺沿外墙、边柱或楼梯间向上直接量取两层之间设计层高,得到该层的 50 标高线,通常每幢高层建筑物至少要由三个底层 50 线向上量测。然后再在该层用水准仪检查该层 50 标高线是否在同一水平面上,并用水准仪在该层各处均测设出 50 标高线,作为该层的标高控制。

(2)悬吊钢尺进行水准测量法

如图 9-42(a)所示,首层墙体砌筑到 1.5 m 标高后,用水准仪在内墙面上测设一条"+500 mm"的标高线,作为首层地面施工及室内装修的标高依据。以后每砌一层,就通过吊钢尺进行水准测量,从下层的"+500 mm"标高线处,向上测设出设计层高,得到上一楼层的"+500 mm"标高线。例如,对第二层有

$$b_{2应}=a_2-L_1-(a_1-b_1)$$

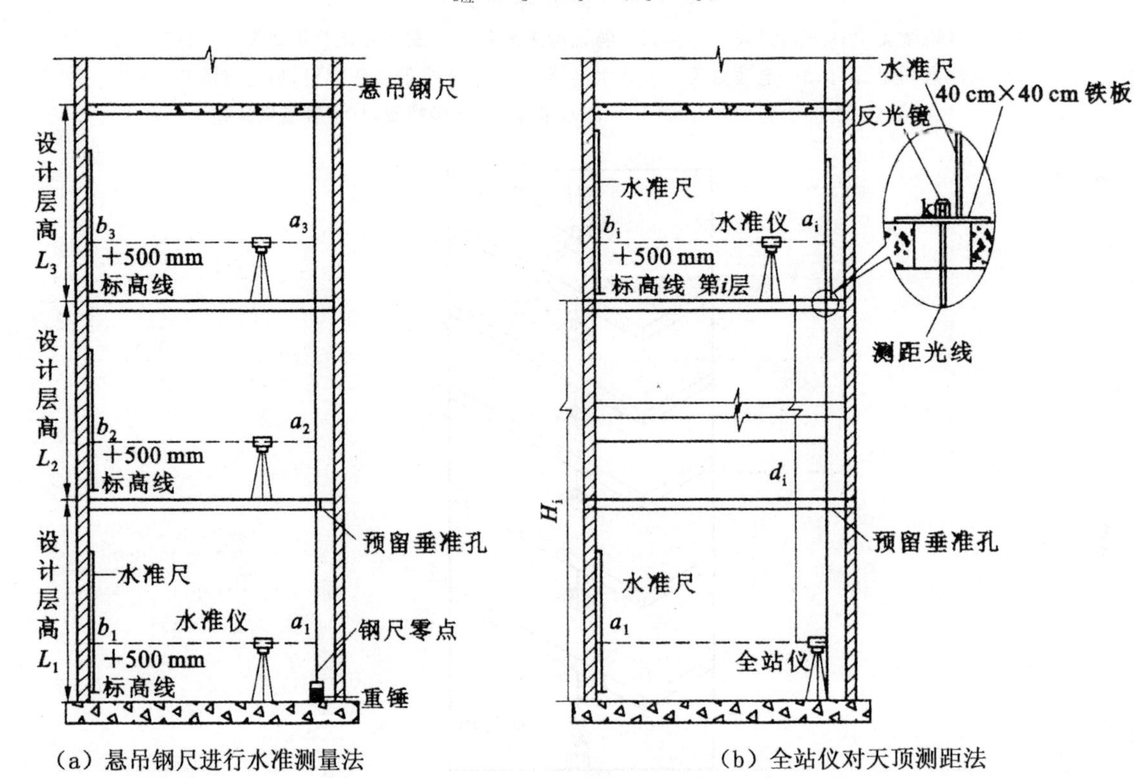

(a) 悬吊钢尺进行水准测量法　　(b) 全站仪对天顶测距法

图 9-42　高程传递的方法

在进行第二层的水准测量时，上下移动水准尺，使其读数为 $b_{2应}$，沿水准尺底部在墙面上画线，即可得到该层的“+500 mm”标高线。

对第三层有

$$b_{3应}=a_3-(L_1+L_2)-(a_1-b_1)$$

同理，可推测出第三层的“+500 mm”的标高线。

(3)全站仪天顶测距法

对于超高层建筑，悬吊钢尺有困难时，可以在底层投测点或电梯井安置全站仪，通过对天顶方向测距的方法引测高程。如图 9-43 所示，首先将望远镜置于水平位置，读取竖立在底层+0.5 m 标高线上水准尺的读数 a_1，测出全站仪的仪器标高。然后将望远镜指向天顶，在需传递高程的第 i 层楼面垂准孔上放置一块预制的圆孔铁板，并将棱镜平放在圆孔上，测出全站仪至棱镜的垂直距离 d_i，预先测出棱镜常数 k，再获得第 i 层楼面铁板的顶面标高 H_i。最后通过安置在第 i 层楼面的水准仪测设出设计标高线和高出设计标高+0.5 m 的标高线。

$$H_i=a_1+d_i-k$$

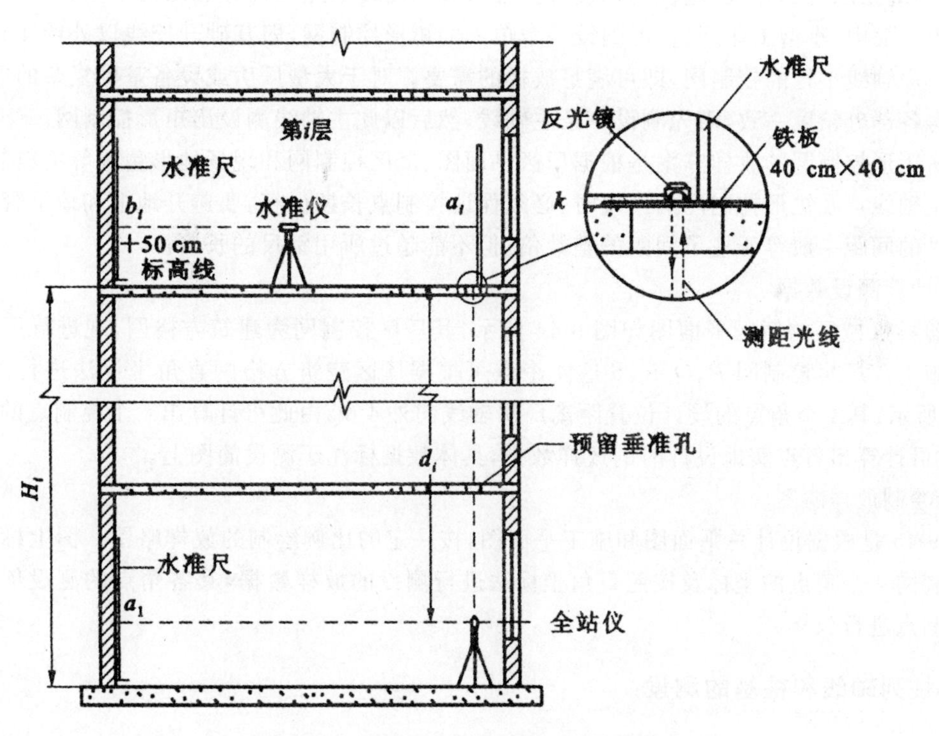

图 9-43　全站仪天顶测距法传递高程

9.3 工业建筑施工测量

9.3.1 厂房基础施工测量

1. 厂房控制网的建立

(1)厂房矩形控制网放样方案的制订

工业建筑同民用建筑一样在施工测量之前,必须做好测设前的准备工作,首先熟悉设计图纸,然后对施工场地现场踏勘,便可按照施工进度计划制订详细的测设方案。主要内容包括矩形控制网、距离指示桩的点位、点位的测设方法及对应的测设数据的计算和测设草图。

对于一般中、小型工业厂房,可测设一个单一的矩形控制网,即基础开挖线以外约 4 m,测设一个与厂房轴线平行的控制网,即可满足放样的需要。对于大型厂房或设备基础复杂的厂房,为保证厂房各部分精度一致,需先测设一条主轴线,然后以此主轴线测设出矩形控制网。

厂房矩形控制网的放样方案是根据厂区平面图、厂区控制网和现场地形情况等资料制定的。在确定主轴线点及矩形控制网的位置时,必须保证控制点长期保存,要避开地上和地下管线。距离指示桩的间距一般等于柱子间距的整数倍,但不能超过所用钢尺的长度。

(2)计算测设数据

某塑料机械厂的新区平面图如图 9-44 所示,其厂区控制网为建筑方格网,现进行厂区机加厂房的施工。厂房控制网 P、Q、R、S 这 4 个点可根据厂区建筑方格网直角坐标法进行测设,如图 9-45 所示,其 4 个角点的设计位置距离厂房轴线向外 4 m,由此可计算出 4 个控制点的设计坐标,同时可计算出各点实地设计时的放样数据,具体数据标注于测设简图上。

(3)绘制放样略图

图 9-45 是根据设计总平面图和施工平面图,按一定的比例绘制的放样略图。图上标有厂房矩形控制网 4 个角点的坐标及按照直角坐标法进行测设的放样数据,其各角点的测设依据厂区方格控制点进行放样。

2. 柱列轴线和柱基的测设

(1)厂房柱列轴线的测设

厂房矩形控制网建立后经检测精度符合要求,根据厂房控制桩和距离指示柱,按照施工图上设计的厂房跨度和柱列间距,用钢尺沿矩形控制网各边量出各柱列轴线端点的位置,并设置轴线控制桩且在柱顶钉小钉,作为柱基放样和厂房构件安装施工测量的依据。如图 9-46 所示,F、R、1、6 点即为外轮廓轴线端点;2、3、4、5 点即为柱列轴线端点。然后用两台经纬仪分别安置于外轮廓轴线端点,分别后视对应端点即可交会出厂房的外轮廓轴线角桩点 M、N、P、Q,厂房轴线及柱列轴线测设同时打上角桩标志。

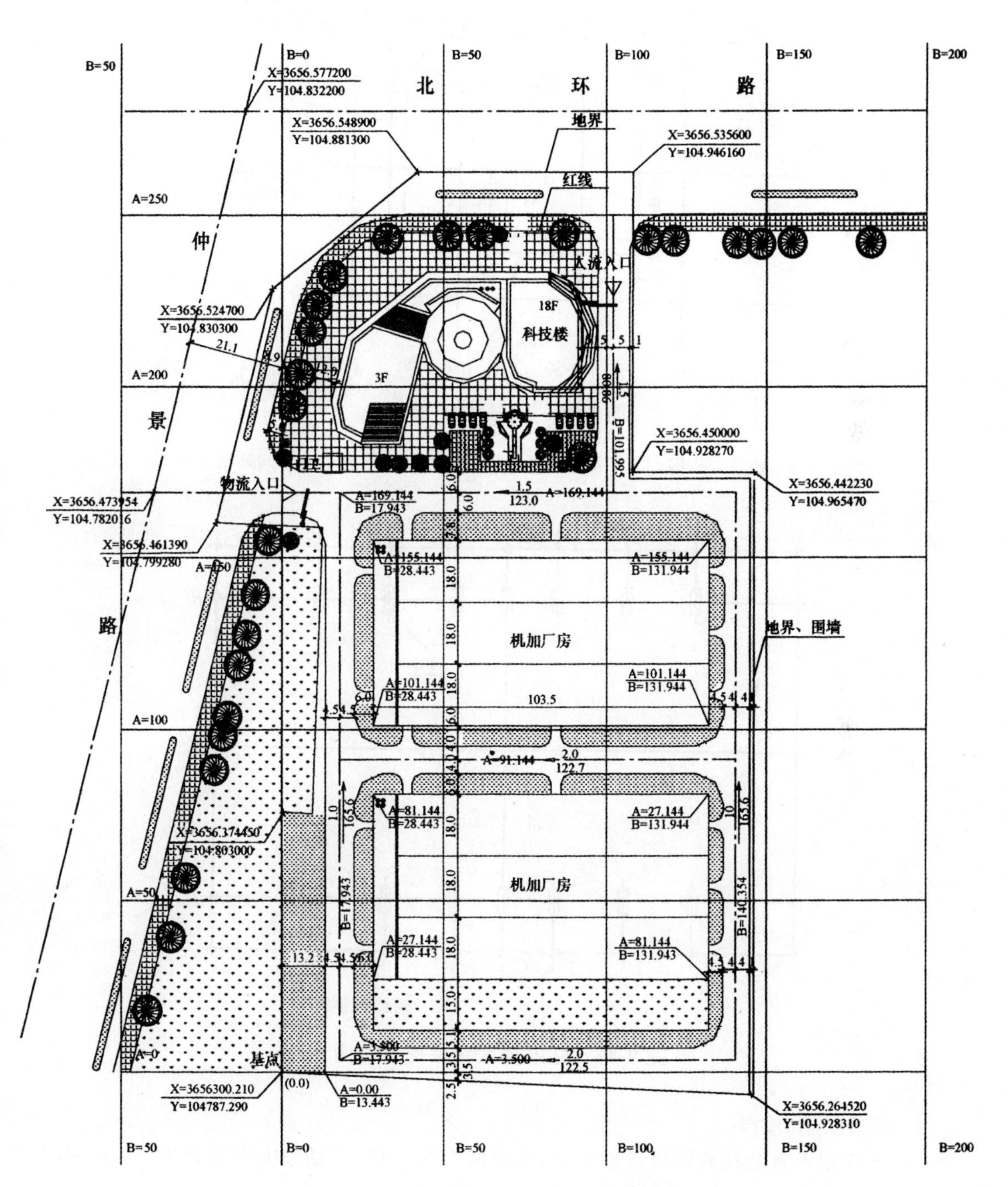

图 9-44　某厂区建筑总平面及厂区建筑方格网

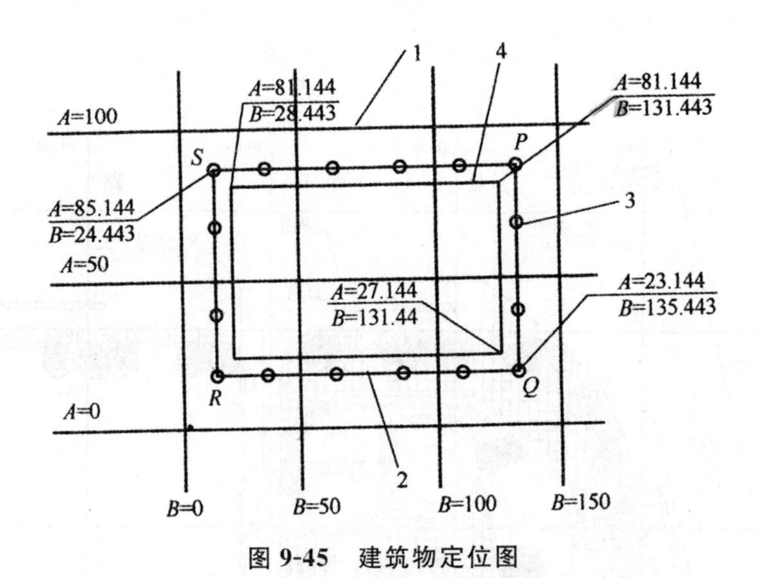

图 9-45　建筑物定位图

1—建筑方格网；2—厂房矩形控制网；3—距离指示桩；4—车间外墙

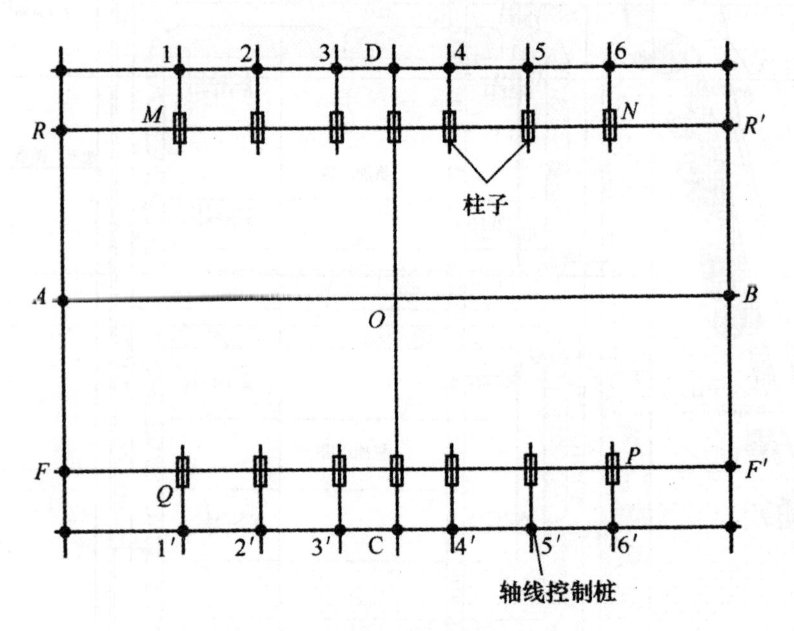

图 9-46　柱列轴线和基础定位图

(2)柱基定位和放线

在两条互相垂直的柱列轴线控制桩上，安置两台经纬仪，沿轴线方向交会出各柱基的位置(即柱列轴线的交点)，此项工作称为柱基定位。

如图 9-47 所示，在基坑边线外约 1～2 m 处的轴线方向上打入 4 个小桩作为基坑定位桩，他们是修坑和立模的依据。然后在桩上拉细线，最后用特制的“T”形尺，按基础详图的尺寸和基坑放坡尺寸测设出开挖边线并撒白灰标出。此项工作称为柱基放线。

柱基定位和放线时，应注意柱列轴线不一定都是柱基的中心线，而一般立模、吊装等习惯用中心线，此时，应将柱列轴线平移，定出柱基中心线。

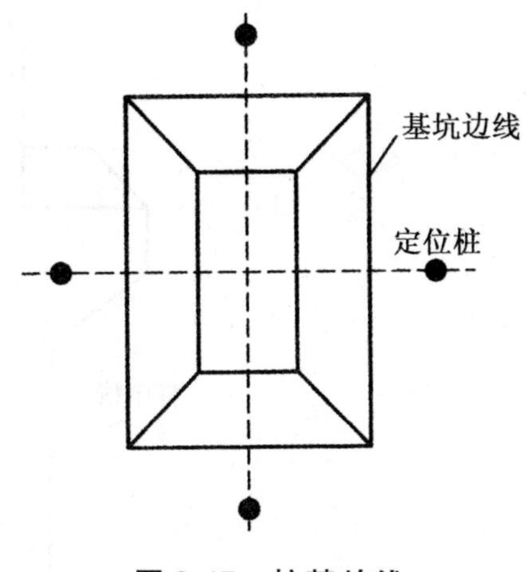

图 9-47　柱基放线

(3)柱基施工测量

基坑挖至接近设计标高时，在坑壁的四个角上测设相同高程的水平桩。桩的上表面与坑底设计标高一般相差 0.3～0.5 m，用作修正坑底和垫层施工的高程依据。

基础垫层打好后，根据基坑周边定位小木桩，用拉线吊铅垂的方法，把柱基定位线投测到垫层上，弹出墨线，用红漆画出标记，作为柱基立模板和布置基础钢筋的依据。

立模时，将模板底线对准垫层上的定位线，并用铅垂检查模板是否垂直。立模后，将柱基顶面设计标高测设在模板内壁，作为浇灌混凝土的高度依据。

注意，在支杯形基础杯口的底模板时，应注意使浇筑后的杯底标高比设计标高略低 3～5 cm，柱子安装前可按预制柱的实际长度填高修平杯底，以免杯底标高过高不能安装柱子。

9.3.2　厂房预制构件安装测量

1. 柱子安装测量

(1)柱子安装应满足的基本要求

柱子中心线应与相应的柱列轴线一致，其允许偏差为±5 mm。牛腿顶面和柱顶面的实际标高应与设计标高一致，其允许误差为±(5～8 mm)，柱高大于 5 m 时为±8 mm。柱身垂直允许误差为当柱高≤5 m 时为±5 mm；当柱高 5～10 m 时，为±10 mm 当柱高超过 10 m 时，则为柱高的 1/1 000，但不得大于 20 mm。

(2)柱子安装前的准备工作

柱子安装前的准备工作有以下几项。

1)在柱基顶面投测柱列轴线

如图 9-48 所示，根据轴线控制桩，用经纬仪把柱中线投测到基础顶面上，用红漆画出“▶”标志，再把杯口中线引测到杯底。在杯口内壁测设一条比基础顶面低 0.1 m 的标高线(杯形基础的顶面标高一般为－0.500 m)，弹出墨线做好标记，并画出“▼”标志，如图 9-49 所示，作为杯底找平的依据。

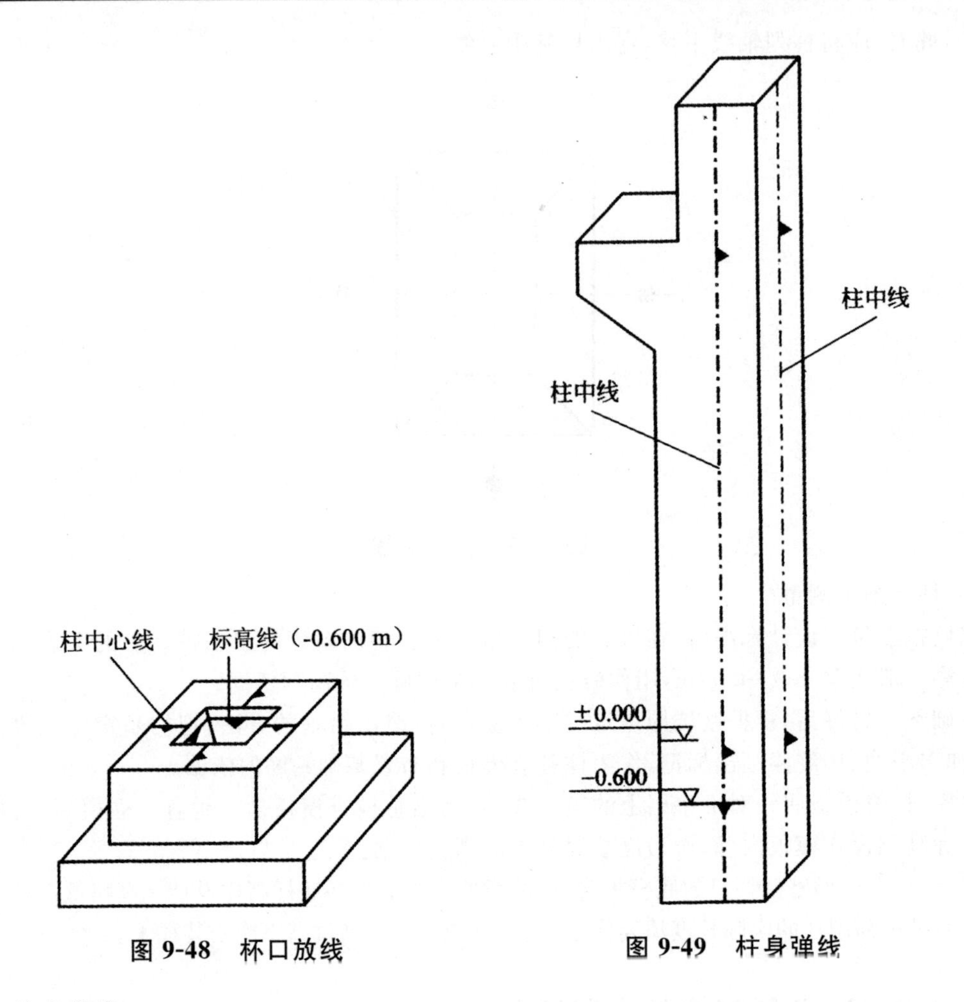

图 9-48　杯口放线

图 9-49　柱身弹线

2)柱身弹线

柱子安装前，应将每根柱子按轴线位置进行编号。如图 9-49 所示，在每根柱子的三个侧面弹出柱中心线，并在每条线的上端和下端近杯口处画出“▶”标志。根据牛腿面的设计标高，从牛腿面向下用钢尺量出－0.600 m 的标高线，并画出“▼”标志。

3)杯底找平

先量出柱子的－0.600 m 标高线至柱底面的长度，再在相应的柱基杯口内，量出－0.600 m 标高线至杯底的高度，并进行比较，以确定杯底找平厚度，用水泥沙浆根据找平厚度，在杯底进行找平，使牛腿面符合设计高程。

(3)柱子的安装测量

柱子安装测量的目的是保证柱子平面和高程符合设计要求，柱身铅直。

①预制的钢筋混凝土柱子插入杯口后，应使柱子三面的中心线与杯口中心线对齐，如图 9-50(a)所示，用木楔或钢楔临时固定。

②柱子立稳后，立即用水准仪检测柱身上的±0.000 m 标高线，其允许误差为±3 mm。

③如图 9-50(a)所示，用两台经纬仪，分别安置在柱基纵、横轴线上，离柱子的距离不小于柱高的 1.5 倍，先用望远镜瞄准柱底的中心线标志，固定照准部后，再缓慢抬高望远镜观察柱子偏离十字丝竖丝的方向，指挥用钢丝绳拉直柱子，直至从两台经纬仪中，观测到的柱子中心线都与

十字丝竖丝重合为止。

④在杯口与柱子的缝隙中浇入混凝土，以固定柱子的位置。

⑤在实际安装时，一般是一次把许多柱子都竖起来，然后进行垂直校正。这时，可把两台经纬仪分别安置在纵横轴线的一侧，一次可校正几根柱子，如图 9-50(b)所示，但仪器偏离轴线的角度，应在 15°以内。

(4)柱子安装测量的注意事项

所使用的经纬仪必须严格校正，操作时，应使照准部水准管气泡严格居中。校正时，除注意柱子垂直外，还应随时检查柱子中心线是否对准杯口柱列轴线标志，以防柱子安装就位后，产生水平位移。在校正变截面的柱子时，经纬仪必须安置在柱列轴线上，以免产生差错。在日照下校正柱子的垂直度时，应考虑日照使柱顶向阴面弯曲的影响，为避免此种影响，宜在早晨或阴天校正。

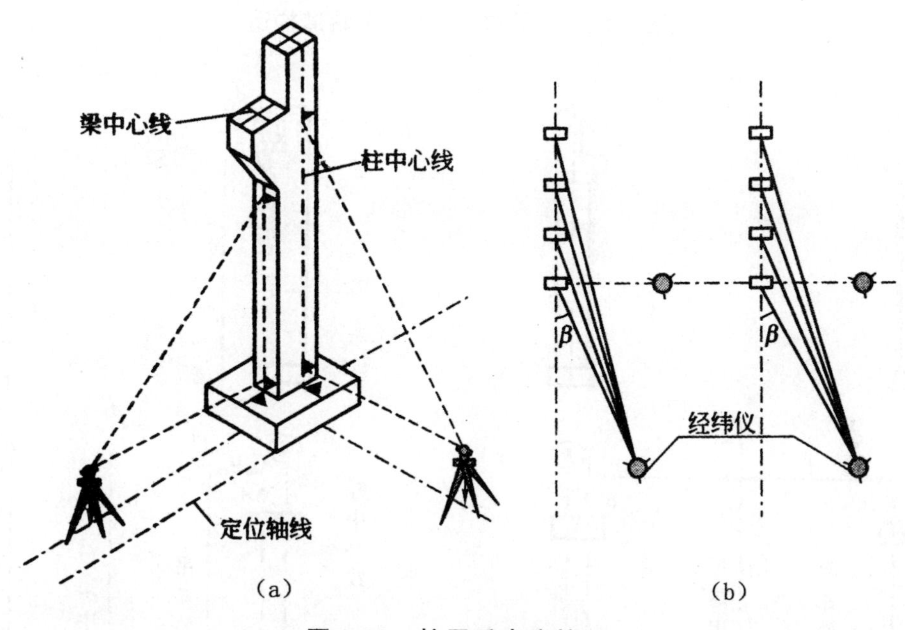

图 9-50 柱子垂直度校正

2. 吊车梁安装测量

吊车梁、吊车轨道的安装测量的主要目的是使吊车梁中心线、轨道中心线及牛腿面的中心线在同一竖直面内；梁面、轨道面均在设计的高程位置上；同时，轨距和轮距要满足设计要求，如图 9-51 所示。安装前先弹出吊车梁顶面中心线和吊车梁两端中心线，将吊车轨道中心线投到牛腿面上，其步骤是：如图 9-52(a)所示，利用厂房中心线 A_1A_1，根据设计轨距在地面上投测出吊车轨道中心线 $A'A'$ 和 $B'B'$。再分别安置经纬仪于吊车轨道中心线的一个端点 A' 上，瞄准另一端点 A'，仰起望远镜，即可将吊车轨道中心线投测到每根柱子的牛腿面上，并弹出墨线。然后根据牛腿面上的中心线和梁端中心线，将吊车梁安置在牛腿面上，如图 9-53 所示。吊车梁安装完后，应检查吊车梁的高程，可将水准仪安置在地面上，在柱子侧面测设＋50 cm 标高线，用钢尺从该线沿柱子侧面向上量至梁面的高度，检查梁面标高是否正确，然后在梁下用铁板调整梁面高程，使之符合设计要求。

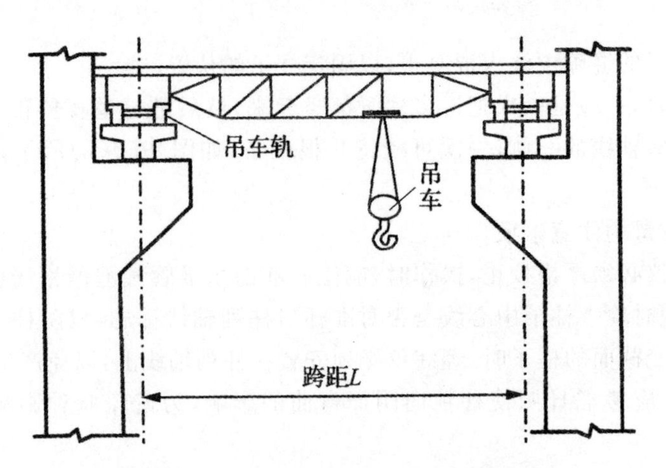

图 9-51 牛腿柱、吊和吊车轨道构造

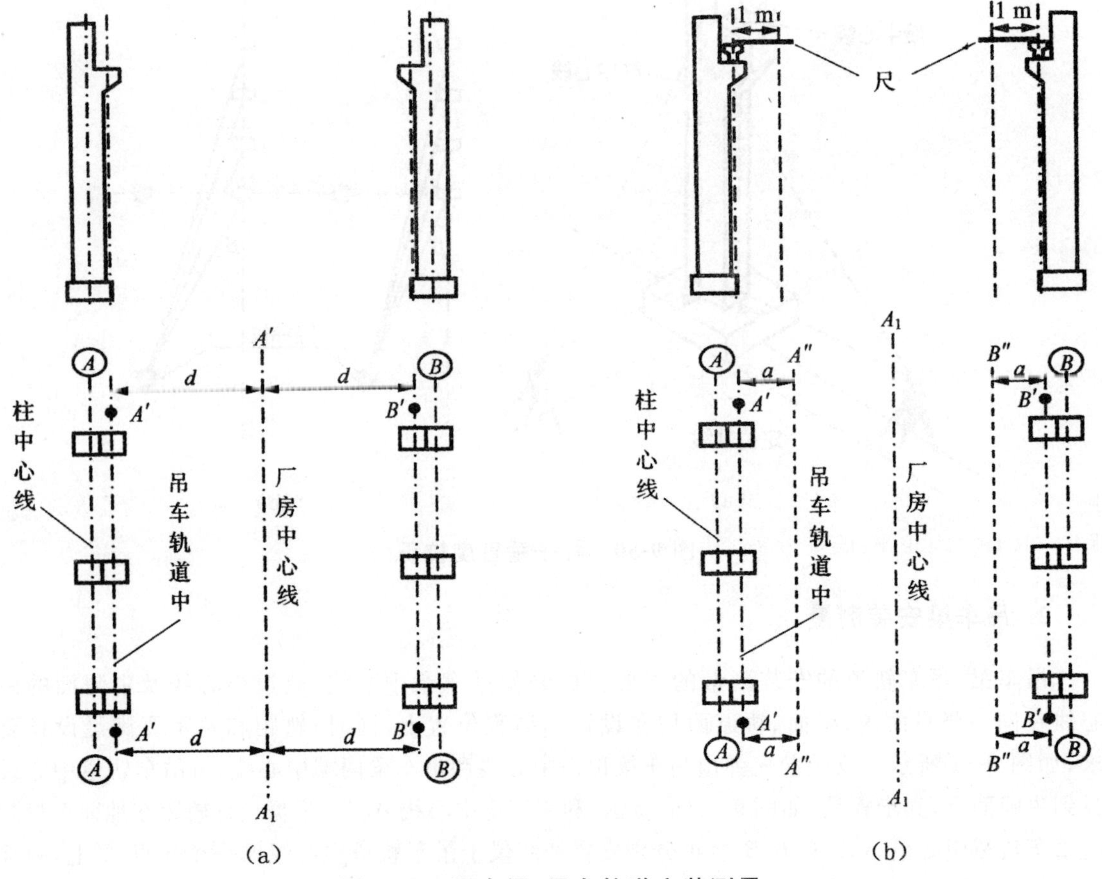

图 9-52 吊车梁、吊车轨道安装测量

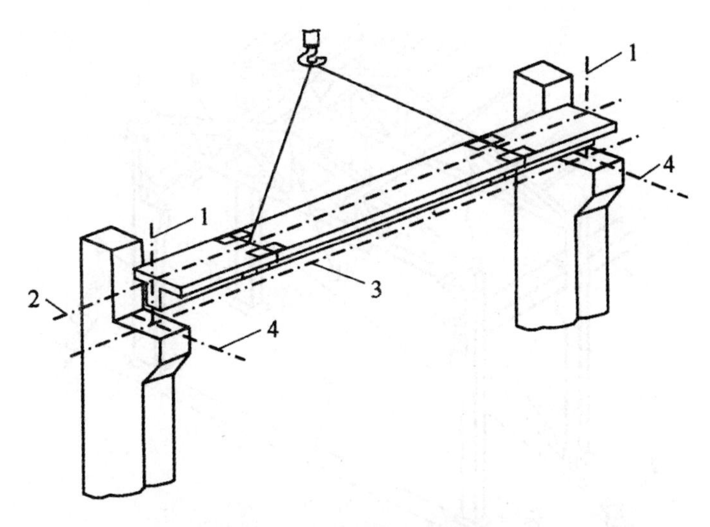

图 9-53　吊车梁吊装

1—吊车梁端面中心线；2—吊车梁顶面中心线；

3—吊车梁对位中心线；4—吊车梁顶面对位中心线（牛腿面中心线）

3. 吊车轨道安装测量

安装吊车轨道之前，须对吊车梁上的中心线进行检测，此项检测多用平行线法。如图 9-52(b) 所示，首先在地面上从吊车轨道中心线向厂房中心线方向量出距离为 a（如 1 m）的平行线 $A''A''$ 和 $B''B''$。然后安置经纬仪于平行线一端 A'' 上，瞄准另一端点 A''，固定照准部，上仰望远镜投测。此时另一人在梁上左右移动横放的尺子，当视线对准尺上 a 刻划时，尺子的零点应与梁面上的中线重合。若不重合应予以改正，可用撬杠移动吊车梁，使吊车梁中线至 $A''A''$（或 $B''B''$）的间距等于 a 为止。

吊车轨道安装就位后，可将水准仪安置在吊车梁上，水准尺直接放在轨顶面上进行检测，每隔 3 m 测一点高程，与设计高程相比，误差应在±3 mm 以内。还要用钢尺检查两吊车轨道间跨距，与设计跨距相比，误差不超过±5 mm。

4. 屋架的安装测量

(1)屋架安装前的准备工作

屋架吊装前，用经纬仪或其他方法在柱顶面放出屋架定位轴线，并应弹出屋架两端头的中心线，以便进行定位。

(2)安装屋架的测量工作

屋架吊装就位时，应使屋架的中心线与柱顶面上的定位线对齐，允许误差为±5 mm。屋架的垂直度可用铅垂或经纬仪进行检查。用经纬仪检校方法如下。

如图 9-54 所示，在屋架上安装三把木尺，一把木尺安装在屋架上弦中点附近，另外两把分别安装在屋架的两端。自屋架几何中心沿木尺向外量出一定距离，一般为 500 mm，做出标志。

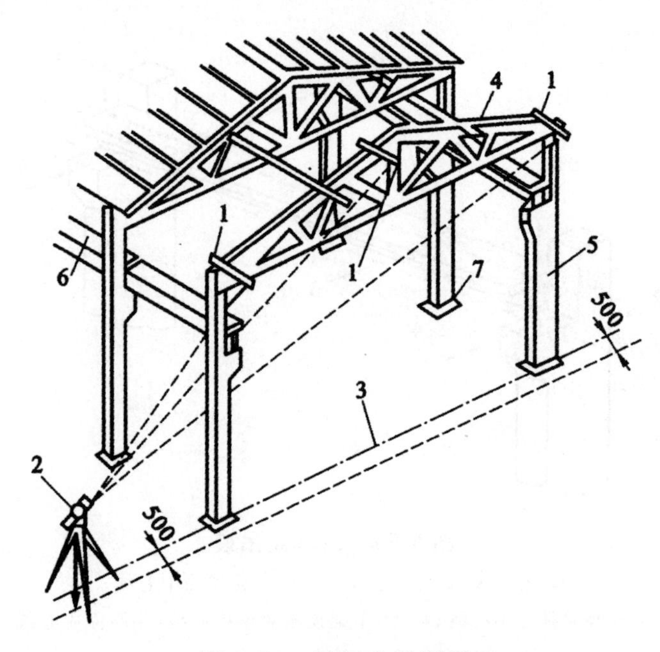

图 9-54 屋架安装测量

1—木尺;2—经纬仪;3—定位轴线;4—屋架;5—柱;6—吊车梁;7—杯形基础

在地面上距屋架中线 500 mm 处,安置经纬仪,观测三把木尺的标志是否在同一竖直面内,如果屋架竖向偏差较大,则用吊车校正,最后将屋架固定。屋架安装的垂直度允许偏差对薄腹梁为±5 mm,对桁架为屋架高的 1/250。

9.3.3 烟囱、水塔施工测量

烟囱和水塔等高矗构筑物,虽然形式不同,但具有基础小、主体高、重心高、稳定性差的共同特点。施工时必须严格控制主体的中心位置偏差,保证主体竖直。如图 9-55 所示为一座超高烟囱,采用滑模施工工艺,用激光垂准仪导向。规范规定:烟囱筒身中心线的垂直度偏差,当高度 H 为 100 m 以内时,误差值应$<0.15H\%$;当高度 H 为 100 m 以上时,误差值应$<0.1H\%$,但不能超过 50 cm。

1. 基础施工测量

如图 9-56 所示,首先,根据设计要求和已有测量控制点情况,拟定测设方案,准备测设数据,并在实地定出基础中心点 O 的位置。然后安置经纬仪或全站仪于 O 点,定出正交的两条定位轴线 AB 和 CD,轴线控制点 A、B、C、D 应选在不易碰动和便于安置仪器的地方,离中心点 O 的距离应大于烟囱或水塔底部直径的 1.5 倍。再以 O 点为圆心,以烟囱或水塔底部半径 r 与基坑开挖时放坡宽度 b 之和为半径(即 $r+b$),在地面上画圆,并撒灰线,以标明开挖边线;同时在开挖边线外侧 2 m 左右的定位轴线方向上标定 E、G、H、F 四个定位小木桩,作为修坑和恢复基础中心用。

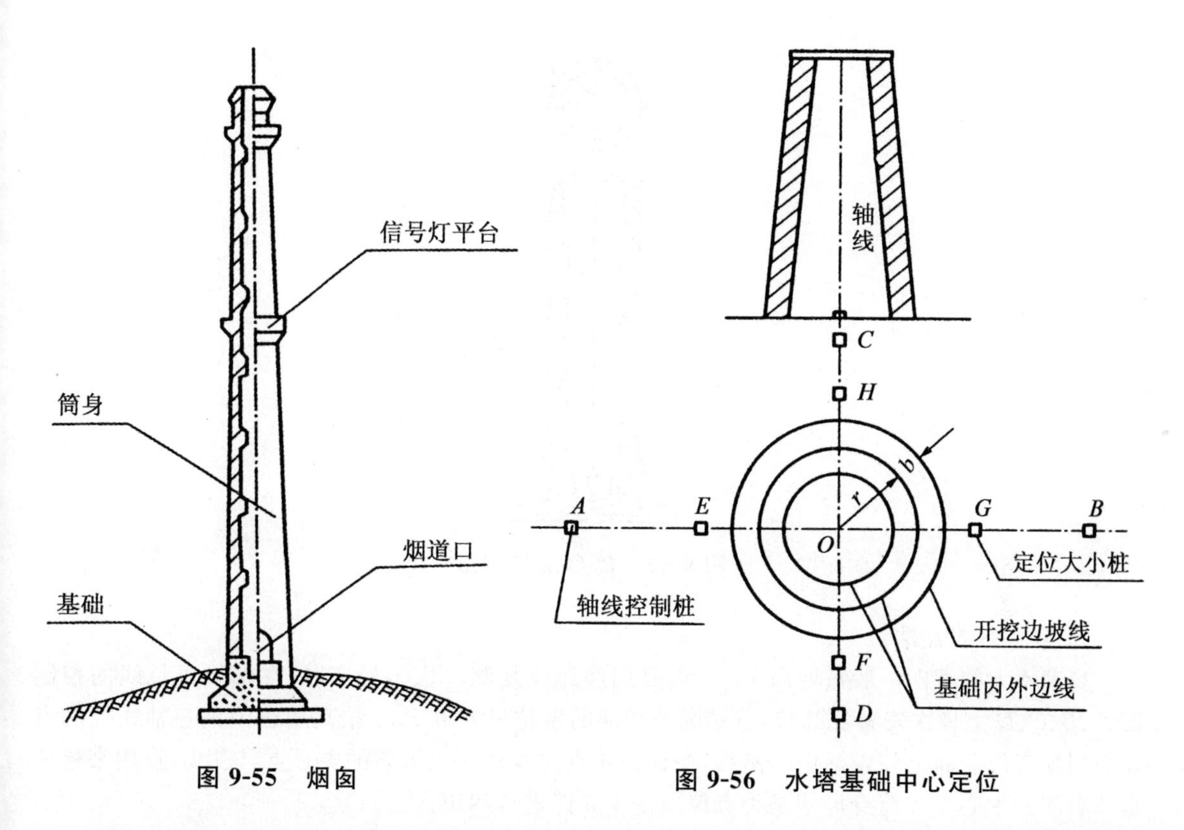

图 9-55　烟囱　　　　图 9-56　水塔基础中心定位

当基坑挖至接近设计深度时，应在坑壁测设标高桩，作为检查挖土深度和确定浇灌混凝土垫层标高用。浇灌混凝土基础时，根据定位小木桩，在基础表面中心埋设角钢，用经纬仪或全站仪将烟囱或水塔中心投到角钢上，并锯刻十字标记，作为主体施工时垂直导向和控制半径的依据。

2. 筒身施工测量

烟囱主体向上砌筑时，筒身中心线、半径、收坡都要严格控制。筒身施工时，需要随时将中心点引测到施工作业面上，以检查施工作业面的中心与基础中心是否在同一铅垂线上。引测的方法常采用吊锤线法、经纬仪投点法和激光导向法。

(1)吊锤线法

如图 9-57 所示，吊锤线法是在施工作业面上架设直径控制杆，它由一根方木和一根刻划尺杆组成，尺杆一端铰接在方木中心，在控制杆中心处挂线坠。线坠用直径 1 mm 细钢丝吊一个质量为 8～12 kg 的大垂球，线坠重量视烟囱高度而定，烟囱越高则使用的垂球越重。将垂球尖对准基础面上的中心标记，则方木中心就是该作业面的中心位置。旋转刻画尺就可以检测筒身半径及外皮尺寸是否符合设计要求。一般砖烟囱每砌筑一步架引测一次中心，混凝土烟囱每升高一次则模板引测一次中心。

吊锤线法是一种垂直投测的传统方法，使用简单，但其易受风的影响，有风时吊锤线发生摆动和倾斜，随着筒身的增高，对中的精度会越来越低。因此，仅适用于高度 100 m 以下的烟囱。

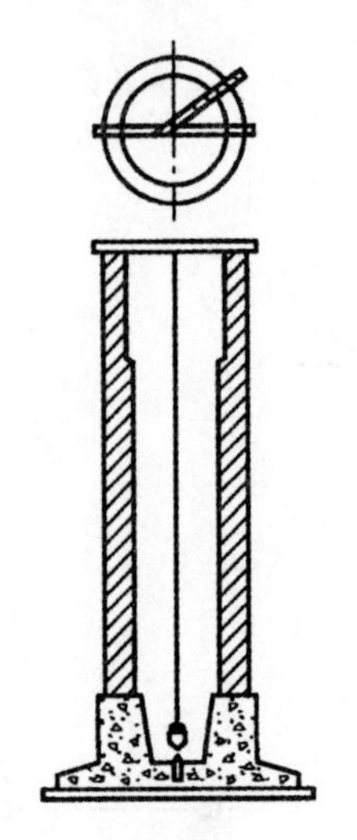

图 9-57　筒身施工测量

(2)经纬仪投点法

高度不大的烟囱一般每增高 10 m 均要用经纬仪复测一次。检座时，在轴线延长线的控制桩 A、B、C、D 上依次安置经纬仪，分别瞄准相应的定位桩 a、b、c、d，抬高望远镜把各轴线控制点投测到施工作业面上并做标记。然后，按标记 4 点拉线法交出烟囱的中心点，该中心点用来检核垂球引测的中心点和筒身尺寸是否有偏差便于立即进行纠正。

(3)激光导向法

对于高度高钢筋混凝土烟囱常采用滑升模板施工，若仍采用吊锤线或经纬仪投测烟囱中心点，无论是投测精度还是投测速度，都难以满足施工要求。为保证精度要求，采用激光铅垂仪投测中心点进行烟囱铅垂定位，投测时，将激光铅直仪安置在烟囱底部的中心标志“十”字上，在施工作业面中央安置接收靶，烟囱模板滑升 25～30 cm 浇灌一层混凝土，每次模板滑升前后各都应进行铅垂定位测量，并及时调整偏差。在筒身施工过程中激光铅垂仪要始终放置在基础的“十”字上，要经常对仪器进行激光束的垂直度检验和校正，以保证施工质量。

3. 筒体高程测量

烟囱筒体标高的控制，一般是先用水准仪，在烟囱底部的外壁上，测设出＋0.500 m(或任一整分米数)的标高线。以此标高线为准，用钢尺直接向上量取高度。施工中应经常用水平尺检查上口的水平度，发现偏差要及时改正。

烟囱筒壁的收坡常用靠尺板控制。靠尺板的形状，如图 9-58 所示，靠尺板两侧的斜边应严格按设计的筒壁倾斜度制作。使用时，把斜边贴靠在烟囱筒体外壁上，若铅垂线恰好通过靠尺板下端缺口，说明筒壁的收坡符合设计要求。

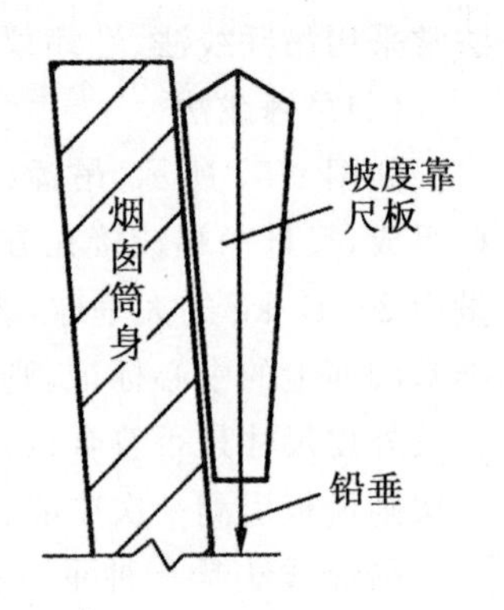

图 9-58　坡度靠尺板

第10章 线路工程测量

10.1 概 述

城镇建设中的线路工程主要有铁路、公路、供水明渠、电力输电线路、通信线路、各种用途的管道工程等。这些工程的主体一般在地面上，但也有在地下或悬在空中的，如地下管道、地下铁道、架空索道和架空输电线路等。各种管线工程在勘测设计和施工管理阶段所进行的测量工作统称为线路工程测量，简称线路测量。

线路勘测设计一般分为初测和定测两个阶段。

初测阶段的任务是：沿路线可能经过的范围内布设导线，测量路线带状地形图，在指定地点测绘工点地形图和纵断面图，收集沿线地质、水文等资料，做纸上定线或现场定线，编制比较方案，为初步设计提供依据。根据初步设计选定某一方案后，即可进入路线的定测工作。

线路测图的比例尺见表10-1，按照《工程测量规范》(GB 50026—2007)规定，路线带状地形图和工点地形图的比例尺为一般为1/5 000～1/1 000，其测绘宽度，当采用“纸上定线法”初测时，路线中线两侧应各测绘200～400 m；采用“现场定线法”初测时，路线中线两侧测绘宽度可减窄为150～250 m。

高速公路和一级公路采用分离式路基时，地形图测绘宽度应覆盖两条分离路线及中间带的全部地形；当两条路线相距很远或中间带为大河与高山时，中间地带的地形可不测。

通过定线，可以在地形图上选定路线曲线与直线位置，定出交点，计算坐标和转角，拟定平曲线要素，计算路线连续里程，然后将设计的交点位置在实地标定出来。

当相邻两交点互不通视或直线较长时，需要在其连线上测定一个或几个转点，以便在交点测量转折角及直线量距时作为照准和定线的目标。

定测阶段的任务是：在选定设计方案的路线上进行路线中线、高程、横断面、纵断面、桥涵、路线交叉、沿线设施、环境保护等测量和资料调查，为施工图设计提供资料。

表10-1 线路测图的比例尺

线路名称	带状地形图	工点地形图	纵断面图		横断面图	
			水平	垂直	水平	垂直
铁路	1∶1 000 1∶2 000 1∶5 000	1∶200 1∶20 1∶500	1∶100 1∶2 000 1∶10 000	1∶200 1∶500 1∶1 000	1∶100 1∶200	1∶100 1∶200

续表

线路名称	带状地形图	工点地形图	纵断面图		横断面图	
			水平	垂直	水平	垂直
公路	1∶2 000 1∶5 000	1∶200 1∶500 1∶1 000	1∶2 000 1∶5 000	1∶200 1∶500	1∶100 1∶200	1∶100 1∶200
架空索道	1∶2 000 1∶5 000	1∶200 1∶500	1∶2 000 1∶5 000	1∶200 1∶500		
自流管线	1∶2 000 1∶5 000	1∶500	1∶1 000 1∶2 000	1∶100 1∶200		
压力管线	1∶2 000 1∶5 000	1∶500	1∶2 000 1∶5 000	1∶200 1∶500		
架空送电线路		1∶200 1∶500	1∶2 000 1∶5 000	1∶200 1∶500		

其中，控制测量是沿线路可能延伸的方向布设测量平面控制点和高程控制点，作为其他各项测量工作的依据；带状地形图测绘是测绘线路两侧一定范围内的地形图，为线路选线和线路设计提供资料；中线测量是按设计要求将线路中心线测设于实地上；纵、横断面测量是测定线路中线方向和垂直于中线方向的地面高低起伏情况，并绘制纵、横断面图，为线路纵坡设计、边坡设计以及土石方工程量计算提供资料，其比例尺需依据工程的实际要求参照表10-1的规定；施工放样测量是根据线路工程施工进度，在实地测设线路的平面位置和高程，为施工提供依据，具体来说，有恢复中线测量、边线测量、填挖高程测量及安装测量等。本章主要介绍中线测量，纵、横断面测量，以及施工放线测量。

道路在通过江河、峡谷或者跨越其他道路时，一般要架设桥梁，桥梁按平面形状可分为直线桥和曲线桥两种；按结构形式可分为简支梁桥、连续梁桥、拱桥、悬索桥、斜拉桥等；按轴线长度可分为小桥（＜30 m）、中桥（30～100 m）、大桥（100～500 m）和特大桥（＞500 m）四种。

桥梁在勘测设计阶段和施工阶段也要进行大量的测量工作。在勘测设计阶段需要测绘岸上地形图、水下地形图和河床断面图；在施工阶段要建立桥梁平面控制网和高程控制网，进行墩、桥台定位和梁的架设等施工测量；在运营阶段，一些重要桥梁还需要定期进行变形观测，以确保其安全使用。

桥梁因为结构复杂，安装定位要求高，对施工测量精度要求较高，特别是大中型桥梁，对轴线测设、墩台定位要求更高，要按照相应的精度等级进行平面控制测量和高程控制测量，并用较精密的方法进行墩台定位和架设梁部结构。本章主要介绍桥梁在施工阶段中的测量工作。

10.2　中线测量

管道的起点、终点和转向点统称为管道的主点，主点的位置和管道方向是设计时确定的。管道中线测量的任务就是根据选线所定的起点、转折点及终点，通过量距测角把渠道或管道中心线的平面位置在地面上用一系列的木桩标定出来。

10.2.1　主点测设数据的准备和测设方法

主点的位置是设计时确定的，主点测设数据根据测设方法的不同而不同，采用何种测设方法，应根据实际情况和精度要求而定。根据管线的起点、转向点和终点的设计坐标与附近地面已有控制点或固定地物点的坐标，可用解析法或图解法求出测设数据，然后进行定线测量。

1. 解析法

当管道规划设计图上已给出主点坐标(或在图上求出主点的坐标)，而且主点附近有控制点时，可以用解析法求测设数据。如图 10-1 所示，A、B、C 等为管道点，1、2、3、4 等为控制点。根据控制点坐标和管道主点的坐标，按坐标反算计算公式即可得到测设数据。

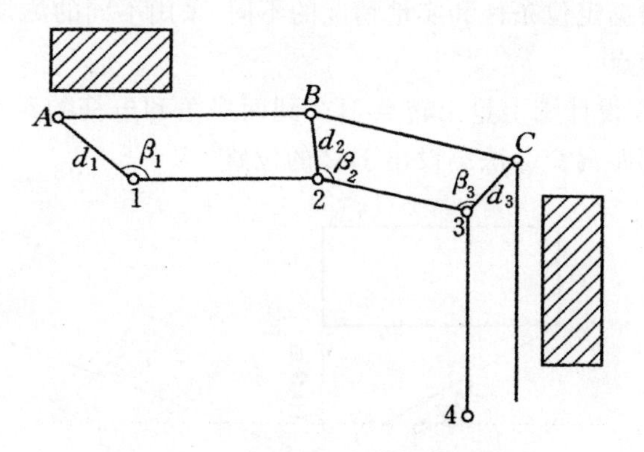

图 10-1　解析法计算测绘数据

2. 图解法

图解法就是在规划设计图上直接量取测设所需数据，如图 10-2 所示。

A、B 是原有管道检修井位置，1、2、3 点是设计管道的主点。欲在地面上测设出 1、2、3 点，可根据比例尺在图上直接量出 d_1、d_2、d_3、d_4 和 d_5，即得测设数据。

主点测设的方法有直角坐标法、极坐标法、距离交会法、角度交会法等。

主点测设完毕必须进行检核，检核方法通常用钢尺丈量两相邻主点间的水平距离，看其是否与设计长度相符。

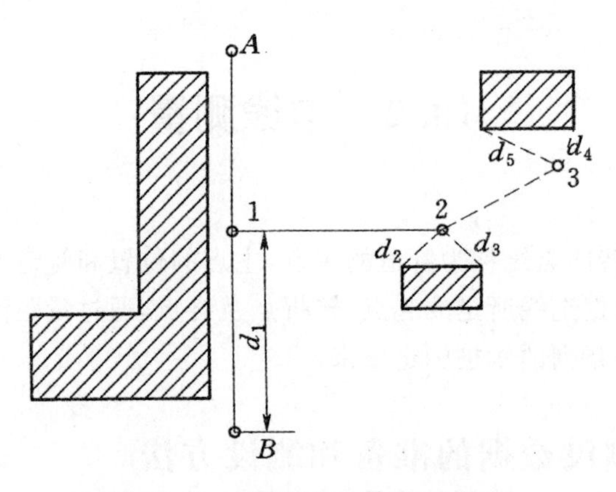

图 10-2　图解法计算测设数据

10.2.2　线路交点和转点的测设

线路中线测量时，应先定出线路的转折点(包括起点和终点)，这些转折点称为交点，用 JD 表示，它是中线测量的控制点。当线路的直线段较长或相邻两交点互不通视时，需要在其连线上或延长线上每隔 200～300 m 测设一个转点，用 ZD 表示。

1. 线路交点的测设

测设线路交点时，根据定位条件和实地情况的不同，采用不同的测设方法。

(1)根据地物测设交点

如图 10-3 所示，可在设计图上量出转点 JD2 到两房角和电杆的距离。经现场检查无误后，即可根据相应的地物，用距离交会法测设出 JD2 的位置。

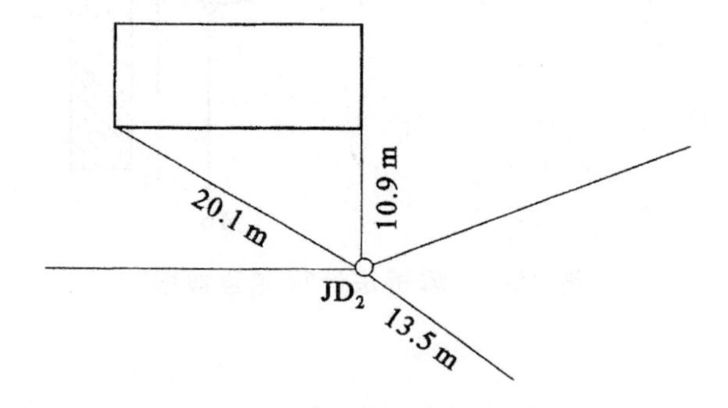

图 10-3　根据地物测设交点

(2)根据已知控制点测设交点

在设计线路的交点坐标已知的情况下，可直接由控制点测设交点。先算出有关测设数据，再按极坐标法、角度交会法或距离交会法测设出交点的位置。

实际工程中，根据平面控制点测设交点时，一般采用全站仪测设交点。

(3)穿线法测设交点

穿线法测设交点是利用图上靠近的导线点或地物点，把线路中心线的直线段独立地测设到地面上。然后将相邻直线延长相交，在地面上测设出交点桩的位置。具体测设过程如下。

1)放点

放点的方法有极坐标法和支距法。如图 10-4 所示，P_1、P_2、P_3、P_4 为图纸上定线的某直线段欲测设的临时点，先在图上以附近的导线点 D_7、D_8 为依据，用量角器和比例尺分别量出 β_1、l_1、β_2、l_2 等放样数据，然后在现场用极坐标法将 P_1、P_2、P_3、P_4 标定出来。

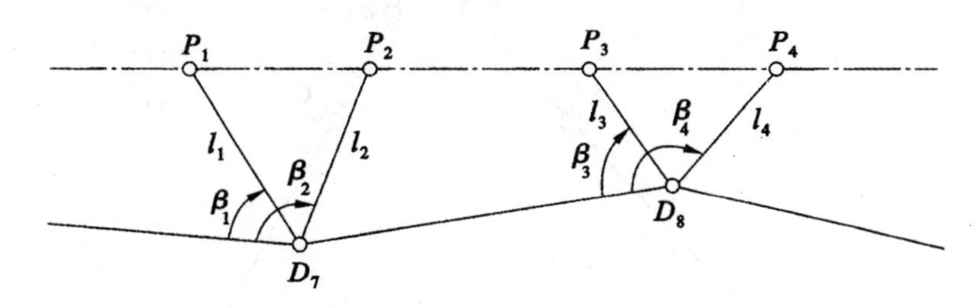

图 10-4 极坐标法放点

按支距法放点时，如图 10-5 所示，先在图上从导线点 D_6、D_7、D_8、D_9 作导线边的垂线分别与中线相交得 P_1、P_2、P_3、P_4 各临时点，用比例尺量取相应的支距 l_1、l_2、l_3、l_4，然后在现场以相应导线点为垂足，用方向架定垂线方向，用钢尺量支距，测设出 P_1、P_2、P_3、P_4 各临时点。

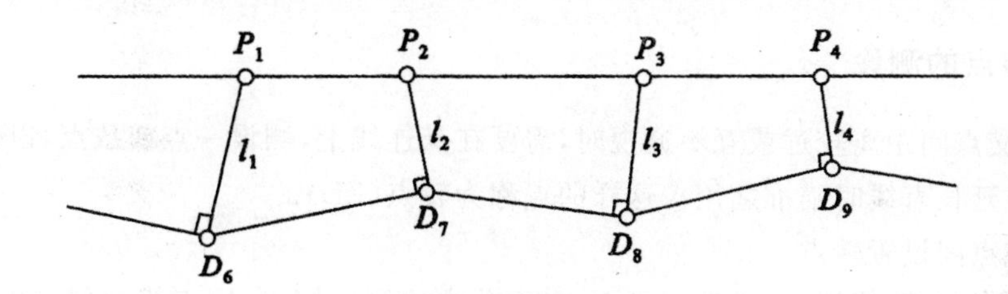

图 10-5 支距法放点

2)穿线

由于图解数据和测设工作的误差，放点测设出的各临时点 P_1、P_2、P_3、P_4 通常并不严格在一条直线上，如图 10-6 所示。这时可根据现场实际情况，采用目估法穿线或用经纬仪视准法穿线，通过比较和选择，定出一条尽可能多穿过或靠近临时点的直线 AB，最后在 A、B 点或其方向线上打下两个以上转点桩，随即取消临时点。若打下的临时桩偏差不大，则只需调整其桩位使其在一条直线上即可。

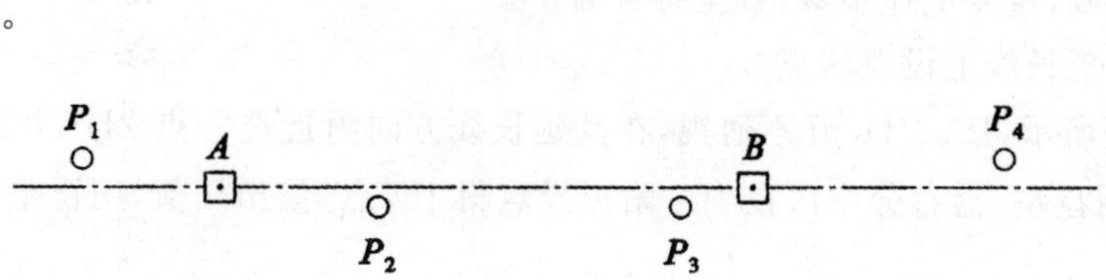

图 10-6 穿线

3)交点

如图 10-7 所示，当在地面上确定两条相交直线 AB、CD 后，即可进行交点。在 B 点安置经纬仪，照准 A 点，倒转望远镜，在视线方向上接近交点 JD_2 的概略位置前后打下两个木桩(骑马桩)，采用盘左、盘右分中法在这两个骑马桩上定出 a、b 两点，并钉小钉，挂上细线。在 CD 方向上，同法定出 c、d 两点，挂上细线，在两细线的相交处打下木桩并钉小钉，得交点 JD_2。

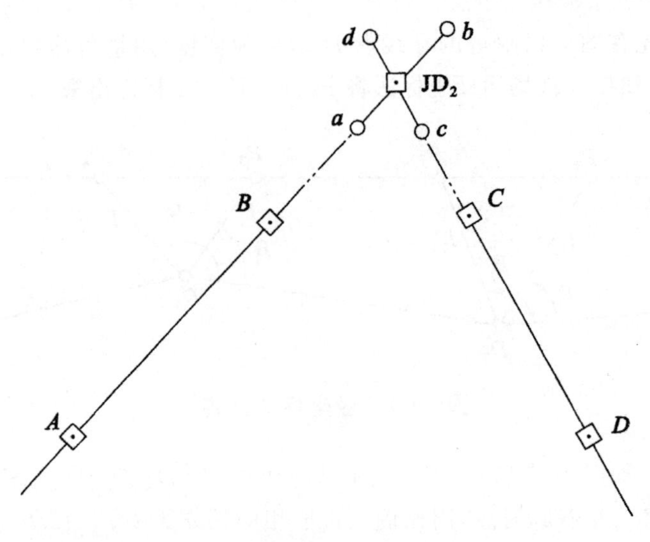

图 10-7 交点

2. 线路转点的测设

当相邻两交点间距离较远或互不通视时，需要在其连线上，测设一点或数点，以供测设交点、转折点、量距或延长直线时瞄准之用。这样的点称为转点(ZD)。

(1)在两交点间设置转点

如果两交点间互不通视，通常采用盘左、盘右分中法测定转点，定点横向偏差每 100 m 不超过 10 mm，在限差内取中点作为转点位置。

如图 10-8(a)所示，如果 JD_5、JD_6 两点不通视，应先置仪器于大致的中间点 ZD′点，在 JD_6 附近定出 JD_5－ZD′的延长点 JD_6' 点，然后量出偏差 f，用视距测量测定距离 a、b，则

$$e=\frac{a}{a+b}f \tag{10-1}$$

将 ZD′按 e 值沿垂直方向移动至 ZD，在 ZD 上安置经纬仪同上法，如果 f 不超限，则认为 ZD 为正确位置，若超限，重复上述步骤，直至符合为止。

(2)在两交点延长线上设置转点

如图 10-8(b)所示，JD_8、JD_9 互不通视，在其延长线方向附近选一点 ZD′，并在该点上安置经纬仪，照准 JD_8，用盘左、盘右分中法在 JD_9 附近投点得 JD_9' 点，量出厂值，用视距测量测定星巨离 a、b，则

$$e=\frac{a}{a-b}f \tag{10-2}$$

将 ZD′按 e 值沿垂直方向移动至 ZD，在 ZD 上安置经纬仪，重复上述工作，直至厂符合要求后桩钉 ZD 点位，即为所求转点。

交点和转点桩钉完后，均应做好标志，以备后用。

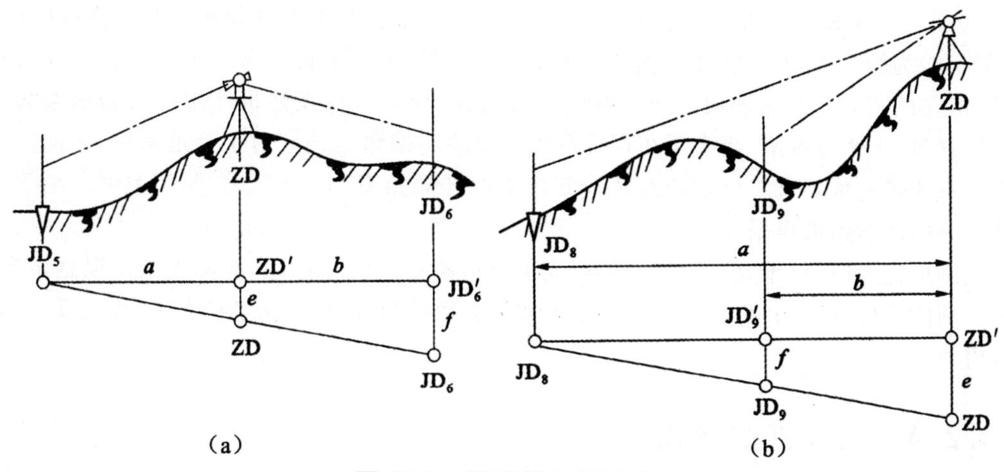

图 10-8　线路转点的测定

10.2.3　转向角测量

管道转变方向时，转变后的方向与原方向之间的夹角称为转向角。测角和测设曲线，距离丈量到转折点，渠道或管道从一直线方向转向另一直线方向，此时，将经纬仪安置在转折点，测出前一直线的延长线与改变方向后的直线间的夹角 I，称为偏角，在延长线左的为左偏角，在右的为右偏角，因此测出的 I 角应注明左或右。根据规范要求：

当 $I<6°$时，不测设曲线；当 $I=6°\sim12°$及 $I>12°$，且曲线长度 $L<100$ m 时，只测设曲线的三个主点桩；当 $I>12°$，同时曲线长度 $L>100$ m 时，需要测设曲线细部。在量距的同时，还要在现场绘出草图，如图 10-9 所示。

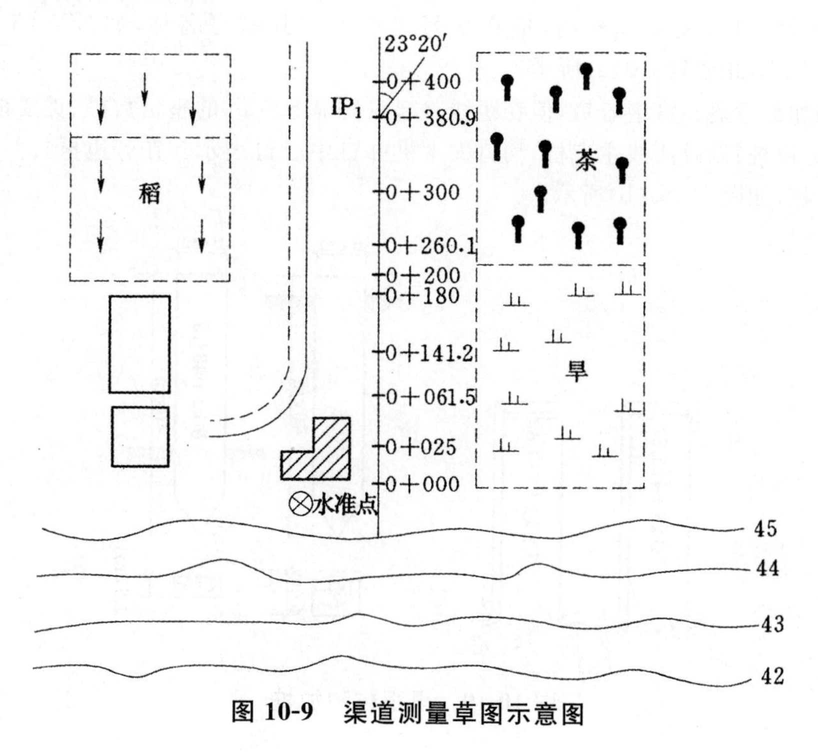

图 10-9　渠道测量草图示意图

图 10-9 中直线表示渠道或管道中心线，直线上的黑点表示里程桩和加桩的位置，IP_1（桩号为 0＋380.9）为转折点，在该点处偏角 $I_{右}=23°20'$，即渠道或管道中线在该点处改变方向右转 $23°20'$。但在绘图时改变后的渠线或管线仍按直线方向绘出，仅在转折点用箭头表示渠线或管线的转折方向（此处为右偏，箭头画在直线右边），并注明偏角角值。对于管道来讲，转向角要满足定型弯头的转向角要求。例如给水铸铁管弯头的转向角有 90°、45°、22.5°等类型。至于渠道或管道两侧的地形则可根据目测勾绘。

中线测量完成后，对于大型渠道一般应绘出渠道测量路线平面图，在图上绘出渠道走向、各弯道上的圆曲线桩点等，并将桩号和曲线的主要元素数值（I、L 和曲线半径 R、切线长 T）注在图中的相应位置上。

10.2.4 里程桩的测设

1. 里程桩及其测设方法

为测定线路长度和确定中线位置，从线路起点开始，沿中线方向每隔一定距离测设一个里程（中桩）。里程桩分为整桩和加桩两种。桩上标注桩号（亦称里程），表示该桩距路线起点的距离。如某加桩距路线起点的距离为 3 208.50 m，其桩号为 k3＋208.50。

由路线起点开始，每隔 20 m 或 50 m 设置一整桩，百米桩和公里桩均属于整桩。加桩分为地形加桩、地物加桩、曲线加桩和关系加桩。地形加桩是于中线上地面坡度变化处和中线两侧地形变化较大处设置的桩；地物加桩是在中线上桥梁、涵洞等人工构筑物处，以及与公路、铁路、渠道等相交处设置的桩；曲线加桩是在曲线的起点、中点、终点和细部点设置的桩；关系加桩是在转点和交点上设置的桩。

在书写曲线加桩和关系加桩时，应在桩号之前加写其缩写名称，如“ZY k3＋134.68”、“JDk8＋4 25.82”，如图 10-10(a)所示。

里程桩和加桩一般不钉中心钉，但在距线路起点每隔 500 m 的整倍数桩、重要地物加桩（如桥位桩、隧道定位桩）以及曲线主点桩，均钉大木桩并钉中心钉表示。在旁边再打一个标有桩名和桩号的指示桩，如图 10-10(b)所示。

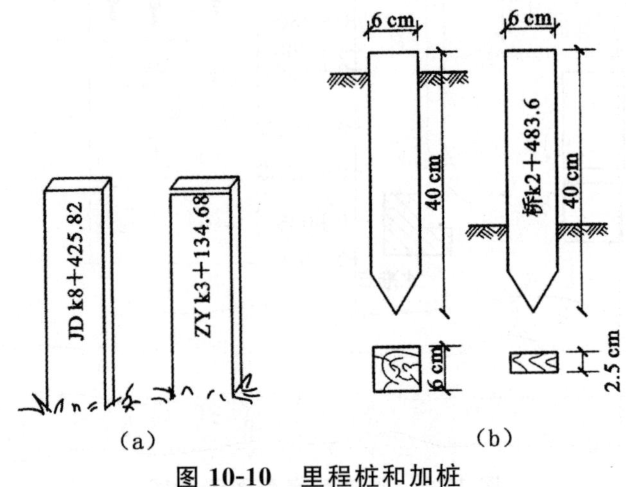

图 10-10　里程桩和加桩

测设里程桩一般用经纬仪定向，距离丈量视精度要求而定，高速公路和铁路用一般用全站仪；城镇规划道路用钢尺丈量，精度应高于 1/3 000。桩号一般用红漆写在木桩朝向线路起始方向的一侧或附近明显地物上，字迹要工整、醒目。

2. 断链及处理方法

如果发生局部地段改线或分段测量以及丈量或计算错误等，均会造成线路里程桩不连续，称为断链。桩号重叠的叫长链。桩号间断的叫短链。发生断链时，应在测量成果中注明，并在实地设置断链桩，断链桩不要设在曲线内或建筑物上，桩上应注明线路来向去向的里程及应增减的长度。一般在等号前后分别注明来向、去向里程，如改 2＋100＝原 2＋080，即长链 20 m。

10.3　线路纵、横断面测量

道路纵断面测量又称为中线水准测量，它的任务是测量道路中线上各里程桩的地面高程，根据中桩的里程和高程绘制出线路的纵断面图，供道路纵断面设计之用。横断面测量是测量中线各里程桩两侧垂直于中线的地面高程，绘制路线横断面图，供路基设计，土石方量计算以及确定填、挖边界线之用。道路施工前的纵、横断面测量是为了复测，施工中是为了计算土石方量。

10.3.1　基平测量

道路纵、横断面测量是在道路沿线，带状延伸性进行，为了保证高程测量的精度，必须遵循"从整体到局部，先控制后碎部"的测量总原则，即首先沿线路方向每隔一定距离设置水准点，建立线路的高程控制网测量，作为纵、横断面水准测量的依据，称为基平测量。

水准点是道路勘测和施工阶段高程测量的控制点，根据路线长短及不同的用途和需要，应首先沿线路方向布设足够的临时性水准点和必要的永久性水准点。在沿线路中心一侧或两侧不受施工影响的地方，一般路线每隔 1～2 km 设置一个永久性水准点，在大桥两侧、隧道两端也应埋设永久性水准点。为了方便使用，在永久性水准点之间，沿线每隔 300～500 m 还应埋设置临时性水准点。一般基平测量按四等水准测量的技术要求进行实施。

由于道路施工现场比较杂乱和施工期较长，基平测量还应视现场情况、工期长短，对各水准点进行检测和复测，以保证水准点的可靠性。

10.3.2　纵断面水准测量

渠道或管道纵断面测量是以沿线测设的三、四等水准点为依据，按五等水准测量的要求从一个水准点开始引测，测出一段渠线上各中心桩的地面高程后，附合到下一个水准点进行校核，其闭合差不得超过 $50\sqrt{L}$ mm（L 为管道长度，以 km 为单位）。

如图 10-11 所示，从 BM_1 高程为 76.605 m 引测高程，依次对 0＋000、0＋100 进行观测，由于这些桩相距不远，按渠道或管道测量的精度要求，在一个测站上读取后视读数后，可连续观测几个前视点(水准尺距仪器最远不得超过 150 m),然后转至下一站继续观测。这样计算高程时采用“视线高法”较为方便。

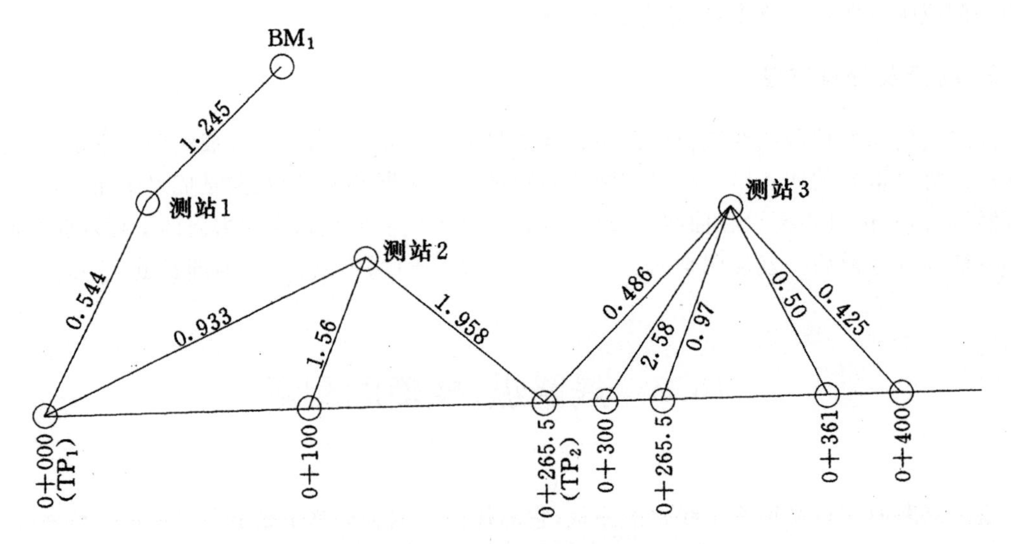

图 10-11　纵断面测量示意图

其观测与记录及计算步骤如下。

(1)读取后视读数,并算出视线高程

$$视线高程=后视点高程+后视读数 \tag{10-3}$$

在第 1 站上后视点 BM_1,读数为 1.245,则视线高程为:

$$76.605\ \mathrm{m}+1.245\ \mathrm{m}=77.850\ \mathrm{m}$$

(2)观测前视点并分别记录前视读数

由于在一个测站上前视要观测好几个桩点,其中仅有一个点是起着传递高程作用的转点,而其余各点只需读出前视读数就能得出高程,为区别于转点,称为中间点。中间点上的前视读数精确到 cm 即可,而转点上的观测精度将影响到以后各点,要求读至 mm,同时还应注意仪器到两转点的前、后视距离大致相等(差值不大于 20 m)。用中心桩作为转点,要置尺垫于桩一侧的地面,水准尺立在尺垫上,若尺垫与地面高差小于 2 cm,可代替地面高程。观测中间点时,可将水准尺立于紧靠中心桩旁的地面,直接测算得地面高程。

(3)计算测点高程

$$测点高程=视线高程-前视读数 \tag{10-4}$$

例如,表 10-2 中,0+000 作为转点,它的高程=77.850-0.544(第一站的视线高程-前视读数)=77.306 m,凑整成 77.31 m 为该桩的地面高程。0+100 为中间点,其地面高程为第二站的视线高程减前视读数:$H=78.239-1.56=77.679$ m,凑整为 77.68 m。

(4)计算校核和观测校核

当经过数站(如表 10-2 中为 7 站)观测后,附合到另一水准点 BM_2(高程已知,74.451 m),以检核这段渠线测量成果是否符合要求。为此,先要按下式检查各测点的高程计算是否有误,即

$$后视读数-\sum 转点前视读数=BM_2\ 的高程-BM_1\ 的高程 \tag{10-5}$$

如例中(表 10-2)$\sum$ 后$-\sum$ 前 (转点)与终点高程(计算值)—起点高程均为-2.139 m,说

明计算无误。

但 BM_2 的已知高程为 74.451 m,而测得的高程是 74.466 m,则此段渠线的纵断面测量误差为:74.466－74.451＝＋15 mm,此段共设 7 个测站,允许误差为 $\pm 10\sqrt{7} = \pm 26$ mm,观测误差小于允许误差,成果符合要求。由于各桩点的地面高程在绘制纵断面图时仅需精确至 cm,其高程闭合差可不进行调整。

表 10-2　纵断面水准测量记录

测站	测点	后视读数(m)	视线高(m)	前视读数(m)		高程(m)	备注
				中间点	转点		
1	BM_1	1.245	77.850			76.605	已知高程
	0＋000(TP_1)	0.933	78.239		0.544	77.306	
2	100			1.56		76.68	
	200(TP_2)	0.486	76.767		1.958	76.281	
3	265.5			2.58		74.19	
	300			0.97		75.80	
	361			0.50		76.27	
	400(TP_3)				0.425	76.342	
…	…	…	…	…	…	…	
7	0＋800(TP_6)	0.848	75.790		1.121	74.942	
	BM_2				1.324	74.466	已知高程为 74.451
计算校核	$\sum$8.896　11.035 $\sum$后 $-\sum$前 $= 8.896 - 11.035 = 2.139$ $H_{终} - H_{起} = 74.466 - 76.605 = 2.139$						

10.3.3　纵断面图的绘制

道路纵断面图反映道路沿中线方向地面的高低起伏状况,是道路纵断面设计的基础资料。纵断面图根据纵断面水准测量(中平水准测量)结果绘制,也可以根据道路带状地形图绘制。

图 10-12 所示为一道路纵断面设计图。以里程为横轴,以"km"为单位,其比例尺一般为 1/2 000 或 1/1 000,如根据地形图或带状地形图绘制,则应同地形图比例尺,即以高程为纵轴,以"m"为单位。为了使地面起伏表示更加明显,其纵轴比例尺一般为横轴比例尺的 10 倍或 20 倍。

图的上部为道路纵断面设计图,其中细实线为原地面线,粗实线为道路设计线。

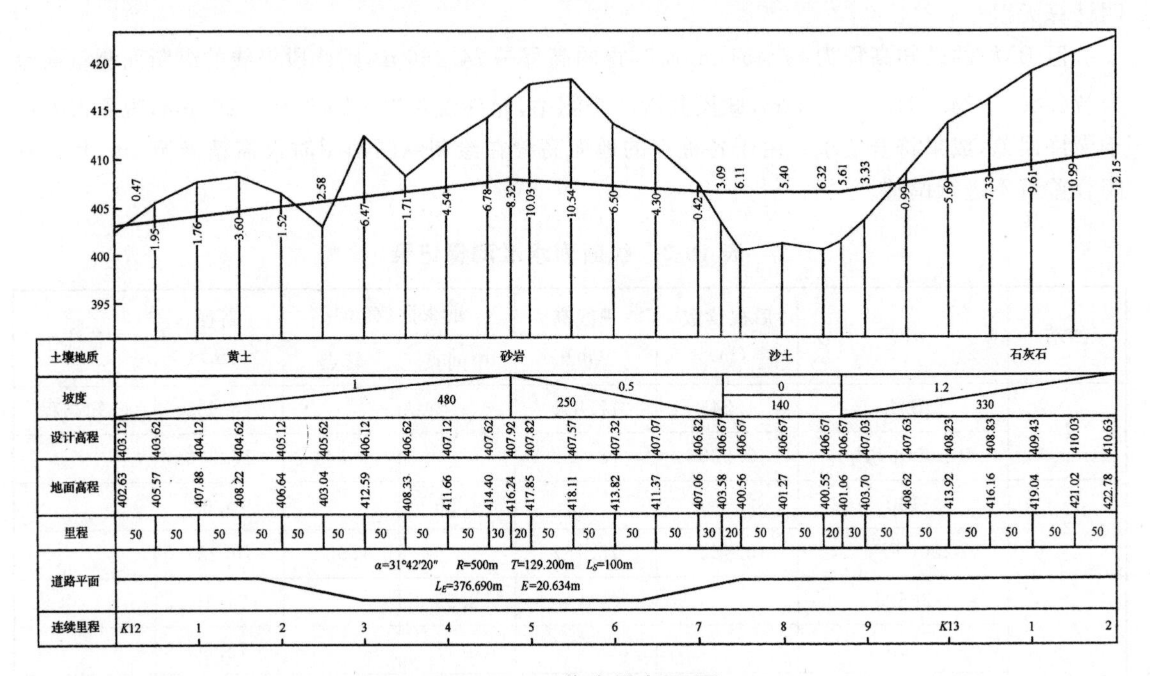

图 10-12　道路纵断面图

图 10-12 的下部表格，从下至上分别为：

道路平面——表示道路的直线和曲线。圆曲线用直角折线表示，带缓和曲线圆曲线处用锐角折线表示。上凸表示曲线右转，下凸表示曲线左转。

里程——道路长度按图比例，在百米和整公里处注字，表示其里程。

地面高程——标注各里程桩处的地面高程。

设计高程——标注各里程桩处的设计高程。

坡度——按设计坡段标注设计地面坡度。从左向右，上斜直线表示上坡；下斜直线表示下坡；水平直线表示地面水平。线上数字为坡度百分数；线下数字为该坡段长度。

土壤地质——标注道路沿线土壤及地质状况和性质。

填、挖——表示设计高程与原地面高程之差，正号表示填土高度；负号表示挖土深度；填、挖尺寸可以写在表格内，也可以标注在设计道路线的上面和下面。填土尺寸注在线上，挖土尺寸注在线下。

设计高程由下式计算为

$$H_i = H_0 + i \cdot D \tag{10-6}$$

式中，H_i 为所求点高程；H_0 为设计坡度起算点高程；i 为设计坡度，上坡为正，下坡为负；D 为起算点至所求点水平距离。

10.3.4　横断面图的测绘

横断面图是道路横断面设计及土石方工程量计算和施工的基础资料。横断面图反映垂直于道路中线方向的地面高低起伏状况。横断面测量的主要工作有：确定横断面方向、横断面水准测量、测量地形点到中线的水平距离及绘制横断面图。横断面测量的宽度根据实际要求和地形情况而确定，一般从道路中线向两侧各测 15～20 m，距离和高差分别精确到 10.1 m 和 0.5 m。

1. 确定横断面方向

横断面方向，对于直线段是与道路中线相垂直的方向，如图 10-13 中，A 点、ZY 点和 YZ 点处的横断面方向分别为 aa'、zz' 和 yy'。在曲线段上横断面方向是与曲线的切线相垂直的方向，如图 10-13 中 P_1、P_2 点的横断面方向为 $P_1'P_1''$、$P_2'P_2''$。

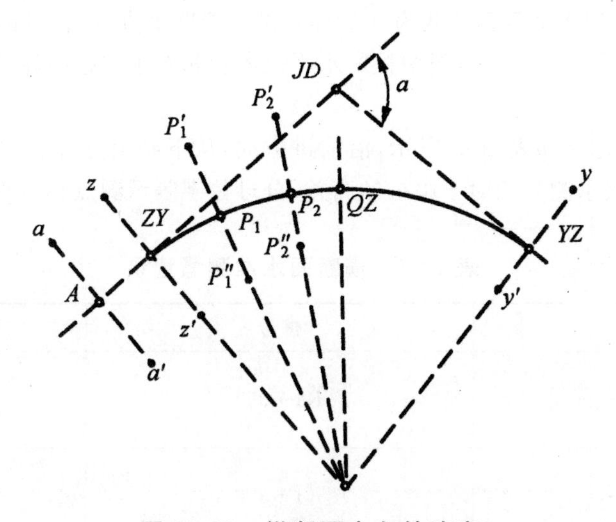

图 10-13　纵断面方向的确定

测定横断面方向一般用目估法和图 10-14 所示的“＋”字方向架法即可。

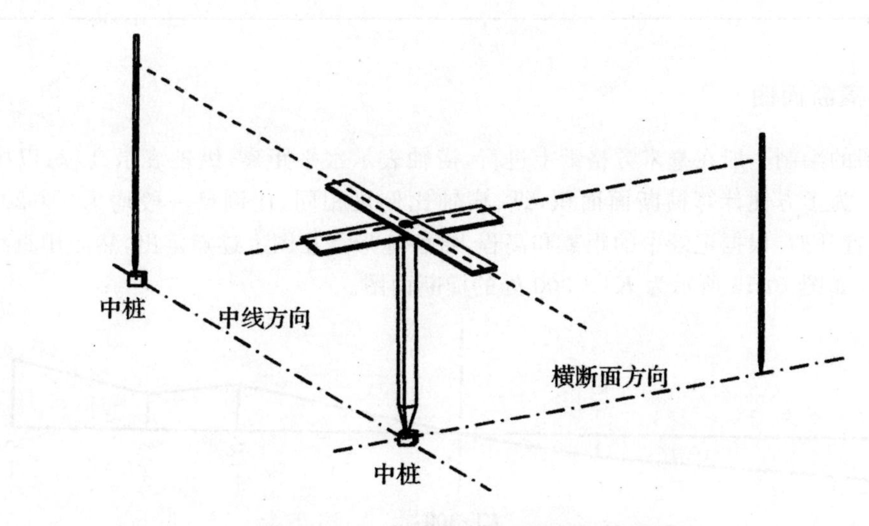

图 10-14　直线段横断面方向的测定

2. 横断面水准测量

横断面水准测量是在道路里程桩处进行，往往精度要求不高，对于一般工程，精确到 cm 即可。横断面水准测量通常采用花杆和皮尺、水准仪或经纬仪视距测量等方法。用花杆和皮尺进行测量，就是用皮尺丈量距离，目估皮尺水平，并目估皮尺在花杆上读数，来测量高差。此方法不够精确，仅适用于精度要求不高的观测。

用水准仪进行横断面水准测量最为精确，施测时可与纵断面水准测量同时进行，把横断面上各点作为纵断面水准测量的中间视看待，也可单独进行测量，把中桩作为后视，用仪高法测定个点的高程。因地形条件限制，该方法工作量较大。经纬仪视距法精度比较适当，操作方便，在地形困难地区使用较为方便。

经纬仪视距法是将经纬仪安置在中桩上，量取仪器高，后视另一里程桩，将水平度盘调至0°00′00″，转动照准部使水平度盘读数为90°，即对准与线路垂直方向。沿视线方向，在坡度变化处立尺。按视距测量方法求出该点至中桩的水平距离和相对于中桩的高差。如此测出道路另一侧各坡度变化点。

横断面水准测量记录如表10-3所示，沿前进方向，从下到上分左右侧记录。每一分式表示一个测点，分子数字表示测点相对于中桩的高差；分母数字表示测点相对于中桩的水平距离。

表10-3　横断面水准测量记录

左侧	桩号	右侧
$\frac{-1.2}{10.0}\frac{-1.4}{7.2}\frac{-0.4}{1.5}$	$K1+350$	$\frac{+0.8}{4.0}\frac{+1.5}{10.0}$
$\frac{-1.0}{10.0}\frac{-0.5}{3.5}$	$K1+300$	$\frac{+1.0}{5.0}\frac{+0.8}{7.0}\frac{+1.5}{10.0}$
$\frac{-0.8}{10.0}\frac{-0.2}{4.0}$	$K1+250$	$\frac{+0.8}{4.0}\frac{+1.0}{6.0}\frac{+1.6}{10.0}$

3. 绘制横断面图

横断面图的绘制一般在毫米方格纸上进行，横轴表示水平距离，纵轴表示高程，以中桩位置为坐标原点。为了方便计算横断面面积，纵、横轴比例尺相同，比例尺一般均为1∶200。绘图时，由中桩位置开始，根据记录中的距离和高程，将各地形点在图上逐点定出，然后用直线连接即为横断面图。如图10-15所示为$K1+300$处的横断面图。

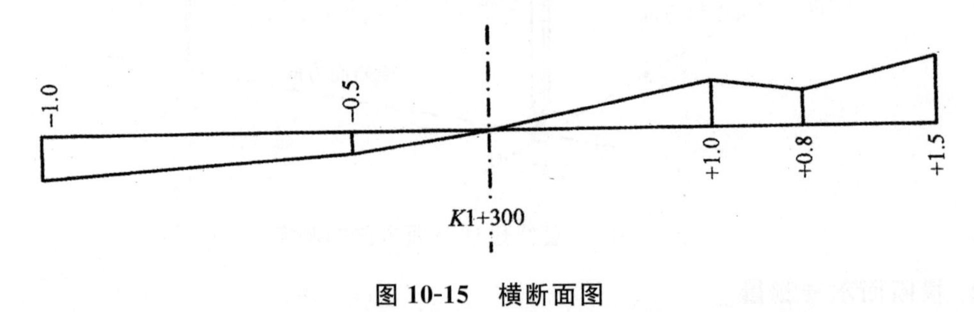

图10-15　横断面图

横断面图的绘制，如有条件应在现场边测边绘，以便随时检查，保证测绘无误。但是，这将影响实测进度。

10.4 道路施工测量

10.4.1 恢复中线测量

道路勘测完成到开始施工这段时间内，有一部分中线桩可能被碰动或丢失，因此施工前应根据原定线条件进行复核，并将碰动和丢失的交点桩和中线桩校正和恢复好。恢复中线时，应将道路附属物，如涵洞、检查并和挡土墙等的位置一并定出。对于部分改线地段，应重新定线，并测绘相应的纵横断面图。

10.4.2 施工控制桩的测设

由于中线桩在路基施工中都要被挖掉或堆埋，为了在施工中能控制中线位置，应在不受施工干扰、便于引用、易于保存桩位的地方，测设施工控制桩。测设方法主要有平行线法和延长线法两种，可根据实际情况互相配合使用。

1. 平行线法

如图10-16所示，在路基以外测设两排平行于中线的施工控制桩。此时适用于地势平坦、直线段较长的地段。

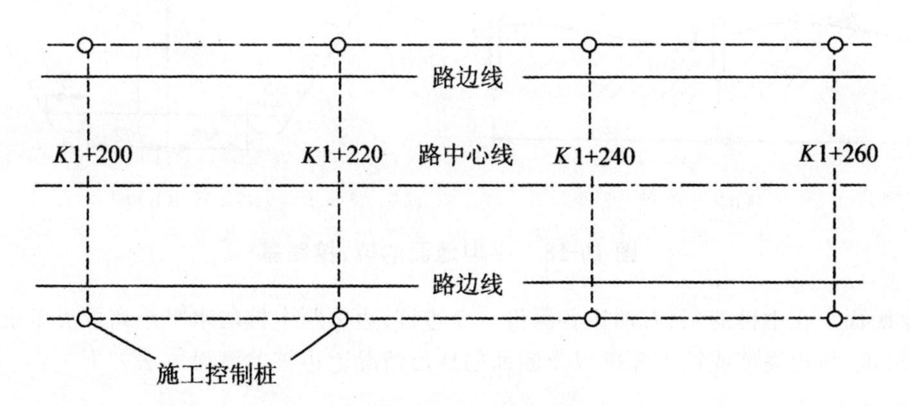

图10-16 平行线法

2. 延长线

延长线法是在道路转折处的中线延长线上，以及曲线中点至交点的延长线上测设施工控制桩，如图10-17所示，每条延长线上应设置两个以上的控制桩，量出其间距及交点的距离，作好记录，据此恢复中线交点。延长线法多用于地势起伏较大、直线段较短的道路。

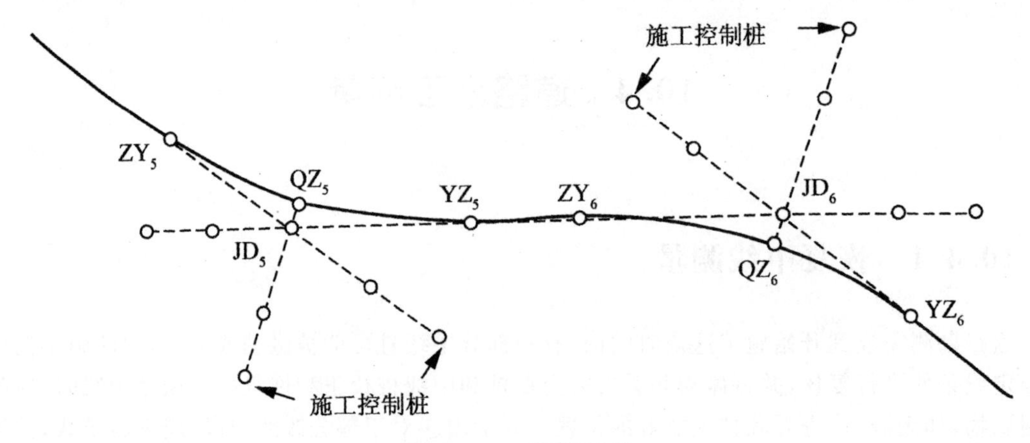

图 10-17　延长线法

10.4.3　路基边桩测设

路基的形式主要有 3 种，即填方路基[称为路堤，如图 10-18(a)所示]挖方路基[称为路堑，图 10-18(b)所示]和半填半挖路基(图 10-18)。路基边桩测设，就是把设计路基的边坡与原地面相交的点测设出来，在地面上钉设木桩(称为边桩)，作为路基施工的依据。

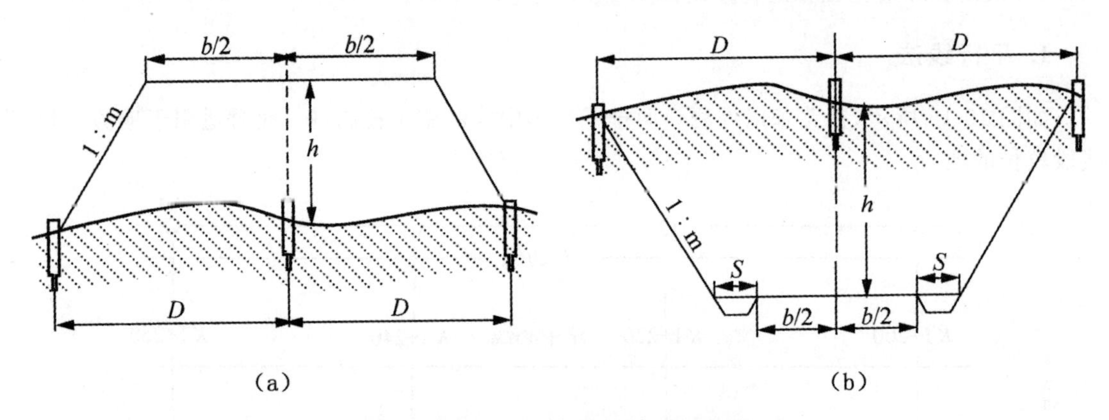

图 10-18　平坦地面的填、挖路基

每个断面上在中桩的左、右两边各测设一个边桩，边桩距中桩的水平距离取决于设计路基宽度、边坡坡度、填土高度或挖土深度以及断面的地形情况。边桩的测设方法如下。

1. 图解法

即直接在路基设计的横断面图上，按比例量取中桩至边桩的距离，然后在实地用钢尺沿横断面方向将边桩丈量并标定出来。在填挖方不大时，采用此方法较简便。

2. 解析法

解析法是通过计算求出路基中桩至边桩的距离，在平地和山坡，计算和测设方法不同，下面分别介绍。

(1)平坦地面

如图 10-18 所示,平坦地面的路堤与路堑的路基放线数据可按下列公式计算:

路堤

$$D_{左}=D_{右}=\frac{b}{2}+mh \tag{10-7}$$

路堑

$$D_{左}=D_{右}=\frac{b}{2}+S+mh \tag{10-8}$$

式中,$D_{左}$、$D_{右}$ 分别为道路中桩至左、右边桩的距离;b 为路基的宽度;$1:m$ 为路基边坡坡度;h 为填土高度或挖土深度;S 为路堑边沟顶宽。

(2)倾斜地面

图 10-19 为倾斜地面路基横断面图,设地面为左边低,右边高,则由图可知

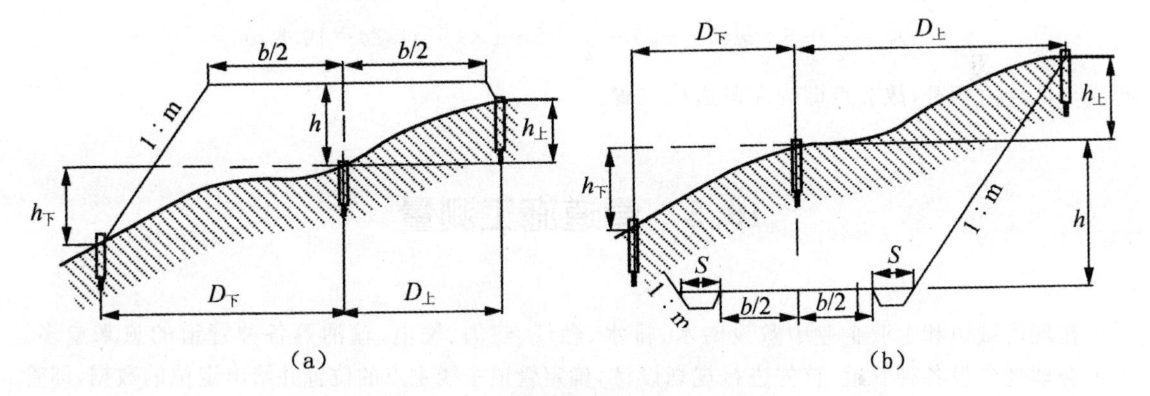

图 10-19　倾斜地面路基横断面图

路堤

$$D_{下}=\frac{b}{2}+m(h+h_{下}) \tag{10-9}$$

$$D_{上}=\frac{b}{2}+m(h-h_{上}) \tag{10-10}$$

路堑

$$D_{下}=\frac{b}{2}+S+m(h-h_{下}) \tag{10-9}$$

$$D_{上}=\frac{b}{2}+S+m(h-h_{上}) \tag{10-10}$$

上式中,b、m 和 S 均为设计时已知,因此 $D_{下}$、$D_{上}$ 随 $h_{下}$、$h_{上}$ 而变,而 $h_{下}$、$h_{上}$ 为左、右边桩地面与路基设计高程的高差,由于边桩位置是待定的,故 $h_{左}$、$h_{右}$ 均不能事先知道。在实际测设工作中,是沿着横断面方向,采用逐渐趋近法测设边桩的。现以测设路堑左边桩为例进行说明。如图 10-19(b)所示,设路基宽度为 10 m,左侧边沟顶宽度为 2 m,中心桩挖深为 5 m,边桩坡度 1∶1,测设步骤如下。

(1)估计边桩位置

根据地形情况,估计左边桩处地面比中桩地面低 1 m,即 $h_{左}=1$ m,则代入式(10-9)得左边柱的近似距离

$$D_{下}=\frac{b}{2}+S+m(h-h_{下})=\frac{10}{2}+2+1\times(5-1)=11\ \text{m}$$

在实地沿横断面方向往左测量 11 m,在地面上定出 1 点。

(2)实测高差

用水准仪实测 1 点与中柱之高差为 1.5 m,则 1 点距中柱之平距应为

$$D_{下}=\frac{b}{2}+S+m(h-h_{下})=\frac{10}{2}+2+1\times(5-1.5)=10.5\ \text{m}$$

此值比初次估算值小,故正确的边柱位置应在 1 点内侧。

(3)重估边柱位置

正确的边柱位置应在距离中柱 10.5～11 m,重新估计边柱距离为 10.8 m,在地面上定出两点。

(4)重测高差

测出 2 点与中柱的实际高差为 1.2 m,则 2 点与中柱之水平距离为

$$D_{下}=\frac{b}{2}+S+m(h-h_{下})=\frac{10}{2}+2+1\times(5-1.2)=10.8\ \text{m}$$

此值与估计值相符,故 2 点即为左侧边柱位置。

10.5 管道施工测量

在现代城镇和工业企业中敷设给水、排水、燃气、热力、输电、输油等各种管道的愈来愈多。为了合理地敷设各种管道,首先进行规划设计,确定管道中线主点的位置并给出定位的数据,即管道的起点、转向点及终点的坐标、高程。然后将图纸上所设计的中线测设于实地,作为施工的依据。管道施工测量的主要任务,是根据上程进度的要求向施工人员随时提供中线方向和标高位置。

10.5.1 准备工作

1. 收集和熟悉管道的设计图纸

收集和熟悉管道的设计图纸,了解管道的性质和敷设方法对施工的要求,以及管道与其他建筑物的相互关系;认真核对设计图纸,了解精度要求和工程进度安排等;深入施工现场,熟悉地形,找出各桩点的位置。

2. 校核中线

若设计阶段在地面上标定的中线位置就是施工时所需要的中线位置,且各桩点完好,则仅需校核一次,不需重新测设。若有部分桩点丢损或施工的中线位置有所变动,则应根据设计资料重新恢复旧点或按改线资料测设新点。

3. 加密水准点

为了在施工过程中便于引测高程,应根据设计阶段布设的水准点,于沿线附近每隔约 150 m 增设一个临时水准点。

10.5.2　管道施工测量

1. 槽口防线

槽口防线是根据管径大小、埋设深度和土质情况，决定管槽开挖宽度，并在地面上订设边柱。土质坚实，管槽可垂直开挖，这时槽口宽度即等于设计槽底宽度。若需要放坡，且地面横坡比较平坦，槽口宽度可按下式计算：

$$D_{左}=D_{右}=\frac{b}{2}+mh$$

式中，$D_{左}$、$D_{右}$ 为管道中柱至左右边柱的距离；b 为槽底宽度；1：m 边坡坡度；h 为挖土深度。

2. 施工过程中的中线高度和坡度测设

管槽开挖及管道的安装盒埋设等施工过程中，要根据进度反复地进行设计中线、高度和坡度的测设。下面介绍两种经常用的方法。

(1)坡度板法

坡度板是用来控制中线和构筑物位置，掌握设计高程坡度的标志，一般跨槽设置，如图 10-20 所示，每隔 10～20 m 设置一块，并编以柱号。坡度板应根据工程进度及要求及时设置，当槽深在 2.5 m 以内时，应于开槽前埋设在槽口上；当槽深在 2.5 m 以上时，应待开挖至槽底 2 m 左右时再埋设在槽内，如图 10-21 所示。坡度板应埋设牢固，板面要求保持水平。

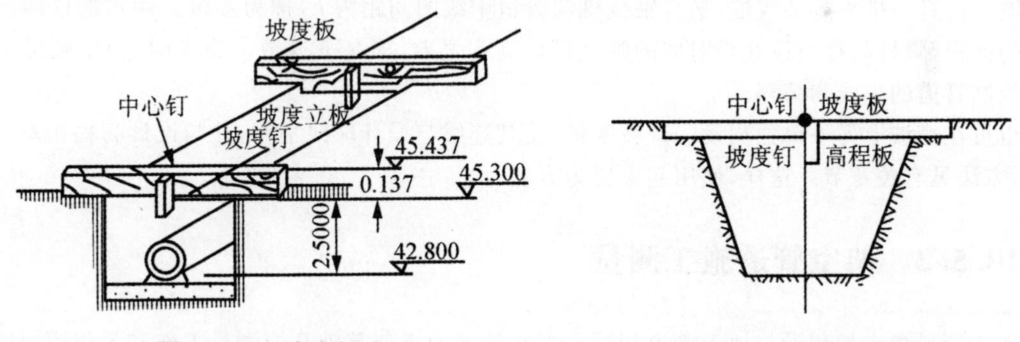

图 10-20　坡度板法　　　图 10-21　深槽坡度算法

坡度板设好后，根据中线控制柱，用经纬仪把普通中心线投测至坡度板上，钉上中心钉，并标在里程柱号。施工时，用中心钉的连线可方便地检查和控制管道的中心线。

再用水准仪测出坡度板顶面高程，板顶高程与该处管道设计高程之差即为板顶往下开挖深度。为方便起见，在各坡度板上钉一坡度立板，然后从坡度板顶面高程算起，从坡度板向上或向下量取高差调整数，钉出坡度钉，使坡度钉的连线平行于管道设计坡度线，并具设计高程的整分米数，称为下返数。施工时，利用这条线可方便地检查和控制管道高程和坡度。高差调整数可按下式计算：

高度调整数=(板顶高程－管底设计高程)－下返数

若高差调整数为正，往下量取；若高差调整数为负，往上量取。

例如，预先确定下往返数，为 1.5 m 某柱号的坡度板的板顶实测高程为 78.868 m，该柱号管底设计高程为 77.2 m，则高调整数为：(783 868－77.2)－1.5＝0.168 m，即从板顶沿立板往下量 0.168 m，钉上坡度钉，则由这个钉下返 1.5 m 便是设计管底位置。

(2)平行轴腰桩法

当现场条件不便采用坡度板时，对精度要求较低的管道可采用平行轴腰柱法来测设中线、高程及坡度控制标志。如图 10-22 所示，开挖前，在中线一侧或两侧测设一排或两排与中线平行的轴线桩，平行轴线桩与管道中线的间距为 a，各桩间隔 20 m 左右，各附属构筑物位置也相应设桩。

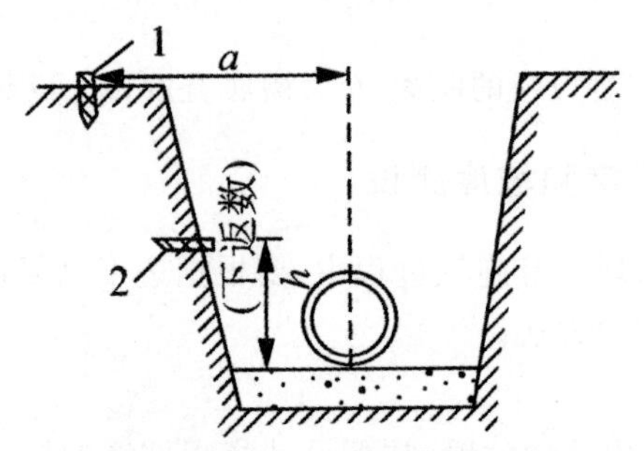

图 10-22　平行轴腰桩法

1—平行轴线桩；2—腰桩

管槽开挖时至一定深度以后，为方便起见，以地面上的平行轴线桩为依据，在高于槽底约 1 m 的槽坡上再钉一排平行轴线桩，平行轴线桩与管道中线的间距为 h，称为腰桩。用水准仪测出各腰桩的高程，腰桩高程与该处相对应的管底设计高程之差，即是下返数。施工时，根据腰桩可检查和控制管道的中线和高程。

也可在槽坡上另外单独测设一排坡度桩，使其连线与设计坡线平行，并与设计高程相差一个整数，方法见有关章节。这样，使用起来更为方便。

10.5.3　架空管道施工测量

架空管道主点的测设与地下管道相同。架空管道的支架基础开挖测量工作和基础模板的定位，与厂房柱子基础的测设相同。架空管道安装测量与厂房构件安装测量基本相同。每个支架的中心桩在开挖基础时均被挖掉，为此必须将其位置引测到互为垂直方向的四个控制桩上。根据控制桩就可确定开挖边线，进行基础施工。

10.5.4　顶管施工测量

当地下管道需要穿越铁路、公路或重要建筑物时，为了保证正常的交通运输和避免重要建筑物拆迁，往往不允许从地表开挖沟槽，此时常采用顶管施工方法。这种方法是在管道一端或两端事先挖好工作坑，在坑内安装导轨，将管筒放在导轨上，用顶镐将管筒沿中线方向顶入土中，然后将管内的土方挖出来。因此，顶管施工测量主要是控制好顶管的中线方向和高程。为了控制顶管的位置，施工前必须做好工作坑内顶管测量的准备工作。例如，设置顶管中线控制桩，用经纬仪将中线分别投测到前、后坑壁上，并用木桩 A、B 或打钉作标志，如图 10-23 所示；同时在坑内设置临时水准点并进行导轨的定位和安装测量等。准备工作结束后，便可进行施工，转入顶管过程中的中线测量和高程测量。

1. 中线测量

如图 10-23 所示，在进行顶管中线测量时，通过两坑壁顶管中线控制桩拉紧一条细线，线上挂两个垂球，垂球的连线即为管道中线的控制方向。这时在管道内前端，用水准器放平一中线木尺，木尺长度等于或略小于管径，读数刻划以中央为零点向两端增加。如果两垂球连线通过木尺零点，则表明顶管在中线上。若左右误差超过 1.5 cm，则需要进行中线校正。

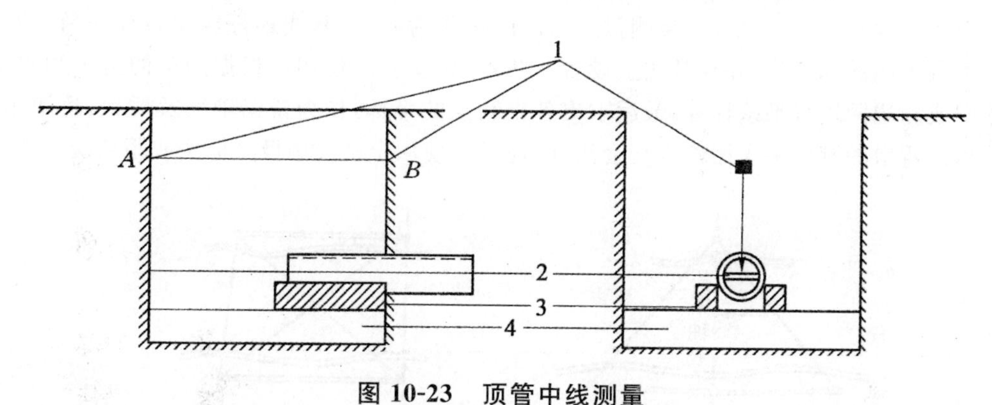

图 10-23　顶管中线测量

1—中线控制桩；2—木尺；3—导轨；4—垫尺

2. 高程测量

在工作坑内安置水准仪，以临时水准点为后视点，在管内待测点上竖一根小于管径的标尺为前视点，将所测得的高程与设计高程进行比较，其差值超过 1 cm 时，就需要进行校正。

在顶管过程中，为了保证施工质量，每顶进 0.5 m，就需要进行一次中线测量和高程测量。距离小于 50 m 的顶管，可按上述方法进行测设。当距离较长时，应分段施工，可每隔 100 m 设置一个工作坑，采用对顶的施工方法，在贯通面上管子错口不得超过 3 cm。若有条件，在顶管施工过程中，可采用激光经纬仪和激光水准仪进行导向，可提高施工进度，保证施工质量。

10.6　桥梁工程施工测量

10.6.1　桥位控制测量

桥位控制测量就是为保证桥梁轴线（即桥梁的中心线）、墩台位置的平面位置和高程符合设计要求而进行的控制测量工作，其具体任务是测定桥轴线的长度，从而测设桥两端墩台中心位置；在两岸设立控制点，用于测设中间桥墩的位置。对于小型桥梁可直接利用勘测设计阶段布设的控制网进行施工测设，但对于大、中型桥梁，由于跨越的河面较宽、水位较深，桥墩、桥台间的距离无法直接测量，因此桥墩、桥台的施工测设一般采用前方交会法或利用全站仪来确定。为满足其测量精度要求，一般应在施工区专门建立控制网。

1. 平面控制测量

桥位平面控制网一般是采用三角网中的测边网或边角网的平面控制形式，如图 10-24 所示，其中图(a)为双三角形；图(b)为大地四边形；图(c)为大地四边形与三角形形式；图(d)为双大地四边形。根据桥长、设计要求、仪器设备和地形等情况选择控制网形式。为使桥轴线与三角网联系起来，以便于桥墩台测设并确保测设精度，桥梁轴线应作为三角网的一条边。三角网的边长一般为河面宽度的 0.5～1.5 倍，直接测量三角网的边作为基线，基线最好两岸各设一条。基线长一般为桥台距离的 0.7 倍，并在基线上设置一些点，供交会时使用。根据测定的边长和水平角，按边角网或测边网进行平差计算，最后求出各控制点的坐标，作为桥梁轴线及桥台、桥墩施工测量的依据。桥墩的测设除了用角度交会法外，还可以使用全站仪用极坐标法或距离交会法进行。

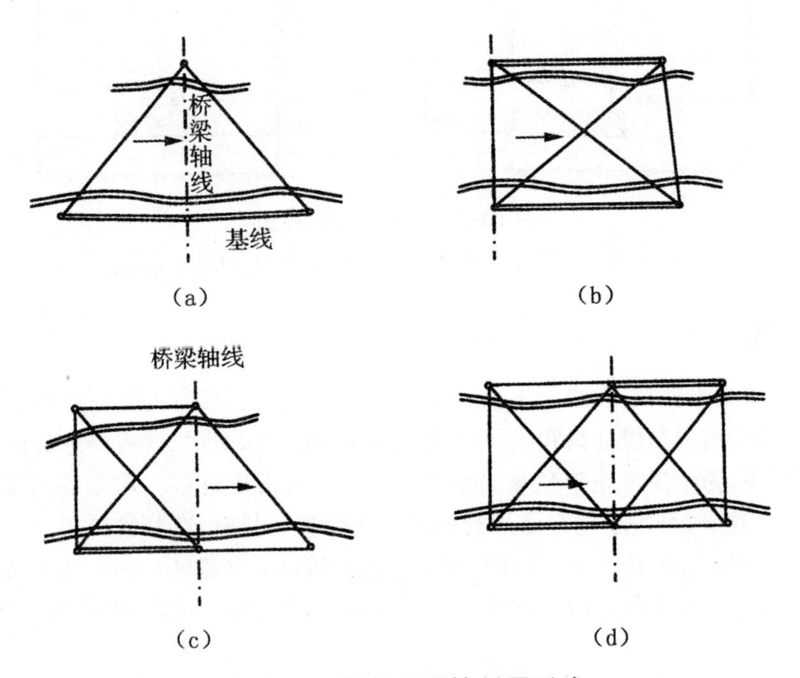

图 10-24　桥位平面控制网形式

2. 高程控制测量

根据线路基平测量时建立的水准点进行复核加密，两岸应各设置 1～2 个水准点，并用水准测量连测，组成桥梁高程控制网。当水准测量跨越河流、深沟，且视线长度超过 200 m 时，应采用跨河水准测量方法。

跨河水准用两台水准仪同时左对向观测，如图 10-25 所示，A、B 为要连测的水准点，C、D 为观测站，要求 AD 与 BC 距离基本相等且不小于 10 m。

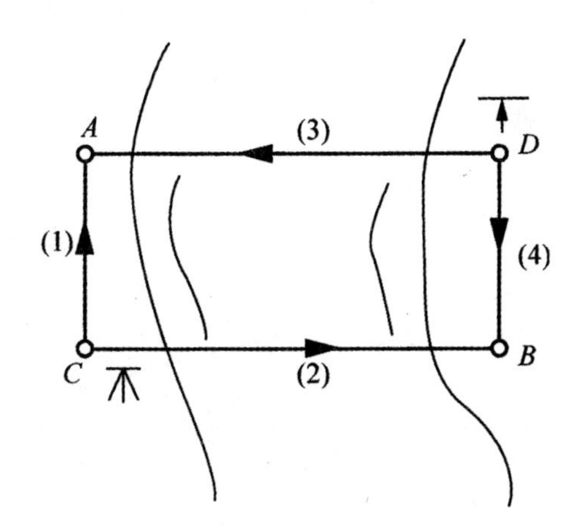

图 10-25　跨河水准测量

观测时，C 站先测本岸 A 点尺上读数 a_1，后侧对岸 B 点尺上读数 b_1，其高差 $h_1=a_1-b_1$；同时 D 站先测本岸 B 点尺上读数 b_2，后侧对岸 A 点尺上读数 a_2，其高差为 $h_2=a_2-b_2$；取 h_1 和 h_2 的平均数为 A、B 之间的高差，完成一个测回。跨河水准观测两个测回，两测回间较差不得超过 $\pm 40\sqrt{s}$ mm（s 为跨河视线长度，km）。

10.6.2　桥梁墩台定位

桥梁墩台定位就是把桥梁墩台中心位置在地面上测设出来，是桥梁施工中一项最重要的测量工作。桥梁轴线长度测定后，即可根据桥位桩号测设桥墩和桥台的位置。测设前，应仔细审阅和校核设计图纸和相关资料，拟订测设方案，计算测设数据。

直线桥梁的墩台中心均位于桥梁轴线上，而曲线桥梁的墩台中心则处于曲线的外侧。直线桥梁如图 10-26 所示，墩台中心的测设可根据现场地形条件，采用直接测距法或交会法。在陆地、干沟或浅水河道上，可用钢尺或光电测距仪沿轴线方向量距，逐个定出墩台中心位置。如使用全站仪，应事先将各墩台中心的坐标列出，测站可设在施工控制网的任意控制点上，测设出各墩台中心位置。

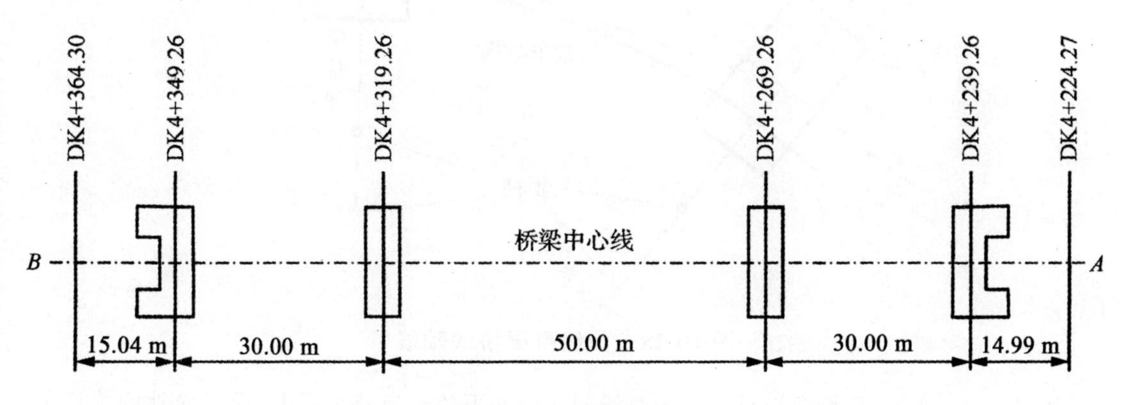

图 10-26　直线桥梁

当桥墩位置处水位较深时，一般采用角度交会法测设其中心位置。如图 10-27 所示，1、2、3 号桥墩中心可以通过在基线 AB、BC 端点上测设水平角交会出来。如对岸或河心有陆地可以标志点位，也可以将方向标定，以便随时检查。

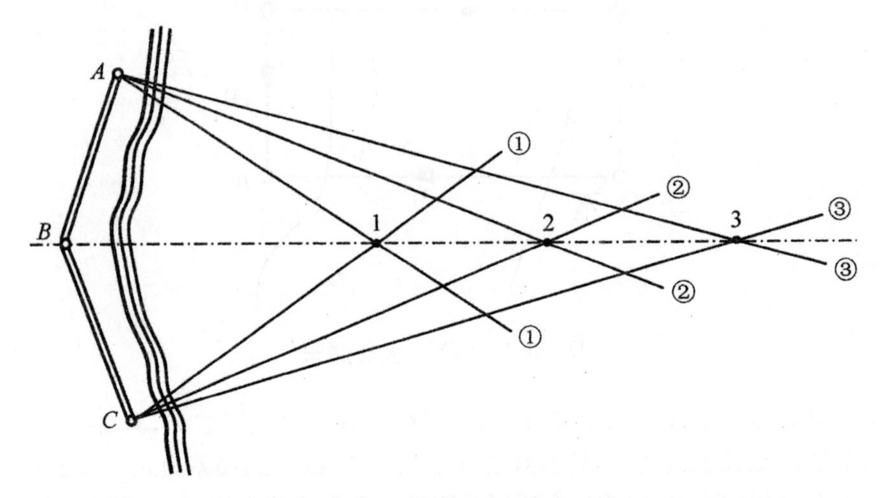

图 10-27　角度交会法测设桥墩

直线桥梁的测设比较简单，因为桥梁中线(轴线)与道路中线吻合。对于曲线桥，由于桥的中线是曲线，而所用的梁是直的，两者并不吻合。如图 10-28 所示，梁在曲线上布置，是使各跨梁的中线联结起来，成为与道路中线基本相符的折线，这条折线称为桥梁的工作线。桥墩台中心一般位于该折线的交点上。测设曲线桥墩台位置，就是测设折线各交点的位置。

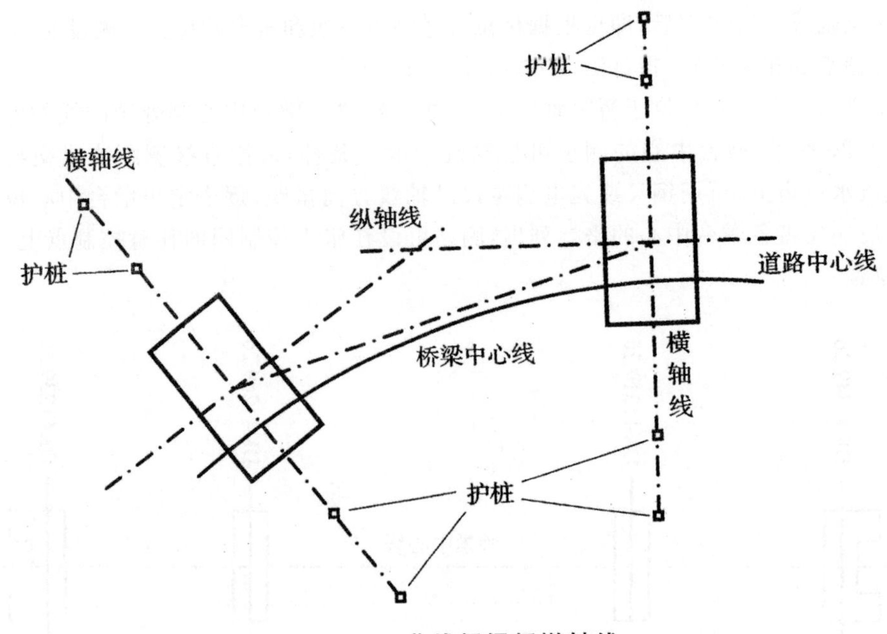

图 10-28　曲线桥梁桥墩轴线

如图 10-29 所示，在桥梁设计中梁中心线的两端并不位于道路中线上，而是向外侧偏移了一段距离 E，这段距离称为桥墩的偏距。如果偏距 E 为梁长弦线中矢值的一半，这种布梁方法称为平分中矢布置。如果偏距 E 等于中矢值，称为切线布置。

此外，相邻两跨梁中心线的交角 α 称为偏角。每段折线的长度 L 称为桥墩中心距。偏角 α、偏距 E 和桥墩中心距墩 L 是测设桥墩台位置的基本数据，都是由桥梁设计确定的。

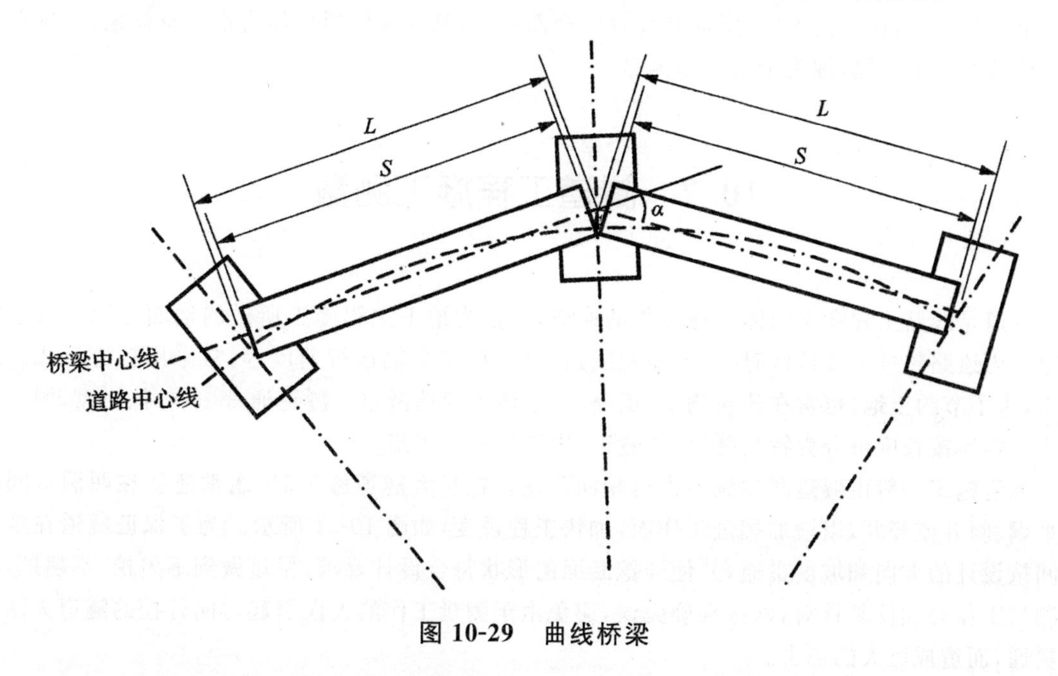

图 10-29　曲线桥梁

明确了曲线桥梁构造特点以后，桥墩台中心的测设也和直线桥梁墩台测设一样，可以根据控制点采用直角坐标法、偏角法和全站仪坐标法来进行。

10.6.3　桥梁墩台施工测量

大中桥梁墩台中心点定位测量常采用角度交会法和极坐标法。角度交会法应采用3台经纬仪同时交会，如图10-30所示，其中一台应安置桥轴控制桩上，交会误差三角形在容许范围时，取另两台经纬仪视线交点在桥轴线上的垂足 P 作为墩台中心点。

极坐标法一般采用全站仪测设，最好是将仪器安置在一个桥轴控制桩上，瞄准另一端的桥轴控制桩作为定向，以保证墩台中心位于桥轴线上。

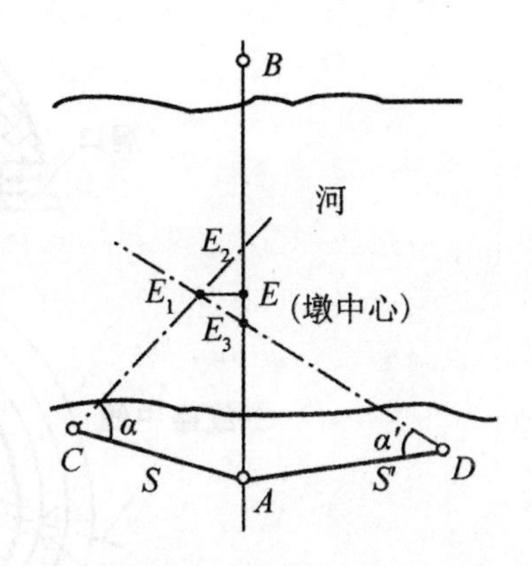

图 10-30　方向交会法墩台定位

10.6.4　梁部架设施工测量

桥梁梁部结构较复杂，在架设前，应先对已完工的墩台的方向、距离和高程用较高的精度测量，并作好标志，以作为架设的依据。其中，桥梁中线方向可用经纬仪测设，相邻桥墩中心点的距离用光电测距仪测定，墩台顶面高程用水准仪测定，构成水准路线，附合到两岸水准点上。

大跨度钢桁架或连续梁采用悬臂或半悬安装架设，拼装开始前，应在横梁顶部和底部分中点作为标志，架梁时用以测量钢梁中心线的偏差值。在梁的拼装开始后，应通过不断的测量，使钢梁始终在正确的平面位置上，并且高程符合设计的要求。

全梁架通后，作一次方向、距离和高程的全面测量，其成果资料可作为钢梁总体纵、横移支和起落调整的施工依据，称为全桥贯通测量。

10.7 隧道工程施工测量

隧道是线路工程穿越山体等障碍物的通道，或是为地下工程施工所做的地面与地下联系的通道。当道路越过山岭地区时，为了缩短线路长度、提高车辆运行速度等，常采用隧道形式。在城市，为了节约土地，也常在建筑物下、道路下、水体下建造隧道。隧道通常由洞身、衬砌、洞门等组成。隧道按长度可分为特长隧道、长隧道、中隧道和短隧道。

隧道施工一般由隧道两端洞口进行相向开挖。在长大隧道施工时，通常还要在两洞口间增加平峒、斜井或竖井，以增加掘进工作面，加快工程进度，如图 10-31 所示。为了保证隧道在施工期间按设计的方向和坡度贯通，并使开挖断面的形状符合设计要求，尽量做到不欠挖、不超挖，各项测量工作必须反复核对，确保准确无误，避免由于测量工作的失误引起对向开挖的隧道无法正确贯通，而造成巨大的损失。

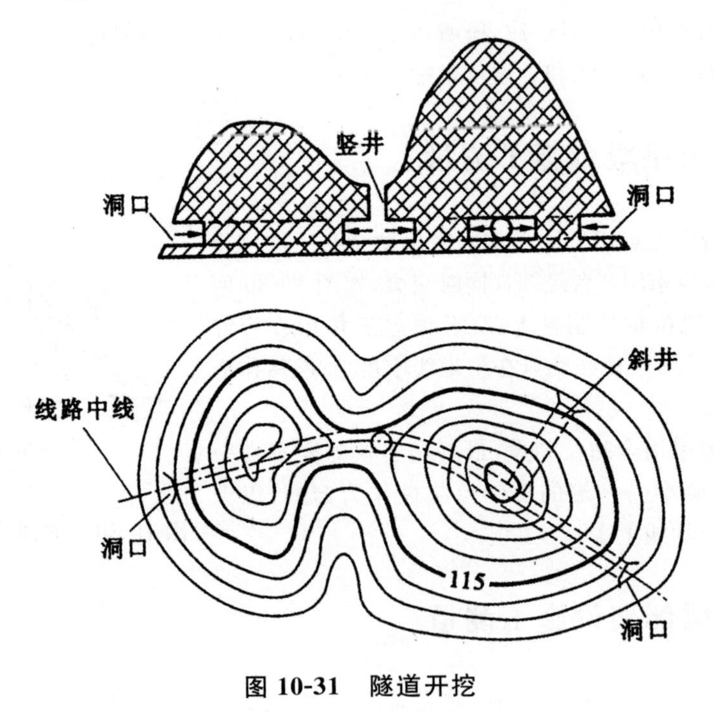

图 10-31　隧道开挖

10.7.1　地面控制测量

1. 洞外平面控制测量

隧道平面控制测量的主要任务是测定各洞口控制点的平面位置，以便根据洞口控制点将设计方向导向地下，为洞内平面控制测量提供精确的起始数据，指引隧道开挖，并能按规定的精度贯通。洞外平面控制的方法有：导线测量法、GPS 测量法和三角测量法等，并沿隧道两洞口连线方向布设。

(1)导线测量法

在洞外沿隧道线形布设的一条或两条大致平行的光电测距导线，来测定各洞口控制点的平面坐标，如图 10-32 所示。导线的转折角通常用不低于 DJ6 经纬仪或全站仪施测，各项限差应满足《工程测量规范》的要求。

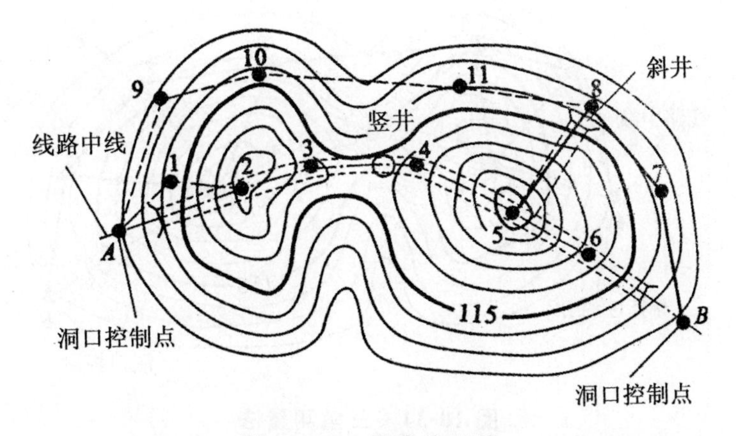

图 10-32　导线法测量

导线的布设一般按隧道线形来确定。对于直线隧道，应尽量沿两洞口连线的方向布设成直伸形式。对于曲线隧道，当两端洞口附近为直线时，其两端可沿直线方向布设；如两端洞佃附近为曲线，中部为直线时，两端应沿切线方向布设，中部尽量沿中线方向布设；若整个线路均在曲线上时，应尽量按两端洞口的连线方向布设导线。

(2)GPS 测量法

对于特长隧道，且通视条件差的高山地区，使用 GPS 测量法进行洞外平面控制测量特别有利。如图 10-33 所示，用 GPS 法测定各洞口控制点的平面坐标时，只需要洞口控制点和定向点通视，以便施工定向时使用。不同洞口之间的控制点不需要通视，控制点布设灵活，与已知点联测方便，定位精度高。因此，GPS 测量法已得到了广泛的应用。

(3)三角测量法

在隧道较长且地形复杂的山岭地区，可采用三角测量法，即在洞外沿隧道线形布设成与线路相同方向延伸的单三角锁，来测定各洞口控制点的平面坐标，如图 10-34 所示。三角锁的形状取决于隧道中线的形状、施工方案以及地形条件。对于直线隧道，三角锁应尽量靠近中线方向。对于曲线隧道，则沿两端洞口的连线方向布设。三角测量虽然测角或测边任务重，但点位精度较高，有利于控制隧道贯通的横向误差。因此，在隧道洞外平面控制中有时仍然使用。

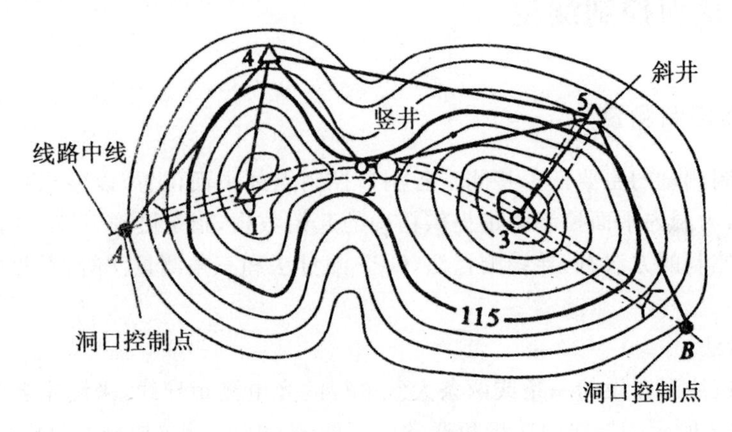

图 10-33　GPS 法

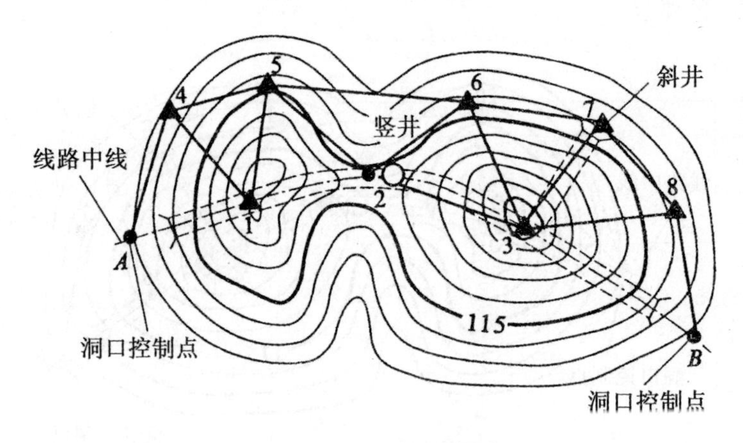

图 10-34　三角测量法

2. 洞外高程控制测量

隧道高程控制测量的任务是按规定的精度要求，施测隧道洞口（包括隧道的进出口、竖井口、斜井口和平峒口）附近水准点的高程，作为高程引测进洞的依据。

隧道高程控制测量通常采用三、四等水准测量的方法施测。水准路线应选择在连接两端洞口最平坦和最短的线路上。每一洞口埋设的水准点应不少于 2 个，且两点间高差以安置一次水准仪可联测为宜。当两端洞口之间的距离大于 1 km 时，应在中间增设临时水准点。

如果隧道不长，高程控制测量的等级在四等以下时，可以采用电磁波测距三角高程测量的方法进行施测，但最大边长不应超过 600 m，采用对向观测，并在高差中加入地球曲率和大气折光改正。

10.7.2　竖井定向测量

竖井定向测量的目的是把地面的平面坐标传递到地下，使地上地下建立统一的坐标系统，以便正确指导隧道施工工作，保证贯通顺利进行。一般通过竖井采用一井定向、两井定向及陀螺经纬仪定向等方法来传递平面坐标。

1. 一井定向

一井定向是在井筒内挂两根钢丝，钢丝的上端在地面，下端投到定向水平。在地面测算两钢丝的坐标，同时在井下与永久控制点连接，如此达到将一点坐标和一个方向导入地下的目的。定向工作分投点和连接测量两部分。

所谓投点是指在井筒中悬挂垂球线至定向水平。投点方法采用稳定投点法和摆动投点法。投点法所用垂球的重量与钢丝的直径随井深而不同。井深小于 100 m 时，垂球重 30～50 kg；大于 100 m 时为 50～100 kg。钢丝直径的大小取决于垂球的重量。

投点时，先用小垂球(2 kg)将钢丝下放井下，然后换上大垂球，并置于油桶或水桶内，使其稳定。由于井筒内受气流、滴水的影响，在投点时，还要根据实际情况采用加防风套管、挡水等措施，减弱投点误差的影响，提高投点精度。

投点工作完成后，应同时在地面和定向水平上对垂线进行观测，地面观测是为了求得两垂球线的坐标及其连线的方位角；井下观测是以两垂球的坐标和方位角推算导线起始点的坐标和起始边的方位角。连接测量的方法普遍使用的是连接三角形法。

如图 10-35 所示，D 点和 C 点分别为地面上近井点和连接点，A、B 为两垂球线，C'、D' 和 E'，为地下永久导线点。在井上下分别安置经纬仪于 C 和 C' 点，观测 φ、Ψ、γ 和 φ'、Ψ'、γ'。测量边长 a、b、c 和 CD，以及井下的 a'、b'、c' 和 CD'。由此，在井上下形成以 AB 为公共边的 ΔABC 和 $\Delta ABC'$。由图可以看出：已知 D 点坐标和 DE 边的方位角，观测三角形的各边长 α、b、c 及角 γ，就可推算井下导线起始边的方位角和 D' 点的举标。

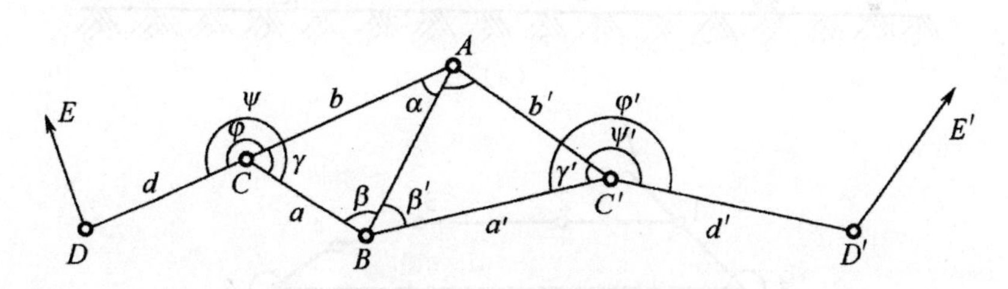

图 10-35　连接三角形

具体解算过程如下所示。

(1)计算两垂球线之间的距离

根据实测边长 a、b 及角 γ，按余弦公式计算两垂球线之间的距离为

$$c_{计}=\sqrt{a^2+b^2-2ab\cos\gamma} \tag{10-11}$$

(2)计算的实测值与计算值之差

计算的实测值与计算值之差并进行改正，即

$$d=c_{测}-c_{计} \tag{10-12}$$

对于地面连接三角形 d 值不得超过 2 mm，井下连接三角形值 d 不得超过 4 mm。符合要求后，按式(10-13)将平均分配给 a、b、c。

$$\upsilon_d=-\frac{d}{3},\upsilon_b=-\frac{d}{3},\upsilon_c=-\frac{d}{3} \tag{10-13}$$

(3)连接三角形的解算

根据实测的及平差后的边长,可按公式计算垂球线处的角度 α、β

$$\sin\alpha=\frac{a}{c}\sin\gamma,\sin\beta=\frac{b}{c}\sin\gamma \tag{10-14}$$

(4)坐标计算

计算方法与经纬仪导线测量计算相同。

2. 两井定向

当有两个竖井,井下有巷道相通,并能进行测量时,就可以在两井筒各下放一根垂球线,然后在地面和井下分别将其连接,形成一个闭合环,把地面坐标系统传递到井下,这就是两井定向,如图 10-36 所示。

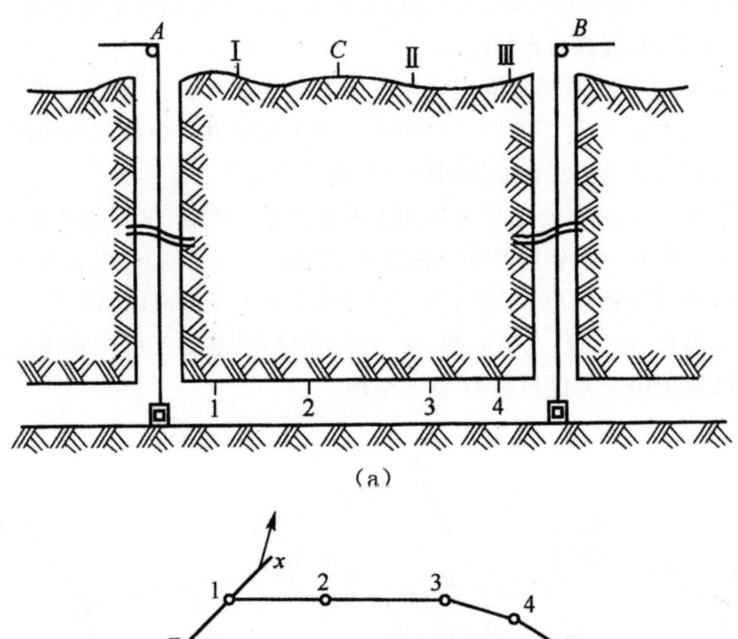

图 10-36 两井定向

两井定向的过程与一井定向大致相同,具体步骤如下。

(1)投点

投点方法与一井定向相同。

(2)连接测量

两竖井之间的距离较短时,可在两井之间建立一个近井点 C;若距离较远时,两井可分别建立近井点。地面测量时,首先根据近井点和已知方位角,测定 A、B 两垂线的坐标。事先布设好导线,定向时只测量各垂线的一个连接角和一条边。导线布设时,要求沿两井方向布设成延伸形,以减小量距带来的横向误差。

井下连接测量是把导线以及垂球线进行联测。

(3)内业计算

①根据地面导线计算两垂球线的坐标,反算连线的方位角 α_{AB} 和长度 c。

②假定井下导线为独立坐标系,以 A 点为原点,以 A_1 为 x 轴,用导线计算方法计算出 B 点的坐标,得 x'_B、y'_B,反算 AB 的假定方位角。

$$\alpha'_{AB}=\tan^{-1}\frac{y'_B}{x'_B} \tag{10-15}$$

$$c'=\sqrt{y'^2_B+x'^2_B} \tag{10-16}$$

c 和 c' 不相等,一方面由于井上、井下不在一个高程面上,一方面由于测量误差的存在,则地下边长 c' 加上井深改正后与地面相应边长 c 的较差为

$$fc=c-\left(c'+\frac{H}{R}c\right) \tag{10-17}$$

式中,H 为井深;R 为为地球曲率半径,其值为 6 371 km;不应大于两倍连接测量的中误差。

③求出 AB 边井上、井下两方位角之差,计算出井下导线边的方位角。

$$\Delta\alpha=\alpha_{AB}-\alpha'_{AB}=\alpha_{A1} \tag{10-18}$$

井下导线各边的假定方位角,加上 $\Delta\alpha$,即可求得井下各导线边的方位角。从而以地面 A 点的坐标 x_A、y_A 和 a_{AB} 为起算数据,以改正后的导线各边长 S,计算井下导线的坐标增量,并求闭合差。

$$f_x=\sum_A^B\Delta x-(x_B-x_A) \tag{10-19}$$

$$f_y=\sum_A^B\Delta y-(y_B-y_A) \tag{10-20}$$

$$f_s=\sqrt{f_x^2+f_y^2} \tag{10-21}$$

其全长相对闭合差 $\frac{f_s}{[S]}\leqslant K_{容}$

Ⅰ级导线 $K_{容}\leqslant 1/4\ 000$,Ⅱ级导线 $K_{容}\leqslant 1/2\ 000$。在满足精度要求的情况下,将 f_x、f_y 反符号按边长成正比例分配在各坐标增量上,然后计算井下导线上各点的坐标。

10.7.3　竖井高程传递

将地面上的高程传递到地下去,一般采用经由横洞传递高程、通过斜井传递高程、通过竖井传递高程等方法。通过洞口或横洞传递高程时,可由地面向隧道中敷设水准路线,用一般水准测量或三角高程测量的方法进行传递高程。

通过竖井传递高程,可采用钢尺导入高程、红外测距导入高程方法等。以下简要介绍钢尺导入高程的方法。

钢尺导入高程时采用专用钢尺进行,其长度有 100 m、500 m。使用长钢尺通过井盖放入井下。钢尺零点端挂一个 10 kg 垂球。地面和井下分别安置水准仪,如图 10-37 所示,在水准点 A、B 的水准尺读数 a 和 b',两台仪器在钢尺上同时读数分别为 b 和 a'。最后再在 A、B 水准点上读数,以复核原读数是否有误差。在井上和井下分别测定温度为 t_1、t_2。

由于钢尺受客观条件的影响,应加入尺长、温度、拉力和钢尺自重 4 项改正数。

井下 B 点高程可通过下式计算得到

$$H_B = H_A + (a - b) + (a' - b') + \Delta l_d + \Delta l_t + \Delta l_c \tag{10-22}$$

10.7.4 隧道施工测量

在隧道施工过程中，测量人员的主要任务是随时确定开挖的方向，此外还要定期检查工作进度(进尺)及计算完成的土石方数量。在隧道竣工后，还要进行竣工测量。

1. 隧道开挖时的测量工作

在隧道掘进过程中首先要给出掘进的方向，即隧道的中线，同时要给出掘进的坡度，通过腰线来标定，这样才能保证隧道按设计要求掘进。

(1)隧道中线测设

在全断面掘进的隧道中，常用中线给出隧道的掘进方向。如图 10-37 所示，Ⅰ、Ⅱ为导线点，A 为设计的中线点。已知其设计坐标和中线的坐标方位角，根据Ⅰ、Ⅱ点的坐标，可反算得到 β_2、D 和 β_A。在Ⅱ点上安置仪器，测设 β_2 角和丈量 D，便得出 A 点的实际位置。在 A 点(底板或顶板)上埋设标志并安仪器，后视Ⅱ点，拨 β_A 角，则得中线方向。

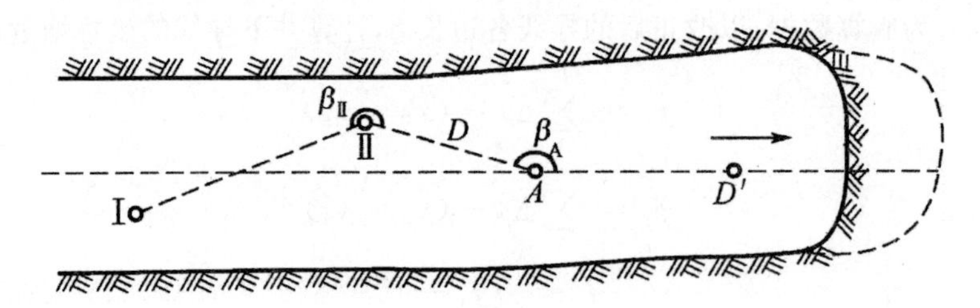

图 10-37 隧道中线测设

如果 A 点离掘进工作面较远，则在工作面近处建立新的中线点 D'，A 与 D' 间不应大于 100 m。在工作面附近，用正倒镜分中法设立临时中线点 D、E、F，如图 10-38 所示，都埋设在顶板上，D、E、F 之间的距离不宜小于 5 m。在这 3 点上悬挂垂球线，一人在后可以向前指出掘进的方向，标定在工作面上。当继续向前掘进时，导线也随之向前延伸，同时用导线测设中线点，以检查和修正掘进方向。

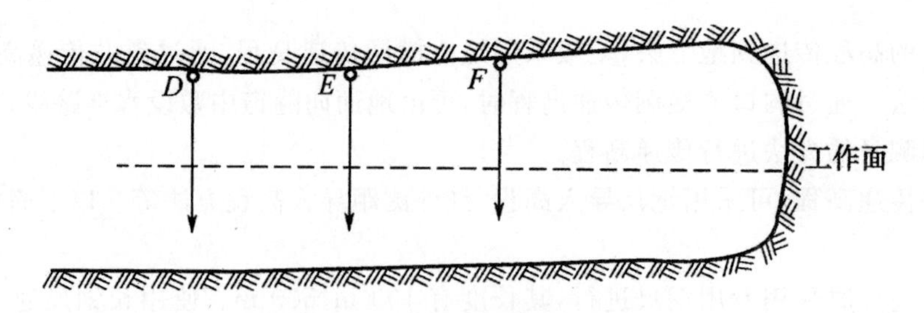

图 10-38 顶板上的临时中线点

(2)腰线的标定

在隧道掘进过程中，除给出中线外，还要给出掘进的坡度。一般用腰线法放样坡度和各部位的高程。常用的方法主要有经纬仪法和水准仪法。

1)用经纬仪标定腰线

用经纬仪标定腰线通常采用标定中线的同时标定腰线。如图 10-39 所示，在 A 点安置经纬仪量仪高 i，仪器视线高程 $H=H_A+i$，在 A 点的腰线高程设为 $H_{Al}+l$，则两者之差 k 为

$$k=(H_A+i)-(H_A-L)=i-L \tag{10-23}$$

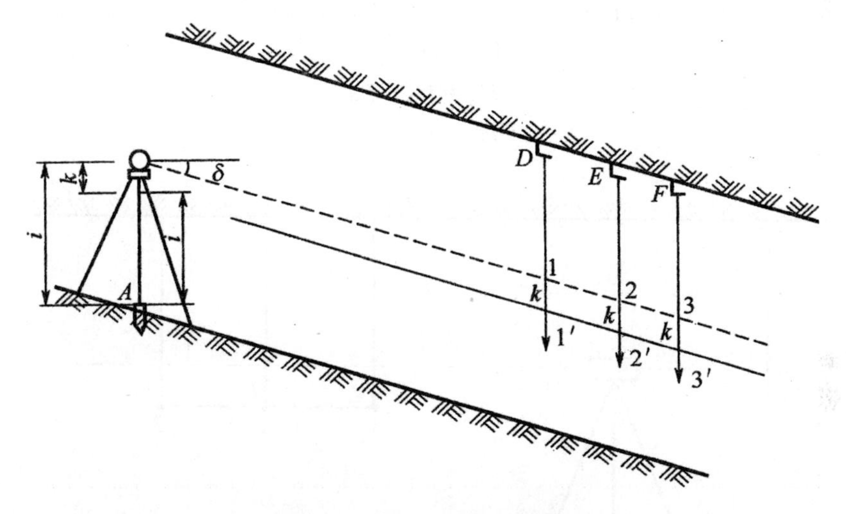

图 10-39　经纬仪标定腰线

式中，l 为仪器腰线高，一般取 1 m。

当经纬仪所测得倾角为设计隧道的倾角艿时，瞄准中线上 D、E、F 这 3 点所挂的垂球线，从视点 1、2、3 向下量出走，即得腰线点 $1'$、$2'$、$3'$。

在隧道掘进过程中，标志隧道坡度的腰线点并不设在中线上，往往标志在隧道的两侧壁上。如图 10-40 所示，仪器安置在 A 点，在 AD 中线上倾角为 δ；若 B 点与 D 点同高，AB 线的倾角 δ'，并不是 δ，通常称 δ' 为伪倾角。δ' 与 δ 之间的关系可按式(10-24)求出。

$$\tan\delta'=\cos\beta\tan\delta \tag{10-24}$$

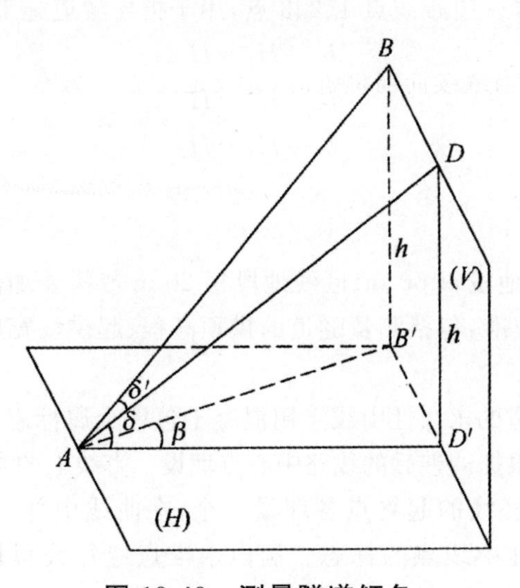

图 10-40　测量隧道倾角

可根据现场观测的β角和设计δ的计算δ'之后就可在隧道两侧壁上标定腰线点。

2)用水准仪标定腰线

当隧道坡度在8°以下时,可用水准仪测设腰线。如图10-41所示,A点高程HA为已知,且已知B点的设计高程H设,设坡度为,在中线上量出1点距B点的距离l_1和1、2、3之间的距离l_0,就可以计算1、2、3点的设计高程,即

$$H_1 = H_{设} + l_1 i \tag{10-25}$$

$$H_2 = H_1 + l_0 i \tag{10-26}$$

$$H_3 = H_2 + l_0 i \tag{10-26}$$

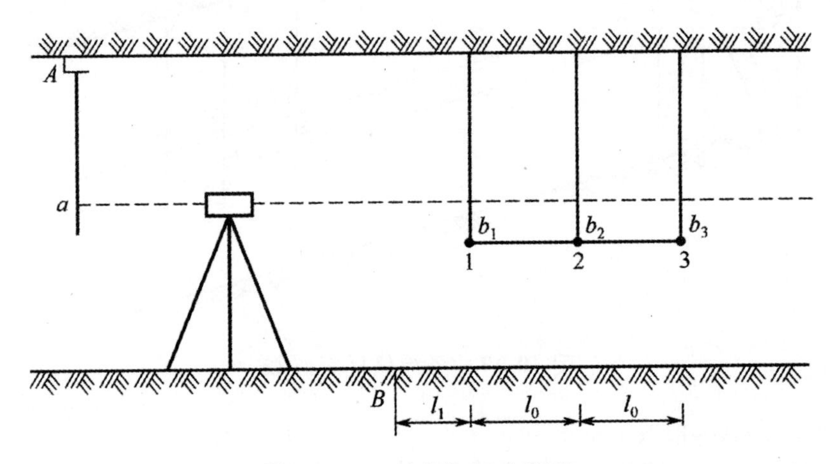

图10-41 水准仪标定腰线

在水准点A与腰线点之间安置水准仪,后视点A水准尺,读出读数现,则视线高程为

$$II_i - H_A + a$$

式中,a的符号取决于水准点的位置,位于底板为正,位于顶板为负。

分别计算出视线与腰线点之间的高差。

根据b_1、b_2、b_3可以测设一组腰线点1、2、3点,用于指导隧道施工。

$$b_1 = H_1 - H_i$$

$$b_2 = H_2 - H_i$$

$$b_3 = H_3 - H_i$$

2. 隧道的竣工测量

隧道竣工后,应在直线地段每50 m、区线地段每20 m或需要加侧断面处测绘隧道的实际净空。测量时均以线路中线位准,包括测量隧道的拱顶高程、起拱线宽度、轨顶水平宽度、铺底或抑拱高程。

在竣工测量后,应对隧道的永久性中线点用混凝土包埋金属标志。在采用地下导线测量的隧道内,可利用原有中线点或根据调整后的线路中心点埋设。直线上的永久性中线点,每200~250 m埋设一个,曲线上应在缓和区线的起终点各埋设一个,在曲线中部,可根据通视条件适当增加。在隧道边墙上要画出永久性中线点的标志。洞内水准点应每公里埋设一个,并在边墙上画出标志。

第11章　建筑物变形观测及竣工总平面图的测绘

11.1　建筑物变形观测概述

11.1.1　建筑变形测量的目的

建筑变形是指建筑的地基、基础、上部结构及其场地受各种作用力而产生的形状或位置变化现象。建筑变形测量是指对建筑物的地基、基础、上部结构及其场地受各种作用力(如地震、爆破、地下水位大幅变化、地下采空及周邻塌陷、地裂缝、大面积堆积等)而产生的形状或位置变化进行观测,并对观测结果进行处理和分析的工作。利用建筑变形观测数据可以分析建筑物变形发展的趋势和规律,研究分析产生变形的原因,以便采取相关措施阻止其有害变形以及采取工程措施恢复建筑物至安全状态。通过建筑变形测量可以达到以下目的。

①有效监督新建建筑在施工过程及使用运行期间的安全,以便及时发现有害形变,采取相应安全措施。

②为验证有关建筑地基基础设计、工程结构设计的理论及设计参数提供可靠的建筑及基础变形数据。

③有效监测已建建筑物和工程设施以及建筑场地的稳定性,为建筑的维修、保护、特殊性场地区域选址以及建筑场地治理提供依据。

④通过大量的观测开展建筑变形规律与变形的预报以及变形理论与测量方法的研究工作,根据对大量系统、可信的观测数据资料的综合分析获取建筑变形的系统性结论。

11.1.2　建筑物产生变形的原因

在变形观测的过程中,了解其产生的原因是非常重要的。一般来讲,建筑物变形主要是由以下两方面的原因引起的。

1. 客观原因

①自然条件及其变化,即建筑物地基地质构造的差别。

②土壤的物理性质的差别。

③大气温度。

④地下水位的升降及其对基础的侵蚀。

⑤土基的塑性变形。

⑥附近新建工程对地基的扰动。

⑦建筑结构与形式，建筑荷载。

⑧运转过程中的风力、震动等荷载的作用。

2. 主观原因

①过量地抽取地下水后，土壤固结，引起地面沉降。

②地质钻探不够充分，未能发现废河道、墓穴等。

③设计有误，对地基土的特性认识不足，对土的承载力与荷载估算不当，结构计算差错等。

④施工质量差。

⑤施工方法有误。

⑥软基处理不当引起地面沉降和位移。

11.1.3 变形观测的特点

1. 观测精度要求高

建筑物变形一般较小而且变形过程也较缓慢，因此只有高精度的观测数据才能更加准确地反映出建筑物的变形规律，这就要求观测必须具有较高的精度。

2. 重复观测量大

建筑物变形是一个随时间逐步累积的过程，可以说变形贯穿于建筑物的整个存在时期。这就要求变形观测必须依一定的时间周期进行重复观测。通常要求观测的次数，既能反映出变化的过程，又不遗漏变化的时刻。

3. 数据处理严密

建筑物的变形一般都较小，甚至与观测精度处在同一个数量级；同时，重复观测的数据量较大。要从大量数据中精确提取变形信息，必须采用严密的数据处理方法。数据处理的过程也是进行变形分析和预报的过程。

11.1.4 建筑物变形观测的分类

1. 沉降类

①建筑物沉降观测。

②基坑回弹观测。

③地基土分层沉降观测。

④建筑场地沉降观测。

2. 位移类

①建筑物主体倾斜观测。
②建筑物水平位移观测。
③裂缝观测。
④挠度观测。
⑤日照变形观测。
⑥风振观测。
⑦建筑场地滑坡观测。

11.1.5 建筑物变形观测的方法

1. 常规测量方法

包括精密水准测量、三角高程测量、三角(边)测量、导线测量、交会法等。测量仪器主要有经纬仪、水准仪、电磁波测距仪以及全站仪等。这类方法的测量精度高,应用灵活,适用于不同变形体和不同的工作环境。

2. 摄影测量方法

该法不需接触被监测的工程建筑物,摄影影像的信息量大,利用率高,外业工作量小,观测时间短,可获取快速变形过程,可同时确定工程建筑物任意点的变形。数字摄影测量和实时摄影测量为该技术在变形观测中的应用开拓了更好的前景。

3. 特殊测量方法

包括各种准直测量法(如激光准直仪)、挠度曲线测量法(测斜仪观测)、液体静力水准测量法和微距离精密测量法(如铟瓦线尺测距仪)等。这些方法能实现连续自动监测和遥测,且相对精度高,但测量范围不大,只能提供局部变形信息。

4. 空间测量技术

包括基线干涉测量、卫星测高、全球定位系统(GPS)等。空间测量技术先进,可以提供大范围的变形信息,是研究地球板块运动和地壳变形等全球性变形的主要手段。GPS 已成功应用于山体滑坡监测,高精度 GPS 实时动态监测系统实现了大坝、大桥等全天候、高频率、高精度和自动化的变形监测。

11.1.6 建筑物变形测量实施的程序与要求

1. 建立观测网

按照测定沉降或位移的要求,分别选定测量点,测量点可分为控制点和观测点(变形点),埋设相应的标石，建立高程网和平面网，也可建立三维网。高程测量可采用测区原有的高程系统，平面测量可采用独立坐标系统。

2. 变形观测

按照确定的观测周期与总次数，对观测网进行观测。变形观测的周期，应以能系统地反映所测变形的变化过程而又不遗漏其变化时刻为原则。一般在施工过程中观测频率应大些，周期可以是 3 天、7 天、半个月等，到了竣工投产以后，频率可小一些，一般有 1 个月、2 个月、3 个月、半年及 1 年等周期。除了按周期观测以外，在遇到特殊情况时，有时还要进行临时观测。

3. 成果处理

对周期的观测成果应及时处理，进行平差计算和精度评定。对重要的监测成果应进行变形分析，并对变形趋势做出预报。

11.1.7 变形观测的技术要求

建筑变形测量的级别、精度指标及其适用范围应符合表 11-1 的规定。

表 11-1 建筑变形测量的等级、精度指标及适用范围

变形测量级别	沉降观测	位移观测	主要适用范围
	观测点测站高差中误差/mrn	观测点坐标中误差/mm	
特级	±0.05	±0.3	特高精度要求的特种精密工程的变形测量
一级	±0.15	±1.0	地基基础设计为甲级的建筑的变形测量；重要的古建筑和特大型市政桥梁等变形测量等
二级	±0.5	±3.0	地基基础设计为甲、乙级的建筑的变形测量；场地滑坡测量；重要管线的变形测量；地下工程施工及运营中变形测量；大型市政桥梁变形测量等
三级	±1.5	±10.0	地基基础设计为乙、丙级的建筑的变形测量；地表、道路及一般管线的变形测量；中、小型市政桥梁变形测量等

注：1. 观测点测站高差中误差，系指水准测量的测站高差中误差或静力水准测量、电磁波测距三角高程测量中相邻观测点相应测段间等价的相对高差中误差。

2. 观测点坐标中误差，系指观测点相对测站点（如工作基点）的坐标中误差、坐标差中误差以及等价的观测点相对基准线的偏差值中误差、建筑或构件相对底部固定点的水平位移分量中误差。

3. 观测点点位中误差为观测点坐标中误差$\sqrt{2}$倍。

4. 本规范以中误差作为衡量精度的标准，并以 2 倍中误差作为极限误差。

11.1.8　变形监测系统设计

1. 变形监测系统设计的原则与内容

设计一套监测系统对建筑物及其基础的性态进行监测，是保证建筑物安全运营的必备措施，以便发现异常现象，及时分析处理，防止发生重大事故和灾害。

(1)设计原则

①针对性。设计工作应以重要工程和危及建筑物安全的因素为重点监测对象，同时兼顾全局，并对监测系统进行优化，以最小的投入取得最好的监测效果。

②完整性。对监测系统的设计要有整体方案，它是用各种不同的观测方法和手段，通过可靠性、连续性和整体性论证后，优化出来的最优设计方案。

③先进性。设计所选用的监测方法、仪器和设备应满足精度和准确度的要求，并吸取国内外的经验，尽量采用先进技术，及时有效地提供建筑物性态的有关信息，对工程安全起关键作用且人工难以进行观测的数据，可借助于自动化系统进行观测和传输。

④可靠性。观测设备要具有可靠性，特别是监测建筑物安全的测点，必要时在这些特别重要的测点上布置两套不同的观测设备以便互相校核并可防止观测设备失灵。

⑤经济性。监测项目宜简化，测点要优选，施工安装要方便。各监测项目要相互协调，并考虑今后监测资料分析的需要，使监测成果既能达到预期目的，又能做到经济合理，节省投资。

(2)主要内容

对于一个变形监测系统的设计应包括以下内容：

①技术设计书：测量所遵照的规范及其相应规定；合同主要条款及双方职责等。

②有关建筑物自然条件和工艺生产过程的概述：主要是说明各部分观测的重要性及可能出现现象的解释。

③观测的原则方案：重要性、目的、要求等的总体说明。

④控制点及监测点的布置方案：布置图、精度论证及说明。

⑤测量的必要精度论证。

⑥测量的方法及仪器：种类、数量、精度。特殊仪器应给出加工图、施工图，以及观测规程。

⑦成果的整理方法及其他要求或建议。

⑧观测进度计划表。

⑨观测人员的编制及预算。

2. 变形监测点的分类

变形监测的测量点，一般分为基准点、工作点和变形观测点三类。

(1)基准点

基准点为变形观测系统的基本控制点，是测定工作点和变形点的依据。基准点通常埋设在稳固的基岩上或变形区域以外，尽可能长期保存，稳定不动。每个工程一般应建立 3 个基准点，当确认基准点稳定可靠时，也可少于 3 个。

水平位移监测基准点，可根据点位所处的地质条件选埋，如图 11-1 所示。水准基点的标石，可根据点位所处的不同地质条件选埋基岩水准基点标石、深埋钢管水准基点标石、深埋双金属管水准基点标石和混凝土基本水准标石，分别如图 11-2(a)、(b)、(c)和(d)所示。沉降观测的基准点的检核方法一般采用精密水准测量的方法，水平位移基准点的检核通常采用三角测量法进行。

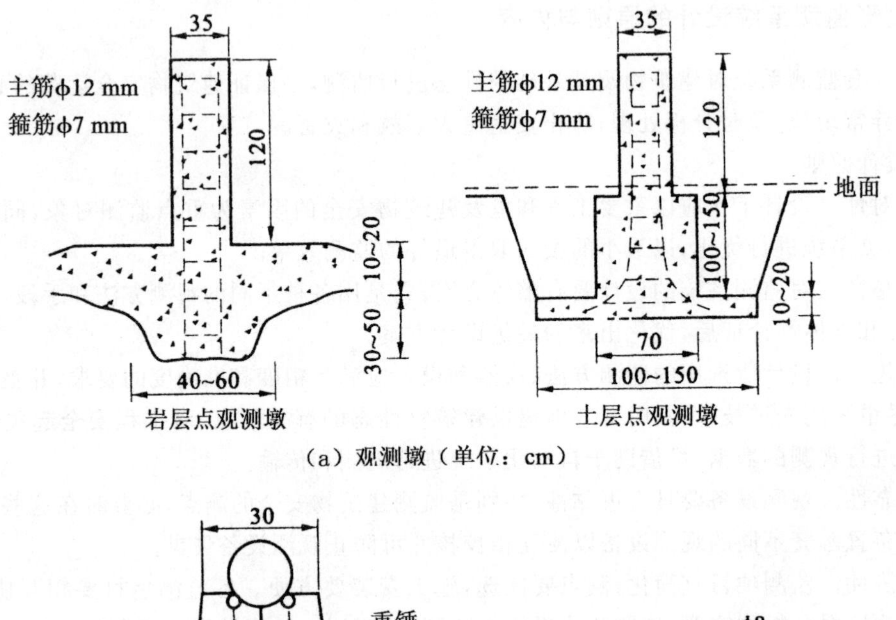

(a) 观测墩（单位：cm）

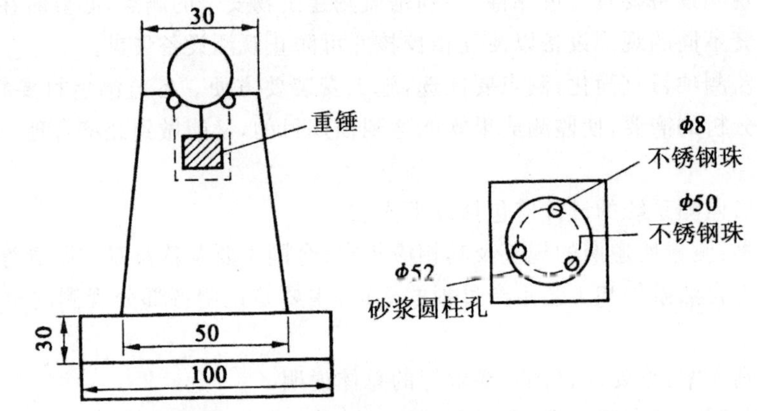

(b) 重力平衡球式照准标志（单位：mm）

图 11-1 水平位移监测基准点

(2)工作点

工作点又称工作基点，它是基准点与变形观测点之间起联系作用的点。工作点埋设在被研究对象附近，要求在观测期间保持点位稳定，其点位由基准点定期检测。工作基点的标石，可按点位的不同要求选埋钢管水准标石、混凝土普通水准标石或墙角、墙上水准标志等。

(3)变形观测点

变形观测点是直接埋设在变形体上的能反映建筑物变形特征的河量点，又称观测点，一般埋设在建筑物内部。观测点标石埋设后，应达到稳定后方可开始观测，稳定期根据观测要求与测区的地质条件确定，一般不宜少于 15 天。

在建筑物上布设监测点的位置主要有：建筑物的四角、大转角处及沿外墙每 10～15 m 处或每隔 2～3 根柱基上；高层建筑物、新旧建筑物、纵横墙等交接处的两侧；建筑物裂缝和沉降缝两侧、基础埋深相差悬殊处、人工地基与天然地基接壤处、不同结构的分界处及填挖方分界处；宽度大于等于 15 m 或小于 15 m 而地质复杂以及膨胀土地区的建筑物，在承重内隔墙中部设内墙点，在室内地面中心及四周设地面点；邻近堆置重物处、受振动有显著影响的部位及基础下的暗浜(沟)处；框架结构建筑物的每个或部分柱基上或沿纵横轴线设点；片筏基础、箱形基础底板或接近基础的结构部分之四角处及其中部位置；重型设备基础和动力设备基础的四角、基础型式或埋深改变处以及地质条件变化处两侧；电视塔、烟囱、水塔、油罐、炼油塔、高炉等高耸建筑物，沿周边在与基础轴线相交的对称位置上布点，点数不少于 4 个。

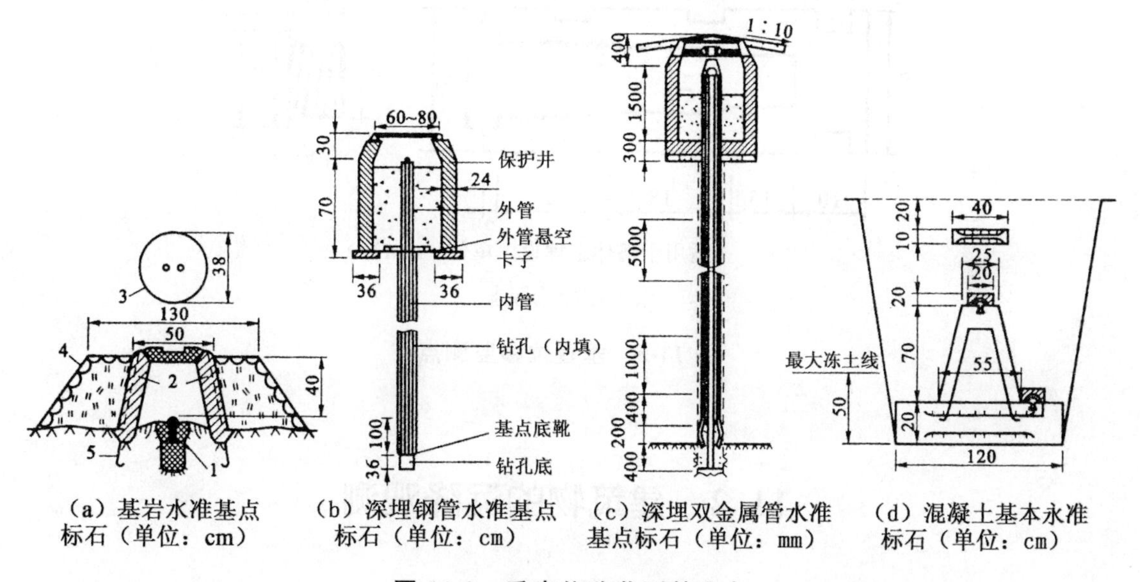

(a) 基岩水准基点标石（单位：cm）　(b) 深埋钢管水准基点标石（单位：cm）　(c) 深埋双金属管水准基点标石（单位：mm）　(d) 混凝土基本永准标石（单位：cm）

图 11-2　垂直位移监测基准点

1—抗蚀的金属标志；2—钢筋混凝土；3—井盖；4—砌石土丘；5—井圈保护层

沉降观测标志，可根据建筑结构类型和建筑材料，采用墙(柱)标志、基础标志和隐蔽式标志(用于宾馆等高级建筑物)，各类标志的立尺部位应加工成半球形或有明显的突出点，并涂上防腐剂，如图 11-3 所示。标志埋设位置应避开如雨水管、窗台线、暖气片、暖水片、暖水管、电气开关等有碍设标与观测的障碍物，并应视立尺需要离开墙(柱)面和地面一定距离。

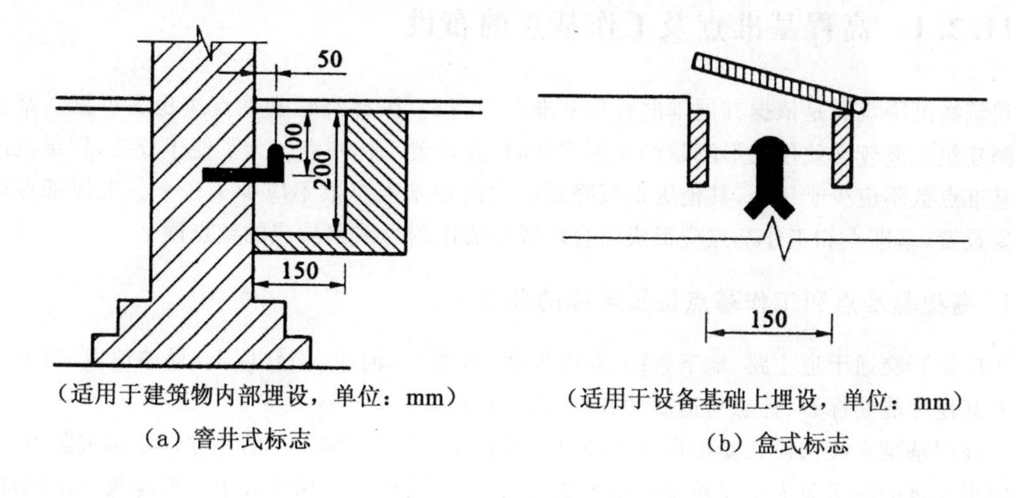

（适用于建筑物内部埋设，单位：mm）
(a) 窨井式标志

（适用于设备基础上埋设，单位：mm）
(b) 盒式标志

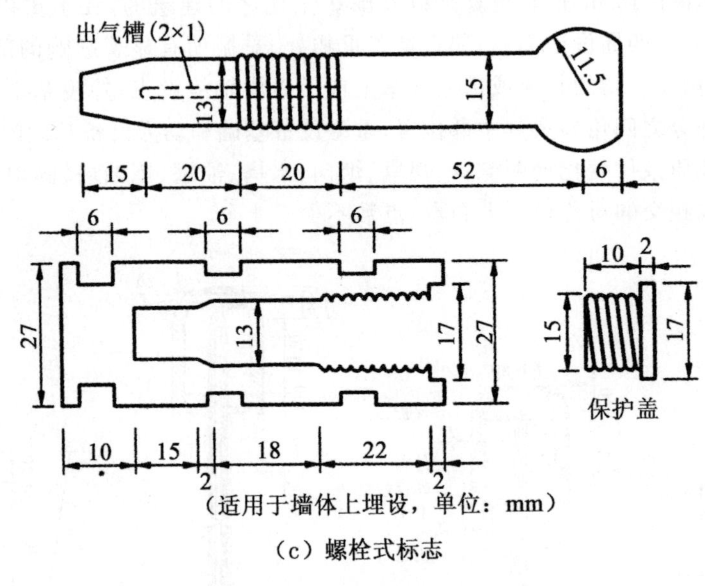

（c）螺栓式标志

图 11-3　垂直位移监测点

11.2　建筑物的沉降观测

建筑物的沉降观测是指利用水准仪等仪器根据高程基准点定期对建筑物上设置的沉降观测点进行水准测量，确定观测点的下沉量及下沉规律的工作。沉降观测在建筑物的施工、竣工验收及竣工后的监测等过程中，具有安全预报、科学评价及检验施工质量等职能。通过现场监测数据的反馈信息，可以对施工过程等问题起到预报作用，及时做出较合理的技术决策和现场的应变决定。

11.2.1　高程基准点及工作基点的布设

建筑物沉降观测是依据其周围的高程基准点进行的，因此高程基准点应稳固可靠。基准点离所测建筑距离较远致使变形测量作业不方便时，宜设置工作基点。为了便于校核，特级沉降观测的基准点数不应少于 4 个，其他级别沉降观测的高程基准点数不应少于 3 个。工作基点可根据需要设置，基准点和工作基点应形成闭合环或形成由附合线路构成的结点网。

1. 高程基准点和工作基点位置选择的要求

①应避开交通干道主路、地下管线、仓库堆栈、水源地、河岸、松软填土、滑坡地段、机器振动区以及其他可能使标石、标志易遭腐蚀和破坏的地方。

②高程基准点应选设在变形影响范围以外且稳定、易于长期保存的地方。在建筑区内，其点位与邻近建筑的距离应大于建筑基础最大宽度的 2 倍，其标石埋深应大于邻近建筑基础的深度。

高程基准点也可选择在基础深且稳定的建筑上。

③高程基准点、工作基点之间宜便于进行水准测量，保证视线畅通。

2. 高程基准点和工作基点标石、标志的埋设

高程基准点标石应埋设在基岩层或原状土层中，可根据点位所在处的不同地质条件，选埋基岩水准基点标石、深埋双金属管水准基点标石、深埋钢管水准基点标石、混凝土基本水准标石，在基岩壁或稳固的建筑上也可埋设墙上水准标志；工作基点标石可按点位的不同要求，选用浅埋钢管水准标石、混凝土普通水准标石或墙上水准标志等。

基岩水准基点标石如图 11-4 所示。

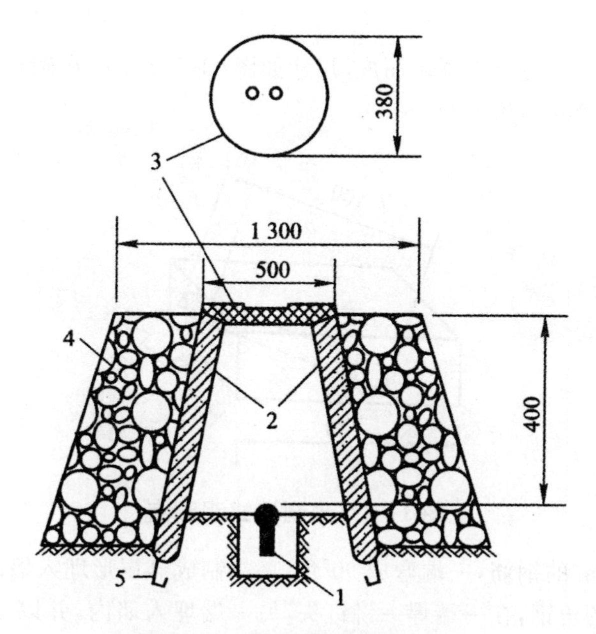

图 11-4　基岩水准基点标石

1—抗腐蚀的金属标志；2—钢筋混凝土井圈；3—井盖；4—砌石土丘；5—井圈保护层

11.2.2　水准点和观测点的设置

1. 水准点的设置

建筑物的沉降量是通过多次水准测量建筑物上的观测点与水准点之间的高差变形值来决定的。因此，观测值的可靠性在很大程度上取决于水准点位置的稳定性。水准点位置的选择要满足以下要求。

①为便于校核，布设水准点的数目应不少于 3 个。

②水准点应埋在建筑物和构筑物基础沉降影响范围之外，要离开铁路、公路及地下管最少 5 m 以上，埋设深度至少应在冰冻线以下 0.5 m。

③水准点与建筑物的距离一般在 30～60 m 为宜，这样在进行观测时就不需要转站，可提高测量精度。

④水准点的设置位置应避免由于施工工作而遭到损坏，也不要放置在观测时视线受阻挡的方向上。

2. 沉降观测点的设置

(1)沉降观测点的布设要求

沉降观测点是为沉降观测而设置在待测建(构)筑物上的固定标志，其数目和位置与建筑物或设备基础的结构、形状、大小、荷载以及地质条件有关，应能全面反映建筑物的沉降情况。

(2)沉降观测点的布设形式

沉降观测点的布设形式和设置方法应根据工程性质和施工条件来确定。

1)墙上标志

①预制墙式观测点，由混凝土预制而成，尺寸如图 11-5 所示。在砌砖墙勒脚时，将预制块砌入墙内，角钢露出端与墙面夹角为 50°～60°。

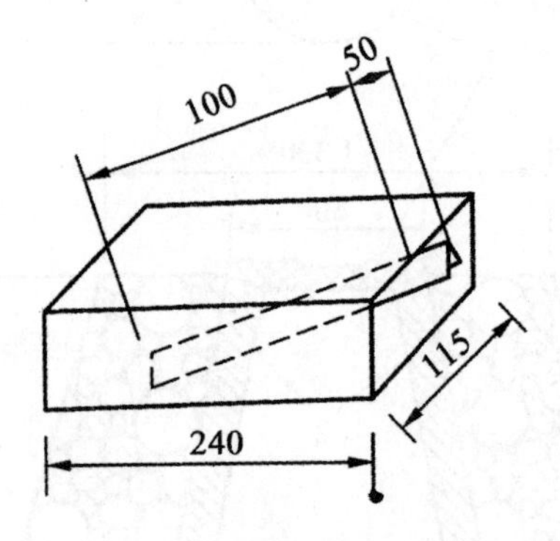

图 11-5　预制墙式观测点

②利用直径 20 mm 的钢筋，一端弯成 90°角，一端制成燕尾形埋入墙内，如图 11-6 所示。

③用长 120 mm 的角钢，在一端焊一铆钉头，另一端埋入墙内，并以 1∶2 水泥砂浆填实，如图 11-7 所示。

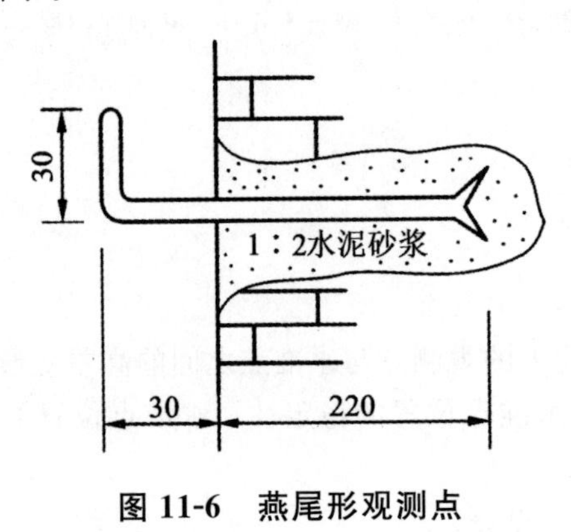

图 11-6　燕尾形观测点

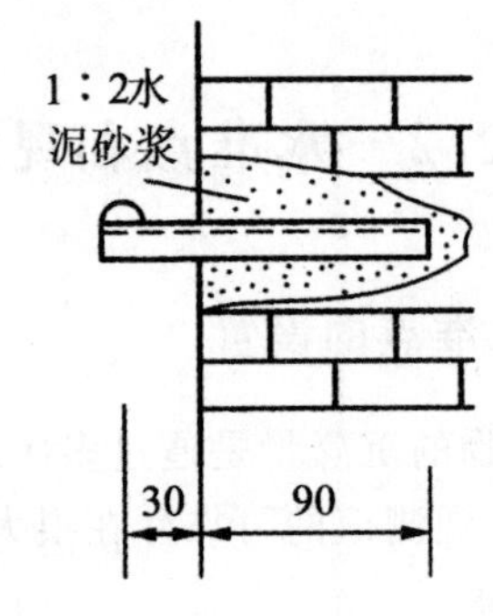

图 11-7　角钢埋设观测点

2)设备基础标志

一般利用铆钉或钢筋来制作，然后将其埋入混凝土内，其形式如下：

①垫板式：如图 11-8(a)所示，用长 60 mm、直径 20 mm 的铆钉，下焊 40 mm×40 mm×5 mm 的钢板。

②弯钩式:如图 11-8(b)所示,将长约 100 mm、直径 20 mm 的铆钉一端弯成直角。

③燕尾式:如图 11-8(c)所示,将长 80～100 mm、直径 20 mm 的铆钉,在尾部中间劈开,做成夹角为 30°左右的燕尾形。

④U 字式:如图 11-8(d)所示,用直径 20 mm、长约 220 mm 左右的钢筋弯成“U”形,倒埋在混凝土中。

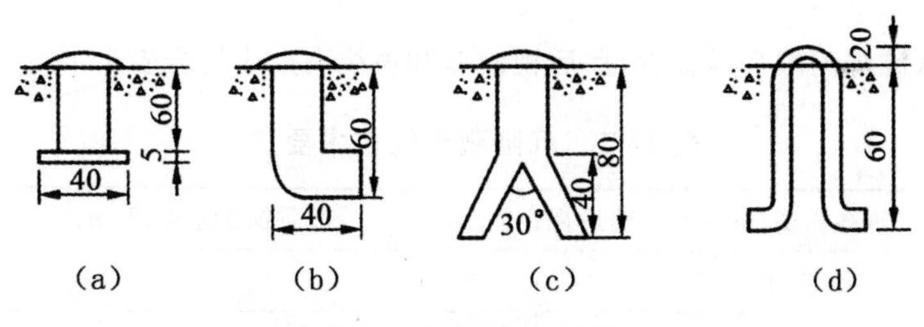

图 11-8　设备基础观测点

3)柱上标志

柱基础沉降观测点的形式和埋设方法与设备基础相同。但是当柱子安装后进行二次灌浆时,原设置的观测点将被砂浆埋掉,因而必须在二次灌浆前,及时在柱身上设置新的观测点。

①钢筋混凝土柱上观测点:在钢筋混凝土柱±0 标高以上 10～50 cm 处预埋直径 20 mm 以上的钢筋或铆钉,制成弯钩形,如图 11-9(a)所示。亦可采用角钢作为标志,埋设时使其与柱面成 50°～60°的倾斜角,如图 11-9(b)所示。

②钢柱上观测点:将角钢的一端切成使脊背与柱面成 50°～60°的倾斜角,将此端焊在钢柱上[图 11-10(a)];或者将铆钉弯成钩形,将其一端焊在钢柱上[图 11-10(b)。

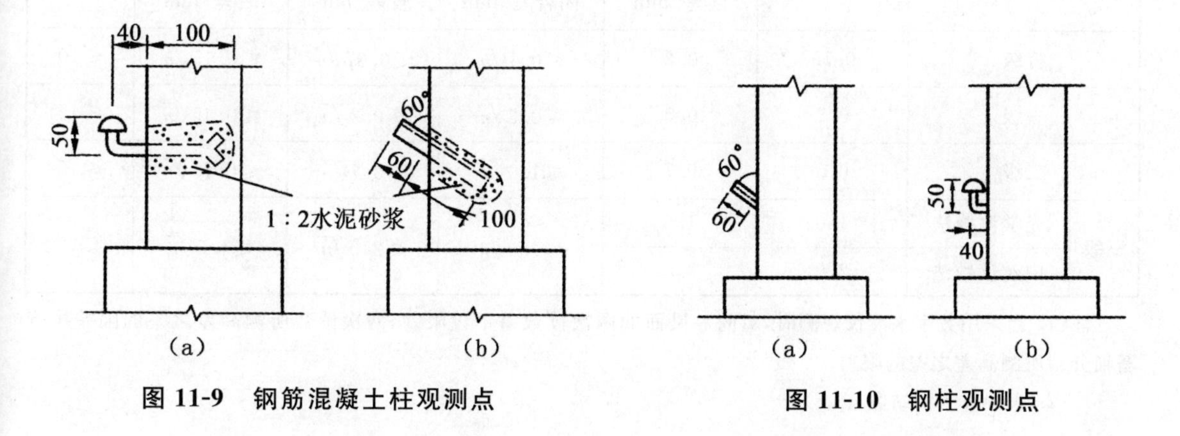

图 11-9　钢筋混凝土柱观测点

图 11-10　钢柱观测点

11.2.3　沉降观测的实施

沉降观测是建立在高程控制网的基础上,一般采用精密水准测量的方法进行的。根据设计要求或具体的建筑荷载加载情况,每隔一定周期观测基准点与观测点之间的高差,据此计算和分析建筑沉降变形规律。

1. 沉降观测的技术要求

(1)沉降观测的测量精度

沉降观测的精度，主要取决于被观测对象设计的变形允许值的大小和进行观测的目的，一般意义的沉降观测是为了确保建筑的安全，其观测值中误差不应超过变形允许值的 1/20～1/10 或者±1～±2 mm。

(2)各等级水准观测的视线长度、前后视距差和视线高度应符合表 11-2 的规定。

表 11-2　沉降观测的技术要求一

级别	视线长度/m	前后视距差/m	前后视距差累积/m	视线高度/m
特级	≤10.0	≤0.3	≤0.5	≥0.8
一级	≤30.0	≤0.7	≤1.0	≥0.5
二级	≤50.0	≤2.0	≤3.0	≥0.3
三级	≤75.0	≤5.0	≤8.0	≥0.2

注：1. 表中的视线高度为下丝读数。

2. 当采用数字水准仪观测时，最短视线长度不宜小于 3 m，最低水平视线高度不宜低于 0.6 m。

(3)各等级水准观测的限差应符合表 11-3 的规定。

表 11-3　沉降观测的技术要求二

级别		基辅分划读数之差/mm	基辅分划所测高差之差/mm	往返较差及附合或环线闭合差/mm	单程双测站所测高差较差/mm	检测已测测段高差之差/mm	仪器 i 角/(″)
特级		0.15	0.2	$\leqslant 0.1\sqrt{n}$	$\leqslant 0.07\sqrt{n}$	$\leqslant 0.15\sqrt{n}$	≤10
一级		0.3	0.5	$\leqslant 0.3\sqrt{n}$	$\leqslant 0.2\sqrt{n}$	$\leqslant 0.45\sqrt{n}$	≤15
二级		0.5	0.7	$\leqslant 1.0\sqrt{n}$	$\leqslant 0.7\sqrt{n}$	$\leqslant 0.15\sqrt{n}$	≤15
三级	光学测微法	1.0	1.5	$\leqslant 3.0\sqrt{n}$	$\leqslant 2.0\sqrt{n}$	$\leqslant 4.5\sqrt{n}$	≤20
	中丝读数法	2.0	3.0				

注：1. 当采用数字水准仪观测时，对同一尺面的两次读数差不设限差，两次读数所测高差之差的限差执行基辅分划所测高差之差的限差。

2. 表中 n 为测站数。

2. 沉降观测周期和观测时间的确定

沉降观测的周期应根据建筑物(构筑物)的特征、变形速率、观测精度和工程地质条件等因素综合考虑，并根据沉降量的变化情况适当调整。

深基坑开挖时，锁口梁会产生较大的水平位移，沉降观测周期应较短，一般每隔 1～2 天观测一次；浇筑地下室底板后，可每隔 3～4 天观测一次，至支护结构变形稳定。当出现暴雨、管涌或变形急剧增大时，要严密观测。

建筑物主体结构施工阶段的观测应随施工进度及时进行。一般建筑可在基础完工后或地下室砌完后开始观测，大型、高层建筑可在基础垫层或基础底部完成后开始观测。观测次数与间隔时间应视地基与加荷情况而定。民用建筑可每加高 1～5 层观测一次；工业建筑可按不同施工阶段（如回填基坑、安装柱子和屋架、砌筑墙体及设备安装等）分别进行观测。如建筑物均匀增高，应至少在增加荷载的 25％、50％、75％和 100％时各测一次。施工过程中如暂时停工，在停工时及重新开工时应各观测一次。停工期间可每隔 2～3 个月观测一次。

建筑物使用阶段的观测次数应视地基土类型和沉降速度大小而定。除有特殊要求者外，一般情况下可在第一年观测 3～5 次，第二年观测 2～3 次，第三年后每年 1 次，直至稳定为止。观测期限一般不少于如下规定：砂土地基 2 年，膨胀土地基 3 年，黏土地基 5 年，软土地基 10 年。

在观测过程中，如有基础附近地面荷载突然增减、基础四周大量积水、长时间连续降雨等情况，均应及时增加观测次数。当建筑物突然发生大量沉降、不均匀沉降或严重裂缝时，应立即进行逐日或几天一次的连续观测。

沉降是否进入稳定阶段，应由沉降量与时间关系曲线判定。对重点观测和科研观测工程，若最后 3 个周期观测中每周期沉降量不大于 2 倍测量中误差，可认为已进入稳定阶段。一般观测工程，若沉降速度小于 0.01～0.04 mm/d，可认为已进入稳定阶段，具体取值宜根据各地区地基土的压缩性确定。

3. 沉降观测方法

沉降观察点首次观测的高程值是以后各次观测用以比较的依据，如果首次观测的高程精度不够或存在错误，不仅无法补测，而且会造成沉降观测的矛盾现象。因此，必须提高初测精度，应在同期进行两次观测后取平均值。

沉降观测的水准路线（从一个水准基点到另一个水准基点）应形成闭合线路。与一般水准测量相比，不同的是视线长度较短，一般不大于 25 m，一次安置仪器可以有几个前视点。

每次观测应记载施工进度、增加荷载量、仓库进货吨位、气象及建筑物倾斜裂缝等各种影响沉降变化和异常的情况。

11.2.4　沉降观测的成果整理

1. 基础或构件的倾斜度 α

$$\alpha=\frac{S_i-S_j}{L}$$

式中，S_i 为基础或构件倾斜方向上 i 点的沉降量，mm；S_j 为基础或构件倾斜方向上 j 点的沉降量，mm；L 为 i、j 两点间的距离，mm。

2. 基础相对弯曲度

$$f_c=\frac{2S_0-(S_i+S_j)}{L}$$

式中，S_o 为基础中点 O 的沉降量，mm。

沉降观测结束后应提交主要成果内容为：工程平面位置图及基准点分布图；沉降观测点位分布图（图 11-11）；沉降观测成果表（表 11-4）；时间-沉降量曲线图（图 11-12）；平均沉降速率曲线图（图 11-13）；等沉降曲线图；沉降观测成果分析。

表 11-4　沉降观测成果

工程名称：某高层住宅楼　　仪器：Ni004　　编号：202473　　观测：×××

计算：×××　　检查：×××　　审核：×××

观测点编号	第 1 次成果 观测日期： 2008 年 10 月 28 日			第 2 次成果 观测日期： 2008 年 11 月 4 日			第 3 次成果 观测日期： 2008 年 11 月 12 日			第 4 次成果 观测日期： 2008 年 11 月 20 日		
	高程/m	沉降量/mm	累计沉降量/mm	高程/m	沉降量/mm	累计沉降量/mm	高程/m	沉降量/mm	累计沉降量/mm	高程/m	沉降量/mm	累计沉降量/mm
1	10.485 30	0.00	0.00	10.485 22	−0.08	−0.08	10.485 17	−0.05	−0.13	10.484 05	−1.12	−1.25
2	10.484 90	0.00	0.00	10.484 81	−0.09	−0.09	10.484 73	−0.08	−0.17	10.483 85	−0.88	−1.05
3	11.094 42	0.00	0.00	11.093 99	−0.43	−0.43	11.093 73	−0.26	−0.69	11.092 95	−0.78	−1.47
4	11.058 25	0.00	0.00	11.058 17	−0.08	−0.08	11.058 03	−0.14	−0.22	11.057 57	−0.46	−0.68
5	10.494 25	0.00	0.00	10.493 97	−0.28	−0.28	10.493 96	−0.01	−0.29	10.493 73	−0.23	−0.52
6	10.442 23	0.00	0.00	10.442 12	−0.11	−0.11	10.441 82	−0.30	−0.41	10.441 53	−0.29	−0.70
工程施工情况	施工至±0			施工至一层顶板浇筑完毕			施工至二层顶板浇筑完毕			施工至三层顶板浇筑完毕		
荷载情况/(t/m^2)	3.0			5.0			7.0			9.0		

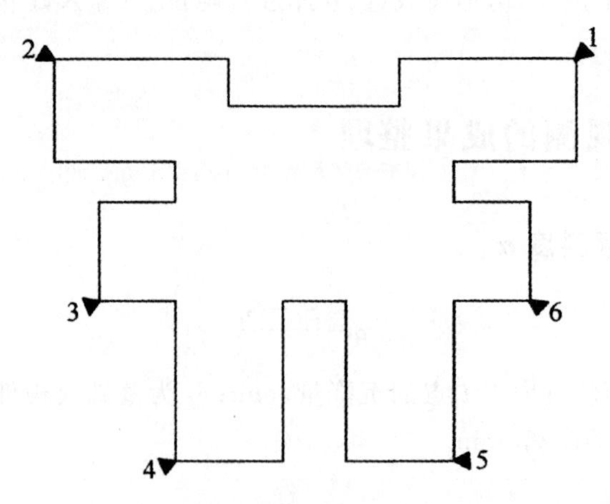

图 11-11　沉降观测点位布置平面图

"▲"为沉降观测点位置

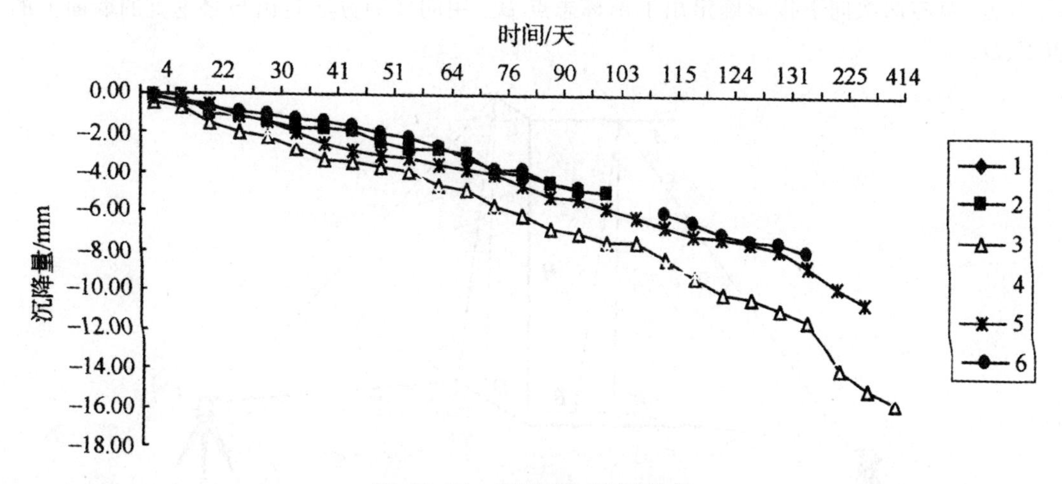

图 11-12 沉降量-时间曲线

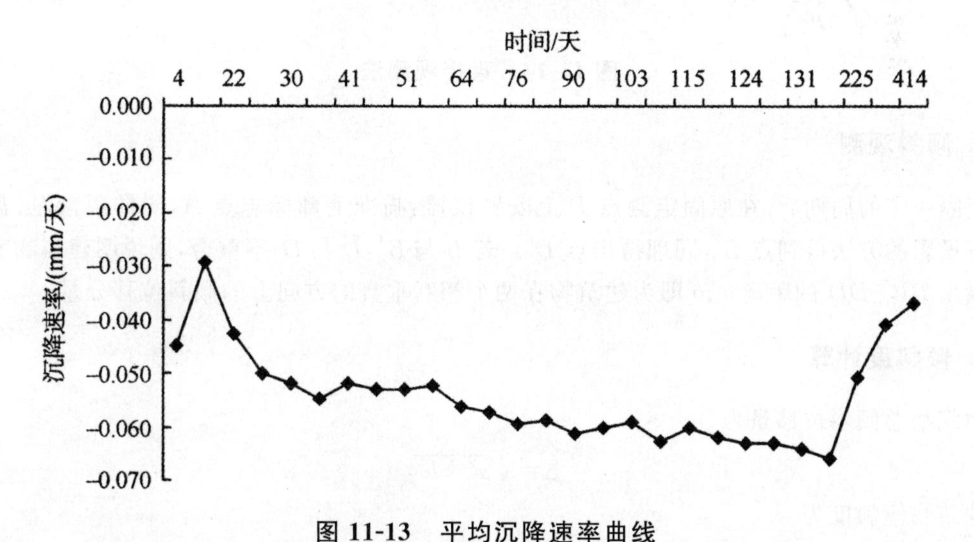

图 11-13 平均沉降速率曲线

11.3 建筑物的倾斜观测

11.3.1 直接观测法

1. 设置观测点

如图 11-14 所示，在进行观测前首先要在建筑物相互垂直的两个立面上分别设置上、下两个标志 A、B 和 C、D 作为观测点。设置时，先在墙上定出上部标志点 A，然后将经纬仪安置于离建筑物大于其高度 1.5 倍的固定测点 P 上，并尽量使观测视线所在竖直面与墙面垂直，瞄准上 A

点，用盘左、盘右两次向下投影确定出下部标志点 B。用同样的方法定出与之垂直的墙面上的标志点 C、D。

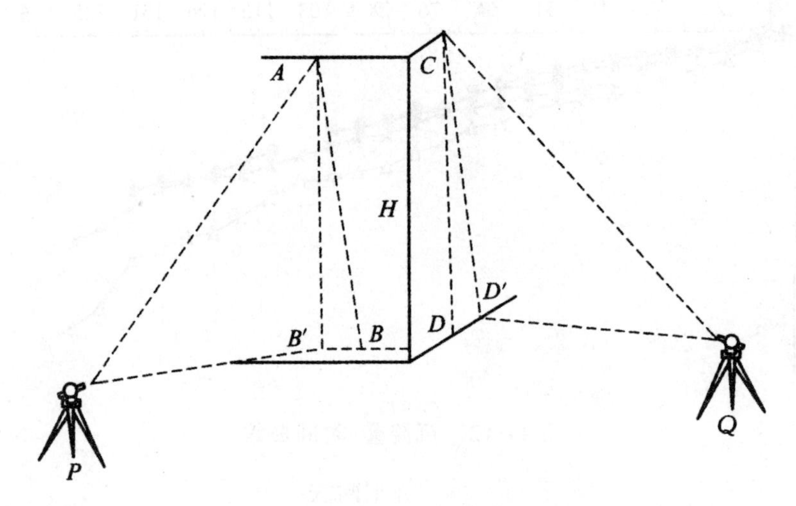

图 11-14　直接观测法

2. 倾斜观测

间隔一定的周期后，在原固定测点 P 上安置仪器，瞄准上部标志点 A，同样用盘左、盘右两次向下投影的方法得到点 B'，同理得出点 D'。若 B 与 B'，D 与 D' 不重合，则说明建筑物发生倾斜。量出 BB'、DD' 的距离 a、b 即为建筑物在两个相互垂直的方向上的倾斜位移分量。

3. 倾斜度计算

建筑物总倾斜位移量为

$$\Delta=\sqrt{a^2+b^2}$$

建筑物倾斜度为

$$i=\frac{\Delta}{H}=\tan\alpha$$

式中，H 为上下观测点竖向距离；α 为倾斜角。

11.3.2　测水平角法

对高层建筑或塔形、圆形建筑的倾斜测量，还可采用测水平角的方法来测定其倾斜。在建筑相互垂直轴线方向上选两个测站点安置经纬仪，以定向点作为零方向，测出各观测点的方向值和测站点到底部中心的距离，计算顶部中心相对底部中心的偏移量，再计算倾斜度及倾斜方向。

如图 11-15 所示为采用该法测定烟囱的倾斜。M_1、M_2 为选设的测站点，N_1、N_2 为相应的定向点，A、A'、B、B' 为烟囱上在 AA' 方向上布设的观测点，C、C'、D、D' 为烟囱上在与 AA' 垂直方向上布设的观测点。观测时，首先在 M_1 设站，以 N_1 为零方向，采用经纬仪方向观测法测出 B、A、A'、B' 的方向值分别为 β_1、β_2、β_3、β_4。则烟囱顶部中心 O_1 的方向值为 $\frac{\beta_1+\beta_2}{2}$，底部中心 O_2 的方向值为$\frac{\beta_3+\beta_4}{2}$，$M_1O_1$ 与 M_1O_2 方向间的水平夹角为$\frac{(\beta_3+\beta_4)-(\beta_1+\beta_2)}{2}$。若测量 M_1 至 O_2 的水平距离为 S_1，可计算出在 AA'方向顶部中心相对底部中心的偏移量。

$$\alpha=\frac{(\beta_3+\beta_4)-(\beta_1+\beta_2)}{2\rho''}\times S_1$$

用同样方法在 CC'方向上测出顶部中心偏移底部中心的距离 b，则总偏移量

$$c=\sqrt{a^2+b^2}$$

由烟囱高度 H 计算出烟囱的倾斜度

$$i=\frac{c}{H}$$

烟囱倾斜方向

$$\alpha=\arctan\frac{b}{a}$$

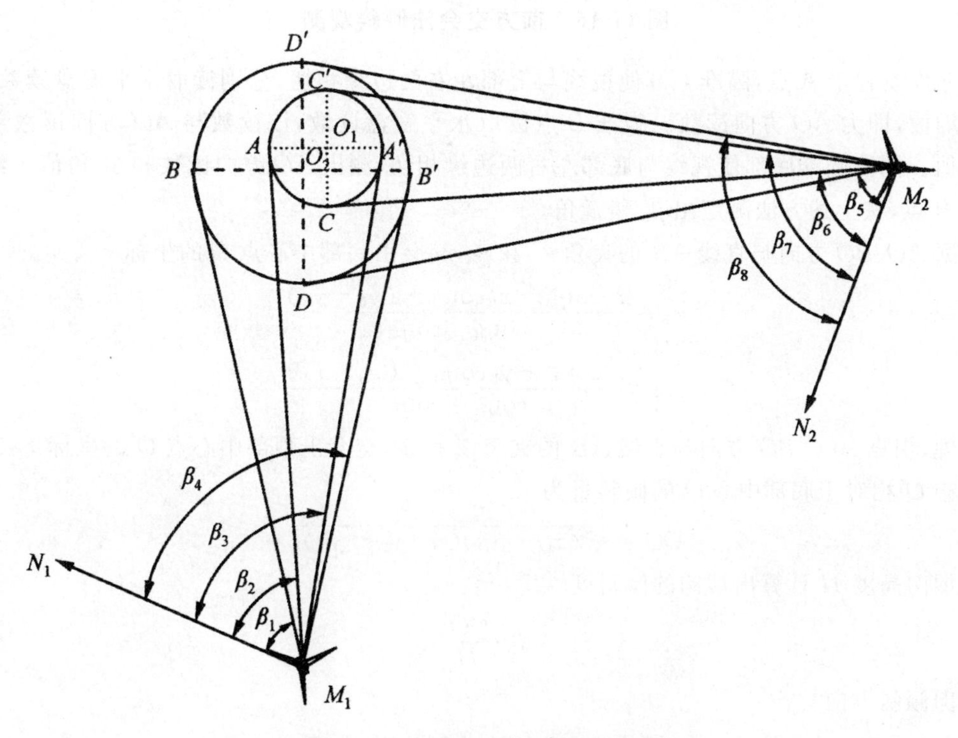

图 11-15　测水平角法倾斜观测

11.3.3　前方交会法

如图 11-16 所示，O、O'分别为烟囱底部和上部的中心。为测定 O'相对于 O 的倾斜量，用两台经纬仪分别安置在选定的基线点 A、B 上（基线应与观测点组成最佳图形，交会角宜在 60°～120°），可假定 A 点的坐标和北方向；根据 AB 方向与假定北方向的夹角和 AB 的距离 D_{AB}，求出 B 的假定坐标。

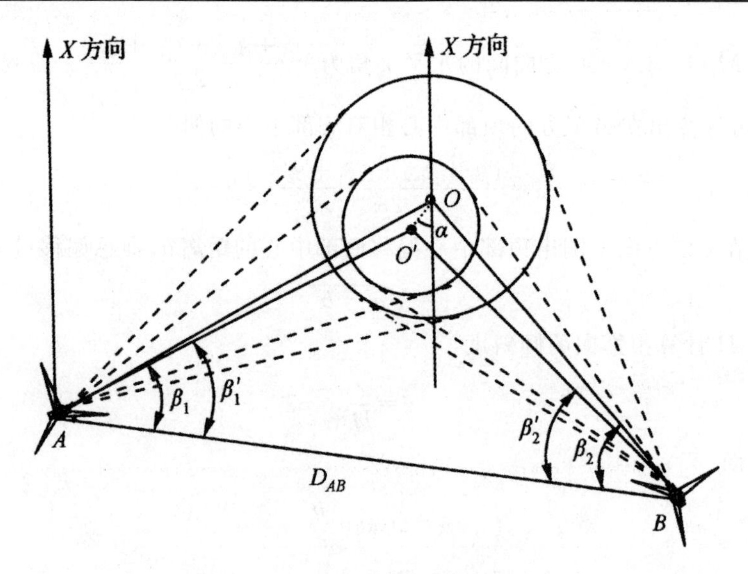

图 11-16　前方交会法倾斜观测

经纬仪安置于 A 点，瞄准上部使视线与上部左右两边缘相切，分别读取水平度盘读数，两读数的平均值，即为 AO' 方向读数。瞄准 B 点读取水平度盘读数，该读数与 AO' 方向读数差值即为 β_1' 角值。同法瞄准底部使视线与底部左右两边缘相切，测出 AO 方向读数和 β_1 角值。经纬仪安置于 B 点，按上述方法测定出 β_2 和 β_2' 角。

根据 AO、BO 方向与直线 AB 的夹角 β_1 和 β_2，交会出底部中心点 O 的坐标 x_O、y_O。

$$x_O=\frac{x_A\cot\beta_2+x_B\cot\beta_1+(y_B-y_A)}{\cot\beta_1+\cot\beta_2}$$

$$y_O=\frac{y_A\cot\beta_2+y_B\cot\beta_1-(x_B-x_A)}{\cot\beta_1+\cot\beta_2}$$

同理，根据 AO'、BO' 方向与直线 AB 的夹角 β_1' 和 β_2'，交会出顶部中心点 O' 的坐标 x_O'、y_O，则上部中心 O' 相对于底部中心 O 的倾斜量为

$$OO'=\sqrt{(x_{O'}-x_O)^2+(y_{O'}-y_O)^2}$$

由烟囱高度 H 计算出烟囱的倾斜度

$$i=\frac{OO'}{H}$$

烟囱倾斜方向

$$\alpha=\arctan\frac{\Delta y_{OO'}}{\Delta x_{OO'}}$$

11.3.4　激光铅直仪观测法

激光铅直仪观测法是在建筑物顶部适当位置安置激光接收靶，在其垂线下的地面或地板上安置激光铅直仪，仪器应严格对中、整平，分别旋转 120°向上投激光点三次。在接收靶上取得其三个投影点位，取其中点得到下部向上的投影点，量出相对顶部的水平位移量，并确定位移方向，再根据建筑物高度计算倾斜度。

11.3.5　吊垂球法

在建筑顶部或所需高度处的观测点位置上，直接或支出一点悬吊适当重量的垂球，在垂线下的底部固定毫米格网读数板等读数设备，直接读取或量出上部观测点相对底部观测点的倾斜量和倾斜方向。

对设备基础、平台等局部小范围内的倾斜观测，可采用水管式倾斜仪、水平摆倾斜仪、气泡倾斜仪或电子倾斜仪进行观测。监测建筑上部层面倾斜时，仪器可安置在基础面上，以所测楼层或基础面的水平倾角变化值反映和分析建筑倾斜的变化程度。

建筑物的基础倾斜观测应定期进行，一般采用精密水准测量的方法，如图 11-17 所示，测出基础两端点的沉降量差值 Δh，再根据两点间的距离 L，即可计算出基础的倾斜度。

$$i=\frac{\Delta h}{L}$$

对整体刚度较好的建筑物的倾斜观测，采用基础沉降量差值，推算主体偏移值。如图 11-18 所示，用精密水准测量方法测定建筑物基础两端点的沉降量差值 Δh，根据建筑物的宽度 L 和高度 H，推算出该建筑物主体的偏移值 ΔD，即

$$\Delta D=\frac{\Delta h}{L}H$$

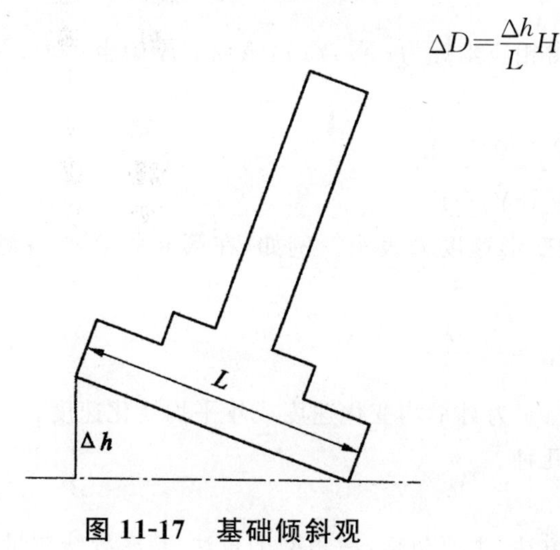

图 11-17　基础倾斜观

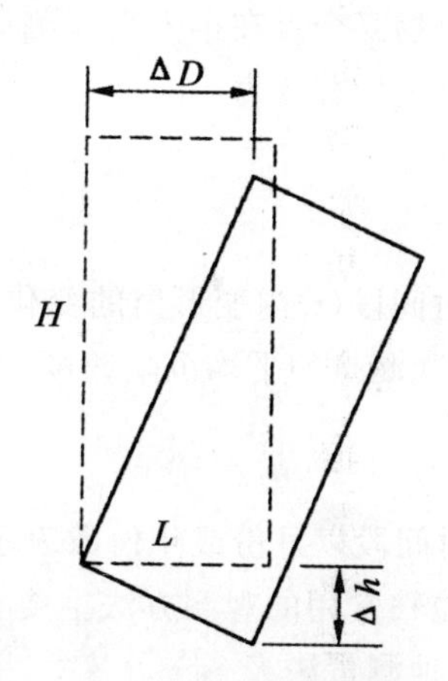

图 11-18　基础倾斜观测测定建筑物的偏移值

11.3.6　激光位移计自动记录法

该方法是利用激光位移计自动记录上部相对于下部的偏移。测量时，位移计安置在建筑底层或地下室地板上，接收装置设在顶层或需要观测的楼层，激光通道可利用楼梯间隔或投点预留孔洞，测试室应选在靠近顶部的楼层内。当位移计发射激光时，从测试室的光线示波器上可直接获取位移图像及有关参数，并自动记录成果。

11.3.7　正、倒垂线法

采用正垂线法时，垂线上端可锚固在通道顶部或所需高度处设置的支点上。采用倒垂线法

时，垂线下端可固定在锚块上，上端设浮筒。用来稳定重锤、浮子的油箱中应装有阻尼液。观测时，由观测墩上安置的坐标仪、光学垂线仪、电感式垂线仪等量测设备，测出各观测点相对铅垂线的水平位移量。

11.4 建筑物的位移观测

11.4.1 水平位移监测

1. 概述

建筑物的水平位移是指建筑物的整体平面移动，其原因主要是基础受到水平应力的影响，如地基处于滑坡地带或受地震的影响。测定平面位置随时间变化的移动量，以监视建筑物的安全或采取加固措施。

设建筑物某个点在第 k 次观测周期所得相应坐标为(X_k,Y_k)，该点的原始坐标为(X_0,Y_0)，则该点的水平位移 δ 为

$$\begin{cases}\delta_x = X_k - X_0 \\ \delta_y = Y_k - Y_0\end{cases}$$

某一时间段(t)内变形值的变化用平均变形速度来表示。例如，在第 n 和第 m 观测周期相隔时间内，观测点的平均沉陷速度为

$$\nu_{均} = \frac{\delta_n - \delta_m}{t}$$

若 t 时间段以月份或年份数表示时，则 $\nu_{均}$ 为月平均变化速度或年平均变化速度。

水平位移常用的观测方法主要有以下几种。

(1)大地测量法

大地测量方法是水平位移监测的传统方法，主要包括：三角网测量法、精密导线测量法、交会法等。大地测量法的基本原理是利用三角测量、交会等方法多次测量变形监测点的平面坐标，再将坐标与起始值相比较，从而求得水平位移量。该方法通常需人工观测，劳动强度高，速度慢，特别是交会法受图形强度、观测条件等影响明显，精度较低。但利用正在推广应用的测量机器人技术，可实现变形监测的自动化，从而有效提高变形监测的精度。

(2)基准线法

基准线法是变形监测的常用方法，该方法特别适用于直线形建筑物的水平位移监测(如直线形大坝等)，其类型主要包括：视准线法、引张线法、激光准直法和垂线法等。

(3)专用测量法

即采用专门的仪器和方法测量两点之间的水平位移，如多点位移计、光纤等。

(4)GPS 测量法

利用 GPS 自动化、全天候观测的特点，在工程的外部布设监测点，可实现高精度、全自动的

水平位移监测，该技术已经在我国的部分水利工程中得到应用。

2. 测量机器人技术

瑞士徕卡公司生产的 TCA 系列自动全站仪，又称“测量机器人”，它以其独有的智能化、自动化性能让用户轻松自如地进行建筑物外部变形的三维位移观测。TCA 自动全站仪能够电子整平、自动正倒镜观测、自动记录观测数据，而其独有的 ATR(Automatic Target Recognition)模式，使全站仪能够自动识别目标，大大提高了工作效率。

测量机器人自动监测系统主要由测量机器人、基点、参考点、目标点组成，是基于一台测量机器人的有合作目标(照准棱镜)的变形监测系统，可实现全天候的无人职守。参见图 11-19。

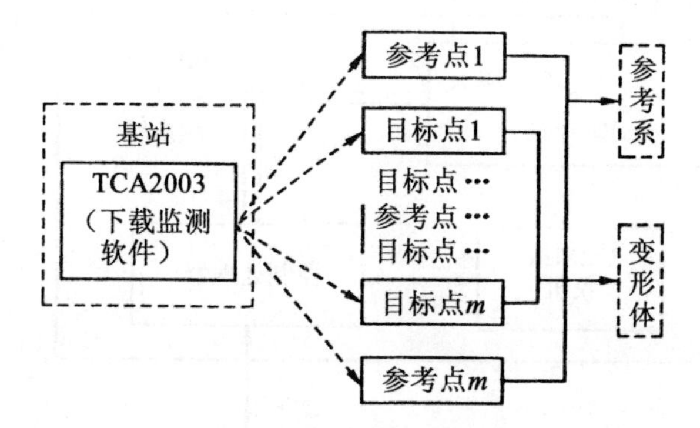

图 11-19　测量机器人变形监测系统组成

首先依据目标点及参考点的分布情况，合理安置测量机器人。要求具有良好的通视条件，一般应选择在稳定处，使所有目标点与全站仪的距离均在设置的观测范围内，且避免同一方向上由两个监测点，给全站仪的目标识别带来困难。

参考点(三维坐标已知)应位于变形区以外，选择适当的稳定基准点，用于在监测变形点之前检测基点位置的变化，以保证监测结果的有效性。点上放置正对基站的单棱镜。参考点要求覆盖整个变形区域。参考系除了为极坐标系统提供方位外，更重要的是为系统数据处理时的距离及高差差分计算提供基准。

根据需要，在变形体上选择若干变形监测点，这些监测点均匀分布在变形体上，到基点的距离应大致相等，且互不阻挡。每个监测点上安置有对准监测站的反射单棱镜。

3. GPS 在变形监测中的应用

目前，利用 GPS 进行变形监测主要有两种形式，其一是一台接收机带一个天线的模式，其二是一台接收机带多个天线的模式(一机多天线)，见图 11-20，两种模式都有较好的测量效果，也各有利弊。

4. 引张线法测量水平位移

引张线法基准线测量，是在两工作基点间张拉一根测线，建立基准线，对沿线各测点水平面上偏离于此基准线的距离进行测定。在直线形建筑物中用引张线方法测量水平位移，因其设备简单、测量方便、速度快、精度高、成本低，在我国得到了广泛的应用，特别是在大坝安全监测中起着重要作用。早期安装在大坝上的引张线仪，由人工测读水平位移，随着自动化技术的发展，国内已有步进电机光电跟踪式引张线仪、电容感应式引张线仪、CCD 试引张线仪，以及电磁感应式引张线仪等，图 11-21 为单向引张线仪的结构示意图。

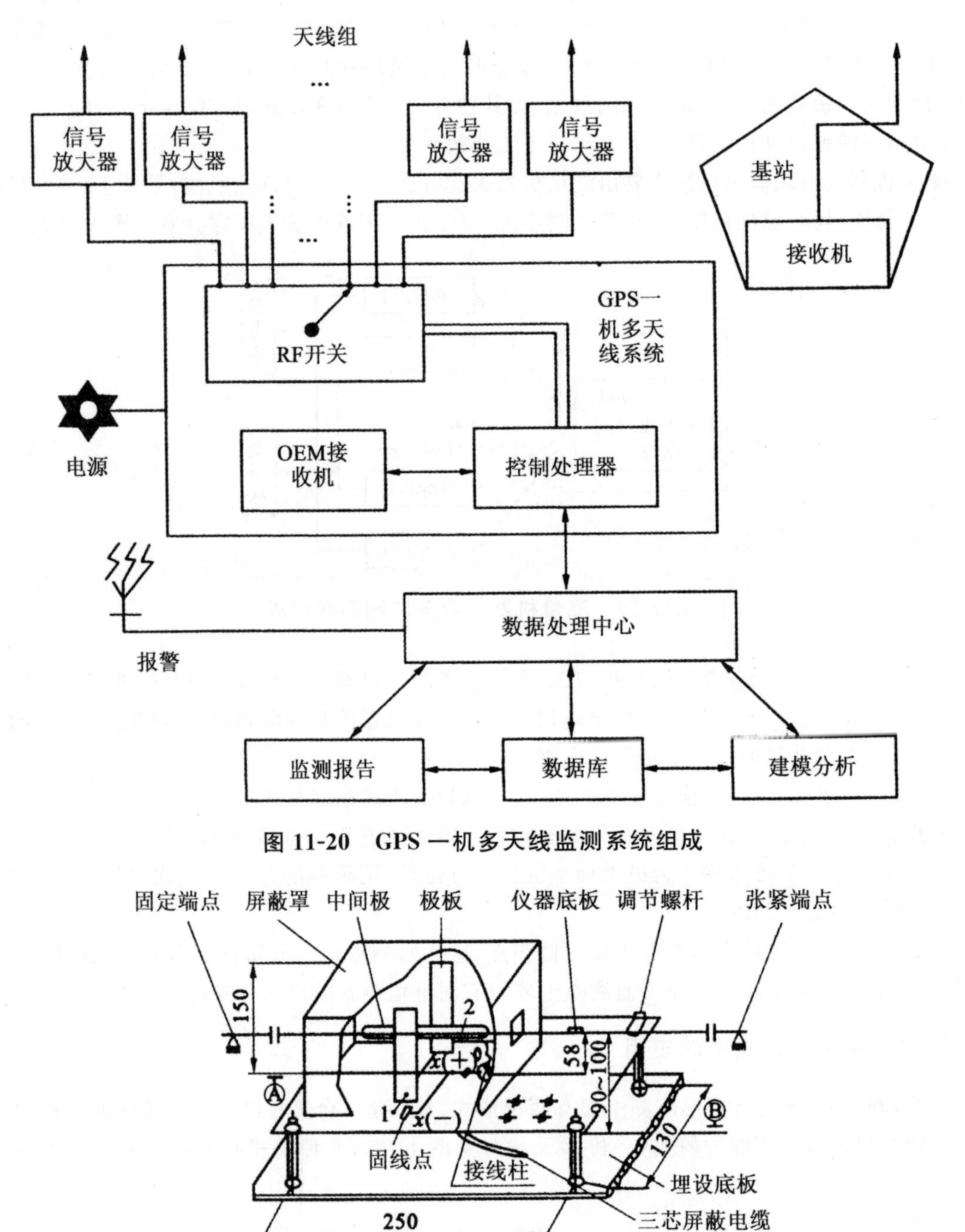

图 11-20　GPS 一机多天线监测系统组成

图 11-21　遥测单向引张线仪结构

引张线系统测线一般采用钢丝，测线在重力作用下所形成的悬链线垂径较大，工作现场不易布置，因此采用若干浮托装置托起测线，使测线形成若干段较短的悬链线，减小垂径，此方法也称之为浮托引张线法。

随着大坝安全监测自动化程度的不断提高，引张线观测技术也由人工观测向自动化观测的方向发展。在实现引张线自动观测时，大多数情况是在浮托引张线法的基础上增加自动测读设备，形成引张线自动观测系统。而这种系统在全自动观测时存在测前检查和调整、浮液被污染或变质和测线复位等问题，因此，应取消浮托装置，以提高引张线的综合精度，并可简化引张线的观测程序，便于实现真正的自动化观测系统。

11.4.2　垂直位移监测

1. 概述

垂直位移监测是对建筑物及其基础的代表性点位进行的垂直方向位移测量。不均匀的垂直位移可能导致建筑物裂缝，垂直位移异常有可能是建筑物滑动、建筑物基础失稳、局部破坏等险情的先兆和反映。因此，垂直位移观测也是建筑物安全监测的重要项目。

进行垂直位移观测时，首先校测工作基点的高程，然后再由工作基点测定各位移标点的高程。将首次测得的位移标点高程与本次测得的高程相比较，其差值即为两次观测时间间隔内位移标点的垂直位移量。按规定垂直位移向下为正，向上为负。

现设某建筑物观测点在起始观测周期的高程为 H_0，本次观测周期的高程为 H_i，则该点的沉陷量 δ 为

$$\delta = H_0 - H_i$$

若建筑物上有 n 个沉降观测点，则整个建筑物的平均沉陷量为

$$\delta_{均} = \sum_{i=1}^{n} \frac{\delta_i}{n}$$

建筑物的倾斜是由固定在建筑物某一轴线的 i、j 点的沉降差来确定的，建筑物纵轴方向的倾斜称为纵向倾斜，而横轴方向的倾斜称为横向倾斜。为了了解建筑物的稳定性，最常见的是计算相距为 L 的 i、j 点倾斜，即相对倾斜，其计算公式为

$$\alpha = \frac{\delta_i - \delta_j}{L}$$

2. 几何水准测量法

几何水准测量是垂直位移监测的传统方法，水准测量所采用的仪器为水准仪。目前常用的水准仪类型有：微倾式光学水准仪、自动安平光学水准仪和电子水准仪。光学水准仪一直是水准测量的主角，它有可靠的精度保证，但作业强度大，也不满足数字化和自动化的要求。电子水准仪（或称数字水准仪）以自动安平光学水准仪为基础，在望远镜光路中增加了分光镜和探测器（Charge Coupled Device，或简称 CCD），并采用编码标尺和图像处理系统，另外还包括微处理器、数据记录存储器、串行接口、显示与操作面板、蓄电池等，实现了数据记录、存储、传输及各种处理的自动化。

水准测量的作业应按照国家规范的具体要求严格执行。首先，作业用的仪器应根据规范的要求进行全面的检验，只有检验合格的仪器才能投入使用。在作业过程中，应按照规范要求的观

测程序和限差要求进行观测和检验。

水准测量外业观测结束时,应根据规范要求对测量数据进行必要的检核。

3. GPS 高程测量

全球定位系统为高程定位提供了一种全新的方法,GPS 技术已被公认是最先进的三维定位的测量工具,特别是在长距离和不易测量的地区,用 GPS 高程定位比传统的水准测量法在效果、费用、精度上都有更大的优越性。

GPS 观测数据经坐标转换、平差等数学处理后,可得到两点间的基线向量及大地高差,如果已知一点的大地高,即可求得全网各点的大地高。大地高是以椭球面为基准的高程系统,即通常所说的 WGS-84 椭球体上的高程,其定义为由地面点沿通过该点的椭球面法线到椭球面的距离。但是,目前常用的工程测量和高程放样是以铅垂线和水准面为依据的水准测量来实施的,在实际工程中一般不采用大地高系统,而是采用正高系统或正常高系统。正高即地面点沿垂线方向到大地水准面的距离,正常高即地面点沿垂线方向到似大地水准面的距离,其相互关系如图 11-22 和下式所示。

$$\begin{cases} H = H^g + N \\ H = H^r + \zeta \end{cases}$$

式中,H 为地面点大地高;H^g 为正高;H^r 为正常高;N 为大地水准面差距;ζ 为高程异常。

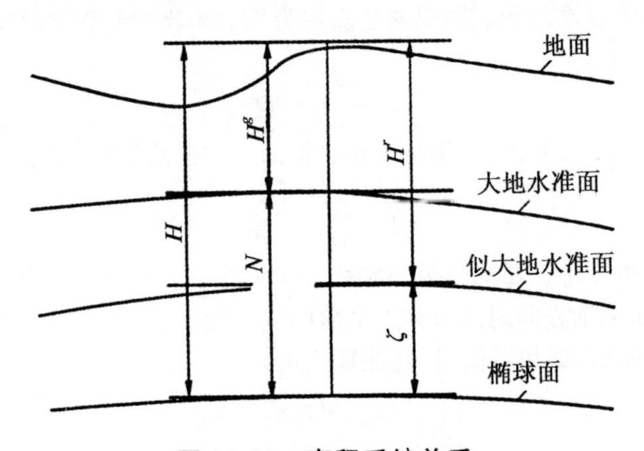

图 11-22　高程系统关系

由于 GPS 水准测量得到的是地面点的大地高,而通常的测量工作需要的是正高。为了得到一个点的正高,除了要观测该点的大地高以外,还需要知道该点的大地水准面差距。我国的国家高程系统为正常高系统,为得到某点的正常高,需知道该点的大地高和高程异常值。但是,在垂直位移监测中,一般不需要知道监测点的绝对高程,而只需要知道该点的高程变化量,而高程的变化量中并不包含高程异常值。另外,由于垂线和椭球法线的不一致而引起的误差很小,可以直接利用大地高的变化来检测该点的垂直位移量。

4. 液体静力水准测量

液体静力水准测量又称连通管测量,它是利用静止的液面传递高程的一种测量方法。它的优点是:两点间不需要通视;观测精度高;可实现观测的自动化。

将容器安置于 A、B 两点之上，在水管连通的容器间再用气管连接，当各容器液面处于平衡状态时。有

$$h=a-b$$

式中，a、b 分别为两容器中的液面读数；h 为两容器零点间的高差。

液体静力水准测量(图 11-23)一般只能测定两点(或多点)之间的相对高差，即两点间高差的变化情况，它一般不能测定测点的绝对高程及其变化。当需要测定绝对高程时，要与高程基准点进行联测。

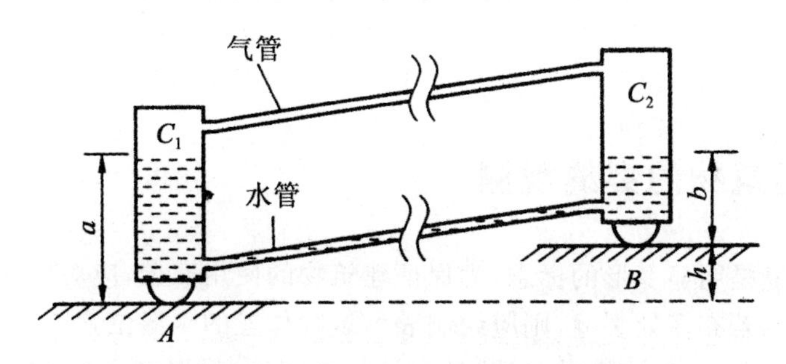

图 11-23　液体静力水准测量原理

在液体静力水准测量中，首要问题是液面到标志高度的测定。目前，测定液面高度的方法主要有以下两类：①目视接触法。也可利用转动的测微圆环带动水中的触针上下运动，根据光学折射原理，在观测窗口可以观测到触针尖端的实像和虚像。当两像尖端接触时，在测微圆环上可读出触针接触水面时的高度。②电子传感器法。通过电子[电感式(图 11-24)、光电式或电容式]传感器不仅可以提高静力水准的读数精度，而且可实现测量的自动化。

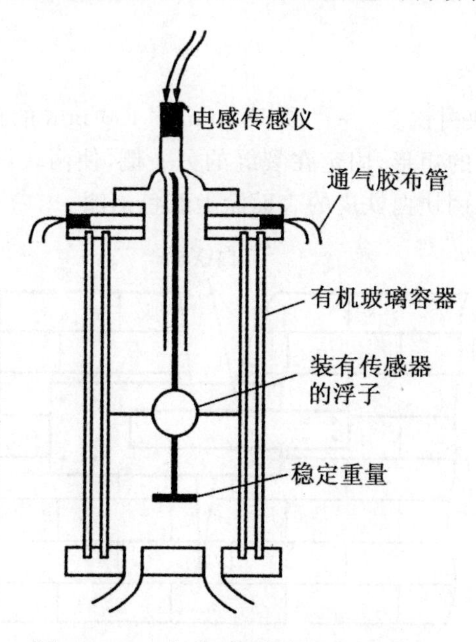

图 11-24　电感式液体静力水准仪

利用液体静力水准仪可以自动监测两点间的相对高程变化，从而也可间接测定两点间的倾斜。

有多种因素影响液体静力水准测量的精度。连通管中液体不能残存气泡，否则测量结果将有粗差；与几何水准测量一样，液体静力水准仪也存在零点差，交换两台液体静力水准仪的位置可以消除其影响。此处，还有温度差影响，气压差影响，液面到标志高度量测误差，液体蒸发影响，液体弄脏影响，仪器搁置误差，仪器倾斜误差影响，仪器结构变化影响等。

11.5 建筑物的裂缝观测

11.5.1 建筑物的裂缝观测

建筑物出现裂缝是明显变形的标志，为保证建筑物的使用安全，应对出现的裂缝进行观测。

一个建(构)筑物若有多处裂缝，则应绘制表示裂缝位置的裂缝位置图，并对裂缝编号。为观测一个裂缝的宽度变化，一般应在其两端(最窄处与最宽处)设置观测标志。标志的方向应垂直于裂缝。

1. 石膏板标志

在裂缝两端抹一层石膏，长约 250 mm，宽约 50～80 mm，厚约 10 mm。石膏干固后，用红漆喷一层宽约 5 mm 的横线，横线跨越裂缝两侧且垂直于裂缝。若裂缝继续扩张，则石膏板也随之开裂，每次测量红线处裂缝的宽度并做记录。

2. 白铁皮标志

如图 11-25 所示，用两块白铁皮，一片取 150 mm×150 mm 的正方形，固定在裂缝的一侧。另一片为 50 mm×200 mm 的矩形，固定在裂缝的另一侧，使两块白铁皮的边缘相互平行，并使其中的一部分重叠。然后在两块白铁皮的表面涂上红色油漆。

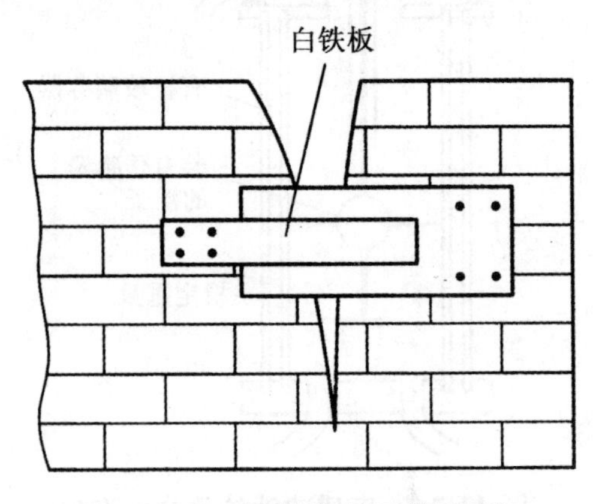

图 11-25　建筑物的裂缝观测

如果裂缝继续发展，两块白铁皮将逐渐拉开，露出没有油漆的部分，其宽度即为裂缝加大的宽度，可用尺子量出。

3. 金属标志点

如图 11-26 所示，在裂缝两边凿孔，插入长约 10 cm，直径 10 mm 以上的钢筋头，并使其露出墙外约 2 cm 左右，用水泥砂浆填灌牢固。待水泥砂浆凝固后，量出两金属棒之间的距离，并进行记录。如裂缝继续发展，则金属棒的间距不断加大。定期测量两棒之间距并进行比较，即可掌握裂缝的发展情况。

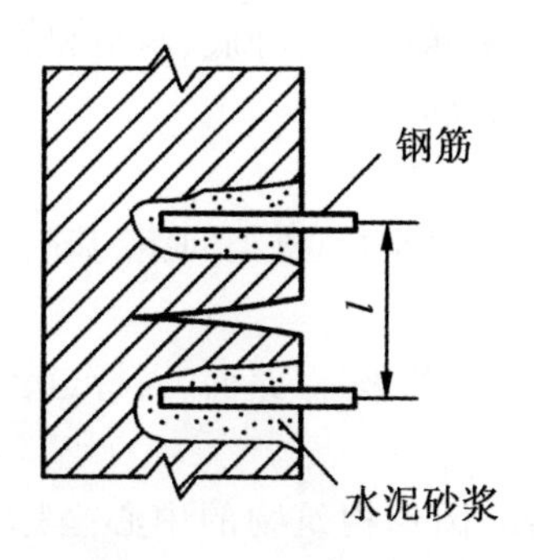

图 11-26　金属标志点

裂缝观测的周期应视裂缝变化速度而定。通常，开始时可半月观测一次，以后每月观测一次。当发现裂缝加大时，应缩小观测周期并增加观测次数。

11.5.2　裂缝观测方法

如图 11-25 所示，在裂缝两侧固定两片白铁皮，并有部分重叠，沿上面白铁皮边沿，在下面白铁皮上刻画一条标记线，如图 11-25 所示。当裂缝扩展时，两片白铁皮相互错开，上面白铁皮边沿与下面白铁皮上的标记线错开的距离，即为裂缝扩展的宽度，如图 11-26 所示。用小钢尺或游标卡尺，按一定周期测定两个标志点之间距离变化量，求得裂缝变化值，以掌握裂缝宽度的发展情况。

对于大面积且不便于人工量测的众多裂缝宜采用交会测量或近景摄影测量方法。需要连续监测裂缝变化时，可采用测缝计或传感器自动测记方法观测。

11.6　竣工测量与竣工总平面图的编绘

11.6.1　竣工测量

建(构)筑物竣工验收时进行的测量工作，称为竣工测量。

在每一个单项工程完成后，必须由施工单位进行竣工测量，并提出该工程的竣工测量成果，作为编绘竣工总平面图的依据。

1. 竣工测量的内容

(1)一般民用建筑及工业厂房

测定房角点坐标及高程并附注房屋结构层数、面积和竣工时间,各种管线进出口的位置和高程。

(2)地下管线

测定检修井、转折点、起终点的坐标,井盖、井底、沟槽和管顶等的高程,附注管道及检修井的编号、名称、管径、管材、间距、坡度和流向。

(3)架空管线

测定转折点、结点、交叉点和支点的坐标,支架间距、基础面标高等。

(4)交通线路

测定线路起终点、转折点和交叉点的坐标,路面、人行道、绿化带界线等。

(5)特种构筑物

测定沉淀池的外形和四角坐标、圆形构筑物的中心坐标、基础面标高、构筑物的高度或深度等。

(6)其他

测量围墙拐角点坐标、绿化区边界以及一些不同专业需要反映的设施和内容。

2. 竣工测量的方法与特点

竣工测量的基本测量方法与地形测量相似,区别在于以下几点。

(1)图根控制点的密度

一般竣工测量图根控制点的密度,要大于地形测量图根控制点的密度。

(2)碎部点的实测

地形测量一般采用视距测量的方法,测定碎部点的平面位置和高程;而竣工测量一般采用经纬仪测角、钢尺量距的极坐标法测定碎部点的平面位置,采用水准仪或经纬仪视线水平测定碎部点的高程;亦可用全站仪进行测绘。

(3)测量精度

竣工测量的测量精度,要高于地形测量的测量精度。地形测量的测量精度要求满足图解精度,而竣工测量的测量精度一般要满足解析精度,应精确至厘米。

(4)测绘内容

竣工测量的内容比地形测量的内容更丰富。竣工测量不仅测地面的地物和地貌,还要测底下各种隐蔽工程,如上、下水及热力管线等。

11.6.2 编制竣工总平面图的目的

建设工程项目竣工后,应编绘竣工总平面图。竣工总平面图是设计总平面图在施工后实际情况的全面反映,工业与民用建筑工程是根据设计总平面图施工的。在施工过程中,由于种种原因,使建(构)筑物竣工后的位置与原设计位置不完全一致,所以,设计总平面图不能完全代替竣工总平面图。

编制竣工总平面图的目的是为了将主要建(构)筑物、道路和地下管线等位置的工程实际状况进行记录再现,为工程交付使用后的查询、管理、检修、改建或扩建等提供实际资料,为工程验收提供依据。

竣工总平面图的编绘包括竣工测量和资料编绘两方面内容。

11.6.3　竣工总平面图的编绘方法和整饰

竣工总平面图的内容主要包括测量控制点、厂房辅助设施、生活福利设施、架空及地下管线、道路的转向点、建筑物或构筑物的坐标(或尺寸)和高程,以及预留空地区域的地形。

竣工总平面图一般尽可能编绘在一张图纸上,但对较复杂的工程可能会使图面线条太密集,不便识图,这时可分类编图,如房屋建筑竣工总平面图,道路及管网竣工总平面图等。

编绘竣工总平面图时需收集的资料有设计总平面图、单位工程平面图、纵横断面图、施工图及施工说明、系统工程平面图、纵横断面图及变更设计的资料、更改设计的图纸、数据、资料(包括设计变更通知单)、施工放样资料、施工检查测量及竣工测量资料等。如果施工单位较多,多次转手,造成竣工测量资料不全,图面不完整或现场情况不符时,须进行实地施测,再编绘竣工总平面图。

1. 竣工总平面图的编绘方法

(1)在图纸上绘制坐标方格网

绘制坐标方格网的方法、精度要求,与地形测量绘制坐标方格网的方法、精度要求相同。比例尺一般采用 1∶1 000,如不能清楚地表示某些特别密集的地区,也可局部采用 1∶500 的比例尺。

(2)展绘控制点

坐标方格网画好后,将施工控制点按坐标值展绘在图纸上。展点对所临近的方格而言,其容许误差为±0.3 mm。

(3)展绘设计总平面图

根据坐标方格网,将设计总平面图的图面内容,按其设计坐标,用铅笔展绘于图纸上,作为底图。

(4)展绘竣工总平面图

对凡按设计坐标进行定位的工程,应以测量定位资料为依据,按设计坐标(或相对尺寸)和标高用红色数字在图上表示出设计数据。对原设计进行变更的工程,应根据设计变更资料展绘。对凡有竣工测量资料的工程,若竣工测量成果与设计值之比差,不超过所规定的定位容许误差时,按设计值展绘;否则,按竣工测量资料展绘。竣工测量成果用黑色展绘并将其坐标和高程注在图上。黑色与红色之差,即为施工与设计之差。

2. 竣工总平面图的整饰

①竣工总平面图的符号应与原设计图的符号一致。有关地形图的图例应使用国家地形图图示符号,原设计图没有的图例符号,可使用新的图例符号,但应符合现行总平面设计的有关规定。

②对于厂房应使用黑色墨线，绘出该工程的竣工位置，并应在图上注明工程名称、坐标、高程及有关说明。

③对于各种地上、地下管线，应用各种不同颜色的墨线，绘出其中心位置，并应在图上注明转折点及井位的坐标、高程及有关说明。

④对于没有进行设计变更的工程，用墨线绘出的竣工位置，与按设计原图用铅笔绘出的设计位置应重合，但其坐标及高程数据与设计值比较可能稍有出入。

随着工程的进展，逐渐在底图上将铅笔线都绘成墨线。对于直接在现场指定位置进行施工的工程、以固定地物定位施工的工程及多次变更设计而无法查对的工程等，只好进行现场实测，这样测绘出的竣工总平面图，称为实测竣工总平面图。

竣工总平面图编绘完成后，应经原设计及施工单位技术负责人审核、会签。

第 12 章　土建工程测量新技术及其应用

12.1　全站仪及其应用

全站型电子速测仪是由电子测角、电子测距、电子计算和数据存储等单元组成的三维坐标测量系统，能自动显示测量结果，能与外围设备交换信息的多功能测量仪器（图 12-1）。由于仪器较完善地实现了测量和处理过程的电子一体化，所以人们通常称之为全站型电子速测（Electronic Total Station）或简称全站仪。

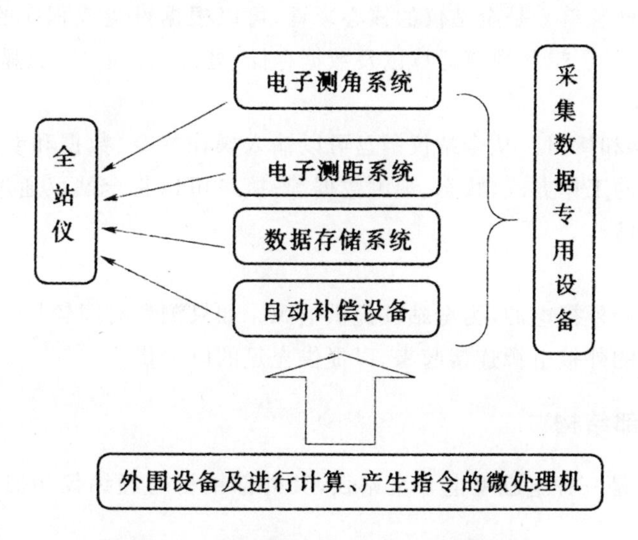

图 12-1　全站型电子速测仪运行原理

12.1.1　全站仪概述

1. 全站仪的组成

全站仪由电子测角部分、光电测距部分、中央处理单元、输入输出部分和电源等部分组成，其结构原理如图 12-2 所示。

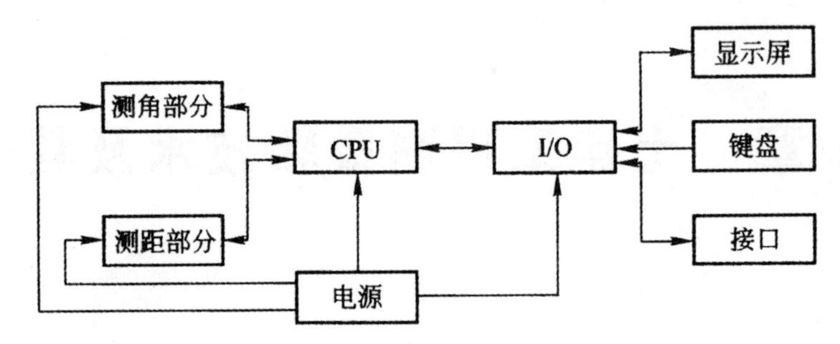

图 12-2　全站仪结构原理框图

全站仪各部分作用如下。

(1)电子测角部分

相当于电子经纬仪,可以进行水平角测量、竖直角测量和方位角设置。

(2)电子测距部分

相当于光电测距仪,可以测定测站点至目标点的斜距、平距和高差。

(3)中央处理单元

微处理器的中央处理单元是全站仪的核心装置,可以根据键盘或程序的指令控制各分系统的测量工作,进行必要的逻辑和数值运算以及数据存储、处理、管理、传输、显示等。

(4)输入输出单元

包括键盘、显示器和接口。从全站仪键盘可以输入操作指令、数据和参数设置任务;显示屏可以显示全站仪当前的工作方式、状态、观测数据等;接口可以将全站仪通过数据传输电缆与计算机连接进行交互通信。

(5)电源部分

分为充电式电池和外接电源,为全站仪提供电源。如果测量时间较长,可采用电源传输电缆将电源接口与全站仪的外接电源连接起来,以提供充足的电力供应。

2. 全站仪的外部结构

索佳 SET2130R 是一种电脑型电子全站仪,其外部结构与经纬仪相似,各结构部件名称如图 12-3 所示。

3. 全站仪的辅助设备

采用全站仪进行测量工作,必须依靠必要的辅助设备。常用的辅助设备有三脚架、反射棱镜或反射片、管式罗盘、温度计、气压表、数据通信电缆、阳光滤色镜以及电池及充电器等。

(1)三脚架

在测站上用于架设仪器,其操作与经纬仪相同。

(2)反射棱镜或反射片

通常情况下,全站仪在进行测量距离、高差测量和坐标测量等作业时,须在目标处放置反射棱镜。反射棱镜有单棱镜和三棱镜组两种,可直接使用或通过基座连接螺旋安置到三脚架上。随着技术的成熟,免棱镜的全站仪也已逐渐普及。

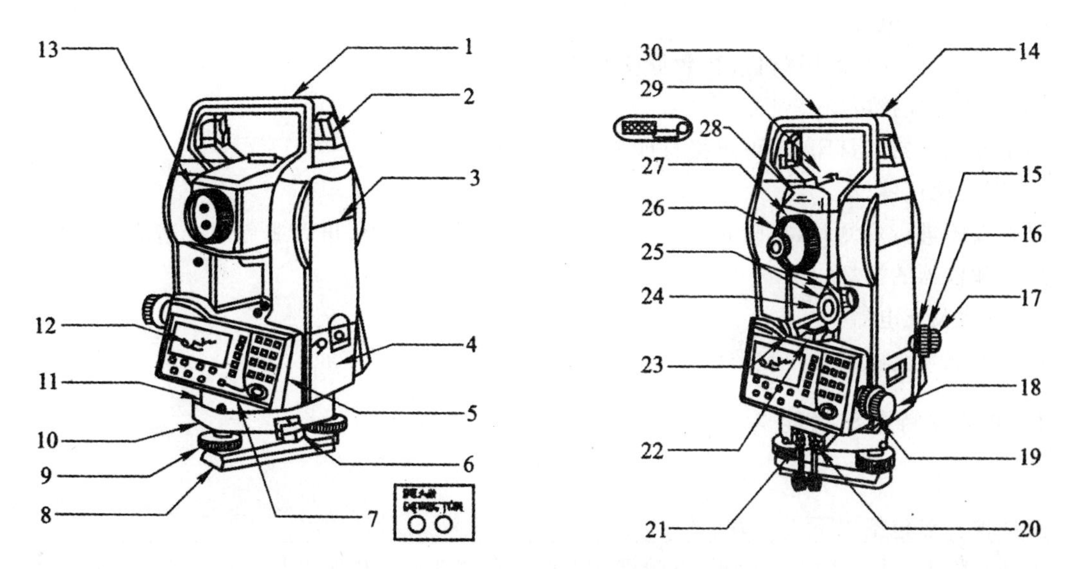

图 12-3　SET2130R 型电子全站仪

1—提柄；2—提柄固定螺钉；3—仪器高标志；4—电池；5—操作面板；6—三角基座制动控制杆；7—遥控键盘感应器；8—底板；9—脚螺旋；10—圆水准器校正螺钉；11—圆水准器；12—显示窗；13—物镜；14—管式罗盘插口；15—光学对中器调焦环；16—光学对中器分划板护盖；17—光学对中器目镜；18—水平制动扭；19—水平微动手轮；20—数据通信插口；21—外接电源插口；22—照准部水准器；23—照准部水准器校正螺钉；24—垂直制动扭；25—垂直微动手轮；26—望远镜目镜；27—望远镜调焦环；28—激光发射警示灯；29—粗照准器；30—仪器中心标志

单棱镜和三棱镜如图 12-4 所示。

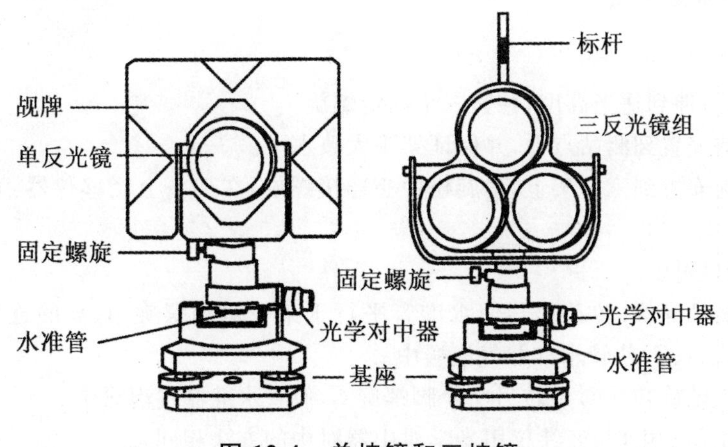

图 12-4　单棱镜和三棱镜

(3)管式罗盘

供全站仪望远镜照准磁北方向，使用时，将其插入仪器提柄上的管式罗盘插口，松开指针的制动螺旋，旋转全站仪照准部，使罗盘指针平分指标线，此时望远镜即指向磁北方向。

(4)温度计和气压表

用于仪器参数设置，测量时用温度计和气压表测定工作现场的温度和气压，并进行设置。

(5)数据通信电缆

用于连接全站仪和计算机进行数据交互通信。

(6)打印机连接电缆

用于连接仪器和打印机,可直接打印输出仪器内数据。

(7)阳光滤色镜

对着太阳进行观测时,将阳光滤色镜安装在望远镜的物镜上,可以避免阳光造成对观测者视力的伤害和仪器的损坏。

(8)电池及充电器

使用电池及充电器时一定要注意安全。

4. 全站仪特点与功能

(1)全站仪特点

全站仪特点包括以下 4 个方面。

①拥有较大容量的内部存储器,以数据文件形式存储已知点和观测点的点号、编码、三维坐标。

②实现全站仪与计算机的数据通讯。

③高精度全站仪测角达 0.5 秒级,测距精度达(0.1 mm+0.1 PPM)。

④与计算机联合组成的智能观测系统能实现全自动瞄准、观测、记录、存储和数据的传输,被称为测量机器人。

(2)全站仪的常用功能

全站仪常用功能包括:①角度测量。②距离测量。③标准测量。④对边测量。⑤悬高测量。⑥点放样。⑦距离放样。⑧面积测量。

5. 全站仪的基本安置

(1)粗略对中

将三脚架打开,伸到适当高度,拧紧三个固定螺旋。

将三脚架大致安置到测站点上,并保证架头大致水平。

将仪器小心地安置到三脚架上,稍旋松中心连接螺旋,在架头上轻移仪器,直到铅垂对准测站点标志中心。

(2)整平与精确对中

①松开水平制动螺旋、转动仪器使水准管平行于某一对脚螺旋 A、B 的连线,如图 12-5 所示。再旋转脚螺旋 A、B,使管水准器气泡居中。

②将仪器绕竖轴旋转 90°,旋转另一个脚螺旋 C,使管水准器气泡居中。

③用光学对中器对中(与经纬仪用光学对中器对中的方法相同)。

④重复①、②、③步,直至对中和整平同时满足条件,旋紧脚架连接螺旋。

(3)打开与关闭电源

1)开机

①确认仪器已经整平。

②打开电源开关(POWER 键)。

确认电池电量充足,当显示“电池电量不足”(电池用完)时,应及时更换电池或对电池进行充电。

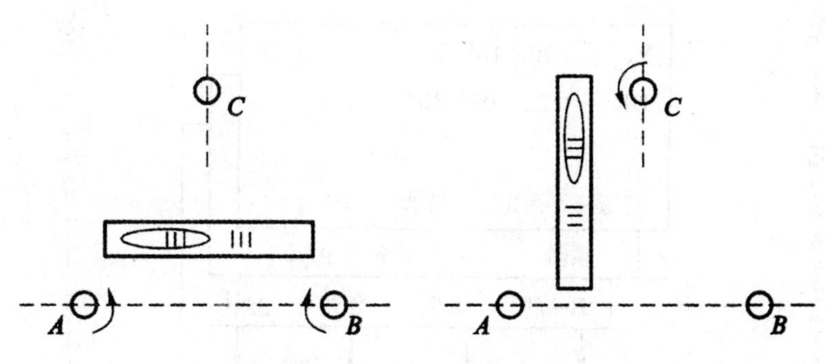

图 12-5　全站仪的整平方法

2)关机

长按 POWER 键即可关机。在进行测量的过程中，千万不能不关机拔下电池，否则测量数据将会丢失！

(4)目镜调焦与照准目标

①旋转目镜调焦螺旋，调焦看清十字丝。

②利用粗瞄准器内三角形标志的顶尖瞄准目标点，照准时眼睛与瞄准器之间应保持一定距离；瞄准后水平制动。

③利用物镜调焦螺旋使目标成像清晰。

④当眼睛在目镜端上下或左右移动发现有视差时，说明调焦或目镜屈光度未调焦，这将影响观测的精度，应再仔细进行目镜调焦看清十字丝，再调节物镜调焦螺旋消除视差。

12.1.2　全站仪的应用

1. 水平角和竖直角测量

(1)全站仪测角相关设置

1)水平角(右旋角/左旋角)切换

在右旋角(HR)模式下，顺时针旋转，水平角读数增大；在左旋(HL)模式下，逆时针旋转，水平角读数增大。默认为右旋角(HR)模式。其切换方法如下：

①在角度测量模式下，按 F4 键两次，执行翻页(↓)功能转到第 3 页界面菜单(图 12-6)。

②按 F2 键，执行(R/L)功能。可从右旋角模式(HR)切换到左旋角模式(HL)，或从左旋角模式(HL)切换到右旋角模式(HR)。

2)设置水平角读数

通过锁定角度值进行设置：

①确认处于角度测量模式。

②转动仪器，利用水平制动和水平微动螺旋转到所需的水平角读数。

③按 F2 键执行(锁定)功能，然后照准目标点。

④按 F3 键执行(是)功能完成水平角设置，显示窗变为正常的角度测量模式。

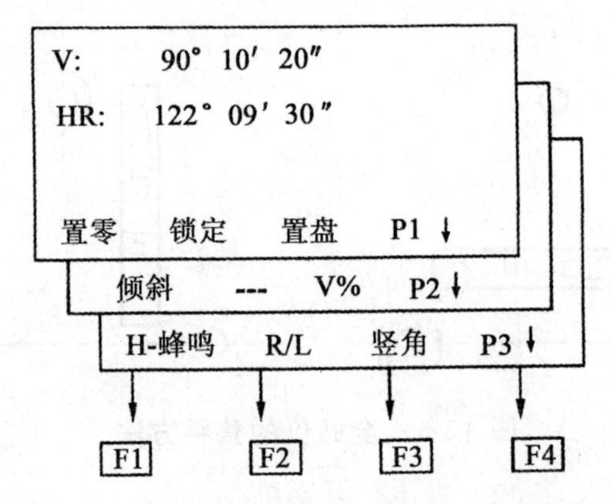

图 12-6 角度测量模式下功能键的作用

通过键盘输入进行设置：

①确认处于角度测量模式。

②照准目标。

③按[F3]键执行(置盘)功能。

④通过键盘输入所要求的水平角读数。

随后即可从所要求的水平角进行正常的测量。

置零：在角度测量模式下，照准目标后，按[F1]键执行(置零)功能，再按[F3]键执行(是)功能，即可设置目标 A 的水平角读数为 0°00′00″。

3)竖直角与斜率(%)的转换

①确认处于角度测量模式。

②按[F4]键执行翻页(↓)功能转到第 2 页界面菜单(图 12-6)。

⑧每次按[F3]键执行(V%)功能，竖直角显示模式和斜率显示模式交替切换。

注意：当高度超过 45°(100%)时，显示窗将出现“超限”(超出测量范围)。

4)开/关水平角读数 90°间隔蜂鸣

如果水平角读数落在与 0°、90°、180°或 270°的±1°范围以内时，蜂鸣声响起。此项设置关机后不保留。其开关方法如下：

①确认处于角度测量模式。

②按[F4]键两次执行翻页(◆)功能，进入第 3 页界面菜单(图 12-6)。

③按[F1]键执行(H-蜂鸣)功能，显示上次间隔蜂鸣设置状态。

④按[F1]键执行(开)功能或按[F2]键执行(关)功能，以选择蜂鸣器的开/关。

⑤按[F4]键执行(回车)功能确认。

5)天顶距和竖直角的转换

天顶距和竖直角的含义如图 12-7 所示。全站仪默认竖直角读数为天顶距。

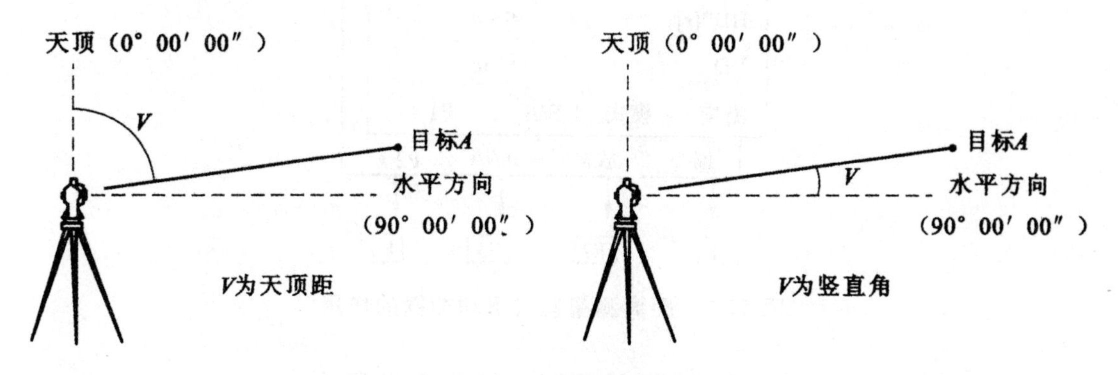

图 12-7　天顶距和竖直角

①确认处于角度测量模式；

②按两次[F4]键执行翻页(↓)功能，进入第 3 页界面菜单(图 12-6)；

③按[F3]键执行(竖角)功能，则将天顶距测量模式转换成竖直角测量模式，此时 V 的数值即为竖直角。

注意，在第③步中，每次按 F3(竖角)键，显示模式交替切换。

(2)水平角和竖直角的测量

1)水平角的观测

①确认处于角度测量模式。

②瞄准第一个目标 A。

③设置目标 A 的水平角读数为 0°00′00″[按[F1](置零)键和[F3](是)键]。

④照准第二个目标 B，显示目标 B 的 H。如图 12-8 所示的水平角，如果测量时为 HR(右旋角)模式，H 值即为图中的水平角 β；如果为 HL(左旋角)模式，图中的水平角 $\beta=360°-H$。

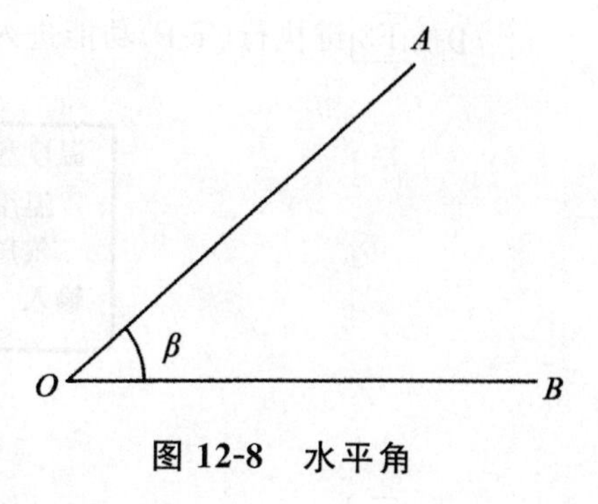

图 12-8　水平角

2)竖直角的观测

①确认处于角度测量模式。

②瞄准目标，即显示目标的 V 值(天顶距或竖直角)。

2. 距离、高差测量

(1)温度、气压和棱镜常数的设置

1)温度、气压设置

①预先测得测站周围的温度和气压。

②按[◢]键进入距离测量模式第一页界面菜单(图 12-9)。

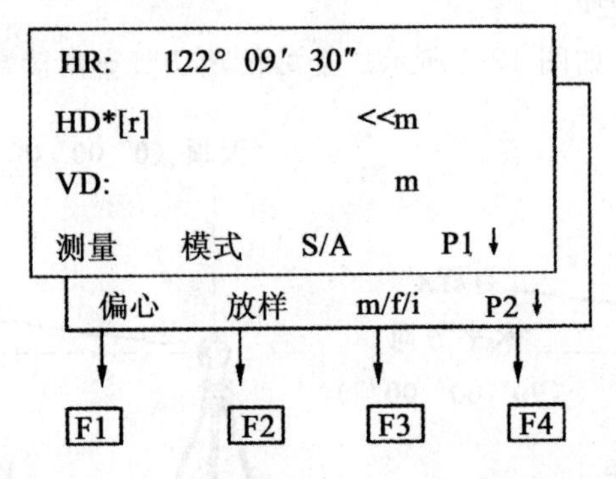

图 12-9 距离测量模式下功能键的作用

③按F3键执行(S/A)功能进入 S/A 设置界面,如图 12-10 所示。

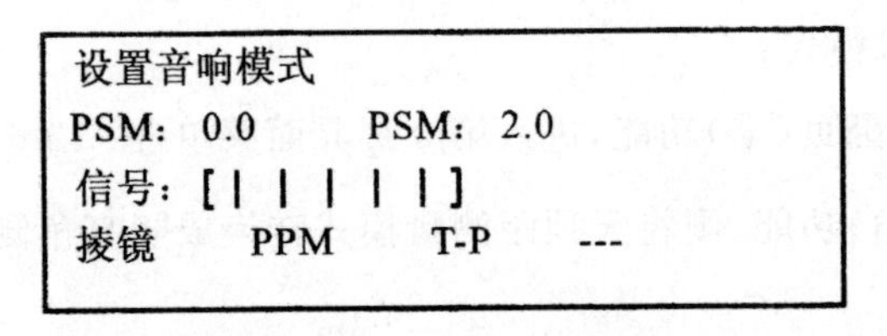

图 12-10 S/A 设置界面

注意,在此界面下,可显示电子距离测量(EDM)时接收到的光线强度(信号水平),大气改正值(PPM)和棱镜常数改正值(PSM)。一旦接收到来自棱镜的反射光,仪器即发出蜂鸣声,当目标难以寻找时,使用该功能可容易照准目标。按Esc键可返回正常测量模式。

④按F3键执行(T-P)功能进入温度和气压设置界面,如图 12-11 所示。

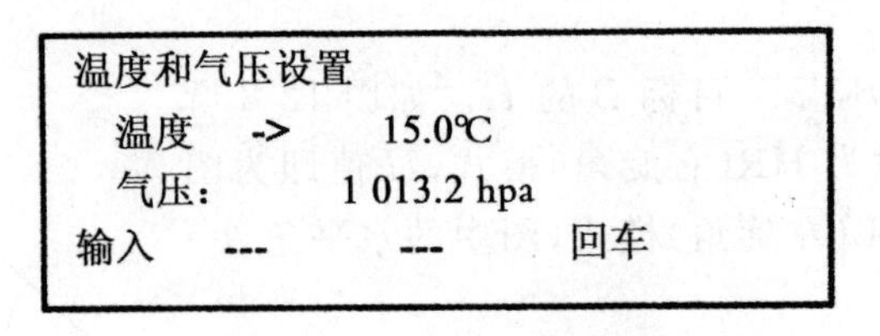

图 12-11 T-P 设置界面

⑤按F1键执行(输入)功能,输入温度与气压。按F4执行(回车)确认输入。

注意,温度输入范围:-30°~60℃(步长 0.1℃)。气压输入范围:560~1 066 hPa(步长 0.1 hPa)或 420~800 mmHg(步长 0.1 mmHg)。

如果根据输入的温度和气压算出的大气改正值超过±999.9 ppm 范围,则操作过程自动返回到第④步,需要重新输入数据。

2)设置反射棱镜常数

南方测绘全站仪的棱镜常数的出厂设置为-30,若使用棱镜常数不是-30 的配套棱镜,则必须设置相应的棱镜常数。一旦设置了棱镜常数,则关机后该常数仍被保存。

①由距离测量或坐标测量模式按 F3 键执行(S/A)功能,屏幕界面如图 12-10 所示。

②按 F1 键执行(棱镜)功能。

③按 F1 键执行(输入)功能,输入棱镜常数改正值,按 F4 键执行(回车)功能确认,显示屏返回到设置模式(图 12-10)。

注意,输入范围:-99.9 mm 至+99.9 mm,步长 0.1 mm。

④按 Esc 键可返回正常测量模式。

(2)距离、高差测量的步骤

距离、高差测量的步骤如下:

①确认处于测角模式,并已设置好温度、气压和棱镜常数,照准棱镜中心。

②按 ◢ 键,开始距离测量。

③测量完成后,屏幕上显示的 HR 值为水平角读数,HD 值为水平距离,VD 值为高差(竖直距离,即棱镜上瞄准点相对于全站仪横轴中心的高差)。

④再次按 ◢ 键,显示变为水平角(HR)、竖直角或天顶距(V)和斜距(SD)。

注意:

①当光电测距(EDM)正在工作时,"*"标志就会出现在显示窗。

②如果测量结果受到大气抖动的影响,仪器可以自动重复测量工作。

③要从距离测量模式返回正常的角度测量模式,可按 ANG 键。

3. 偏心测量

NTS—350 型全站仪共有四种偏心测量模式:角度偏心测量、距离偏心测量、平面偏心测量、圆柱偏心测量。进入相应屏幕菜单的方法如下:

①在测距模式下按 F4 键执行翻页(↓)功能,进入距离测量第 2 页屏幕界面(图 12-9)。

②按 F1 键执行(偏心)功能,进入偏心测量屏幕界面,如图 12-12 所示。

偏心测量	1/2
F1: 角度偏心	
F2: 距离偏心	
F3: 平面偏心	P1↓

图 12-12　偏心测量界面 1

③按 F4 键执行翻页(↓)键,进入偏心测量第 2 个屏幕界面,如图 12-13 所示。

偏心测量	2/2
F1: 圆柱偏心	
	P1↓

图 12-13 偏心测量界面 2

(1)角度偏心测量模式

当棱镜直接架设有困难时,如在树木的中心,此模式十分有用。如图 12-14 所示,只要安置棱镜于和仪器平距相同的点 P 上。在设置仪器高度、棱镜高、测站点坐标和已知方向的坐标方位角后进行偏心测量,即可得到被测物中心位置 A_0(或 A_1)的坐标。

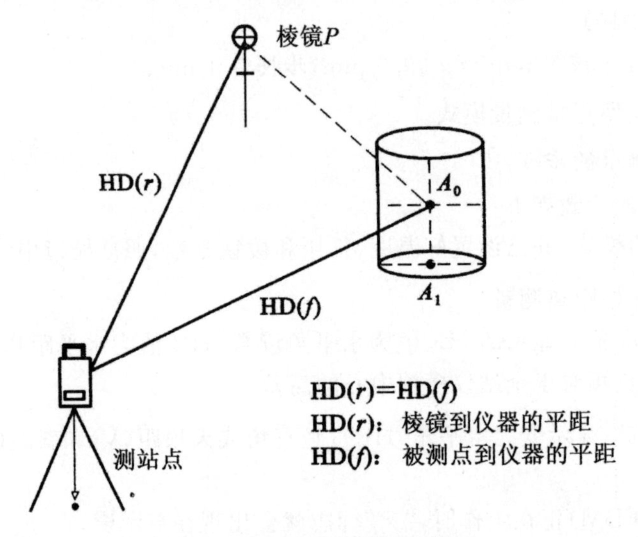

图 12-14　角度偏心测量

注意,当测量 A_0 点的坐标时,只设置仪器高(设置棱镜高为 0)和测站点坐标。当测量 A_0 的投影点——地面点 A_1 的坐标时,需要设置仪器高、棱镜高和测站点坐标。

当设置好温度、气压、棱镜常数、棱镜高、仪器高、测量站点的坐标和已知方向的坐标方位角后,进行角度偏心测量的方法如下:

①在图 12-12 所示的屏幕界面中按 F1 键进入角度偏心测量模式,如图 12-15 所示。

角度偏心			
HR:		170° 30′ 20″	
HD:			m
测量	---	---	---

图 12-15　角度偏心测量模式

②照准棱镜 P,如图 12-14 所示。

③按 F1 键执行(测量)功能,测量出仪器到棱镜间的水平距离,如图 12-16 所示。

角度偏心			
HR:		170° 30′ 20″	
HD*		547.339 m	
下步	---	---	---

图 12-16　测量仪器到棱镜间的水平距离

④转动全站仪主机,利用水平制动与微动螺旋照准 A_0 点的方向。

⑤每次按 键,则依次显示测站点与 A_1 点间的 VD(高差)、SD(倾斜距离)和 HD(水平距离)。

⑥按 键,则显示 A_1 点的 N(北向坐标 x),E(东向坐标 y)和 Z(高程 H)坐标。如图 12-17 所示。

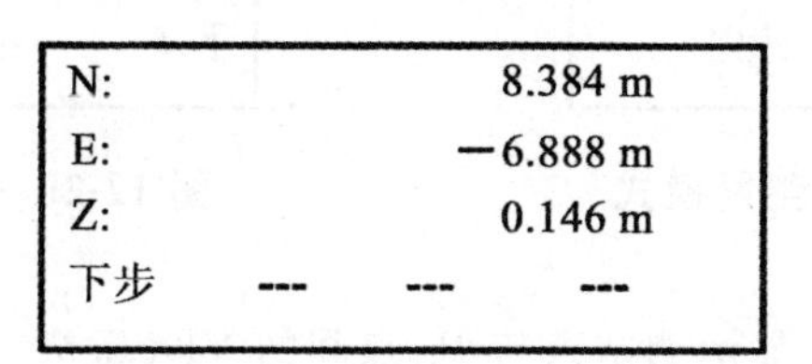

图 12-17　按键则显示 A_1 点的坐标

注意:按F1键执行(下步)功能,则可从第③步继续进行角度偏心测量。按Esc键,返回先前模式。

(2)距离偏心测量模式

如果已知树或是池塘的半径,现要测定测站点到其中心的距离和其中心坐标,则可通过距离偏心测量来实现。如图 12-18 所示,输入图中所示的偏心距 OHD 并在距离偏心测量模式下测量 P_1 点(或 P_2 点),在显示屏上就会显示出测站点到 P_0 点的距离和 P_0 点的坐标。

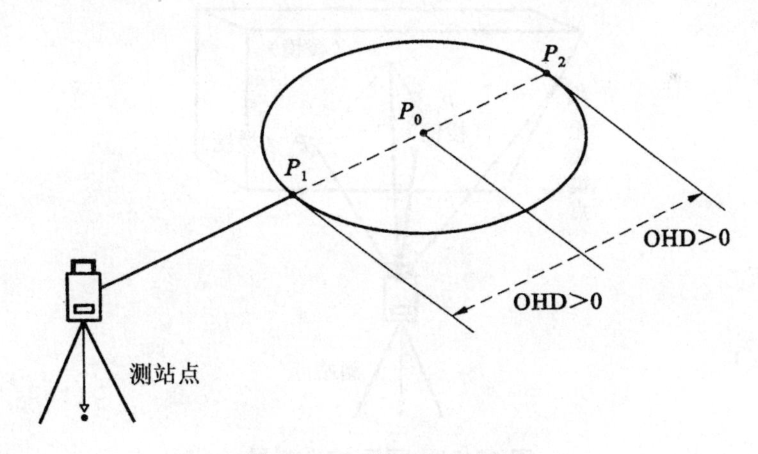

图 12-18　距离偏心测量

注意,若测量点位于待求点的前边,则偏心距 OHD 为正值,如图 12-18 中的 P_1 点;若位于后边则偏心距 OHD 为负值,如图 12-18 中的 P_2 点。

当设置好温度、气压、棱镜常数、棱镜高、仪器高、测量站点的坐标和已知方向的坐标方位角后,即可进行距离偏心测量,方法如下:

①在图 12-12 所示的屏幕界面中按F2键进入距离偏心测量模式,屏幕界面如图 12-19 所示。

②按F1键执行(输入)功能,输入偏心距,按F4键执行(确定)功能。完成偏心距的输入。

③照准棱镜 P_1（或 P_2），按 F1 （测量）键开始测量。测距结束后将会显示出加上偏心距改正后的测量结果，如图 12-20 所示。

距离偏心			
输入向前偏距			
OHD:		0.000 m	
输入	---	---	确定

图 12-19　距离偏心测量模式

距离偏心			
HR:		170° 30′ 20″	
HD*		10.339 m	
下步	---	---	---

图 12-20　距离偏心测量结果

④每次按 ◢ 键，则依次显示测站点与 P_0 点间的 VD（高差）、SD（斜距）和 HD（平距）。

⑤按 ◸ 键，则显示 P_0 点的 NN（北向坐标 x），E（东向坐标 y）和 Z（高程 H）坐标。

注意：按 F1 键执行（下步）功能，则可从第③步继续进行距离偏心测量。按 Esc 键，返回先前模式。

（3）平面偏心测量模式

平面偏心测量模式用于测量无法直接安置棱镜的点位，如测定一个平面边缘的距离或坐标。如图 12-21 所示，首先在该模式下照准平面上的任意三个点（P_1，P_2，P_3）以确定被测平面，然后照准测点 P_0，仪器就会自动计算并显示视准轴与三点（P_1，P_2，P_3）所在平面交点的距离和坐标。

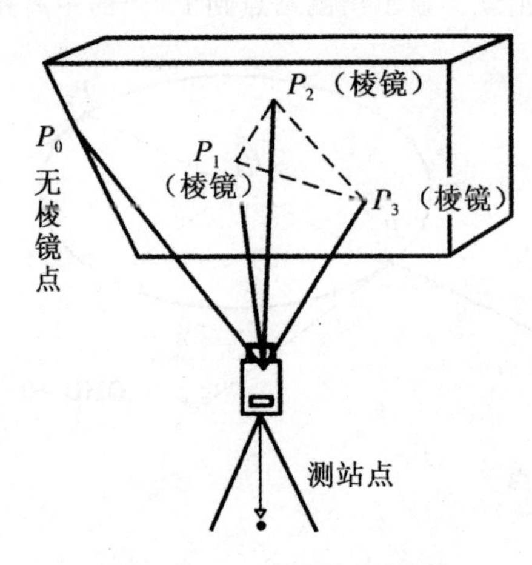

图 12-21　平面偏心测量

在平面偏心测量时，图 12-21 中的 P_1 点、P_2 点和 P_3 点的棱镜高均自动设置为 0。

当设置好温度、气压、棱镜常数、仪器高、测量站点的坐标和已知方向的坐标方位角后，即可进行平面偏心测量，方法如下：

①在图 12-12 所示的屏幕界面中按 F3 键进入平面偏心测量模式。

②照准棱镜 P_1，按 F1 键执行（测量）功能，测量结束显示屏提示进行第二点测量。

③按同样方法照准第二点的棱镜 P_2，按 F1 键执行（测量）功能，测量结束显示屏提示进行第三点测量。

④再照准第三点的棱镜 P_3，按[F1]键执行(测量)功能。完成后仪器自动计算并显示视准轴与三点(P_1，P_2，P_3)所在平面交点的距离和坐标。

⑤照准平面边缘 P_0。

⑥每次按[◢]键，则依次显示平距、高差和斜距，按[⊿]键，则显示坐标。

注意：

①在第④步中，若由 3 个观测点不能通过计算确定一个平面时，则会显示错误信息，此时应从第一点开始重新观测。

②第⑤步中，当照准方向与所确定的平面不相交的时候会显示错误信息。

③目标点 P_0 反射镜高度自动设置为 0。

(4)圆柱偏心测量模式

圆柱偏心测量模式的基本过程为：如图 12-22 所示，首先直接测量测站点与圆柱面上 P_1 点的距离，然后通过测定圆柱面上的 P_2 和 P_3 点方位角即可计算出圆柱中心的距离、方位角和坐标。圆柱中心 P_0 的方位角等于圆柱面上 P_2 点和 P_3 点方位角的平均值。

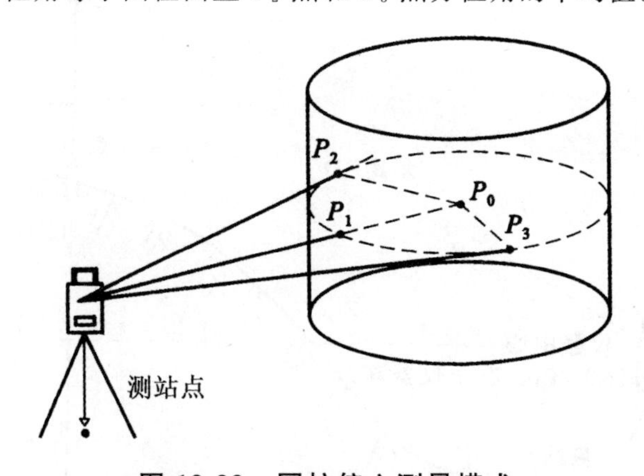

图 12-22　圆柱偏心测量模式

当设置好温度、气压、棱镜常数、棱镜高、仪器高、测量站点的坐标和已知方向的坐标方位角后，即可进行圆柱偏心测量，步骤如下：

①在图 12-13 所示的屏幕界面中按[F1]键进入圆柱偏心测量模式。

②照准圆柱面的中心方向 P_1，按[F1]键执行(测量)功能，测量结束后，显示屏提示进行左边点 P_2 的角度观测。

③照准圆柱面左边点 P_2，按[F4]键执行(设置)功能，测量结束后，显示屏提示进行右边点 P_3 的角度观测。注意：如显示"方向错误"提示，需要照准正确目标。

④照准圆柱面右边点 P_3，按[F4](设置)键，测量结束后，仪器和圆柱中心 P_0 之间的距离被计算出来。

⑤若要显示高差(VD)，可按[◢]键，每按一次，则依次显示平距、高差和斜距。若要显示 P_0 点的坐标，可按[⊿]键。

⑥若要退出圆柱偏心测量，可按[Esc]键，显示屏返回到先前的模式。

4. 坐标测量

如图 12-23 所示，全站仪能直接测量棱镜中心点相对于仪器中心点的坐标(n,e,z)，其中 z(VD)为棱镜中心点相对于仪器中心点的高差，如果测站点坐标为(N0,E0,Z0)，则仪器中心点的坐标为(N0,E0,Z0＋仪器高)，而未知点的坐标(N1,E1,Z1)为

$$N1=N0+n$$
$$E1=E0+e$$
$$Z1=Z0+\text{仪高}+z-\text{镜高}$$

当设置好温度、气压、棱镜常数、棱镜高、仪器高和测量站点的坐标后，即可进行坐标测量。坐标测的步骤如下：

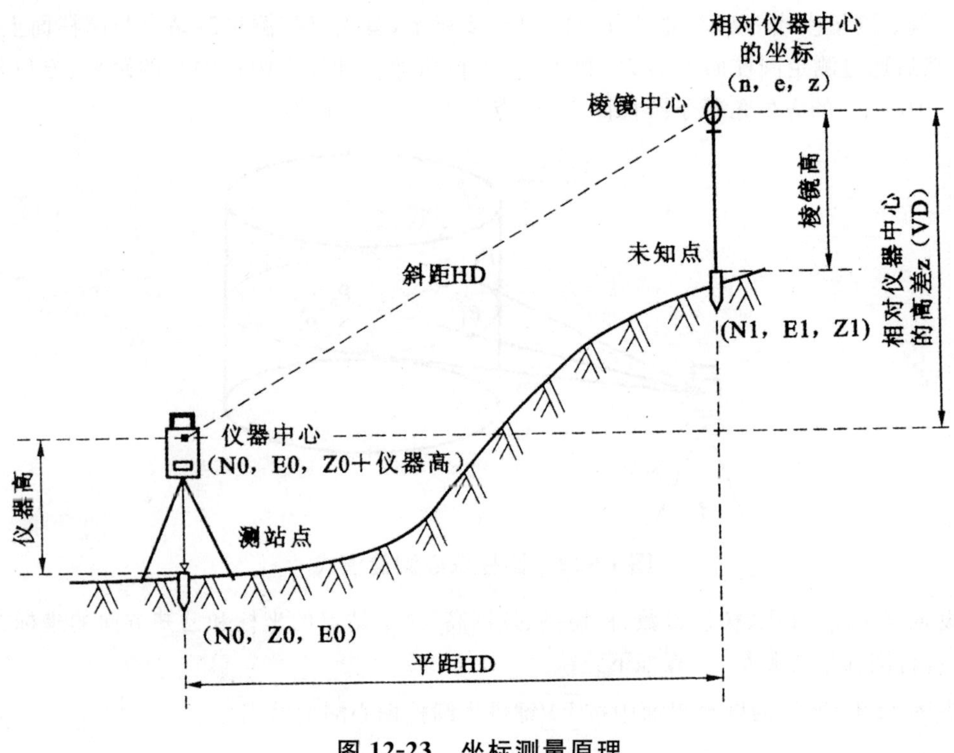

图 12-23　坐标测量原理

①如图 12-24 所示，在角度测量右旋角 HR 模式下，照准目标点 *A* 后，配置 HR 读数为已知点 *A* 的方向角(坐标方位角)。

②照准目标 *B*，按 [键] 键，进入坐标测量模式第 1 页屏幕界面，见图 12-25。

③按圆键执行(测量)功能，开始测量 *B* 点的坐标，测量结束显示结果如图 12-26 所示。

注意：在测站点坐标未输入的情况下，(0,0,0)作为缺省的测站点坐标。当仪器高未输入时，仪器高以 0 计算；当棱镜高未输入时，棱镜高以 0 计算。

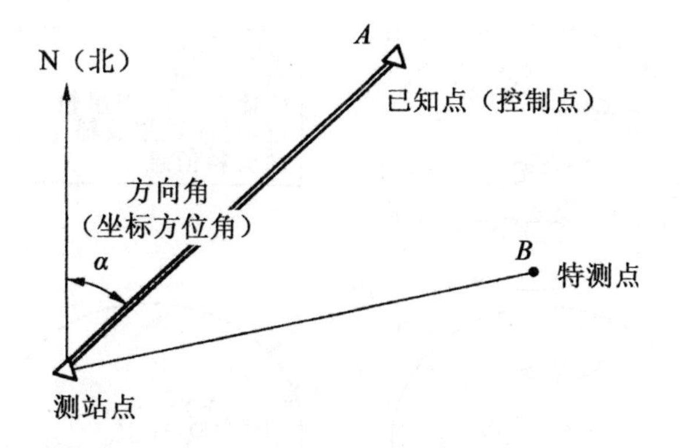

图 12-24　坐标测量

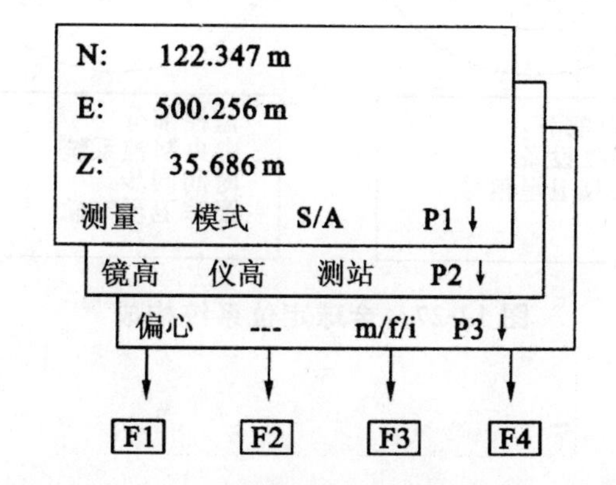

图 12-25　坐标测量模式下功能键的作用

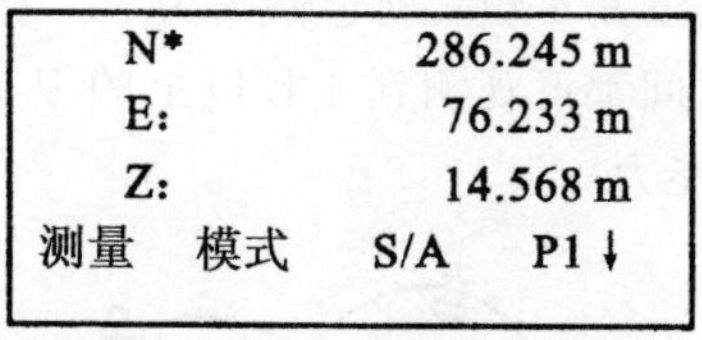

N*　286.245 m
E:　76.233 m
Z:　14.568 m
测量　模式　S/A　P1↓

图 12-26　坐标测量结果

12.2　GPS 全球定位系统及其应用

12.2.1　GPS 全球定位系统的组成

GPS 全球定位系统主要由三大部分组成，即空间星座部分（GPS 卫星星座）、地面监控部分和用户设备部分（图 12-27）。

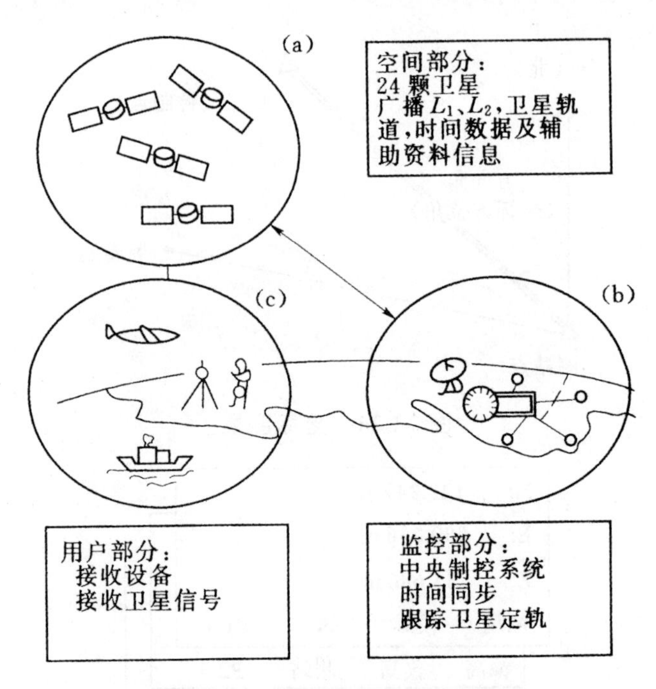

图12-27　全球定位系统构成

1. GPS卫星星座

GPS的空间部分由24颗工作卫星组成，如图12-28所示，它位于距地表20 200 km的上空，均匀分布在6个轨道面上(每个轨道面4颗)，轨道倾角为55°，相邻轨道间夹角约为60°。卫星的分布使得在全球任何地方、任何时间都可观测到4颗以上的卫星，并能保持良好定位解算精度，提供了在时间上连续的全球导航能力。

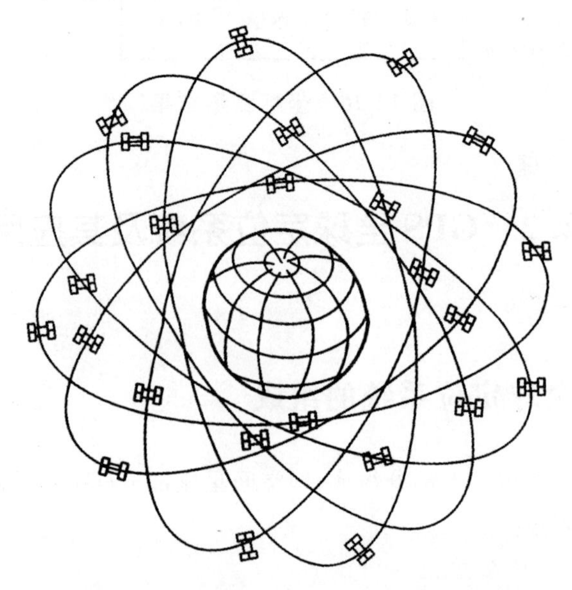

图12-28　GPS系统工作卫星的分布图

2. GPS 地面监控系统

地面监控系统负责全面监控 GPS 的工作。它包括:主控站、监测站、注入站,其分布见图 12-29,系统流程图见图 12-30。

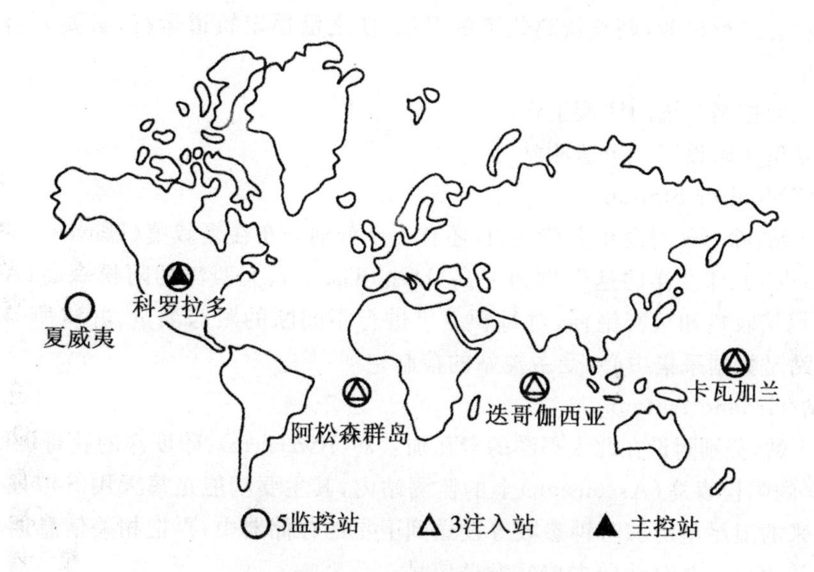

图 12-29　地面监控系统分布图

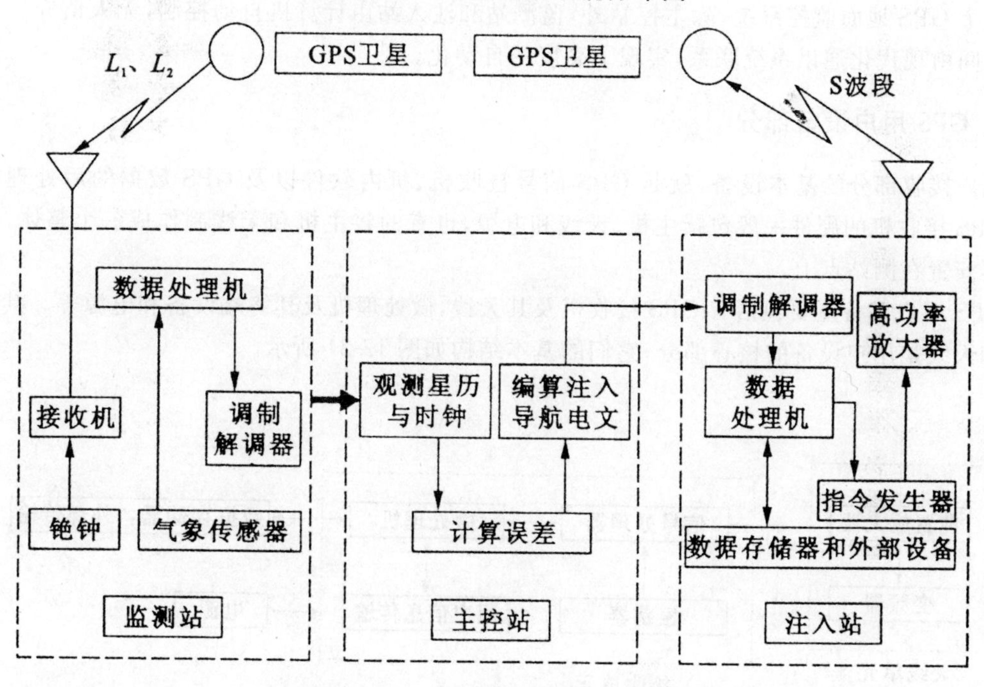

图 12-30　地面监控系统流程图

(1)主控站(Master Control Station)

仅有 1 个主控站,位于科罗拉多州斯平士(Colorado,Springs)的卫星操作控制中心(CSOC),它的任务主要有以下几点。

①收集各监测站送来的数据，计算卫星轨道、星历、时钟改正数、大气修正参数、状态参数等，并按一定格式编辑为导航电文传送到注入站，再由注入站转发至各卫星。

②提供 GPS 的时间基准。各监测站和 GPS 卫星的原子钟，均应与主控站的原子钟同步，主控站测出其间的钟差，将钟差信息编入导航电文，送入注入站，再发送到各卫星。

③对卫星状态进行诊断，调整偏离轨道的卫星，使之沿预定轨道运行，必要时启用备用卫星替代失效的卫星。

④负责对地面控制系统的协调工作。

这个主控站里还附设了一个监测站。

(2)监测站(Monitor Station)

有 5 个监测站，除一个附设在主控站内，还有 4 个分别分布在夏威夷(Hawaii)、北太平洋的卡瓦加兰岛(Kwajalein)、印度洋的迭哥伽西亚岛(Diego Garcia)、大西洋的阿松森岛(Ascension)上。它们主要用 P 码接收机和精密铯钟，对每颗卫星进行不间断的跟踪测量，并将所得数据传送到主控站。监测站是数据采集中心，受主控站的控制。

(3)注入站(Ground Antenna)

有 3 个注入站，分别附设在北太平洋的卡瓦加兰岛(Kwajalein)、印度洋的狄哥伽西亚岛(Diego Garcia)、大西洋的阿松森岛(Ascension)上的监测站内，其主要功能是每天用 S 波段(10 cm 波)，将主控站传送来的卫星星历和时钟参数等发送到卫星的存储器中，再把相关信息通过 GPS 卫星信号电路发送给用户。并自动向主控站发送信号。

整个 GPS 地面监控系统，除主控站外，监测站和注入站由计算机自动控制，无人值守。各地面站之间由现代化通讯系统联系，实现了高度的自动化。

3. GPS 用户设备部分

用户接收部分的基本设备，就是 GPS 信号接收机、机内软件以及 GPS 数据的后处理软件包。GPS 接收机的硬件一般包括主机、天线和电源，也有的将主机和天线制作成一个整体，观测时将其安置在测站点上。

GPS 用户设备主要包括有 GPS 接收机及其天线，微处理机及其终端设备和电源等。其中接收机和天线是用户设备的核心部分，它们的基本结构如图 12-31 所示。

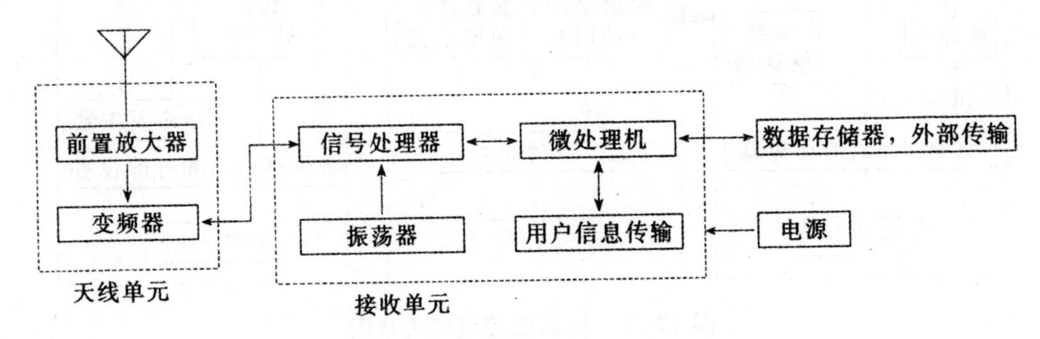

图 12-31　GPS 信号接收系统的结构

如果把 GPS 信号接收设备作为一个用户测量系统，按其结构和作用可以分为如下各部分。

①天线(带前置放大器)。

②信号处理器,用于信号接收、识别和处理。

③微处理器,用于接收机的控制、数据采集和导航计算。

④用户信息传输,包括操作板、显示板和数据存储器。

⑤精密振荡器,用以产生标准频率。

⑥电源。

GPS 信号接收机的任务是:跟踪可见卫星的运行,捕获一定卫星高度截止角的待测卫星信号,并对 GPS 信号进行变换、放大和处理,解译出 GPS 卫星所发送的导航电文,测量出 GPS 信号从卫星到接收机天线的传播时间,实时地计算出测站的三维位置、三维速度和时间。

GPS 接收机一般用蓄电池作电源。同时采用机内、机外两种直流电源。设置机内电池的目的在于更换外电池时不中断连续观测。在用机外电池的过程中,机内电池自动充电。关机后,机内电池为 RAM 存储器供电,以防止丢失数据。

12.2.2　用 GPS 定位的基本方法

1. 卫星射电干涉测量

以银河系以外的类星体作为射电源的甚长基线干涉测量(VLBI)具有精度高、基线长度几乎不受限制等优点。因类星体离地球十分遥远,射电信号十分微弱,因而必须采用笨重、昂贵的大口径抛物面天线、高精度的原子钟和高质量的记录设备,所需的设备比较昂贵,数据处理较为复杂,从而限制了该技术的应用。GPS 卫星的信号强度比类星体的信号强度大 10 万倍,利用 GPS 卫星射电信号具有白噪声的特性,由两个测站同时观测一颗 GPS 卫星,通过测量这颗卫星的射电信号到达两个测站的时间差,可以求得站间距离。由于在进行干涉测量时只把 GPS 卫星信号当作噪声信号来使用,因而无需了解信号的结构,所以这种方法对于无法获得 P 码的用户是很有吸引力的。其模型与在接收机间求一次差的载波相位测量定位模型十分相似。

2. 伪距定位法

GPS 卫星能够按照星载时钟发射某一结构为“伪随机噪声码”的信号,称为测距码信号(即粗码 C/A 码或精码 P 码)。该信号从卫星发射经时间 t 后,到达接收机天线;用上述信号传播时间 t 乘以电磁波在真空中的速度 C,就是卫星至接收机的空间几何距离 ρ。

$$\rho=\Delta tC$$

实际上,由于传播时间 t 中包含有卫星时钟与接收机时钟不同步的误差,测距码在大气中传播的延迟误差等,由此求得的距离值并非真正的站星几何距离,习惯上称之为“伪距”,与之相对应的定位方法称为伪距法定位。

为了测定上述测距码的时间延迟,即 GPS 卫星信号的传播时间,需要在用户接收机内复制测距码信号,并通过接收机内的可调延时器进行相移,使得复制码信号与接收到的相应码信号达到最大相关,即使之相应的码元对齐。为此,所调整的相移量便是卫星发射的测距码信号到达接收机天线的传播时间,即时间延迟。

假设在某一标准时刻 T_a 卫星发出一个信号,该瞬间卫星钟的时刻为 t_a,该信号在标准时刻

T_b 到达接收机，此时相应接收机时钟的读数为 t_b；于是伪距测量测得的时间延迟，即为 t_b 与 t_a 之差。

$$\hat{\rho}=\tau C=(t_b-t_a)C$$

由于卫星钟和接收机时钟与标准时间存在着误差，设信号发射和接收时刻的卫星和接收机钟差改正数分别为 V_a 和 V_b：

$$\hat{\rho}=\tau C=(T_b-T_a)C+(V_b-V_a)C$$

(T_b-T_a)即为测距码从卫星到接收机的实际传播时间 ΔT。由上述分析可知，在 ΔT 中已对钟差进行了改正；但由 $\Delta T\cdot C$ 所计算出的距离中，仍包含有测距码在大气中传播的延迟误差，必须加以改正。设定位测量时，大气中电离层折射改正数为 $\delta\rho_I$，对流层折射改正数为 $\delta\rho_T$，则所求 GPS 卫星至接收机的真正空间几何距离 ρ 应为

$$\rho=\hat{\rho}+\delta\rho_I+\delta\rho_T-CV_a+CV_b$$

伪距测量的精度与测量信号(测距码)的波长及其与接收机复制码的对齐精度有关。距定位法定一次位的精度并不高，但定位速度快，经几小时的定位也可达米级的精度，若再增加观测时间，精度还可提高。

3. 多普勒定位法

多普勒效应是 1942 年奥地利物理学家多普勒首先发现的。它的具体内容是：当波源与观测者做相对运动时，观测者接收到的信号频率与波源发射的信号频率不相同。这种由于波源相对于观测者运动而引起的信号频率的移动称为多普勒频移，其现象称为多普勒效应。一据多普勒效应原理，利用 GPS 卫星较高的射电频率，由积分多普勒计数得出伪距差。当采用积分多普勒计数法进行测量时，所需观测时间一般较长(数小时)，同时在观测过程中接收机的振荡器要求保持高度稳定。为了提高多普勒频移的测量精度，卫星多普勒接收机不是直接测量某一历元的多普勒频移，而是测量在一定时间间隔内多普勒频移的积累数值，称之为多普勒计数。

因此，GPS 信号接收机可以通过测量载波相位变化率而测定 GPS 信号的多普勒频移，在 2000 年 5 月 1 日以前有 SA 技术的作用下，且用 DGPS(GPS 差分定位，Differential Global Positioning System)测量模式，其相应的距离变率测量精度可达 2 mm/s～5 cm/s。对于静态用户而言，GPS 多普勒频移的最大值约为±4.5 kHz。如果知道用户的大概位置和可见卫星的历书，便可估算出 GPS 多普勒频移，而实现对 GPS 信号的快速捕获和跟踪，这很有利于 GPS 动态载波相位测量的实施。

4. 载波相位测量

载波相位测量(图 12-32)顾名思义，是利用 GPS 卫星发射的载波为测距信号。由于载波的波长($\lambda_{L1}=19$ cm，$\lambda_{L2}=24$ cm)比测距码波长要短得多，因此对载波进行相位测量，就可能得到较高的测量定位精度。

假设卫星 S 在 t_O 时刻发出一载波信号，其相位为 $\phi(S)$；此时若接收机产生一个频率和初相位与卫星载波信号完全一致的基准信号，在 t_O 瞬间的相位为 $\phi(R)$。假设这两个相位之间相差 1 个整周信号和不足一周的相位 $\mathrm{Fr}(\psi)$，由此可求得 t_O 时刻接收机天线到卫星的距离为

$$\rho=\lambda[\phi(R)-\phi(S)]=\lambda[N_O+\mathrm{Fr}(\psi)]$$

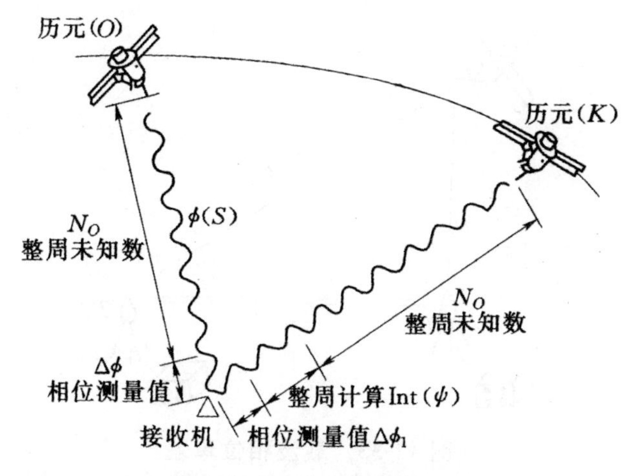

图 12-32 GPS 相位观测

载波信号是一个单纯的余弦波。在载波相位测量中,接收机无法判定所量测信号的整周数,但可精确测定其零数 $\mathrm{Fr}(\psi)$,并且当接收机对空中飞行的卫星作连续观测时,接收机借助于内含多普勒频移计数器,可累计得到载波信号的整周变化数 $\mathrm{Int}(\psi)$。因此,$\mathrm{Int}(\psi)+\mathrm{Fr}(\psi)$才是载波相位测量的真正观测值。而 N_O 称为整周模糊度,它是一个未知数,但只要观测是连续的,则各次观测的完整测量值中应含有相同的,也就是说,完整的载波相位观测值应为

$$\psi=N_O+\hat{\psi}=N_O+\mathrm{Int}(\psi)+\mathrm{Fr}(\psi)$$

在 t_O 时刻首次观测值中 $\mathrm{Int}(\psi)=0$,不足整周的零数为 $\mathrm{Fr}(\psi)$,N_O 是未知数;在 t_i 时刻 N_O 值不变,接收机实际观测值 ψ 由信号整周变化数 $\mathrm{Int}^i(\psi)$和其零数 $\mathrm{Fr}^i(\psi)$组成。

与伪距测量一样,考虑到卫星和接收机的钟差改正数 V_a、V_b 以及电离层折射改正和对流层折射改正 $\delta\rho_T$ 的影响,可得到载波相位测量的基本观测方程为

$$\hat{\psi}=\frac{f}{C}(\rho-\delta\rho_I-\delta\rho_T)-fV_b-fV_a-N_O$$

若在等号两边同乘上载波波长,并简单移项后,则有

$$\rho=\hat{\rho}+\delta\rho_I+\delta\rho_T-CV_a+CV_b+\lambda N_O$$

两式比较可看出,载波相位测量观测方程中,除增加了整周未知数 N_O 外,与伪距测量的观测方程在形式上完全相同。

例如,对某一观测瞬间 n 颗卫星进行了载波相位测量,就可以列出 n 个观测方程,方程中都含有相同的接收机钟差未知数。若选择一颗卫星作为基准,将其余 $n-1$ 颗卫星的观测方程与基准卫星对应的观测方程相减,就可以在 $n-1$ 个方程中消去钟差未知数。它可以大大减少计算工作量。目前 GPS 接收机的软件基本上都采用了这种差分法的模型。

考虑到 GPS 定位时的误差源,常用的差分法有如下三种:在接收机间求一次差;在接收机和卫星间求二次差;在接收机、卫星和观测历元间求三次差。

(1)单差法

所谓单差(图 12-33),即不同观测站同步观测相同卫星 S_i 所得到的观测量之差,也就是在两台接收机之间求一次差;它是 GPS 相对定位中观测量组合的最基本形式。

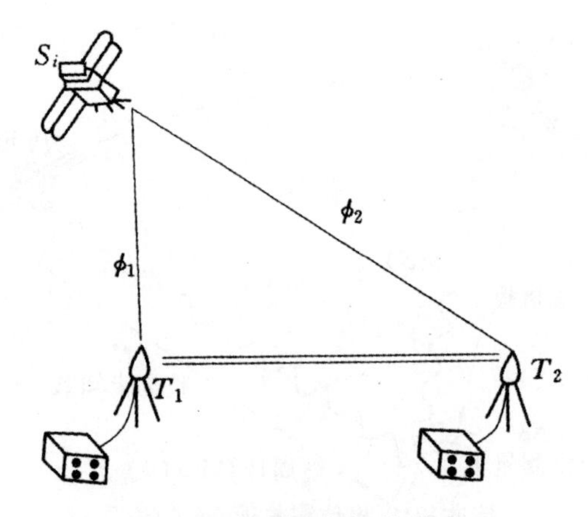

图 12-33 载波相位单差

单差法并不能提高 GPS 绝对定位的精度,但由于基线长度与卫星高度相比,是一个微小量,因而两测站的大气折光影响和卫星星历误差的影响,具有良好的相关性。因此,当求一次差时,必然削弱了这些误差的影响;同时消除了卫星钟的误差(因两台接收机在同一时刻接收同一颗卫星的信号,则卫星钟差改正数相等)。由此可见,单差法只能有效地提高相对定位的精度,其求算结果应为两测站点间的坐标差,或称基线向量。

(2)双差法

双差(图 12-34)就是在不同测站上同步观测一组卫星所得到的单差之差,即在接收机和卫星间求二次差。

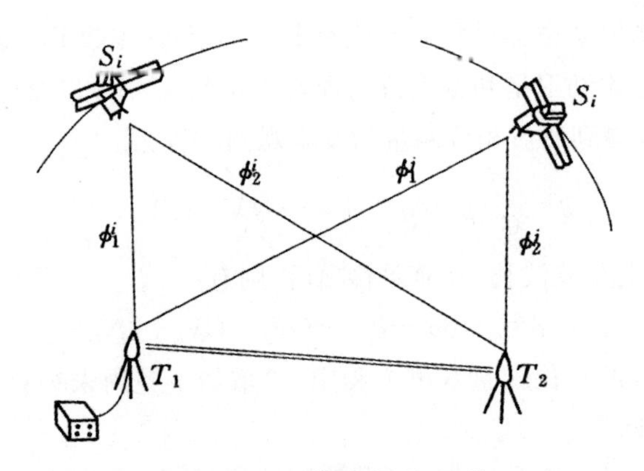

图 12-34 载波相位双差

在单差模型中仍包含有接收机时钟误差,其钟差改正数仍是一个未知量。但是由于进行连续的相关观测,求二次差后,便可有效地消除两测站接收机的相对钟差改正数,这是双差模型的主要优点;同时也大大地减小了其他误差的影响。因此在 GPS 相对定位中,广泛采用双差法进行平差计算和数据处理。

(3)三差法

三差法(图 12-35)就是于不同历元同步观测同一组卫星所得观测量的双差之差,即在接收机、卫星和历元间求三次差。

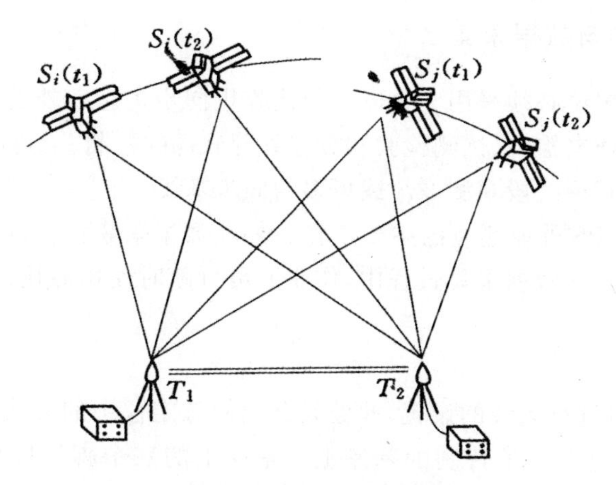

图 12-35　载波相位三差

12.2.3　GPS 定位测量的基本流程

1. GPS 网的设计

GPS 控制网的形状，因观测时不需通视，因此具有较大的灵活性。图 12-36 所示为 GPS 网的几种布设形状。

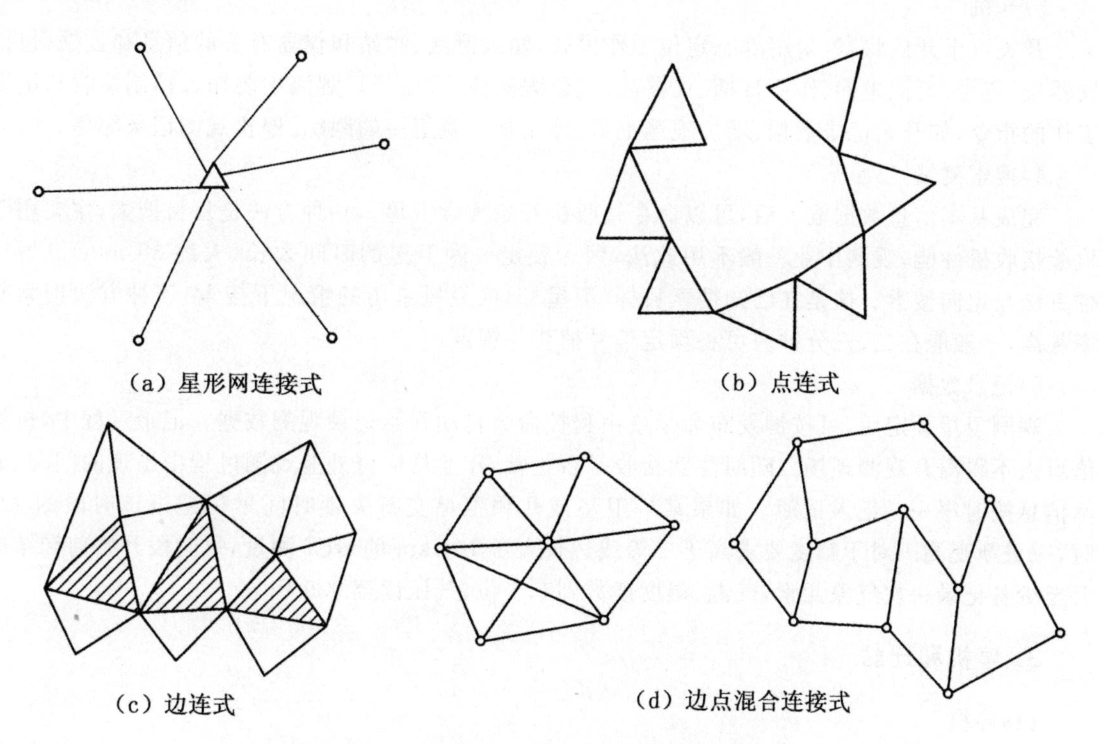

图 12-36　GPS 相对定位控制网的几种形状

2. GPS外业观测与数据采集

外业观测时，相对定位必须采用2台以上的接收机同步进行。外业观测所用的接收机出测前必须进行一般检验、通电检验、试测检验和数据处理软件的检测。当接收机数量少于观测点的数目时，必须在不同的观测时段观测2个或更多的同步基线。

外业数据采集是GPS外业测量的主要工作。外业数据采集包括准备工作、安置天线、数据采集、观测记录等内容。在数据采集过程中，作业人员可随时使用专用的功能键和选择菜单，察看有关信息。

(1)安置天线

在安置仪器的同时进行天线的设置，此处只介绍静态定位中的天线设置。若在墩标上设置天线，应将天线装置固定在一个特制的基座上。基座上的三个脚尖应分别落在标志盘上互成120°的三个槽内，然后调节圆水准气泡居中，若在脚架上设置天线，则与传统测量仪器对中和整平的方法相同。

(2)观测作业

1)安置接收机

接收机必须安置在离天线10 m以外、天线电缆长度所允许的距离范围以内。

2)预热接收机

本机需要通过一段时间的预热才能达到最佳工作状态。要按厂方提供的操作说明书确定预热时间。

3)开机

开关置于开机状态，采用静态定位工作模式，输入测区、测站和仪器有关的信息和数据，包括仪器号、点号、近似坐标、作业日期、仪器高、气象观测值、星历等。观测中要输入控制接收和记录工作的指令，如开始记录数据、增加观测卫星、停止某一颗卫星的跟踪、停止观测记录等等。

4)搜索测站

完成基本信息数据输入后，可以命令接收机开始搜索卫星。一种方法是盲目搜索，主要用于检验接收机性能，观测作业一般不用此法，因为锁定一颗卫星的时间太长(大约30 min)。另一种方法是定向搜索。这是在已知搜索目标(卫星号)或卫星星历的情况下搜索，该种方法搜索效率甚高，一般能在二、三分钟内可将预定信号捕获并锁定。

5)记录数据

观测卫星锁定后，可按键发布命令或由程控命令自动开始记录观测数据。记录过程中，机组值班人不得离开观测现场。随时注意接收是否正常，作业员应将外业观测过程中出现的问题、显示信息按时序一一记入记簿。如果某一卫星或几颗卫星交替失锁时间累积超过该时段的1/3时，应重新观测。对于精度要求高于二等或边长大于101 km的GPS测量，每时段开始前和结束后至少各记录一次气象元素，气温、湿度读数到0.1位，气压读至0.5 Pa。

3. 停机和迁站

(1)停机

按照调度命令的要求完成测站的观测任务后，应调用相应的操作命令，停止卫星的跟踪，卸下观测数据，并将作业状态键置于等待状态，然后按调度命令规定迁站或待命。

(2)迁站

完成关机程序后,应全面检查调度命令规定的每一项测量工作是否已经全面完成;各项记录资料是否完整、齐全;各种仪器设备是否已经妥善装箱或装车;接收机电源处于关闭还是带电等待状态。

相继作业点间的迁站,接收机原则上采取带电等待状态,不要关闭电源,以维持晶振的供电和稳定。

观测和记录有两种方式,一种是由接收机自动完成并自动存储,另一种是将数据记录在手簿或电子手簿中。

在观测过程中,接收机不得关机重新启动。所有数据必须现场记录并妥善保管。

4. GPS 测量的内业计算

GPS 测量的内业计算,即 GPS 测量数据处理,是指从外业采集的原始观测数据到最终获得测量定位成果的全过程。其工作主要分为数据的粗加工、预处理、基线向量解算、GPS 基线向量网平差或与地面网联合平差等几个阶段,数据处理的基本流程如图 12-37 所示。

图中第一步数据采集和实时定位在外业测量过程中完成;数据的粗加工至基线向量解算一般用随机软件(后处理软件)将接收机记录的数据传输至计算机,进行预处理和基线解算;GPS 网平差可以采用随机软件进行,也可以采用专用平差软件包来完成。

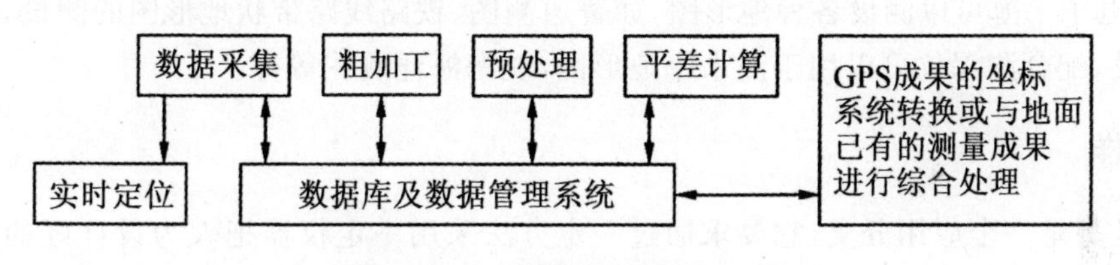

图 12-37　数据处理基本流程

12.2.4　GPS 施工测控技术的应用

常规的 GPS 测量方法,如静态、快速静态、动态测量都需要事后进行解算才能获得厘米级的精度,而 RTK 是能够在野外实时得到厘米级定位精度的测量方法,它采用了载波相位动态实时差分(Real-time kinematic)方法,是 GPS 应用的重大里程碑,它的出现为工程放样、地形测图及各种控制测量带来了新曙光,极大地提高了外业作业效率。

高精度的 GPS 测量必须采用载波相位观测值,RTK 定位技术就是基于载波相位观测值的实时动态定位技术,它能够实时地提供测站点在指定坐标系中的三维定位结果,并达到厘米级精度。在 RTK 作业模式下,基准站通过数据链将其观测值和测站坐标信息一起传送给流动站。流动站不仅通过数据链接收来自基准站的数据,还要采集 GPS 观测数据,并在系统内组成差分观测值进行实时处理,同时给出厘米级定位结果,历时不到一秒钟。流动站可处于静止状态,也可处于运动状态;可在固定点上先进行初始化后再进入动态作业,也可在动态条件下直接开机,并在动态环境下完成周模糊度的搜索求解。在整周末知数解固定后,即可进行每个历元的实时处理,只要能保持四颗以上卫星相位观测值的跟踪和必要的几何图形,则流动站可随时给出厘米级定位结果。

RTK 技术的关键在于数据处理技术和数据传输技术,RTK 定位时要求基准站接收机实时地把观测数据(伪距观测值、相位观测值)及已知数据传输给流动站接收机,数据量比较大,一般都要求 9 600 的波特率,这在无线电上不难实现。RTK 技术有如下优点。

1. 各种控制测量

传统的大地测量、工程控制测量采用三角网、导线网方法来施测,不仅费工费时,要求点间通视,而且精度分布不均匀,且在外业不知精度如何,采用常规的 GPS 静态测量、快速静态、伪动态方法,在外业测设过程中不能实时知道定位精度,如果测设完成后,回到内业处理后发现精度不合要求,还必须返测,而采用 RTK 来进行控制测量,能够实时知道定位精度,满足点位精度要求,用户就可以停止观测,而且知道观测质量如何,这样可以大大提高作业效率。如果把 RTK 用于公路控制测量、电子线路控制测量、水利工程控制测量、大地测量,则不仅可以大大减少人力强度、节省费用,而且大大提高工作效率,测一个控制点在几分钟甚至于几秒钟内就可完成。

2. 地形测图

采用 RTK 时,仅需一人背着仪器在要测的地形地貌碎部点呆上一两秒种,并同时输入特征编码,通过手簿可以实时知道点位精度,把一个区域测完后回到室内,由专业的软件接口就可以输出所要求的地形图。其特点:仅需一人操作;不要求点间通视;大大提高了工作效率。采用 RTK 配合电子手簿可以测设各种地形图,如普通测图、铁路线路带状地形图的测设,公路管线地形图的测设,配合测深仪可以用于测水库地形图,航海海洋测图等等。

3. 放样

放样是测量一个应用分支,它要求通过一定方法采用一定仪器把人为设计好的点位在实地给标定出来,过去采用常规的放样方法很多,如经纬仪交会放样、全站仪的边角放样等等,一般要放样出一个设计点位时,往往需要来回移动目标,而且需要 2~3 人操作,同时在放样过程中还要求点间通视情况良好,在生产应用上效率不是很高。如果采用 RTK 技术放样,仅需把设计好的点位坐标输入到电子手薄中,背着 GPS 接收机,它会提醒你走到要放样点的位置,既迅速又方便,由于 GPS 是通过坐标来直接放样的,而且精度很高也很均匀,因而在外业放样中效率会大大提高,且只需一个人操作。

12.3 3S 技术及其应用

3S 技术是遥感技术(Remote Sensing,RS)、地理信息系统(Geography Information Systems,GIS)和全球定位系统(Global Positioning Systems,GPS)的统称,是空间技术、传感器技术、卫星定位与导航技术和计算机技术、通信技术相结合,多学科高度集成的对空间信息进行采集、处理、管理、分析、表达、传播和应用的现代信息技术。GPS、RS 采集地理信息,进行空间定位,并向 GIS 汇总,进行存储、处理、加工、管理和分析,形成各种地理信息产品。

12.3.1　概述

1. 遥感技术

(1)遥感的定义

遥感就是遥远感知事物的意思，也就是不直接接触目标物，在距离地物几公里到几百公里，甚至上千公里的飞机、飞船、卫星上，使用光学或电子光学仪器(称为遥感器)接受地面物体反射或发射的电磁波信号，并以图像胶片或数据磁带形式记录下来，传送到地面，经过信号处理、判读分析和野外实地验证，最终服务于资源勘察、环境动态监测和有关部门的规划决策。

(2)遥感信息获取技术和信息提取技术

为了接收从遥感平台传送来的图像胶片和数字磁带数据，必须建立地面接收站。地面接收站由地面数据接收和记录系统、图像数据处理系统两部分组成，地面数据接收和记录系统的大型抛物天线，能够接收遥感平台发回的数据，这些数据以电信号的形式传来，经检波后，被记录在视频磁带上。然后把这些视频磁带，数据磁带或其他形式的图像资料等送到图像数据处理机构。图像处理机构的任务是将数据接收和记录系统记录在磁带上的视频图像信息和数据进行加工和储存。最后根据用户的要求制成一定规格的图像胶片和数据产品，作为商品提供给用户。

1)信息获取技术

①多尺度的遥感数据。自 1960 年 TIROS—1 发射以来，现已形成低轨道、中轨道和高轨道的遥感卫星观测网络，观测范围覆盖全球。我国已于 1999 年 10 月成功发射中巴资源一号卫星，分辨率为 19.8 m，2004 年发射新一代资源卫星，分辨率达 5 m。

②高光谱遥感数据。光谱分辨率的提高是遥感技术进展的重要标志。20 世纪 80 年代发展起来的成像光谱仪极大地提高了光谱分辨率，开辟了高光谱遥感。1999 年 12 月 18 日美国成功发射了新一代对地观测卫星 TERRA，该卫星载有中分辨率的光谱仪——MODIS。通过 MODIS 采集的数据具有 36 个波段和 250～1 000 m 地表分辨率。

③雷达遥感数据。雷达遥感采用主动遥感方式，能够穿透云、雾、雨、雪，具有全天候工作能力，它具有多波段多极化散射特征及极化测量、干涉成像等特点。雷达遥感正成为对地观测中最重要的前沿领域之一。

④小卫星与卫星群。小型对地观测卫星成本低、效率高，大都是简便、快速的新型专业卫星。以色列、韩国、南非、泰国、智利等国家都以发展小型卫星为起点，中国也在近几年发射了较高分辨率的减灾卫星群。

2)信息提取技术

当今，遥感数据空前丰富，然而，遥感信息被利用的比率却极低，原因在于我们缺少遥感专题信息提取的方法和模型。概括地说，遥感信息提取的方式主要有三种，即目视判读提取、基于分类的信息提取和基于知识发现的遥感信息提取。

2. GIS 简述

地理信息系统(GIS)技术是近些年迅速发展起来的一门空间信息分析技术，在资源与环境应用领域中，它发挥着技术先导的作用。GIS 技术不仅可以有效地管理具有空间属性的各种资源环境信息，对资源环境管理和实践模式进行快速和重复的分析测试，便于制定决策、进行科学和政策的标准评价，而且可以有效地对多时期的资源环境状况及生产活动变化进行动态监测和分析比较，也可将数据收集、空间分析和决策过程综合为一个共同的信息流，明显地提高工作效率和经济效益，为解决资源环境问题及保障可持续发展提供技术支持。为土地利用、资源管理、环境监测、交通运输、经济建设、城市规划以及政府各部门行政管理提供新的知识，为工程设计和规划、管理决策服务。

3. 3S集成技术

3S分别为RS(遥感系统)、GPS(全球定位系统)、GIS(地理信息系统)。顾名思义，3S集成技术(图12-38)即将遥感系统、全球定位系统、地理信息系统融为一个统一的有机体。它是一门非常有效的空间信息技术。就在集成体中的作用及地位而言，GIS相当于人的大脑，对所得的信息加以管理和分析；RS和GPS相当于人的两只眼睛，负责获取海量信息及其空间定位。RS、GPS、和GIS三者的有机结合，构成了整体上的实时动态对地观测、分析和应用的运行系统，为科学研究、政府管理、社会生产提供了新一代的观测手段、描述语言和思维工具。

3S集成的方式可以在不同的技术水平上实现。低级阶段表现为互相调用一些功能来实现系统之间的联系；高级阶段表现为三者之间不只是相互调用功能，而是直接共同作用，形成有机的一体化系统，对数据进行动态更新，快速准确地获取定位信息，实现实时的现场查询和分析判断。

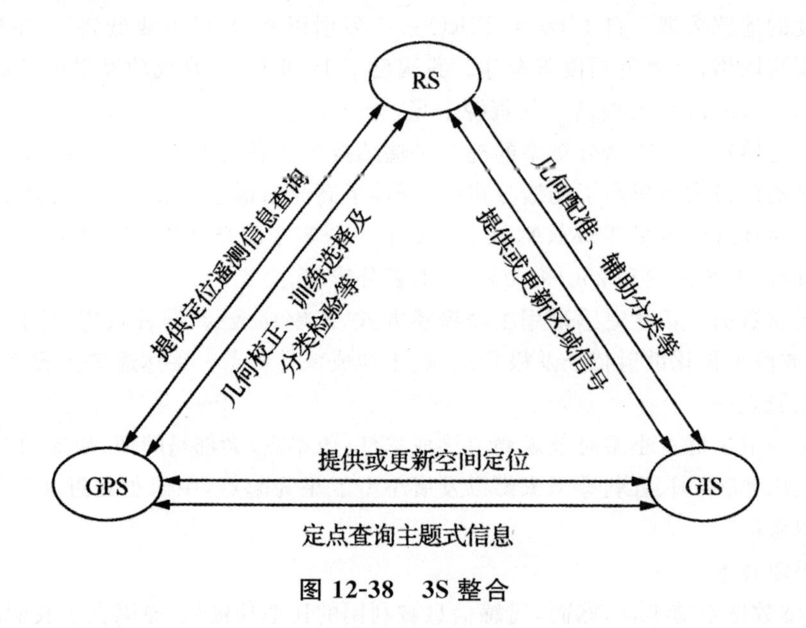

图12-38　3S整合

RS技术是指从高空或外层空间接收来自地球表层各类地理的电磁波信息，并通过对这些信息进行扫描、摄影、传输和处理，从而对地表各类地物和现象进行远距离控测和识别的现代综合技术，可用于植被资源调查、作物产量估测、病虫害预测等方面。

GIS是用于分析和显示空间数据的系统，而遥感影像是空间数据的一种形式，类似于GIS中的栅格数据，因而很容易在数据层次上实现地理信息系统与遥感的集成。但是实际上，遥感图像的处理和GIS中栅格数据的分析是有较大的差异，遥感图像处理的目的是为了提取各种专题信息，其中的一些处理功能，如图像增强、滤波、分类以及一些特定的变换处理等，并不适用于 GIS 中的栅格空间分析。目前大多数 GIS 软件还没有提供完善的遥感数据处理功能，而遥感图像处理软件又不能很好地处理 GIS 数据，因而需要在软件上实现 GIS 与遥感的集成。在一个遥感和地理信息系统的集成系统中，遥感数据是 GIS 的重要信息来源，而 GIS 则可以作为遥感图像解译的强有力的辅助工具。

GPS 与地理信息系统集成可以实现定位、测量、监控导航等目标。为了实现与 GPS 的集成，GIS 系统必须能够接受 GPS 接收机发送的 GPS 数据，然后对数据进行处理。如通过投影变换将经纬度坐标转换为 GIS 数据所采用的参考系统中的坐标，最后进行各种分析运算。

3S 集成运用时，GPS 用来实时、快速地提供目标地空间定位，RS 用来实时或准实时地提供目标及其环境地信息（如考古遗存的勘探），发现地表的各种变化，及时对 GIS 数据更新，GIS 通过对各种来源的时空数据进行综合处理、集成管理、动态提取，做成新的集成系统的基本平台，且为智能化数据采集提供地学知识。

3S 集成技术的发展，形成了综合的、完整的对地观测系统，提高了人类认识地球的能力；相应地，它拓展了传统测绘科学的研究领域。作为地理学的一个分支学科，Geomatics * 产生并对包括遥感、全球定位系统在内的现代测绘技术的综合应用进行探讨和研究。同时，它也推动了其他一些相联系的学科的发展，如地球信息科学、地理信息科学等，它们成为“数字地球”这一概念提出的理论基础。

12.3.2　3S 技术在土木工程中的应用

1. 3S 在大地测量、工程测量及摄影测量中的应用

GPS 定位技术以其精度高、速度快、费用省、操作简便等优良特性被广泛应用于大地控制测量中。一般将应用 GPS 工具定位技术建立的控制网叫 GPS 网。GPS 网分为两大类：一类是全球或全国性的高精度 GPS 网；另一类是区域性的 GPS 网，包括城市或矿区 GPS 网、GPS 工程网等，前者主要任务是作为全球性地球动力学和空间科学方面的科学研究工作服务，或用以研究地区性的板块运动或地壳变形规律等问题。后者主要任务是直接为国民经济建设服务。

近年来随着铁路和公路建设的飞速发展，建设大跨度桥梁与隧道贯通工程也发展很快。GPS 在大型桥梁工程与隧道工程中，已经获得广泛应用，采用 GPS 静态相对定位技术建立桥梁与隧道工程施工控制网，既能满足工程精度要求，又能提高工效满足工程进度要求。

GPS 在公路勘察设计中的应用主要有以下几方面：在公路勘察设计的前期，用 GPS 静态或快速静态方法建立沿线总体控制网，为勘察阶段测绘带状地形图、路线平面、纵面测量提供依据；勘察阶段采用动态定位模式（RTK）完成大比例尺工点地形图测绘、中桩测量、纵断面地面线测量、横断面测量等工作；施工阶段为桥梁、隧道建立施工控制网；后期营运阶段可以用 GPS 精密定位、全天候观测的特点对重点桥涵、隧道、软土路基及对公路运行有影响的滑坡体进行变形观测。

精密工程测量和变形监测，是以毫米级及亚毫米级的精密工程测量工作。随着 GPS 系统的不断完善，软件性能不断改进，目前 GPS 已可用于精密工程测量和工程变形监测。

在摄影测量中是采用解析空中三角测量的方法解决定位问题，而在遥感技术中是通过航天

摄影机和 CCD 阵线扫描仪的影像定位，与解析空中三角形的方法等同。所以解决摄影测量与遥感中的定位问题，或者必须依靠一定数量的地面控制点，或者需要直接测定摄影机和传感器的空间位置和姿态。GPS 定位技术能快速、自动测定摄影机和传感器的空间位置和姿态，因此，应用 GPS 定位技术解决摄影测量与遥感中的定位问题，可以加快摄影测量与遥感数据处理速度，大幅度减少外业工作量。GPS 在摄影测量与遥感领域中主要用于以下几方面：①测量航片和卫片中的地面控制点。②用于航摄飞机的实时导航。③进行由 GPS 辅助的空中三角测量。④直接测定摄影机和传感器的空间位置和姿态。

2. 3S 辅助施工管理和进度监控

目前除大量采用全站仪数字测量外，还有三维近地激光影像扫描、RTKGPS 实时测图与施工放样、航空摄影或地面摄影测量等方法可进行实时的工程进程管理，还可以辅以移动通信和网络通信等手段，实现远程实时监控。另一方面，利用智能全站仪或 GPS 与 GIS 集成技术可实现工程机械的自动化运行和工程安全及质量监控。智能全站仪可以控制机械掘进（隧道）的位置和方向，GPS 可以实时定出施工车辆的位置和姿态，从而实现开挖和掘进的自动化。例如挖土机、推土机和压土机，装上精密实时 GPS 定位设备，配上装有工程管理 GIS 的机载计算机，可实现现场土方自动填挖控制和工程量精密计算，科学、可靠，节约工程成本。如果这些设备安装了相关工作控制器件和 CCD 摄像机，可像“自动控制玩具车”一样实现远程无人驾驶和工程量自动计算，大大提高了危险或有环境污染地区工程机械施工效率，有效保护了施工人员的安全健康。

例如，三峡工程决策支持系统，以三峡工程施工现场的全貌为背景，在可视化的环境下以多种媒体形式（包括数字、文字、图形、图像）为决策用户提供各种施工动态、静态信息（例如工程施工和物资调配），实现了施工仿真、高度优化等决策支持功能。目前相关工程人员还开发了预制构件吊装过程的实时调控、水利水电工程施工导流管理决策支持系统等。

3. 3S 辅助建立基础设施管理和安全监测系统

在城市建设工程中（如道路建设、建筑工程、勘察规划）现已普遍应用全站仪或 GPS 测控指挥施工，监测施工安全。在城市地下管线的施工与管理，也与现代测绘技术密切相关。为了城市避免城市地面的开挖，安装地下管道越来越多使用顶管技术。在地下管道顶管施工中，使用自动跟踪全站仪可以应用自动引导测量系统控制顶管掘进的位置和方向，从而实现掘进定位的自动化。

利用 3S 技术建立管理和监测系统可以直观地观察设施的工作状态、快速定位于需要处理的对象。日本建立了东山分校关于振动环境的地理信息系统，在该系统中通过简单的鼠标器操作，很容易了解场地和建筑物的各种信息，例如地面振动的卓越周期，建筑物每一天之内脉动的最大振幅及脉动波形，进一步分析还可交互给出建筑物的固有频率及阻尼系数。

RTK GPS、全站仪、数字管线探测仪等是主要的数据采集工具，通用的地理信息系统 GIS 软件（如 MAP GIS）是主要的管理系统开发平台。现代的城市市政工程管理已与“3S”技术密不可分。

4. 3S 在地震危害中的应用

（1）在地震引发的地质灾害中的应用

在地震引发的地质灾害的研究中，如泥石流、崩塌、边坡稳定性、断裂等方面，目前已基本实现了RS与GIS的紧密结合,个别项目达到了3S技术整体结合。RS作为主要的地震灾害专题空间数据源和数据更新手段,GIS提供空间数据和反映目标属性的专题数据;GPS为GIS获取地震灾害目标要素的空间坐标数据,实现快速精确定位;提供对多源数据的存储、GIS管理、处理、分析、分类等辅助,提供对多源地震数据的空间分析和趋势分析,以及对分析成果的二维和三维表达。

(2)在地震灾害综合信息分析处理中的应用

随着遥感影像及GPS接收机成本逐渐降低及GIS功能的逐步加强,3S技术的应用大大提高了地震灾害信息收集处理的精度和效率。在RS分析环境下,迅速调用灾区的震前、震后的遥感图像,借助GPS的定位功能实现图像的空间匹配,利用GIS提取地震灾害重点区,协助完成图像的灰度匹配,运用数字图像处理的一系列方法提取变化图像的差值、比值,依据不断完善形成的震害概率模型,评估烈度分布。通过参考RS评估的等震线对系统生成的等震线作修正,据此再一次完成震害分析,评估灾区的震害和损失。

5. 3S在其他方面的应用

水利是一个信息密集型行业。水利信息包括水情、雨情信息、汛旱灾情信息、水量水质信息、水环境信息、水工程信息等。以遥感技术为主的对地观测技术是水利信息采集的重要手段。水利信息化建设中所涉及的数据量是非常巨大的,即有实时数据,又有环境数据、历史数据;既有栅格数据,又有矢量数据、属性数据,地理信息系统是水利信息存储、管理和分析的强有力的工具。水利信息70%以上与空间地理位置相关,以GPS为代表的全新的卫星空间定位方法,是获得水利信息空间位置的必不可少的手段。

总之,3S技术已广泛应用于防汛减灾、水资源管理、水情监测、环境监测、评价与管理、水土保持、灌溉面积监测与规划,以及河道、河口、水库、湖泊动态监测,水利工程规划、选址、建设和施工等的研究中。

参考文献

[1]沈扬,张文慧.岩土工程测试技术[M].北京:冶金出版社,2013.

[2]童立元.岩土工程现代原位测试理论与工程应用[M].南京:东南大学出版社,2015.

[3]张敏,刘方圆,赵峻天.土木工程测量[M].北京:电子工业出版社,2015.

[4]邓晖 刘玉珠.土木工程测量[M].广州:华南理工大学出版社,2015.

[5]陈建荣,高飞.现代桩基工程试验与检测——新技术·新方法·新设备[M].上海:上海科学技术出版社,2011.

[6]张爱卿,李金云.土木工程测量[M].杭州:浙江大学出版社,2014.

[7]曹晓岩,张家平.土木工程测量[M].北京:机械工业出版社,2014.

[8]李楠.建筑工程测量[M].北京:中国建材工业出版社,2015.

[9]景铎,高明晖.建筑工程测量[M].北京:北京大学出版社,2013.

[10]韩群柱.土木工程测量[M].北京:科学出版社,2011.

[11]周建郑.建筑工程测量[M].3版.北京:化学工业出版社,2015.

[12]伊廷华,袁永博.测量学知识要点及实例解析[M].北京:中国建筑工业出版社,2012.

[13]赵冬,杨寅正.建筑工程测量[M].北京:化学工业出版社,2015.

[14]张敬伟.建筑工程测量[M].2版.北京:北京大学出版社,2013.

[15]石长宏,徐成.工程测量[M].北京:人民交通出版社,2011.

[16]李井永.建筑工程测量[M].武汉:武汉理工大学出版社,2011.

[17]赵景利,杨凤华.建筑工程测量[M].北京:北京大学出版社,2011.

[18]朱爱民,郭宗河.土木工程测量[M].北京:机械工业出版社,2011.

[19]陈陆龙,李玉.建筑工程测量[M].合肥:合肥工业大学出版社,2014.

[20]王淑红,王愉龙.建筑工程测量[M].北京:北京交通大学出版社,2009.

[21]杜文举,张洪尧.建筑工程测量[M].北京:华中科技大学出版社,2013.

[22]梅玉娥,郑持红.建筑工程测量[M].重庆:重庆大学出版社,2014.

[23]薛新强,李洪军.建筑工程测量[M].2版.北京:中国水利水电出版社,2012.